Theißen/Rühling

Ingenieurleistung mit wirtschaftlichem Erfolg

# Ingenieurleistung mit wirtschaftlichem Erfolg

Professionelle Vertragsgestaltung
Vermeidung von Haftungsfallen
Praxisleitfaden für die Honorarabrechnung

**Dr. jur. Rolf Theißen**
Rechtsanwalt in Berlin

**Uwe Rühling**
Rechtsanwalt in Düsseldorf

Mit einem Beitrag von
**Sibylle Janisch**
Rechtsassessorin in Berlin

 Rudolf Müller

Die Deutsche Bibliothek – CIP-Einheitsaufnahme

**Theissen, Rolf:**
Ingenieurleistung mit wirtschaftlichem Erfolg :
professionelle Vertragsgestaltung,
Vermeidung von Haftungsfallen,
Praxisleitfaden für die Honorarabrechnung /
Rolf Theissen ; Uwe Rühling. –
Mit einem Beitr. von Sibylle Janisch. –
Köln : R. Müller, 1998

ISBN 3-481-01171-7

ISBN 3-481-01171-7

© Verlagsgesellschaft Rudolf Müller
   Bau-Fachinformationen GmbH & Co. KG, Köln 1998
Alle Rechte vorbehalten
Umschlaggestaltung: Hattab + Lörzer, Köln
Satz: kippsatz GmbH, Bonn
Druck: Schlütersche GmbH & Co. KG, Hannover
Printed in Germany

Das vorliegende Werk wurde auf umweltfreundlichem Papier
aus chlorfrei gebleichtem Zellstoff gedruckt.

# Inhaltsverzeichnis

# Die Autoren

Dr. Rolf Theißen ist als Rechtsanwalt in Berlin, Uwe Rühling als Rechtsanwalt in Düsseldorf tätig.

Die Tätigkeitsschwerpunkte von Rechtsanwalt Dr. Theißen umfassen die folgenden Bereiche:

– Baurecht, insbesondere das Bauvertragsrecht und das Bauprozeßrecht,

– Immobilienrecht, Beratung und Vertretung in allen mit dem Grundstückserwerb und -verkauf zusammenhängenden Rechtsfragen,

– Architekten- und Ingenieurrecht, insbesondere Abfassung von Verträgen und Beratung bei Honorar- und Haftungsfragen.

Rechtsanwalt Rühling ist im wesentlichen in der Beratung von Unternehmen der leitungsgebundenen Ent- und Versorgung (Elektrizität, Gas, Wasser, Fernwärme und Abwasser) tätig. Die Interessenschwerpunkte reichen von energie- und wasserrechtlichen Fragen über gesellschaftsrechtliche Fragen der Strukturierung solcher Unternehmen bis hin zu den ingenieur- und bauvertragsrechtlichen Fragen, die ihr Geschäftsbetrieb mit sich bringt. Uwe Rühling ist als Syndikusanwalt für eine Wirtschaftsprüfungsgesellschaft und Steuerberatungsgesellschaft in Düsseldorf tätig.

Der Beitrag »Die Haftung des Ingenieurs« wurde von Rechtsassessorin Sibylle Janisch erarbeitet.

Mit diesem Rechtshandbuch stellen die Autoren aus ihrer beruflichen Erfahrung in der Zusammenarbeit mit Bauherren, Architekten, Ingenieuren und Projektsteuerern einen Leitfaden für Ingenieure zusammen, der die zentralen rechtlichen Fragen des Ingenieurs im Bauwesen darstellt. Er soll zudem Sensibilität für »Schnittstellen« zu projektrelevanten Rechtsfragen vermitteln.

# Abkürzungsverzeichnis

| | |
|---|---|
| a. A. | anderer Ansicht |
| a. a. O. | am angegebenen Ort |
| AbfG | Abfallbeseitigungsgesetz |
| Abl. | Amtsblatt |
| AblEG | Amtsblatt der Europäischen Gemeinschaft |
| Abs. | Absatz |
| AG | Aktiengesellschaft |
| AG | Auftraggeber |
| AGB | Allgemeine Geschäftsbedingung |
| AGBG | Gesetz zur Regelung des Rechts der Allgemeinen Geschäftsbedingungen |
| a. E. | am Ende |
| AHO | Ausschuß für die Honorarordnung der Ingenieure |
| AK | Arbeitskreis |
| ÄndVO | Änderungsverordnung |
| Anh. | Anhang |
| AnwBl. | Deutsches Anwaltsblatt (Zeitschrift) |
| Art. | Artikel |
| ATV | Allgemeine Technische Vorschriften |
| Aufl. | Auflage |
| AVB | Allgemeine Vertragsbestimmungen |
| AVB-Ing. | Allgemeine Vertragsbestimmungen für Leistungen der Ingenieure und Landschaftsarchitekten in der Wasserwirtschaft |
| AVI | Allgemeine Vertragsbestimmungen zum Ingenieurvertrag |
| BAnz. | Bundesanzeiger |
| BauGB | Baugesetzbuch |
| BauLSA | Bauordnung des Landes Sachsen-Anhalt |
| BauO Hessen | Bauordnung Hessen |
| BauO NW | Bauordnung Nordrhein-Westfalen |
| BauR | Baurecht (Zeitschrift) |
| Bay BauO | Bayerische Bauordnung |
| BB | Der Betriebsberater (Zeitschrift) |
| Bbg. BauO | Brandenburgische Bauordnung |
| Bem. | Bemerkung |
| ber. | berichtigt |
| Beschl. | Beschluß |
| BFH | Bundesfinanzhof |
| BFHE | Entscheidungssammlung des Bundesfinanzhofs |

| | |
|---|---|
| BFH/NV | Sammlung amtlich nicht veröffentlichter Entscheidungen des Bundesfinanzhofes (Zeitschrift) |
| BGBl. | Bundesgesetzblatt |
| BGB | Bürgerliches Gesetzbuch |
| BGH | Bundesgerichtshof |
| BGHZ | Entscheidungen des Bundesgerichtshofs in Zivilsachen |
| BHKW | Blockheizkraftwerk |
| BKI | Baukosteninformationszentrum Deutscher Architektenkammern GmbH |
| BImSchG | Bundesimmissionsschutzgesetz |
| Bl. | Blatt |
| Bln. BauO | Bauordnung für Berlin |
| BMF | Bundesminister(-ium) für Finanzen |
| BNatSchG | Bundesnaturschutzgesetz |
| BNotO | Bundesnotarordnung |
| BRAGO | Bundesgebührenordnung für Rechtsanwälte |
| BRAK-Mitt | Bundesrechtsanwaltskammer-Mitteilungen (Zeitschrift) |
| Brem LBO | Bauordnung Bremen |
| BStBl. | Bundessteuerblatt |
| Buchst. | Buchstabe |
| BVB | Besondere Vertragsbedingungen |
| BVerfG | Bundesverfassungsgericht |
| bzgl. | bezüglich |
| bzw. | beziehungsweise |
| c.i.c. | culpa in contrahendo (Verschulden bei Vertragsschluß) |
| ca. | circa |
| CEN | Europäisches Komitee für Normung |
| CENELEC | Europäisches Komitee für elektrotechnische Normung |
| CPC | (Provisional) Central Product Classification; Zentrale Gütersystematik der Vereinten Nationen |
| d.h. | das heißt |
| DAB | Deutsches Architektenblatt (Zeitschrift) |
| DB | Der Betrieb (Zeitschrift) |
| DGGT | Deutsche Gesellschaft für Geotechnik e.V. |
| DIN | Norm des Deutschen Instituts für Normung e.V. |
| DITR | Deutsches Informationszentrum für Technische Regeln (im Deutschen Institut für Normung e.V.) |
| DM | Deutsche Mark |
| DÖV | Die Öffentliche Verwaltung (Zeitschrift) |
| DStR | Deutsches Steuerrecht (Zeitschrift) |
| DStZ | Deutsche Steuer-Zeitung (Zeitschrift) |
| DtZ | Deutsch-Deutsche Rechts-Zeitschrift (Zeitschrift) |
| DVBl | Deutsches Verwaltungsblatt (Zeitschrift) |
| DVP | Deutscher Verband der Projektsteuerer e.V. |
| DWW | Deutsche Wohnungswirtschaft (Zeitschrift) |
| e.V. | eingetragener Verein |

| | |
|---|---|
| ebd. | ebenda |
| ECU | Europäische Währungseinheit |
| EG | Europäische Gemeinschaft |
| Einl. | Einleitung |
| EN | Europäische Norm |
| EN-Nr. | Europäische Norm-Nummer |
| erf. | erfüllt |
| EStG | Einkommensteuergesetz |
| ESVGH | Entscheidungssammlung des hessischen Verwaltungsgerichtshofes und des Verwaltungsgerichtshofes Baden-Württemberg mit Entscheidungen der Staatsgerichtshöfe beider Länder |
| etc. | et cetera |
| ETS | Europäische Telekommunikationsnorm |
| ETSI | Europäisches Institut für Telekommunikationsnormen |
| EU | Europäische Union |
| EuGH | Europäischer Gerichtshof |
| EuZW | Europäische Zeitschrift für Wirtschaftsrecht (Zeitschrift) |
| evtl. | eventuell |
| EVU | Energieversorgungsunternehmen |
| EWG | Europäische Wirtschaftsgemeinschaft |
| EWiR | Entscheidungen zum Wirtschaftsrecht (Zeitschrift) |
| EWS | Europäisches Währungssystem, Europäisches Wirtschafts- und Steuerrecht (Zeitschrift) |
| f. | folgender |
| ff. | folgende |
| FR | Finanzrundschau (Zeitschrift) |
| GBl. | Gesetzblatt |
| GbR | Gesellschaft bürgerlichen Rechts |
| gem. | gemäß |
| GemHVO | Gemeindehaushaltsverordnung |
| GemHVO NW | Gemeindehaushaltsverordnung Nordrhein-Westfalen |
| GemO | Gemeindeordnung |
| GewO | Gewerbeordnung |
| GewStG | Gewerbesteuergesetz |
| GFZ | Geschoßflächenzahl |
| ggf. | gegebenenfalls |
| GmbH | Gesellschaft mit beschränkter Haftung |
| GO | Gemeindeordnung |
| GVBl. | Gesetz- und Verordnungsblatt |
| GVG | Gerichtsverfassungsgesetz |
| GVNW | Gesetz- und Verordnungsblatt NW |
| GVOBl. | Gesetz- und Verordnungsblatt |
| GWB | Gesetz gegen Wettbewerbsbeschränkungen |
| ha | Hektar |
| Halbs. | Halbsatz |

| HBauO | Bauordnung Hamburg |
|---|---|
| HD | Harmonisierungsdokumente |
| HGB | Handelsgesetzbuch |
| HGrG | Haushaltsgrundsätzegesetz |
| HIV-StB | Handbuch für Verträge über Leistungen der Ingenieure und Landschaftsarchitekten im Straßen- und Brückenbau |
| HIV-Was | Handbuch für Ingenieurverträge in der Wasserwirtschaft |
| HOAI | Honorarordnung für Architekten und Ingenieure |
| HRA-Nr. | Handelsregister A-Nummer |
| HRB-Nr. | Handelsregister B-Nummer |
| Hrsg. | Herausgeber |
| HVA-StB | Handbuch für die Vergabe und Ausführung von Bauleistungen im Straßen- und Brückenbau |
| i.e. | im einzelnen |
| i.S. | im Sinne |
| i.S.d. | im Sinne des |
| i.S.v. | im Sinne von |
| i.V.m. | in Verbindung mit |
| i.w.S. | im weiteren Sinn |
| IBR | Immobilien und Baurecht (Zeitschrift) |
| i.d.F. | in der Fassung |
| i.d.R. | in der Regel |
| IHK | Industrie- und Handelskammer |
| incl. | inklusive |
| INF | Die Information über Steuer und Wirtschaft (Zeitschrift) |
| ISO | International Organization for Standardization |
| Jura | Jura (Zeitschrift) |
| JuS | Juristische Schulung (Zeitschrift) |
| JZ | Juristen-Zeitung (Zeitschrift) |
| KB | Kilobyte |
| Kfz | Kraftfahrzeug |
| KG Berlin | Kammergericht in Berlin |
| KG | Kommanditgesellschaft |
| KrW-/AbfG | Kreislaufwirtschafts- und Abfallgesetz |
| KStZ | Kommunale-Steuerzeitschrift (Zeitschrift) |
| LAWA | Landesarbeitsgemeinschaft Wasser |
| LBauO M-V | Bauordnung Mecklenburg-Vorpommern |
| LBO BaWü | Bauordnung Baden-Württemberg |
| LBO RhPf | Bauordnung Rheinland-Pfalz |
| LG | Landgericht |
| LKO | Landkreisordnung |
| LKV | Landes- und Kommunalverwaltung (Zeitschrift) |
| LM | Lindenmaier und Möhring (Nachschlagewerk des Bundesgerichtshofs) |
| LP | Leistungsphase |
| LV | Leistungsverzeichnis |

| | |
|---|---|
| m. abl. Anm. | mit ablehnender Anmerkung |
| MB | Megabyte |
| MdB | Mitglied des Bundestages |
| MDR | Monatsschrift für Deutsches Recht (Zeitschrift) |
| MittBayNot | Mitteilungen des Bayerischen Notarvereins (Zeitschrift) |
| Mrd. | Milliarde(n) |
| MRVG | Gesetz zur Verbesserung des Mietrechts und zur Begrenzung des Mietanstiegs sowie zur Regelung von Ingenieur- und Architektenleistungen |
| mwN | mit weiteren Nachweisen |
| MwSt. | Mehrwertsteuer |
| NBauO | Bauordnung Niedersachen |
| NBP | Nutzerbedarfsprogramm |
| NJ | Neue Justiz (Zeitschrift) |
| NJW | Neue Juristische Wochenschrift (Zeitschrift) |
| NJWE-WettbR | Entscheidungssammlung der Neuen Juristischen Wochenschrift zum Wettbewerbsrecht |
| NJW-RR | Neue Juristische Wochenschrift-Rechtsprechungs-Report Zivilrecht (Zeitschrift) |
| $NO_x$ | Stickoxyd |
| NpV/ NachprüfungsVO | Nachprüfungsverordnung |
| Nr. | Nummer |
| NRW | Nordrhein-Westfalen |
| NVwZ | Neue Zeitschrift für Verwaltungsrecht (Zeitschrift) |
| NW | Nordrhein-Westfalen |
| NWB | Neue Wirtschaftsbriefe (Zeitschrift) |
| NWStGB | Städte- und Gemeindebund Nordrhein-Westfalen |
| NWVBl. | Nordrhein-Westfälische Verwaltungsblätter |
| o. ä. | oder ähnlich |
| o. g. | oben genannt |
| ObLG | Oberstes Landesgericht (Bayern) |
| OLG | Oberlandesgericht |
| OLG-NL | Oberlandesgericht – Rechtsprechung Neue Länder |
| OVG | Oberverwaltungsgericht |
| OVGE OVGE MüLü | Entscheidungssammlung der Oberverwaltungsgerichte für das Land Nordrhein-Westfalen in Münster sowie für die Länder Niedersachsen und Schleswig-Holstein in Lüneburg |
| p. a. | per annum |
| pVV | positive Vertragsverletzung |
| QMS | Qualitätsmanagementsystem |
| QSS | Qualitätssicherungssystem |
| RBBau | Richtlinien für die Durchführung von Bauaufgaben des Bundes im Zuständigkeitsbereich der Finanzbauverwaltung |
| RBerG | Rechtsberatungsgesetz |
| RdE | Recht der Energiewirtschaft (Zeitschrift) |

| | |
|---|---|
| Rdn. | Randnummer |
| RechtsberatG | Rechtsberatungsgesetz |
| Ref. | Referent |
| RFH | Reichsfinanzhof |
| RGSt. | Reichsgericht-Rechtsprechung in Strafsachen |
| RGZ | Reichsgericht-Rechtsprechung in Zivilsachen |
| ROG | Raumordnungsgesetz |
| RStBl. | Reichssteuerblatt |
| RWTH (Aachen) | Rheinisch-Westfälische Technische Hochschule Aachen |
| S. | Seite |
| s. | siehe |
| Saarl BauO | Bauordnung Saarland |
| Sächs BauO | Bauordnung Sachsen |
| SFH | Schäfer/Finnern/Hochstein, Rechtsprechung zum privaten Baurecht |
| SKR | EG-Sektorenrichtlinie |
| sof. | sofern |
| sog. | sogenannte |
| SPD | Sozialdemokratische Partei Deutschland |
| StLB | Standard Leistungsbuch |
| st. Rspr. | Ständige Rechtsprechung |
| TED | Tenders Electronic Daily (Datenbank) |
| TGA | Technische Gebäudeausrüstung |
| TH | Technische Hochschule |
| Thür BO | Bauordnung Thüringen |
| TS | Technische Spezifikation |
| TU-Berlin | Technische Universität Berlin |
| u. a. | unter anderem |
| u. ä. | und ähnlich |
| u.E. | unseres Erachtens |
| u.U. | unter Umständen |
| Urt. | Urteil |
| UVPG | Gesetz über die Umweltverträglichkeitsprüfung |
| UVV | Unfallverhütungsvorschrift |
| UWG | Gesetz gegen den unlauteren Wettbewerb |
| v. | von |
| v. H. | vom Hundert |
| VBI | Verband Beratender Ingenieure e.V. |
| VBlBW | Verwaltungsblätter für Baden-Württemberg (Zeitschrift) |
| VDBuM | Verband der Baumaschinen-Ingenieure und -Meister e.V. |
| VDE | Verband Deutscher Elektrotechniker e.V. |
| VDEW | Vereinigung Deutscher Elektrizitätswerke e.V. |
| VDI | Verband Deutscher Ingenieure e.V. |
| VDI Hamburg | Arbeitskreis Studenten und Jungingenieure |
| VDMA | Verband Deutscher Maschinen- und Anlagenbau e. V. |
| VDSI | Verband Deutscher Sicherheitsingenieure e.V. |

| | |
|---|---|
| VE | Verrechnungseinheit |
| VEAG | Vereinigte Energiewerke Aktiengesellschaft |
| VersorgW | Versorgungswirtschaft (Zeitschrift) |
| VersR | Versicherungsrecht (Zeitschrift) |
| VG | Verwaltungsgericht |
| VGB | VGB-Technische Vereinigung der Großkraftwerksbetreiber e.V. |
| vgl. | vergleiche |
| VgNpV | Vergabenachprüfungsverordnung |
| VgRÄG | Vergaberechtsänderungsgesetz |
| VgV | Vergabeverordnung |
| VHB | Vergabehandbuch |
| VO | Verordnung |
| VOB | Verdingungsordnung für Bauleistungen |
| VOB/A | Verdingungsordnung für Bauleistungen – Teil A |
| VOB/B | Verdingungsordnung für Bauleistungen – Teil B |
| VOB/C | Verdingungsordnung für Bauleistungen – Teil C |
| VOF | Verdingungsordnung für freiberufliche Leistungen |
| VOL | Verdingungsordnung für Leistungen – ausgenommen Bauleistungen |
| VOL/A | Verdingungsordnung für Leistungen – ausgenommen Bauleistungen – Teil A |
| VR | Verwaltungsrundschau (Zeitschrift) |
| VÜ | Vergabeüberwachung(sausschuß/-prüfstelle) |
| VWEW | Verlags- und Wirtschaftsgesellschaft der Elektrizitätswerke e. V. |
| WE | Wohnungseigentum (Zeitschrift) |
| WEG | Wohnungseigentumsgesetz |
| WertV | Wertermittlungsverordnung |
| WiB | Wirtschaftsrechtliche Beratung (Zeitschrift) |
| WM | Wertpapiermitteilungen (Zeitschrift) |
| WPg | Die Wirtschaftsprüfung (Zeitschrift) |
| WRP | Wettbewerb in Recht und Praxis |
| WuW | Wirtschaft und Wettbewerb (Zeitschrift) |
| WuW/E | WuW Entscheidungssammlung zum Kartellrecht (Zeitschrift) |
| z. B. | zum Beispiel |
| z. T. | zum Teil |
| z. Zt. | zur Zeit |
| ZfBR | Zeitschrift für deutsches und internationales Baurecht (Zeitschrift) |
| ZfSch | Zeitschrift für Schadensrecht (Zeitschrift) |
| ZGB-DDR | Zivilgesetzbuch der Deutschen Demokratischen Republik |
| ZIP | Zeitschrift für Wirtschaftsrecht und Insolvenzpraxis (Zeitschrift) |
| ZKF | Zeitschrift für Kommunalfinanzen (Zeitschrift) |
| ZMR | Zeitschrift für Miet- und Raumrecht (Zeitschrift) |
| ZPO | Zivilprozeßordnung |
| ZVB | Zusätzliche Vertragsbedingungen |
| ZVB-TA | Zusätzliche Vertragsbedingungen – Technische Ausrüstung |
| zzgl. | zuzüglich |

# Einleitung

Mit diesem Rechtshandbuch stellen die Autoren aus ihrer beruflichen Erfahrung in der Zusammenarbeit mit Ingenieuren, Architekten, Bauherren und Projektsteuerern einen **Leitfaden für Ingenieure** zusammen, der die zentralen rechtlichen Fragen des Ingenieurs im Bauwesen praxisorientiert darstellt.

**Zielgruppe** der Veröffentlichung sind **Ingenieure, die im Bauwesen tätig sind, sowie das bauwirtschaftliche Projektmanagement.** Mit Bedacht haben wir nicht den engeren Begriff des »Bauingenieurs« gewählt. Nach dem Selbstverständnis der am Bau tätigen Ingenieure wären damit weite Bereiche des Ingenieurbaus, der Technischen Ausrüstung und der Spezialingenieure nicht angesprochen.

Ziel der Darstellung ist es, dem im Bauwesen tätigen Ingenieur die rechtlichen Grundlagen seiner Tätigkeit zu vermitteln. Für die Praxis wesentliche rechtliche Gesichtspunkte werden in Beispielsfällen vorgestellt. Anhand dieser Praxisfälle werden die Rechtsprobleme erläutert. Auf mögliche Gefahren wird hingewiesen. Anhand von »Praxishinweisen« werden dem Leser Hinweise und Anregungen gegeben, mit denen er beispielsweise »Haftungsfallen« oder Honorareinbußen durch richtige Vertragsgestaltung vermeiden kann.

Das Buch kann nicht auf einen »Fußnoten-Apparat« verzichten. Die Fußnoten geben Hinweise, die bei einer vertiefenden Beschäftigung mit den angesprochenen Fragen im Einzelfall wichtig werden können. Sie geben Ihnen Informationen an die Hand, wenn Sie sich »im Falle des Falles« z. B. an einen Rechtsanwalt Ihres Vertrauens wenden. Ihre Berater sehen dann sofort, wo die Rechtsprechung das Problem einordnet und wo sie anknüpfen können. An zentralen Punkten werden Hinweise auf weiterführende Literatur oder auf online Informationsmöglichkeiten (http://..... oder T-Online) gegeben.

---

**Praxishinweis**

*Sie werden in diesem Buch immer wieder den Hinweis auf die »derzeitige Rechtslage« finden. Insbesondere das Vergaberecht ist im Umbruch. Noch 1998 ist mit dem »Vergaberechtsänderungsgesetz« zu rechnen, das die Vergabe und vor allem ihre rechtliche Überprüfung auf eine neue Grundlage stellt. Das neue »Vergabegesetz« und seine Auswirkungen werden wir darstellen. Genauso werden wir auf die in Kraft getretene »Verdingungsordnung für freiberufliche Leistungen« (VOF) eingehen.*

---

Die Tätigkeit des Ingenieurs im Bauwesen fächert sich nach verschiedenen Bereichen auf. Einleitend werden hier die **beruflichen Zulassungsvoraussetzungen** anhand der Landesvorschriften im Überblick dargestellt. Zudem wird auf die **Bauvorlageberechtigung des Ingenieurs** bei Bauvorhaben hingewiesen, die dem Ingenieur gerade im Hochbau Tätigkeitsfelder eröffnet.

Ingenieure, die sich mit dem Gedanken zur **Selbständigkeit** tragen, finden einige Hinweise zur Entscheidungsvorbereitung. Auch für die bereits selbständigen freiberuflichen Ingenieure können die Fragen zur **Gewerbesteuer** von Interesse sein.

Der Wettbewerb wird schärfer, die Anforderungen an die Konzeption, Planung und Durchführung von Bauvorhaben steigen nicht nur in technischer und wirtschaftlicher, sondern auch in rechtlicher Hinsicht. Im Projektmanagement tritt neben den Projektsteuerer die »Juristische Projektbegleitung«. Im Kapitel »**Projektmanagement – Projektsteuerung und Juristische Projektbegleitung**« werden insbesondere die Schnittstellen zwischen technischer und organisatorischer Leistung des Ingenieurs einerseits und den rechtsberatenden Leistungen des Juristen andererseits herausgearbeitet.

Im Anschluß daran stellen wir die **Leistungsbilder der Ingenieurtätigkeit** vor. Diese Darstellung erfolgt anhand der einzelnen Leistungsphasen bzw. -elemente mit Praxisbeispielen. Die Leistungsbilder Hochbau, Ingenieurbauwerke, Technische Ausrüstung und Statik werden anhand der einzelnen Leistungsbilder vergleichend dargestellt.

Dem Leser werden ferner die wesentlichen Grundzüge des **Ingenieurvertrages** an die Hand gegeben. Die Gefahren im vorvertraglichen Bereich sowie im Rahmen der oft vorkommenden »Gefälligkeitstätigkeiten« werden dargestellt und Vermeidungsstrate-gien aufgezeigt. In der Praxis ergeben sich ferner immer wieder Probleme beim Abschluß des Ingenieurvertrages. Weiterhin wird in Form einer **Checkliste** der notwendige Inhalt eines Ingenieurvertrages erläutert. Von hoher Praxisrelevanz ist ferner die sog. »**gestufte Beauftragung**« des Ingenieurs. Auch hier werden anhand von Praxisfällen die verschiedenen Formen einer stufenweisen Beauftragung erklärt. Abschließend wird auf Standardprobleme bei der Kündigung des Ingenieurvertrages hingewiesen. Für das **Honorar des Ingenieurs** werden die wichtigsten Begriffe und Berechnungsformen anhand von Beispielen erklärt.

Unvermeidlich ist das Kapitel »**Die Haftung des Ingenieurs**«, in dem wir die wesentlichen Bereiche für »Haftungsfallen« darstellen. Neben den üblichen Planungsfehlern und Mängeln bei der Objektüberwachung sollen auch die oftmals übersehenen Haftungsbereiche bei der finanziellen Beratung des Auftraggebers und der Haftung gegenüber Drittbeteiligten aufgezeigt werden.

Die **Vergabe von Bauleistungen** steht im Mittelpunkt des letzten Kapitels des Buches.

Ingenieure werden immer häufiger im Bereich der öffentlichen Ausschreibung nach der VOB/A tätig. Dieses Tätigkeitsfeld nimmt einen zunehmend größeren Raum ein. Zugleich weisen diese Bereiche eine besondere Haftungsanfälligkeit auf. Ziel dieses Kapitels ist es daher, dem Ingenieur die Möglichkeiten, die er in diesen Bereichen hat, aufzuzeigen und zugleich vor Gefahren zu warnen.

# 1 Berufsbilder des Ingenieurs im Bauwesen

## 1.1 Ingenieur im Bauwesen

Eine rechtlich verbindliche allgemeine Begriffsbestimmung des »Bauingenieurs« gibt es nicht. Allgemein wird der Bauingenieur als Fachmann für technische, konstruktive und baubetriebliche Fragestellungen im Bereich des Bauwesens bezeichnet, wobei unter Bauwesen wiederum »die umfassende Bezeichnung für alle Maßnahmen, Regelungen und Gegebenheiten, die mit der Planung, Ausführung, Unterhaltung und Entwicklung baulicher Anlagen in Beziehung stehen«, verstanden wird.[1])

Wir verwenden hier deshalb auch den schon sprachlich weiter gefaßten Begriff des »**Ingenieurs im Bauwesen**«.

Im Bauwesen tätige Ingenieurinnen und Ingenieure sind diejenigen, die in einer oder mehreren Fachrichtungen des Bauingenieur-, Vermessungs-, Wasserwirtschafts- oder Verkehrswesens, der Bauphysik, der Geotechnik, der Umwelttechnik, der Landschaftspflege, der Energie-, Heizungs-, Raumluft-, Ver- und Entsorgungs-, Sanitär-, Medien-, Elektro- und Lichttechnik sowie der Arbeitssicherheit an baulichen Anlagen tätig sind.[2]) Auch diese landesgesetzliche Definition verweist letztlich auf außerrechtliche Begriffe.

Aufschlußreicher sind die Äußerungen der Bauingenieure über ihr berufliches Selbstverständnis.

Informativ präsentiert sich der Bereich Bauingenieurwesen an der RWTH Aachen *(http://www.bau-cip.rwth-aachen.de/german/dekanat/)*:

> *»Die Aufgaben des Bauingenieurs sind das Planen, Entwerfen, Konstruieren, Berechnen, die Ausführung, der Betrieb und die Unterhaltung von Bauwerken und baulichen Anlagen verschiedenster Art. Dabei ist die technische Funktion der Bauwerke und baulichen Anlagen, insbesondere die Standsicherheit der Konstruktion, zu gewährleisten.*
>
> *Das berufliche Anforderungsprofil des Bauingenieurs besteht deshalb in erster Linie aus einem umfangreichen fachlichen Spektrum, dessen Basis bereits in der Ausbildung geschaffen wird. Darüber hinaus ist für bestimmte Tätigkeiten entsprechendes Spezialwissen erforderlich, das i. d. R. durch langjährige Berufserfahrung erworben wird.*
>
> *Zum Selbstverständnis des Bauingenieurs gehören insbesondere:*
>
> - *eine hervorragende technisch-wissenschaftliche Ausbildung, die auch Bereiche der Architektur, Wirtschaft, Ökologie und Soziologie einschließt,*
> - *Kreativität und Phantasie bei der Suche nach Problemlösungen sowie Wissen um Inhalt und Grenzen der Anwendung von Richtlinien,*
> - *Kenntnisse in der Betriebswirtschaft und im Bau- und Vertragsrecht,*
> - *eine verantwortungsbewußte Tätigkeit in Praxis und Forschung, die auf der Überzeugung beruht, daß die Technik dem Menschen dienen soll und nicht umgekehrt,*
> - *Entscheidungsfreudigkeit, Durchsetzungsvermögen und Flexibilität.*

Bauingenieure können auf den folgenden Gebieten tätig sein:

* Landes-, Regional- und Stadtplanung,
* Planung, Bau und Betrieb von Verkehrswegen,
* Wasserbau und Wasserwirtschaft,
* Planung und Bau von Ver- und Entsorgungseinrichtungen,
* Bauwerke des Hoch-, Industrie- und Brückenbaus,
* Grundbau, Felsbau und unterirdisches Bauen,
* Bauausführung und Baubetrieb.

Aufgrund der Vielfalt der Problemstellungen sind im Bauingenieurwesen vier schwerpunktmäßige Aufgabengebiete entstanden:

* Konstruktiver Ingenieurbau,
* Wasserwesen,
* Baubetrieb,
* Verkehrswesen und Raumplanung.

Der **Konstruktive Ingenieurbau** umfaßt den Entwurf, die Konstruktion, Berechnung und Erstellung von Bauwerken; z.B. von Häusern, Hallen, Kühltürmen, Industrieschornsteinen, Fernsehtürmen, Brücken, Tunneln und Behältern. Dazu gehören auch Sonderkonstruktionen wie Krane und Fördereinrichtungen für den Bergbau über Tage und Bohrinseln für die Ölsuche. Ausgehend von den hauptsächlich verwendeten Baustoffen unterscheidet man zwischen Massivbau (Stahlbeton, Spannbeton, Mauerwerk), Stahlbau (Stahl, Leichtmetall und Verbundkonstruktionen) und Holzbau. Neben diesen bewährten Baustoffen werden zunehmend Kunststoffe für spezielle Bauaufgaben eingesetzt.

Im **Wasserwesen** geht es um die Nutzung des Wassers als Verkehrsweg (Kanäle und Häfen), zur Verwendung als Trink- und Brauchwasser sowie zur Energiegewinnung in Wasserkraftanlagen, aber auch um den Schutz vor den zerstörenden Wirkungen des Wassers. Dazu dienen z.T. umfangreiche Bauwerke wie Dämme, Deiche, Staustufen und Ufersicherungen.

Das von den Haushalten und Industriebetrieben benötigte Trink- und Brauchwasser muß gewonnen, gereinigt, aufbereitet, gespeichert und durch Leitungsnetze verteilt werden. Nach der Benutzung muß es durch eine Kanalisation gesammelt, in Kläranlagen gereinigt und wieder dem Kreislauf des Wassers zugeführt werden. Zur Tätigkeit des Bauingenieurs in diesem umweltschutzorientierten Bereich gehört auch die Überwachung des Wasserhaushalts unter landschaftsökologischen Gesichtspunkten. Als Beispiele dafür seien Grundwasserabsenkungen, Bodenerosionen und die Problematik der Gewässerreinhaltung genannt.

Darüber hinaus beschäftigen sich Bauingenieure in der Abfallwirtschaft mit der Problematik der sachgerechten Entsorgung von Haus- und Industriemüll, z.B. durch den Bau und Betrieb von Deponien.

Bei allen ober- und unterirdischen Bauwerken müssen die Lasten in den Untergrund eingeleitet und dort sicher aufgenommen werden. Der Bauingenieur hat daher bei der Planung und dem Entwurf von Bauwerken die Aufgabe, den im Bereich von Gründungen, Stützmauern, Dämmen, Tunnel, etc. anstehenden Boden oder Fels als Baugrund und Baustoff zutreffend zu beurteilen und die Standsicherheit rechnerisch nachzuweisen.

Im **Baubetrieb** dominieren zwei Aufgabenbereiche: Einerseits obliegen dem Bauingenieur in der Unternehmensführung zahlreiche Aufgaben, die eine bautechnische Ausbildung voraussetzen, aber zusätzliche Kenntnisse in der Personalführung und im betriebswirtschaftlichen, organisatorischen und vertragsjuristischen Bereich erfordern. Parallel dazu sind solche Aufgaben zu lösen, die die Beherrschung der zahlreichen Verfahrenstechniken zur Voraussetzung haben und deren richtige Handhabung vor Ort – also auf der Baustelle – erst ein wirtschaftliches und plangerechtes Bauen ermöglicht.

Im Aufgabenbereich des **Verkehrswesens** stellt sich die Arbeit des Bauingenieurs dem Laien besonders anschaulich dar. Hier geht es nicht nur um den Bau der Verkehrswege, sondern auch um die Planung des Verkehrsablaufs, um Fahrpläne und Verkehrsregelungen und um das Problem der Verkehrssicherheit. Beim Entwurf von Verkehrsanlagen (Straßen, Bahnanlagen, Flughäfen) greifen dann diese Fragen eng ineinander.

Die **Raumplanung** befaßt sich mit den Planungen für eine auf die wirtschaftspolitischen und gesellschaftlichen Ziele abgestimmte Entwicklung großer Räume (Länder, Regionen, Städte, Gemeinden). Da die Verkehrsplanung einen Sektor der übergeordneten Raumplanung darstellt, sind Bauingenieure in beiden Bereichen tätig.«[3])

Die TU Berlin bietet sowohl Studiengänge Architektur als auch Bauingenieurwesen (http://www.tu-berlin.de/zuv/asb/faecher/ bauing/bauing.html) an. Ihrer Darstellung zum Bauingenieurwesen ist der Hinweis auf die Abgrenzung der beiden Berufsbilder entnommen:

»Bauingenieure und Bauingenieurinnen, insbesondere deren Berufsbild, sind in der Öffentlichkeit wenig bekannt. Wenn von großen Bauwerken die Rede ist, denkt man zunächst an Architekten und Architektinnen, die Bauwerke entwerfen oder an die Tätigkeit der Bauarbeiter, die die Bauwerke errichten. Bauen ist immer Kunst und Technik zugleich. Architekten und Architektinnen bearbeiten bei einer Bauaufgabe den Entwurf des Werkes und dessen Beziehungen zur Umwelt. Sie sind für die Raumordnung, Formen, Licht, Farbe und weitere künstlerische Belange verantwortlich.

Dagegen haben Bauingenieure und Bauingenieurinnen die Aufgabe, das Bauwerk nach den technisch-wissenschaftlichen Erkenntnissen ihrer Zeit zu erfassen. Sie haben die Konstruktion so zu wählen, zu berechnen und zu bemessen, daß das Bauwerk seine Aufgaben erfüllt und standsicher ist. Dabei müssen sie die verschiedenen Beanspruchungen berücksichtigen, denen das Bauwerk durch die Umwelt und durch seine Nutzung ausgesetzt ist. Die unterschiedlichen Aufgaben und Betrachtungsweisen von Bauingenieuren und Bauingenieurinnen bzw. Architekten und Architektinnen bei der Herstellung eines Bauwerkes erfordern eine konstruktive Auseinandersetzung in enger Zusammenarbeit.«[4])

## 1.2 Berechtigung zur Führung der Berufsbezeichnung

Die Berechtigung zur Führung der Berufsbezeichnung »Ingenieur« oder »Ingenieurin« ergibt sich aus gesetzlichen Regelungen der Bundesländer.[5])

Bei allen Unterschieden in der Bezeichnung und in der Regelungssystematik im einzelnen, darf diese Berufsbezeichnung führen

- wer das Studium einer technischen oder naturwissenschaftlichen Fachrichtung an einer deutschen wissenschaftlichen Hochschule oder an einer deutschen Fachhochschule mit Erfolg abgeschlossen hat oder
- wer das Studium an einer deutschen öffentlichen oder ihr hinsichtlich des Studienabschlusses rechtlich gleichgestellten deutschen privaten Ingenieurschule mit Erfolg abgeschlossen hat oder
- wer einen Betriebsführerlehrgang einer deutschen staatlich anerkannten Bergschule mit Erfolg abgeschlossen hat
- wem das Recht verliehen worden ist, die Bezeichnung »Ingenieurin (grad.)« oder »Ingenieur (grad.)« zu führen,
- wer aufgrund eines Abschlußzeugnisses einer ausländischen Hochschule oder einer sonstigen ausländischen Schule von der zuständigen Behörde die Genehmigung hierzu erhalten hat.

Darüber hinaus bestehen Übergangsvorschriften für Ingenieurinnen und Ingenieure, die diese Berufsbezeichnung bereits in der DDR[6]) getragen haben.

§ 23 Abs. 2 des Baukammerngesetzes NW[7]) definiert den im Bauwesen tätigen Ingenieur. Im Bauwesen tätige Ingenieure und Ingenieurinnen sind danach diejenigen, die in einer oder mehreren Fachrichtungen des Bauingenieur-, Vermessungs-, Wasserwirtschafts- oder Verkehrswesen, der Bauphysik, der Geotechnik, der Umwelttechnik, der Landschaftspflege, der Energie-, Heizungs-, Raumluft-, Ver- und Entsorgungs-, Sanitär-, Medien-, Elektro- und Lichttechnik sowie der Arbeitssicherheit an baulichen Anlagen tätig sind.

Darüber hinaus kennt das Berufsrecht den Beratenden Ingenieur bzw. die Beratende Ingenieurin. Deren Berufsaufgabe ist z. B. nach § 21 Abs. 1 Baukammerngesetz NW die »eigenverantwortliche und unabhängige Beratung, Entwicklung, Planung, Betreuung, Kontrolle und Prüfung sowie Sachverständigentätigkeit und Mitwirkung bei Forschungs- und Entwicklungsaufgaben auf dem Gebiet des Ingenieurwesens; dazu gehört auch die Vertretung des Auftraggebers oder der Auftraggeberin in mit der Vorbereitung, Leitung, Ausführung, Überwachung und Abrechnung zusammenhängenden Aufgaben«.[8])

Ausführlicher ist die Bestimmung der Berufsaufgabe der Architekten geregelt. § 3 des Thüringer Architektengesetzes[9]) bestimmt z. B. die Berufsaufgaben der Architekten in Abs. 1 und Abs. 6 zunächst allgemein:

*»Berufsaufgabe der Architekten ist die gestaltende, technische, wirtschaftliche, ökologische und soziale Planung von baulichen Anlagen.«*
*»Zu den Berufsaufgaben der Architekten aller Fachrichtungen gehören auch die Beratung, Betreuung und Vertretung des Auftraggebers hinsichtlich der mit der Planung und Realisierung eines Vorhabens zusammenhängenden Angelegenheiten sowie die Koordinierung und Überwachung der Ausführung. Zu den Berufsaufgaben kann auch die Erstattung von Fachgutachten gehören.«*

Die weiteren Bestimmungen definieren die Berufsaufgabe der Innen-, Garten- und Landschaftsarchitekten sowie der Stadtplaner.

## 1.3 Bauvorlageberechtigung für Ingenieure

Bauvorlagen für die Errichtung und Änderung von Gebäuden müssen nach den Bestimmungen der jeweiligen Landesbauordnungen zumindest von einem bauvorlageberechtigten Entwurfsverfasser anerkannt sein.

Im Bauwesen tätige Ingenieure sind grundsätzlich als Bauvorlageberechtigte nach Maßgabe der jeweiligen Landes-Bauordnungen anerkannt.[10]

Die Bestimmungen über die bauvorlageberechtigten Entwurfsverfasser variieren zwar von Bundesland zu Bundesland, bauvorlageberechtigt ist aber zumindest wer

- die Berufsbezeichnung »Architektin« oder »Architekt« führen darf,
- als Angehörige oder Angehöriger der Fachrichtung Bauingenieurwesen Mitglied einer Ingenieurkammer ist und mindestens zwei[11]), in manchen Bundesländern drei[12]), Jahre in der Planung der Ausführung von Gebäuden praktisch tätig war. Teilweise wird auch die Tätigkeit in der Überwachung der Ausführung von Gebäuden gefordert.[13])

In Nordrhein-Westfalen etwa führt die Ingenieurkammer-Bau eine Liste der im Bauwesen tätigen Beratenden Ingenieure und Ingenieurinnen (§ 23 Abs. 1). Die hierin geführten im Bauwesen tätigen Ingenieur bzw. Ingenieurinnen sind Pflichtmitglieder der Ingenieurkammer-Bau. Als freiwilliges Mitglied kann der Ingenieurkammer-Bau in Nordrhein-Westfalen aber auch der im Bauwesen tätige Ingenieur angehören, der nicht in die Liste der Beratenden Ingenieure und Ingenieurinnen eingetragen ist.[14])

## 1.4 Abgrenzung Architekt/Ingenieur?

Sieht man von dem zeitlichen Vorlauferfordernis berufspraktischer Tätigkeit zur Bauvorlageberechtigung ab, gibt es faktisch keine berufszulassungsrechtlichen oder baurechtlichen Regelungen, die die beiden Berufe gegeneinander »ausgrenzen«.

Die HOAI – als reine preisrechtliche Regelung[15]) – gibt für die Abgrenzung der beiden Berufsbilder keine Bestimmungen zur Hand.[16]) Wenn schon Personen, die weder Architekten noch Ingenieure sind, ihre einschlägigen Leistungen nach der HOAI abrechnen können,[17]) so muß das erst recht für Architekten gelten, die »Ingenieurleistungen«, und umgekehrt für Ingenieure, die »Architektenleistungen« erbringen.[18]) In der HOAI gibt es keine typischen »Architektenleistungen« bzw. typische »Ingenieurleistungen«: die HOAI ist eine preisrechtliche Regelung, die keine typisierten Leistungsverpflichtungen beinhaltet.[19])

Letztlich bleibt es dem Auftraggeber überlassen, welche Berufsqualifikation er nachfragt. In voller Konsequenz macht dies § 23 der Verdingungsordnung für freiberufliche Leistungen (VOF)[20]) deutlich:

> »(1) *Wird als Berufsqualifikation der Beruf des Architekten oder der einer seiner Fachrichtungen gefordert, so ist jeder zuzulassen, der nach den Architektengesetzen der Länder berechtigt ist, die Berufsbezeichnung Architekt zu tragen, oder nach den EG-Richtlinien, ..., berechtigt ist, in der Bundesrepublik Deutschland als Architekt tätig zu werden.*
>
> (2) *Wird als Berufsqualifikation der Beruf des Beratenden Ingenieurs oder Ingenieurs geordert, so ist jeder zuzulassen, der nach den Gesetzen der Länder berechtigt ist, die Berufsbezeichnung ›Beratender Ingenieur‹ oder ›Ingenieur‹ zu tragen, oder nach*

*der EG-Richtlinie ... in der Bundesrepublik Deutschland als ›Beratender Ingenieur‹ oder ›Ingenieur‹ tätig zu werden.«*

Diese Regelung gibt den öffentlichen Auftraggebern das Recht in die Hand, durch entsprechende Anforderungen an die Berufsqualifikation und Gestaltung der Vergabebedingungen die jeweils andere Berufsgruppe – diskriminierungsfrei – aus dem ehemals typischen Tätigkeitsbild »herauszudrängen«. Und was den öffentlichen Auftraggebern Recht ist, kann den privaten Auftraggebern nur billig sein. Wir bezweifeln, daß diese Konsequenzen bei der Abfassung der VOF überhaupt so klar gesehen wurden.

## 1.5 Überlegungen zur Existenzgründung als freier Ingenieur

Das Anforderungsprofil an die im Bauwesen tätigen Ingenieure ändert sich. Komplexe Bauprojekte, technische Innovationen und neue Finanzierungskonstruktionen brauchen vermehrt neben technischen auch betriebswirtschaftliche und rechtlich Kenntnisse, sie brauchen aber auch organisatorische Fähigkeiten und soziale Kompetenz.

So eindeutig sich diese Feststellungen überall in der Diskussion der Fachöffentlichkeit finden, so groß ist aber auch das Klagen über die mangelnde Umsetzung solchen Wissens in Ausbildung und Berufspraxis:

- »Die Arbeit in der Praxis wird einerseits immer mehr fokussiert, also spezialisiert, aber andererseits immer mehr vernetzt und generalistisch systembezogen – braucht also den kommunikationsfähigen Spezialisten, den wir aber nicht ausbilden.«[21]
- »... scheint es doch, daß gerade Frauen den Anforderungen an ein neues Ingenieurbild besonders entsprechen. ... Es kann wohl festgestellt werden, daß der neue Managertyp, den die Industrie sucht, genau den Eigenschaften entspricht, die mit Frauen in Verbindung gebracht werden. Aber noch klafft eine große Lücke zwischen dem Idealbild der Einstellungspraxis und dem tatsächlichen Verhalten der Personalchefs.«
- »Die Berufszufriedenheit von (erfolgreichen) Ingenieuren ist nicht übermäßig hoch.«
- »Die Einkommenssituation von Ingenieuren ist nicht schlecht, wie die regelmäßigen Einkommensanalysen des VDI zeigen. Auch ist die Steigerung der Einkom-

men in den ersten zehn Berufsjahren beträchtlich, … Neuerdings wird allerdings auch eine größere Spreizung der Ersteinkommen von Berufsanfängern beobachtet.«[22])

Das alles können Eindrücke und Überlegungen sein, die den Gedanken an die berufliche Selbständigkeit wachrufen. Die Karriere des freiberuflichen und unabhängig tätigen Ingenieurs sieht aber anders aus als die Karriere in Baugewerbe, Industrie oder Verwaltung. Für den Erfolg gibt es keine Garantien, für den Mißerfolg des Selbständigen aber höhere Risiken.

Nachfolgend wollen wir einige Hinweise zur Informationsbeschaffung geben.

---

**Online-Informationsquellen für Ingenieure**

Auch für Ingenieure wird das Internet und andere Systeme, wie z. B. T-Online, als Informationsquelle immer interessanter. Die von uns vorgestellten Links sind das Ergebnis einer subjektiven Auswahl von Informationsquellen, die uns nützlich erscheinen. Die nähere Beschreibung der Angebote beruhen auf den Angaben der Anbieter aus den jeweiligen Links. Wir haben in dieses Handbuch einige online-Anbieter von
• Informationen und Beratungsdienstleistungen für Existenzgründer und
• architekten- und ingenieurspezifische Informationen und Beratungsdienstleistungen aufgenommen.
Wir erheben weder Anspruch auf Vollständigkeit noch auf Repräsentativität, deshalb empfehlen wir jedem Internet-Benutzer, z. B. über die bekannten Suchmaschinen, selbst weiter zu recherchieren. Hinweise auf das beinahe täglich umfangreicher werdende Angebot nehmen wir gerne auf. Die hier vorgestellten Internet-Links sind in der Homepage des Autors *(http://www.dira.de/links)* zusammengestellt und von dort aufrufbar.

---

### 1.5.1 Online-Anbieter von Informationen und Beratungsdienstleistungen für Existenzgründer[23])

Für Existenzgründer stellt der Bundeswirtschaftsminister unter *http://www.bmwi.de/existenzgruendung.html* u. a. die folgenden Informationen zur Verfügung:

• »Starthilfe – Der erfolgreiche Weg in die Selbständigkeit« (Download 20 KB ≈ 110 Seiten)
• »Der Existenzgründungsberater« PC-Programm mit Berechnungshilfen und Checklisten (Download 2,5 MB).

Auch die Industrie- und Handelskammern sind mit Existenzgründungsberatung zunehmend im Internet vertreten. Besonders lesenswert ist von der IHK Aachen »Existenzgründung mit der IHK – Informationen und Orientierungshilfen für den erfolgreichen Unternehmensaufbau« *(http://www.aachen.ihk.de)* mit 99 KB ≈ 130 Seiten.

## Praxishinweise

Die beiden vorstehend genannten Informationsquellen vermitteln Orientierungshilfen mit Beispielsrechnungen und Checklisten, die für jeden Existenzgründer bei der Abwägung der Chancen und Risiken einer eigenständigen Existenz hilfreich sein können:

- Motive für die Selbständigkeit,
- Private Überlegungen,
- Persönliche Einflußfaktoren (Rechtliche Voraussetzungen, Kaufmännische Qualifikation, Fachliche Voraussetzungen, Branchenkenntnisse, Persönliche Eignung),
- Gründungs- und Produktidee,
- Marktforschung (Analyse von Bedarf, Absatzmarkt, Wettbewerb),
- Standortfragen,
- Markterschließungspotentiale (Öffentlichkeitsarbeit, Public Relations),
- Geschäftsübernahme,
- (Prüfung des Unternehmens, Bewertung des Unternehmens, Unternehmenskauf, Pachtvertrag, Eintritt in Einzelunternehmen, Erwerb einer Beteiligung, Haftungsrisiken),
- Planungsrechnungen (Kapitalbedarfsplan, Umsatz- und Rentabilitätsvorschau bzw. voraussichtliche Gewinn- und Verlustrechnung, Liquiditätsplanung),

- Finanzierung (Eigenkapital, Beteiligung, Investitionskredite der Geldinstitute, Kreditunterlagen, Kreditprüfung, Sicherheiten, Öffentliche Förderung),
- Steuern (u. a. Umsatz-, Einkommen-, Körperschaft-, Kirchen-, Lohn-, Gewerbesteuer und ihre Erklärung),
- Sozialabgaben,
- Rechtsformen (Einzelunternehmen, GbR, Partnerschaftsgesellschaft, GmbH sowie die steuerlichen Überlegungen zur Rechtsformwahl),
- Buchführung und Gewinnermittlung,
- Versicherungen (persönlicher Versicherungsschutz wie Privathaftpflicht, Kranken-, Pflege, Berufsunfähigkeits-, Renten-, Unfallversicherung, Arbeitslosen- und Lebensversicherung; betrieblicher Versicherungsschutz wie Betriebshaftpflicht, Umwelthaftpflicht, Vermögensschadenhaftpflicht, Betriebsunterbrechung, Einbruchdiebstahl, Feuer, Explosion, Sturm, Wasser, Kraftfahrzeugversicherungen, Rechtsschutz, Auslandsrisiken),
- Mitarbeiter (Personalsuche, Arbeitsrecht, Lohnsteuer),
- Betriebsorganisation.

### 1.5.2 Die Ingenieurverbände

Für die Besonderheiten des freiberuflichen Ingenieurs auf dem Weg in Selbständigkeit sollten die Verbände in Anspruch genommen werden:

#### 1.5.2.1 VDI

Mit *http://www.vdi.de* ist der mit 127.000 persönlichen Mitgliedern, darunter mehr als ein Drittel Studenten und Jungingenieure unter 33 Jahren, größte technisch-wissenschaftliche Verein Europas erreichbar. Über die Hompage lassen sich auch Versiche-

rungsdienstleistungen für Mitglieder erschließen.

Das elektronische Archiv der **VDI-Nachrichten** ist über T-Online (**\*genios#**) bzw. mit *http://www.genios.de* aufrufbar.

#### 1.5.2.2 VBI

Der Verband Beratender Ingenieure VBI (*http://ingenieur.de/vbi/*) ist eine Berufsorganisation unabhängig beratender und planender Ingenieure und Ingenieurunternehmen in Deutschland. Mit seinen rund 3.000 Ingenieurunternehmen ist er einer der weltweit größten Consultingverbände.

Über die Homepage sind Informationen zur »**VBI-Kontaktbörse** für Unternehmensübergaben« erhältlich. Der VBI bietet eine kostenfreie und diskrete Kontaktbörse für Ingenieure an, die planen, ein unabhängiges Consulting-Büro zu übernehmen oder abzugeben. Dort können selbständige Ingenieure, die – etwa aus Altersgründen – ihre Büros in jüngere Hände geben möchten, und ihre potentiellen Nachfolger, die über unternehmerischen Willen verfügen, miteinander in die ersten Gespräche kommen.

Zu beziehen ist hierüber der »**Existenzgründer-Ratgeber**« des VBI.

Von Interesse ist auch das »Muster-Handbuch für die Erstellung eines firmeneigenen **Qualitätssicherungs-Handbuchs** für Ingenieurbüros der Fachrichtungen Ingenieurbauwerke und Tragwerksplanung« des VBI, Fachgruppe Konstruktiver Ingenieurbau.

Das Handbuch ist gedacht für Ingenieurbüros freiberuflich tätiger Beratender Ingenieure, die ihre Dienstleistungen nach HOAI erbringen und ein Qualitätsmanagementsystem (QMS) und Qualitätssicherungssystem (QSS) nach DIN ISO 9000 ff. darlegen wollen. Der Schwerpunkt der Ausarbeitung bezieht sich auf die Fachrichtung Tragwerksplanung, da hier die Elemente des QMS für alle Büros am weitesten allgemein in einem Musterhandbuch geregelt werden können.

Das QMS beruht auf:

- DIN ISO 8402, Qualitätsmanagement und Qualitätssicherung, Begriffe (März 1992),
- DIN ISO 9001 – Qualitätssicherungssysteme (QSS), Modell zur Darlegung der Qualitätssicherung in Design/Entwicklung, Produktion, Montage und Kundendienst (Mai 1990),
- DIN ISO 9002 – Qualitätssicherungssysteme, Modell zur Darlegung der Qualitätssicherung in Produktion und Montage (Mai 1990),
- DIN ISO 9004, Teil 2 – Qualitätsmanagement und Elemente eines Qualitätssicherungssystems, Leitfaden für Dienstleistungen (Entwurf August 1990),
- Qualitätsmanagement und Qualitätssicherungssystem für Planungsleistungen, Stand Oktober 1993, herausgegeben vom Verband Beratender Ingenieure VBI.

### 1.5.3 Die Deutsche Ausgleichsbank

Für Finanzierungsfragen bietet ausführliche Hinweise mit bundeslandspezifischen online Berechnungshilfen für Existenzgründer die **Deutsche Ausgleichsbank** *(http://www.dta. de/)*. Das angebotene System ist so weit differenziert, daß es auf einzelne Berufsgruppen, z. B. die Ingenieure, eingehen kann.

### 1.5.4 VDI Studie »Ingenieurbedarf«

Im September 1996 hat der VDI eine Studie »Ingenieurbedarf« vorgelegt, um »angesichts dramatisch zurückgehender Studienanfängerzahlen in den ingenieurwissenschaftlichen Fachrichtungen, Informationen und Argumente für eine sachliche und nüchterne Einschätzung der Berufsaussichten der Ingenieure bereitzustellen.«[24]

Wenn die Studie das Risiko eines »Mangels an technischem Führungsnachwuchs« ausmacht, dann kann für den Ingenieur im Bauwesen aber nicht übersehen werden, daß dieser Trend für ihn nicht – oder nur zeitversetzt – gilt.

Die VDI-Studie beeinhaltet drei Szenarien, die diese »Abkopplung« des Bauingenieurs deutlich machen:

SZENARIO 1: Ingenieurmangel
SZENARIO 2: Abstimmung zwischen
               Angebot und Nachfrage
SZENARIO 3: Ingenieurschwemme

Das erste Szenario »**Ingenieurmangel**« wird vor allem durch die Befürchtung bestimmt, daß die seit 1991 stark zurückgegangenen Studienanfängerzahlen bereits in wenigen Jahren dazu führen könnten, daß dem Arbeitsmarkt nur noch sehr geringe Jahrgangsstärken an Absolventen der Technikdisziplinen zur Verfügung stehen könnten.

Diese Annahmen treffen aber für das Bauingenieurwesen – zumindest jetzt noch – nicht zu:

*»Die Annahmen für Szenario 1 (Ingenieurmangel) im Bauingenieurwesen unterscheiden sich wegen der Sonderkonjunktur in der Baubranche zum Teil erheblich von den Annahmen für die stationäre Industrie. So ist beispielsweise die Sonderkonjunktur im Bauwesen nach der Wiedervereinigung zu nennen, die sich erst jetzt wieder abschwächt. Bauingenieure wurden in den letzten vier Jahren stark nachgefragt, erst jetzt, wo sich eine Konjunkturabschwächung im Baubereich abzeichnet, haben auch Bauingenieure zunehmend Schwierigkeiten, eine Beschäftigung zu finden. Die Studienanfängerzahlen im Bauingenieurwesen reagieren erst seit etwa einem Jahr auf diese Entwicklung. Annahmen: Der in den beiden letzten Jahren bestehende größere Bedarf nach Absolventen des Bauingenieurwesens – wesentlich bedingt durch die Sonderkonjunktur für den Aufbau Ost – schwächt sich in den kommenden Jahren ab. Falls der soeben beginnende Abbau der Studienanfängerzahlen in gleichem Maße anhält, ist erstmals wieder im Jahre 2001 damit zu rechnen, daß das Angebot an offenen Stellen die Zahl der Absolventen übersteigt. Angenommen wird dabei ein insgesamt leicht steigender Bedarf zwischen 4500 bis 5700 Bauingenieu-*

*ren. Ähnliche Durchschnittszahlen verwendet der Hauptverband der Deutschen Bauindustrie.«*

Das zweite Szenario »**Abstimmung zwischen Angebot und Nachfrage**« der VDI-Studie wird hauptsächlich durch die Erfahrung bestimmt, daß sich bereits in der Vergangenheit jeweils alle als zunächst dramatisch empfundenen und dargestellten Abstimmungsdefizite zwischen Ingenieurangebot und -nachfrage schließlich als bewältigbar herausgestellt haben:

*»Auch bei den Bauingenieuren werden neben der Annahme, daß durch entsprechende Information beziehungsweise Beratung ein allzu starkes Absinken der Studienanfängerzahlen vermieden werden, die übrigen Annahmen für das Szenario 1 im Bauingenieurwesen übernommen. Außer gelegentlichen zeitlichen Mis-Matches[25]) scheint im Bauwesen die Abstimmung zwischen Bedarf und Angebot an Bauingenieuren zu gelingen.«*

Ab 2001 liegt bei diesem Szenario die Zahl der offenen Stellen über der Anzahl der Absolventen im Bauingenieurwesen.

Das dritte Szenario »**Ingenieurschwemme**« betont die Tendenzen, die nach der Jahrtausendwende zu einem Zustand führen, »bei dem die Absolventenzahl größer als die Nachfrage ist (Ingenieurschwemme)«. Lediglich für das Jahr 2002 liegt bei diesem Szenario die Zahl der offenen Stellen über der Anzahl der Absolventen im Bauingenieurwesen.

Dennoch ist diese Studie in bezug auf Prognosen mehr als zurückhaltend:

*»Während sich das Angebot an Ingenieuren in der Regel jeweils für die nächsten 5 bis 7 Jahre aus Beschäftigtenzahlen, Altersstruktur, Studierenden und Studienanfängern in etwa abschätzen läßt, erscheint es unmöglich, den Bedarf an Ingenieuren für einen mittleren oder längeren Zeitraum zu prognostizieren.«*

Die zum Teil gegenläufigen Trends werden dargelegt, und es wird letztlich kein Zweifel an den massiven Prognoserisiken gelassen:

*»Die diskutierte Heraufsetzung des Rentenalters würde zum Beispiel einen Hauptanteil des zukünftigen Ingenieurbedarfs, nämlich den Ersatzbedarf für aus dem Berufsleben ausscheidende Ingenieure, für einige Jahre auf Null reduzieren und damit zu einer Ingenieurschwemme größeren Ausmaßes führen.«*

Für den Bauingenieur, der sich mit der (Neu-)Ausrichtung seiner beruflichen Zukunft beschäftigt, liegt die Bedeutung der VDI-Studie im zusammenfassenden Überblick über die Trends im »**Strukturwandel vom Industrie- zum Informationszeitalter**«:

*   Es entstehen »neue berufliche Funktionsbereiche und Arbeits- bzw. Tätigkeitsfelder«.
*   »Auch die neuen Organisationsformen der Arbeit von Ingenieuren erfordern neue Qualifikationen. ... Schwierig einzuschätzen sind bislang die quantitativen Auswirkungen neuer betrieblicher (kostensenkender und produktivitätssteigernder) Organisationskonzepte, wie etwa die weithin diskutierten und in rund 20 % der Wirtschaftsunternehmen bereits eingeführten Konzepte von Lean Production und Lean Management.«
*   Vertikale und horizontale Substitution von Ingenieuren: »Vertikale Substitution erfolgt vor allem aus zwei Entwicklungen: neue Selbständigkeit sowie Abflachung von Hierarchien aufgrund der neuen Konzepte des Lean Management. Horizontale Substitution erfolgt vor allem im Bereich kundennaher Funktionsbereiche.«
*   »Im Zuge der zunehmenden Internationalisierung wird die Bedeutung von Auslandstätigkeiten zunehmen. Es ist davon auszugehen, daß international operie-

rende Unternehmen hier besonderen Ingenieurbedarf haben. ... Out-sourcing spezieller Ingenieuraufgaben in Billiglohnländer wird zunehmend von international operierenden Unternehmen betrieben: Neue Konkurrenz für deutsche Ingenieure entsteht. Zunehmend wird bei der Durchführung internationaler Projekte auf Ortskräfte zurückgegriffen.«

## 1.6 Steuerrechtliche Besonderheiten: Belastung durch Gewerbesteuer

Ein oft übersehenes Problem sowohl der Planung der Selbständigkeit als auch der laufenden Berufstätigkeit des Ingenieurs ist die gewerbesteuerliche Belastung. Der Gewerbesteuer unterliegt der inländische Gewerbebetrieb (§ 2 Abs. 1 Gewerbesteuergesetz).

Als Gewerbebetrieb gelten kraft Rechtsform gem. § 2 Abs. 2 GewStG sowieso die Kapitalgesellschaften und somit z. B. auch die Ingenieurgesellschaften, die in der Rechtsform der GmbH betrieben werden.

Für die Gewerbesteuer ist der Gewerbeertrag nach den Vorschriften des Einkommensteuergesetzes (EStG) zu ermitteln (§ 7 Abs. 1 GewStG). Kurzum: für die Gewerbesteuerpflicht des Ingenieurs kommt es darauf an, ob er in einkommensteuerlicher Hinsicht Einkünfte aus Gewerbebetrieb (§ 3 Abs. 1 Nr. 2 EStG i.V.m. §§ 15 ff. EStG) oder Einkünfte aus Selbständiger Arbeit (§ 2 Abs. 1 Nr. 3 EStG i.V.m. § 18 EStG) erzielt. Nur auf Einkünfte aus Gewerbebetrieb ist Gewerbesteuer zu entrichten.

Die zentrale Frage für den Ingenieur ist, ob und inwieweit seine Einkünfte unter das »Freiberufler-Privileg« des § 18 EStG fallen.[26]

---

### § 18 Einkommensteuergesetz[27]

(1) Einkünfte aus selbständiger Arbeit sind
1. Einkünfte aus freiberuflicher Tätigkeit. Zu der freiberuflichen Tätigkeit gehören die selbständig ausgeübte wissenschaftliche, künstlerische, schriftstellerische, unterrichtende oder erzieherische Tätigkeit, die selbständige Berufstätigkeit der Ärzte, Zahnärzte, Tierärzte, Rechtsanwälte, Notare, Patentanwälte, Vermessungsingenieure, Ingenieure, Architekten, Handelschemiker, Wirtschaftsprüfer, Steuerberater, beratenden Volks- und Betriebswirte, vereidigten Buchprüfer (vereidigten Bücherrevisoren), Steuerbevollmächtigten, Heilpraktiker, Dentisten, Krankengymnasten, Journalisten, Bildberichterstatter, Dolmetscher, Übersetzer, Lotsen und ähnlicher Berufe. Ein Angehöriger eines freien Berufs im Sinne der Sätze 1 und 2 ist auch dann freiberuflich tätig, wenn er sich der Mithilfe fachlich vorgebildeter Arbeitskräfte bedient; Voraussetzung ist, daß er auf Grund eigener Fachkenntnisse leitend und eigenverantwortlich

tätig wird. Eine Vertretung im Fall vorübergehender Verhinderung steht der Annahme einer leitenden und eigenverantwortlichen Tätigkeit nicht entgegen;
2. Einkünfte der Einnehmer einer staatlichen Lotterie, wenn sie nicht Einkünfte aus Gewerbebetrieb sind;
3. Einkünfte aus sonstiger selbständiger Arbeit, z. B. Vergütungen für die Vollstreckung von Testamenten, für Vermögensverwaltung und für die Tätigkeit als Aufsichtsratsmitglied.

(2) Einkünfte nach Abs. 1 sind auch dann steuerpflichtig, wenn es sich nur um eine vorübergehende Tätigkeit handelt.

(3) Zu den Einkünften aus selbständiger Arbeit gehört auch der Gewinn, der bei der Veräußerung des Vermögens oder eines selbständigen Teils des Vermögens oder eines Anteils am Vermögen erzielt wird, das der selbständigen Arbeit dient. § 16 Abs. 1 Nr. 1 letzter Halbsatz und Abs. 2 bis 4 gilt entsprechend.

(4) § 15 Abs. 1 Satz 1 Nr. 2 und Abs. 2 Satz 2 und 3 und § 15a sind entsprechend anzuwenden.

### 1.6.1 Die freiberufliche Tätigkeit des Ingenieurs und ihre Grenzbereiche

Erfordert die Ausübung eines in § 18 Abs. 1 Nr. 1 EStG genannten Berufes eine gesetzlich vorgeschriebene Berufsausbildung, so übt nur derjenige, der aufgrund dieser Berufsausbildung berechtigt ist, die betreffende Berufsbezeichnung zu führen, diesen Beruf aus.[28]) Dies gilt z. B. für Architekten und Ingenieure aufgrund der dargelegten landesrechtlichen Berufszulassungsregelungen.[29])

Aber auch dann, wenn die Berufszulassungsvoraussetzungen beim Ingenieur gegeben sind, ist nicht jede ausgeübte Tätigkeit eine freiberufliche Tätigkeit i. S. d. § 18 EStG. Die Regelung ist letztlich tätigkeitsbezogen, nicht berufsstandsbezogen. Die »Architekten- und Ingenieurleistung« erfährt über diesen steuerrechtlichen Zugang noch einmal eine eigene Typisierung.

---

**Beispiele**

**... für Einkünfte aus selbständiger Tätigkeit**

- *Der EDV-Berater übt nur im Bereich der Systemtechnik – nicht bei Entwicklung von Anwendungsprogrammen – ingenieurähnliche Tätigkeit aus.[30]) Die selbständige Tätigkeit eines Diplomingenieurs ist grundsätzlich freiberufliche Tätigkeit i. S. d. § 18 Abs. 1 Nr. 1 EStG. Daran ändert sich z. B. auch nichts, wenn der Ingenieur auf der Grundlage eines ergänzenden betriebswirtschaftlichen Studiums ein EDV-Programm über rechtsformabhängige Steuerbelastungsvergleiche für die Arbeit von Steuerberatern erarbeitet und dafür ein Honorar bezieht.[31])*
- *Der Industrie-Designer; auch im Bereich zwischen Kunst und Gewerbe kann gewerblicher Verwendungszweck eine künstlerische Tätigkeit nicht ausschließen.[32])*
- *Der Kfz-Sachverständige, dessen Gutachtertätigkeit mathematisch-technische Kenntnisse voraussetzt, wie sie üblicherweise nur durch eine Berufsausbildung als Ingenieur erlangt werden.[33])*
- *Der Patentberichterstatter mit wertender Tätigkeit.[34])*

## Beispiele

### ... für Einkünfte aus gewerblicher Tätigkeit

- Der Architekt, der bei Ausübung einer beratenden Tätigkeit an der Vermittlung von Geschäftsabschlüssen mittelbar beteiligt ist.[35])
- Der Ingenieur (hier auf dem Gebiet der Heizungs- und Klimatechnik) als Handelsvertreter,[36]) da er mit seiner Tätigkeit ebenfalls an der Vermittlung von Geschäftsabschlüssen mittelbar beteiligt ist. Auch derjenige, bei dem die berufsrechtlichen Voraussetzungen für die Ausübung eines sog. Katalogberufs i. S. d. § 18 Abs. 1 Nr. 1 EStG erfüllt sind, ist gewerblich tätig, wenn er nur mittelbar an der Vermittlung von Geschäftsabschlüssen beteiligt ist. Seine Tätigkeit ist regelmäßig auf Absatzförderung gerichtet, wenn seine Tätigkeit auf Provisionsbasis, also erfolgsabhängig, vergütet wird.[37]) Nach einem Beschluß des BVerfG[38]) ist für freiberuflich tätige beratende Ingenieure, Volks- und Betriebswirte charakteristisch, daß sie die Beratung ihrer Klienten aufgrund von Verträgen durchführen, nach denen die Beratungstätigkeit die geschuldete Hauptleistung ist und das Honorar grundsätzlich nicht nur bei erfolgreicher Beratung geschuldet wird.
- Der Ingenieure als Werber für Lieferfirmen.[39])
- Der Ingenieur als An- und Verkäufer von Waren (hier: Hardware im Zusammenhang mit Beratungsdienstleistungen).[40])
- Der Ingenieur aus der Leitung eines Übersetzungsbüros (hier Ingenieurbüro für technische und naturwissenschaftliche Übersetzungen), ohne daß er selbst über Kenntnis in den Sprachen verfügt, auf die sich die Übersetzungstätigkeit erstreckt.[41])
- Der Baubetreuer (Bauberater), der sich lediglich mit der wirtschaftlichen (finanziellen) Betreuung von Bauvorhaben befaßt.[42])
- Der Bauleiter.[43])
  Ein der Berufstätigkeit eines Architekten ähnlicher Beruf setzt eine Ausbildung voraus, die mit der Berufsausbildung eines Architekten vergleichbar ist. Die vergleichbaren Fachkenntnisse können auch durch Kurse oder Selbststudium erworben worden sein oder anhand einer praktischen Tätigkeit nachgewiesen werden, deren Schwerpunkt im Bereich der Planung von Bauwerken liegen muß. Die Tätigkeit eines zum Techniker ausgebildeten Bauleiters (»Staatlich geprüfter Hochbautechniker« nach Besuch einer gewerblichen Förderungsanstalt), der an solchen Planungen allenfalls beteiligt ist, erfüllt diese Voraussetzungen nicht.
- Der EDV-Berater im Bereich der Anwendersoftwareentwicklung übt keine ingenieurähnliche Tätigkeit aus.[44])
- Gewerbetreibender ist auch ein EDV-Berater, der die Benutzer eines Softwareproduktes vor, bei und nach dem erstmaligen Einsatz betreut.[45])
- Der Gutachter auf dem Gebiet der Schätzung von Einrichtungsgegenständen und Kunstwerken.[46])
- Der Havariesachverständige.[47])
- Der Kfz-Sachverständige ohne Ingenieurexamen, dessen Tätigkeit keine mathematisch-technischen Kenntnisse wie die eines Ingenieurs voraussetzt.[48])
- Der Marktforschungsberater.[49])
- Der Probenehmer für Erze, Metalle und Hüttenerzeugnisse.[50])
- Der Schadensregulierer im Auftrag einer Versicherungsgesellschaft.[51])
- Ein Schiffssachverständiger (hier: von der IHK zum »öffentlich bestellten und vereidigten Sachverständigen für Schiffsschäden und Dispacheur« ernannt) übt keinen der Berufstätigkeit der Ingenieure ähnlichen Beruf i. S. d. § 18 Abs. 1 Nr. 1 EStG aus, wenn er überwiegend reine Schadensgutachten (im Unterschied zu Gutachten über Schadensursachen und Unfallursachen) erstellt.[52])
- Die treuhänderische Tätigkeit eines Rechtsanwaltes für Bauherrengemeinschaften.[53])

### 1.6.2 Der Tätigkeit des Ingenieurs ähnliche Tätigkeiten

Nach § 18 Abs. 1 Nr. 1 Satz 2 EStG zählen zu den freiberuflichen Tätigkeiten auch die den sog. »Katalogberufen« ähnlichen Berufe. Ein Beruf ist einem Katalogberuf ähnlich, wenn er in wesentlichen Punkten mit diesem verglichen werden kann. Dazu gehört die Vergleichbarkeit der Ausbildung und die Vergleichbarkeit der beruflichen Tätigkeit. Das gilt auch für einen dem Katalogberuf des Ingenieurs ähnlichen Beruf. Allerdings muß die Ausbildung nicht in einem förmlichen Ausbildungsgang erworben worden sein.

Wer eine Berufsausbildung, wie sie in den Ingenieurgesetzen der Länder vorgeschrieben ist, nicht besitzt, kann vielmehr nachweisen, daß er vergleichbare Kenntnisse im Wege des Selbststudiums erworben hat. Der Erwerb ingenieurmäßiger Kenntnisse kann auch mittels der eigenen Berufstätigkeit nachgewiesen werden, z. B. anhand eigener praktischer Arbeiten. Dies setzt allerdings voraus, daß

(1) diese Arbeiten einen der Ingenieurtätigkeit vergleichbaren Schwierigkeitsgrad aufweisen und daß
(2) die derart qualifizierten Arbeiten den Schwerpunkt der Tätigkeit bilden.

Nur wenn auch die zuletzt genannte Voraussetzung vorliegt, ist gewährleistet, daß die notwendigen theoretischen Kenntnisse die Tätigkeit i. S. d. Ingenieurberufs prägen.[54] Da der Nachweis durch Teilnahme an Kursen oder Selbststudium auch den Erfolg der Ausbildung mitumfaßt, ist dieser Beweis regelmäßig schwer zu erbringen.[55] Der Autodidakt kann aber ausnahmsweise den Nachweis der erforderlichen theoretischen Kenntnisse anhand eigener praktischer Arbeiten

erbringen. Hierbei ist erforderlich, daß seine Tätigkeit besonders anspruchsvoll ist und nicht nur der Tiefe, sondern auch der Breite nach zumindest das Wissen des Kernbereichs eines Fachstudiums voraussetzt und den Schwerpunkt seiner Arbeit bildet.[56] Der Nachweis ingenieurähnlicher Kenntnisse kann nicht durch eine Tätigkeit erbracht werden, die auch anhand von Formelsammlungen und praktischen Erfahrungen ausgeübt werden kann.[57] Demgegenüber werden an die Breite der Tätigkeit geringere Anforderungen gestellt.[58] Ein Hochbautechniker mit den einem Architekten vergleichbaren theoretischen Kenntnissen übt daher eine architektenähnliche Tätigkeit aus, in denen er lediglich als Bauleiter tätig wird.[59]

### 1.6.3 Mithilfe anderer Personen

Für eine selbständige Tätigkeit i. S. d § 18 EStG gelten – wie für den Gewerbebetrieb auch – die positiven Voraussetzungen Selbständigkeit, Nachhaltigkeit, Gewinnerzielungsabsicht und Beteiligung am allgemeinen wirtschaftlichen Verkehr.[60] Die Tätigkeit muß nachhaltig, d. h. i. d. R. auch mehrjährig, ausgeübt werden. Das Tatbestandsmerkmal mehrjährig ist bereits erfüllt, wenn die Tätigkeit in wenigstens zwei Veranlagungszeiträumen ausgeübt wird.[61]

Problematisch kann im Einzelfall die Frage der Eigenverantwortlichkeit und die Mithilfe anderer Personen werden, wenn es um die Frage der »Freiberuflichkeit« in steuerlicher Hinsicht geht.

Die Praxis der Finanzverwaltung[62] ist durch mehrere Urteile des Bundesfinanzhofes dahingehend geklärt, daß der individuelle, über die Leitungsfunktion hinausgehende Einsatz des Betriebsinhabers den gesamten Bereich der betrieblichen Tätigkeit umfassen

muß, wenn die Voraussetzungen für ein frei-
berufliches Unternehmen gegeben sein sollen.[63]) Daraus folgt, daß der Betriebsinhaber
auch über Kenntnisse verfügen muß, die
sich auf den gesamten Bereich der betrieblichen Tätigkeit erstrecken.[64]) Die Beschäftigung von fachlich vorgebildeten Mitarbeitern
steht der Annahme einer freiberuflichen
Tätigkeit nicht entgegen, wenn der Berufsträger aufgrund eigener Fachkenntnisse
leitend tätig wird und auch hinsichtlich der
für den Beruf typischen Tätigkeit eigenverantwortlich mitwirkt.[65]) Die leitende und
eigenverantwortliche Tätigkeit des Berufs-
trägers muß sich auf die Gesamttätigkeit
seiner Berufspraxis erstrecken; es genügt
somit nicht, wenn sich die auf persönlichen
Fachkenntnissen beruhende Leitung und
eigene Verantwortung auf einen Teil der Berufstätigkeit beschränkt.[66]) Freiberufliche
Arbeit leistet der Berufsträger nur, wenn die
Ausführung jedes einzelnen ihm erteilten
Auftrags ihm und nicht dem fachlichen Mitarbeiter, den Hilfskräften, den technischen
Hilfsmitteln oder dem Unternehmen als
Ganzem zuzurechnen ist, wobei in einfa-
chen Fällen eine fachliche Überprüfung der
Arbeitsleistung des Mitarbeiters genügt.[67])
Danach ist z. B. in den folgenden Fällen eine
gewerbliche Tätigkeit anzunehmen:

- Ein Ingenieur unterhält ein Übersetzungs-
  büro, ohne daß er selbst über Kenntnisse
  in den Sprachen verfügt, auf die sich die
  Übersetzungstätigkeit erstreckt.
- Ein Architekt befaßt sich vorwiegend mit
  der Beschaffung von Aufträgen und läßt
  die fachliche Arbeit durch Mitarbeiter ausführen.
- Ein Ingenieur beschäftigt fachlich vor-
  gebildete Arbeitskräfte und übt mit deren
  Hilfe eine Beratungstätigkeit auf mehreren
  Fachgebieten aus, die er nicht beherrscht
  oder nicht leitend bearbeitet.[68])

Der Berufsträger darf weder die Leitung
noch die Verantwortlichkeit einem Geschäftsführer oder Vertreter übertragen.
Eine leitende und eigenverantwortliche
Tätigkeit ist jedoch dann noch gegeben,
wenn ein Berufsträger nur vorübergehend,
z. B. während einer Erkrankung, eines
Urlaubs oder der Zugehörigkeit zu einer
gesetzgebenden Körperschaft oder der Mit-
arbeit in einer Standesorganisation, seine
Berufstätigkeit nicht selbst ausüben kann.

Nimmt eine sonstige selbständige Tätigkeit
einen Umfang an, der die ständige Beschäftigung mehrerer Angestellter oder die
Einschaltung von Subunternehmern erforderlich macht, und werden den genannten
Personen nicht nur untergeordnete, insbesondere vorbereitende oder mechanische
Aufgaben übertragen, liegt eine gewerbliche
Tätigkeit vor. Auch wenn nur Hilfskräfte beschäftigt werden, die ausschließlich untergeordnete Arbeiten erledigen, kann deren
Umfang den gewerblichen Charakter begründen.[69])

### 1.6.4 Gemischte Tätigkeit

Wird neben einer freiberuflichen eine gewerbliche Tätigkeit ausgeübt, sind die
beiden Tätigkeiten steuerlich getrennt zu
behandeln, wenn eine Trennung nach
der Verkehrsauffassung ohne besondere
Schwierigkeit möglich ist. Eine getrennte
Behandlung wird insbesondere in Betracht
kommen können, wenn eine getrennte
Buchführung für die beiden Tätigkeiten vorhanden ist. Soweit erforderlich, können die
Besteuerungsgrundlagen auch im Schät-
zungswege festgestellt werden.[70]) Die getrennte Behandlung ist auch dann zulässig,
wenn in einem Beruf freiberufliche und gewerbliche Merkmale zusammentreffen und
ein enger sachlicher und wirtschaftlicher Zu-

sammenhang zwischen den Tätigkeitsarten besteht, also eine sog. gemischte Tätigkeit vorliegt.[71])

Sind bei einer gemischten Tätigkeit die beiden Tätigkeitsmerkmale miteinander verflochten und bedingen sie sich gegenseitig unlösbar, so muß der gesamte Betrieb als einheitlicher angesehen werden.[72])

Dies ist insbesondere dann der Fall, wenn sich die freiberufliche Tätigkeit lediglich als Ausfluß einer gewerblichen Betätigung darstellt oder wenn ein einheitlicher Erfolg geschuldet wird und in der dafür erforderlichen gewerblichen Tätigkeit auch freiberufliche Leistungen enthalten sind.[73]) In diesem Fall ist unter Würdigung aller Umstände zu entscheiden, ob nach dem Gesamtbild die gemischte Tätigkeit insgesamt als freiberuflich oder als gewerblich zu behandeln ist.[74])

Werden von Architekten in Verbindung mit gewerblichen Grundstücksverkäufen Architektenaufträge jeweils in getrennten Verträgen vereinbart und durchgeführt, so liegen zwei getrennte Tätigkeiten vor.[75]) Üben Personengesellschaften auch nur zum Teil eine gewerbliche Tätigkeit aus, so ist ihr gesamter Betrieb als gewerblich zu behandeln; eine Aufteilung ist nicht zulässig. Werden im Betrieb einer Ingenieur-GbR überwiegend gemischte Leistungen erbracht, so ist das Unternehmen insgesamt als gewerblich anzusehen.[76]) Für die Frage, welche der einzelnen Tätigkeiten der Gesamttätigkeit das Gepräge gibt, kommt es nicht auf den geschätzten Anteil der einzelnen Tätigkeitsarten am Umsatz oder Ertrag an. Es kommt auch nicht notwendigerweise darauf an, welcher Teil der Gesamtleistung für den Kunden im Vordergrund steht. Der Verkauf von Computerhardware stellt nicht »eo ipso« ein notwendiges Hilfsmittel für die beratende Ingenieurtätigkeit dar. Das gilt auch dann, wenn

den Kunden besonders daran gelegen ist, kundenspezifische Software und allgemeine Hardware aus einer Hand zu beziehen.[77]) Diese Nachteile können unter bestimmten Umständen dadurch vermieden werden, »daß die gewerbliche Betätigung in eine Schwestergesellschaft ausgelagert wird«.[78])

### 1.6.5 Personengesellschaften

Schließen sich Angehörige eines freien Berufs zu einer Personengesellschaft zusammen, haben die Gesellschafter nur dann freiberufliche Einkünfte, wenn alle Gesellschafter, ggf. auch die Kommanditisten, die Merkmale eines freien Berufs erfüllen. Kein Gesellschafter darf nur kapitalmäßig beteiligt sein oder Tätigkeiten ausüben, die keine freiberuflichen sind.[79]) Beratende Bauingenieure können im Rahmen einer GbR, auch wenn sie nur in geringem Umfang tätig werden, eigenverantwortlich tätig sein.[80]) Eine an einer KG als Mitunternehmerin beteiligte GmbH ist selbst dann eine berufsfremde Person, wenn ihre sämtlichen Gesellschafter und ihr Geschäftsführer Angehörige eines freien Berufs sind.[81])

### 1.6.6 Erbfall

Vorsicht ist auch für den Erbfall geboten. Das Versterben eines Freiberuflers führt weder zu einer Betriebsaufgabe noch geht das der freiberuflichen Tätigkeit dienende Betriebsvermögen durch den Erbfall in das Privatvermögen der Erben über.[82]) Die Fortführung eines freiberuflichen Ingenieurbüros durch eine teilweise aus Berufsfremden bestehende Erbengemeinschaft führt zur Umqualifikation in einen Gewerbebetrieb.[83]) Seit der Entscheidung des Großen Senats des BFH vom 5. Juli 1990[84]) sind Erbfall und

Erbauseinandersetzung nicht nur zivil-, sondern auch steuerrechtlich getrennt zu beurteilen. Das Ableben eines Freiberuflers führt weder zu einer Betriebsaufgabe,[85]) noch geht das der freiberuflichen Tätigkeit dienende Betriebsvermögen durch den Erbfall in das Privatvermögen der Erben über.[86]) Die Erben beziehen, sofern nicht lediglich Entgelte für im Rahmen der ehemaligen freiberuflichen Tätigkeit erbrachte Leistungen bezogen werden,[87]) keine Einkünfte aus einer ehemaligen Tätigkeit des Erblassers i. S. v. § 24 Nr. 2 EStG, sondern kraft vollständiger eigener Verwirklichung des Einkünftetatbestandes.[88]) Die Erbengemeinschaft wird erst beendet, wenn sich die Miterben hinsichtlich des gemeinsamen Vermögens nach den für Personengesellschaften entwickelten Grundsätzen vollständig auseinandergesetzt haben.[89]) Die Auflösung kann sich auch in Abschnitten durch Teilauseinandersetzungen hinsichtlich einzelner Vermögensbestandteile vollziehen. Diese rechtliche Beurteilung hängt grundsätzlich nicht von der Länge des Zeitraums ab, in welchem die Erbengemeinschaft das Unternehmen weiter führt. Ebenso hat der Große Senat im o. g. Beschluß klargestellt, daß eine solche Erbengemeinschaft i. d. R. gewerblich tätig wird, weil die Erben eine freiberufliche Tätigkeit des Erblassers im allgemeinen nicht fortsetzen können, es sei denn, es liege eine ausschließliche Abwicklungstätigkeit in dem Sinne vor, daß die Erben lediglich die noch vom freiberuflichen Erblasser geschaffenen Werte realisieren.[90]) Gehören der Erbengemeinschaft Berufsfremde an, wird das im Erbweg übergegangene freiberufliche Betriebsvermögen grundsätzlich in gewerbliches Betriebsvermögen umgewandelt.[91]) Die von der Erbengemeinschaft eigenständig erzielten Einkünfte sind dann grundsätzlich solche aus Gewerbebetrieb.[92])

## 1.7 Online-Anbieter von architekten- und ingenieurspezifischen Informationen und Beratungsdienstleistungen

**ingenieur.de**

Informationen für den Ingenieur hält *http://www.ingenieur.de/welcome.htm* bereit. Das Projekt wird nach eigenen Angaben von der Europäischen Union unterstützt. Die Homepage ist gegliedert u. a. in Aktuelles (EU-Ausschreibungen, Veranstaltungskalender), Anzeigen, Eintrag (Informationen für den Ingenieur, um selbst einen Eintrag zu erhalten), Fachliteratur, Ingenieur-Datenbank (Firmenportraits In- und Ausland), Ingenieurkammern, Produktdatenbank, Produkthaftung, Projektbörse (Arbeitsgemeinschaften, *http://www.architekt.de/welcome.htm*, Zusammenschlüsse), Verbände und Vereine (Homepages teilweise mit Links), Verordnungen und Gesetze (Deutschland, Europa, ISO Normen und Entwürfe), Weitere Informationen (HOAI, Links für Software und zu Universitäten), Zertifizierungen (ISO 9000, ISO 9001).

Die *http://www.ingenieur.de/welcome.htm* ist eine geeignete Übersicht für weitere Informationen zu den Verbänden und Vereinen der Ingenieure. Thematisch sortiert wird folgendes Verzeichnis bereitgehalten:

• Abwasser/Aufbereitung/Versorgung
• Allgemeine Verbände für Ingenieure/Architekten
• Bauwesen
• Beratende Ingenieure
• Garten- und Landschaftsbau/Agrarbereich
• Elektrotechnik

- Revisionsingenieure
- Sicherheitsingenieure
- Straßenbau/Verkehrswesen
- Umwelttechnik
- Vermessungsingenieure
- Weitere Berufsverbände.

In den Newsgroups (auch UseNet oder NetNews genannt, weltweit bestehen über 10.000) sind aktuelle Informationen (meist in Englisch) zu den unterschiedlichsten Themen aus dem Bereich Ingenieurwesen/Maschinenbau zu finden.

Online werden ausgewählte Gesetze sowie wichtige Verordnungen zum Baurecht mit Schlagwort- sowie Volltextsuche zur Verfügung gestellt (Verfassungs-, Umwelt-, Bürgerliches- und Verwaltungsrecht, Steuerrecht, Bau-, Miet- und Wohnungsrecht, Handels-, Gesellschafts- und Wirtschaftsrecht, Arbeits- und Sozialrecht, Straf-, Straßenverkehrs- und Ordnungswidrigkeitenrecht). Hinzu kommen Informationen zur Rechtsdatenbank REFACT Deutschland, ein Formular zur Lohnsteuerberechnung und weitere Verweise zu Rechtsquellen im WWW.

## Componet

Informationen für Ingenieure im Internet werden angeboten von *http://www.componet.de/componet/verweise/base.html*. Die Homepage beeinhaltet Informationen Sach- und Dienstleistungen für den Ingenieur im Internet, über Ingenieurverbände, Medien, Universitäten und Forschungseinrichtungen, Normen und Patente, Messen und Ausstellungen sowie Stellenangebote. Zudem finden sich Verweise auf andere Internetverzeichnisse für Ingenieure.

## Internet für Bauingenieure

Von der letztgenannten Homepage führt der Weg über einen Link u. a. zu *http://www.ramge.de/ingenieur/index.html*

Diese Homepage hat ein Unterverzeichnis »Bauingenieurwesen« u. a. mit folgendem Angebot: Internet für Ingenieure, Branchen (spezielle Bereiche des Bauingenieurwesens), Medien (Zeitschriften und Bücher), Firmen (alphabetische Liste der Firmen aus dem Bereich Bauingenieurwesen), Software (Softwarefirmen und Software für den Bereich Bauingenieurwesen), Vereine und Verbände (u. a. Link zum VDI), Universitäten (Institute, Vorlesungen, Forschung) und Newsgroups.

»Internet für Ingenieure« kooperiert mit Civilservice, das sich als Ingenieurbüro für EDV im Bauwesen *(http://www.civilservice.com)* vorstellt.

»Internet für Ingenieure« ist ein Internet-Katalog, der speziell auf die Bedürfnisse von Ingenieuren abgestimmt ist. Dieser Katalog enthält Links auf Firmen, die aus dem Bereich Maschinenbau, Bauingenieurwesen, Elektrotechnik oder Architektur kommen.

Unter »Vereine und Verbände-Bauingenieurwesen« finden sich die folgenden Links:

- Baugewerbeverband Westfalen
- Bundesverband Deutscher Fertigbau e. V.
- Bundesverband der Deutschen Zementindustrie e. V.
- DGGT (Deutsche Gesellschaft für Geotechnik e. V.)
- VDBUM (Verband der Baumaschinen-Ingenieure und -Meister e. V.)
- VDI
- VDI Hamburg (Arbeitskreis Studenten und Jungingenieure)
- VDSI Verband Deutscher Sicherheitsingenieure e. V.

• Verband Deutscher Vermessungsingenieure.

**Das Baukosteninformationszentrum**

Das BKI Baukosteninformationszentrum der
Deutschen Architektenkammern GmbH ist
unter *http://www.baukosten.de* erreichbar.

Gesellschafter der 1996 gegründeten GmbH
sind die Architektenkammern aller deutschen Bundesländer und die Architekten-
und Ingenieurkammer Schleswig-Holstein.

Das Produktangebot reicht vom Taschen-
buch mit Baupreisen bis zum Kosteninfor-
mationssystem auf CD-ROM. Das Angebot
orientiert sich am Informationsbedarf von
Architekturbüros, steht aber auch allen
anderen am Bau Beteiligten zur Verfügung.
Eines der Ziele ist die Unterstützung bei der
Kostenplanung durch Bereitstellung einer
umfassenden Baukostendatenbank.

Die bundesweite Baukostendatenbank mit
mehreren hundert dokumentierten Objekten
ist das Kernstück des Baukosteninforma-
tionszentrums und die Grundlage seines
Produktangebotes, z. B. der Recherchen.
Der Schwerpunkt des Kosteninformations-
angebotes liegt z. Zt. auf den frühen, für die
Kostenentwicklung eines Projektes aber
entscheidenden Planungsphasen; d. h. es soll
zunächst der Kosteninformationsbedarf abgedeckt werden, solange noch keine Ausschreibungsergebnisse vorliegen.

Um zu verläßlichen und nachvollziehbaren
Planungskennzahlen und Kostenkennwerten zu kommen, werden z. Zt. ausschließlich
abgerechnete Objekte ausgewertet. Zunächst werden die Positionen aller Gewerke
mit Kurztext, Menge und Einheitspreis erfaßt
und den Kostengruppen der DIN 276 sowie
den Leistungsbereichen StLB zugeordnet.

Flächen, Rauminhalte sowie Elementmen-
gen werden aus Zeichnungen herausge-
messen. Erst dann werden diese Rohdaten
zu Planungs- und Kostenkennwerten aggre-
giert. Bevor diese in der Datenbank gespeichert werden, erfolgen Plausibilitätskon-
trollen.

**DITR**

Hinter diesem Kürzel verbirgt sich das Deutsche Informationszentrum für Technische
Regeln im Deutschen Institut für Normung
e. V. Über **T-Online** zugänglich ist **DITR über
juris (*juris#).**

Die Sammlung Technisches Recht ist Bestandteil der Informationsdatenbanken und
Datendienste des DITR. Sie enthält biblio-
grafische Nachweise und die Volltexte der
Rechts- und Verwaltungsvorschriften aus
Bund und Ländern der Bundesrepublik
Deutschland und den Richtlinien und Verordnungen der Europäischen Union. Sie
umfaßt derzeit ca. 9.000 Dokumente mit
ca. 90.000 Seiten, sie wird monatlich aktualisiert. Sie ist damit die größte geschlossene
Sammlung technischer Rechtsvorschriften
in Deutschland.

Der DITR-Online-Dienst erlaubt die Suche
in allen bibliografischen Nachweisen des
Technischen Rechts. Die in der Online-
Recherche ermittelten Rechtsdokumente
können durch die Dokumentbestell-Funktion
direkt online angefordert werden. Sie werden dem Online-Nutzer aus der Volltext-
Sammlung des DITR als Kopie – per Fax
oder auf dem Postweg – zur Verfügung
gestellt.

### Versicherungsmakler

Versicherungsmakler, die sich – nach eigenen Angaben – auf Ingenieure als Zielgruppe spezialisiert haben, sind unter *http://www.versicherungsmakler.de/such.htm* über Eingabe der Zielgruppe »Ingenieur« erreichbar. Diese Zielgruppensuche ist auch für andere Möglichkeiten einsetzbar, z. B. für Versicherungen in der »Bauwirtschaft« oder für »Architekten«.

### Gezielte Ausschreibungsinformationen

Bei einem Gesamtausschreibungsvolumen pro Jahr von rund 50 Mrd. DM sind die folgenden Informationen über Ausschreibungen von hohem Interesse:

- Die Informationsdienste subreport und subselect unter *http://www.subreport.de* bzw. unter *http://www.genios.de* (Datenbank »sub«). Täglich werden 400 bis 500 neue Ausschreibungen erfaßt, aufbereitet und in die Datenbank aufgenommen. Unter den »Branchenstichwörtern« sind u. a. Ingenieurleistungen aufgeführt.
- Das Bundesausschreibungsblatt bietet seine Informationen unter *http://www.vva.de/ba-blatt.htm* an. Zudem ist es ein interessantes Angebot für Gebrauchtgüter, denn nur im Bundesausschreibungsblatt sind die vollständigen Angebote der VEBEG über ausgemusterte Behörden- und Bundeswehrgüter enthalten.
- Die Bauwirtschaftlichen Informationen unter *http://www.bauwi.de/* ermöglichen die Suche nach Bauleistungen, Lieferleistungen, Dienstleistungen sowie Planungs- und Beratungsleistungen von öffentlichen Ausschreibungen. Darüber hinaus wird ein Kleinanzeigenmarkt mit den Rubriken Dienstleistungen, Gebrauchtmaschinen und -geräte sowie Stellenmarkt unterhalten.
- KBS Bau Spezial unter *http://www.1-de.net/kbs/* liefert u. a. Informationen über bundesweit geplante und genehmigte Bauvorhaben, der Planungsphase mit Angaben über die Ansprechpartner und die Planer. Es erlaubt die gezielte Suche nach Gewerk und Gebiet. Wöchentlich werden Informationen über ca. 500 neue Bauvorhaben aufgenommen.
- Die ibau-Planungsinformationen sind verfügbar unter *http://www.fachinformation.bertelsmann.de/verlag/big/ibau/ibau.htm*. Im Bereich Hochbau wird – nach eigenen Angaben – jährlich über ca. 200.000 geplante Bauvorhaben und öffentliche Ausschreibungen – differenzierbar nach 37 Regionen – berichtet. Die Bauvorhaben werden einzeln beim Entscheider recherchiert und nur veröffentlicht, wenn noch Aufträge zu vergeben sind.
- Auch über *http://www.ingenieur.de/welcome.htm* ist ein zweimal wöchentlich erscheinender Informationsdienst über EU-weite öffentliche Aufträge erreichbar.

### Der Auslandsmarkt

A useful start to worldwide links is The Global Directory for Environmental Technology *(http://eco-web.com/intro.html)*. It is a comprehensive guide to environmental products and services, featuring 2,992 suppliers from 48 countries. Information about organisations, conferences and publications is complemented by editorial contributions from experts in their respective fields. We think it is a single reference source for government departments, utility companies, engineering consultants, development agencies, importers, traders and non-governmental organisations engaged in environmental activities.

EEVL – Edinburgh Engineering Virtual Library – is a project to build a Gateway to high quality information resources in Engineering *(http://www.eevl.ac.uk/)*. It is similar in concept to SOSIG (Social Science Information Gateway) and OMNI (Organising Medical Networked Information), and provides free access via the Internet to Engineering information.

The purpose of Construction Information Sources (CIS) is to provide a roadmap to sources of information that will assist those who are involved in the construction industry *(http://ctca.unb.ca/CTCA/sources/)*.

As of early 1994 the Construction Technology Centre Atlantic (CTCA) has focused its

development skills towards Internet applications for the construction industry. By developing the Construction Information Sources, they hope to provide a centralized source of information for those in the construction industry.

A further reference source is The World-Wide Web Library Engineering *(http://arioch.gsfc.nasa.gov/wwwvl/engineering.html)* with selected informations esp. about Architectural Engineering, Civil Engineering, Control Engineering, Electrical Engineering, Engineering and Technology Management, Environmental Engineering, Industrial Engineering, Power Engineering and Wastewater Engineering.

---

[1] Brüssel, Baubetrieb von A bis Z, 2. Auflage, Düsseldorf 1995

[2] § 23 Abs. 2 Baukammerngesetz NW, Gesetz über den Schutz der Berufsbezeichnung »Architekt«, »Architektin«, »Stadtplaner« und »Stadtplanerin« sowie über die Architektenkammer, über den Schutz der Berufsbezeichnung »Beratender Ingenieur« und »Beratende Ingenieurin« sowie über die Ingenieurkammer-Bau vom 15. 12. 1992, zuletzt geändert durch Gesetz vom 19. 03. 1996, GV NW S. 136

[3] vorstehende Informationen zum Bauingenieurwesen sind auszugsweise der informativen Selbstdarstellung des Bereichs Bauingenieurwesen an der RWTH Aachen entnommen. Für weitere Informationen siehe *http://www.bau-cip.rwth-aachen.de/german/dekanat/*

[4] vorstehende Informationen zum Bauingenieurwesen sind auszugsweise der informativen Selbstdarstellung des Bereichs Bauingenieurwesen an der TU Berlin entnommen. Für weitere Informationen siehe *http://www.tu-berlin.de/zuv/asb/faecher/bauing/bauing.html*

[5] z. B. Hessen: Ingenieurgesetz v. 15. 07. 1970, GVBl. I S. 407, mit nachfolgenden Änderungen; Nordrhein-Westfalen: Gesetz zum Schutze der Berufsbezeichnung Ingenieur/Ingenieurin (Ingenieurgesetz) vom 05. 05. 1970, zuletzt geändert durch Gesetz v. 17. 05. 1994, GV NW S. 438; Sachsen: Sächs. Ingenieurgesetz v. 23. 02. 1993, GVBl. S. 236; Schleswig-Holstein: Ingenieurgesetz v. 25. 11. 1970, zuletzt geändert am 24. 10. 1996, GVOBl. S. 652; Thüringen: Ingenieurgesetz v. 07. 01. 1992, GVBl. S. 1

[6] Verordnung über die Führung der Berufsbezeichnung »Ingenieur« v. 12. 04. 1962 GBl. DDR II 1962, 278

[7] Gesetz über den Schutz der Berufsbezeichnung »Architekt«, »Architektin«, »Stadtplaner« und »Stadtplanerin« sowie über die Architektenkammer, über den Schutz der Berufsbezeichnung »Beratender Ingenieur« und »Beratende Ingenieurin« sowie über die Ingenieurkammer-Bau vom 15. 12. 1992, zuletzt geändert durch Gesetz vom 19. 03. 1996, GV NW S. 136

[8] ähnlich § 2 Thüringer Ingenieurkammergesetz v. 06. 08. 1993, zuletzt geändert durch Gesetz v. 13. 06. 1997, GVBl. 210; § 15 Sächsisches Ingenieurkammergesetz v. 19. 10. 1993, GVBl. S. 989

[9] Thüringer Architektengesetz v. 13. 06. 1997, GVBl. 210; ähnlich § 1 Baukammerngesetz NW

[10] z. B. Hessen: § 57 HBO; NRW: § 70 BauO NW; Sachsen: § 65 SächsBauO; Thüringen: § 65 ThürBO

[11] § 70 Abs. 3 BauO NW vom 07. 05. 1995

[12] Hessen nach § 4a Abs. 2 Nr. 2b Architektengesetz nur bei nicht-universitärer Ausbildung, sonst zwei Jahre; Sachsen generell nach drei Jahren, § 18 Ingenieurkammergesetz

[13] § 70 Abs. 3 BauO NW vom 07. 05. 1995

[14] vgl. im einzelnen § 28 Abs. 2 Baukammerngesetz NW

[15] jüngst erneut bestätigt durch BGH, Urt. v. 24. 10. 1996-VII ZR 283/95, BGHZ 133, 399-404, ZfBR 1997, 1, BauR 1997, 154-156, ZAP EN-Nr. 88/97, NJW 1997, 586-588, MDR 1997, 238, IBR 1997, 110, ZfBR 1997, 74-75, WM IV 1997, 584-586, NJW-RR 1997, 404, WiB 1997, 320, BB 1997, 1331 und BGH, Urt. v. 09. 01. 1997-VII ZR 48/96, ZAP EN-Nr. 317/97, MDR 1997, 454-455, EWiR 1997, 413, ZfBR 1997, 109, JZ 1997, 523-524, BB 1997, 911-912, NJW 1997, 1694-1695, BauR 1997, 497-499, IBR 1997, 245, NJ 1997, 333

[16] vgl. zur honorarrechtlichen Konsequenzenlosigkeit Locher/Koeble/Frik, HOAI, § 1 Rdn. 24

[17] Hesse/Korbion/Mantscheff/Vygen, HOAI, § 1 Rdn. 23 ff.; a.A. Locher/Koeble/Frik, HOAI, § 1 Rdn. 12 ff.; jeweils mit Überblick über den Stand der Diskussion

[18] für die hier aufgeworfene Frage der Erbringung von Ingenieurleistungen durch Architekten und umgekehrt im Ergebnis auch Locher/Koeble/Frik, HOAI, § 1 Rdn. 24

[19] vgl. dazu insbesondere die klarstellende Entscheidung BGH, Urt. v. 24. 10. 1996-VII ZR 283/95, BGHZ 133, 399-404, ZfBR 1997, 1, BauR 1997, 154-156, ZAP EN-Nr. 88/97, NJW 1997, 586-588, MDR 1997, 238, IBR 1997, 110, ZfBR 1997, 74-75, WM IV 1997, 584-586, NJW-RR 1997, 404, WiB 1997, 320, BB 1997, 1331; P. Reinicke IBR 1997, 110; Koeble LM HOAI Nr 32 (4/1997)

[20] zur neuen VOF vgl. S. 196 ff.

[21] Warnecke (Präsident des VDI), in: Ingenieurbedarf. Eine Studie der Hauptgruppe des VDI Verein Deutscher Ingenieure vom September 1996, online zu beziehen über http://www.vdi.de

[22] für die vorstehenden Zitate vgl. Ingenieurbedarf. Eine Studie der Hauptgruppe des VDI Verein Deutscher Ingenieure vom September 1996, online zu beziehen über http://www.vdi.de

[23] Weitere Hinweise auf architekten- und ingenieurspezifische online Informationen und Beratungsdienstleistungen am Ende des Kapitels. Die hier vorgestellten Links sind in der Homepage des Autors (http://www.dira.de/links) zusammengestellt.

[24] online zu beziehen über http://www.vdi.de. Die nachfolgenden Zitate sind hieraus entnommen.

[25] Der »Normalfall« der Beziehung von Angebot und Nachfrage auf dem Arbeitsmarkt für Ingenieure wird in der VDI-Studie als systematischer »Mis-Match« gekennzeichnet, »das heißt im Regelfall funktioniert die Abstimmung weder zahlenmäßig genau noch qualifikationsmäßig paßgenau«.

[26] Einkommensteuerrichtlinie 1996 H 136 i.d.F. v. 28. 02. 1997, BStBl. I Sondernummer 1

[27] i.d.F. v. 16. 04. 1997

[28] BFH, Urt. v. 01. 10. 1986-I R 121/83, BFHE 148, 140, BStBl II 1987, 116, DB 1987, 516-517, FR 1987, 42-43, HFR 1987, 127-127, BB 1987, 111-111

[29] vgl. S. 24

[30] BFH, Urt. v. 07. 12. 1989-IV R 1/88, BFHE 159, 177, BStBl II 1990, 317, StE 1990, 86, BB 1990, 461-462, DStR 1990, 175, DB 1990, 563-564, RWP 1990/1191 SG 1.3, 3206, Information StW 1990, 235, WPg 1990, 294, StRK EStG 1975 § 4 Betr-Verm R.66, HFR 1990, 289, StEL 1989, 49-53; BFH, Urt. v. 07. 11. 1991-IV R 17/90, BFHE 166, 443, BStBl II 1993, 324, BB 1992, 768, FR 1992, 340, DStZ 1992, 377, Information StW 1992, 233, HFR 1992, 292, StE 1992, 231, StRK EStG 1975 § 18 Abs. 1 R.66, CR 1992, 597-599, NJW-CoR 1993, Nr. 1, 30, WPg 1993, 383, DB 1993, 1170 (Freiberufliche/gewerbliche Tätigkeit einer Personengesellschaft aus EDV-Beratern mit unterschiedlicher Ausbildung)

[31] BFH, Urt. v. 06. 10. 1993-I R 98/92, BFH/NV 1994, 775

[32] BFH, Urt. v. 14. 12. 1976, BStBl 1977 II S. 474

[33] BFH, v. 10. 11. 1988-IV R 63/86 (Anschluß an BFH, Urt. v. 18. 06. 1980-I R 109/77, BFHE 132, 16, BStBl II 1981, 118), BFHE 155, 109, BStBl II 1989, 198, DStR 1989, 86, BB 1989, 281-281, DStR 1989, 142, DStZ/E 1989, 78, FR 1989, 174, StRK EStG 1975 § 18 Abs.1 R.35, DB 1989, 759, Information StW 1989, 185, BB 1989, 757-759, HFR 1989, 245, ZfSch 1989, 199, WPg 1989, 238 (Einen der Berufstätigkeit der Ingenieure ähnlichen Beruf übt auch ein Kfz-Sachverständiger aus, der zwar keine Ausbildung besitzt, die der in den Ingenieurgesetzen der Länder vorgeschriebenen Ausbildung entspricht, der aber durch seine praktische Tätigkeit als Gutachter vorwiegend auf dem Gebiete der Schadens- bzw. Unfallverursachung mathematisch-technische Kenntnisse nachweisen kann, die üblicherweise nur durch eine Berufsausbildung als Ingenieur vermittelt werden)

[34] BFH, Urt. v. 02. 12. 1970, BStBl 1971 II S. 233

[35] BFH, Urt. v. 14. 06. 1984, BStBl. II S. 515

[36] BFH, Urt. v. 06. 09. 1995-XI R 91/94, BFH/NV 1996, 135 12

[37] BFH, Urt. v. 06. 09. 1995-XI R 91/94, BFH/NV 1996, 135

[38] BVerfG, Beschl. v. 25. 10. 1977-1 BvR 15/75, BStBl II 1978, 125, 130

[39] RFH, Urt. v. 30. 08. 1939, RStBl 1940 S. 14

[40] BFH, Urt. v. 24. 04. 1997-IV R 60/95, BB 1997, 1567-1569

[41] BFH, Beschl. v. 10. 08. 1993-IV B 1/92, BFH/NV 1994, 168 unter Hinweis auf Abschn. 136 Abs. 2 Satz 7 Nr. 1 der Einkommensteuerrichtlinie 1990; ebenso Nr. H 136 Einkommensteuerrichtlinie 1996 zum Stichwort »Mithilfe anderer Personen«

[42] BFH, Urt. v. 29. 05. 1973, BStBl 1974 II S. 447; BFH, Urt. v. 30. 05. 1973, BStBl II S. 668

[43] BFH, v. 22. 01. 1988-III R 43-44/85 (Anschluß an BFH, Urt. v. 17. 11. 1981-VIII R 121/80, BFHE 135, 421, BStBl II 1982, 492), BFHE 152, 345, BStBl II 1988, 497

[44]) BFH, Urt. v. 07. 12. 1989-IV R 115/87 (Einschränkung von BFHE 139, 84, BStBl II 1983, 677), BFHE
159, 171, BStBl II 1990, 337, FR 1990, 249, DStR
1990, 247, HFR 1990, 254, WPg 1990, 295, BB
1990, 835-837, DB 1990, 1070, ZKF 1990, 204,
KStZ 1990, 200, (Ein selbständiger EDV-Berater,
der Computer-Anwendungsprogramme entwickelt,
übt keinen dem Ingenieur ähnlichen Beruf aus);
BFH, Urt. v. 07. 11. 1991-IV R 17/90 (Anschluß an
BFH-Urteil in BFHE 159, 171, BStBl II 1990, 337),
BFHE 166, 443, BStBl II 1993, 324, BB 1992, 768,
FR 1992, 340, DStZ 1992, 377, WPg 1993, 383,
DB 1993, 1170 (Freiberufliche/gewerbliche Tätigkeit
einer Personengesellschaft aus EDV-Beratern mit
unterschiedlicher Ausbildung)
[45]) BFH, Urt. v. 24. 08. 1995-IV R 60-61/94, BFHE 178,
364, BStBl II 1995, 888, BB 1995, 2466, DStR
1995, 1909-1910, DB 1995, 2459, DStZ 1996, 88-
89, BB 1996, 247-249, KFR F 3 EStG § 18, 1/96,
S. 71-74 (H 3/1996), (Abgrenzung einer selbständigen Tätigkeit von einer unselbständigen
Tätigkeit. EDV-Beratung/Anwenderbetreuung
gewerblich. EDV-Berater sind nicht nur Anwender-
softwareentwickler und -programmierer, sondern
auch diejenigen, die die Benutzer eines Software-
produkts vor, bei und nach dem erstmaligen
Einsatz betreuen)
[46]) BFH, Urt. v. 22. 06. 1971, BStBl II S. 749
[47]) BFH, Urt. v. 22. 06. 1965, BStBl III S. 593
[48]) BFH, Urt. v. 09. 07. 1992-IV R 116/90, BStBl 1993 II
S. 100, BFH/NV 1993, 357
[49]) BFH, Urt. v. 27. 02. 1992-IV R 27/90, BFHE 168, 59,
BStBl II 1992, 826, BB 1992, 1630, DStR 1992,
1544, ZKF 1993, 38, WPg 1992-656
[50]) BFH, Urt. v. 14. 11. 1972, BStBl 1973 II S. 183
[51]) BFH, Urt. v. 29. 08. 1961, BStBl III S. 505
[52]) BFH, Urt. v. 21. 03. 1996-XI R 82/94, BFHE 180,
316, BStBl II 1996, 518, BB 1996, 1758, DStZ 1996,
633-634, BFH/NV 1996, 339-341
[53]) BFH, Urt. v. 01. 02. 1990-IV R 42/89, BFHE 160, 21,
BStBl II 1990, 534, DStR 1990, 382, DB 1990,
1169-1170, FR 1990, 394, BB 1990, 1254-1256,
NJW 1990, 2085-2086, WPg 1990, 461-462,
BRAK-Mitt 1990, 188
[54]) BFH, Urt. v. 21. 03. 1996-XI R 82/94, BFHE 180,
316, BStBl II 1996, 518, BB 1996, 1758, DStZ 1996,
633-634, BFH/NV 1996, 339-341 unter Hinweis auf
die ständige Rechtsprechung: BFH, Urt. v. 09. 07.
1992-IV R 116/90, BFHE 169, 402, BStBl II 1993,
100
[55]) BFH, Urt. v. 14. 03. 1991-IV R 135/90, BFHE 164,
408, BStBl II 1991, 769, FR 1991, 636, WPg 1991,
708, DB 1991, 2471, BB 1991, 2428-2430
[56]) BFH, Urt. v. 09. 07. 1992-IV R 116/90, BStBl 1993 II
S. 100, BFH/NV 1993, 357

[57]) BFH, Urt. v. 11. 07. 1991-IV R 73/90, BFHE 165,
221, BStBl II 1991, 878, BB 1991, 2213-2214, FR
1991, 751, DStZ 1991, 759, BB 1991, 2430-2431,
WPg 1992, 58, (Voraussetzungen für den Nachweis
des ingenieurähnlichen Berufs und Beauftragung
eines Sachverständigen mit der Begutachtung
seiner Tätigkeit. In der Regel ist nicht erforderlich,
daß er vom Steuerpflichtigen einer Wissensprüfung
unterzogen wird. Es ist ausreichend, aber auch
erforderlich, wenn er feststellt, ob diese Tätigkeit so
anspruchsvoll ist, daß sie der Tiefe und der Breite
nach zumindest das Wissen eines Kernbereichs
eines Fachstudiums voraussetzt)
[58]) BFH, Urt. v. 14. 03. 1991-IV R 135/90, BFHE 164,
408, BStBl II 1991, 769, FR 1991, 636, WPg 1991,
708, DB 1991, 2471, BB 1991, 2428-2430
[59]) BFH, Urt. v. 12. 10. 1989-IV R 118-119/87, BFHE
158, 413, BStBl II 1990, 64, DStR 1990, 2, BB
1990, 55-55, DB 1990, 159, FR 1990, 251
[60]) Einkommensteuerrichtlinie H 136 i. d. F. v.
28. 02. 1997, BStBl. I Sondernummer 1
[61]) BFH, Urt. v. 06. 10. 1993-I R 98/92, BFH/NV 1994,
775 unter Hinweis auf BFH, Urt. v. 12. 05. 1961-VI
107/59 U, BFHE 73, 364, BStBl III 1961, 399;
Schmidt/Seeger, Einkommensteuergesetz,
Kommentar, 12. Aufl., § 34 Anm. 19
[62]) vgl. Einkommensteuerrichtlinie 1996 H 136 zum
Stichwort »Mithilfe anderer Personen«
[63]) BFH, Urt. v. 05. 12. 1968-IV R 125/66, BFHE 94,
344, BStBl II 1969, 165 zum Leiter einer privaten
Sprachschule; BFH, Urt. v. 02. 12. 1980-VII R 32/75,
BFHE 132, 77, BStBl II 1981, 170 zu einem Film-
hersteller; BFH, Urt. v. 11. 09. 1968-I R 173/66,
BFHE 93, 468, BStBl II 1968, 820 zu einem
Ingenieur, der mit fachlich vorgebildeten Arbeits-
kräften eine Beratungstätigkeit ausübte
[64]) vgl. dazu insbesondere BFH, Urt. v. 05. 12. 1968-IV
R 125/66, BFHE 94, 344, BStBl II 1969, 165
[65]) BFH, Urt. v. 01. 02. 1990-IV R 140/88, BFHE 159,
535, BStBl II 1990, 507, DB 1990, 1116-1118, BB
1990, 1113-1115, FR 1990, 369, WPg 1990, 430,
NJW 1991, 783-784 (Der durch die Zahl der
Aufträge und der angestellten Mitarbeiter gekenn-
zeichnete Umfang des Betriebes läßt sich nicht
beliebig vergrößern, ohne daß seine Freiberuflichkeit in Frage gestellt ist; hier: Praxis eines
einzelnen Arztes für Laboratoriumsmedizin)
[66]) BFH, Urt. v. 05. 12. 1968-IV R 125/66, BFHE 94,
344, BStBl II 1969, 165
[67]) BFH, Urt. v. 01. 02. 1990-IV R 140/88, BFHE 159,
535, BStBl II 1990, 507, DB 1990, 1116-1118, BB
1990, 1113-1115, FR 1990, 369, WPg 1990, 430,
NJW 1991, 783-784
[68]) BFH, Urt. v. 11. 09. 1968-I R 173/66, BFHE 93, 468,
BStBl II 1968, 820
[69]) BFH, Urt. v. 25. 05. 1984; BStBl II S. 823
[70]) BFH, Urt. v. 16. 02. 1961, BStBl III S. 210; BFH,
Urt. v. 25. 10. 1963, BStBl III S. 595; BFH, Urt. v.
12. 11. 1964, BStBl 1965 III S. 90; BFH, Urt. v.
11. 05. 1976, BStBl II S. 641

[71]) BFH, Urt. v. 03. 10. 1985-V R 106/78, BFHE 145, 248, BStBl II 1986, 213, DB 1986, 626-627, BB 1986, 653-655, NJW 1986, 1194-1194, UStR 1986, 66-68, DStR 1986, 446-447, BRAK-Mitt 1986, 161-161

[72]) BFH, Urt. v. 13. 05. 1966, BStBl III S. 489, BFH, Urt. v. 15. 12. 1971, BStBl 1972 II S. 291; BFH, Urt. v. 09. 08. 1983, BStBl 1984 II S. 129

[73]) BFH, Urt. v. 12. 11. 1964, BStBl 1965 III S. 90, BFH, Urt. v. 13. 05. 1966, BStBl III S. 489; BFH, Urt. v. 15. 12. 1971, BStBl 1972 II S. 291

[74]) BFH, Urt. v. 07. 03. 1974, BStBl II S. 383

[75]) BFH, Urt. v. 23. 10. 1975, BStBl 1976 II S. 152

[76]) BFH, Urt. v. 24. 04. 1997-IV R 60/95, BB 1997, 1567-1569

[77]) BFH, Urt. v. 24. 04. 1997-IV R 60/95, BB 1997, 1567-1569

[78]) BFH, Urt. v. 24. 04. 1997-IV R 60/95, BB 1997, 1567-1569 unter Hinweis auf BFH, Urt. v. 10. 11. 1983-IV R 86/80, BFHE 140, 44, BStBl II 1984, 152, BB 1984, 1025

[79]) BFH, Urt. v. 11. 06. 1985-VIII R 254/80, BFHE 144, 62, BStBl II 1985, 584, BB 1985, 1833-1835, DB 1985, 2127-2128, DStR 1985, 638-638, FR 1985, 567-569, NJW 1986, 1376-1377, BRAK-Mitt 1986, 38-38, ZKF 1986, 257-258

[80]) BFH, Urt. v. 20. 04. 1989-IV R 299/83, BFHE 157, 106, BStBl II 1989, 727, DB 1989, 1753-1755, BB 1989, 1612-1612, BB 1989, 1742-1743, DStR 1989, 677, WPg 1989, 623, AnwBl 1989, 613-614, FR 1990, 26, NJW 1990, 343-344 (Zur Abgrenzung der freiberuflichen Tätigkeit von der gewerblichen Tätigkeit bei beratenden Bauingenieuren im Rahmen einer GbR)

[81]) BFH, Urt. v. 17. 01. 1980, BStBl II S. 336

[82]) BFH, Urt. v. 14. 12. 1993-VIII R 13/93, BFHE 174, 503, BStBl II 1994, 922, DB 1994, 1852-1854, BB 1994, 1835-1837, FR 1994, 673-676, DStZ 1994, 663-664, NWB Fach 3, 9193-9196 (45/1994) (Die Fortführung eines freiberuflichen Ingenieurbüros durch eine teilweise aus Berufsfremden bestehende Erbengemeinschaft führt zur Umqualifikation in einen Gewerbebetrieb)

[83]) BFH, Urt. v. 14. 12. 1993-VIII R 13/93, BFHE 174, 503, BStBl II 1994, 922, DB 1994, 1852-1854, BB 1994, 1835-1837, FR 1994, 673-676, DStZ 1994, 663-664, NWB Fach 3, 9193-9196 (45/1994)

[84]) BFH, Beschl. v. 05. 07. 1990-GrS 2/89, BFHE 161, 332, BStBl II 1990, 837, DStR 1990, 662, BB Beilage 1990, Nr. 36, 2-9, DB 1990, 2144-2149, NWB Fach 3, 7579 (47/1990), FR 1990, 635, WPg 1990, 689, NJW 1991, 249-254, NWB Fach 3, 7661 (8/1991), NJW-RR 1991, 642

[85]) vgl. BFH, Urt. v. 12. 03. 1992-IV R 29/91, BFHE 168, 405, BStBl II 1993, 36, DStR 1992, 1470, BB 1992, 1924-1925, FR 1992, 721, WPg 1993, 100-101, DB 1993, 361; BFH, Urt. v. 29. 04. 1993-IV R 16/92, BFHE 171, 385, BStBl II 1993, 716, DStR 1993, 1327, DB 1993, 1857-1858, BB 1993, 1795-1796, DStZ 1993, 637, FR 1993, 742, WPg 1993, 690, NJW 1994, 1980-1981; BFH, Urt. v. 19. 5. 1981-VIII R 143/78, BFHE 133, 396, BStBl II 1981, 665; BFH, Beschl. v. 23. 08. 1991-IV B 69/90, BFH/NV 1992, 512

[86]) BFH, Urt. v. 12. 03. 1992-IV R 29/91, BFHE 168, 405, BStBl II 1993, 36, DStR 1992, 1470, BB 1992, 1924-1925, WPg 1993, 100-101, DB 1993, 361

[87]) BFH, Urt. v. 29. 04. 1993-IV R 16/92, BFHE 171, 385, BStBl II 1993, 716, DStR 1993, 1327, DB 1993, 1857-1858, BB 1993, 1795-1796, DStZ 1993, 637, FR 1993, 742, HFR 1993, 652, WPg 1993, 690, NJW 1994, 1980-1981

[88]) BFH, Beschl. v. 05. 07. 1990-GrS 2/89, BFHE 161, 332, BStBl II 1990, 837, DStR 1990, 662, BB Beilage 1990, Nr. 36, 2-9, DB 1990, 2144-2149, NWB Fach 3, 7579 (47/1990), FR 1990, 635, WPg 1990, 689, NJW 1991, 249-254, NWB Fach 3, 7661 (8/1991), NJW-RR 1991, 642

[89]) BFH, Beschl. v. 05. 07. 1990-GrS 2/89, BFHE 161, 332, BStBl II 1990, 837, DStR 1990, 662, BB Beilage 1990, Nr. 36, 2-9, DB 1990, 2144-2149, NWB Fach 3, 7579 (47/1990), FR 1990, 635, WPg 1990, 689, NJW 1991, 249-254, NWB Fach 3, 7661 (8/1991), NJW-RR 1991, 642

[90]) BFH, Urt. v. 29. 04. 1993-IV R 16/92, BFHE 171, 385, BStBl II 1993, 716, DStR 1993, 1327, DB 1993, 1857-1858, BB 1993, 1795-1796, DStZ 1993, 637, FR 1993, 742, WPg 1993, 690, NJW 1994, 1980-1981; BFH, Urt. v. 30.03.1989-IV R 45/87, BFHE 156, 204, BStBl II 1989, 509, BB 1989, 1113-1113, DB 1989, 1267-1268, BB 1989, 1245-1246, DStR 1989, 389, NJW 1989, 1951-1952, FR 1989, 429, WPg 1989, 473

[91]) BFH, Urt. v. 29. 04. 1993-IV R 16/92, BFHE 171, 385, BStBl II 1993, 716, DStR 1993, 1327, DB 1993, 1857-1858, BB 1993, 1795-1796, DStZ 1993, 637, FR 1993, 742, WPg 1993, 690, NJW 1994, 1980-1981

[92]) vgl. zur Erbauseinandersetzung auch BMF-Schreiben v. 11. 01. 1993, BStBl I S. 80

# 2 Projektmanagement – Projektsteuerung und Juristische Projektbegleitung

## 2.1 Übersicht

Der Wettbewerb wird schärfer, die Anforderungen an die Konzeption, Planung und Durchführung von Bauvorhaben steigen, nicht nur in technischer und wirtschaftlicher, sondern auch in rechtlicher Hinsicht.

Der Bauherr und die am Bauvorhaben beteiligten Ingenieure müssen sich deshalb möglichst frühzeitig zwei Fragen stellen:

* Wird das Bauvorhaben so komplex, daß seine Steuerung, sein Management besondere, personell eigenständige Strukturen braucht? – Einschaltung einer Projektsteuerung?
* Welche rechtliche Problembelastung ist für das Bauvorhaben zu erwarten? – Einschaltung einer juristischen Projektbegleitung?

Allgemeingültige Regeln zur Beantwortung dieser Fragen gibt es nicht. Die Einschaltung einer Projektsteuerung zieht nicht unbedingt eine juristische Projektbegleitung nach sich. Und umgekehrt, kann bei einem Bauvorhaben, daß hinsichtlich seiner Komplexität die Einschaltung einer externen Projektsteuerung nicht erforderlich macht, eine rechtliche Problembelastung aufweisen, die eine juristische Projektbegleitung sinnvoll erscheinen läßt.

Im folgenden gehen wir zunächst auf das grundlegende Anliegen des Projektmanagements[1] ein und weisen daran anschließend auf wesentliche Fragen der Projektsteuerung hin:[2]

* Wer erbringt Projektsteuerungsleistungen – Identität von Planer und Projektsteuerer,
* Rechtsnatur des Projektsteuerungsvertrages,
* Wirksamkeitserfordernisse von Honorarvereinbarungen,
* Weiterentwicklung des Leistungsbildes Projektsteuerung.

Die Frage nach der juristischen Projektbegleitung, die wir dann näher vertiefen, stellt sich nicht nur bei Großprojekten. Wir stellen sie unter zwei Gesichtspunkten:

* Qualitätssicherung und
* Ordnungsgemäße Rechtsberatung.[3]

Es folgen Hinweise für die Abgrenzung gegenüber unzulässiger Rechtsberatung für den Architekten und Ingenieur

* als Planer und
* als Projektsteuerer.

Mit dem »Leitungsbild Juristische Projektbegleitung«[4] wollen wir eine »Checkliste« für die mögliche Komplexität von Bauvorhaben an die Hand geben.

## 2.2 Projektmanagement

In der Praxis läßt sich beobachten, daß Vorhaben mit einer gewissen Größenordnung und Komplexität regelmäßig eine dauerhafte Problembelastung aufweisen, die vom Bauherrn und von der Planungsseite in vielen Fällen zu spät realisiert wird.

Die Beauftragung von Projektsteuerungsleistungen erfolgt häufig erst zu spät, z.B. nach Submission der Rohbauarbeiten mit unbefriedigendem Ergebnis. Dabei wird verkannt, daß die Chancen für den Projekterfolg mit der Einschaltung der Projektsteuerung in frühen Projektphasen erheblich steigt.[5])

Kommt bei dann aufgetretenen Problemen rechtliche Einzelfallberatung hinzu, kann sie oft nur wenig hilfreiche »Vergangenheitsbewältigung« leisten und unter Aufbietung hohen Aufwandes »Krisenbewältigung« versuchen, die bei einer Einbindung »Juristischer Projektbegleitung« von Anfang an nicht erforderlich gewesen wäre.

Trotz zunehmender Komplexität von Bauvorhaben mangelt es an der Umsetzung und Operationalisierung dieses Wissens in praktischen Konsequenzen.

Bemerkenswert ist deshalb auch eine Feststellung aus dem Bereich der Wirtschaftprüfung: »Als Fazit aus unserer Prüfungstätigkeit läßt sich an jeden öffentlichen oder halböffentlichen Bauherrn die Empfehlung ableiten, zunächst eine effektive Projektorganisation aufzubauen und auf qualifizierten Projektvorgaben zu bestehen. Der größte Fehler des Bauherrn (i. S. d. Entscheidungsträgers) besteht häufig in seiner Bereitschaft, Fachleuten zu glauben. Projektsteuerung darf nicht auf Glaubensbekenntnisse reduziert werden, hier bedarf es professioneller Management- und Kontroll-

verfahren, die den Projektablauf in jeder Phase mit allen Komponenten transparent und damit steuerbar machen.«[6])

Im industriellen Bereich wird der wirtschaftliche Vorteil bei Einsatz der Projektsteuerung mit Investitionsreduzierungen zwischen 15 % bis 29 % gegenüber ungesteuerten Projekten bei Kosten für die Projektsteuerung von ca. 1,5 % bis 3 % der Investitionssumme geschätzt.[7])

Das Projektmanagement gehört gem. der EG-Richtlinie vom 18. 06. 1992 über die Koordinierung der Verfahren zur Vergabe öffentlicher Dienstleistungsaufträge (Dienstleistungsrichtlinie 92/50/EWG) zu den Dienstleistungen i. S. v. Art. 8, Kategorie 11 (»Unternehmensberatung und verbundene Tätigkeiten ohne Schieds- und Schlichtungsleistungen«). Nach der VOF sind öffentliche Auftraggeber verpflichtet, Projektmanagementleistungen wie auch Architekten- und Ingenieurleistungen mit einem geschätzten Auftragswert von $\geq$ 200.000 ECU entsprechend zu vergeben.[8])

Das »Projekt« ist in den DIN 69900 ff. definiert.[9]) Projektmanagement wird als ein führungstechnisches und organisatorisches Gesamtkonzept verstanden, das Zielsetzung, Planung, Steuerung und Kontrolle umfaßt mit dem Zweck, das Projekt termingerecht, unter Einhaltung der vorgegebenen Kosten bzw. so ökonomisch wie möglich zu planen und zu realisieren. Projektmanagement am Bau kann deshalb nicht als schwerpunktmäßig baubetrieblich-ingenieurwissenschaftliche Disziplin verstanden werden, aus der betriebswirtschaftlich oder juristisch orientierte Dienstleistungen ausgeklammert werden könnten. Projektmanagement ist eine multidisziplinäre Aufgabenstellung, bei der die Schwerpunkte der Anforderungen mal im einen, mal im anderen Bereich zu finden sind.[10])

## Struktur des Projektmanagements eines Großprojektes

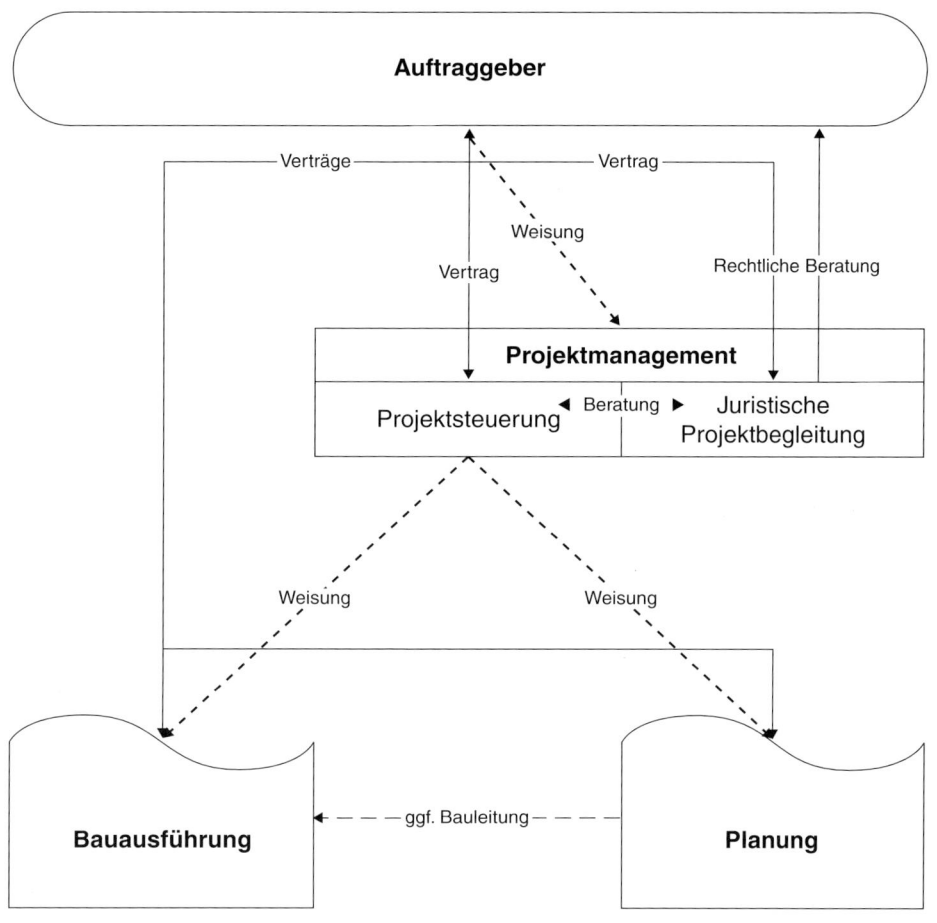

Projektmanagement bedeutet die Wahrnehmung aller erforderlichen Aufgaben in organisatorischer, qualitativer, technischer, wirtschaftlicher, rechtlicher und terminlicher Hinsicht, die zur zielorientierten Abwicklung eines Projektes erforderlich sind. Projektmanagementleistungen müssen sowohl auf Auftraggeberseite (von Bauherren) als auch von Auftragnehmerseite (von Bauplanern und Baufirmen) für ihren jeweiligen Bereich erbracht werden.[11]) Höchste Qualität des Projektmanagements im Bauwesen ist dann gegeben, wenn Bauinvestitionen die Schnittmenge zwischen erforderlichen, beauftragten und realisierten Planungs- und Bauleistungen 100% erreicht und damit die Vorgaben für Bauqualität (Nutzerbedarfsprogramm), Baukosten (Budget) und Bauzeit (Terminrahmen) eingehalten werden.[12])

## 2.3 Projektsteuerung

Die Projektsteuerung hat in § 31 HOAI 1976 eine erste Regelung erfahren, die mehr Probleme geschaffen als gelöst hat: ein »verunglückter Klassiker«.

---

### § 31 HOAI Projektsteuerung

(1) Leistungen der Projektsteuerung werden von Auftragnehmern erbracht, wenn sie Funktionen des Auftraggebers bei der Steuerung von Projekten mit mehreren Fachbereichen übernehmen. Hierzu gehören insbesondere:

1. Klärung der Aufgabenstellung, Erstellung und Koordinierung des Programms für das Gesamtprojekt,
2. Klärung der Voraussetzungen für den Einsatz von Planern und anderen an der Planung fachlich Beteiligten (Projektbeteiligte),
3. Aufstellung und Überwachung von Organisations-, Termin- und Zahlungsplänen, bezogen auf Projekt und Projektbeteiligte,
4. Koordinierung und Kontrolle der Projektbeteiligten, mit Ausnahme der ausführenden Firmen,
5. Vorbereitung und Betreuung der Beteiligung von Planungsbetroffenen,
6. Fortschreibung der Planungsziele und Klärung von Zielkonflikten,
7. laufende Information des Auftraggebers über die Projektabwicklung und rechtzeitiges Herbeiführen von Entscheidungen des Auftraggebers,
8. Koordinierung und Kontrolle der Bearbeitung von Finanzierungs-, Förderungs- und Genehmigungsverfahren.

(2) *Honorare für Leistungen bei der Projektsteuerung dürfen nur berechnet werden, wenn sie bei Auftragserteilung schriftlich vereinbart worden sind; sie können frei vereinbart werden.*[13])

---

Vom Verordnungsgeber wurde die Vorschrift des § 31 HOAI damit begründet, daß mit steigendem Bauvolumen die Anforderungen an den Auftraggeber, seine Vorstellung von der Bauaufgabe in die Praxis umzusetzen, wachsen, »wobei er die Geschehensabläufe in technischer, rechtlicher und wirtschaftlicher Hinsicht zu koordinieren, zu steuern und zu überwachen hat. Diese Tätigkeiten sind originäre Aufgaben des Auftraggebers und von den Leistungen des Architekten und Ingenieurs zu trennen. Infolge der zunehmenden Kompliziertheit der Geschehensabläufe, insbesondere durch Einschaltung von anderen an der Planung fachlich Beteiligter, sind Auftraggeber ab einer bestimmten Größenordnung des Projekts nicht immer in der Lage, sämtliche Steuerungsleistungen selbst zu übernehmen. In der Praxis werden in diesen Fällen Aufträge für Leistungen bei der Projektsteuerung erteilt. Die Aufträge umfassen insbesondere Beratungs-, Koordinations-, Informations- und Kontrolleistungen«.[14])

### 2.3.1 Projektsteuerer und Planer – Abgrenzung der Leistungen oder »Alles aus einer Hand«?

Der Projektsteuerer plant kein Bauwerk, sondern steuert ein Projekt. Dies ist eine andere Tätigkeit als die der Architekten und Ingenieure.[15])

Das Leistungsbild der Projektsteuerung nach § 31 HOAI läßt viele Fragen offen. Schwierig und umstritten ist insbesondere die Abgrenzung zu den Aufgaben, die den Planern übertragen werden.

## Beispiele

### Leistungsabgrenzung – kein akademisches Thema

Mit den nachfolgenden Beispielen sollen typische Fälle aufgezeigt werden, die in der Praxis haftungsträchtige Interessenskonflikte für Ingenieure beinhalten können:

**Fall 1:**

Ein Ingenieur erhält einen Auftrag Objektplanung, Leistungsphasen 1 bis 4. Es sind Zielkonflikte, Finanzierungs- und Förderungsfragen zu klären und das rechtzeitige Herbeiführen von Entscheidungen des Auftraggebers ist auch ein Problem (vgl. § 31 HOAI). Aus gegebenem Anlaß empfiehlt er dem Bauherren die Einschaltung eines Projektsteuerers und bietet dessen umfassende Leistungen erfolgreich selbst an.

Mit der gleichzeitigen Erbringung von Planungs- und Projektsteuerungsleistungen liegen die möglichen Interessenkonflikte auf der Hand:

- Ist zu erwarten, daß der Ingenieur als Projektsteuerer seine eigenen Leistungen als Planer überwacht?
- Ist zu erwarten, daß der Ingenieur als Projektsteuerer dem Bauherren für die Planungsleistungen der Leistungsphasen 5 folgende einen anderen Ingenieur empfiehlt?
- Ist zu erwarten, daß der Ingenieur als Projektsteuerer dem Bauherren die Beauftragung der ggf. arbeitsaufwendigen und haftungsträchtigen, aber gering honorierten Leistungsphase 9 an sich als Planer empfiehlt?
- Bei Abschluß der Genehmigungsplanung zeichnet sich für den Projektsteuerer ab, daß das Vorhaben kostengünstiger durch einen Generalübernehmer ausgeführt werden kann. Wie geht der Ingenieur als Projektsteuerer damit um, wenn es für ihn als Planer jetzt auch um die Frage geht, ob er als Ingenieur mit den Leistungsphasen 5 und folgenden beauftragt werden soll?

Bleiben wir bei der letzten Frage. Auf eigene Empfehlung als Projektsteuerer wird der Ingenieur mit den Leistungsphasen 5 bis 8 beauftragt und erhält zudem noch die Örtliche Bauüberwachung (§ 57 HOAI). Bei der Vorbereitung der Vergabeentscheidung wird der Interessenkonflikt nunmehr auch für den Bauherren offensichtlich. Er fragt sich zu recht, ob ihm mit der Beauftragung der weiteren Planungsleistungen und der Örtlichen Bauleitung ein Schaden entstanden ist.

**Fall 2:**

Der Bauherr schaltet neben einem Ingenieur als Objektplaner – beauftragt zunächst mit den Leistungsphasen 1 bis 4 – einen weiteren Ingenieur als Projektsteuerer ein. Der Projektsteuerer zeigt dem Bauherren gravierende Mängel in der Leistung des Objektplaners auf. Die Beauftragung des Objektplaners mit weiteren Leistungsphasen steht für den Bauherren nicht zur Diskussion. Da die Anlage schnellstmöglich in die Produktion muß, schließt sich der Bauherr der Einschätzung des Projektsteuerers an, daß bei Beauftragung eines neuen Objektplaners eine durch dessen Einarbeitung bedingte Verzögerung des Projektes um weitere drei Monate zu erwarten ist. So beauftragt der Bauherr den Projektsteuerer mit der Erbringung der weiteren Planungsleistungen.

Fortsetzung wie in Fall 1

**Fall 3:**

Wie Fall 2, nur war der Objektplaner bereits mit den Leistungsphasen 1 bis 8 beauftragt. Der Bauherr entschließt sich auf Empfehlung des Projektsteuerers zur Kündigung in der Leistungsphase 4. Der gekündigte Ingenieur macht entgangenes Honorar gegen den Bauherren geltend. Der Bauherr wird beim Projektsteuerer im Falle einer Verurteilung wegen fehlerhafter Beratung Regreß nehmen.

Um wieviel besser könnte die Beweissituation für den Bauherren und den Projektsteuerer sein, wenn die weiteren Planungsleistungen nicht von ihm selbst, sondern von einem dritten Ingenieur erbracht wären?

Diese »Schnittstellenproblematik« kann zufriedenstellend nur auf vertraglicher Grundlage gelöst werden. Das Leistungsbild des § 31 HOAI enthält zum einen Teilleistungen, die auch vom Planer im Falle einer Vollbeauftragung erbracht werden können, andererseits beinhaltet es auch Leistungen, die über den Planungsauftrag hinausgehen, so etwa die Klärung der Aufgabenstellung, Erstellung und Koordinierung des Programms für das Gesamtobjekt. Entsprechendes gilt für die Anforderungen an Terminpläne nach Detaillierung und Dauer der einbezogenen Termine.

Trotz dieser Abgrenzungsschwierigkeiten und möglichen Überschneidungen wird im allgemeinen nicht davon ausgegangen, daß es nach § 31 HOAI rechtlich unmöglich wäre, dem Planer auch die Projektsteuerung zu übertragen[16]). Von einer wirksamen Kontrolle kann dann aber nicht die Rede sein, wenn die an der Entwicklung des Bauwerks vertraglich beteiligten Leistungsträger sich selbst kontrollieren sollen[17]). Nach dem klassischen Grundprinzip der strikten organisatorischen Trennung von Planung, Ausführung und Kontrolle verbietet sich die gleichzeitige Wahrnehmung von Projektsteuerungs- und Planerfunktionen bei einem Projekt durch eine einzige Institution.[18]) Von einer solchen Vertragsgestaltung wird in der Praxis deshalb dringend abgeraten. Sollte es aus zwingenden Gründen im Verlaufe eines Projektes erforderlich sein, den bisherigen Projektsteuerer mit Planungsleistungen zu beauftragen – etwa wegen der Beendigung der Zusammenarbeit mit dem bisherigen Planer in einer für das Projekt kritischen Phase –, dann müssen die erforderlichen Verträge dieser veränderten Situation Rechnung tragen.

Differenzierter sieht dies Knipp[19]) bei Besonderen Leistungen, die sich in planungs-

ergänzenden Aufgaben, Mitwirkungsaufgaben und Aufgaben einteilen lassen, die die Grundlagen der Planung und Entscheidungsvorbereitung betreffen. Planungsergänzende Aufgaben (wie beispielsweise Untersuchen von Lösungsmöglichkeiten nach grundsätzlich verschiedenen Anforderungen) werden immer vom Planer durchgeführt. Dies muß so sein, schon zur zweifelsfreien Abgrenzung der Leistungsbilder und zur eindeutigen Erhaltung der Haftungsgrenzen (Stichwort: Schnittstellendefinition). Die Beratungs-, Koordinations-, Informations- und Kontrolleistungen (Beispiel: Mitwirken beim Veranlassen und Abstimmen besonderer Anpassungsmaßnahmen, Krisenmanagement) sind vom Projektsteuerer wahrzunehmen, damit keine Selbstkontrolle der Planerleistungen entsteht. Die Aufgaben, die die Grundlagen der Planung und Entscheidungsvorbereitung betreffen (Standortanalyse, Aufstellen eines Raum- und Funktionsprogrammes, Überprüfen von Wertermittlungen für Grundstücke und Gebäude etc.), können entweder vom Planer oder Projektsteuerer erbracht werden, da hier nach Knipp Interessenkollisionen nicht zu befürchten sind. Gerade in diesem Bereich entstehen allerdings Abgrenzungsschwierigkeiten.

Besondere Leistungen, die nach Knipp sowohl der Objektplanung als auch der Projektsteuerung zuzuordnen sind, sind beispielsweise:

- Aufstellen eines Zeit- und Organisationsplanes,
- Aufstellen eines Finanzierungsplanes,
- Wirtschaftlichkeitsberechnung,
- Aufstellen, Überwachen und Fortschreiben eines Zahlungsplanes,
- Aufstellen, Überwachen und Fortschreiben von differenzierten Zeit-, Kosten- oder Kapazitätsplänen.[20])

Die vertragliche Klärung der »Schnittstellen-problematik« hat unter Umständen auch einen erheblichen Kosteneffekt, um den Auftraggeber vor einer teilweisen Doppel-honorierung aufgrund der Unschärfen der Abgrenzung und vor Überschneidungen zu schützen. Diese Aufgabe der vertraglichen Schnittstellenregelung wird auch durch den Entwurf des Leistungsbildes »Projektsteue-rung« nicht überflüssig, da es noch immer Überschneidungen mit dem Leistungsbild der Objektplaner beinhaltet.

---

### Praxishinweis

*Zusammengefaßt empfehlen wir die Leistun-gen der Objektplanung von den Leistungen der Projektsteuerung personell zu trennen. Selbst wenn dieser Grundsatz nicht in recht-lich relevanter Weise (z.B. Haftung) verletzt wird, ist mit Risiken für die Qualitätssicherung zu rechnen.*

---

### 2.3.2 Rechtsnatur des Projektsteuerungsvertrages

Die Einordnung des Projektsteuerervertra-ges als Dienst- oder Werkvertrag ist recht-lich noch nicht völlig geklärt.

Für die Praxis ergeben sich erhebliche Unter-schiede je nach dem, ob der Projektsteuerer-vertrag als Werk- oder Dienstvertrag einge-ordnet wird. Die Gewährleistungsfrist beträgt für Dienstverträge dreißig Jahre, für Werk-verträge gem. § 638 BGB fünf Jahre. Ver-schuldensunabhängige Gewährleistungsan-sprüche bestehen nur im Werkvertragsrecht, ebenso ein Nachbesserungsrecht und eine Nachbesserungspflicht. Die Kündigungsvor-aussetzungen und Kündigungsfolgen unter-scheiden sich erheblich.[21]

Bei einem Werkvertrag kann der Auftragge-ber zwar jederzeit kündigen, der Unterneh-mer ist dann aber – anders als beim Dienst-vertrag – gem. § 649 Satz 2 BGB berechtigt, die vereinbarte Vergütung zu verlangen. Er muß sich »jedoch dasjenige anrechnen las-sen, was er infolge der Aufhebung des Ver-trags an Aufwendungen erspart oder durch anderweitige Verwendung seiner Arbeits-kraft erwirbt oder zu erwerben böswillig un-terläßt«. Welche ersparten Aufwendungen und welchen anderweitigen Erwerb er sich anrechnen läßt, hat der Unternehmer vorzu-tragen und zu beziffern.[22] Trägt er nur einen bestimmten Prozentsatz vor (z.B. 40%), so genügt das nicht, weil nicht ersichtlich ist, wie er für den konkreten Vertrag gerade zu diesem Prozentsatz gekommen ist und ob er von dem richtigen Begriff der Ersparnisse ausgegangen ist.[23]

Vor diesem Hintergrund ist das Interesse der Projektsteuerer zu verstehen, den Projekt-steuerungsvertrag als Werkvertrag einzu-ordnen.

---

**Beispiel**

**Der Bundesgerichtshof** [24]) **hat es ausdrücklich dahingestellt sein lassen, ob die in § 31 HOAI beschriebenen Tätigkeiten und Leistungen in der Weise zum Gegenstand einer Leistungsverpflichtung gemacht werden können, daß der Vertrag als Werkvertrag einzuordnen wäre.**

*Das würde – so der BGH – jedenfalls die Vereinbarung werkvertraglicher Erfolgsverpflichtungen voraussetzen.*
*Allein aus der Vereinbarung eines Erfolgshonorars (Honorar für erzielte Einsparungen) für Projektsteuerungsleistungen kann nicht hergeleitet werden, daß ein Projektsteuerungsvertrag ein Werkvertrag ist. Weder ist die Vereinbarung von Erfolgshonoraren für Werkverträge charakteristisch, noch sind Erfolgshonorare für andere Vertragstypen aus dem Umkreis des Dienst- und Geschäftsbesorgungsvertrages ausgeschlossen. Das Gesetz selbst sieht für den Maklervertrag, den es im Regelfall nicht als Werkvertrag versteht, eine erfolgsbezogene Honorierung vor. Beim Werkvertrag ist der Unternehmer verpflichtet, den nach dem Vertrag geschuldeten Erfolg herzustellen und dafür einzustehen. Die Her-*
*beiführung dieses Erfolges ist dabei die primäre Leistungsverpflichtung des Werkunternehmers, für deren Erbringung er ohne Rücksicht auf Verschulden einzustehen hat.*
*Im vom BGH entschiedenen Fall konnte keine Rede davon sein, daß der Kläger in diesem Sinne als werkvertraglichen Erfolg Kosteneinsparungen geschuldet hat und daß er dafür Gewähr zu leisten gehabt hätte. Der Vertrag stellt im Gegenteil gerade nicht darauf ab, daß der Kläger im Sinne eines werkvertraglichen Erfolgs die primäre Leistungsverpflichtung haben sollte, Kosteneinsparungen zu erzielen. Er setzt vielmehr die Möglichkeit voraus, daß dem Kläger das nicht gelingt, ohne daran andere Folgen als den Verlust des Honorars zu knüpfen. Nach alledem ist für den hier vorliegenden Projektsteuerungsvertrag Werkvertragsrecht und deshalb auch § 649 BGB nicht anzuwenden.*

---

Die bislang verbreitete Einordnung als Werkvertrag beruhte eher auf eine »Verkennung des werkvertraglichen Erfolgsbegriffs«. Für diesen reicht es nicht, daß die Vertragspartner sich von der vertraglichen Leistung einen Erfolg versprechen. Das trifft auch für jeden Dienst- und Geschäftsbesorgungsvertrag zu. Vielmehr ist erforderlich, daß der Werkunternehmer die Herstellung des Erfolges garantiert. Bei Leistungen, bei denen das von der Natur der Sache her niemand kann, kommt die Einordnung als Werkvertrag nicht in Betracht, vielmehr, soweit der Erfolg verbindlich versprochen und sanktioniert ist, ein Garantievertrag und im übrigen ein Dienst- oder Geschäftsbesorgungsvertrag.[25])

Locher u.a. vertreten die Auffassung, daß bei voller Übertragung der Leistungen gem. § 31 HOAI oder nach dem Entwurf des Deutschen Verbandes der Projektsteuerer davon auszugehen sei, daß der Projektsteuerer eine vermögensnahe Tätigkeit ausübt, so daß § 675 BGB anzuwenden ist. Ob Dienst- oder Werkvertrag, der Projektsteuerer übt bei voller Übertragung der Leistungen eine geschäftsbesorgende Tätigkeit aus.[26])

Hartmann ordnet den Projektsteuerungsvertrag als Geschäftsbesorgungsvertrag nach § 675 BGB ein und verweist auf Vergleichbarkeiten mit Rechtsanwalts-, Sachverständigen-, Steuerberater- und Wirtschaftsprüferverträgen. Sind nur Koordinations- und Informationsleistungen übertragen, so sei Dienstvertragsrecht anzuwenden.[27])

Jochem ordnet den Projektsteuerungsvertrag grundsätzlich als Dienstvertrag ein mit
der Begründung, der Projektsteuerer schuldet dem Bauherrn Dienst- und Beratungsleistungen, nicht jedoch einen Werkerfolg.[28])

### 2.3.3 Das Ende des § 31 Abs. 2 HOAI

Die Wirksamkeit von Honorarvereinbarungen für Projektsteuerungsleistungen kann
dem Bundesgerichtshof[29]) zufolge nicht davon abhängig gemacht werden, daß sie
»schriftlich« und »bei Auftragserteilung« getroffen worden sind.

---

## Beispiel

**Projektsteuerungsleistungen sind auch dann zu honorieren,
wenn sie weder »schriftlich« noch bei Auftragserteilung getroffen worden sind.**

*Die Klägerin in diesem Verfahren war eine Inge-
nieurgemeinschaft, die sich u. a. mit der Übernahme der »Bauherrenfunktion« befaßt. In
dieser Funktion war die Klägerin zunächst aufgrund mündlicher Vereinbarungen für den
Beklagten tätig und schloß sodann im Mai 1993
einen schriftlichen Vertrag, in dem der Beklagte
der Klägerin für das geplante Bauvorhaben
das »Projektmanagement (Übernahme der
Bauherrenfunktion)« übertrug. Nach dem Vertrag sollte zum Leistungsumfang die steuernde,
koordinierende und kontrollierende Tätigkeit
entsprechend einer als Anlage dem Vertrag
beigefügten Leistungspalette gehören. Zur Ausführung des Vorhabens kam es nach verhältnis-
mäßig umfangreichen Vorbereitungsarbeiten
nicht. Die Klägerin setzte gegenüber dem
Beklagten für ihre Tätigkeit ein Teilhonorar von
306.636,60 DM nebst Zinsen durch.*
*Zur Begründung heißt es in dem Urteil des
Bundesgerichtshofes: § 31 Abs. 2, 1. Halbs.
HOAI, wonach das Honorar für Projektsteuerungsleistungen »bei Auftragserteilung« und
»schriftlich« vereinbart werden muß, ist nichtig.
Die Regelung ist von der gesetzlichen Ermächtigung in Art. 10 §§ 1, 2 MRVG nicht gedeckt.
Diese Ermächtigung erlaubt die Einführung von*

*Formvorschriften und anderen Anforderungen,
wenn und soweit sie geeignet sind, den Zweck
der Preisregelung zu fördern. Damit deckt die
Ermächtigung nicht die Begründung von isolierten Formerfordernissen für Vereinbarungen, die
keiner Preisregulierung unterliegen. Das gilt sowohl für die in § 31 Abs. 2 HOAI vorgesehene
Schriftform wie für das ebenfalls vom allgemeinen Vertragsrecht abweichende Erfordernis,
daß die Vereinbarung »bei Auftragserteilung«
getroffen werden muß.*
*Die in § 31 Abs. 2 HOAI für Projektsteuerungs-
leistungen angesprochene Rechtsfolge, daß
sie keiner Preisregulierung unterliegen, enthält
keine Regelung im Sinne der Ermächtigungs-
norm. Sie gibt nur wieder, was für Werk- und
Dienstleistungen allgemein gilt. Nach dem bür-
gerlichen Recht können die Entgelte für Werk-
und Dienstleistungen nach dem Grundsatz der
im übrigen auch verfassungsrechtlich geschützten Vertragsfreiheit »frei vereinbart« werden.
§ 31 Abs. 2 HOAI enthält insoweit nichts anderes. Anders als nach BGB führt § 31 Abs. 2
HOAI zusätzliche Anforderungen für eine sonst
privatrechtlich freie Vertragsgestaltung ein.
Das ist von der Ermächtigung nicht gedeckt,
weil es keine preisrechtliche Funktion hat.*

### 2.3.4 Die Weiterentwicklung des Leistungsbildes Projektsteuerung

Bereits der Wortlaut des § 31 Abs. 1 HOAI zeigt, daß das Leistungsbild nicht vollständig ist. Es sind lediglich beispielhaft einzelne Projektsteuerungsleistungen aufgeführt. Die Fachgruppe »Projektsteuerung« des Ausschusses der Ingenieurverbände und Ingenieurkammern für die Honorarordnung e.V. hat ein vervollständigtes Leistungsbild Projektsteuerung erarbeitet. Grundlage hierfür war der Entwurf der Arbeitsgruppe des Deutschen Verbandes der Projektsteuerer e.V. »Leistungsbild und Honorarordnung Projektsteuerung«.

## Leistungsbild Projektsteuerung[30])

Für das Leistungsbild sind folgende Hinweise zu beachten:

1. Das Aufstellen, Abstimmen und Fortschreiben i.S.d. Leistungsbildes beinhaltet:
   - die Vorgabe der Solldaten (Planen/Ermitteln)
   - die Kontrolle (Überprüfen und Soll-/Ist-Vergleich) sowie
   - die Steuerung (Abweichungsanalyse, Anpassen, Aktualisieren).
2. Mitwirken im Sinne des Leistungsbildes heißt stets, daß der beauftragte Projektsteuerer die genannten Teilleistungen in Zusammenarbeit mit den anderen Projektbeteiligten inhaltlich abschließend zusammenfaßt und dem Auftraggeber zur Entscheidung vorlegt.
3. Sämtliche Ergebnisse der Projektsteuerungsleistungen erfordern vor Freigabe und Umsetzung die vorherige Abstimmung mit dem Auftraggeber.

### 1. Projektvorbereitung

#### A Organisation, Information, Koordination und Dokumentation

| Grundleistungen | Besondere Leistungen |
|---|---|
| 1. Entwickeln, Vorschlagen und Festlegen der Projektziele und der Projektorganisation durch ein projektspezifisch zu erstellendes Organisationshandbuch | 1. Mitwirken bei der betriebswirtschaftlich-organisatorischen Beratung des Auftraggebers zur Bedarfsanalyse, Projektentwicklung und Grundlagenermittlung |
| 2. Auswahl der zu Beteiligenden und Führen von Verhandlungen | 2. Besondere Abstimmungen zwischen Projektbeteiligten zur Projektorganisation |
| 3. Vorbereitung der Beauftragung der zu Beteiligenden | 3. Unterstützen der Koordination innerhalb der Gremien des Auftraggebers |
| 4. Laufende Information und Abstimmung mit dem Auftraggeber | 4. Besondere Berichterstattung in Auftraggeber- oder sonstigen Gremien |
| 5. Einholen der erforderlichen Zustimmungen des Auftraggebers | |

## B Qualitäten und Quantitäten

| Grundleistungen | Besondere Leistungen |
|---|---|
| 1. Mitwirken bei der Erstellung der Grundlagen für das Gesamtprojekt hinsichtlich Bedarf nach Art und Umfang (Nutzerbedarfsprogramm NBP) <br> 2. Mitwirken beim Ermitteln des Raum-, Flächen- oder Anlagenbedarfs und der Anforderungen an Standard und Ausstattung durch das Bau- und Funktionsprogramm <br> 3. Mitwirken beim Klären der Standortfragen, Beschaffen der standortrelevanten Unterlagen, der Grundstücksbeurteilung hinsichtlich Nutzung in privatrechtlicher und öffentlich-rechtlicher Hinsicht <br> 4. Herbeiführen der erforderlichen Entscheidungen des Auftraggebers | 1. Mitwirken bei Grundstücks- und Erschließungsangelegenheiten <br> 2. Erarbeiten der erforderlichen Unterlagen, Abwickeln und/oder Prüfen von Ideen, Programm- und Realisierungswettbewerben <br> 3. Erarbeiten von Leit- und Musterbeschreibungen, z.B. für Gutachten, Wettbewerbe etc. <br> 4. Prüfen der Umwelterheblichkeit und der Umweltverträglichkeit |

## C Kosten und Finanzierung

| Grundleistungen | Besondere Leistungen |
|---|---|
| 1. Mitwirken beim Festlegen des Rahmens für Investitionen und Baunutzungskosten <br> 2. Mitwirken beim Ermitteln und Beantragen von Investitionsmitteln <br> 3. Prüfen und Freigeben von Rechnungen zur Zahlung <br> 4. Einrichten der Projektbuchhaltung für den Mittelabfluß | 1. Überprüfen von Wertermittlungen für bebaute und unbebaute Grundstücke <br> 2. Festlegen des Rahmens der Personal- und Sachkosten des Betriebs <br> 3. Einrichten der Projektbuchhaltung für den Mittelzufluß und die Anlagenkonten |

## D Termine und Kapazitäten

| Grundleistungen | Besondere Leistungen |
|---|---|
| 1. Entwickeln, Vorschlagen und Festlegen des Terminrahmens <br> 2. Aufstellen/Abstimmen der Generalablaufplanung und Ableiten des Kapazitätsrahmens | |

## 2. Planung

### A  Organisation, Information, Koordination und Dokumentation

| Grundleistungen | Besondere Leistungen |
|---|---|
| 1. Fortschreiben des Organisationshandbuches<br>2. Dokumentation der wesentlichen projektbezogenen Plandaten in einem Projekthandbuch<br>3. Mitwirken beim Durchsetzen von Vertragspflichten gegenüber den Beteiligten<br>4. Mitwirken beim Vertreten der Planungskonzeption mit bis zu fünf Erläuterungs- und Erörterungsterminen<br>5. Mitwirken bei Genehmigungsverfahren<br>6. Laufende Information und Abstimmung mit dem Auftraggeber<br>7. Einholen der erforderlichen Zustimmungen des Auftraggebers | 1. Veranlassen besonderer Abstimmungsverfahren zur Sicherung der Produktziele<br>2. Vertreten der Planungskonzeption gegenüber der Öffentlichkeit unter besonderen Anforderungen und Zielsetzungen sowie bei mehr als fünf Erläuterungs- oder Erörterungsterminen<br>3. Unterstützen beim Bearbeiten von besonderen Planungsrechtsangelegenheiten<br>4. Risikoanalyse<br>5. Besondere Berichterstattung in Auftraggeber- oder sonstigen Gremien |

### B  Qualitäten und Quantitäten

| Grundleistungen | Besondere Leistungen |
|---|---|
| 1. Überprüfen der Planungsergebnisse auf Konformität mit den vorgegebenen Projektzielen<br>2. Herbeiführen der erforderlichen Entscheidungen des Auftraggebers | 1. Vorbereiten, Abwickeln oder Prüfen von Wettbewerben zur künstlerischen Ausgestaltung<br>2. Überprüfen der Planungsergebnisse durch besondere Wirtschaftlichkeitsuntersuchungen<br>3. Festlegen der Qualitätsstandards ohne/mit Mengen oder ohne/mit Kosten in einem Gebäude- und Raumbuch bzw. Pflichtenheft<br>4. Veranlassen oder Durchführen von Sonderkontrollen der Planung<br>5. Änderungsmanagement bei Einschaltung eines Generalplaners |

### C  Kosten und Finanzierung

| Grundleistungen | Besondere Leistungen |
|---|---|
| 1. Überprüfen der Kostenschätzungen und -berechnungen der Objekt- und Fachplaner sowie Veranlassen erforderlicher Anpassungsmaßnahmen<br>2. Zusammenstellen der voraussichtlichen Baunutzungskosten<br>3. Planung von Mittelbedarf und Mittelabfluß<br>4. Prüfen und Freigeben der Rechnungen zur Zahlung<br>5. Fortschreiben der Projektbuchhaltung für den Mittelabfluß | 1. Kostenermittlung und -steuerung unter besonderen Anforderungen (z. B. Baunutzungskosten)<br>2. Fortschreiben der Projektbuchhaltung für den Mittelzufluß und die Anlagenkonten |

## D  Termine und Kapazitäten

| Grundleistungen | Besondere Leistungen |
|---|---|
| 1. Aufstellen und Abstimmen der Grob- und Detailablaufplanung für die Planung | 1. Ablaufsteuerung unter besonderen Anforderungen und Zielsetzungen |
| 2. Aufstellen und Abstimmen der Grobablaufplanung für die Ausführung | |
| 3. Ablaufsteuerung der Planung | |
| 4. Fortschreiben der General- und Grobablaufplanung für Planung und Ausführung sowie der Detailablaufplanung für die Planung | |
| 5. Führen und Protokollieren von Ablaufbesprechungen der Planung sowie Vorschlagen und Abstimmen von erforderlichen Anpassungsmaßnahmen | |

## 3. Ausführungsvorbereitung

### A  Organisation, Information, Koordination und Dokumentation

| Grundleistungen | Besondere Leistungen |
|---|---|
| 1. Fortschreiben des Organisationshandbuches | 1. Veranlassen besonderer Abstimmungsverfahren zur Sicherung der Projektziele |
| 2. Fortschreiben des Projekthandbuches | 2. Durchführen der Submissionen |
| 3. Mitwirken beim Durchsetzen von Vertragspflichten gegenüber den Beteiligten | 3. Besondere Berichterstattung in Auftraggeber- oder sonstigen Gremien |
| 4. Laufende Information und Abstimmung mit dem Auftraggeber | |
| 5. Einholen der erforderlichen Zustimmungen des Auftraggebers | |

### B  Qualitäten und Quantitäten

| Grundleistungen | Besondere Leistungen |
|---|---|
| 1. Überprüfen der Planungsergebnisse inkl. evtl. Planungsänderungen auf Konformität mit den vorgegebenen Projektzielen | 1. Überprüfen der Planungsergebnisse durch besondere Wirtschaftlichkeitsuntersuchungen |
| 2. Mitwirken beim Freigeben der Firmenliste für Ausschreibungen | 2. Fortschreiben des Gebäude- und Raumbuches unter Einbeziehung der Ergebnisse der Ausführungsplanung |
| 3. Herbeiführen der erforderlichen Entscheidungen des Auftraggebers | 3. Veranlassen oder Durchführen von Sonderkontrollen der Ausführungsvorbereitung |
| 4. Überprüfen der Verdingungsunterlagen für die Vergabeeinheiten und Anerkennen der Versandfertigkeit | 4. Versand der Ausschreibungsunterlagen |
| 5. Überprüfen der Angebotsauswertungen in technisch-wirtschaftlicher Hinsicht | 5. Änderungsmanagement bei Einschaltung eines Generalplaners |

| Grundleistungen | Besondere Leistungen |
| --- | --- |

6. Beurteilen der unmittelbaren und mittelbaren Auswirkungen von Alternativangeboten auf Konformität mit den vorgegebenen Projektzielen
7. Mitwirken bei den Vergabeverhandlungen bis zur Unterschriftsreife

### C  Kosten und Finanzierung

| Grundleistungen | Besondere Leistungen |
| --- | --- |
| 1. Vorgabe der Soll-Werte für Vergabeeinheiten auf der Basis der aktuellen Kostenberechnung | 1. Kostenermittlung und -steuerung unter besonderen Anforderungen (z. B. Baunutzungskosten) |
| 2. Überprüfen der vorliegenden Angebote im Hinblick auf die vorgegebenen Kostenziele und Beurteilung der Angemessenheit der Preise | 2. Fortschreiben der Projektbuchhaltung für den Mittelzufluß und die Anlagenkonten |
| 3. Vorgabe der Deckungsbestätigungen für Aufträge | |
| 4. Überprüfen der Kostenanschläge der Objekt- und Fachplaner sowie Veranlassen erf. Anpassungsmaßnahmen | |
| 5. Zusammenstellen der aktualisierten Baunutzungskosten | |
| 6. Fortschreiben der Mittelbewirtschaftung | |
| 7. Prüfen und Freigeben der Rechnungen zur Zahlung | |
| 8. Fortschreiben der Projektbuchhaltung für den Mittelabfluß | |

### D  Termine und Kapazitäten

| Grundleistungen | Besondere Leistungen |
| --- | --- |
| 1. Aufstellen und Abstimmen der Steuerungsablaufplanung für die Ausführung | 1. Ermitteln von Ablaufdaten zur Bieterbeurteilung (erforderlicher Personal-, Maschinen- und Geräteeinsatz nach Art, Umfang und zeitlicher Verteilung) |
| 2. Fortschreiben der General- und Grobablaufplanung für Planung und Ausführung sowie der Steuerungsablaufplanung für die Planung | 2. Ablaufsteuerung unter besonderen Anforderungen und Zielsetzungen |
| 3. Vorgabe der Vertragstermine und -fristen für die Besonderen Vertragsbedingungen der Ausführungs- und Lieferleistungen | |
| 4. Überprüfen der vorliegenden Angebote im Hinblick auf vorgegebene Terminziele | |
| 5. Führen und Protokollieren von Ablaufbesprechungen der Ausführungsvorbereitungen sowie Vorschlagen und Abstimmen von erforderlichen Anpassungsmaßnahmen | |

## 4. Ausführung

### A Organisation, Information, Koordination und Dokumentation

| Grundleistungen | Besondere Leistungen |
|---|---|
| 1. Fortschreiben des Organisationshandbuches<br>2. Fortschreiben des Projekthandbuches<br>3. Mitwirken beim Durchsetzen von Vertragspflichten gegenüber den Beteiligten<br>4. Laufende Information und Abstimmung mit dem Auftraggeber<br>5. Einholen der erforderlichen Zustimmungen des Auftraggebers | 1. Veranlassen besonderer Abstimmungsverfahren zur Sicherung der Projektziele<br>2. Unterstützung des Auftraggebers bei Krisensituationen (z. B. bei außergewöhnlichen Ereignissen wie Naturkatastrophen, Ausscheiden von Beteiligten)<br>3. Unterstützung des Auftraggebers beim Einleiten von Beweissicherungsverfahren<br>4. Unterstützung des Auftraggebers beim Abwenden unberechtigter Drittforderungen<br>5. Besondere Berichterstattung in Auftraggeber- oder sonstigen Gremien |

### B Qualitäten und Quantitäten

| Grundleistungen | Besondere Leistungen |
|---|---|
| 1. Prüfen von Ausführungsänderungen, ggf. Revision von Qualitätsstandards nach Art und Umfang<br>2. Mitwirken bei der Abnahme der Ausführungsleistungen<br>3. Herbeiführen der erforderlichen Entscheidungen des Auftraggebers | 1. Mitwirken beim Herbeiführen besonderer Ausführungsentscheidungen des Auftraggebers<br>2. Veranlassen oder Durchführen von Sonderkontrollen bei der Ausführung, z.B. durch Einschalten von Sachverständigen und Prüfbehörden<br>3. Änderungsmanagement bei Einschaltung eines Generalunternehmers |

### C Kosten und Finanzierung

| Grundleistungen | Besondere Leistungen |
|---|---|
| 1. Kostensteuerung zur Einhaltung der Kostenziele<br>2. Freigabe der Rechnungen zur Zahlung<br>3. Beurteilen der Nachtragsprüfungen<br>4. Vorgabe von Deckungsbestätigungen für Nachträge<br>5. Fortschreiben der Mittelbewirtschaftung<br>6. Fortschreiben der Projektbuchhaltung für den Mittelabfluß | 1. Kontrolle der Rechnungsprüfung der Objektüberwachung<br>2. Kostensteuerung unter besonderen Anforderung<br>3. Fortschreiben der Projektbuchhaltung für den Mittelzufluß und die Anlagenkonten |

## D  Termine und Kapazitäten

| Grundleistungen | Besondere Leistungen |
|---|---|
| 1. Überprüfen und Abstimmen der Zeitpläne des Objektplaners und der ausführenden Firmen mit den Steuerungsablaufplänen der Ausführung des Projektsteuerers<br>2. Ablaufsteuerung der Ausführung zur Einhaltung der Terminziele<br>3. Überprüfen der Ergebnisse der Baubesprechungen (Baustellen-Jours-fixes) anhand der Protokolle der Objektüberwachung, Vorschlagen und Abstimmen von Anpassungsmaßnahmen bei Gefährdung von Projektzielen | 1. Ablaufsteuerung unter besonderen Anforderungen an Zielsetzungen |

## 5.  Projektabschluß

## A  Organisation, Information, Koordination und Dokumentation

| Grundleistungen | Besondere Leistungen |
|---|---|
| 1. Mitwirken bei der organisatorischen und administrativen Konzeption und bei der Durchführung der Übergabe/Übernahme bzw. Inbetriebnahme/Nutzung<br>2. Mitwirken beim systematischen Zusammenstellen und Archivieren der Bauakten inkl. Projekt- und Organisationshandbuch<br>3. Laufende Information und Abstimmung mit dem Auftraggeber<br>4. Einholen der erforderlichen Zustimmungen des Auftraggebers | 1. Mitwirken beim Einweisen des Bedienungs- und Wartungspersonals für betriebstechnische Anlagen<br>2. Prüfen der Projektdokumentation der fachlich Beteiligten<br>3. Mitwirken bei der Überleitung des Bauwerks in die Bauunterhaltung<br>4. Mitwirken bei der betrieblichen und baufachlichen Beratung des Auftraggebers zur Übergabe/Übernahme bzw. Inbetriebnahme/Nutzung<br>5. Unterstützung des Auftraggebers beim Prüfen von Wartungs- und Energielieferungsverträgen<br>6. Mitwirken bei der Übergabe/Übernahme schlüsselfertiger Bauten<br>7. Organisatorisches und baufachliches Unterstützen bei Gerichtsverfahren<br>8. Baufachliches Unterstützen bei Sonderprüfungen<br>9. Besondere Berichterstattung beim Auftraggeber zum Projektabschluß |

**B  Qualitäten und Quantitäten**

| Grundleistungen | Besondere Leistungen |
|---|---|
| 1. Veranlassen der erforderlichen behördlichen Abnahmen, Endkontrollen und/oder Funktionsprüfungen<br>2. Mitwirken bei der rechtsgeschäftlichen Abnahme der Planungsleistungen<br>3. Prüfen der Gewährleistungsverzeichnisse | 1. Mitwirken bei der abschließenden Aktualisierung des Gebäude- und Raumbuches zum Bestandsgebäude- und -raumbuch bzw. -pflichtenheft<br>2. Überwachen von Mängelbeseitigungsleistungen außerhalb der Gewährleistungsfristen |

**C  Kosten und Finanzierung**

| Grundleistungen | Besondere Leistungen |
|---|---|
| 1. Überprüfen der Kostenfeststellungen der Objekt- und Fachplaner<br>2. Freigabe der Rechnungen zur Zahlung<br>3. Veranlassen der abschließenden Aktualisierung der Baunutzungskosten<br>4. Freigabe von Schlußabrechnungen sowie Mitwirken bei der Freigabe von Sicherheitsleistungen<br>5. Abschluß der Projektbuchhaltung für den Mittelabfluß | 1. Abschließende Aktualisierung der Baunutzungskosten<br>2. Abschluß der Projektbuchhaltung für den Mittelzufluß und die Anlagenkonten inkl. Verwendungsnachweis |

**D  Termine und Kapazitäten**

| Grundleistungen | Besondere Leistungen |
|---|---|
| 1. Veranlassen der Ablaufplanung und -steuerung zur Übergabe und Inbetriebnahme | 1. Ablaufplanung zur Übergabe/Übernahme und Inbetriebnahme/Nutzung |

## 2.4 Qualitätssicherung und Grenzen der Rechtsberatung – Juristische Projektbegleitung

Viele Ingenieure leisten in der Baupraxis Dinge, zu denen sie niemand verpflichten kann, für die sie keinen Honoraranspruch haben und für die sie voll haften – und das ohne Deckung durch die Berufshaftpflichtversicherung.

Diese Qualitätssicherungsfrage ist – juristisch gewendet – die Frage nach der unzulässigen Rechtsberatung durch Architekten, Ingenieure, Projektsteuerer und andere Personen, die in der Regel nicht über die erforderliche fachliche Qualifikation hierfür verfügen und – wie in der Praxis immer wieder festzustellen ist – oft noch nicht einmal über das Verständnis für das Erfordernis einer insoweit notwendigen fachlichen Qualifizierung hierfür.

Kniffka[37]) veröffentlichte 1994 eine Untersuchung über die Rechtsbesorgung durch Architekten, Ingenieure und Projektsteuerer. Er stellt die Leistungen dar, die ein Projektsteuerer typischerweise übernimmt, wobei er mangels genauer Beschreibung des Leistungsbildes in der HOAI auf den Entwurf der Leistungs- und Honorarordnung Projektsteuerer der Arbeitsgruppe des Deutschen Verbandes der Projektsteuerer e.V. zurückgreift und die fremde Rechtsangelegenheiten besorgenden Tätigkeiten des Projektsteuerers in den verschiedenen Projektstufen darlegt und die Folgen des Verstoßes gegen das Rechtsberatungsgesetz für das Vertragsverhältnis aufzeigt. In die gleiche Richtung zielt der 1996 weitgehend im Anlehnung an Kniffka veröffentlichte Beitrag

von Heiermann.[38]) Ausgehend von RBerG Art. 1 § 1 analysiert er die Struktur des § 31 HOAI und die Vorschläge der Interessenverbände zur Weiterentwicklung der Projektsteuerung. Auch er kommt zu dem Ergebnis, daß einige dieser vorgeschlagenen Leistungen gegen das RBerG verstoßen und zivilrechtliche Konsequenzen für entsprechende Projektsteuerungsverträge nach sich ziehen. Weiter führt diese massive Kritik 1997 Kapellmann.[39])

Wo liegen für den Ingenieur die **Grenzen eines Verstoßes gegen das Rechtsberatungsgesetz?**

Nach Art. 1 § 1 (1) des Rechtsberatungsgesetzes darf die Besorgung fremder Rechtsangelegenheiten, einschließlich der Rechtsberatung geschäftsmäßig – ohne Unterschied zwischen haupt- und nebenberuflicher oder entgeltlicher und unentgeltlicher Tätigkeit – nur von Personen betrieben werden, denen dazu von der zuständigen Behörde die Erlaubnis erteilt ist. Der Umfang der Tätigkeit spielt also hierbei keine Rolle.[40]) Architekten und Ingenieure zählen nicht zu dem Personenkreis, denen eine solche Erlaubnis erteilt werden kann.

Es ist anerkannt, daß der Architekt – entsprechendes gilt für den Ingenieur – im Rahmen seines vertraglich geschuldeten Leistungsprofils vom Anwendungsbereich des Rechtsberatungsgesetzes ausgenommen ist. Dies wird teilweise aus der Natur seiner Tätigkeit oder in analoger Anwendung des Art. 1 § 5 RBerG gefolgert:[41])

*»Die Vorschriften dieses Gesetzes stehen dem nicht entgegen,*
*1. daß kaufmännische oder sonstige gewerbliche Unternehmer für ihre Kunden rechtliche Angelegenheiten erledigen, die mit einem Geschäft ihres Gewerbebetriebs in unmittelbarem Zusammenhang stehen; ...«*

## Praxishinweis

Auch diese Frage ist kein akademisches Thema: Für den Ingenieur geht es um den **Verlust von Honoraransprüchen,** um seine **Haftung,** um den **Verlust der Versicherungsdeckung,** um die **Gewerbesteuerpflicht** seiner Einkünfte und um **unlauteren Wettbewerb!**
Liegt ein Verstoß gegen das Rechtsberatungsgesetz vor, sind die Rechtsfolgen eindeutig: Verträge, die eine unzulässige Rechtsbesorgung zum Gegenstand haben, sind nach § 134 BGB nichtig.[31])
Die Nichtigkeit der auf unzulässige Rechtsbesorgung gerichteten Bestimmungen führt nach § 139 BGB »im Zweifel« zur Gesamtnichtigkeit des Ingenieurvertrages. Nur dann, wenn sich die unzulässige Rechtsberatung auf einzelne, abgrenzbare Teilleistungen (»Teilbarkeit der Leistung«) bezieht, könnte der Nachweis gelingen, daß sich die Nichtigkeit nur auf diesen angrenzbaren Teil des gesamten Vertrages bezieht.
Ob diese Voraussetzungen vorliegen, ist eine Frage des Einzelfalles. Je gewichtiger der nichtige Teil ist, um so eher wird Gesamtnichtigkeit angenommen werden müssen. Die Projektsteuerungsverträge, die sich ganz überwiegend nur mit dem Vertragsmanagement befassen, dürften Kniffka zufolge danach insgesamt nichtig sein.[32])
Da zudem regelmäßig ein einheitliches Honorar vereinbart ist, läßt sich die Teilbarkeit der Verpflichtung auch in den übrigen Fällen kaum nachvollziehen.
Hinzu kommt, daß der Auftraggeber an Teilleistungen regelmäßig kein Interesse haben wird, wenn er ohnedies einen Rechtsanwalt beauftragen muß, der diese Teilleistungen mit übernimmt.
Liegt die verbotene Tätigkeit in einer Rechtsberatung, kann auch ein Honoraranspruch wegen sog. »ungerechtfertigter Bereicherung« gem. § 812 BGB deshalb zu verneinen sein, weil der Auftraggeber kein Vertrauen in die

Rechtsberatung des Projektsteuerers setzen kann und zu dessen Überprüfung doch noch einen Rechtsanwalt einschalten muß.[33])
Der theoretisch denkbaren Geltendmachung eines Bereicherungsanspruches (§ 812 BGB) durch den Ingenieur wird sich der Auftraggeber mit dem Hinweis auf § 817 Abs. 2 BGB entziehen können. Nach dieser Bestimmung sind Bereicherungsansprüche ausgeschlossen, wenn der Ingenieur sich des Verstoßes gegen das gesetzliche Verbot bewußt war und den Verstoß trotzdem gewollt hat. Die Behauptung der Unkenntnis des Verbotsverstoßes wird der Ingenieur angesichts der diesbezüglichen Diskussion um die Bedeutung des Rechtsberatungsgesetzes für Architekten-, Ingenieur- und Projektsteuererleistungen kaum beweisen können.
Im Gegenzug kann sich der Ingenieur zudem Rückforderungsansprüchen ausgesetzt sehen, die erst nach 30 Jahren verjähren.
Von Architekten, Ingenieuren und Projektsteuerern wird oft übersehen, daß sie, sofern sie wegen eines Verstoßes gegen das Rechtsberatungsgesetz in Anspruch genommen werden, ihren Versicherungsschutz verlieren oder besser gesagt, dafür gar nicht versichert sind, da die Rechtsberatung nicht zu ihren Aufgaben gehört.[34])
Leistungen von Ingenieuren, Architekten – sei es als Planer oder als Projektsteuerer – sind nur dann Einkünfte aus freiberuflicher Tätigkeit – und damit gewerbesteuerfrei – wenn sie schwerpunktmäßig in der ingenieur- oder architektentypischen Tätigkeit erzielt werden. Rechtsberatung ist keine ingenieur- oder architektentypische Tätigkeit. Wird sie von einer nicht zur Rechtsberatung zugelassenen Person ausgeübt, ist sie in steuerlicher Hinsicht eine gewerbliche Tätigkeit.[35])
Für den »Baubetreuer« ist die Rechtslage insoweit klar, er ist kein Freiberufler, sondern Gewerbetreibender.[36])

---

**Beispiel**

**Abgrenzung zwischen wirtschaftlicher und rechtlicher Beratung
durch einen Ingenieur**

*Der BGH* [45]*) hat in einer vielbeachteten Entscheidung zur Frage der unerlaubten Rechtsbesorgung durch einen als Energieberater tätigen Diplomingenieur Stellung genommen.*

*Eine Gemeinde hatte ihm die Überprüfung der von ihr mit einem Energieversorgungsunternehmen langfristig abgeschlossenen Konzessionsverträge übertragen, und zwar mit dem Ziel der Erlangung einer höheren Konzessionsabgabe.*

*Der Geschäftsbesorgungsvertrag zwischen der Gemeinde und dem Ingenieur war wegen Verstoßes gegen das Rechtsberatungsgesetz nach § 134 BGB nichtig.*

*Eine – erlaubnispflichtige – Besorgung fremder Rechtsangelegenheiten i. S. d. Art. 1 § 1 RBerG liegt der ständigen Rechtsprechung des BGH zufolge dann vor, wenn die betreffende geschäftsmäßige Tätigkeit das Ziel verfolgt, konkrete fremde Rechte zu verwirklichen oder konkrete fremde Rechtsverhältnisse zu gestalten. Die Abgrenzung zwischen wirtschaftlicher und rechtlicher Beratung kann im Einzelfall schwierig sein, weil eine Besorgung wirtschaftlicher Belange vielfach auch mit rechtlichen Vorgängen verknüpft ist. In solchen Fällen, wie zumeist auf dem Gebiet der Unternehmensberatung, ist zunächst auf den Kern und Schwerpunkt der Tätigkeit abzustellen, d. h. darauf, ob sie überwiegend auf wirtschaftlichem Gebiet liegt und die Wahrnehmung wirtschaftlicher Belange bezweckt oder ob die rechtliche Seite der Angelegenheit im Vordergrund steht und es wesentlich um die Klärung rechtlicher Verhältnisse geht. Die Frage nach dem Schwerpunkt der Tätigkeit ermöglicht allerdings nicht in jedem Fall eine zutreffende rechtliche Beurteilung. So kann eine Beratungstätigkeit, die überwiegend auf wirtschaftlichem Gebiet liegt, auch dann gegen das Rechtsberatungsgesetz verstoßen,* **wenn der Berater daneben rechtliche Belange von nicht ganz unerheblichem Gewicht zu besorgen hat.**

*Gegenstand des Beratungsauftrags war die Überprüfung der langfristig abgeschlossenen Konzessionsverträge, und zwar mit dem Ziel der Vereinbarung einer höheren Konzessionsabgabe. Die übertragene Dienstleistung war hiernach erkennbar auf die Abänderung oder sogar Ablösung und damit auf die Umgestaltung eines fremden Rechtsverhältnisses gerichtet. Die durch Steigerung des Abgabensatzes letztlich erstrebte wirtschaftliche Besserstellung der Bekl. stellt sich insofern als lediglich mittelbare Folge einer für die Bekl. vorteilhafteren rechtlichen Vertragsgestaltung dar. Die auf ein solches Ziel gerichtete Tätigkeit ist Rechtsbesorgung i. S. d. Art. 1 § 1 RBerG.*

**Auch eine Tätigkeit, die sich (lediglich) darauf richtet, im Wege des Vergleichs sowie aus Kulanz- oder sonstigen Gründen eine Umgestaltung rechtlicher Verhältnisse zu erzielen, ist Besorgung fremder Rechtsangelegenheiten. Der geringere rechtliche Schwierigkeitsgrad einer besorgten Angelegenheit steht einer Bewertung als Betätigung auf rechtlichem Gebiet nicht entgegen,** *mit Ausnahme allenfalls von Bargeschäften des täglichen Lebens.*

**Selbst wenn der zwischen den Parteien geschlossene Geschäftsbesorgungsvertrag lediglich auf eine interne Beratung gerichtet war, steht dies der Annahme fremder Rechtsbesorgung nicht entgegen.** *Denn auch die nur im Innenverhältnis wirkende Beratung des Auftraggebers stellt, sofern sie rechtliche Angelegenheiten betrifft, als sog. Rechtsberatung im engeren Sinne – wie das Gesetz ausdrücklich klarstellt – die Besorgung fremder Rechtsangelegenheiten dar und verstößt gegen Art. 1 § 1 RBerG.*

Soweit die freien Berufe – wie Architekt oder Ingenieur – in den vorerwähnten Bestimmungen nicht genannt sind, sind sie nicht zur Rechtsberatung und Rechtsbesorgung befugt.[42])

Die freien Berufe fallen nach dem eindeutigen Wortlaut in der Tat nicht unter die Bestimmung des Art. 1 § 5 Nr. 1 RBerG. Eine entsprechende Anwendung von Nr. 1 scheitert an der klaren gesetzgeberischen Entscheidung.[43]) Von den Gerichten 1. und 2. Instanz wird aber dessen ungeachtet Art. 1 § 5 z.T. auf freie Berufe unmittelbar angewandt, ohne ihre Sonderstellung zu berücksichtigen.[44])

### 2.4.1 Abgrenzung zur unzulässigen Rechtsberatung für den Architekten und Ingenieur als Planer

In verschiedenen Leistungsbildern der HOAI sind den Architekten und Ingenieuren rechtsbesorgende Tätigkeiten in gewissem Umfang ausdrücklich zugewiesen:

- Vorbereitung und Mitwirkung bei Vergaben (Leistungsphasen 6 und 7),
- Auflistung von Gewährleistungsfristen (Leistungsphase 8).
  Für den Ablauf der Gewährleistungsfristen für die einzelnen Gewerke ist deren Abnahmezeitpunkt festzustellen, was insbesondere bei VOB-Verträgen rechtlich außerordentlich schwierig sein kann (z.B. Problem der vereinbarten, aber vergessenen förmlichen Abnahme). Dabei wird er aufnehmen müssen, ob und wie lange die Verjährung gehemmt ist, sowie zu berücksichtigen haben, ob ihm bekannte Unterbrechungstatbestände vorliegen.[46])

- Rechnungsprüfung (Leistungsphase 8).
  Er hat den Auftraggeber über die Höhe von Einbehalten, Zurückbehaltungsrechten, über die Freigabe von Sicherheitseinbehalten zu beraten. Er muß prüfen, ob die Rechnungen prüffähig sind, ob Fälligkeit eingetreten ist, ob die Voraussetzungen des Skontoabzugs vorliegen.[47])

Die Rechtsprechung hat darüber hinaus im Bereich der Beratungspflicht dem Architekten – für den Ingenieur gilt bei entsprechender Beauftragung Vergleichbares – rechtsbesorgende Pflichten auferlegt:

- Er muß die einschlägigen öffentlich-rechtlichen Bestimmungen, die Grundzüge des Werkvertragsrecht des BGB- und des VOB-Rechts ebenso kennen wie die einschlägigen nachbarrechtlichen Bestimmungen. Er muß seinen Auftraggeber hierüber aufklären.[48])
- Er darf im Rahmen des Zusammenstellens der Verdingungsunterlagen die VOB den Bauverträgen zugrunde legen, muß aber seinen Auftraggeber über grundlegende Unterschiede zum BGB-Werkvertragsrecht, insbesondere die kürzere Gewährleistungsfrist, informieren.[49])
- Er hat einen genehmigungsfähigen Plan zu erstellen. Insofern muß er das öffentliche Baurecht »kennen«, nicht nur wie im BGB-Werkvertrags- und VOB-Recht die »Grundsätze«.[50]) Er hat darüber zu beraten, wie im Rahmen des geltenden Rechts die Bauabsichten am besten verwirklicht werden können.[51])
- Werden Mängel festgestellt, so ist der Auftraggeber über Art und Beseitigungsmöglichkeit der Mängel zu beraten. Im Rahmen der Vollmacht sind Mängel zu rügen und zur Beseitigung ggf. unter Fristsetzung aufzufordern. Weder der Architekt noch der Ingenieur dürfen Erklärungen abgeben, die unmittelbar Rechtsfolgen

auslösen. Insbesondere darf nicht die Entziehung des Auftrags angedroht oder/und die Kündigung ausgesprochen werden, es sei denn, hierzu liegt eine besondere Vollmacht vor. (Wird z. B. beim BGB-Werkvertrag die Mängelrüge mit einer Ablehnungsandrohung verbunden, so erlischt infolge der Ablehnungsandrohung der Nachbesserungsanspruch gem. § 634 Abs. 1 Satz 3 mit ergebnislosem Fristablauf.) Die Entscheidung über mehrere alternative Gewährleistungsrechte hat der Bauherr zu treffen. Ohne besondere Vollmacht besteht weder die Verpflichtung noch die Berechtigung, rechtsgestaltende Erklärungen für den Auftraggeber abzugeben.[52])

- Er hat auf die Folgen hinzuweisen, wenn der »voreilige Auftraggeber« keine Frist zur Nachbesserung (§ 13 Nr. 5 Abs. 2 VOB/B) setzt.[53])
- Über Vor- und Nachteile von Unternehmenseinsatzformen auch im rechtlichen Bereich hat er aufzuklären.[54])
- Er hat seinen Auftraggeber auf das Erfordernis des Vertragsstrafenvorbehalts bei Abnahme hinzuweisen und durch nachdrückliche Hinweise an den Bauherrn sicherzustellen, daß der Vorbehalt nicht »versehentlich« unterbleibt.[55])
- Er hat seinen Auftraggeber über die Sachdienlichkeit und den Nutzen eines selbständigen Beweisverfahrens zu informieren.[56])
- Hat er Verträge mit den Bauhandwerkern vorzubereiten, so hat er auch zu prüfen, ob zusätzliche Verträge notwendig sind, und auch insoweit als Sachwalter des Bauherrn dessen wirtschaftliche Belange zu wahren.[57])

Dies bedeutet jedoch keinen Freibrief. Rechtsbesorgende Tätigkeit ist nur erlaubt, wenn ohne die Einbeziehung der Rechtsbesorgung eine ordnungsgemäße Erledigung der eigentlichen Aufgaben des Unternehmens nicht möglich ist.[58])

Wenn die beanstandete Tätigkeit den engen und unmittelbaren Zusammenhang mit der geschuldeten Tätigkeit verliert, liegt ein Verstoß gegen das Rechtsberatungsgesetz vor.[59])

Wegen Verstoßes gegen das Rechtsberatungsgesetz gehören insbesondere die nachfolgend aufgeführten Tätigkeiten nicht zu den Aufgaben der Architekten und Ingenieure:

- Verfassen von Anspruchsschreiben gegenüber anderen Baubeteiligten,[60])
- die Vertretung des Auftraggebers in den das Bauvorhaben betreffenden Rechtsstreitigkeiten oder in einem Verwaltungsverfahren,[61])
- Tätigkeiten bei der Aufteilung von Wohnungseigentum, Abschluß von Verträgen mit Erwerbern des Bauwerks und dem Hausverwalter.[62])

Die Mitwirkung in technischer Hinsicht, insbesondere zur Unterstützung des Prozeßbevollmächtigten der jeweiligen Partei, ist im Rahmen eines Baurechtsstreites zulässig.[63]) Auf keinen Fall darf er sich – weder der Architekt noch der Ingenieur – in die Rolle des umfassenden Baurechtsgestalters und Baurechtsberaters drängen lassen. Er muß die Baurechtsfragen nicht lösen, sondern lediglich den Auftraggeber auf Gefahren hinweisen und einen Denkanstoß geben, der ggf. durch kompetenten Rechtsrat der dazu Berufenen zu ergänzen ist.[64])

Zweifelhaft ist, ob die Abfassung oder Vorbereitung von Verträgen zwingend zu den Aufgaben eines Architekten bzw. Ingenieurs gehört. Für die Zulässigkeit der Vorbereitung oder Abfassung von Verträgen über Bauleistungen spricht,[65]) daß die Vermittlung der Rechtsbeziehungen zwischen Bauherrn und Bauunternehmer zum Kern der Tätigkeit nach § 15 Abs. 2 Nr. 7 HOAI (»Verhandlung mit Bietern«) bzw. § 55 Abs. 2 Nr. 7 HOAI (»Mitwirken bei Verhandlungen mit Bietern«) gehört.

Keine Zweifel hegen hingegen Locher/ Koeble/Frik.[66]) Obwohl in § 15 die »Vorbereitung der erforderlichen Verträge« nicht ausdrücklich erwähnt ist, sei diese Teilleistung immer zu erbringen. Sie gehört zum »Zusammenstellen der Verdingungsunterlagen für alle Leistungsbereiche«. Dazu gehören auch die **Vertragsbedingungen,** die vom Architekten vorbereitet werden müssen. Der **Abschluß der Verträge** selbst gehört aber nicht zur Leistungspflicht des Architekten.[67]) Der Architekt – wie der Ingenieur – ist auch nicht verpflichtet, die Verträge in Vertretung des Auftraggebers abzuschließen.[68])

Kniffka[69]) weist zu Recht darauf hin, daß selbst historisch überlieferte Tätigkeiten nicht ohne Berücksichtigung der derzeit herrschenden rechtlichen, wirtschaftlichen und sozialen Zusammenhänge ohne weiteres als notwendige Tätigkeit einem Berufsbild zugeordnet werden können. So wie einem Beruf neue Aufgabenbereiche zuwachsen können, können ihm auch Aufgabenbereiche entfallen. Inwieweit Rechtsbesorgung noch Aufgabe des Planers ist, kann zudem nicht ohne Berücksichtigung der rechtlichen Besonderheiten des jeweiligen Auftrags formuliert werden. Das Berufsbild kann nur einen Rahmen abgeben, innerhalb dessen im Einzelfall zu beurteilen ist, welche Aufgaben der Planer noch wahrnehmen darf und welche Aufgaben ihm im Interesse einer ordnungsgemäßen Rechtspflege entzogen sind. In diesem Sinne kann es nicht ausreichen, rechtsbesorgende Tätigkeit kategorienhaft dem Aufgabenbereich des Planers

als unentbehrliche Hilfstätigkeit seiner eigentlichen Berufsausübung zuzuweisen, also z. B. die Zulässigkeit der Vertragsgestaltung generell zu bejahen.

Allein der technische und wirtschaftliche Zusammenhang ist ebensowenig wie beim Unternehmensberater der betriebswirtschaftliche Zusammenhang oder beim Steuerberater der steuerrechtliche Zusammenhang keine ausreichende Ermächtigung für rechtsbesorgende Tätigkeit. Entscheidend ist vielmehr die Bewertung der im Einzelfall entstehenden Konfliktlage zwischen den Interessen des Architekten an der Übernahme der rechtsbesorgenden Aufgabe im Hinblick auf die zu erbringende gestaltende, technische, wirtschaftliche Leistung und den Interessen des Auftraggebers an einer qualifizierten Rechtsberatung. Das Interesse des Planers ist ebenso wie das des Bauherrn, auf die Errichtung eines den Zielvorstellungen des Bauherrn entsprechenden fehlerfreien Bauwerks gerichtet. Soweit dazu rechtliche Beratung gehört, schuldet der Planer diese als originäre Berufsaufgabe. Die Grenzen sind aber durch die insoweit eingeschränkten Fähigkeiten des Planers gesetzt. Darüber hinausgehende rechtliche Beratung oder gar Gestaltung schuldet der Planer nicht. Entsprechend enden die Leistungspflichten. Der Planer muß in solchen Fällen, wie auch andere Freiberufler, auf seine fehlende Kompetenz hinweisen und die Hinzuziehung eines Anwalts anregen. So ist der Architekt zwar gem. § 15 Abs. 2 Nr. 7 HOAI verpflichtet, die Vergabeunterlagen zusammenzustellen. Das bedeutet aber nicht, daß er die Verträge und vor allem die Allgemeinen Geschäftsbedingungen selbständig ausformulieren muß. Geboten ist aber der Hinweis auf die Möglichkeiten der Vertragsgestaltung.[70])

Der »**Berater in Bausachen**« darf dem BGH[71]) zufolge ohne Verstoß gegen das Rechtsberatungsgesetz die folgenden Tätigkeiten erbringen:

> »*Hieraus ist zu entnehmen, daß es sich bei der Rechtsberatung, die nach Art. 1 § 5 RBerG wegen ihres ›unmittelbaren Zusammenhanges‹ mit einer bestimmten anderen Berufstätigkeit erlaubnisfrei bleiben soll, um eine der eigentlichen Berufstätigkeit zugeordnete, sie nur ergänzende Nebentätigkeit (Hilfsgeschäft) handeln muß. Sie darf nicht zu einem Hauptteil der beruflichen und gewerblichen Tätigkeit erhoben werden.*«

Diese Entscheidung gibt dem Ingenieur aus seinem Selbstverständnis heraus, wie wir es in der Praxis kennengelernt haben, »Steine statt Brot«, d.h. eben gerade keine klaren Kriterien.

Egal wie umfangreich die Rechtsberatung durch den Ingenieur ausfällt, seinem eigenen Selbstverständnis nach wird sie für ihn im Regelfall immer untergeordnetes Hilfsgeschäft für die Zielvorgabe Bauvorhaben sein; er muß das eben miterledigen. Argumentativ ist dem durch den Juristen in der Beratung schwer beizukommen. Begrifflich ist unserer Erfahrung nach zwischen Juristen und Ingenieuren eher gemeinsame sprachliche Ebene unter dem Gesichtspunkt der »**Qualitätssicherung**« zu finden.

Gerade die angesprochene Diskussion um die **Grenzen eines Verstoßes gegen das Rechtsberatungsgesetz** bei der »Vorbereitung der erforderlichen Verträge« zeigt bei näherer Betrachtung, daß sie unter dem von uns in den Vordergrund gestellten Aspekt der Qualitätssicherung fast müßig ist.

Locher/Koeble/Frik[72]) machen das »Qualitätsproblem« handgreiflich faßbar: Der Architekt genügt ihnen zufolge – für den Ingenieur muß dies entsprechend gelten –, seinen Pflichten, wenn er im Buchhandel gängige Bauvertragsformulare zum Abschluß vorlegt, sofern diese auf die Position des Bauherrn abgestellt sind. Er hat seinen Auftraggeber jedoch zu beraten im Hinblick auf die Besonderheiten der vertraglichen Regelung. Die Beratung muß sich auf die in Formularverträgen offengelassenen oder nicht enthaltenen Punkte beziehen: z.B. auf Fristen, Vertragsstrafe, Zahlungsmodalitäten wie Skonto u.ä., auf Gewährleistungsfristen und Sicherheitseinbehalte. Die Beratungstätigkeit bei der Vorbereitung der Verträge kann sich nicht auf spezielle Rechtsfragen beziehen. Vielmehr ist der Architekt nur berechtigt und verpflichtet, dem Auftraggeber allgemeine Hinweise zu geben. Im übrigen kann der Architekt den Auftraggeber auf die Unzulässigkeit der konkreten Rechtsberatung hinweisen.[73]) Soweit Klauseln des gedruckten Textes eines im Buchhandel gängigen Bauvertragsformulares unwirksam sind, wird in aller Regel eine Haftung des Architekten bzw. Ingenieurs ausscheiden, da er keine Rechtsberatung schuldet.[74])

Unter dem Gesichtspunkt des Rechtsberatungsgesetzes mag dies noch angehen. Das ist aber nicht das wesentliche Problem des Ingenieurs. Wir halten die Hoffnung auf »Haftungsfreizeichnung« durch Verwendung eines im Buchhandel gängigen Bauvertragsformulares für riskant: Hat ein Architekt – so der BGH – die Verträge mit den Bauhandwerkern vorzubereiten und dabei dafür zu sorgen, daß die Verjährung der Gewährleistungsansprüche nach den Bestimmungen des BGB geregelt werde, so haftet er nach § 635 BGB, wenn der Bauvertrag so unklar ist, daß der Bauunternehmer sich z.B. mit Erfolg auf Verjährung gem. § 13 Nr. 4 VOB/B berufen kann.[75]) Unseres Erachtens trägt der Ingenieur ein nicht unerhebliches Haftungsrisiko, wenn er Verträge mit unwirksamen Vertragsklauseln vorlegt – unabhängig davon, ob diese selbst entworfen sind oder aus Formularsammlungen stammen.

### 2.4.2 Abgrenzung zur unzulässigen Rechtsberatung für den Architekten und Ingenieur als Projektsteuerer

Einem geschützten Beruf des Projektsteuerers gibt es nicht.[76] Soweit der Architekt oder Ingenieur nicht als Planer, sondern als Projektsteuerer tätig wird, gilt für ihn zunächst als **Faustregel: Was für den Planer unzulässige Rechtsberatung ist, ist es auch für den Projektsteuerer.**

Darüber hinaus sind für den Projektsteuerer noch weitere Besonderheiten zu beachten.

Es wurde bereits darauf hingewiesen, daß die rechtliche Steuerung nach der regierungsamtlichen Begründung aus dem Jahr 1976 für den § 31 HOAI zu den Aufgaben des Projektsteuerers gehört. In den Leistungsbeschreibungen des § 31 Abs. 1 HOAI hat die rechtliche Komponente, wie Kniffka zu Recht herausstellt, wenig Niederschlag gefunden. Immerhin kann man hinter

der Aufgabe, das Programm für das Gesamtprojekt zu erstellen und zu koordinieren (§ 31 Abs. 1 Nr. 1 HOAI), schon erhebliche vertragsrechtliche Aktivitäten vermuten. Auch die Kontrolle der Projektbeteiligten (§ 31 Abs. 1 Nr. 7 HOAI) sowie der Bearbeitung von Finanzierungs-, Förderungs- und Genehmigungsverfahren ist eine Leistung, die deutlich rechtliche Bezüge aufweist.[77]

In der Vertragspraxis gehört die Rechtsbesorgung mittlerweile vielfach faktisch zum Kernbereich der Projektsteuerertätigkeit. Die fremde Rechtsangelegenheiten besorgende Tätigkeit des Projektsteuerers durchzieht die im Leistungsbild Projektsteuerung vorgesehenen fünf Projektstufen – trotz einiger »Entschärfungen« nach wie vor – wie ein roter Faden.[78]

Umfangreiche rechtsbesorgende Tätigkeiten im Gefahrenbereich unzulässiger Rechtsberatung beinhalten insbesondere die folgenden Teilleistungen:

---

### Projektsteuerung:
### Riskante Grenzbereiche zur unzulässigen Rechtsberatung

| Grundleistungen | Besondere Leistungen |
|---|---|
| **1. Projektvorbereitung (Projektentwicklung und Grundlagenermittlung)** | |
| Mitwirken beim Klären der Standortfragen, Beschaffen der standortrelevanten Unterlagen, der Grundstücksbeurteilung hinsichtlich Nutzung in privat-rechtlicher und öffentlich-rechtlicher Hinsicht, Mitwirken beim Ermitteln und Beantragen von Investitionsmitteln, Prüfen und Freigeben von Rechnungen zur Zahlung | Mitwirkung bei Grundstücks- und Erschließungsangelegenheiten,[79] Prüfen der Umwelterheblichkeit |

| Grundleistungen | Besondere Leistungen |
| --- | --- |

### 2. Planung (Vor-, Entwurfs- und Genehmigungsplanung)

| | |
| --- | --- |
| Mitwirken beim Durchsetzen von Vertragspflichten gegenüber den an der Planung fachlich Beteiligten, Einholen der erforderlichen Zustimmungen des Auftraggebers, Prüfen und Freigeben der Rechnungen zur Zahlung | Unterstützen beim Bearbeiten von (besonderen) Planrechtsangelegenheiten |

### 3. Ausführungsvorbereitung (Ausführungsplanung, Vorbereitung und Mitwirkung bei der Vergabe)

| | |
| --- | --- |
| Mitwirken beim Durchsetzen von Vertragspflichten gegenüber den Beteiligten, Einholen der erforderlichen Zustimmungen des Auftraggebers, Mitwirken bei den Vergabeverhandlungen bis zur Unterschriftsreife, Prüfen und Freigeben der Rechnungen zur Zahlung | Durchführung der Submissionen |

### 4. Ausführung (Objektüberwachung)

| | |
| --- | --- |
| Mitwirken beim Durchsetzen von Vertragspflichten gegenüber den Beteiligten, Freigabe der Rechnungen zur Zahlung | |

### 5. Projektabschluß (Objektbetreuung und Dokumentation)

| | |
| --- | --- |
| Mitwirken beim systematischen Zusammenstellen und Archivieren der Bauakten inklusive Projekt- und Organisationshandbuch, Freigabe der Rechnungen zur Zahlung, Nachprüfen der Freigabe von Schlußrechnungen zur Zahlung sowie Freigabe von Sicherheitsleistungen | Überwachen von Mängelbeseitigungsleistungen außerhalb der Gewährleistungsfristen |

Locher u. a. sind zwar der Auffassung, daß den ursprünglich gegen den DVP-Entwurf vorgetragenen Bedenken hinsichtlich der Verstöße gegen das Rechtsberatungsgesetz der hier wiedergegebene Entwurf in der Fassung des Leistungsbildes vom 10. 03. 1995 weitgehend Rechnung getragen wird. Die Grenze zur Rechtsberatung überschreiten aber eindeutig Bestimmungen in Projektsteuerungsverträgen mit Bezeichnungen wie Vertragsdatei, Vertragsanalyse, Vertragsnetz, Nachforderungsmanagement.[80])

Ein derartig umfangreich verstandenes Vertragsmanagement gehört nicht mehr zum herkömmlichen Berufsbild des Architekten oder Ingenieurs und damit auch nicht zu dem des Projektsteuerers, der seine Leistungen als Architekten- bzw. Ingenieurleistungen versteht.[81])

Kniffka wirft in diesem Zusammenhang zu Recht die gewerberechtlich und steuerrechtlich relevante Frage auf: »Dürfte es sich demnach bei der Projektsteuerung um eine nicht dem Berufsbild des Architekten und Ingenieurs zuzuordnende Tätigkeit handeln, stellt sich sofort das nächste Problem, wenn es um die Einordnung der rechtsbesorgenden Tätigkeit geht. Wird ein Freier Beruf ausgeübt oder geht es um die Ausübung eines Gewerbes?«[82]) Auch Heiermann wirft die Frage auf, ob der Projektsteuerer einen Freien Beruf oder ein Gewerbe ausübt.[83])

Soweit die technische und wirtschaftliche Betreuung des Auftraggebers im Vordergrund steht, sind die übernommenen rechtsbesorgenden Tätigkeiten nur dann zulässig, wenn nicht »daneben rechtliche Belange von nicht ganz unerheblichem Gewicht zu besorgen sind«. In diesem Zusammenhang ist auf das oben wiedergegebene Urteil des Bundesgerichtshof vom 18. 05. 1995 zu verweisen, wonach eine Beratungstätigkeit, die überwiegend auf wirtschaftlichem Gebiet liege, auch dann gegen das Rechtsberatungsgesetz verstoßen kann, wenn der Berater daneben rechtliche Belange von nicht ganz unerheblichem Gewicht zu besorgen habe.[84]) Für eine wirtschaftlich-technische Beratung kann nichts anderes gelten.

## 2.5 Leistungsbild »Juristische Projektbegleitung«

Jedes Projekt steht in einem spezifischen rechtlichen Umfeld: Bereits der Aufbau der Projektorganisation beinhaltet rechtliche Fragestellungen. Die Unternehmer- und Planereinsatzformen müssen geklärt werden. Bei der Konzeption des Projektmanagements ist über den Einsatz eines Projektsteuerers zu entscheiden. Die projektbezogenen Entscheidungsbefugnisse des Auftraggebers müssen gesichert werden. Die Freigabe komplexer Projekte setzt oft ebenso komplexe Entscheidungsprozesse auf seiten des Auftraggebers voraus. Die rechtlichen Verfahrensschritte für den Projektablauf, insbesondere die Standortsicherungsmaßnahmen hinsichtlich der Verfügbarkeit und Verschaffung betriebsnotwendigen Vermögens, z.B. der Grundstücke, öffentlich-rechtlichen Genehmigungs- und Vertragserfordernisse sowie die Anforderungen an die Vergabe des Projektes sind zu klären und für das Projekt zu operationalisieren. Die Schaffung der baurechtlichen Realisierbarkeit des Vorhabens erfordert eine projektbezogene Orientierung im kaum mehr überschaubaren »Dickicht« öffentlich-rechtlicher Bestimmungen. Ausschreibung und Vertragsschlüsse mit Baubeteiligten stellen besonders hohe Anforderungen hinsichtlich Praktikabilität, Qualitätssicherung und Definition der Schnittstellen. Auch in der Phase der Bauausführung wirft die Frage der Überwachung der Leistungserbringung der Planer, der Projektsteuerung und der bauausführenden Unternehmen Rechtsfragen auf, insbesondere wenn es um Fragen der Leistungsabweichungen, der Terminabweichungen und um das Ausscheiden von Beteiligten geht.

Da es sich um eine ständige, organisierte, managementmäßig zu behandelnde Aufgabe handelt, genügen von Fall zu Fall erbrachte, an Einzelproblemen orientierte, nicht für eine konkrete Abwicklung und Steuerung geeignete »Rechtsauskünfte« der Sachnotwendigkeit nicht. Notwendig ist nach Kapellmann[85]) vielmehr,

- vorausschauend, das heißt planend, mögliche rechtliche Problembereiche zu erkennen, zu analysieren und rechtliche Lösungen zu erarbeiten, sie für die Projektabwicklung aufzubereiten und umzusetzen;
- diese Umsetzung in Abläufe zu operationalisieren und sie in die Projektrealisierung zu integrieren und in diesem Sinne zur Steuerung beizutragen;
- dabei organisiert und zielbezogen, kommunikativ und transparent für die Projektbeteiligten verständlich und akzeptabel vorzugehen;
- ständig in das Projekt eingebunden zu sein und so Gesamtzusammenhänge zu erkennen und zu behandeln;
- dabei schließlich die Umsetzung und Problemlösung zu kontrollieren.

Nur wenn die Beantwortung der relevanten rechtlichen Fragen organisiert ist, projektfördernd eingebunden ist, dauerhaft ist und strategische und operative Fragen kontinuierlich und koordinierend behandelt, lassen sich die Probleme erfolgreich lösen.[86])

In Anlehnung an das »Leistungsbild Projektsteuerung«[87]) haben wir versucht, ein »Leistungsbild Juristische Projektbegleitung« zu formulieren. Teilweise konnten wir dazu auch auf der Diskussion in der juristischen Literatur aufbauen.

Heiermann hat die Rechtsberatung am Bau erstmals als Teilfunktion des Bau-Projektmanagements beschrieben und auch Lö-

sungswege dafür angegeben. Sie soll vorbeugend gewährleisten, daß der nötige juristische Sachverstand im Baugeschehen, d.h. so früh wie möglich oder sinnvoll, immer da präsent ist, wo er benötigt wird. Das macht den Unterschied zum »Einschalten« des Rechtsanwalts nach »selbstgefühltem Bedarf« aus. Denn das ist kein organisatorisches Konzept, sondern das Gegenteil davon.[88]) Kapellmann hat in diesem Zusammenhang 1997 ein »Leistungsbild Juristisches Projektmanagement« vorgestellt.[89]) In der Vertragspraxis sind diese oder ähnliche Leistungsbilder immer häufiger Gegenstand der anwaltlichen Leistungsbeschreibung.

Das »Leistungsbild Juristische Projektbegleitung« ist in fünf Stufen gegliedert:

1. Projektvorbereitung (Projektentwicklung und Grundlagenermittlung),
2. Planung (Vor-, Entwurfs- und Genehmigungsplanung),
3. Ausführungsvorbereitung (Ausführungsplanung, Vorbereitung und Mitwirkung bei der Vergabe),
4. Ausführung (Objektüberwachung),
5. Projektabschluß (Objektbetreuung und Dokumentation).

In der jeweiligen Leistungsstufe haben wir – so weit wie möglich – versucht, die Leistungen zu untergliedern nach

A. Organisation, Information, Koordination und Dokumentation,
B. Qualitäten und Quantitäten,
C. Kosten und Finanzierung,
D. Termine und Kapazitäten.

Auch dieses Leistungsbild »Juristische Projektbegleitung« sieht Grundleistungen und besondere Leistungen vor.

Wie aus der HOAI bekannt, umfassen die Grundleistungen die Leistungen, die bei

## Praxishinweise

### Zum Umgang mit den Leistungsbildern »Projektsteuerung« und »Juristische Projektbegleitung«

In jedem Einzelfall empfehlen wir Projektsteuerern und Rechtsanwälten eine kritische Projektanalyse vor der Angebotsabgabe bzw. dem Vertragsschluß. Die jeweiligen Leistungsbilder sollten auf jeden Fall nicht ungeprüft einfach als x-te Anlage dem Vertrag beigefügt werden. Die Leistungsbilder sollten vielmehr als »Checkliste« benutzt werden, um die Übersicht über die Komplexität des Projektes zu behalten. Aus dieser Liste sollte nur das angeboten und als vertragliche Leistung vereinbart werden, was wirklich erforderlich und auch leistbar ist. Entsprechend flexibel sollten die Honorierungsbestimmungen gehalten werden.

Zu der dringend empfohlenen Projektanalyse gehört auch die selbstkritische Einschätzung der eigenen Leistungsfähigkeit. Wir können uns in der Praxis des Eindrucks nicht erwehren, daß unter diesem Gesichtspunkt »zu viel« angeboten wird: **Wer die angebotenen und vertraglich gebundenen Leistungen nicht oder nicht fehlerfrei erbringt, geht in die Haftung!**

Sie können davon ausgehen, daß die »Beratung gegen die Berater«, d.h. das Vertragsmanagement für Beratungsleistungen immer straffer werden wird und das Projektmanagement zumindest bei leistungsfähigen Auftraggebern auch eine Refinanzierungsfunktion im Schadensfall hat.

Die gängigen Verträge – selbst die in der jüngsten juristischen Fachliteratur angebotenen – zum Projektmanagement (Projektsteuerung und Juristische Projektbegleitung) enthalten keine oder nur äußerst fragmentarische Regelungen für den Bereich der Leistungsstörungen. Quack führte dazu schon 1994 aus: »Psychologisch ist das verständlich, werden doch die Verträge in aller Regel von den Leistungsanbietern formuliert. Sachlich ist es nicht vertretbar, weil weder das Leistungsstörungsrecht des Werkvertrags noch die für Dienstleistung und Geschäftsbesorgung einschlägigen Regelungen zu einem sachgerechten Interessenausgleich bei Leistungsstörungen im Bereich der hier vorliegenden Verträge führen können. Erforderlich ist eine autonome Vertragsregelung, die das Leistungsstörungsrecht tendenziell vollständig vertraglich regelt. Das ist das Gegenteil der in der Praxis üblichen Leistungsbeschreibung mit Entgelt- und Kündigungsregelung, die man als ›Schönwettervertrag mit Blitzableiter‹ bezeichnen könnte.«[90]

Weiter sollten sich Rechtsanwälte, die »Juristische Projektbegleitung« anbieten, darüber im klaren sein, daß sie sich bei einer vertrauensvollen Zusammenarbeit mit dem Projektsteuerer zwar weitgehend auf dessen Ingenieur-Know-how verlassen können, sie haben aber auch Kontrollpflichten diesem gegenüber. Das kann im Einzelfall bedeuten, daß sie ihrerseits Ingenieurleistungen »hinzukaufen« müssen, um ihre eigenen Leistungen ordnungsgemäß erbringen zu können. Der Vertrag mit dem Auftraggeber, muß diese Möglichkeiten, insbesondere ihre Refinanzierung, vorsehen.

Wem dies zu weit geht und wer meint »technische Fragen« seien keine Rechtsfragen, wer der Auffassung ist, hier bestehe für die Abwicklung eines Projektes eine klare »Schnittstelle«, der sollte von der »Juristischen Projektbegleitung« die »Finger lassen«.

Es ist unschwer vorstellbar, wie sich innerhalb kürzester Zeit die Rechtsprechung zur Anwaltshaftung entwickeln wird. Sie braucht letztlich nur die Anforderungen, die sie für die erforderlichen Rechtskenntnisse des Architekten und Ingenieurs entwickelt hat, entsprechend auf die erforderlichen ingenieurtechnischen Kenntnisse des Rechtsanwaltes auszurichten, der in der »Juristischen Projektbegleitung« tätig ist.

Entsprechendes gilt umgekehrt für den Projektsteuerer, der mit der »Juristischen Projektbegleitung« nicht nur ein Hilfsmittel für das Projektmanagement, sondern auch ein Kontrollinstrument des Auftraggebers ihm gegenüber erhält.

In Großprojekten sollten deshalb auch in der »Juristischen Projektbegleitung« die juristischen Kontrollfunktionen von den übrigen Aufgaben abgetrennt werden.

der juristischen Begleitung des Projektes typischerweise erforderlich sind. Besondere Leistungen können zu den Grundleistungen bei vertraglicher Vereinbarung hinzutreten, wenn besondere Anforderungen des Projektes dies erforderlich werden lassen. Das hier vorgelegte »Leistungsbild Juristische Projektbegleitung« sieht beispielsweise in der Leistungsstufe 1 als besondere Leistung die Konzeption und Verhandlung des Vertrages mit dem Projektsteuerer vor. Die Einbeziehung eines externen Projektsteuerers ist für ein Bauvorhaben keine typische Anforderung, insbesondere dann nicht, wenn der Auftraggeber selbst ein leistungsfähiges internes Projektmanagement zur Verfügung stellen kann.

Kein Bestandteil unseres hier vorgestellten Leistungsbildes ist die anwaltliche Vertretung des Auftraggebers im Widerspruchsverfahren, verwaltungsgerichtlichen und sonstigen gerichtlichen Verfahren. Dies gilt auch für das Selbständige Beweisverfahren und für den einstweiligen Rechtsschutz.

Für die Einbindung der »Juristischen Projektbegleitung« in das Projektmanagement des Auftraggebers ist unseres Erachtens entscheidend, daß die »Juristische Projektbegleitung« Beratungsaufgaben gegenüber dem Auftraggeber und seinem Projektmanagement, insbesondere dem (internen oder externen) Projektsteuerer zu erbringen hat, sie aber keine Weisungsbefugnis gegenüber einem Planungs- oder sonstigen Baubeteiligten beinhaltet.

## Leistungsbild Juristische Projektbegleitung

Das Leistungsbild setzt sich wie folgt zusammen:

Hinweise zum Leistungsbild:

1. Mitwirken im Sinne des Leistungsbildes heißt, daß die juristische Projektbegleitung bei den genannten Teilleistungen das Projektmanagement berät und ihren Entscheidungsvorschlag dem Auftraggeber zur Entscheidung vorlegt.
2. Sämtliche Ergebnisse der juristischen Projektbegleitung erfordern vor Freigabe und Umsetzung die vorherige Abstimmung mit dem Auftraggeber. Vorbehaltlich abweichender Regelungen im Einzelfall hat die juristische Projektbegleitung weder Vertragsabschlußvollmacht noch ein Weisungsrecht gegenüber anderen Projektbeteiligten.
3. Kein Bestandteil des Leistungsbildes ist die anwaltliche Vertretung des Auftraggebers in Widerspruchsverfahren, verwaltungsgerichtlichen und sonstigen gerichtlichen Verfahren (einschließlich dem Selbständigen Beweisverfahren und einstweiligem Rechtsschutz).

## 1. Projektvorbereitung (Projektentwicklung und Grundlagenermittlung)

### A Organisation, Information, Koordination und Dokumentation

| Grundleistungen | Besondere Leistungen |
|---|---|
| 1.   Beratung zum Aufbau der Projektorganisation<br>1.1 Beratung zur rechtlichen Projektstruktur (Unternehmer- und Planereinsatzformen, Projektmanagement, insbesondere unter Einsatz einer Projektsteuerung, gesellschaftsrechtliche Optimierungen z.B. in Objektgesellschaften) und Mitwirkung bei der Optimierung der Projektorganisation, insbesondere hinsichtlich der Entscheidungsfindung<br>1.2 Klärung und Sicherung der projektbezogenen Entscheidungsbefugnisse des Auftraggebers (Geschäftsführungsbefugnisse, Vertretungsmacht, Zustimmungsvorbehalte für Auftragserteilung, Nachträge, Änderungen des Kostenrahmens und der Planung etc.)<br>2.   Mitwirkung bei der Entscheidungsvorbereitung, insbesondere Erarbeitung von Entscheidungsvorlagen, Teilnahme an Gremiensitzungen<br>3.   Konzeption und Verhandlung des Objektplanervertrages und von Verträgen mit Fachplanern<br>Vergaberechtliche Bestimmungen (VOF), Vertragskonzeption und -entwurf, einschließlich Festlegungen zum Qualitätsmanagement und rechtlicher Kontrolle technischer Leistungsbilder auf Widerspruchsfreiheit und Schnittstellensystematisierung, Mitwirkung bei Vertragsverhandlungen zu Rechtsfragen<br>4.   Mitwirkung bei Koordination<br>Beratung, Prüfung und Kontrolle hinsichtlich juristischer Fragen bei der Koordination, erforderliche Teilnahme an Koordinationsgesprächen | 1.   Konzeption und Verhandlung des Vertrages mit dem Projektsteuerer<br>Vergaberechtliche Bestimmungen (VOF), Vertragskonzeption und -entwurf, einschließlich Festlegungen zum Qualitätsmanagement und Schnittstellensystematisierung, Mitwirkung bei der Verhandlung<br>2.   Steuer-, arbeits- und strafrechtliche Beratung<br>3.   Gesellschaftsrechtliche Beratung<br>4.   Beratung zu versicherungsrechtlichen Fragen<br>5.   Mitwirkung bei Koordination<br>Kontrolle der Protokolle und Projektberichte<br>6.   Machbarkeitsstudie<br>Zur Verwendung des Auftraggebers gegenüber Dritten mit einer Analyse und Bewertung der klärungsbedürftigen rechtlichen Probleme, insbesondere der Standort- und Grundstücksfragen, bau- und vergaberechtlicher Fragen; einzubeziehende öffentlicher Stellen, Finanzierung, Projektorganisation und Termine |

### B Qualitäten und Quantitäten

| Grundleistungen | Besondere Leistungen |
|---|---|
| 1.   Vorklärung rechtlicher Verfahrensschritte für den Projektablauf, insbesondere Standortsicherungsmaßnahmen z.B. hinsichtlich der Verfügbarkeit und Verschaffung betriebsnotwendigen Vermögens, insbesondere von | 1.   Mitwirkung bei Vorbereitung und Sicherung des Standortes<br>Klärung und Vorbereitung der Verschaffung sonstigen betriebsnotwendigen Vermögens, z.B. Erwerb von Investitionsgütern |

| Grundleistungen | Besondere Leistungen |
|---|---|
| Grundstücken, öffentlich-rechtliche Genehmigungs- und Vertragserfordernisse, Ausschreibungen nach VOF/VOL/VOB, Gremienbeteiligung | 2. Mitwirkung bei der Prüfung der Umwelterheblichkeit und Umweltverträglichkeit |
| 2. Vorbereitung des Realisierungs-, Finanzierungs- und Nutzungsmodells<br>Beratung, Konzeption, Vertragsentwürfe und Mitwirkung bei der Verhandlung | 3. Mitwirkung bei der Schaffung der baurechtlichen Realisierbarkeit: Einholung des Bauvorbescheides und sonstiger Genehmigungen |
| 3. Mitwirkung bei Vorbereitung und Sicherung des Standortes<br>Klärung der Grundstücksfragen: Konzeption und Verhandlung von Verträgen mit Bodengutachtern und Maklern, Klärung von Altlasten, Restitutionsbelastungen, Vorbereitung des Grundstückserwerbs (Kaufoptionen, widerrufliche oder endgültige Kaufverträge) | 4. Konzeption und Einwirkung auf die Bauleitplanung, Erstellung und Änderung eines Bebauungsplans oder Vorhaben- und Erschließungsplans sowie Konzeption, Entwurf und Verhandlung von Verträgen mit Sonderfachleuten für bauleitplanungsrelevante Maßnahmen |
| 4. Mitwirkung bei der Schaffung der baurechtlichen Realisierbarkeit | 5. Vertragskonzeption, -entwurf und Verhandlung städtebaulicher Verträge |
| 4.1 Klärung der vorhandenen öffentlich-rechtlichen Realisierungsbedingungen (Bauleitplanung, Gebietscharakter, Bodenordnung, städtebauliche Maßnahmen, Umwelt- und Denkmalschutz, Erschließung, Bauordnungsrecht) | |
| 4.2 Klärung möglicher Befreiungen und Ausnahmen | |
| 4.3 Klärung der Nachbarrechtssituation, Einholung privatrechtlicher Genehmigungen | |
| 4.4 Klärung der Möglichkeit zur Schaffung neuer öffentlich-rechtlicher Realisierungsbedingungen | |

## C  Kosten und Finanzierung

| Grundleistungen | Besondere Leistungen |
|---|---|
| 1. Mitwirkung beim Ermitteln und Beantragen von Investitionsmitteln<br>Konzeption des Finanzierungsmodells, Beantragung von Krediten und Fördermitteln | |
| 2. Vertragliche Operationalisierung von Finanzrahmendaten, insbesondere von Investitionen, Personal- und Sachkosten des Betriebs gegenüber Projektsteuerung und (Objekt-, Fach-)Planern | |
| 3. Mitwirkung bei der Zahlungskontrolle | |

**D Termine und Kapazitäten**

| Grundleistungen | Besondere Leistungen |
|---|---|

1. Prüfung von Rechtsfragen auf Terminrelevanz
   Prüfung der Auswirkungen rechtlicher Fragen, insbesondere der erforderlichen Genehmigungen, Vergabeverfahren und Vertragsverhandlungen auf die Terminplanung
2. Vertragliche Operationalisierung des Terminkonzeptes gegenüber Projektsteuerung und (Objekt-, Fach-)Planern

## 2. Planung (Vor-, Entwurfs- und Genehmigungsplanung)

**A Organisation, Information, Koordination und Dokumentation**
**B Qualitäten und Quantitäten**

| Grundleistungen | Besondere Leistungen |
|---|---|

**Grundleistungen**

1. Mitwirkung bei der endgültigen Sicherung des Standortes
1.1 Grundstückserwerb, Erwerb von Erbbaurechten, Pacht
1.2 Begleitvereinbarungen (Arrondierungskäufe, Dienstbarkeiten, Reallasten, Vereinbarungen zur Koordination parallel verlaufender Bauvorhaben, Konkurrenzschutzvereinbarungen)
2. Mitwirkung bei der endgültigen Schaffung der baurechtlichen Realisierbarkeit
2.1 Klärung von bauordnungsrechtlichen Detailfragen
2.2 Einholung von Baugenehmigungen
2.3 Mitwirkung bei der Einholung von Nachbarzustimmungen, Abwehr von Nachbarwidersprüchen
3. Mitwirkung bei der Konzeption der Vergabestrategie
3.1 Beratung zum Vergaberecht und Entwicklung einer projektbezogenen Vergabestrategie
3.2 Beratung zu den rechtlichen Konsequenzen und Risiken unterschiedlicher Vergabemodelle (Einzelvergabe/Übernehmervergaben)
3.3 Beratung zu Rechtsfragen der maßgeblichen Vergabeart (öffentliche Ausschreibung/Offenes Verfahren, beschränkte Ausschreibung/Nichtoffenes Verfahren, freihändige Vergabe/Verhandlungsverfahren)

**Besondere Leistungen**

1. Mitwirkung bei der endgültigen Sicherung des Standortes: Verschaffung sonstigen betriebsnotwendigen Vermögens
2. Mitwirkung bei der endgültigen Schaffung der baurechtlichen Realisierbarkeit: Einholung von sonstigen Genehmigungen (BImSchG, Denkmalschutz, Natur- und Landschaftsschutz, Zweckentfremdung)
3. Mitwirkung bei der Überwachung der Leistungserbringung bei bauleitplanungsrelevanten Maßnahmen und der Altlastensanierung
4. Konzeption und Verhandlung von Verträgen mit Kommunen und sonstigen Körperschaften des öffentlichen Rechts, insbesondere zu Erschließungs- und städtebaulichen Verträgen
5. Konzeption und Verhandlung von privatrechtlichen Verträgen zur Erschließung (insbesondere Strom, Gas, Wasser)
6. Konzeption, Vertragsentwürfe und Verhandlung von Erbbaurechts-, Miet- und WEG-Verträgen mit künftigen Nutzern
7. Konzeption, Vertragsentwürfe und Verhandlung von Gemeinschaftsverträgen
   Errichtung und Nutzung von Gemeinschaftseinrichtungen, Center-Management-Verträge, Facility-Management-Verträge

| Grundleistungen | Besondere Leistungen |
|---|---|
| 3.4 Beratung zu Rechtsfragen des Leistungsbeschreibungssystems (mit LV und/oder Leistungsprogramm) | 8. Mitwirkung in Planfeststellungs- und Flurbereinigungsverfahren |
| 3.5 Beratung zu Rechtsfragen des Preissystems (Einheitspreis- oder Pauschalvertrag) | 9. Wiederholung der Beratung bei grundlegender Änderung der Projektorganisation |
| 4. Mitwirkung bei der abschließenden Festlegung der Vertragssystematik des Projektes | 10. Wiederholung der Beratung bei grundlegender Planungsänderung |
| 4.1 Vergabemodell, Vergabeart, Preissystem und Leistungsbeschreibungssystem | 11. Beratung bei Wiederholung von Genehmigungsverfahren |
| 4.2 Systematisierung der Schnittstellen in den Verträgen | 12. Steuer-, arbeits- und strafrechtliche Beratung |
| 5. Mitwirkung bei der Überwachung der Leistungserbringung der Planer und der Projektsteuerung | 13. Beratung zu versicherungsrechtlichen Fragen |
| 5.1 Mitwirkung bei der Kontrolle der Leistungserbringung (Leistungsstand, Planfreigaben), Durchsetzung der Vorstellung des Auftraggebers gegenüber Objekt- und Fachplanern | 14. Unterrichtung von Sachverständigen und anderen Rechtsanwälten in verwaltungsrechtlichen und gerichtlichen Verfahren |
| 5.2 Beratung zu Maßnahmen bei Leistungsabweichungen (Abweichungen von Planungsvorgaben, Ausscheiden von Beteiligten) | |

### C Kosten und Finanzierung

| Grundleistungen | Besondere Leistungen |
|---|---|
| 1. Mitwirkung bei der Zahlungskontrolle (insbesondere Prüfbarkeit, rechtliche Vorgaben) | 1. Beratung zur Sicherung gegen Mietzinsausfälle |
| 2. Beratung zu Steuerungsmaßnahmen und Sanktionen bei Kostenüberschreitungen | 2. Mitwirkung bei der Prüfung von Auswirkungen der Genehmigungen und notwendiger Zustimmungen Dritter auf den Kostenrahmen |
| 3. Abwehr von Vergütungsnachträgen und Behinderungsschadensersatzansprüchen | |
| 4. Mitwirkung bei der Erstellung von Nachtragsbudgets | |
| 5. Überprüfung honorarrechtlicher Auswirkungen von Steuerungsmaßnahmen | |
| 6. Beratung zur Kündigung bei unwirtschaftlicher Planung | |

### D Termine und Kapazitäten

| Grundleistungen | Besondere Leistungen |
|---|---|
| 1. Beratung zu Steuerungsmaßnahmen bei der Planung | |
| 2. Beratung zu zeitsparenden Vergabeverfahren | |
| 3. Abwehr bzw. Geltendmachung von Ansprüchen wegen Terminabweichungen | |

### 3. Ausführungsvorbereitung
### (Ausführungsplanung, Vorbereitung und Mitwirkung bei der Vergabe)

**A** *Organisation, Information, Koordination und Dokumentation*
**B** *Qualitäten und Quantitäten*

| Grundleistungen | Besondere Leistungen |
|---|---|
| 1. Beratung des Auftraggebers zur rechtlichen Organisation der Bauleitung Klärung und Sicherung der projektbezogenen Entscheidungsbefugnisse des Auftraggebers (insbesondere Vertretungsmacht, Zustimmungs- und Gremienvorbehalte) | 1. Mitwirkung bei der Überwachung der Leistungserbringung der Planer und der Projektsteuerung: Planfreigaben |
| 2. Mitwirkung bei der Überwachung der Leistungserbringung der Planer und der Projektsteuerung | 2. Vorbereitung der Verträge mit ausführenden Firmen und Mitwirkung bei der Vergabe |
| 2.1 Mitwirkung bei der Kontrolle der Leistungserbringung (Leistungsstand, ohne Planfreigaben), Durchsetzung der Vorstellung des Auftraggebers gegenüber Objekt- und Fachplanern | 2.1 Kontrolle der in der Leistungsbeschreibung niedergelegten Standards |
| 2.2 Beratung zu Maßnahmen bei Leistungsabweichungen (Abweichungen von Planungsvorgaben, Ausscheiden von Beteiligten) | 2.2 Kontrolle technischer Leistungsbilder auf Widerspruchsfreiheit und Schnittstellensystematik |
| 3. Vorbereitung der Verträge mit ausführenden Firmen und Mitwirkung bei der Vergabe | 3. Mitwirkung beim Schriftverkehr mit europäischen Stellen |
| 3.1 Kontrolle der Verdingungsunterlagen, der Ausschreibung (insbesondere des Verfahrens und der Schnittstellensystematik) und der Vergabe (insbesondere Zulassung von Nebenangeboten und Änderungsvorschlägen, der Wertung und der Aufhebung der Ausschreibung) | 4. Abwehr von behördlichen Auflagen nach dem BImSchG |
| 3.2 Konzeption der Vertragsentwürfe für Bauverträge, einschl. aller allgemeinen und besonderen Vertragsbedingungen; Berücksichtigung von Besonderheiten beim Einheitspreis- und Pauschalvertrag, bei Einzel- oder Übernehmervergaben | 5. Abwehr von Änderungen des Planungsrechts (z. B. »heranrückende Bebauung«) |
| 3.3 Festlegungen zum Qualitätsmanagement | 6. Mitwirkung beim Management von Verträgen mit Kommunen und sonstigen Körperschaften des öffentlichen Rechts, insbesondere zu Erschließungs- und städtebaulichen Verträgen |
| 3.4 Führen von Vertragsverhandlungen zu Rechtsfragen und Dokumentation | 7. Mitwirkung beim Management von privatrechtlichen Verträgen zur Erschließung (insbesondere Strom, Gas, Wasser) |
| 4. Abwehr von Nachbarwidersprüchen | 8. Steuer-, arbeits- und strafrechtliche Beratung |
| 5. Abwehr von behördlichen Auflagen | 9. Beratung zu versicherungsrechtlichen Fragen |
| | 10. Unterrichtung von Sachverständigen und anderen Rechtsanwälten in verwaltungsrechtlichen und gerichtlichen Verfahren |

**C** *Kosten und Finanzierung*

| Grundleistungen | Besondere Leistungen |
|---|---|
| 1. Mitwirkung bei der Zahlungskontrolle (insbesondere Prüfbarkeit, rechtliche Vorgaben) | 1. Mitwirkung bei der Prüfung von Auswirkungen der Genehmigungen und notwendiger |

| Grundleistungen | Besondere Leistungen |
|---|---|
| 2. Vertragliche Operationalisierung von Finanzrahmendaten, insbesondere von Investitionen, Personal- und Sachkosten des Betriebs gegenüber bauausführenden Unternehmen | Zustimmungen Dritter auf den Kostenrahmen |
| 3. Beratung zu Steuerungsmaßnahmen und Sanktionen bei Kostenüberschreitungen | |
| 4. Abwehr von Vergütungsnachträgen und Behinderungsschadensersatzansprüchen | |
| 5. Mitwirkung bei der Erstellung von Nachtragsbudgets | |
| 6. Überprüfung honorarrechtlicher Auswirkungen von Steuerungsmaßnahmen | |
| 7. Beratung zur Kündigung bei unwirtschaftlicher Planung | |

**D  Termine und Kapazitäten**

| Grundleistungen | Besondere Leistungen |
|---|---|
| 1. Beratung zu Steuerungsmaßnahmen bei der Ausschreibung | |
| 2. Beratung zu Terminabweichungen und Beschleunigungsmaßnahmen | |
| 3. Abwehr bzw. Geltendmachung von Ansprüchen wegen Terminabweichungen | |

## 4. Ausführung (Objektüberwachung)

**A  Organisation, Information, Koordination und Dokumentation**
**B  Qualitäten und Quantitäten**

| Grundleistungen | Besondere Leistungen |
|---|---|
| 1. Erstellung eines Vertragshandbuchs | 1. Abwehr von Änderungen des Planungsrechts |
| 1.1 Analyse und Operationalisierung der Vertragsregelungen | 2. Fortlaufende juristische Objektbetreuung: Kontrolle der Protokolle und des rechtlich relevanten Schriftverkehrs |
| 1.2 Zeitliche und systematische Erfassung von Rechten und Pflichten der Baubeteiligten | 3. Mitwirkung beim Management von Verträgen mit Kommunen und sonstigen Körperschaften des öffentlichen Rechts, insbesondere zu Erschließungs- und städtebaulichen Verträgen |
| 1.3 Festlegung von Reaktionen bei Abweichungen von Vorgaben | |
| 2. Fortlaufende juristische Objektbetreuung von Vergabe bis Abnahme einschl. erforderlicher Teilnahme an Projektbesprechungen | 4. Mitwirkung beim Management von privatrechtlichen Verträgen zur Erschließung (insbesondere Strom, Gas, Wasser) |
| 3. Abwehr von Nachbarwidersprüchen und behördlichen Auflagen, Stillegungsverfügungen | 5. Steuer-, arbeits- und strafrechtliche Beratung |
| 4. Mitwirkung bei der Überwachung der Leistungserbringung der Planer und der Projektsteuerung | 6. Beratung zu versicherungsrechtlichen Fragen |
| 4.1 Mitwirkung bei der Kontrolle der Leistungserbringung (Leistungsstand, Planfreigaben) | 7. Unterrichtung von Sachverständigen und anderen Rechtsanwälten in verwaltungsrechtlichen und gerichtlichen Verfahren |

| Grundleistungen | Besondere Leistungen |
|---|---|

4.2 Beratung zu Maßnahmen bei Leistungsabweichungen (Abweichungen von Planungsvorgaben, Ausscheiden von Beteiligten)

5.  Mitwirkung bei der Überwachung der Leistungserbringung der bauausführenden Unternehmen (Leistungsstand, Teilabnahmen, fehlerhafte Vorleistungen) Beratung zu Maßnahmen bei Leistungsabweichungen (Abweichung von Planungsvorgaben, Ausscheiden von Beteiligten)

6.  Mitwirkung bei behördlichen und zivilrechtlichen Abnahmen

6.1 Beratung zu den Abnahmevoraussetzungen

6.2 Beratung bei der Mängelfeststellung

6.3 Beratung zu Möglichkeiten der Beweissicherung und Unterbrechung von Gewährleistungsfristen im Zusammenhang mit der Abnahme

6.4 Koordination der Abnahme (Abnahmeverfahren, Teilnahme, förmliche Abnahmen)

## C  Kosten und Finanzierung

| Grundleistungen | Besondere Leistungen |
|---|---|
| 1.  Mitwirkung bei der Zahlungskontrolle (insbesondere Prüfbarkeit, rechtliche Vorgaben) | 1.  Inanspruchnahme von Bürgschaften |
| 2.  Beratung zu Steuerungsmaßnahmen und Sanktionen bei Kostenüberschreitungen | 2.  Abwehr von Sicherungsmaßnahmen (§§ 648, 648a BGB) |
| 3.  Abwehr von Vergütungsnachträgen und Behinderungsschadensersatzansprüchen | |
| 4.  Mitwirkung bei der Erstellung von Nachtragsbudgets | |
| 5.  Überprüfung honorar- und vergütungsrechtlicher Auswirkungen von Steuerungsmaßnahmen | |
| 6.  Beratung zur Kündigung bei unwirtschaftlicher Planung | |

## D  Termine und Kapazitäten

| Grundleistungen | Besondere Leistungen |
|---|---|

1.  Beratung zu Steuerungsmaßnahmen bei der Bauausführung

2.  Beratung zu Terminabweichungen und Beschleunigungsmöglichkeiten, Abwehr von Fristveränderungen

3.  Abwehr bzw. Geltendmachung von Ansprüchen wegen Terminabweichungen

## 5. Projektabschluß (Objektbetreuung und Dokumentation)

**A  Organisation, Information, Koordination und Dokumentation**
**B  Qualitäten und Quantitäten**

| Grundleistungen | Besondere Leistungen |
|---|---|
| 1. Außergerichtliche Geltendmachung bei Abnahme festgestellter Mängel | 1. Mitwirkung bei Verhandlung von privatrechtlichen Bezugsverträgen (Strom, Gas, Wasser) |
| 2. Mitwirkung bei der Prüfung der Schlußrechnungen von bauausführenden Unternehmen, Objekt- und Fachplanern und der Projektsteuerung | 2. Abwicklung von Verträgen mit Kommunen und sonstigen Körperschaften des öffentlichen Rechts |
| 3. Mitwirkung bei Freigabe und Austausch von Sicherheiten nach Abnahme | 3. Abwicklung von privatrechtlichen Verträgen zur Erschließung (insbesondere Strom, Gas, Wasser) |
| | 4. Dokumentation und Risikoanalyse mit gutachterlicher Bewertung noch offener Rechtsfragen |
| | 5. Mitwirkung bei der Zusammenstellung der erledigten und der nicht erledigten Gewährleistungsansprüche |
| | 6. Abwehr von Änderungen des Planungsrechts |
| | 7. Steuer-, arbeits- und strafrechtliche Beratung |
| | 8. Beratung zu versicherungsrechtlichen Fragen |
| | 9. Unterrichtung von Sachverständigen und anderen Rechtsanwälten in verwaltungsrechtlichen und gerichtlichen Verfahren |

**C  Kosten und Finanzierung**

| Grundleistungen | Besondere Leistungen |
|---|---|
| 1. Mitwirkung bei der Prüfung von Abschlagszahlungen und Schlußzahlungen | 1. Mitwirkung bei der Erstellung von Nachtragsbudgets (Prüfung von Nachträgen und Behinderungsschadensersatzansprüchen) |

**D  Termine und Kapazitäten**

| Grundleistungen | Besondere Leistungen |
|---|---|
| 1. Beratung zu Steuerungsmaßnahmen in der Projektabschlußphase | |
| 2. Beratung zu Terminabweichungen und Beschleunigungsmöglichkeiten | |
| 3. Abwehr bzw. Geltendmachung von Ansprüchen wegen Terminabweichungen | |

[1]) nachfolgend Abschnitt 2.2, S. 48 f.

[2]) nachfolgend Abschnitt 2.3, S. 50 ff.

[3]) vgl. nachfolgend Abschnitt »2.4 Qualitätssicherung und Grenzen der Rechtsberatung«, S. 64 ff.

[4]) vgl. nachfolgend Abschnitt 2.5, S. 73 ff.

[5]) Diederichs, Qualität, Nutzen und Kosten des Projektmanagements im Bauwesen, in: Seminar Rechtliche Problemstellungen beim Projektmanagement, Wiesbaden 1995, S. 88

[6]) Knepper, Schäden aus ungenügender Projektsteuerung öffentlicher Bauinvestitionen – Erfahrungen der WIBERA Wirtschaftsberatung AG, in: DVP (Hrsg.), Nutzen der Projektsteuerung, DVP-Verlag, Wuppertal 1992

[7]) Diederichs, Qualität, Nutzen und Kosten des Projektmanagements im Bauwesen, in: Seminar Rechtliche Problemstellungen beim Projektmanagement, Wiesbaden 1995, S. 96, sowie mit weiteren Beispielen anhand von Einzelfällen für den Nutzen des Projektmanagements

[8]) vgl. dazu die Darstellung der VOF in Kapitel 5, S. 187 ff.

[9]) Im einzelnen handelt es sich um folgende technische Normen:
DIN 69900 Teil 1 Projektwirtschaft Netzplantechnik – Begriffe
DIN 69900 Teil 2 Projektwirtschaft Netzplantechnik – Darstellungstechnik
DIN 69901 Projektwirtschaft/Projektmanagement – Begriffe
DIN 69902 Projektwirtschaft Einsatzmittel – Begriffe
DIN 69903 Projektwirtschaft – Kosten und Leistung, Finanzmittel – Begriffe
DIN 69905 Projektwirtschaft – Projektabwicklung – Begriffe
DIN 69910 Wertanalyse

[10]) vgl. Quack, Verträge über Projektmanagement, Projektentwicklung, Projektsteuerung, Nachtragsmanagement, Vertragsmanagement, Baubegleitende Rechtsberatung – Neue Dienstleistungen am Bau, in: Seminar Rechtliche Problemstellungen beim Projektmanagement, Wiesbaden 1995, S. 13

[11]) Diederichs, Qualität, Nutzen und Kosten des Projektmanagements im Bauwesen, in: Seminar Rechtliche Problemstellungen beim Projektmanagement, Wiesbaden 1995, S. 76

[12]) Diederichs, Qualität, Nutzen und Kosten des Projektmanagements im Bauwesen, in: Seminar Rechtliche Problemstellungen beim Projektmanagement, Wiesbaden 1995, S. 80 f.

[13]) Die Regelung ist unwirksam. Hierauf wird unten noch im einzelnen eingegangen; vgl. BGH, Urt. v. 09. 01. 1997-VII ZR 48/96, ZAP EN-Nr. 317/97, MDR 1997, 454-455, EWiR 1997, 413, ZfBR 1997, 109, JZ 1997, 523-524, BB 1997, 911-912, NJW 1997, 1694-1695, BauR 1997, 497-499, IBR 1997, 245, NJ 1997, 333

[14]) Bundestagsdrucksache 270/76, S. 39

[15]) Heiermann, Die Tätigkeit der Projektsteuerer unter dem Blickwinkel des Rechtsberatungsgesetzes, BauR 1996, 52 mit weiteren Nachweisen

[16]) Locher/Koeble/Frik, HOAI, 7. Auflage, § 31, Rdn. 5 mit weiteren Nachweisen

[17]) Locher/Koeble/Frik, HOAI, 7. Auflage, § 31, Rdn. 5

[18]) Knipp, Rechtliche Rahmenbedingungen bei der Projektsteuerung, in: Seminar Rechtliche Problemstellungen beim Projektmanagement, Wiesbaden 1995, S. 29

[19]) Knipp, Rechtliche Rahmenbedingungen bei der Projektsteuerung, in: Seminar Rechtliche Problemstellungen beim Projektmanagement, Wiesbaden 1995, S. 30

[20]) Knipp, Rechtliche Rahmenbedingungen bei der Projektsteuerung, in: Seminar Rechtliche Problemstellungen beim Projektmanagement, Wiesbaden 1995, S. 30

[21]) Locher/Koeble/Frik, HOAI, 7. Auflage, § 31, Rdn. 15

[22]) vgl. dazu in Kapitel 4, Abschnitt 4.10, S. 174 ff.

[23]) BGH, Urt. v. 08. 02. 1996-VII ZR 219/94, NJW 96, 1751, BB 96, 1299, MDR 96, 686, WM 96, 1097, ZfBR 96, 200

[24]) BGH, Urt. v. 26. 01. 1995-VII ZR 49/94 (Vorinstanz OLG München, Urt. v. 20. 12. 1993-28 U 5830/92), ZfBR 1995, 115, ZAP EN-Nr. 406/95, BB 1995, 951-952, BauR 1995, 434, MDR 1995, 573, WM IV 1995, 1188-1189, NJW-RR 1995, 855-856, ZfBR 1995, 189, WE 1995, 211, IBR 1995, 327, BauR 1995, 572-573, BauR 1995, 588, DB 1995, 2210-2211; vgl. die Anmerkungen von Reichelt IBR 1995, 327

[25]) vgl. Quack, Verträge über Projektmanagement, Projektentwicklung, Projektsteuerung, Nachtragsmanagement, Vertragsmanagement, Baubegleitende Rechtsberatung – Neue Dienstleistungen am Bau, in: Seminar Rechtliche Problemstellungen beim Projektmanagement, Wiesbaden 1995, S. 17

[26]) Locher/Koeble/Frik, HOAI, 7. Auflage, § 31, Rdn. 14

[27]) Hartmann, Die neue Honorarordnung für Architekten und Ingenieure, Loseblattsammlung, § 31, Rdn. 30

[28]) Jochem, HOAI-Gesamtkommentar, 3. Auflage, § 31, Rdn. 1; ebenso Hesse u. a., HOAI, 5. Auflage, § 31, Rdn. 1

[29]) BGH, Urt. v. 09. 01. 1997-VII ZR 48/96, ZAP EN-Nr. 317/97, MDR 1997, 454-455, EWiR 1997, 413, ZfBR 1997, 109, JZ 1997, 523-524, BB 1997, 911-912, NJW 1997, 1694-1695, BauR 1997, 497-499, IBR 1997, 245, NJ 1997, 333, Grundeigentum 1997, 737-739; vgl. zu dieser Entscheidung die Anmerkungen von Wenner, EwiR 1997, 413-414, Koeble, LM GrundG Art. 80 Nr. 16 (6/1997) und Weyer IBR 1997, 245. Der BGH hat mit dieser Entscheidung eine Revision gegen das Urteil des OLG Düsseldorf v. 19. 12. 1995-23 U 30/95 zurückgewiesen

[30]) § 204 Abs. 2 in der Fassung des Entwurfs der Fachgruppe »Projektsteuerung« des »AHO Ausschuß der Ingenieurverbände und Ingenieurkammern für die Honorarordnung e.V.« und des »DVP Deutscher Verband der Projektsteuerer e.V.« von 1996

[31]) zugleich ist von einem Verstoß gegen § 1 UWG (unlauterer Wettbewerb) auszugehen, vgl. BGH, Urt. v. 11. 06. 1976-I ZR 55/75, NJW 1976, 1635

[32]) Kniffka, Die Zulässigkeit rechtsbesorgender Tätigkeiten durch Architekten, Ingenieure und Projektsteuerer, in: Seminar Rechtliche Problemstellungen beim Projektmanagement, Wiesbaden 1995, S. 147

[33]) Kniffka, Die Zulässigkeit rechtsbesorgender Tätigkeiten durch Architekten, Ingenieure und Projektsteuerer, in: Seminar Rechtliche Problemstellungen beim Projektmanagement, Wiesbaden 1995, S. 147 f.

[34]) Schamir, Die Versicherung von Projektmanagementleistungen, in: Seminar Rechtliche Problemstellungen beim Projektmanagement, Wiesbaden 1995, S. 116

[35]) Zur Gewerbesteuerproblematik eingehender in Abschnitt 1.6, S. 32 ff.

[36]) Altenhoff/Busch/Chemnitz, Rechtsberatungsgesetz, 10. Auflage, Rdn. 534, zu den Grenzen des gegen das RBerG verstoßenden Baubetreuungsvertrages vgl. BGH, Urt. v. 10. 11. 1977-VII ZR 321/75, BGHZ 70, 12, NJW 1978, 322

[37]) Kniffka, Die Zulässigkeit rechtsbesorgender Tätigkeiten durch Architekten, Ingenieure und Projektsteuerer, in: Seminar Rechtliche Problemstellungen beim Projektmanagement, Wiesbaden 1995, S. 125-149 = Kniffka, Die Zulässigkeit rechtsbesorgender Tätigkeiten durch Architekten, Ingenieure und Projektsteuerer, ZfBR 1994, 253 ff. (Teil 1), ZfBR 1995, 10-15 (Teil 2)

[38]) Heiermann, Die Tätiqkeit der Projektsteuerer unter dem Blickwinkel des Rechtsberatungsgesetzes, BauR 1996, 48-58

[39]) Kapellmann (Hrsg.), Juristisches Projektmanagement bei Entwicklung und Realisierung von Bauprojekten, Düsseldorf 1997, S. 34-40

[40]) Altenhoff/Busch/Chemnitz, Rechtsberatungsgesetz, 10. Auflage, Rdn. 533

[41]) Locher/Koeble/Frik, HOAI, 7. Auflage, Einleitung, Rdn. 84

[42]) Altenhoff/Busch/Chemnitz, Rechtsberatungsgesetz, 10. Auflage, Rdn. 533

[43]) Rennen/Caliebe, RBerG, 2. Auflage, Art. 1 § 5 Rdn. 1; BGH, Urt. v. 10. 11. 1977-VII ZR 321/75, BGHZ 70, 12, NJW 1978, 322

[44]) offen gelassen in BGH, Urt. v. 18. 05. 1995-III ZR 109/94, MDR 1995, 851-852, EWiR 1995, 805, DB 1995, 1558-1560, WM IV 1995, 1586-1589, BauR 1995, 727-731, VersorgW 1995, 226-228, NJW 1995, 3122-3124, BB 1995, 2126-2127, IBR 1995, 524, RdE 1996, 27-29; vgl. Anmerkungen von Lauda, LM RechtsberatG § 1 Nr. 48 (9/1995), Chemnitz EWiR 1995, 805-806, Kniffka IBR 1995, 524, Rath BauR 1996, 632-640

[45]) BGH, Urt. v. 18. 05. 1995-III ZR 109/94, MDR 1995, 851-852, EWiR 1995, 805, DB 1995, 1558-1560, WM IV 1995, 1586-1589, BauR 1995, 727-731, VersorgW 1995, 226-228, NJW 1995, 3122-3124, BB 1995, 2126-2127, IBR 1995, 524, RdE 1996, 27-29; vgl. Anmerkungen von Lauda, LM RechtsberatG § 1 Nr. 48 (9/1995), Chemnitz EWiR 1995, 805-806, Kniffka IBR 1995, 524, Rath BauR 1996, 632-640

[46]) Locher/Koeble/Frik, HOAI, 7. Auflage, Einleitung, Rdn. 80

[47]) Locher/Koeble/Frik, HOAI, 7. Auflage, Einleitung, Rdn. 81

[48]) BGH, Urt. v. 26. 04. 1979-VII ZR 190/78, BGHZ 74, 235, BauR 1979, 345, NJW 1979, 1499, ZfBR 1979, 154, MDR 1979, 837, BB 1979, 910, DB 1979,1696, JZ 1979, 478, WM 1979, 836

[49]) Locher/Koeble/Frik, HOAI, 7. Auflage, Einleitung, Rdn. 78

[50]) Locher/Koeble/Frik, HOAI, 7. Auflage, Einleitung, Rdn. 78

[51]) OVG Münster, Beschl. v. 11. 12. 1978-XI B 2767/77, NJW 1979, 2165

[52]) Locher/Koeble/Frik, HOAI, 7. Auflage, Einleitung, Rdn. 83

[53]) BGH, Urt. v. 24. 05. 1973-VII ZR 92/71, BGHZ 61, 28, NJW 1973, 1457, 1458

[54]) vgl. die Übersicht zu den Unternehmenseinsatzformen bei Ingenstau/Korbion, VOB-Kommentar, Anhang 1 zu VOB/A: Arbeitsgemeinschaft, General- (Haupt-) und Nachunternehmer, Baubetreuung, Bauträger, Treuhand sowie zum Erwerb von Wohnungseigentum

[55]) BGH, Urt. v. 26. 04. 1979-VII ZR 190/78, BGHZ 74, 235, BauR 1979, 345, NJW 1979, 1499, ZfBR 1979, 154, MDR 1979, 837, BB 1979, 910, DB 1979, 1696, JZ 1979, 478, WM 1979, 836

[56]) Locher/Koeble/Frik, HOAI, 7. Auflage, Einleitung, Rdn. 82

[57]) BGH, Urt. v. 05. 11. 1981-VII ZR 365/80, SFH § 638 BGB Nr. 21, BauR 1982, 185, ZfBR 1982, 31, WM 1981, 1384

[58]) Kniffka, ZfBR 1994, 254 unter Hinweis auf BayObLG, Beschl. v. 20. 11. 1990-3 Ob Owi 133/90, NJW 1991, 1190; weitergehender Locher/Koeble/Frik, HOAI, 7. Auflage, Einleitung, Rdn. 84

[59]) Locher/Koeble/Frik, HOAI, 7. Auflage, Einleitung, Rdn. 84

[60]) vgl. Locher/Koeble/Frik, HOAI, 7. Auflage, Einleitung, Rdn. 84

[61]) OVG Münster, Beschl. v. 11. 12. 1978-XI B 2767/77, NJW 1979, 2165

[62]) BGH, Urt. v. 10. 11. 1977-VII ZR 321/75, BGHZ 70, 12, NJW 1978, 322

[63]) vgl. Locher/Koeble/Frik, HOAI, 7. Auflage, § 2, Rdn. 84 unter Hinweis auf OLG Frankfurt NJW 1972, 216

[64]) vgl. Locher/Koeble/Frik, HOAI, 7. Auflage, § 15, Rdn. 126 unter Hinweis auf Ganten BauR 1974, 85; BGH BauR 1973, 321 m. abl. Anm. Locher; Bindhardt/Jagenburg § 1 Rdn. 4; § 2 Rdn. 102 ff.; § 3 Rdn. 58 ff.; Pott/Frieling Rdn. 207, 486

65) vgl. Rennen/Caliebe, RBerG, 2. Auflage, Art. 1 § 5 Rdn. 13

66) vgl. Locher/Koeble/Frik, HOAI, 7. Auflage, § 15, Rdn. 171 unter Hinweis auf Beigel DAB 1979, 903; Hesse/Korbion/Mantscheff/Vygen § 15 Rdn. 137; Jochem § 15 Rdn. 54; Neuenfeld § 15 Bem. 58

67) OLG Düsseldorf, Urt. v. 07. 07. 1961-5 U 384/60, SFH Z 3.01 Bl. 159

68) zum Architekten vgl. Locher/Koeble/Frik, HOAI, 7. Auflage, § 15, Rdn. 174

69) Kniffka, Die Zulässigkeit rechtsbesorgender Tätigkeiten durch Architekten, Ingenieure und Projektsteuerer, in: Seminar Rechtliche Problemstellungen beim Projektmanagement, Wiesbaden 1995, S. 131 f.

70) Kniffka, Die Zulässigkeit rechtsbesorgender Tätigkeiten durch Architekten, Ingenieure und Projektsteuerer, in: Seminar Rechtliche Problemstellungen beim Projektmanagement, Wiesbaden 1995, S. 132

71) BGH, Urt. v. 11. 06. 1976-I ZR 55/75, NJW 1976, 1635

72) für den Architekten: Locher/Koeble/Frik, HOAI, 7. Auflage, § 15, Rdn. 171

73) für den Architekten: Locher/Koeble/Frik, HOAI, 7. Auflage, § 15, Rdn. 171

74) für den Architekten: Locher/Koeble/Frik, HOAI, 7. Auflage, § 15, Rdn. 173

75) BGH, Urt. v. 02. 12. 1982-VII ZR 330/81, SFH § 13 Ziff. 4 VOB/B (1952) Nr. 3, BauR 1983, 168, NJW 1983, 871, ZfBR 1983, 81, BB 1983,1310, DB 1983, 644, WM 1983, 152, VersR 1983, 268

76) Knipp, Rechtliche Rahmenbedingungen bei der Projektsteuerung, in: Seminar Rechtliche Problemstellungen beim Projektmanagement, Wiesbaden 1995, S. 24

77) Kniffka, Die Zulässigkeit rechtsbesorgender Tätigkeiten durch Architekten, Ingenieure und Projektsteuerer, in: Seminar Rechtliche Problemstellungen beim Projektmanagement, Wiesbaden 1995, S. 135

78) Kniffka, Die Zulässigkeit rechtsbesorgender Tätigkeiten durch Architekten, Ingenieure und Projektsteuerer, in: Seminar Rechtliche Problemstellungen beim Projektmanagement, Wiesbaden 1995, S. 136. Der Stellungnahme von Kniffka lag noch der DVP-Entwurf aus dem Jahre 1994 zugrunde. Im folgenden wird deshalb nur auf die von Kniffka angesprochenen Teilleistungen eingegangen, die im wesentlichen unverändert noch im Entwurfstand 10. 03. 1995 enthalten sind.

79) im DVP-Entwurf noch »Bodenrechtsangelegenheiten«

80) Locher/Koeble/Frik, HOAI, 7. Auflage, § 31, Rdn. 18

81) vgl. mit ähnlicher Begründung Kniffka, Die Zulässigkeit rechtsbesorgender Tätigkeiten durch Architekten, Ingenieure und Projektsteuerer, in: Seminar Rechtliche Problemstellungen beim Projektmanagement, Wiesbaden 1995, S. 139

82) Kniffka, Die Zulässigkeit rechtsbesorgender Tätigkeiten durch Architekten, Ingenieure und Projektsteuerer, in: Seminar Rechtliche Problemstellungen beim Projektmanagement, Wiesbaden 1995, S. 140. Unter Hinweis auf Knemeyer, Freiberufliche und baugewerbliche Betätigung von Architekten. Inhalt und Grenzen des Kollisionsverbots nach den Regelungen der Berufsordnungen, NJW 1983, 249

83) Heiermann, Die Tätigkeit der Projektsteuerer unter dem Blickwinkel des Rechtsberatungsgesetzes, BauR 1996, 52 mit weiteren Nachweisen

84) BGH, Urt. v. 18. 05. 1995-III ZR 109/94, MDR 1995, 851-852, EWiR 1995, 805, DB 1995, 1558-1560, WM IV 1995, 1586-1589, BauR 1995, 727-731, VersorgW 1995, 226-228, NJW 1995, 3122-3124, BB 1995, 2126-2127, IBR 1995, 524, RdE 1996, 27-29; vgl. Anmerkungen von Lauda, LM RechtsberatG § 1 Nr. 48 (9/1995), Chemnitz EWiR 1995, 805-806, Kniffka IBR 1995, 524, Rath BauR 1996, 632-640

85) Kapellmann (Hrsg.), Juristisches Projektmanagement bei Entwicklung und Realisierung von Bauprojekten, Düsseldorf 1997, S. 6

86) Kapellmann (Hrsg.), Juristisches Projektmanagement bei Entwicklung und Realisierung von Bauprojekten, Düsseldorf 1997, S. 6 und S. 10

87) § 204 Abs. 2 HOAI in der Fassung des Entwurfs der »Fachgruppe Projektsteuerung des AHO der Ingenieurverbände und -kammern e.V. Stand 10. 03. 1995«

88) vgl. Quack, Verträge über Projektmanagement, Projektentwicklung, Projektsteuerung, Nachtragsmanagement, Vertragsmanagement, Baubegleitende Rechtsberatung – Neue Dienstleistungen am Bau, in: Seminar Rechtliche Problemstellungen beim Projektmanagement, Wiesbaden 1995, S. 14 f.

89) Kapellmann (Hrsg.), Juristisches Projektmanagement bei Entwicklung und Realisierung von Bauprojekten, Düsseldorf 1997, S. 22-28

90) vgl. Quack, Verträge über Projektmanagement, Projektentwicklung, Projektsteuerung, Nachtragsmanagement, Vertragsmanagement, Baubegleitende Rechtsberatung – Neue Dienstleistungen am Bau, in: Seminar Rechtliche Problemstellungen beim Projektmanagement, Wiesbaden 1995, S. 19

# 3 Die Leistungsbilder der Ingenieurtätigkeit

Die HOAI typisiert die wesentlichen Ingenieurleistungen im Rahmen eines Bauvorhabens in Form sogenannter »Leistungsbilder«. Diese Leistungsbilder enthalten sowohl Grundleistungen als auch Besondere Leistungen. Die Grundleistungen sind im allgemeinen ausreichend, um einen Auftrag ordnungsgemäß zu erfüllen. Die HOAI legt den jeweiligen Grundleistungskatalog bindend und abschließend fest. Hingegen sind die in der rechten Spalte des jeweiligen Leistungsbildes aufgeführten Besonderen Leistungen nicht abschließend; das heißt, der Katalog der Besonderen Leistungen kann durch vertragliche Vereinbarung erweitert werden.

Im nachfolgenden Kapitel werden die typisierten Leistungsbilder der HOAI **im Überblick** dargestellt. Insbesondere werden die wichtigsten Begriffe für den Praktiker erläutert.

In einem ersten Abschnitt (nachfolgend 1.) behandeln wir

- typisierte Leistungsbilder der HOAI bei der Objektplanung
  und
- typisierte Leistungsbilder der HOAI außerhalb der Objektplanung.

In einem zweiten Abschnitt (nachfolgend 2.) werden die zentralen Tätigkeitsfelder des Bauingenieurs dargestellt, und zwar in den Bereichen:

- Objektplanung für Gebäude,
- Ingenieurbauwerke und Verkehrsanlagen,
- Technische Ausrüstung,
- Tragwerksplanung.

## 3.1 Typisierte Leistungsbilder der HOAI im Überblick

### 3.1.1 Typisierte Leistungsbilder der HOAI bei der Objektplanung

**§ 15 HOAI:**
**Leistungsbild Objektplanung für Gebäude, Freianlagen und raumbildende Ausbauten**

Der Begriff der **Gebäude** ist in der HOAI nicht definiert. Unter Gebäude sind selbständig nutzbare, überdachte bauliche Anlagen, die von Menschen betreten werden können und geeignet sind, dem Schutz von Menschen, Tieren oder Sachen zu dienen, zu verstehen.[1]) Weiterhin setzt der Gebäudebegriff voraus, daß es sich um »unbewegliche, durch Verwendung von Arbeit und Material in Verbindung mit dem Erdboden hergestellte Sachen«[2]) handelt. An dem Merkmal der »festen Verbindung mit dem Erdboden« fehlt es beispielsweise bei Wohnwagen und Messeständen. Regelbeispiele für Gebäude finden sich in der Objektliste des § 12 HOAI.

Der Begriff der **Freianlagen** ist in § 3 Ziffer 12 HOAI definiert. Danach handelt es sich bei Freianlagen um »planerisch gestaltete Freiflächen und Freiräume sowie entsprechend gestaltete Anlagen in Verbindung mit Bauwerken oder in Bauwerken«.

**Beispiel**

*Innenhöfe, Fußgängerbereiche, Bepflanzungen in Bauwerken, Wanderwege, Sportplätze, Parkanlagen, Lärmschutzwälle zur Gebäudegestaltung.*

Regelbeispiele für Freianlagen finden sich in der Objektliste des § 14 HOAI.

**Raumbildende Ausbauten** werden unter § 3 Ziffer 7 HOAI definiert. Raumbildende Ausbauten sind demnach »die innere Gestaltung oder Erstellung von Innenräumen (ohne wesentliche Eingriffe in Bestand oder Konstruktion)«. Neben der Gestaltung der Innenräume kann daher auch die Erstellung von Innenräumen ein raumbildender Ausbau sein (z. B. die Erstellung eines Kiosks in einer Bahnhofshalle). Wesentlich ist, daß die Ingenieurleistung den Innenbereich von Räumen zum Gegenstand hat. Der raumbildende Ausbau unterscheidet sich von Umbauten dadurch, daß er ohne wesentlichen Eingriff in die Konstruktion (Statik) oder den Bestand durchgeführt wird.

**Beispiel**

*In einer Bahnhofshalle wird ein Kiosk erstellt. Müssen hierbei tragende Wände versetzt werden, so handelt es sich um einen Umbau. Werden hingegen lediglich nichttragende Zwischenwände – etwa in Trockenbauweise – errichtet, liegt ein raumbildender Ausbau vor.*

**§ 55 HOAI:**
**Leistungsbild Objektplanung für Ingenieurbauwerke und Verkehrsanlagen**

**Ingenieurbauwerke** erfassen

• Bauwerke und Anlagen der Wasserversorgung, z. B. Speicherbehälter und Leitungsnetze
• Bauwerke und Anlagen der Abwasserentsorgung, z. B. Abwasserbehandlungsanlagen

- Bauwerke und Anlagen des Wasserbaus (mit Ausnahme von Freianlagen), z. B. Schöpfwerke, feste Wehre
- Bauwerke und Anlagen für Ver- und Entsorgung mit Gasen, Feststoffen einschließlich wassergefährdender Flüssigkeiten (mit Ausnahme der Anlagen der Technischen Ausrüstung),
- Bauwerke und Anlagen der Abfallentsorgung, z. B. Kompostierungsanlagen
- Konstruktive Ingenieurbauwerke für Verkehrsanlagen, z. B. Brücken
- Sonstige Einzelbauwerke (mit Ausnahme der Gebäude und Freileitungsmaste), z. B. U-Bahnhöfe, Silos.

**Verkehrsanlagen** sind:

- Anlagen des Straßenverkehrs (mit Ausnahme der Freianlagen), z. B. Straßen, Rastanlagen
- Anlagen des Schienenverkehrs, z. B. Gleis- und Bahnsteiganlagen
- Anlagen des Flugverkehrs, Verkehrsflächen für Flugplätze.

Regelbeispiele für Ingenieurbauwerke und Verkehrsanlagen finden sich in § 54 HOAI.[3]

## § 64 HOAI:
## Leistungsbild Tragwerksplanung

Der Begriff **Tragwerk** ist in der HOAI nicht definiert. Unter Tragwerk eines Gebäudes sind »alle Teile der Baukonstruktion zu verstehen, die die Eigenlasten der Bau- und Ausbaukonstruktionen, die lotrechten und waagerechten Verkehrslasten, die Wind- und Schneelasten sowie alle sonstigen Belastungen ableiten, und der Baugrund«.[4] Auf die Wiedergabe von Regelbeispielen in Form von Objektlisten verzichtet die HOAI bei der Tragwerksplanung. In § 63 HOAI werden lediglich Bewertungskriterien für

den statisch-konstruktiven Schwierigkeitsgrad aufgeführt.[5]

## § 73 HOAI:
## Leistungsbild Technische Ausrüstung

Die **Technische Ausrüstung** umfaßt die in der DIN 276 aufgeführten Anlagen von Gebäuden sowie die entsprechenden Anlagen von Ingenieurbauwerken auf dem Gebiet der

- Gas-, Wasser-, Abwasser- und Feuerlöschtechnik,
- Wärmeversorgungs-, Brauchwassererwärmungs- und Raumlufttechnik,
- Elektrotechnik,
- Aufzug-, Förder- und Lagertechnik,
- Küchen-, Wäscherei- und Chemische Reinigungstechnik,
- Medizin- und Labortechnik.

Die vorstehenden Anlagengruppen sind abschließend. Die Anlagen müssen sich nicht innerhalb von Gebäuden/Ingenieurbauwerken befinden. Seit dem 01. 01. 1991 umfaßt die Technische Ausrüstung auch unmittelbar neben und auf Gebäuden/Ingenieurbauwerken befindliche Anlagen. Anlagen außerhalb von Gebäuden und der nichtöffentlichen Erschließung sind hingegen nicht von Teil IX erfaßt.[6]

Regelbeispiele für Anlagen der Technischen Ausrüstung finden sich in der Objektliste des § 72 HOAI.[7]

## § 77 HOAI:
## Leistungen für Thermische Bauphysik

§ 77 HOAI definiert den Anwendungsbereich der Leistungen für Thermische Bauphysik wie folgt:

## § 77 HOAI Anwendungsbereich

(1) Leistungen für Thermische Bauphysik (Wärme- und Kondensatfeuchteschutz) werden erbracht, um thermodynamische Einflüsse und deren Wirkungen auf Gebäude und Ingenieurbauwerke sowie auf Menschen, Tiere und Pflanzen und auf die Raumhygiene zu erfassen und zu begrenzen.

(2) Zu den Leistungen für Thermische Bauphysik rechnen insbesondere:

1. Entwurf, Bemessung und Nachweis des Wärmeschutzes nach der Wärmeschutzverordnung und nach den bauordnungsrechtlichen Vorschriften,

2. Leistungen zum Begrenzen der Wärmeverluste und Kühllasten,

3. Leistungen zum Ermitteln der wirtschaftlich optimalen Wärmedämm-Maßnahmen, insbesondere durch Minimieren der Bau- und Nutzungskosten,

4. Leistungen zum Planen von Maßnahmen für den sommerlichen Wärmeschutz in besonderen Fällen,

5. Leistungen zum Begrenzen der dampfdiffusionsbedingten Wasserdampfkondensation auf und in den Konstruktionsquerschnitten,

6. Leistungen zum Begrenzen von thermisch bedingten Einwirkungen auf Bauteile durch Wärmeströme,

7. Leistungen zum Regulieren des Feuchte- und Wärmehaushaltes von belüfteten Fassaden- und Dachkonstruktionen.

(3) Bei den Leistungen nach Abs. 2 Nr. 2 bis 7 können zusätzlich bauphysikalische Messungen an Bauteilen und Baustoffen, zum Beispiel Temperatur- und Feuchtemessungen, Messungen zur Bestimmung der Sorptionsfähigkeit, Bestimmungen des Wärmedurchgangskoeffizienten am Bau oder der Luftgeschwindigkeit in Luftschichten anfallen.

Speziell für die Leistungen des Wärmeschutzes nach § 77 Abs. 2 Nr. 1 HOAI gibt die HOAI einen weiteren Leistungskatalog vor. Nach § 78 Abs. 1 HOAI umfassen Leistungen für den **Wärmeschutz** folgende Positionen:

(1) Erarbeiten des Planungskonzepts für den Wärmeschutz,

(2) Erarbeiten des Entwurfs einschließlich der überschlägigen Bemessung für den Wärmeschutz und Durcharbeiten konstruktiver Details der Wärmeschutzmaßnahmen,

(3) Aufstellen des prüffähigen Nachweises des Wärmeschutzes,

(4) Abstimmen des geplanten Wärmeschutzes mit der Ausführungsplanung und der Vergabe,

(5) Mitwirken bei der Ausführungsüberwachung.

Bei der Erarbeitung des Planungskonzepts für den Wärmeschutz hat sich der Ingenieur an die Wärmeschutzverordnung, die bauordnungsrechtlichen Vorschriften sowie die Forderungen des Auftraggebers zu halten. Zum Aufstellen des prüffähigen Nachweises des Wärmeschutzes gehört auch das Liefern von Baustofflisten.

**§ 80 HOAI:**
**Leistungen für den Schallschutz**

Den Anwendungsbereich der Leistungen für Schallschutz beschreibt § 80 HOAI:

---

**§ 80 HOAI Schallschutz**

(1) Leistungen für Schallschutz werden erbracht, um

1. in Gebäuden und Innenräumen einen angemessenen Luft- und Trittschallschutz, Schutz gegen von außen eindringende Geräusche und gegen Geräusche von Anlagen der Technischen Ausrüstung nach § 68 und anderen technischen Anlagen und Einrichtungen zu erreichen (baulicher Schallschutz),

2. die Umgebung geräuscherzeugender Anlagen gegen schädliche Umwelteinwirkungen durch Lärm zu schützen (Schallimmissionsschutz).

(2) Zu den Leistungen für baulichen Schallschutz rechnen insbesondere:

1. Leistungen zur Planung und zum Nachweis der Erfüllung von Schallschutzanforderungen, soweit objektbezogene schalltechnische Berechnungen oder Untersuchungen erforderlich werden (Bauakustik),

2. schalltechnische Messungen, zum Beispiel zur Bestimmung von Luft- und Trittschalldämmung, der Geräusche von Anlagen der Technischen Ausrüstung und von Außengeräuschen.

(3) Zu den Leistungen für den Schallimmissionsschutz rechnen insbesondere:

1. schalltechnische Bestandsaufnahme,

2. Festlegen der schalltechnischen Anforderungen,

3. Entwerfen der Schallschutzmaßnahmen,

4. Mitwirken bei der Ausführungsplanung,

5. Abschlußmessungen.

---

Speziell für die Leistungen zur Bauakustik nach § 80 Abs. 2 Nr. 1 HOAI sieht § 81 HOAI folgende Leistungspositionen vor:

(1) Erarbeiten des Planungskonzepts, Festlegen der Schallschutzanforderungen,

(2) Erarbeiten des Entwurfs einschließlich Aufstellen der Nachweise des Schallschutzes,

(3) Mitwirken bei der Ausführungsplanung,

(4) Mitwirken bei der Vorbereitung der Vergabe und bei der Vergabe,

(5) Mitwirken bei der Überwachung schalltechnisch wichtiger Ausführungsarbeiten.

**§ 85 HOAI:**
**Leistungen für Raumakustik**

Der Anwendungsbereich für Leistungen bei der Raumakustik wird in § 85 HOAI beschrieben:

---

**§ 85 HOAI Raumakustik**

(1) Leistungen für Raumakustik werden erbracht, um Räume mit besonderen Anforderungen an die Raumakustik durch Mitwirkung bei Formgebung, Materialauswahl und Ausstattung ihrem Verwendungszweck akustisch anzupassen.

(2) Zu den Leistungen für Raumakustik rechnen insbesondere:

1. raumakustische Planung und Überwachung,

2. akustische Messungen,

3. Modelluntersuchungen,

4. Beraten bei der Planung elektroakustischer Anlagen.

---

Der in der Praxis wichtigste Bereich ist die raumakustische Planung und Überwachung gem. § 85 Abs. 2 Nr. 1 HOAI. Hierfür sieht die HOAI in § 86 Abs. 1 HOAI folgende Leistungspositionen vor:

(1) Erarbeiten des raumakustischen Planungskonzepts, Festlegen der raumakustischen Anforderungen,
(2) Erarbeiten des raumakustischen Entwurfs,
(3) Mitwirken bei der Ausführungsplanung,
(4) Mitwirken bei der Vorbereitung der Vergabe und bei der Vergabe,
(5) Mitwirken bei der Überwachung raumakustisch wichtiger Ausführungsarbeiten.

### §§ 91, 92 HOAI: Leistungen für Bodenmechanik, Erd- und Grundbau

Den Anwendungsbereich der Leistungen für Bodenmechanik, Erd- und Grundbau beschreibt § 91 HOAI:

### § 91 HOAI Anwendungsbereich

(1) Leistungen für Bodenmechanik, Erd- und Grundbau werden erbracht, um die Wechselwirkung zwischen Baugrund und Bauwerk sowie seiner Umgebung zu erfassen und die für die Berechnungen erforderlichen Bodenkennwerte festzulegen.

(2) Zu den Leistungen für Bodenmechanik, Erd- und Grundbau rechnen insbesondere:

1. Baugrundbeurteilung und Gründungsberatung für Flächen- und Pfahlgründungen als Grundlage für die Bemessung der Gründung durch den Tragwerksplaner, soweit diese Leistungen nicht durch Anwendung von Tabellen oder anderen Angaben, zum Beispiel in den bauordnungsrechtlichen Vorschriften, erbracht werden können,

2. Ausschreiben und Überwachen der Aufschlußarbeiten,

3. Durchführen von Labor- und Feldversuchen,

4. Beraten bei der Sicherung von Nachbarbauwerken,

5. Aufstellen von Setzungs-, Grundbruch- und anderen erdstatischen Berechnungen, soweit diese Leistungen nicht in den Leistungen nach Nr. 1 oder in den Grundleistungen nach §§ 55 oder 64 erfaßt sind,

6. Untersuchungen zur Berücksichtigung dynamischer Beanspruchungen bei der Bemessung des Bauwerks oder seiner Gründung,

7. Beraten bei Baumaßnahmen im Fels,

8. Abnahme von Gründungssohlen und Aushubsohlen,

9. allgemeine Beurteilung der Tragfähigkeit des Baugrundes und der Gründungsmöglichkeiten, die sich nicht auf ein bestimmtes Gebäude oder Ingenieurbauwerk bezieht.

Die Begriffe »Bodenmechanik, Erd- und Grundbau« sind wie folgt zu umschreiben:[8])

Die **Bodenmechanik** umfaßt die Baugrunderkundung, das heißt, die Feststellung der Baugrund- und Grundwasserverhältnisse, die Ermittlung der Bodenkennwerte, das heißt, der physikalischen Eigenschaften des Baugrundes sowie der Auswirkungen von Belastungen (Standsicherheitsnachweise).

Der **Erdbau** behandelt die Eigenschaften des Bodens und seiner Verwendbarkeit sowie die sich daraus ergebenden Besonderheiten, beispielsweise bei Aushüben, Ausschüttungen oder Verdichtungen.

Der **Grundbau** befaßt sich mit der praktischen Anwendung der bodenmechanischen Kenntnisse (z.B. Baugrubensicherung durch Verbau, Gründungsverfahren, Abdichtungen, Bodenverfestigungen und Grundwasserabsenkungen).

Speziell für die praktisch herausragenden Leistungen der **Baugrundbeurteilung und Gründungsberatung** gem. § 91 Abs. 2 Nr. 1 sieht die HOAI in § 92 HOAI besondere Leistungspositionen vor:

(1) Klären der Aufgabenstellung, Ermitteln der Baugrundverhältnisse aufgrund der vorhandenen Unterlagen, Festlegen und Darstellen der erforderlichen Baugrunderkundungen;

(2) Auswerten und Darstellen der Baugrunderkundungen sowie der Labor- und Feldversuche; Abschätzen des Schwankungsbereiches von Wasserständen im Boden; Baugrundbeurteilung, Festlegen der Bodenkennwerte;

(3) Vorschlag für die Gründung von Angaben der zulässigen Bodenpressungen in Abhängigkeit von den Fundamentabmessungen ggf. mit Angaben zur Bemessung der Pfahlgründung; Angaben der zu erwartenden Setzungen für die vom Tragwerksplaner im Rahmen der Entwurfsplanung nach § 64 HOAI zu er-

bringenden Grundleistungen; Hinweise zur Herstellung und Trockenhaltung der Baugrube und des Bauwerks sowie zur Auswirkung der Baumaßnahme auf Nachbarbauwerke.

## § 96 HOAI: Vermessungstechnische Leistungen

Der Anwendungsbereich der Vermessungstechnischen Leistungen wird in § 96 HOAI beschrieben:

---

**§ 96 HOAI Anwendungsbereich**

(1) Vermessungstechnische Leistungen sind das Erfassen ortsbezogener Daten über Bauwerke und Anlagen, Grundstücke und Topographie, das Erstellen von Plänen, das Übertragen von Planungen in die Örtlichkeit sowie das vermessungstechnische Überwachen der Bauausführung, soweit die Leistungen mit besonderen instrumentellen und vermessungstechnischen Verfahrensanforderungen erbracht werden müssen. Ausgenommen von Satz 1 sind Leistungen, die nach landesrechtlichen Vorschriften für Zwecke der Landesvermessung und des Liegenschaftskatasters durchgeführt werden.

(2) Zu den vermessungstechnischen Leistungen rechnen:
1. Entwurfsvermessung für die Planung und den Entwurf von Gebäuden, Ingenieurbauwerken und Verkehrsanlagen,
2. Bauvermessung für den Bau und die abschließende Bestandsdokumentation von Gebäuden, Ingenieurbauwerken und Verkehrsanlagen,
3. Vermessung an Objekten außerhalb der Entwurfs- und Bauphase, Leistungen für nicht objektgebundene Vermessungen, Fernerkundung und geographisch-geometrische Datenbasen sowie andere sonstige vermessungstechnische Leistungen.

Vermessungsleistungen, die nach landesrechtlichen Vorschriften für **Zwecke** der **Landesvermessung** und des **Liegenschaftskatasters** ausgeführt werden, sind von den Vorschriften der HOAI **ausgenommen.** Diese öffentlichen Vermessungsaufgaben werden entweder von den zuständigen Vermessungsbehörden oder von öffentlich bestellten Vermessungsingenieuren wahrgenommen.

Die in der Praxis wichtigsten Leistungsbilder sind die **Entwurfsvermessung** und die **Bauvermessung.**

Das Leistungsbild **Entwurfsvermessung** wird in § 97 b HOAI beschrieben. Die Entwurfsvermessung umfaßt die terrestrischen und photogrammetrischen Vermessungsleistungen für die Planung und den Entwurf von Gebäuden, Ingenieurbauwerken und Verkehrsanlagen.

Das Leistungsbild **Bauvermessung** wird in § 98 b HOAI beschrieben. Die Bauvermessung umfaßt die terrestrischen und photogrammetrischen Vermessungsleistungen für den Bau und die abschließende Bestandsdokumentation von Gebäuden, Ingenieurbauwerken und Verkehrsanlagen.

## 3.1.2 Typisierte Leistungsbilder der HOAI außerhalb der Objektplanung

**§ 31 HOAI:**
**Projektsteuerung**[9])

**§ 33 HOAI:**
**Gutachten**

§ 33 HOAI beschränkt sich in seinem Anwendungsbereich auf Gutachten über Leistungen, die von der HOAI erfaßt werden. Es muß sich ferner um ein Privatgutachten handeln. Ausgeschlossen sind daher von dem Anwendungsbereich des § 33 HOAI Gerichtsgutachten im Rahmen eines Prozesses oder eines selbständigen Beweisverfahrens. Ausgeschlossen sind ferner Gutachten, die sich ausschließlich mit der Prüfung von Leistungen eines Bauunternehmers oder Bauhandwerkers beschäftigen, da es sich bei den Werkleistungen der Bauunternehmer nicht um Leistungen im Sinne der HOAI handelt. Auch eine Gutachtertätigkeit für Versicherungen im Schadensfall wird nicht von § 33 HOAI erfaßt.

Ein Gutachten setzt eine geordnete Darstellung des Sachverhalts sowie eine nachprüfbare Begründung voraus. Fehlt es an einem dieser Merkmale, so fehlt es an der Gutachtens-Qualität. Es handelt sich dann lediglich um einen sachkundigen Rat, der nicht nach § 33 HOAI zu honorieren ist.

Das Gutachten muß sich ferner auf tatsächlich-technische Fragen beschränken. Rechtliche Wertungen, die oftmals von Gutachtern angestellt werden, sind bedeutungslos.

Das Gutachterhonorar kann gem. § 33 HOAI frei vereinbart werden. Dies setzt eine schriftliche Honorarvereinbarung bei Auftragserteilung voraus. Anderenfalls ist das

Honorar als Zeithonorar nach § 6 HOAI zu berechnen. Soweit die Vertragsparteien bei Auftragserteilung nichts anderes schriftlich vereinbart haben, gelten die Mindestsätze des § 6 HOAI.

## § 34 HOAI:
### Wertermittlungen

§ 34 HOAI regelt die Honorarberechnung für die Wertermittlung von Grundstücken, Gebäuden und anderen Bauwerken sowie von Rechten an Grundstücken. Unter »Rechten an Grundstücken« sind nur sogenannte »dingliche Rechte« zu verstehen, wie zum Beispiel Erbbaurechte, Grunddienstbarkeiten, Nießbrauchrechte, dingliche Wohnrechte, Grundschulden.

Die HOAI schweigt zu der Frage, wie eine Wertermittlung durchzuführen ist. Hier kann auf die WertV 88 zurückgegriffen werden. Die WertV 88 sieht drei unterschiedliche Wertermittlungsverfahren vor:

- Das Vergleichswertverfahren gem. den §§ 13 und 14 WertV,
- das Ertragswertverfahren gem. den §§ 15 bis 20 WertV,
- das Sachwertverfahren gem. den §§ 21 bis 25 WertV.

Die WertV 88 ist rechtsverbindlich nur für die Gutachterausschüsse gem. den §§ 192 und 193 BauGB. Sie wirkt jedoch aufgrund langjähriger Übung als »allgemein anerkanntes Regelungswerk«[10]) und wird daher auch außerhalb des Anwendungsbereichs des BauGB zur Wertermittlung herangezogen.

## § 37 HOAI:
### Leistungsbild Flächennutzungsplan

Der Flächennutzungsplan gem. § 5 BauGB betrifft die vorbereitende Bauleitplanung. Aus ihm soll der Bebauungsplan entwickelt werden. Der Flächennutzungsplan enthält die Darstellung der beabsichtigten Art der baulichen Nutzung nach den voraussehbaren Bedürfnissen der Gemeinde in den Grundzügen. Unverzichtbarer Bestandteil des Flächennutzungsplanes ist der sogenannte Erläuterungsbericht. Der Flächennutzungsplan wird wirksam nach Genehmigung durch die höhere Verwaltungsbehörde und anschließender öffentlicher Bekanntmachung. Der Flächennutzungsplan entfaltet Rechtswirkung wegen des Entwicklungsgebots vornehmlich für die Erstellung von verbindlichen Bebauungsplänen.[11])

## § 40 HOAI:
### Leistungsbild Bebauungsplan

Der Bebauungsplan ist – im Gegensatz zum Flächennutzungsplan – der verbindliche Bauleitplan. Er kann sich auf einen Teil der Gemeindefläche beschränken. Der Bebauungsplan sollte i.d.R. aus dem Flächennutzungsplan entwickelt werden. Er stellt eine rechtsverbindliche Regelung dar und wird von der Gemeinde als Satzung beschlossen (§ 10 BauGB).

In § 9 BauGB ist geregelt, was im Bebauungsplan festgesetzt werden kann; dazu gehören insbesondere Art, Maß und weitere Einzelheiten der baulichen Nutzung. Ein sogenannter qualifizierter Bebauungsplan, das heißt, ein Bebauungsplan, der allein oder gemeinsam mit sonstigen baurechtlichen Vorschriften mindestens Festsetzungen über die Art und das Maß der baulichen Nutzung, die bebaubaren Grundstücksflächen und die örtlichen Verkehrsflächen enthält, ist ein wesentlicher Maßstab für die Genehmigung von Bauvorhaben.

Bebauungspläne i.S.v. § 8 Abs. 2 BauGB, die nicht aus einem Flächennutzungsplan entwickelt werden sowie sog. vorzeitige Bebauungspläne i.S.v. § 8 Abs. 4 BauGB, bedürfen der Genehmigung durch die höhere Verwaltungsbehörde. Andere Bebauungspläne sind der höheren Verwaltungsbehörde lediglich anzuzeigen. Die Erteilung der Genehmigung oder die Durchführung des Anzeigeverfahrens ist ortsüblich bekanntzumachen. Nach erfolgter Bekanntmachung tritt der Bebauungsplan in Kraft.[12])

## § 42 HOAI:
### Sonstige städtebaulichen Leistungen

§ 42 HOAI enthält eine Sondervorschrift für die Honorierung des breiten Feldes der sog. »sonstigen städtebaulichen Leistungen«:

---

### § 42 HOAI
### Sonstige städtebauliche Leistungen

(1) Zu den sonstigen städtebaulichen Leistungen rechnen insbesondere:

1. Mitwirken bei der Ergänzung des Grundlagenmaterials für städtebauliche Pläne und Leistungen;

2. informelle Planungen, zum Beispiel Entwicklungs-, Struktur-, Rahmen- oder Gestaltpläne, die der Lösung und Veranschaulichung von Problemen dienen, die durch die formellen Planarten nicht oder nur unzureichend geklärt werden können. Sie können sich auf gesamte oder Teile von Gemeinden erstrecken;

3. Mitwirken bei der Durchführung des genehmigten Bebauungsplans, soweit nicht in § 41 erfaßt, z.B. Programme zu Einzelmaßnahmen, Gutachten zu Baugesuchen, Beratung bei Gestaltungsfragen, städtebauliche Oberleitung, Überarbeitung der genehmigten Planfassung, Mitwirken am Sozialplan;

4. städtebauliche Sonderleistungen, zum Beispiel Gutachten zu Einzelfragen der Planung, besondere Plandarstellungen und Modelle, Grenzbeschreibungen sowie Eigentümer- und Grundstücksverzeichnisse, Beratungs- und Betreuungsleistungen, Teilnahme an Verhandlungen mit Behörden und an Sitzungen der Gemeindevertretung nach Plangenehmigung;

5. städtebauliche Untersuchungen und Planungen im Zusammenhang mit der Vorbereitung oder Durchführung von Maßnahmen des besonderen Städtebaurechts;

6. Ausarbeiten von sonstigen städtebaulichen Satzungsentwürfen.

(2) Die Honorare für die in Abs. 1 genannten Leistungen können auf der Grundlage eines detaillierten Leistungskatalogs frei vereinbart werden. Wird ein Honorar nicht bei Auftragserteilung schriftlich vereinbart, so ist das Honorar als Zeithonorar nach § 6 zu berechnen.

Die Auflistung der sonstigen städtebaulichen Leistungen in § 42 Abs. 1 HOAI ist nicht abschließend. Dies ergibt sich aus der Formulierung: »Zu den sonstigen städtebaulichen Leistungen rechnen **insbesondere** …«. Das Honorar kann frei vereinbart werden. Fehlt es an einer schriftlichen Honorarvereinbarung bei Auftragserteilung, so gelten die (Mindest-)Sätze des Zeithonorars nach § 6 HOAI als Honorargrundlage.

Sonstige städtebauliche Planungen sind häufig vor oder während der förmlichen Bauleitplanung (Flächennutzungsplan, Bebauungsplan) erforderlich. Diese Planungen werden daher auch als »informelle Planungen« bezeichnet. Sie fördern die förmliche Bauleitplanung. Entscheidend ist, daß der Planer mit der Erarbeitung einer städtebaulichen Konzeption, ihrer Erörterung, Überprüfung und Anpassung beauftragt ist.[13]

Der »Vorhaben- und Erschließungsplan« ist im Kern eine städtebauliche Leistung. Diese Kernleistung ist durch § 40 HOAI – ggf. mit geringerer Anzahl von Bewertungspunkten – abgedeckt. Das Honorar ist nach § 41 HOAI zu ermitteln.[14]

---

**Praxishinweis**

*Wird der Bauingenieur mit einer informellen Planung beauftragt, so ist ihm zur Vermeidung künftiger Honorarstreitigkeiten dringend anzuraten, im Vertrag einen detaillierten Leistungskatalog festzulegen. Fehlt dieser, so sind Streitigkeiten geradezu vorprogrammiert.*

---

**§ 43 HOAI:
Landschaftsplanerische Leistungen**

Der Anwendungsbereich der Landschaftsplanerischen Leistungen wird in § 43 HOAI definiert:

---

**§ 43 HOAI Anwendungsbereich**

(1) Landschaftsplanerische Leistungen umfassen das Vorbereiten, das Erstellen der für die Pläne nach Abs. 2 erforderlichen Ausarbeitungen, das Mitwirken beim Verfahren sowie sonstige landschaftsplanerische Leistungen nach § 50.

(2) Die Bestimmungen dieses Teils gelten für **folgende Pläne:**
  1. Landschafts- und Grünordnungspläne auf der Ebene der Bauleitpläne,
  2. Landschaftsrahmenpläne,
  3. Umweltverträglichkeitsstudien, Landschaftspflegerische Begleitpläne zu Vorhaben, die den Naturhaushalt, das Landschaftsbild oder den Zugang zur freien Natur beeinträchtigen können, Pflege- und Entwicklungspläne sowie sonstige landschaftsplanerische Leistungen.

---

**Landschaftsplan**

Gem. § 6 Abs. 1 BNatSchG sind die örtlichen Erfordernisse und Maßnahmen zur Verwirklichung der Ziele des Naturschutzes und der Landschaftspflege in Landschaftsplänen mit Text, Karte und zusätzlicher Begründung näher darzustellen. Der Landschaftsplan enthält Darstellungen des vorhandenen Zustandes von Natur und Landschaft und des angestrebten Zustandes sowie die zur Erweiterung dieses Zustandes erforderlichen Maßnahmen. Bei der Aufstellung des Landschaftsplanes sind die Ziele der Raumordnung und der Landesplanung zu beachten.

Auf die Verwertbarkeit des Landschaftsplanes für die Bauleitplanung ist Rücksicht
zu nehmen. Die Bindungswirkung von Landschaftsplänen stellt sich durch zulässige lan-
desrechtliche Sonderregelungen (§ 6 Abs. 4
BNatSchG) unterschiedlich dar. Sie reicht
von allgemeiner Verbindlichkeit nach Verab-
schiedung als Satzung bis zur rechtlichen
Unverbindlichkeit. Durch die Vorgabe der
Landschaftspläne wird die Planungshoheit
der Gemeinden eingeschränkt.

## Grünordnungsplan

Grünordnungspläne dienen dem gleichen
Zweck wie Landschaftspläne. Der Grünordnungsplan bezieht sich auf einen Bebauungsplan, während sich der Landschaftsplan auf einen Flächennutzungsplan bezieht. Grünordnungspläne werden im Maßstab der Bebauungspläne erstellt.

## Landschaftsrahmenplan

Landschaftsrahmenpläne stellen die über-
örtlichen Erfordernisse und Maßnahmen zur
Verwirklichung der Ziele des Naturschutzes
und der Landschaftspflege unter Beachtung
der Grundsätze und Ziele der Raumordnung
und Landesplanung für Teilbereiche eines
Landes dar (§ 5 Abs. 1 BNatSchG). In Land-
schaftsrahmenplänen werden die durch
Satzung oder Verordnung auszuweisenden
schützenswerten Gebiete sowie die Lebens-
räume geschützter Tier- und Pflanzenarten
dargestellt. Sie sollen nach Maßgabe des
§ 5 Abs. 2 BNatSchG in die Programme und
Pläne des § 5 Abs. 1 Satz 1, 2, Abs. 3 ROG
aufgenommen werden.

## Umweltverträglichkeitsstudie

Die Umweltverträglichkeitsprüfung umfaßt
die Ermittlung, Beschreibung und Bewertung der Auswirkungen eines Vorhabens auf
Menschen, Tiere, Pflanzen, Boden, Wasser,
Luft, Klima und Landschaft sowie Kultur und
sonstige Sachgüter (§ 2 UVPG). Die Umweltverträglichkeitsprüfung ist ein selbständiger Teil verwaltungsbehördlicher Verfahren, die der Entscheidung über die Zulässigkeit von Bauvorhaben dienen.

## Landschaftspflegerischer Begleitplan

Primäres Ziel der Landschaftspflegerischen
Begleitpläne ist es, festzustellen, ob und ggf.
wie sich bei einem Eingriff in Natur und
Landschaft Beeinträchtigungen vermeiden
lassen bzw. wie nichtvermeidbare Beeinträchtigungen ausgeglichen bzw. so gering
wie möglich gehalten werden können (§ 8
Abs. 2 BNatSchG). Der Landschaftspflegerische Begleitplan kann auch von einem privatrechtlichen Träger des jeweiligen Projekts
zu erstellen sein. Wird ein selbständiger
Landschaftspflegerischer Begleitplan erstellt, ist dieser Bestandteil des Fachplans
und damit Grundlage des Genehmigungs-
verfahrens. Regelmäßig ist der Begleitplan
im Maßstab 1 : 1000 zu erstellen. Hat der
Eingriff in die Natur und Landschaft einen
flächenhaften Charakter, so kann ein Maßstab 1 : 5000 oder 1 : 10.000 erforderlich
werden.[15]

## Pflege- und Entwicklungsplan

Pflege- und Entwicklungspläne umfassen
die weiteren Festlegungen von Pflege und
Entwicklung (Biotopmanagement) bei
Schutzgebieten oder schützenswerten
Landschaftsteilen (§ 49 c Abs. 1 HOAI). Sie

werden nach der amtlichen Begründung für Gebiete erstellt, die aus Gründen des Naturschutzes und der Landschaftspflege von besonderer Bedeutung sind und deshalb nicht sich selbst überlassen werden können. Pflege- und Entwicklungspläne regeln insbesondere Maßnahmen wie etwa Anlagegestaltung und Unterhaltung von Pufferzonen sowie die Verbesserung von Biotopstrukturen.

Die HOAI sieht für die vorgenannten Leistungen folgende Leistungsbilder vor:

| | |
|---|---|
| Leistungsbild: | |
| Landschaftsplan | § 45a HOAI |
| Leistungsbild: | |
| Grünordnungsplan | § 46 HOAI |
| Leistungsbild: | |
| Landschaftsrahmenplan | § 47 HOAI |
| Leistungsbild: | |
| Umweltverträglichkeitsstudie | § 48a HOAI |
| Leistungsbild: | |
| Landschaftspflegerischer | |
| Begleitplan | § 49a HOAI |
| Leistungsbild: | |
| Pflege- und Entwicklungsplan | § 49c HOAI |

Für »sonstige landschaftsplanerische Leistungen« führt § 50 HOAI folgende Regelbeispiele an:

(1) Gutachten zu Einzelfragen der Planung, ökologische Gutachten, Gutachten zu Baugesuchen,
(2) Beratungen bei Gestaltungsfragen,
(3) Besondere Plandarstellungen und Modelle,
(4) Ausarbeitungen von Satzungen, Teilnahme an Verhandlungen mit Behörden und an Sitzungen der Gemeindevertretungen nach Fertigstellung der Planung,
(5) Beiträge zu Plänen und Programmen der Landes- oder Regionalplanung.

### § 61 HOAI: Bau- und landschaftsgestalterische Beratung

Leistungen für bau- und landschaftsgestalterische Beratung werden erbracht, um **Ingenieurbauwerke und Verkehrsanlagen** bei besonderen städtebaulichen oder landschaftsgestalterischen Anforderungen planerisch in die Umgebung einzubinden (§ 61 Abs. 1 HOAI). Diese Leistungen dienen daher der Unterstützung des jeweiligen Objektplaners.

§ 61 Abs. 2 HOAI benennt für die bau- und landschaftsgestalterische Beratung beispielhaft folgende Leistungspositionen:

(1) Mitwirken beim Erarbeiten und Durcharbeiten der Vorplanung in gestalterischer Hinsicht,
(2) Darstellung des Planungskonzepts unter Berücksichtigung städtebaulicher, gestalterischer, funktionaler, technischer und umweltbeeinflussender Zusammenhänge, Vorgänge und Bedingungen,
(3) Mitwirken beim Werten von Angeboten einschließlich Sondervorschlägen unter gestalterischen Gesichtspunkten,
(4) Mitwirken beim Überwachen der Ausführung des Objektes auf Übereinstimmung mit dem gestalterischen Konzept.

Es handelt sich bei den Leistungen nach § 61 HOAI um Mitwirkungsleistungen, die ein zusätzliches Honorar rechtfertigen, wenn neben dem Objektplaner ein weiterer Auftragnehmer für diese Leistungen eingeschaltet wird. In der Praxis ergeben sich oftmals Reibungsverluste dadurch, daß zwischen dem Objektplaner für das Ingenieurbauwerk/die Verkehrsanlage und dem gestalterischen Berater der erforderliche Dialog nicht stattfindet. Die landschaftsgestalterische Beratung gewinnt gerade bei Großprojekten im

Verkehrsanlagenbereich eine zunehmende praktische Bedeutung.

### § 61a HOAI:
### Verkehrsplanerische Leistungen

Seit dem 01. 01. 1991 sind die verkehrsplanerischen Leistungen als eigenständiger Fachbereich in die HOAI aufgenommen. Diese Ingenieurleistungen behandeln die Konzeptentwicklung für alle wesentlichen Bereiche des **Straßenverkehrs.**

§ 61a HOAI umschreibt die verkehrsplanerischen Leistungen wie folgt:

---

**§ 61a**
**Verkehrsplanerische Leistungen**

(1) Verkehrsplanerische Leistungen sind das Vorbereiten und Erstellen der für nachstehende Planarten erforderlichen Ausarbeitungen und Planfassungen:
   1. Bearbeiten aller Verkehrssektoren im Gesamtverkehrsplan,
   2. Bearbeiten einzelner Verkehrssektoren im Teilverkehrsplan sowie sonstige verkehrsplanerische Leistungen.

(2) Die verkehrsplanerischen Leistungen nach Abs. 1 Nr. 1 und 2 umfassen insbesondere folgende Leistungen:
   1. Erarbeiten eines Zielkonzeptes,
   2. Analyse des Zustandes und Feststellen von Mängeln,
   3. Ausarbeiten eines Konzepts für eine Verkehrsmengenerhebung, Durchführen und Auswerten dieser Verkehrsmengenerhebung,
   4. Beschreiben der zukünftigen Entwicklung,
   5. Ausarbeiten von Planfällen,
   6. Berechnen der zukünftigen Verkehrsnachfrage,
   7. Abschätzen der Auswirkungen und Bewerten,
   8. Erarbeiten von Planungsempfehlungen.

---

Die in § 61a Abs. 2 HOAI aufgeführten verkehrsplanerischen Leistungen sind beispielhaft, d. h. nicht abschließend.

Das Honorar für verkehrsplanerische Leistungen kann gem. § 61a Abs. 3 HOAI frei vereinbart werden. Fehlt es an einer schriftlichen Honorarvereinbarung bei Auftragserteilung, so bestimmt sich das Honorar nach den (Mindest-)Sätzen des Zeithonorars nach § 6 HOAI.

# 3.2 Die zentralen Tätigkeitsfelder des Bauingenieurs

## 3.2.1 Objektplanung für Gebäude, § 15 HOAI

Der Bereich des Gebäudehochbaus gewinnt auch für den Bauingenieur zunehmend an Bedeutung. Der Ingenieur, der in die Liste der bauvorlageberechtigten Ingenieure der jeweiligen Ingenieurkammer eingetragen ist, ist ebenso wie der Architekt bauvorlageberechtigt. Als bauvorlageberechtigter Entwurfsverfasser kann der Ingenieur entsprechende Bauvorlagen für das Bauanzeigeverfahren sowie für das Verfahren zur Erteilung einer Baugenehmigung bzw. Teilbaugenehmigung unterzeichnen.[16]) Dies rechtfertigt es, das Leistungsbild der Objektplanung für Gebäude den zentralen Tätigkeitsfeldern des Bauingenieurs zuzuordnen. Hierbei wird nicht verkannt, daß der Gebäudehochbau in Deutschland nach wie vor die klassische Domäne des Architekten ist.

Gem. § 15 Abs. 1 HOAI umfaßt das Leistungsbild Objektplanung Gebäude die Leistungen für »Neubauten, Neuanlagen, Wiederaufbauten, Erweiterungsbauten, Umbauten, Modernisierungen, raumbildende Ausbauten, Instandhaltungen und Instandsetzungen«. Die vorgenannten Leistungsgegenstände werden in § 3 HOAI definiert. Das Leistungsbild setzt sich aus **neun Leistungsphasen** zusammen. Die einzelnen Leistungsphasen sind wiederum in Teilelemente gegliedert. § 15 Abs. 2 HOAI enthält in der **linken Spalte** alle wesentlichen planerischen **Grundleistungen** für die Objektplanung nach dem gegenwärtigen Stand der Technik. In der **rechten Spalte** werden beispielhaft **Besondere Leistungen** aufgeführt, die zu den Grundleistungen hinzutreten können.

Das Leistungsbild setzt sich wie folgt zusammen:

---

**§ 15 Abs. 2 HOAI**
**Leistungsbild Objektplanung für Gebäude,**
**Freianlagen und raumbildende Ausbauten**

| Grundleistungen | Besondere Leistungen |
| --- | --- |
| **1. Grundlagenermittlung** | |
| Klären der Aufgabenstellung<br>Beraten zum gesamten Leistungsbedarf<br>Formulieren von Entscheidungshilfen für die Auswahl anderer an der Planung fachlich Beteiligter<br>Zusammenfassen der Ergebnisse | Bestandsaufnahme<br>Standortanalyse<br>Betriebsplanung<br>Aufstellen eines Raumprogramms<br>Aufstellen eines Funktionsprogramms<br>Prüfen der Umwelterheblichkeit<br>Prüfen der Umweltverträglichkeit |

| Grundleistungen | Besondere Leistungen |
| --- | --- |

### 2. Vorplanung (Projekt- und Planungsvorbereitung)

| Grundleistungen | Besondere Leistungen |
| --- | --- |
| Analyse der Grundlagen | Untersuchen von Lösungsmöglichkeiten nach grundsätzlich verschiedenen Anforderungen |
| Abstimmen der Zielvorstellungen (Randbedingungen, Zielkonflikte) | Ergänzen der Vorplanungsunterlagen aufgrund besonderer Anforderungen |
| Aufstellen eines planungsbezogenen Zielkatalogs (Programmziele) | Aufstellen eines Finanzierungsplanes |
| Erarbeiten eines Planungskonzepts einschließlich Untersuchung der alternativen Lösungsmöglichkeiten nach gleichen Anforderungen mit zeichnerischer Darstellung und Bewertung, zum Beispiel versuchsweise zeichnerische Darstellungen, Strichskizzen, ggf. mit erläuternden Angaben | Aufstellen einer Bauwerks- und Betriebs-Kosten-Nutzen-Analyse |
| Integrieren der Leistungen anderer an der Planung fachlich Beteiligter | Mitwirken bei der Kreditbeschaffung |
| Klären und Erläutern der wesentlichen städtebaulichen, gestalterischen, funktionalen, technischen, bauphysikalischen, wirtschaftlichen, energiewirtschaftlichen (zum Beispiel hinsichtlich rationeller Energieverwendung und der Verwendung erneuerbarer Energien) und landschaftsökologischen Zusammenhänge, Vorgänge und Bedingungen, sowie der Belastung und Empfindlichkeit der betroffenen Ökosysteme | Durchführen der Voranfrage (Bauanfrage) |
| Vorverhandlungen mit Behörden und anderen an der Planung fachlich Beteiligten über die Genehmigungsfähigkeit | Anfertigen von Darstellungen durch besondere Techniken, wie zum Beispiel Perspektiven, Muster, Modelle |
| Bei Freianlagen: Erfassen, Bewerten und Erläutern der ökosystemaren Strukturen und Zusammenhänge, zum Beispiel Boden, Wasser, Klima, Luft, Pflanzen- und Tierwelt, sowie Darstellen der räumlichen und gestalterischen Konzeption mit erläuternden Angaben, insbesondere zur Geländegestaltung, Biotopverbesserung und -vernetzung, vorhandenen Vegetation, Neupflanzung, Flächenverteilung der Grün-, Verkehrs-, Wasser-, Spiel- und Sportflächen; ferner Klären der Randgestaltung und der Anbindung an die Umgebung | Aufstellen eines Zeit- und Organisationsplanes |
| Kostenschätzung nach DIN 276 oder nach dem wohnungsrechtlichen Berechnungsrecht | Ergänzen der Vorplanungsunterlagen hinsichtlich besonderer Maßnahmen zur Gebäude- und Bauteiloptimierung, die über das übliche Maß der Planungsleistungen hinausgehen, zur Verringerung des Energieverbrauchs sowie der Schadstoff- und $CO_2$-Emissionen und zur Nutzung erneuerbarer Energien in Abstimmung mit anderen an der Planung fachlich Beteiligten. Das übliche Maß ist |

| Grundleistungen | Besondere Leistungen |
|---|---|
| | für die Maßnahmen zur Energieeinsparung durch die Erfüllung der Anforderungen gegeben, die sich aus Rechtsvorschriften und den allgemein anerkannten Regeln der Technik ergeben. |
| Zusammenstellen aller Vorplanungsergebnisse | |

## 3. Entwurfsplanung (System- und Integrationsplanung)

| Grundleistungen | Besondere Leistungen |
|---|---|
| Durcharbeiten des Planungskonzepts (stufenweise Erarbeitung einer zeichnerischen Lösung) unter Berücksichtigung städtebaulicher, gestalterischer, funktionaler, technischer, bauphysikalischer, wirtschaftlicher, energiewirtschaftlicher (zum Beispiel hinsichtlich rationeller Energieverwendung und der Verwendung erneuerbarer Energien) und landschaftsökologischer Anforderungen unter Verwendung der Beiträge anderer an der Planung fachlich Beteiligter bis zum vollständigen Entwurf | Analyse der Alternativen/Varianten und deren Wertung mit Kostenuntersuchung (Optimierung) |
| Integrieren der Leistungen anderer an der Planung fachlich Beteiligter | Wirtschaftlichkeitsberechnung |
| Objektbeschreibung mit Erläuterung von Ausgleichs- und Ersatzmaßnahmen nach Maßgabe der naturschutzrechtlichen Eingriffsregelung | Kostenberechnung durch Aufstellen von Mengengerüsten oder Bauelementkatalog |
| Zeichnerische Darstellung des Gesamtentwurfs, zum Beispiel durchgearbeitete, vollständige Vorentwurfs- und/oder Entwurfszeichnungen (Maßstab nach Art und Größe des Bauvorhabens; bei Freianlagen: im Maßstab 1:500 bis 1:100, insbesondere mit Angaben zur Verbesserung der Biotopfunktion, zu Vermeidungs-, Schutz-, Pflege- und Entwicklungsmaßnahmen sowie zur differenzierten Bepflanzung; bei raumbildenden Ausbauten: im Maßstab 1:50 bis 1:20, insbesondere mit Einzelheiten der Wandabwicklungen, Farb-, Licht- und Materialgestaltung), ggf. auch Detailpläne mehrfach wiederkehrender Raumgruppen | Ausarbeiten besonderer Maßnahmen zur Gebäude- und Bauteiloptimierung, die über das übliche Maß der Planungsleistungen hinausgehen, zur Verringerung des Energieverbrauchs sowie der Schadstoff- und $CO_2$-Emissionen und zur Nutzung erneuerbarer Energien unter Verwendung der Beiträge anderer an der Planung fachlich Beteiligter. Das übliche Maß ist für die Maßnahmen zur Energieeinsparung durch die Erfüllung der Anforderungen gegeben, die sich aus Rechtsvorschriften und den allgemein anerkannten Regeln der Technik ergeben. |
| Verhandlungen mit Behörden und anderen an der Planung fachlich Beteiligten über die Genehmigungsfähigkeit | |
| Kostenberechnung nach DIN 276 oder nach dem wohnungsrechtlichen Berechnungsrecht | |
| Kostenkontrolle durch Vergleich der Kostenberechnung mit der Kostenschätzung | |
| Zusammenfassen aller Entwurfsunterlagen | |

| Grundleistungen | Besondere Leistungen |
| --- | --- |

## 4. Genehmigungsplanung

Erarbeiten der Vorlagen für die nach den öffentlich-rechtlichen Vorschriften erforderlichen Genehmigungen oder Zustimmungen einschließlich der Anträge auf Ausnahmen und Befreiungen unter Verwendung der Beiträge anderer an der Planung fachlich Beteiligter sowie noch notwendiger Verhandlungen mit Behörden Einreichen dieser Unterlagen

Mitwirken bei der Beschaffung der nachbarlichen Zustimmung

Vervollständigen und Anpassen der Planungsunterlagen, Beschreibungen und Berechnungen unter Verwendung der Beiträge anderer an der Planung fachlich Beteiligter

Erarbeiten von Unterlagen für besondere Prüfverfahren

Bei Freianlagen und raumbildenden Ausbauten: Prüfen auf notwendige Genehmigungen, Einholen von Zustimmungen und Genehmigungen

Fachliche und organisatorische Unterstützung des Bauherrn im Widerspruchsverfahren, Klageverfahren oder ähnliches
Ändern der Genehmigungsunterlagen infolge von Umständen, die der Auftragnehmer nicht zu vertreten hat

## 5. Ausführungsplanung

Durcharbeiten der Ergebnisse der Leistungsphasen 3 und 4 (stufenweise Erarbeitung und Darstellung der Lösung) unter Berücksichtigung städtebaulicher, gestalterischer, funktionaler, technischer, bauphysikalischer, wirtschaftlicher, energiewirtschaftlicher (zum Beispiel hinsichtlich rationeller Energieverwendung und der Verwendung erneuerbarer Energien) und landschaftsökologischer Anforderungen unter Verwendung der Beiträge anderer an der Planung fachlich Beteiligter bis zur ausführungsreifen Lösung

Aufstellen einer detaillierten Objektbeschreibung als Baubuch zur Grundlage der Leistungsbeschreibung mit Leistungsprogramm\*)

Zeichnerische Darstellung des Objekts mit allen für die Ausführung notwendigen Einzelangaben, z. B. endgültige, vollständige Ausführungs-, Detail- und Konstruktionszeichnungen im Maßstab 1 : 50 bis 1 : 1, bei Freianlagen je nach Art des Bauvorhabens im Maßstab 1 : 200 bis 1 : 50, insbesondere Bepflanzungspläne, mit den erforderlichen textlichen Ausführungen

Aufstellen einer detaillierten Objektbeschreibung als Raumbuch zur Grundlage der Leistungsbeschreibung mit Leistungsprogramm\*)

---

\*) Diese Besondere Leistung wird bei Leistungsbeschreibung mit Leistungsprogramm ganz oder teilweise Grundleistung. In diesem Fall entfallen die entsprechenden Grundleistungen dieser Leistungsphase, soweit die Leistungsbeschreibung mit Leistungsprogramm angewandt wird.

| Grundleistungen | Besondere Leistungen |
|---|---|
| Bei raumbildenden Ausbauten: Detaillierte Darstellung der Räume und Raumfolgen im Maßstab 1:25 bis 1:1, mit den erforderlichen textlichen Ausführungen; Materialbestimmung | Prüfen der vom bauausführenden Unternehmen aufgrund der Leistungsbeschreibung mit Leistungsprogramm ausgearbeiteten Ausführungspläne auf Übereinstimmung mit der Entwurfsplanung*) |
| Erarbeiten der Grundlagen für die anderen an der Planung fachlich Beteiligten und Integrierung ihrer Beiträge bis zur ausführungsreifen Lösung | Erarbeiten von Detailmodellen |
| Fortschreiben der Ausführungsplanung während der Objektausführung | Prüfen und Anerkennen von Plänen Dritter nicht an der Planung fachlich Beteiligter auf Übereinstimmung mit den Ausführungsplänen (zum Beispiel Werkstattzeichnungen von Unternehmen, Aufstellungs- und Fundamentpläne von Maschinenlieferanten), soweit die Leistungen Anlagen betreffen, die in den anrechenbaren Kosten nicht erfaßt sind |

### 6. Vorbereitung der Vergabe

| | |
|---|---|
| Ermitteln und Zusammenstellen von Mengen als Grundlage für das Aufstellen von Leistungsbeschreibungen unter Verwendung der Beiträge anderer an der Planung fachlich Beteiligter | Aufstellen von Leistungsbeschreibungen mit Leistungsprogramm unter Bezug auf Baubuch/ Raumbuch*) |
| Aufstellen von Leistungsbeschreibungen mit Leistungsverzeichnissen nach Leistungsbereichen | Aufstellen von alternativen Leistungsbeschreibungen für geschlossene Leistungsbereiche |
| Abstimmen und Koordinieren der Leistungsbeschreibungen der an der Planung fachlich Beteiligten | Aufstellen von vergleichenden Kostenübersichten unter Auswertung der Beiträge anderer an der Planung fachlich Beteiligter |

### 7. Mitwirkung bei der Vergabe

| | |
|---|---|
| Zusammenstellen der Verdingungsunterlagen für alle Leistungsbereiche | Prüfen und Werten der Angebote aus Leistungsbeschreibung mit Leistungsprogramm einschließlich Preisspiegel*) |
| Einholen von Angeboten | Aufstellen, Prüfen und Werten von Preisspiegeln nach besonderen Anforderungen |
| Prüfen und Werten der Angebote einschließlich Aufstellen eines Preisspiegels nach Teilleistungen unter Mitwirkung aller während der Leistungsphasen 6 und 7 fachlich Beteiligten | |
| Abstimmen und Zusammenstellen der Leistungen der fachlich Beteiligten, die an der Vergabe mitwirken | |
| Verhandlung mit Bietern | |
| Kostenanschlag nach DIN 276 aus Einheits- oder Pauschalpreisen der Angebote | |
| Kostenkontrolle durch Vergleich des Kostenanschlags mit der Kostenberechnung | |
| Mitwirken bei der Auftragserteilung | |

---

*) Diese Besondere Leistung wird bei Leistungsbeschreibung mit Leistungsprogramm ganz oder teilweise Grundleistung. In diesem Fall entfallen die entsprechenden Grundleistungen dieser Leistungsphase, soweit die Leistungsbeschreibung mit Leistungsprogramm angewandt wird.

| Grundleistungen | Besondere Leistungen |
|---|---|

### 8. Objektüberwachung (Bauüberwachung)

| | |
|---|---|
| Überwachen der Ausführung des Objekts auf Übereinstimmung mit der Baugenehmigung oder Zustimmung, den Ausführungsplänen und den Leistungsbeschreibungen sowie mit den allgemein anerkannten Regeln der Technik und den einschlägigen Vorschriften | Aufstellen, Überwachen und Fortschreiben eines Zahlungsplanes |
| Überwachen der Ausführung von Tragwerken nach § 63 Abs. 1 Nr. 1 und 2 auf Übereinstimmung mit dem Standsicherheitsnachweis | Aufstellen, Überwachen und Fortschreiben von differenzierten Zeit-, Kosten- oder Kapazitätsplänen |
| Koordinieren der an der Objektüberwachung fachlich Beteiligten | Tätigkeit als verantwortlicher Bauleiter, soweit diese Tätigkeit nach jeweiligem Landesrecht über die Grundleistungen der Leistungsphase 8 hinausgeht |
| Überwachung und Detailkorrektur von Fertigteilen | |
| Aufstellen und Überwachen eines Zeitplanes (Balkendiagramm) | |
| Führen eines Bautagebuches | |
| Gemeinsames Aufmaß mit den bauausführenden Unternehmen | |
| Abnahme der Bauleistungen unter Mitwirkung anderer an der Planung und Objektüberwachung fachlich Beteiligter unter Feststellung von Mängeln | |
| Rechnungsprüfung | |
| Kostenfeststellung nach DIN 276 oder nach dem wohnungsrechtlichen Berechnungsrecht | |
| Antrag auf behördliche Abnahmen und Teilnahme daran | |
| Übergabe des Objekts einschließlich Zusammenstellung und Übergabe der erforderlichen Unterlagen, zum Beispiel Bedienungsanleitungen, Prüfprotokolle | |
| Auflisten der Gewährleistungsfristen | |
| Überwachen der Beseitigung der bei der Abnahme der Bauleistungen festgestellten Mängel | |
| Kostenkontrolle durch Überprüfen der Leistungsabrechnung der bauausführenden Unternehmen im Vergleich zu den Vertragspreisen und dem Kostenanschlag | |

### 9. Objektbetreuung und Dokumentation

| | |
|---|---|
| Objektbegehung zur Mängelfeststellung vor Ablauf der Verjährungsfristen der Gewährleistungsansprüche gegenüber den bauausführenden Unternehmen | Erstellen von Bestandsplänen |

| Grundleistungen | Besondere Leistungen |
| --- | --- |
| Überwachen der Beseitigung von Mängeln, die innerhalb der Verjährungsfristen der Gewährleistungsansprüche, längstens jedoch bis zum Ablauf von fünf Jahren seit Abnahme der Bauleistungen auftreten | Aufstellen von Ausrüstungs- und Inventarverzeichnissen |
| Mitwirken bei der Freigabe von Sicherheitsleistungen | Erstellen von Wartungs- und Pflegeanweisungen |
| Systematische Zusammenstellung der zeichnerischen Darstellungen und rechnerischen Ergebnisse des Objekts | Objektbeobachtung |
| | Objektverwaltung |
| | Baubegehungen nach Übergabe |
| | Überwachen der Wartungs- und Pflegeleistungen |
| | Aufbereiten des Zahlenmaterials für eine Objektdatei |
| | Ermittlung und Kostenfeststellung zu Kostenrichtwerten |
| | Überprüfen der Bauwerks- und Betriebs-Kosten-Nutzen-Analyse |

Die Grundleistungen sind – soweit wie möglich – in der Reihenfolge angeführt, in der sie zeitlich nacheinander anfallen. D.h., die einzelnen Leistungsphasen bauen grundsätzlich inhaltlich aufeinander auf. Die einzelnen Leistungen sind ergebnisorientiert und bilden zugleich – insbesondere hinsichtlich der Kostenermittlungsarten – eine Entscheidungshilfe für den Auftraggeber.[17])

Eine Detaildarstellung sämtlicher Inhalte der vorgenannten neun Leistungsphasen und der honorar- und haftungsrechtlichen Folgen unvollständiger Leistungen würde den Rahmen des vorliegenden Handbuches sprengen. Insoweit kann auf die vertiefenden Darstellungen der bewährten Kommentarliteratur verwiesen werden.[18])

### 3.2.2 Ingenieurbauwerke und Verkehrsanlagen, § 55 HOAI

Das Leistungsbild Objektplanung für Ingenieurbauwerke und Verkehrsanlagen ist in § 55 HOAI geregelt. Diese Vorschrift ist von ihrer Struktur her dem Leistungsbild Objektplanung Gebäude (§ 15 HOAI) nachgebildet. In § 55 Abs. 1 HOAI wird der sachliche Anwendungsbereich umschrieben. Die hier erwähnten Begriffe (»Neubauten, Neuanlagen, Wiederaufbauten, Erweiterungsbauten, Umbauten, Modernisierungen, Instandhaltungen und Instandsetzungen«) sind in § 3 HOAI definiert. Auch § 55 gliedert das Leistungsbild in **neun Leistungsphasen.** Die Grundleistungen finden sich auch hier in der **linken Spalte.** Die zu den Grundleistungen hinzutretenden Besonderen Leistungen werden beispielhaft in der **rechten Spalte** aufgeführt.

Das Leistungsbild setzt sich wie folgt zusammen:

## § 55 HOAI
## Leistungsbild Objektplanung für Ingenieurbauwerke und Verkehrsanlagen

| Grundleistungen | Besondere Leistungen |
|---|---|

### 1. Grundlagenermittlung

| Grundleistungen | Besondere Leistungen |
|---|---|
| Klären der Aufgabenstellung<br>Ermitteln der vorgegebenen Randbedingungen | Auswahl und Besichtigen ähnlicher Objekte<br>Ermitteln besonderer, in den Normen nicht festgelegter Belastungen |

Bei Objekten nach § 51 Abs. 1 Nr. 6 und 7, die eine Tragwerksplanung erfordern: Klären der Aufgabenstellung auch auf dem Gebiet der Tragwerksplanung
Ortsbesichtigung
Zusammenstellen der die Aufgabe beeinflussenden Planungsabsichten
Zusammenstellen und Werten von Unterlagen
Erläutern von Planungsdaten
Ermitteln des Leistungsumfangs und der erforderlichen Vorarbeiten, zum Beispiel Baugrunduntersuchungen, Vermessungsleistungen, Immissionsschutz; ferner bei Verkehrsanlagen: Verkehrszählungen
Formulieren von Entscheidungshilfen für die Auswahl anderer an der Planung fachlich Beteiligter
Zusammenfassen der Ergebnisse

### 2. Vorplanung (Projekt- und Planungsvorbereitung)

| Grundleistungen | Besondere Leistungen |
|---|---|
| Analyse der Grundlagen<br>Abstimmen der Zielvorstellungen auf die Randbedingungen, die insbesondere durch Raumordnung, Landesplanung, Bauleitplanung, Rahmenplanung sowie örtliche und überörtliche Fachplanungen vorgegeben sind | Anfertigen von Nutzen-Kosten-Untersuchungen<br>Anfertigen von topographischen und hydrologischen Unterlagen |
| Untersuchen von Lösungsmöglichkeiten mit ihren Einflüssen auf bauliche und konstruktive Gestaltung, Zweckmäßigkeit, Wirtschaftlichkeit unter Beachtung der Umweltverträglichkeit | Genaue Berechnung besonderer Bauteile |
| Beschaffen und Auswerten amtlicher Karten | Koordinieren und Darstellen der Ausrüstung und Leitungen bei Gleisanlagen |

Erarbeiten eines Planungskonzepts einschließlich Untersuchung der alternativen Lösungsmöglichkeiten nach gleichen Anforderungen mit zeichnerischer Darstellung und Bewertung unter Einarbeitung der Beiträge anderer an der Planung fachlich Beteiligter

Grundleistungen

Besondere Leistungen

Bei Verkehrsanlagen: Überschlägige verkehrs-
technische Bemessung der Verkehrsanlage; Ermitteln der Schallimmissionen von der Verkehrsanlage an kritischen Stellen nach Tabellenwerten;
Untersuchen der möglichen Schallschutzmaßnahmen, ausgenommen detaillierte schalltechnische Untersuchungen, insbesondere in komplexen Fällen
Klären und Erläutern der wesentlichen fachspezifischen Zusammenhänge, Vorgänge und Bedingungen Vorverhandlungen mit Behörden und anderen an der Planung fachlich Beteiligten über die
Genehmigungsfähigkeit, gegebenenfalls über die
Bezuschussung und Kostenbeteiligung
Mitwirken beim Erläutern des Planungskonzepts
gegenüber Bürgern und politischen Gremien
Überarbeiten des Planungskonzepts nach Bedenken und Anregungen
Bereitstellen von Unterlagen als Auszüge aus
dem Vorentwurf zur Verwendung für ein Raum-
ordnungsverfahren
Kostenschätzung
Zusammenstellung aller Vorplanungsergebnisse

## 3. Entwurfsplanung

Durcharbeiten des Planungskonzepts (stufenweise Erarbeitung einer zeichnerischen Lösung)
unter Berücksichtigung aller fachspezifischer Anforderungen und unter Verwendung der Beiträge
anderer an der Planung fachlich Beteiligter bis
zum vollständigen Entwurf
Erläuterungsbericht

Beschaffen von Auszügen aus Grundbuch, Kata-
ster und anderen amtlichen Unterlagen

Fortschreiben von Nutzen-Kosten-Untersuchun-
gen

Fachspezifische Berechnungen, ausgenommen
Berechnungen des Tragwerks
Zeichnerische Darstellung des Gesamtentwurfs
Finanzierungsplan; Bauzeiten- und Kostenplan;
Ermitteln und Begründen der zuwendungsfähigen
Kosten sowie Vorbereiten der Anträge auf Finan-
zierung; Mitwirken beim Erläutern des vorläufigen
Entwurfs gegenüber Bürgern und politischen Gre-
mien; Überarbeiten des vorläufigen Entwurfs auf-
grund von Bedenken und Anregungen
Verhandlungen mit Behörden und anderen an der
Planung fachlich Beteiligten über die Genehmi-
gungsfähigkeit

Signaltechnische Berechnung

Mitwirken bei Verwaltungsvereinbarungen

| Grundleistungen | Besondere Leistungen |
|---|---|
| Kostenberechnung | |
| Kostenkontrolle durch Vergleich der Kostenberechnung mit der Kostenschätzung | |
| Bei Verkehrsanlagen: Überschlägige Festlegung der Abmessungen von Ingenieurbauwerken; Zusammenfassen aller vorläufigen Entwurfsunterlagen; Weiterentwickeln des vorläufigen Entwurfs zum endgültigen Entwurf; Ermitteln der Schallimmissionen von der Verkehrsanlage nach Tabellenwerten; Festlegen der erforderlichen Schallschutzmaßnahmen an der Verkehrsanlage, ggf. unter Einarbeitung der Ergebnisse detaillierter schalltechnischer Untersuchungen und Feststellen der Notwendigkeit von Schallschutzmaßnahmen an betroffenen Gebäuden; rechnerische Festlegung der Anlage in den Haupt- und Kleinpunkten; Darlegen der Auswirkungen auf Zwangspunkte; Nachweis der Lichtraumprofile; überschlägiges Ermitteln der wesentlichen Bauphasen unter Berücksichtigung der Verkehrslenkung während der Bauzeit | |
| Zusammenfassen aller Entwurfsunterlagen | |

## 4. Genehmigungsplanung

| Grundleistungen | Besondere Leistungen |
|---|---|
| Erarbeiten der Unterlagen für die erforderlichen öffentlich-rechtlichen Verfahren einschließlich der Anträge auf Ausnahmen und Befreiungen, Aufstellen des Bauwerksverzeichnisses unter Verwendung der Beiträge anderer an der Planung fachlich Beteiligter | Mitwirken beim Beschaffen der Zustimmung von Betroffenen |
| Einreichen dieser Unterlagen | Herstellen der Unterlagen für Verbandsgründungen |
| Grunderwerbsplan und Grunderwerbsverzeichnis | |
| Bei Verkehrsanlagen: Einarbeiten der Ergebnisse der schalltechnischen Untersuchungen | |
| Verhandlungen mit Behörden | |
| Vervollständigen und Anpassen der Planungsunterlagen, Beschreibungen und Berechnungen unter Verwendung der Beiträge anderer an der Planung fachlich Beteiligter | |
| Mitwirken beim Erläutern gegenüber Bürgern | |
| Mitwirken im Planfeststellungsverfahren einschließlich der Teilnahme an Erörterungsterminen sowie Mitwirken bei der Abfassung der Stellungnahmen zu Bedenken und Anregungen | |

| Grundleistungen | Besondere Leistungen |
| --- | --- |

### 5. Ausführungsplanung

| | |
| --- | --- |
| Durcharbeiten der Ergebnisse der Leistungsphasen 3 und 4 (stufenweise Erarbeitung und Darstellung der Lösung) unter Berücksichtigung aller fachspezifischen Anforderungen und Verwendung der Beiträge anderer an der Planung fachlich Beteiligter bis zur ausführungsreifen Lösung | Aufstellen von Ablauf- und Netzplänen |

Zeichnerische und rechnerische Darstellung des Objekts mit allen für die Ausführung notwendigen Einzelangaben einschließlich Detailzeichnungen in den erforderlichen Maßstäben

Erarbeiten der Grundlagen für die anderen an der Planung fachlich Beteiligten und Integrieren ihrer Beiträge bis zur ausführungsreifen Lösung

Fortschreiben der Ausführungsplanung während der Objektausführung

### 6. Vorbereitung der Vergabe

Mengenermittlung und Aufgliederung nach Einzelpositionen unter Verwendung der Beiträge anderer an der Planung fachlich Beteiligter

Aufstellen der Verdingungsunterlagen, insbesondere Anfertigen der Leistungsbeschreibungen mit Leistungsverzeichnissen sowie der Besonderen Vertragsbedingungen

Abstimmen und Koordinieren der Verdingungsunterlagen der an der Planung fachlich Beteiligten

Festlegen der wesentlichen Ausführungsphasen

### 7. Mitwirkung bei der Vergabe

| | |
| --- | --- |
| Zusammenstellen der Verdingungsunterlagen für alle Leistungsbereiche | Prüfen und Werten von Nebenangeboten und Änderungsvorschlägen mit grundlegend anderen Konstruktionen im Hinblick auf die technische und funktionelle Durchführbarkeit |

Einholen von Angeboten

Prüfen und Werten der Angebote einschließlich Aufstellen eines Preisspiegels

Abstimmen und Zusammenstellen der Leistungen der fachlich Beteiligten, die an der Vergabe mitwirken

Mitwirken bei Verhandlungen mit Bietern

Fortschreiben der Kostenberechnung

Mitwirken bei der Auftragserteilung

Kostenkontrolle durch Vergleich der fortgeschriebenen Kostenberechnung mit der Kostenberechnung

| Grundleistungen | Besondere Leistungen |
| --- | --- |

## 8. Bauoberleitung

Aufsicht über die örtliche Bauüberwachung, soweit die Bauoberleitung und die örtliche Bauüberwachung getrennt vergeben werden, Koordinieren der an der Objektüberwachung fachlich Beteiligten, insbesondere Prüfen auf Übereinstimmung und Freigeben von Plänen Dritter

Aufstellen und Überwachen eines Zeitplans (Balkendiagramm)

Inverzugsetzen der ausführenden Unternehmen

Abnahme von Leistungen und Lieferungen unter Mitwirkung der örtlichen Bauüberwachung und anderer an der Planung und Objektüberwachung fachlich Beteiligter unter Fertigung einer Niederschrift über das Ergebnis der Abnahme

Antrag auf behördliche Abnahmen und Teilnahme daran

Übergabe des Objekts einschließlich Zusammenstellung und Übergabe der erforderlichen Unterlagen, zum Beispiel Abnahmeniederschriften und Prüfungsprotokolle

Überwachen der Prüfungen der Funktionsfähigkeit der Anlagenteile und der Gesamtanlage

Zusammenstellen von Wartungsvorschriften für das Objekt

Auflisten der Verjährungsfristen der Gewährleistungsansprüche

Kostenfeststellung

Kostenkontrolle durch Überprüfen der Leistungsabrechnung der bauausführenden Unternehmen im Vergleich zu den Vertragspreisen und der fortgeschriebenen Kostenberechnung

## 9. Objektbetreuung und Dokumentation

Objektbegehung zur Mängelfeststellung vor Ablauf der Verjährungsfristen der Gewährleistungsansprüche gegenüber den ausführenden Unternehmen

Überwachen der Beseitigung von Mängeln, die innerhalb der Verjährungsfristen der Gewährleistungsansprüche, längstens jedoch bis zum Ablauf von fünf Jahren seit Abnahme der Leistungen auftreten

Mitwirken bei Freigabe von Sicherheitsleistungen

Systematische Zusammenstellung der zeichnerischen Darstellungen und rechnerischen Ergebnisse des Objekts

Erstellen eines Bauwerksbuchs

Es ist insbesondere auf eine Besonderheit in der Leistungsphase 8 (Bauoberleitung) hinzuweisen: Anders als in § 15 HOAI erfaßt die **Leistungsphase 8** bei Ingenieurbauwerken und Verkehrsanlagen nur die »Aufsicht über die örtliche Bauüberwachung« **(Bauoberleitung).** Die **örtliche Bauüberwachung** selbst ist aus dem Leistungsbild des § 55 HOAI herausgenommen worden und wird als **eigenständiges Leistungsbild** mit besonderer Honorarregelung in § 57 HOAI aufgeführt. Mit dieser Aufteilung soll nach der amtlichen Begründung[19]) der Tatsache Rechnung getragen werden, daß nach Ansicht von öffentlichen Auftraggebern das Honorar für die örtliche Bauüberwachung bei Ingenieurbauwerken und Verkehrsanlagen nicht nach einer Honorartafel mit degressiven Honoraren berechnet werden könne. Zudem werde nach der bisherigen Vergabepraxis dem Auftragnehmer vielfach nur die örtliche Bauüberwachung übertragen; die Bauoberleitung behält sich der Auftraggeber selbst vor.

Die – aus der Leistungsphase 8 des § 55 HOAI abgespaltene – **örtliche Bauüberwachung** bei Ingenieurbauwerken und Verkehrsanlagen umfaßt folgende Leistungen:[20])

---

**§ 57 HOAI**
**Örtliche Bauüberwachung**

1. Überwachen der Ausführung des Objekts auf Übereinstimmung mit den zur Ausführung genehmigten Unterlagen, dem Bauvertrag sowie den allgemein anerkannten Regeln der Technik und den einschlägigen Vorschriften,
2. Hauptachsen für das Objekt von objektnahen Festpunkten abstecken sowie Höhenfestpunkte im Objektbereich herstellen, soweit die Leistungen nicht mit besonderen instrumentellen und vermessungstechnischen Verfahrensanforderungen erbracht werden müssen; Baugelände örtlich kennzeichnen,
3. Führen eines Bautagebuchs,
4. gemeinsames Aufmaß mit den ausführenden Unternehmen,
5. Mitwirken bei der Abnahme von Leistungen und Lieferungen,
6. Rechnungsprüfung,
7. Mitwirken bei behördlichen Abnahmen,
8. Mitwirken beim Überwachen der Prüfung der Funktionsfähigkeit der Anlagenteile und der Gesamtanlage,
9. Überwachen der Beseitigung der bei der Abnahme der Leistungen festgestellten Mängel,
10. bei Objekten nach § 51 Abs. 1: Überwachen der Ausführung von Tragwerken nach § 63 Abs. 1 Nr. 1 und 2 auf Übereinstimmung mit dem Standsicherheitsnachweis.

### 3.2.3  Leistungsbild Tragwerksplanung, § 64 HOAI

§ 64 HOAI gliedert das Leistungsbild Tragwerksplanung in neun Leistungsphasen. Die Leistungen sind auch hier in Grundleistungen **(linke Spalte)** und Besondere Leistungen **(rechte Spalte)** aufgeteilt. Eine Besonderheit ergibt sich hier darin, daß die Grundleistungen lediglich in den ersten sechs Leistungsphasen aufgeführt sind. Die Leistungsphasen 7 bis 9 betreffen Besondere Leistungen. § 64 HOAI erfaßt nicht die Leistungen des Prüfingenieurs für Baustatik.

Das Leistungsbild[21]) setzt sich wie folgt zusammen:

---

**§ 64 Abs. 3**
**Leistungsbild Tragwerksplanung**

| Grundleistungen | Besondere Leistungen |
|---|---|

**1. Grundlagenermittlung**

| | |
|---|---|
| Klären der Aufgabenstellung auf dem Fachgebiet Tragwerksplanung im Benehmen mit dem Objektplaner | |

**2. Vorplanung (Projekt- und Planungsvorbereitung)**

| | |
|---|---|
| Bei Ingenieurbauwerken nach § 51 Abs. 1 Nr. 6 und 7: Übernahme der Ergebnisse aus Leistungsphase 1 von § 55 Abs. 2 | Aufstellen von Vergleichsberechnungen für mehrere Lösungsmöglichkeiten unter verschiedenen Objektbedingungen |
| Beraten in statisch-konstruktiver Hinsicht unter Berücksichtigung der Belange der Standsicherheit, der Gebrauchsfähigkeit und der Wirtschaftlichkeit | Aufstellen eines Lastenplanes, zum Beispiel als Grundlage für die Baugrundbeurteilung und Gründungsberatung |
| Mitwirken bei dem Erarbeiten eines Planungskonzepts einschließlich Untersuchung der Lösungsmöglichkeiten des Tragwerks unter gleichen Objektbedingungen mit skizzenhafter Darstellung, Klärung und Angabe der für das Tragwerk wesentlichen konstruktiven Festlegungen für zum Beispiel Baustoffe, Bauarten und Herstellungsverfahren, Konstruktionsraster und Gründungsart | Vorläufige nachprüfbare Berechnung wesentlicher tragender Teile |
| Mitwirken bei Vorverhandlungen mit Behörden und anderen an der Planung fachlich Beteiligten über die Genehmigungsfähigkeit | Vorläufige nachprüfbare Berechnung der Gründung |
| Mitwirken bei der Kostenschätzung nach DIN 276 | |

| Grundleistungen | Besondere Leistungen |
| --- | --- |

### 3. Entwurfsplanung (System- und Integrationsplanung)

Erarbeiten der Tragwerkslösung unter Beachtung der durch die Objektplanung integrierten Fachplanungen bis zum konstruktiven Entwurf mit zeichnerischer Darstellung

Überschlägige statische Berechnung und Bemessung

Grundlegende Festlegungen der konstruktiven Details und Hauptabmessungen des Tragwerks für zum Beispiel Gestaltung der tragenden Querschnitte, Aussparungen und Fugen; Ausbildung der Auflager- und Knotenpunkte sowie der Verbindungsmittel

Mitwirken bei der Objektbeschreibung

Mitwirken bei Verhandlungen mit Behörden und anderen an der Planung fachlich Beteiligten über die Genehmigungsfähigkeit

Mitwirken bei der Kostenberechnung, bei Gebäuden und zugehörigen baulichen Anlagen: nach DIN 276

Mitwirken bei der Kostenkontrolle durch Vergleich der Kostenberechnung mit der Kostenschätzung

---

Vorgezogene, prüfbare und für die Ausführung geeignete Berechnung wesentlich tragender Teile

Vorgezogene, prüfbare und für die Ausführung geeignete Berechnung der Gründung

Mehraufwand bei Sonderbauweisen oder Sonderkonstruktionen, zum Beispiel Klären von Konstruktionsdetails

Vorgezogene Stahl- oder Holzmengenermittlung des Tragwerks und der kraftübertragenden Verbindungsteile für eine Ausschreibung, die ohne Vorliegen von Ausführungsunterlagen durchgeführt wird

Nachweise der Erdbebensicherung

### 4. Genehmigungsplanung

Aufstellen der prüffähigen statischen Berechnungen für das Tragwerk unter Berücksichtigung der vorgegebenen bauphysikalischen Anforderungen

Bei Ingenieurbauwerken: Erfassen von normalen Bauzuständen

Anfertigen der Positionspläne für das Tragwerk oder Eintragen der statischen Positionen, der Tragwerksabmessungen, der Verkehrslasten, der Art und Güte der Baustoffe und der Besonderheiten der Konstruktionen in die Entwurfszeichnungen des Objektplaners (zum Beispiel in Transparentpausen)

Zusammenstellen der Unterlagen der Tragwerksplanung zur bauaufsichtlichen Genehmigung

Verhandlungen mit Prüfämtern und Prüfingenieuren

Vervollständigen und Berichtigen der Berechnungen und Pläne

---

Bauphysikalische Nachweise zum Brandschutz

Statische Berechnung und zeichnerische Darstellung für Bergschadenssicherungen und Bauzustände, soweit diese Leistungen über das Erfassen von normalen Bauzuständen hinausgehen

Zeichnungen mit statischen Positionen und den Tragwerksabmessungen, den Bewehrungs-Querschnitten, den Verkehrslasten und der Art und Güte der Baustoffe sowie Besonderheiten der Konstruktionen zur Vorlage bei der bauaufsichtlichen Prüfung anstelle von Positionsplänen

Aufstellen der Berechnungen nach militärischen Lastenklassen (MLC)

Erfassen von Bauzuständen bei Ingenieurbauwerken, in denen das statische System von dem des Endzustands abweicht

| Grundleistungen | Besondere Leistungen |
|---|---|

### 5. Ausführungsplanung

Durcharbeiten der Ergebnisse der Leistungsphasen 3 und 4 unter Beachtung der durch die Objektplanung integrierten Fachplanungen

Anfertigen der Schalpläne in Ergänzung der fertiggestellten Ausführungspläne des Objektplaners

Zeichnerische Darstellung der Konstruktionen mit Einbau- und Verlegeanweisungen, zum Beispiel Bewehrungspläne, Stahlbaupläne, Holzkonstruktionspläne (keine Werkstattzeichnungen)

Aufstellen detaillierter Stahl- oder Stücklisten als Ergänzung zur zeichnerischen Darstellung der Konstruktionen mit Stahlmengenermittlung

Werkstattzeichnungen im Stahl- und Holzbau einschließlich Stücklisten, Elementpläne für Stahlbetonfertigteile einschließlich Stahl- und Stücklisten

Berechnen der Dehnwege, Festlegen des Spannvorganges und Erstellen der Spannprotokolle im Spannbetonbau

Wesentliche Leistungen, die infolge Änderungen der Planung, die vom Auftragnehmer nicht zu vertreten sind, erforderlich werden

Rohbauzeichnungen im Stahlbetonbau, die auf der Baustelle nicht der Ergänzung durch die Pläne des Objektplaners bedürfen

### 6. Vorbereitung der Vergabe

Ermitteln der Betonstahlmengen im Stahlbetonbau, der Stahlmengen im Stahlbau und der Holzmengen im Ingenieurholzbau als Beitrag zur Mengenermittlung des Objektplaners

Überschlägliches Ermitteln der Mengen der konstruktiven Stahlteile und statisch erforderlichen Verbindungs- und Befestigungsmittel im Ingenieurholzbau

Aufstellen von Leistungsbeschreibungen als Ergänzung zu den Mengenermittlungen als Grundlage für das Leistungsverzeichnis des Tragwerks

Beitrag zur Leistungsbeschreibung mit Leistungsprogramm des Objektplaners [Diese Besondere Leistung wird bei Leistungsbeschreibung mit Leistungsprogramm Grundleistung. In diesem Fall entfallen die Grundleistungen dieser Leistungsphase.]

Beitrag zum Aufstellen von vergleichenden Kostenübersichten des Objektplaners

Aufstellen des Leistungsverzeichnisses des Tragwerks

### 7. Mitwirkung bei der Vergabe

Mitwirken bei der Prüfung und Wertung der Angebote aus Leistungsbeschreibung mit Leistungsprogramm

Mitwirken bei der Prüfung und Wertung von Nebenangeboten

Beitrag zum Kostenanschlag nach DIN 276 aus Einheitspreisen oder Pauschalangeboten

### 8. Objektüberwachung (Bauüberwachung)

Ingenieurtechnische Kontrolle der Ausführung des Tragwerks auf Übereinstimmung mit den geprüften statischen Unterlagen

Ingenieurtechnische Kontrolle der Baubehelfe, zum Beispiel Arbeits- und Lehrgerüste, Kranbahnen, Baugrubensicherungen

| Grundleistungen | Besondere Leistungen |
|---|---|
| | Kontrolle der Betonherstellung und -verarbeitung auf der Baustelle in besonderen Fällen sowie statistische Auswertung der Güteprüfung Betontechnologische Beratung |

**9. Objektbetreuung und Dokumentation**

| | Baubegehung zur Feststellung und Überwachung von die Standsicherheit betreffenden Einflüssen |
|---|---|

### 3.2.4 Leistungsbild Technische Ausrüstung, § 73 HOAI

§ 73 HOAI strukturiert das Leistungsbild Technische Ausrüstung. Auch hier werden die Grundleistungen abschließend und die Besonderen Leistungen beispielhaft aufgeführt. Das Leistungsbild ist in neun Leistungsphasen unterteilt und setzt sich wie folgt zusammen:[22])

**§ 73 HOAI**
**Leistungsbild Technische Ausrüstung**

| Grundleistungen | Besondere Leistungen |
|---|---|
| **1. Grundlagenermittlung** | |
| Klären der Aufgabenstellung der Technischen Ausrüstung im Benehmen mit dem Auftraggeber und dem Objektplaner, insbesondere in technischen und wirtschaftlichen Grundsatzfragen Zusammenfassen der Ergebnisse | Systemanalyse (Klären der möglichen Systeme nach Nutzen, Aufwand, Wirtschaftlichkeit, Durchführbarkeit und Umweltverträglichkeit) Datenerfassung, Analysen und Optimierungsprozesse, zum Beispiel für energiesparendes und umweltverträgliches Bauen |
| **2. Vorplanung (Projekt- und Planungsvorbereitung)** | |
| Analyse der Grundlagen Erarbeiten eines Planungskonzepts mit überschlägiger Auslegung der wichtigen Systeme und Anlagenteile einschließlich Untersuchung der alternativen Lösungsmöglichkeiten nach gleichen Anforderungen mit skizzenhafter Darstellung zur | Durchführen von Versuchen und Modellversuchen Untersuchung zur Gebäude- und Anlagenoptimierung hinsichtlich Energieverbrauch und Schadstoffemission (z. B. $SO_2$, $NO_x$) |

| Grundleistungen | Besondere Leistungen |
|---|---|
| Integrierung in die Objektplanung einschließlich Wirtschaftlichkeitsvorbetrachtung | |
| Aufstellen eines Funktionsschemas bzw. Prinzipschaltbildes für jede Anlage | Erarbeiten optimierter Energiekonzepte |
| Klären und Erläutern der wesentlichen fachspezifischen Zusammenhänge, Vorgänge und Bedingungen | |
| Mitwirken bei Vorverhandlungen mit Behörden und anderen an der Planung fachlich Beteiligten über die Genehmigungsfähigkeit | |
| Mitwirken bei der Kostenschätzung, bei Anlagen in Gebäuden: nach DIN 276 | |
| Zusammenstellen der Vorplanungsergebnisse | |

### 3. Entwurfsplanung (System- und Integrationsplanung)

| Grundleistungen | Besondere Leistungen |
|---|---|
| Durcharbeiten des Planungskonzepts (stufenweise Erarbeitung einer zeichnerischen Lösung) unter Berücksichtigung aller fachspezifischen Anforderungen sowie unter Beachtung der durch die Objektplanung integrierten Fachplanungen bis zum vollständigen Entwurf | Erarbeiten von Daten für die Planung Dritter, zum Beispiel für die Zentrale Leittechnik |
| Festlegen aller Systeme und Anlagenteile | Detaillierter Wirtschaftlichkeitsnachweis |
| Berechnung und Bemessung sowie zeichnerische Darstellung und Anlagenbeschreibung | Betriebskostenberechnungen |
| Angabe und Abstimmung der für die Tragwerksplanung notwendigen Durchführungen und Lastangaben (ohne Anfertigen von Schlitz- und Durchbruchsplänen) | Schadstoffemissionsberechnungen |
| Mitwirken bei Verhandlungen mit Behörden und anderen an der Planung fachlich Beteiligten über die Genehmigungsfähigkeit | Erstellen des technischen Teils eines Raumbuchs als Beitrag zur Leistungsbeschreibung mit Leistungsprogramm des Objektplaners |
| Mitwirken bei der Kostenberechnung, bei Anlagen in Gebäuden: nach DIN 276 | |
| Mitwirkung bei der Kostenkontrolle durch Vergleich der Kostenberechnung mit der Kostenschätzung | |

### 4. Genehmigungsplanung

Erarbeiten der Vorlagen für die nach den öffentlich-rechtlichen Vorschriften erforderlichen Genehmigungen oder Zustimmungen einschließlich der Anträge auf Ausnahmen und Befreiungen sowie noch notwendiger Verhandlungen mit Behörden
Zusammenstellen dieser Unterlagen
Vervollständigen und Anpassen der Planungsunterlagen, Beschreibungen und Berechnungen

| Grundleistungen | Besondere Leistungen |
| --- | --- |

### 5. Ausführungsplanung

Durcharbeiten der Ergebnisse der Leistungs-phasen 3 und 4 (stufenweise Erarbeitung und Darstellung der Lösung) unter Berücksichtigung aller fachspezifischen Anforderungen sowie unter Beachtung der durch die Objektplanung integrier-ten Fachleistungen bis zur ausführungsreifen Lösung

Prüfen und Anerkennen von Schalplänen des Tragwerksplaners und von Montage- und Werk-stattzeichnungen auf Übereinstimmung mit der Planung

Zeichnerische Darstellung der Anlagen mit Di-mensionen (keine Montage- und Werkstattzeich-nungen)

Anfertigen von Plänen für Anschlüsse von bei-gestellten Betriebsmitteln und Maschinen

Anfertigen von Schlitz- und Durchbruchsplänen

Anfertigen von Stromlaufplänen

Fortschreibung der Ausführungsplanung auf den Stand der Ausschreibungsergebnisse

### 6. Vorbereitung der Vergabe

Ermitteln von Mengen als Grundlage für das Auf-stellen von Leistungsverzeichnissen in Abstim-mung mit Beiträgen anderer an der Planung fach-lich Beteiligter

Anfertigen von Ausschreibungszeichnungen bei Leistungsbeschreibung mit Leistungsprogramm

Aufstellen von Leistungsbeschreibungen mit Lei-stungsverzeichnissen nach Leistungsbereichen

### 7. Mitwirken bei der Vergabe

Prüfen und Werten der Angebote einschließlich Aufstellen eines Preisspiegels nach Teilleistungen

Mitwirken bei der Verhandlung mit Bietern und Er-stellen eines Vergabevorschlages

Mitwirken beim Kostenanschlag aus Einheits-oder Pauschalpreisen der Angebote, bei Anlagen in Gebäuden: nach DIN 276

Mitwirken bei der Kostenkontrolle durch Vergleich des Kostenanschlags mit der Kostenberechnung

Mitwirken bei der Auftragserteilung

### 8. Objektüberwachung (Bauüberwachung)

Überwachen der Ausführung des Objekts auf Übereinstimmung mit der Baugenehmigung oder Zustimmung, den Ausführungsplänen, den Lei-stungsbeschreibungen oder Leistungsverzeich-nissen sowie mit den allgemein anerkannten Re-geln der Technik und den einschlägigen Vorschrif-ten

Durchführen von Leistungs- und Funktionsmes-sungen

| Grundleistungen | Besondere Leistungen |
|---|---|
| Mitwirken bei dem Aufstellen und Überwachen eines Zeitplanes (Balkendiagramm) | Ausbilden und Einweisen von Bedienungspersonal |
| Mitwirken bei dem Führen eines Bautagebuches | Überwachen und Detailkorrektur beim Hersteller |
| Mitwirken beim Aufmaß mit den ausführenden Unternehmen | Aufstellen, Fortschreiben und Überwachen von Ablaufplänen (Netzplantechnik für EDV) |
| Fachtechnische Abnahme der Leistungen und Feststellen der Mängel | |
| Rechnungsprüfung | |
| Mitwirken bei der Kostenfeststellung, bei Anlagen in Gebäuden: nach DIN 276 | |
| Antrag auf behördliche Abnahmen und Teilnahme daran | |
| Zusammenstellen und Übergeben der Revisionsunterlagen, Bedienungsanleitungen und Prüfprotokolle | |
| Mitwirken beim Auflisten der Verjährungsfristen der Gewährleistungsansprüche | |
| Überwachen der Beseitigung der bei der Abnahme der Leistungen festgestellten Mängel | |
| Mitwirken bei der Kostenkontrolle durch Überprüfen der Leistungsabrechnung der bauausführenden Unternehmen im Vergleich zu den Vertragspreisen und dem Kostenanschlag | |

### 9. Objektbetreuung und Dokumentation

| | |
|---|---|
| Objektbegehung zur Mängelfeststellung vor Ablauf der Verjährungsfristen der Gewährleistungsansprüche gegenüber den ausführenden Unternehmen | Erarbeiten der Wartungsplanung und -organisation |
| Überwachen der Beseitigung von Mängeln, die innerhalb der Verjährungsfristen der Gewährleistungsansprüche, längstens jedoch bis zum Ablauf von fünf Jahren seit Abnahme der Leistungen auftreten | Ingenieurtechnische Kontrolle des Energieverbrauchs und der Schadstoffemission |
| Mitwirken bei der Freigabe von Sicherheitsleistungen | |
| Mitwirken bei der systematischen Zusammenstellung der zeichnerischen Darstellungen und rechnerischen Ergebnisse des Objekts | |

[1] Locher/Koeble/Frik, HOAI, 7. Auflage, 1996, § 3 Rdn. 2

[2] BGHZ 57, 60

[3] wegen weiterer Einzelheiten siehe Abschnitt 3.2, S. 109 ff.

[4] Definition der Arbeitsgruppe HOAI der VBI-Landesverbände aus dem Ergebnisprotokoll vom 13. 11. 1976; zitiert nach Locher/Koeble/Frik, HOAI, 7. Auflage, 1996, § 62 Rdn. 4

[5] wegen weiterer Einzelheiten siehe Abschnitt 3.2, S. 116 ff.

[6] Locher/Koeble/Frik, HOAI, § 68 Rdn. 8 a. E.

[7] wegen weiterer Einzelheiten siehe Abschnitt 3.2, S. 119 ff.

[8] zitiert nach Pott/Dahlhoff/Kniffka, HOAI, 7. Auflage, 1996, § 91 Rdn. 2

[9] vgl. hierzu Kapitel 2, Abschnitt 2.3, Seite 50 ff. und Abschnitt 2.4, Seite 64 ff.

[10] Pott/Dahlhoff/Kniffka, HOAI, 7. Auflage, 1996, § 34 Rdn. 6

[11] vgl. zum Flächennutzungsplan etwa die Kommentierung in Battis/Krautzberger/Löhr, BauGB, 5. Auflage, 1996, §§ 5 ff.

[12] vgl. zum Bebauungsplan etwa die Kommentierung in: Battis/Krautzberger/Löhr, BauGB, 5. Auflage, 1996, §§ 8 ff.

[13] Locher/Koeble/Frik, HOAI, 7. Auflage, 1996, § 42 Rdn. 3

[14] Locher/Koeble/Frik, HOAI, 7. Auflage, 1996, § 42 Rdn. 6

[15] Pott/Dahlhoff/Kniffka, HOAI, 7. Auflage, 1996, § 43 Rdn. 10a mit weiteren Nachweisen

[16] siehe S. 25

[17] Locher/Koeble/Frik, HOAI, 7. Auflage, 1996, § 15 Rdn. 12

[18] eine gründliche Bearbeitung der hiermit zusammenhängenden juristischen Probleme findet sich insbesondere bei Pott/Dahlhoff/Kniffka, HOAI, 7. Auflage, 1996, § 15 Rdn. 7-42a; Locher/Koeble/Frik, HOAI, 7. Auflage, 1996, § 15 Rdn. 15-235; Hesse/Korbion/Mantscheff/Vygen, HOAI, 5. Auflage, 1996, § 15 Rdn. 30-216

[19] Bundesrat-Drucksache 274/80, S. 139

[20] eine vertiefende Darstellung der Leistungsbilder des § 55 HOAI sowie des § 57 HOAI findet sich insbesondere bei Pott/Dahlhoff/Kniffka, HOAI, 7. Auflage 1996, § 55 Rdn. 7-12; Locher/Koeble/Frik, HOAI, 7. Auflage 1996, § 55 Rdn. 16-96; § 57 Rdn. 3-11; Hesse/Korbion/Mantscheff/Vygen, HOAI, 5. Auflage 1996, § 55 Rdn. 9-40; § 57 Rdn. 3-11

[21] eine vertiefende Darstellung der Inhalte der einzelnen Leistungsphasen findet sich bei Pott/Dahlhoff/Kniffka, HOAI, 7. Auflage 1996, § 64 Rdn. 7-20; Locher/Koeble/Frik, HOAI, 7. Auflage 1996, § 64 Rdn. 8-57; Hesse/Korbion/Mantscheff/Vygen, HOAI, 5. Auflage 1996, § 64 Rdn. 10-39

[22] eine vertiefende Darstellung der einzelnen Leistungsphasen findet sich insbesondere bei Locher/Koeble/Frik, HOAI, 7. Auflage 1996, § 73 Rdn. 7-29; Hesse/Korbion/Mantscheff/Vygen, HOAI, 5. Auflage 1996, § 73 Rdn. 8-26

# 4 Der Ingenieurvertrag

## 4.1 Der Ingenieurvertrag als Werkvertrag

Nach der Rechtsprechung des Bundesgerichtshofes hat der Ingenieurvertrag **Werkvertragscharakter.**[1]) Der Ingenieur schuldet seinem Auftraggeber daher keine Dienstleistung, sondern einen Erfolg i.S.d. § 631 Abs. 2 BGB. Dieser Erfolg, d.h. das »Ingenieurwerk«, beinhaltet jedoch nicht das körperliche Bauwerk. Dessen Erstellung schuldet der Bauunternehmer aufgrund des Bauvertrages. Gegenstand des Ingenieurwerkes ist vielmehr eine **geistige Leistung.** So hat etwa der Ingenieur, der mit der Objektplanung für ein Ingenieurbauwerk beauftragt ist, durch seine Planung (Leistungsphasen 1 bis 5 des § 55 HOAI) sowie durch seine Vorbereitungs- und Mitwirkungstätigkeit bei der Vergabe (Leistungsphasen 6, 7 des § 55 HOAI) und seine Bauoberleitung (Leistungsphase 8 des § 55 HOAI) bzw. durch die örtliche Bauüberwachung (§ 57 Abs. 1 HOAI) dafür Sorge zu tragen, daß das Ingenieurbauwerk fehlerfrei entsteht und vollendet wird. Der Erfolg der Ingenieurleistung **realisiert** sich daher in dem Bauwerk. Er tritt auch dann ein, wenn am Bauwerk Mängel bestehen, die ausschließlich auf Ausführungsfehler des Bauunternehmers beruhen, ohne daß dem Ingenieur Planungs-, Koordinierungs- oder Überwachungsfehler zur Last gelegt werden können.

Die rechtliche Einordnung des Ingenieurvertrages als **Werkvertrag** gilt sowohl für die Beauftragung mit allen Leistungsphasen eines Leistungsbildes **(Vollengineering)** als auch bei der Beauftragung mit Teilleistungen **(Teilengineering).**[2]) Wird also der Ingenieur lediglich mit den Leistungsphasen 1 bis 4 eines Leistungsbildes beauftragt, so handelt es sich auch in diesem Fall um einen Werkvertrag. Gleiches gilt, wenn der Ingenieur lediglich mit der Bauoberleitung (§ 55 Abs. 8 HOAI) beauftragt wird, ohne daß er das Objekt geplant hat. Auch für den Fall, daß der Ingenieur lediglich mit der Vorbereitung und der Mitwirkung bei der Vergabe (Leistungsphasen 6, 7) beauftragt wird, ist ein Werkvertrag anzunehmen.

Lediglich in dem Fall, daß der Ingenieur allein mit der Durchführung der Leistungsphase 9 (Objektbetreuung) beauftragt wird, soll eine **Ausnahme** anzunehmen sein.

In diesem Fall wird das Vertragsverhältnis als Dienstvertrag eingeordnet.[3]) Hier liegt der Schwerpunkt der Tätigkeit des Ingenieurs in einer Dienstleistung, nämlich der Mängelfeststellung, der Überwachungen, der Beseitigung von Mängeln und der Mitwirkung bei der Freigabe von Sicherheitsleistungen.

Die Einordnung des Ingenieurvertrages als Werkvertrag im Sinne der §§ 631 ff. BGB hat erhebliche praktische Bedeutung:

- Die Qualifizierung als Werkvertrag begründet die Anwendbarkeit des § 649 Satz 2 BGB: Danach kann der Ingenieur im Falle der Kündigung des Vertrages durch den Auftraggeber auch für noch nicht erbrachte Leistungen eine Vergütung verlangen. Er muß sich lediglich für den noch ausstehenden Teil ersparte Aufwendungen abziehen lassen. Eine entsprechende Vorschrift, die eine Honorarvergütung für nicht erbrachte Leistungen vorsieht, fehlt im Dienstvertragsrecht.

- Ferner steht dem Ingenieur das Sicherungsmittel der Bauhandwerkersicherungshypothek gem. § 648 BGB zu, da diese Vorschrift das Vorliegen eines Werkvertrages voraussetzt.
- Des weiteren kann der Ingenieur von dem Auftraggeber als Sicherungsmittel auch eine Bürgschaft oder ein Zahlungsversprechen gem. § 648 a BGB verlangen, ohne daß dies ausdrücklich im Vertrag vereinbart sein muß.
- Weiterhin gelten die Verjährungsfristen des § 638 BGB für den Ingenieurvertrag. Danach verjähren Gewährleistungsrechte des Auftraggebers bei Arbeiten an einem Grundstück nach einem Jahr, bei Bauwerken in fünf Jahren. Die Verjährung beginnt mit der Abnahme des Werkes.
- Schließlich muß der Auftraggeber dem Ingenieur gem. § 634 BGB im Falle eines Mangels zunächst eine angemessene Frist zur Nachbesserung mit Ablehnungsandrohung setzen. Erst nach fruchtlosem Ablauf dieser Frist hat der Auftraggeber das Recht zur Rückgängigmachung des Vertrages (Wandlung), zur Herabsetzung der Vergütung (Minderung) oder zur Geltendmachung eines Schadensersatzes. Diese Nachfristsetzung ist nach den Bestimmungen des Werkvertragsrechtes – von wenigen Ausnahmen abgesehen – zwingende Voraussetzung für die Geltendmachung von Gewährleistungsrechten des Auftraggebers gegen den Ingenieur.

Die vorstehenden Beispiele verdeutlichen, daß der rechtlichen Einordnung des Ingenieurvertrages als Werkvertrag insbesondere in Konfliktsituationen (wie Kündigung des Vertrages, Streitigkeiten wegen Mängeln) eine hohe Bedeutung zukommt.

Wenn die Tätigkeit des Ingenieurs, wie von der Rechtsprechung postuliert, erfolgsorientiert ist, so stellt sich die Frage, wie dieser werkvertragliche Erfolg zu bestimmen ist. Diese Frage nach der **werkvertraglichen Erfolgsbestimmung** ist in Abhängigkeit zu sehen zur Festlegung des Vertragsinhaltes.

Der Bundesgerichtshof hat in einer Grundsatzentscheidung vom 24. 10. 1996[4]) klargestellt, daß für die Frage, was der Ingenieur zu leisten hat, allein die im Vertrag getroffenen Regelungen maßgeblich sind. Der Erfolg des Ingenieurwerkes und damit der Inhalt der zu erbringenden Leistungen ist daher **im Ingenieurvertrag festzulegen.** Die Leistungsbilder der HOAI sind – ohne vertragliche Einbeziehung – bloße Gebührentatbestände, da die HOAI lediglich Preisrecht und kein Vertragsrecht beinhaltet. Für die Praxis bedeutet dies, daß die Vertragsparteien die Leistungen des Ingenieurs im Vertrag konkret regeln müssen, d. h., es wird ein Leistungskatalog des Ingenieurs vertraglich festgeschrieben. Bei der inhaltlichen Ausgestaltung dieses Leistungskataloges sind die entsprechenden HOAI-Leistungsbilder mit ihren Leistungsphasen und deren Einzelelemente heranzuziehen und in den Ingenieurvertrag aufzunehmen.

### Zusammenfassung

Der Ingenieurvertrag hat in aller Regel die rechtliche Qualität eines Werkvertrages gem. den §§ 631 ff. BGB. Die werkvertragliche Erfolgsbestimmung orientiert sich an den Regelungsinhalten des jeweiligen Ingenieurvertrages. Hierzu ist ein Leistungskatalog in den Vertrag aufzunehmen, dessen Inhalt sich an den jeweiligen Leistungsbildern der HOAI ausrichtet.

# 4.2 Die am Vertrag Beteiligten

Es ist zu unterscheiden zwischen den unmittelbaren **Vertragspartnern** und den Beteiligten, die zwar nicht unmittelbar in das vertragliche Leistungs-Gegenleistungs-Verhältnis einbezogen sind, gleichwohl aber rechtlich oder wirtschaftlich von dem Leistungsgegenstand betroffen sein können (z. B. Mieter des zu errichtenden Gebäudes). Letztere werden nachfolgend als »**Drittinteressierte**« bezeichnet.

## 4.2.1 Die Vertragspartner

Der Ingenieur fungiert im Rahmen des zu schließenden Werkvertrages als Auftragnehmer. Er hat Werkleistungen zu erbringen. Als **Auftraggeber** kann der Bauherr, ein Architekt, ein anderer Ingenieur (im Rahmen eines »Sub-Verhältnisses«) oder ein Generalunternehmer/-übernehmer auftreten. Im Hinblick auf die Vertragsbeteiligten ergeben sich somit in der Praxis vier Varianten, die im nachfolgenden Schaubild dargestellt werden. Das Vertragsverhältnis des Bauingenieurs ist jeweils hervorgehoben:

*Variante 1:*

Der Bauherr schließt mit dem Bauingenieur unmittelbar den Werkvertrag. In diesem Fall steht der Ingenieur gleichrangig neben dem Architekten. Er ist als Sonderfachmann sog. »Erfüllungsgehilfe« des Bauherrn in dessen vertraglichen Beziehungen zu den anderen Baubeteiligten. D. h., der Bauherr muß für einen Fehler des Ingenieurs gegenüber den anderen Baubeteiligten gem. § 278 BGB einstehen. Umgekehrt sind dem Bauherrn fehlerhafte Leistungen der anderen Baubeteiligten (etwa Bauausführungsmängel des Bauunternehmers) gegenüber dem

Bauingenieur ebenfalls gem. § 278 BGB zuzurechnen. Entstehen dem Ingenieur durch diese fehlerhaften Leistungen eines anderen Baubeteiligten Schäden (etwa erhöhte Planungskosten), so hat er gegen den Bauherrn einen entsprechenden Ersatzanspruch.

*Variante 2:*

Hier schließt der Architekt im eigenen Namen einen Vertrag mit dem Fachingenieur. Dies ist insbesondere dann anzunehmen, wenn der Bauherr dem Architekten die gesamte Planungsleistung übertragen hat, so daß im Verhältnis zum Bauherrn der Architekt auch die Leistungen des Fachingenieurs schuldet. In diesem Fall ist der Fachingenieur Erfüllungsgehilfe des Architekten im Verhältnis zu den übrigen am Bau Beteiligten. Ein Fehler des Fachingenieurs wird somit gem. § 278 BGB dem Architekten zugerechnet.

*Variante 3:*

In diesem Fall schließt der Bauherr mit einem Ingenieur seines Vertrauens einen Ingenieurvertrag. Der Ingenieur seinerseits vermag nicht alle Leistungsbilder (etwa Baugrunduntersuchungen u. ä.) im eigenen Hause zu erbringen, so daß er als Subunternehmer einen weiteren Ingenieur beauftragt. Auch hier ist der Sub-Ingenieur Erfüllungsgehilfe des Ingenieurs im Verhältnis zu den übrigen am Bau Beteiligten.

*Variante 4:*

Häufig übernimmt ein Generalunternehmer im Vertrag mit dem Bauherrn neben den Bauleistungen auch die Planungsleistungen. In diesem Fall schließt der Generalunternehmer für die von ihm übernomme-

# Vertragspartner des Bauingenieurs

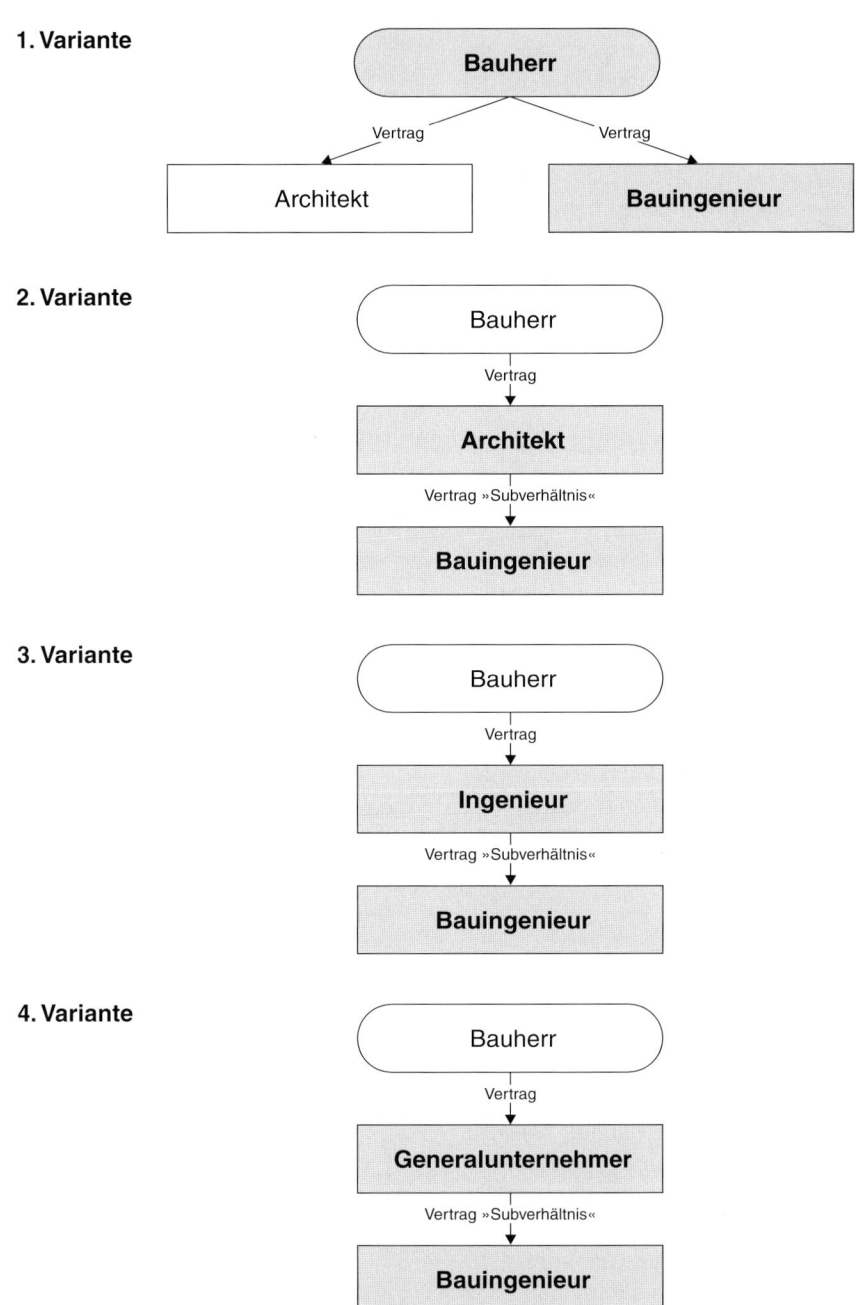

nen Planungsleistungen unmittelbar die Ingenieurverträge mit dem Fachingenieur. Der Fachingenieur ist Erfüllungsgehilfe des Generalunternehmers gegenüber dem Bauherrn.

### 4.2.2  Die »Drittinteressierten«

Es handelt sich hierbei – wie eingangs dargetan – um einen Personenkreis, der nicht in die Vertragsbeziehungen des Ingenieurwerkvertrages als Vertragspartner einbezogen ist, der jedoch von den Auswirkungen des Bauobjektes in rechtsrelevanter Weise betroffen wird. In der Praxis geht es hierbei zumeist um Haftungsfragen des Bauingenieurs gegenüber den Drittinteressierten (siehe hierzu die Ausführungen im Kapitel: Haftung gegenüber Drittinteressierten). Gemeinhin werden folgende Personengruppen unter diesem Begriff gefaßt:

*Die finanzierende Bank*

Die Darlehensgewährung entfaltet lediglich Vertragspflichten zwischen dem Bauherrn und der finanzierenden Bank. Verlangt die Bank allerdings eine sogenannte **Baufortschrittsanzeige** für die Leistung weiterer Darlehensbeträge an den Bauherrn, so wird diese Baufortschrittsanzeige i. d. R. unmittelbar vom Architekten oder Bauingenieur gegenüber der Bank abgegeben. Zwischen der Bank und dem Ingenieur wird dann stillschweigend ein **Auskunftsvertrag** geschlossen.[5]

*Die künftigen Mieter des Bauherrn*

Zwischen dem Ingenieur und dem Mieter des Bauherrn besteht naturgemäß keine vertragliche Verbindung. Die Rechtsprechung hat jedoch eine sogenannte **delik-**

**tische** Verantwortlichkeit des Ingenieurs/ Architekten unter dem Gesichtspunkt der Verletzung einer **Verkehrssicherungspflicht** bejaht, welche auch gegenüber dem künftigen Mieter des Bauwerkes eine Schadensersatzhaftung begründen kann.

---

**Beispiel**

*Der Kläger hatte in einem neu errichteten Gebäude Räume gemietet, in denen er Maschinen lagerte. Aufgrund einer mangelhaften Isolierung der Wasserrohre kam es zu einer erhöhten Feuchtigkeit in den Räumen. Die vom Mieter eingelagerten Maschinen rosteten. Es stellt sich heraus, daß der Bauleiter des Architekten pflichtwidrig die Isolierarbeit nur unzureichend überwacht hatte.[6]*

---

*Personen, die von einer allgemeinen Verkehrssicherungspflicht des Ingenieurs erfaßt werden*

Jede Baustelle begründet eine Gefahrenquelle. In erster Linie trifft den Bauunternehmer die Pflicht, Gefahrenquellen auf der Baustelle zu beseitigen.

---

**Beispiel**

*Es müssen Vorkehrungen getroffen werden, um etwa spielende Kinder von der Baustelle fernzuhalten. Nicht ausreichend ist die Aufstellung eines Verbotsschildes »Eltern haften für ihre Kinder«.*

---

Unter besonderen Umständen kann aber auch den Bauingenieur und den Architekten eine allgemeine Verkehrssicherungspflicht treffen.[7]

## 4.3 Die außervertraglichen Rechtsbeziehungen

### 4.3.1 Vorverhandlungen

Dem Vertragsschluß gehen regelmäßig Vorverhandlungen voraus. Diese sind i.d.R. rechtlich nicht bindend, so daß hieraus keine Vertragspflichten abgeleitet werden können. Dem Juristen können sie jedoch Anhaltspunkte für die Auslegung eines späteren Vertrages bieten, wenn einzelne Vertragspassagen nicht eindeutig gefaßt sind.

---

**Praxishinweis**

*Gesprächsprotokolle über Vertragsverhandlungen sollten in jedem Fall aufbewahrt und in den Akten gesondert abgeheftet werden.*

---

In der Phase der Vorverhandlungen bestehen zwar – mangels Vertrages – keine vertraglichen Pflichten. Jedoch können in dieser Phase der Anbahnung eines Vertragsverhältnisses zwischen den Beteiligten beiderseitige Sorgfaltspflichten aus einem vertragsähnlichen Vertrauensverhältnis entstehen. Mit dem Eintritt in Vertragsverhandlungen ergeben sich für den Ingenieur insbesondere Aufklärungs- und Beratungspflichten. Deren schuldhafte Verletzung begründen unter Umständen eine Haftung aus »Verschulden bei Vertragsschluß«.[8])

Von den Vorverhandlungen abzugrenzen ist der sog. **Vorvertrag.** Der Vorvertrag ist ein schuldrechtlicher Vertrag, der die Verpflichtung zum späteren Abschluß eines Hauptvertrages begründet. In der Praxis des Ingenieurs kommt diesen Vorverträgen im Rahmen der sog. **stufenweisen Beauftragung** eine große Bedeutung zu.[9]) Hier begründet der Auftraggeber mit dem Ingenieur ein

Auftragsverhältnis (Hauptvertrag) über die Erbringung bestimmter Leistungsphasen (etwa die Leistungsphasen 1 bis 4) und schließt zugleich einen Vorvertrag über die Erbringung der weiteren Leistungsphasen (etwa die Leistungsphasen 5 bis 9). Ein wirksamer Vorvertrag setzt voraus, daß sich die Parteien bereits über alle wesentlichen Punkte geeinigt haben und der Inhalt des abzuschließenden künftigen Vertrages zumindest bestimmbar ist.

### 4.3.2 Abgrenzung: Vertragsschluß – Akquisition des Ingenieurs

Ein Vertragsschluß setzt bekanntlich voraus, daß der Kunde zuvor geworben wird. Nicht selten werden daher von Ingenieuren zum Zwecke der Kundenwerbung planerische Vorleistungen erbracht. Diese Ingenieurleistungen dienen dazu, den Abschluß eines Ingenieurvertrages anzubahnen; es sind Akquisitionsmaßnahmen. In diesen Fällen ist der Planer **auf eigenes Risiko** tätig geworden mit der Hoffnung, aufgrund seiner planerischen Leistungen »an den Auftrag zu kommen«.[10]) Rechtlich sind derartige akquisitorische Vorleistungen nicht als vergütungspflichtige Vertragsleistungen zu bewerten. Es handelt sich vielmehr lediglich um Elemente einer vertraglichen Vorverhandlung, die – kommt es nicht zum erhofften Vertragsschluß – vergütungsfrei bleiben.

Die Frage, wann der Ingenieur im Rahmen derartiger Vorleistungen die Grenze zwischen lediglich werbender Tätigkeit zur vergütungspflichtigen Vertragsleistung überschreitet, ist nur sehr schwierig zu beantworten. Es sind sämtliche Umstände des Einzelfalles zu berücksichtigen. Die Rechtsprechung stellt formelhaft darauf ab, daß der Übergang von der Akquisitionsphase in die Vertragsabwicklungsphase dann anzunehmen ist, wenn der Planer absprachegemäß in die konkrete Planung übergeht. Da allerdings »Absprachen«, wenn sie nicht schriftlich gefaßt sind, im Streitfall nur schwer nachweisbar sind, müssen im Einzelfall weitere Abgrenzungskriterien herangezogen werden. Ein typisches Merkmal, welches auf einen beiderseitigen Rechtsgeschäftswillen und damit auf einen Vertragsschluß schließen läßt, ist die **Verwertung von Ingenieurleistungen** durch den Bauherrn.[11]) Bei Vorliegen einer Verwertungshandlung ist die Akquisitionsphase regelmäßig abgeschlossen.

---

### Beispiel

- *Der Auftraggeber hat eine Kostenermittlung nach DIN 276 von dem Ingenieur entgegengenommen und an die Baubehörde weitergereicht.*
- *Der Bauherr hat dem Architekten eine Vollmacht zur Verhandlung mit Behörden erteilt und für diese Verhandlung schriftliche Weisungen gegeben.*
- *Der Bauherr nimmt Planungsleistungen entgegen und macht Änderungsvorschläge mit der Bitte, diese in die Pläne einzubringen.*
- *Der Bauherr nimmt Planungsleistungen entgegen und reicht diese bei der zuständigen Genehmigungsbehörde ein.*

---

Das Vorliegen derartiger Verwertungshandlungen durch den Bauherrn läßt auf einen Vertragsabschluß schließen, so daß der Ingenieur vergütungspflichtige Planungsleistungen erbracht hat. Fehlt es demgegenüber an einer Verwertungshandlung, wird man im Zweifel eine bloße Akquisitionsleistung des Ingenieurs annehmen. Der Ingenieur hat also dann »auf eigenes Risiko« Planungsleistungen erbracht.

Von der vorstehenden Konstellation zu **unterscheiden** ist der – in der Praxis nicht seltene – Einwand des Auftraggebers, der Ingenieur habe Leistungen der Leistungsphase 1 und 2 **unentgeltlich** erbringen wollen. Der Unterschied liegt in folgendem: Bei Akquisitionsleistungen liegt noch kein Ingenieurvertrag vor. Hingegen wird bei der Behauptung, der Planer habe unentgeltlich leisten sollen, das Vorliegen eines Vertrages nicht bestritten. Vielmehr beinhaltet der Einwand der Unentgeltlichkeit, daß die Vertragsparteien hinsichtlich des Honorars eine Sonderabsprache, nämlich einen **Verzicht**, vereinbart haben. Für diese Behauptung der Unentgeltlichkeit der Ingenieurleistung trägt im Prozeß der Behauptende, d. h. i. d. R. der Auftraggeber, die Darlegungs- und Beweislast.[12])

### 4.3.3 Gefälligkeitsverhältnisse

Eine letzte Fallgruppe, die keine vertragliche Verpflichtung beinhaltet, sind die sog. »Gefälligkeitsverhältnisse«. Es handelt sich hierbei um Abreden, die auf einem außerrechtlichen Geltungsgrund – wie etwa Freundschaft oder Kollegialität – beruhen. Dies sind keine Schuldverhältnisse im Rechtssinne. Es fehlt an einem Rechtsbindungswillen, so daß auch hier kein Honoraranspruch des Planers besteht. Allerdings ist bei der Frage, ob ein Rechtsbindungswille besteht, nicht der innere Wille entscheidend. Vielmehr stellt die Rechtsprechung auch hier auf die Würdigung aller Umstände des Einzelfalles ab. Entscheidend ist insbesondere die **wirtschaftliche und rechtliche Bedeutung,** die die Angelegenheit für den Begünstigten hat.[13]) Stehen wirtschaftliche Werte auf dem Spiel, so wird i. d. R. ein bloßes Gefälligkeitsverhältnis zu verneinen sein. Die Planung eines Ingenieurs ist in aller Regel für den

Bauherrn mit einer hohen wirtschaftlichen Bedeutung verbunden, so daß man hier nur in seltenen Ausnahmefällen ein vertragsfreies Gefälligkeitsverhältnis annehmen wird. Dies gilt auch dann, wenn der Ingenieur neben einem bestehenden Auftrag »aus Kulanzgründen« weitere Leistungen übernimmt, es sei denn, diese Kulanzleistungen sind von minderer wirtschaftlicher Bedeutung.

Generell ist von derartigen – in der Praxis nicht seltenen – Gefälligkeitsabreden abzuraten. Sie sind in hohem Maße streitanfällig: Handelt es sich nämlich tatsächlich um »unechte Gefälligkeitsverhältnisse«, d. h. solche von hoher wirtschaftlicher Bedeutung, so können hier Honorar- und Haftungsstreitigkeiten ausgelöst werden. Handelt es sich hingegen um ein »echtes Gefälligkeitsverhältnis«, so hat der Ingenieur zwar keinen Honoraranspruch, er haftet jedoch unter Umständen dem Begünstigten für seine Tätigkeit. Auch Gefälligkeitsverhältnisse lösen Schadensersatzpflichten entsprechend den Grundsätzen über das Verschulden bei Vertragsschluß und nach den §§ 823 ff. BGB aus, und zwar grundsätzlich auch für einfache Fahrlässigkeit.

---

**Praxishinweis**

*Der Ingenieur sollte die Eingehung von Gefälligkeitsverhältnissen im Zusammenhang mit Bauprojekten tunlichst vermeiden. Er hat in diesen Fällen keinen Honoraranspruch, haftet jedoch unter Umständen bei Schlechterfüllung auf Schadensersatz.*

---

## 4.4 Der Abschluß eines Ingenieurvertrages

### 4.4.1 Die Form des Ingenieurvertrages

Es gilt der Grundsatz der **Formfreiheit.** D. h., für das wirksame Zustandekommen eines Ingenieurvertrages bedarf es keiner Schriftform. Ein Ingenieurvertrag kommt vielmehr auch dann zustande, wenn die Parteien sich **mündlich** geeinigt haben. Selbst durch **schlüssiges Verhalten** können Verträge wirksam geschlossen werden. Ein Vertragsschluß durch schlüssiges Verhalten liegt vor, wenn aufgrund eines tatsächlichen Verhaltens ein beiderseitiger Rechtsgeschäftswille anzunehmen ist.

---

**Beispiel**

*Der Bauherr verwertet Planungsleistungen, die ihm von dem Ingenieur vorgelegt wurden. Hier liegt das Vertragsangebot des Ingenieurs in der Erstellung und Übergabe der Planunterlagen. Angenommen wurde dieses Angebot durch den Bauherrn, indem dieser die Unterlagen verwertet hat, d. h., etwa bei der Baubehörde eingereicht hat.*

---

Der mündlich oder durch schlüssiges Verhalten abgeschlossene Vertrag bringt viele Nachteile mit sich. Oftmals werden derartige Verträge übereilt und mit unklarem Inhalt geschlossen. Kommt es zu Streitigkeiten, ist im nachhinein nur schwer feststellbar, welche konkreten Abreden die Vertragsparteien getroffen haben. Macht etwa der Ingenieur einen Honoraranspruch aus einem Ingenieurvertrag geltend, so muß er zunächst das Zustandekommen des Vertrages beweisen, wenn dies – wie in der Praxis nicht selten – vom vorgeblichen Auftraggeber bestritten wird. Behauptet der Auftraggeber etwa, daß die ihm übergebene Planungsleistung lediglich zum Zwecke der Auftragserlangung erbracht wurde, kommt der Ingenieur in hohe Beweisnöte.

Es sprechen daher u.a. folgende Gründe für die Abfassung eines **schriftlichen** Ingenieurvertrages:

- Beweisgründe
- Bestimmtheit des Leistungsgegenstandes
- Schutz vor Übereilung

---

**Praxishinweis**

*Dem Ingenieur ist nachdrücklich zu empfehlen, einen schriftlichen Vertrag mit seinem Auftraggeber zu schließen. Formlose Übereinkünfte sind zwar wirksam, sollten allerdings angesichts der erheblichen wirtschaftlichen Bedeutung vermieden werden.*

---

Vertragsurkunden tragen im Rechtsstreit die Vermutung der Richtigkeit und Vollständigkeit in sich. D.h., derjenige, der vorträgt, es sei etwas anderes (mündlich) vereinbart worden, muß dieses beweisen.

Gerade aus Sicht des Bauingenieurs spricht ein weiterer Aspekt für den Abschluß eines **schriftlichen** Vertrages vor Beginn eventueller Planungsarbeiten: **Gem. § 4 Abs. 4 HOAI gelten jeweils die Mindestsätze als vereinbart, »sofern nicht bei Auftragserteilung etwas anderes schriftlich vereinbart worden ist«.** Haben sich daher die Vertragsparteien zunächst mündlich über den Vertragsschluß geeinigt und erst später einen schriftlichen Vertrag geschlossen, in dem beispielsweise der Mittelsatz für die Berechnung des Honorars zugrunde gelegt wird, so ist diese **spätere schriftliche Honorarvereinbarung unwirksam.** Der Auftraggeber kann sich gem. § 4 Abs. 4 HOAI darauf berufen, daß es bei der (mündlichen)

Auftragserteilung an einer schriftlichen Honorarvereinbarung fehlte, so daß automatisch gem. § 4 Abs. 4 HOAI die Mindestsätze gelten.

Von dem Grundsatz der Formfreiheit gibt es **Ausnahmen:**

- Für verschiedene Verträge ist im Gesetz die Schriftform ausdrücklich festgeschrieben. Das für das Baurecht wichtigste Beispiel ist der Abschluß eines **Schiedsvertrages.** Gem. § 1027 Abs. 1 ZPO bedarf ein Schiedsvertrag der Schriftform. Im Baurecht werden nicht selten derartige Schiedsverträge geschlossen, gem. denen anstelle der staatlichen Gerichte ein privates Schiedsgericht über die Entstehung eventueller Streitigkeiten entscheiden soll.

- Auch bei der Auftragserteilung durch **Kommunen** oder andere öffentlich-rechtliche Körperschaften können Schriftformerfordernisse nach den entsprechenden Gemeinde- und Landkreisordnungen Voraussetzung für die Wirksamkeit des Ingenieurvertrages sein.[14]

Außerhalb dieser gesetzlichen Erfordernisse können auch die Vertragsparteien eine bestimmte Form für den Vertrag vereinbaren (sog. **gewillkürte Schriftform**).

Vereinbaren die Parteien etwa in einem Rahmenvertrag, daß die Einzelaufträge nur durch schriftliche Vereinbarung ausgelöst werden, so werden die hierauf gründenden Einzelaufträge nur wirksam, wenn die Schriftform eingehalten wird. Auch ist es möglich, daß die Vertragsparteien mündlich die Wirksamkeit des Vertrages von der Einhaltung einer schriftlichen Vertragsabfassung abhängig machen. In diesem Fall steht der Vertrag unter der aufschiebenden Bedingung, daß eine schriftliche Vereinbarung getroffen wird.

Im Fall der gewillkürten Schriftform ist weiterhin folgendes zu beachten: Der Verstoß gegen eine Schriftformklausel in einem bereits geschlossenen Ingenieurvertrag führt nicht in jedem Fall zur Unwirksamkeit mündlich getroffener Zusatzvereinbarungen. Die Rechtsprechung läßt es nämlich zu, daß bei Vorliegen einer Schriftformklausel die mündliche Zusatzvereinbarung im Einzelfall wirksam ist, wenn Anhaltspunkte dafür sprechen, daß die Parteien den Schriftformzwang stillschweigend aufgehoben haben.[15]) Kann also derjenige, der sich auf die mündliche Nebenabrede beruft, (etwa durch Zeugenbeweis) nachweisen, daß beide Vertragsparteien die Nebenabrede wollten, so gilt die vereinbarte Schriftform für diesen Fall als »stillschweigend aufgehoben«. Aus Beweisgründen sollten allerdings auch Nebenabreden möglichst schriftlich abgefaßt werden.

### 4.4.2 Praxisrelevante Besonderheiten beim Vertragsabschluß

Üblicherweise kommt ein Vertrag durch eine **Einigung,** d. h. durch ein Angebot und eine entsprechende Annahme des Angebotes, zustande. In der Praxis ergeben sich bei der Auftragsvergabe bzw. -annahme verschiedene rechtliche Besonderheiten, deren Nichtbeachtung im Einzelfall spürbare wirtschaftliche Konsequenzen vor allem für den Ingenieur nach sich ziehen kann.

#### 4.4.2.1 Die Angebotsbindung

Durch die Abgabe eines Angebotes tritt mit dessen Zugang bei dem künftigen Vertragspartner eine **Bindungswirkung** des Anbieters ein. Bis zum Zugang des Angebotes kann dieses gem. § 130 Abs. 1 Satz 2 BGB jederzeit widerrufen werden.

Nicht selten besteht jedoch deshalb keine Bindung an das vorgebliche Angebot, weil es sich nicht um ein Angebot i. S. d. § 145 BGB handelt, sondern lediglich um eine **Aufforderung zur Abgabe eines Vertragsangebotes.**

Ein **Ausschluß der Bindung** an das Angebot liegt nach allgemeinem Vertragsrecht dann vor, wenn der Erklärende Klauseln wie »ohne Obligo« oder »Angebot freibleibend« verwendet.

Der Erklärende will damit zum Ausdruck bringen, daß er sein Vertragsangebot auch noch nach Zugang bei der Gegenseite widerrufen kann.

Eine **Beschränkung der Bindungswirkung** kann auch in **zeitlicher** Hinsicht erfolgen. In der Praxis wird dies häufig durch die Formulierung

> *»Wir halten uns an dieses Angebot bis spätestens … (konkretes Datum) gebunden. Die Annahmeerklärung muß uns innerhalb dieses Zeitraumes zugehen.«*

In einem solchen Fall entfällt die Bindungswirkung nach Ablauf der gesetzten Annahmefrist. D. h., geht die Annahmeerklärung erst nach Ablauf des gesetzten Zeitraumes ein, kommt kein Vertrag zustande. Die verspätete Annahmeerklärung wird jedoch gem. § 150 Abs. 1 BGB als neues Angebot gewertet, das seinerseits ausdrücklich angenommen werden muß. Dieser Sachverhalt wird in dem nachfolgenden Schaubild nochmals erläutert.

## Verspätete Annahme eines befristeten Angebotes

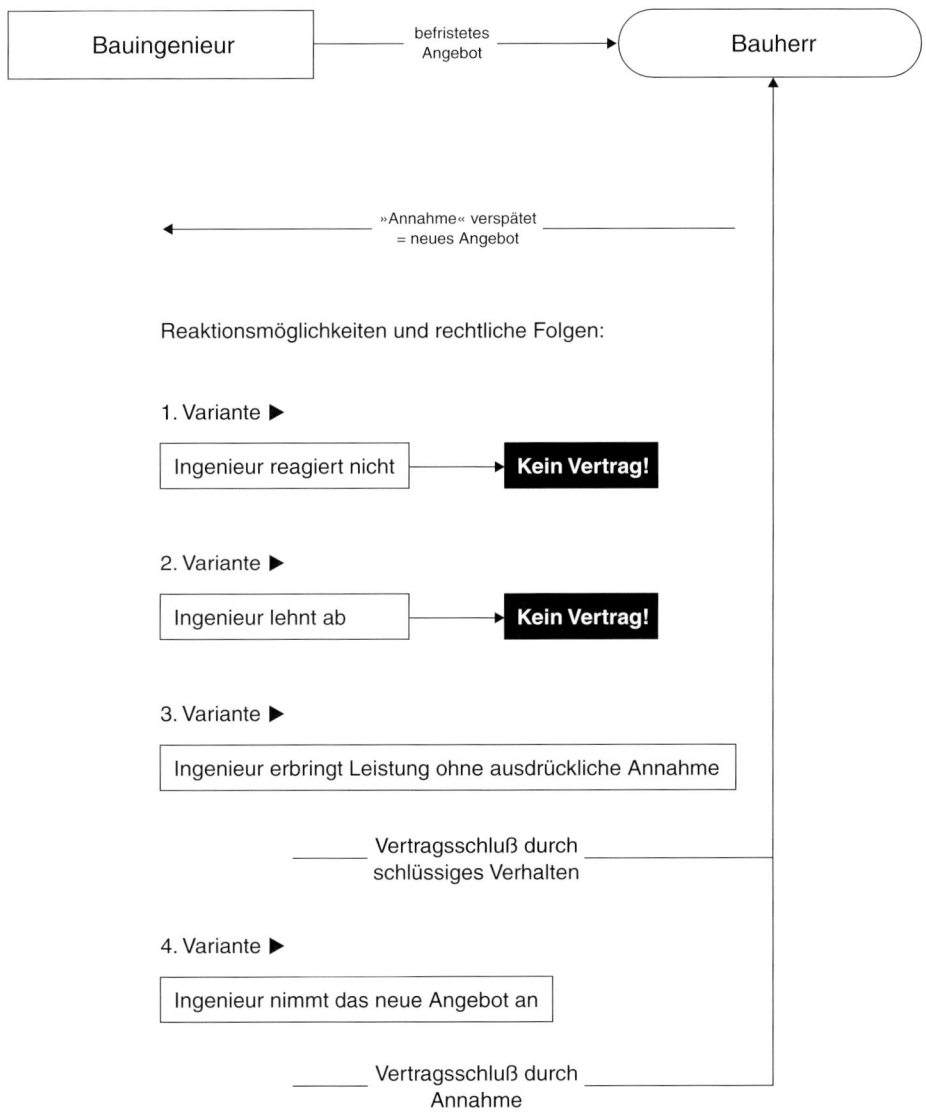

Gerade im Ingenieurbereich findet sich ferner eine besondere Form der Beschränkung der Bindungswirkung in Form einer nur teilweisen Auftragserteilung. Oftmals hat der Auftraggeber ein Interesse, den Ingenieur zunächst nur mit einem Teil der erforderlichen Leistungsphasen zu beauftragen. Hinsichtlich der verbleibenden Leistungsphasen will sich der Auftraggeber – zunächst – noch nicht vertraglich binden. Diese sog. **stufenweise Beauftragung** des Ingenieurs wird an anderer Stelle ausführlich dargestellt.[16]) Gerade in Fällen einer solchen stufenweisen Beauftragung muß der Bauingenieur in seiner Kalkulation gründlich prüfen, ob er den Auftrag auch dann ausführen will, wenn ihm die weiteren Leistungsphasen nicht übergeben werden.

Zusammenfassend ist zur Angebotsbindung folgendes festzuhalten:

Grundsätzlich ist der Anbieter an sein Angebot gebunden, es sei denn, er hat die Bindungswirkung ausdrücklich durch eine entsprechende Klausel ausgeschlossen. Nicht selten ist das vermeintliche Angebot jedoch nur eine Aufforderung an den Ingenieur zur Abgabe eines eigenen Angebotes. Die Bindungswirkung kann zeitlich beschränkt werden durch eine Befristung. Die Bindungswirkung kann ferner – in der Praxis des Ingenieurrechts häufig – durch eine gestufte Beauftragung nur einen Teil des Auftrages umfassen.

### 4.4.2.2 Das kaufmännische Bestätigungsschreiben

Besondere Vorsicht ist geboten, wenn dem Ingenieur nach erfolgter mündlicher Vertragsverhandlung ein sog. **kaufmännisches Bestätigungsschreiben** zugeht. Im Geschäftsverkehr ist es üblich, mündlich getroffene Vertragsabschlüsse schriftlich zu bestätigen. Nicht selten werden jedoch in diesen Bestätigungsschreiben Abweichungen oder Zusätze aufgenommen, die nicht Gegenstand der mündlichen Vertragsverhandlungen waren.

---

**Beispiel**

*Der Geschäftsführer der Bauingenieurgesellschaft Plan GmbH und Auftraggeber A haben sich mündlich über den Abschluß eines Ingenieurvertrages über eine Tragwerksplanung geeinigt. Zwei Tage später erhält der Geschäftsführer ein freundlich gefaßtes Schreiben, in welchem »der guten Ordnung halber« die getroffenen Vereinbarungen nochmals zusammengefaßt werden.*
*In dem mehrseitigen Schreiben findet sich an einer Stelle der Hinweis:*
   *»Die Vertragsparteien haben sich auch darüber geeinigt, daß die Allgemeinen Geschäftsbedingungen des Auftraggebers Bestandteil des Vertrages sind. Die Allgemeinen Geschäftsbedingungen wurden dem Auftragnehmer zur Einsicht vorgelegt und von ihm akzeptiert.«*
*Während der mündlichen Verhandlung war von den Allgemeinen Geschäftsbedingungen des Auftraggebers keine Rede. Der Geschäftsführer der Ingenieurgesellschaft übersieht diesen Hinweis und legt das Schreiben zu seinen Akten.*

---

In derartigen Fällen stellt sich die Frage, ob der Vertrag mit dem Inhalt des kaufmännischen Bestätigungsschreibens geschlossen wurde oder ob allein die mündlich getroffene Vereinbarung Vertragsinhalt ist.

Grundsätzlich ist davon auszugehen, daß Schweigen im Rechtsverkehr keine Willenserklärung darstellt. Etwas anderes gilt allerdings bei einem kaufmännischen Bestätigungsschreiben:

Schweigt der Empfänger eines kaufmännischen Bestätigungsschreibens, so muß er den Inhalt des Schreibens gegen sich gelten lassen. Durch sein Schweigen wird also der mündlich getroffene Vertrag nach Maßgabe des Bestätigungsschreibens geändert oder ergänzt. Will der Empfänger eines kaufmännischen Bestätigungsschreibens dies verhindern, so muß er den Änderungen oder Ergänzungen ausdrücklich widersprechen.

---

**Praxishinweis**

*Nach Zugang eines Bestätigungsschreibens ist der Ingenieur gehalten, den Inhalt dieses Bestätigungsschreibens gründlich zu lesen und mit den Ergebnissen der vorangegangenen mündlichen Vertragsverhandlung abzugleichen. Ergeben sich Änderungen oder Ergänzungen, die der Bauingenieur nicht akzeptieren will, so muß er unverzüglich diesen Änderungen gegenüber dem Vertragspartner schriftlich widersprechen.*

---

Ein Widerspruch ist dann nicht erforderlich, wenn das Bestätigungsschreiben inhaltlich so weit von den mündlichen Vertragsverhandlungen abweicht, daß der Bestätigende vernünftigerweise mit einem Einverständnis des Empfängers nicht rechnen kann. Dies ist etwa anzunehmen, wenn der Absender unzumutbare oder branchenunübliche Bedingungen aufnimmt. Im Zweifelsfalle und um künftige Streitigkeiten zu vermeiden, ist jedoch zu empfehlen, in jedem Falle ein Widerspruchsschreiben abzufassen.

Nach der Rechtsprechung[17]) muß der Widerspruch »unverzüglich« erfolgen, i. d. R. also innerhalb von ein bis zwei Tagen nach

Zugang. Auch drei Tage können im Einzelfall ausreichend sein.[18]) Dagegen führt ein Zuwarten von einer Woche in aller Regel zu einem verspäteten Widerspruch.[19])

Die vorstehenden Grundsätze über das sogenannte »Schweigen auf ein kaufmännisches Bestätigungsschreiben«, welche zu einem Vertragsschluß mit dem Inhalt des Bestätigungsschreibens führen, sind zunächst im Verkehr unter Vollkaufleuten entwickelt worden. Sie gelten allerdings nach heutiger Rechtsprechung für sämtliche Empfänger eines Bestätigungsschreibens, die wie ein Kaufmann im größeren Umfang selbständig am Rechtsverkehr teilnehmen. Dies gilt auch für den Architekten und den Ingenieur.[20])

Kaufmännische Bestätigungsschreiben werden nicht nur bei Abschluß des Hauptvertrages genutzt. In der Praxis kommt ihnen auch eine hohe Bedeutung bei der Erteilung von **Zusatzaufträgen** oder **Änderungsabreden** zu.

---

**Praxishinweis**

*Bei der Erteilung eines Auftrages für Besondere Leistungen, für die im Hauptvertrag noch kein Honorar vorgesehen ist, darf sich der Ingenieur auf ein bloßes kaufmännisches Bestätigungsschreiben nicht verlassen. Handelt es sich um Besondere Leistungen, die zu den Grundleistungen hinzutreten, muß wegen § 5 Abs. 4 HOAI das Honorar schriftlich vereinbart werden. Hier reicht ein kaufmännisches Bestätigungsschreiben nicht aus.*

---

Zusammenfassend ist daher festzuhalten:

Der Bauingenieur, der ein Bestätigungsschreiben mit Änderungen zugunsten des Auftraggebers erhält, schließt einen wirksamen Vertrag mit dem Inhalt des Bestätigungsschreibens ab, wenn er nicht unverzüglich widerspricht. Im Eingangsbeispiel sind demnach die Allgemeinen Geschäftsbedingungen des Auftraggebers A wirksam in den Vertrag einbezogen worden. Der Auftraggeber muß allerdings den Zugang des Schreibens beweisen. Der Bauingenieur seinerseits ist im Streitfall beweispflichtig für den Zugang des Widerspruchs und seiner Rechtzeitigkeit bzw. für eine unzumutbare inhaltliche Abweichung zu den mündlichen Vorabsprachen.

### 4.4.2.3 Vertragsschluß bei geänderter Annahme eines Angebotes

In der Praxis äußerst problematisch ist ferner die Annahme eines Vertragsangebotes unter Erweiterungen, Einschränkungen oder sonstigen Änderungen (sog. **modifizierte Annahme).**

---

#### Beispiel

*Ein Ingenieur bietet Leistungen für eine Projektsteuerung zu einem Festpreis von 150.000 DM zzgl. MwSt. an. Er unterbreitet dem Auftraggeber ein entsprechendes schriftliches Angebot. Der Auftraggeber vermerkt in seinem Antwortschreiben: »Ich bin mit Ihrem Angebot einverstanden unter der Voraussetzung, daß der Festpreis in Höhe von 150.000 DM ein Bruttopreis ist.« Der Ingenieur erbringt daraufhin die entsprechenden Leistungen für die Projektsteuerung.*

---

Gem. § 150 Abs. 2 BGB kommt in einem solchen Fall mit der geänderten Annahme noch kein Vertrag zustande. Vielmehr gilt die geänderte Annahme (Im Beispielsfall: statt eines Nettohonorars in Höhe von 150.000 DM ein Bruttohonorar in Höhe von 150.000 DM) als Ablehnung des ursprünglichen Angebotes, verbunden mit einem neuen Angebot. Wird dieses neue Angebot

von dem Vertragspartner nicht angenommen, fehlt es an einem Vertrag. Erbringt allerdings der Vertragspartner seine Leistung, so liegt darin eine Annahme des geänderten Angebotes durch schlüssiges Verhalten. Der Vertrag kommt also auf der Grundlage der Änderungen des Auftraggebers zustande. Dieser Sachverhalt wird nachfolgend nochmals anhand eines Schaubildes verdeutlicht.

Das nebenstehende Schaubild zeigt, daß je nach Reaktion des Ingenieurs entweder kein Vertrag oder ein Vertrag mit dem Inhalt des von dem Auftraggeber modifizierten Angebotes zustande kommt.

Für den Ingenieur problematisch kann die dargestellte dritte Variante werden: Hier erbringt er seine Leistungen, ohne daß er die Annahme ausdrücklich schriftlich erklärt hat. Der Vertrag ist – durch schlüssiges Verhalten des Ingenieurs – mit dem Inhalt der Vertragsbedingungen des Auftraggebers zustande gekommen. Dies mag in vielen Fällen für den Ingenieur akzeptabel sein. Wenn allerdings die Vertragsänderungen des Auftraggebers für den Ingenieur wirtschaftlich nachteilig sind, hat der Ingenieur einen nicht gewollten und für ihn ungünstigen Vertrag geschlossen. In den Fällen einer sog. modifizierten Annahme eines Angebotes ist daher größte Vorsicht geboten.

# Abgeänderte Annahme eines Angebotes

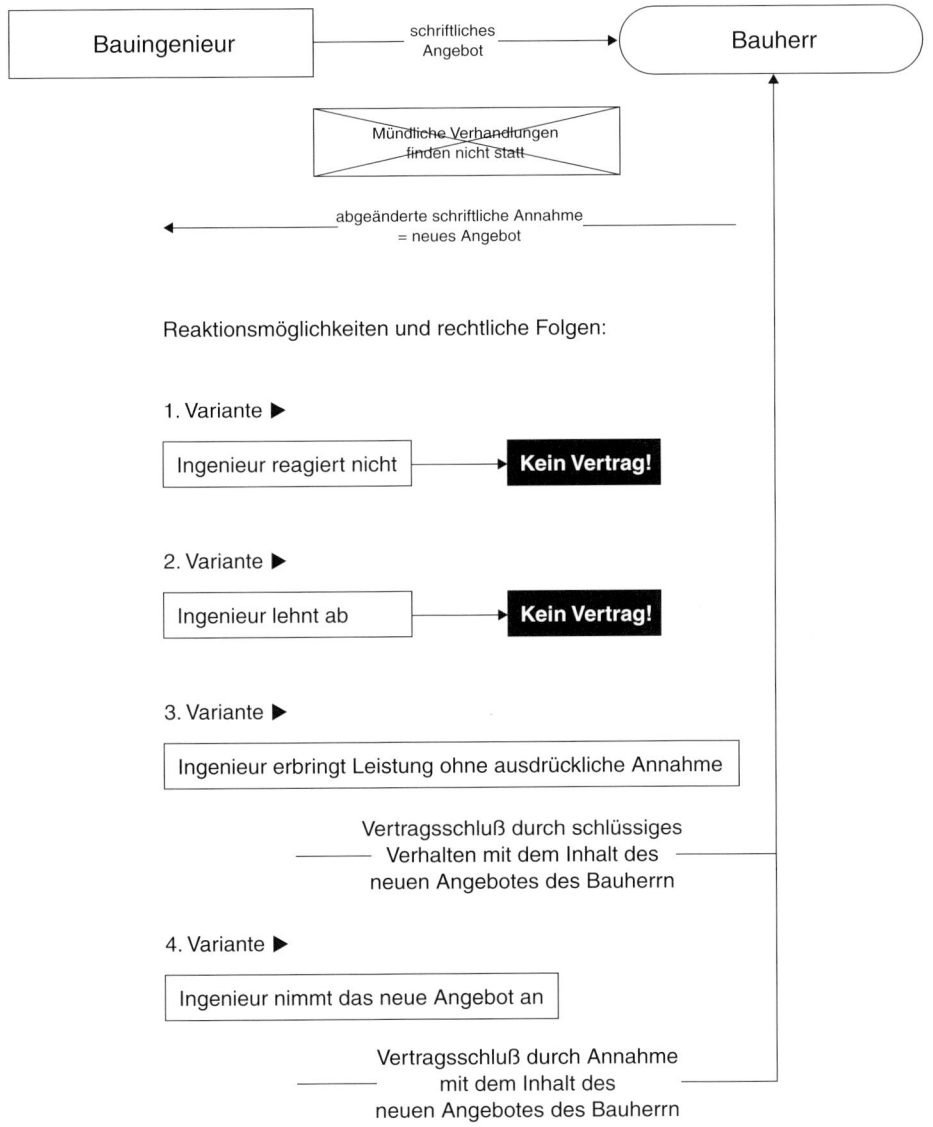

---

### Praxishinweis

*Der Ingenieur, der von seinem Auftraggeber auf ein unterbreitetes Angebot eine abgeänderte »Annahme« erhält, muß dieses neue Angebot vor Erbringung seiner Leistungen schriftlich annehmen. Dies gilt insbesondere, wenn nach der HOAI für die Ingenieurleistung eine schriftliche Honorarvereinbarung verlangt wird. Ist der Ingenieur mit den Änderungen nicht einverstanden, so bestehen für ihn zwei Möglichkeiten:*

* *Er widerspricht dem neuen Angebot und verlangt neue Vertragsverhandlungen;*
* *oder aber er reagiert nicht, so daß kein Vertrag zustande kommt.*

---

Praktisch bedeutsam ist die sog. modifizierte Annahme auch in den Fällen, in denen beide Vertragsparteien auf ihre **einander widersprechenden Allgemeinen Geschäftsbedingungen** Bezug genommen haben. Auch in diesem Fall ist zunächst kein Vertrag zustande gekommen. Werden die Planungsleistungen von dem Ingenieur gleichwohl erbracht und von dem Auftraggeber angenommen, so ist wiederum durch schlüssiges Verhalten ein wirksamer Vertrag zustande gekommen. Allerdings sind die Allgemeinen Geschäftsbedingungen beider Parteien nicht Vertragsbestandteil geworden.

### 4.4.3 Der Vertragsabschluß durch Vertreter des Auftraggebers

In der Praxis wird auf seiten des Auftraggebers häufig ein sog. **Stellvertreter** auftreten und den Vertrag im Namen des Auftraggebers unterzeichnen. Der Vertreter tritt also anstelle des Vertragspartners bei der Abgabe oder der Annahme einer Willenserklärung auf. Rechtlich gibt der Stellvertreter eine eigene Willenserklärung ab; diese soll jedoch für und gegen den eigentlichen Vertragspartner, den Vertretenen, gelten.

---

### Beispiel

* *Der Prokurist einer Investoren-GmbH verhandelt mit dem Ingenieur und unterzeichnet den Vertrag. In diesem Fall tritt der Prokurist kraft seiner gesetzlichen Vertretungsmacht gem. § 48 HGB auf.*
* *Der Bauherr hat dem Architekten eine Vollmacht zur Verhandlung mit Behörden erteilt und für diese Verhandlung schriftliche Weisungen gegeben. Der Angestellte eines Auftraggebers verhandelt mit dem Bauingenieur und schließt namens des Auftraggebers den Vertrag ab. In diesem Fall gründet die Vertretungsmacht des Angestellten auf einer ihm ausdrücklich erteilten rechtsgeschäftlichen Vollmacht gem. § 167 BGB.*

---

Ein Vertreter muß nicht ausdrücklich erklären, daß er nicht im eigenen Namen, sondern für einen Dritten handelt. Gem. § 164 Abs. 1 Satz 2 BGB ist es ausreichend, wenn der Wille zur Vertretung eines anderen aus den Gesamtumständen zu entnehmen ist.

Diese auf den ersten Blick einfachen Grundsätze der Stellvertretung sind gleichwohl in der Praxis höchst streitanfällig. Dies gilt insbesondere dann, wenn der Auftraggeber das Bestehen einer Vollmacht des

Vertreters zum Abschluß des Ingenieurvertrages bestreitet. Nachfolgend werden deshalb die wesentlichen in der Praxis immer wieder vorkommenden Fallgestaltungen besprochen.

### 4.4.3.1 Der vollmachtlose Vertreter, die Duldungs- und Anscheinsvollmacht

Wendet der Auftraggeber ein, daß der Verhandlungspartner des Ingenieurs zum Abschluß des Vertrages keine Vollmacht hat, so ergeben sich **drei Grundkonstellationen:**

• Der Vertreter ohne Vertretungsmacht hatte **keine Vollmacht** zum Vertragsabschluß, und der Ingenieur konnte auch nicht aufgrund anderer Umstände auf das Bestehen einer Vollmacht vertrauen:
In diesem Fall ist zwischen dem Bauingenieur und dem Auftraggeber kein Vertrag zustande gekommen. Der Ingenieur hat also auch keinerlei Honoraransprüche gegen den vermeintlichen Auftraggeber. Dieser kann allerdings den Vertragsabschluß gem. §§ 177 Abs. 1, 184 Abs. 1 BGB nachträglich **genehmigen.** Diese Genehmigung wirkt **rückwirkend,** so daß der Vertrag zum Zeitpunkt der ursprünglichen Auftragserteilung rechtswirksam wird.
Verweigert allerdings der Auftraggeber die Genehmigung, so kann sich der Ingenieur für seine erbrachten Leistungen nur noch bei dem vermeintlichen Vertreter schadlos halten. Der Vertreter haftet ihm gegenüber gem. § 179 Abs. 1 BGB als sog. »Vertreter ohne Vertretungsmacht«. Der Ingenieur kann nach eigener Wahl Erfüllung, d.h. Zahlung des Honorars oder Schadensersatz verlangen. In der Praxis zeigt sich allerdings häufig, daß der Vertreter, zumeist ein (früherer) Angestellter des vermeintli-

chen Auftraggebers, nicht über die Geldmittel verfügt, um die Honoraransprüche des Auftragnehmers zu befriedigen.

---

**Praxishinweis**

*Hat der Bauingenieur Zweifel, ob sein Verhandlungspartner auch tatsächlich eine Vollmacht zum Abschluß des Rechtsgeschäftes besitzt, so muß er unbedingt vor Planungsbeginn den Auftraggeber bitten, das Rechtsgeschäft schriftlich zu bestätigen. Die schriftliche Bestätigung beinhaltet bei Fehlen einer Vollmacht die Genehmigung nach § 184 BGB.*

---

• Die **Duldungsvollmacht**

Eine Duldungsvollmacht ist rechtstechnisch zwar keine wirkliche Vollmacht. Sie stellt den Ingenieur jedoch im Ergebnis so, als hätte sein Verhandlungspartner als Bevollmächtigter des eigentlichen Vertragspartners gehandelt. Von einer Duldungsvollmacht spricht man, wenn der eigentliche Auftraggeber weiß, daß jemand ohne Vollmacht für ihn handelt, dies aber duldet. In einem solchen Fall kann er sich nicht auf den Mangel der Vollmacht berufen, wenn der Geschäftspartner (etwa der Bauingenieur) dieses Verhalten (Duldung) nach Treu und Glauben dahin verstehen durfte, daß sein eigentlicher Verhandlungspartner von dem Auftraggeber bevollmächtigt war.

---

**Beispiel**

*Der für den Bereich Haustechnik zuständige Angestellte einer Investorengesellschaft hat zum Abschluß von Ingenieurverträgen keine Vollmacht. Dennoch vergibt er während eines längeren Zeitraumes Planungsaufträge für Anlagen der technischen Ausrüstung im Rahmen eines Bauvorhabens. Der Geschäftsführer der Investorengesellschaft nimmt dies hin. Erst als es mit einem Bauingenieur zum Streit kommt, beruft sich der Geschäftsführer auf die fehlende Vollmacht des Angestellten.*

---

In einem solchen Fall kann sich der Auftraggeber nach den Grundsätzen der Duldungsvollmacht nicht auf den Mangel der Vollmacht berufen. Der Ingenieurvertrag ist wirksam zwischen dem Ingenieur und dem Auftraggeber zustande gekommen.

• Die **Anscheinsvollmacht**

Auch bei der sog. Anscheinsvollmacht liegt in Wirklichkeit keine Vollmacht vor. Gegenüber der Duldungsvollmacht gehen die von der Rechtsprechung entwickelten Grundsätze zur Anscheinsvollmacht jedoch noch einen Schritt weiter:
Eine Anscheinsvollmacht liegt vor, wenn der Vertretene das Handeln seines angeblichen Vertreters zwar nicht kennt, er aber bei pflichtgemäßer Sorgfalt hätte erkennen und verhindern können, daß ein vollmachtloser Dritter als Stellvertreter aufgetreten ist. Ferner muß der Geschäftspartner (hier z.B. der Bauingenieur) auf den Rechtsschein der Bevollmächtigung vertraut haben.
In einem solchen Fall kann sich der Auftraggeber im Interesse der Rechtssicherheit ebenfalls nicht auf den Mangel der Vollmacht berufen, sofern der Geschäftspartner nach Treu und Glauben annehmen konnte, der Auftraggeber kenne und dulde

das Auftreten des Vertreters (sog. Rechtsscheinhaftung).

Zusammenfassend ist daher festzuhalten:

Fehlt dem Verhandlungspartner des Ingenieurs die Vollmacht zur Vertretung des angeblichen Auftraggebers, so kann dies entweder durch spätere Genehmigung des Auftraggebers geheilt werden, oder aber der Bauingenieur muß sich auf das Vorliegen einer sog. Duldungsvollmacht oder einer sog. Anscheinsvollmacht berufen. Liegt keine dieser drei Varianten vor, so ist ein wirksamer Ingenieurvertrag nicht zustande gekommen. Der Ingenieur kann allenfalls noch Honoraransprüche unmittelbar gegen den vollmachtlosen Vertreter durchsetzen. Dies scheitert in der Praxis häufig an der fehlenden Solvenz des vollmachtlosen Vertreters.

---

**Praxishinweis**

*Sofern der Bauingenieur gegen einen vollmachtlosen Vertreter Ansprüche nach § 179 BGB geltend macht, verjähren diese in der gleichen Frist, die für den Anspruch aus dem vermeintlichen Vertrag gegolten hätten. Die Verjährungsfrist beginnt zu laufen mit dem Zeitpunkt, zu dem der vermeintliche Auftraggeber die Genehmigung des Vertrages verweigert.[21])*

---

## 4.4.3.2 Vertretungsprobleme bei kommunalen und kirchlichen Auftraggebern

Wird der Bauingenieur für eine **Gemeinde** oder einen **Landkreis** tätig, so kann die Vertretungsmacht des für die Gebietskörperschaft Handelnden (z.B. Bürgermeister, Landrat) nach Landesrecht besonderen Beschränkungen unterliegen. Häufig anzutreffen ist etwa ein Schriftformerfordernis. So sieht etwa § 54 Abs. 1, 4 GemO Baden-Württemberg vor, daß

> »Erklärungen, durch welche die Gemeinde verpflichtet werden soll, der Schriftform bedürfen, wenn nicht ein Geschäft der laufenden Verwaltung vorliegt«.

Ähnliche Regelungen finden sich in anderen Bundesländern.[22]

Ein weiteres Problem in diesem Zusammenhang ist das Erfordernis der »doppelten Unterschrift« bei Verpflichtungsgeschäften. § 64 Abs. 1 GO NW verlangt beispielsweise:

> »Erklärungen, durch welche die Gemeinde verpflichtet werden soll, bedürfen der Schriftform. Sie sind vom Bürgermeister[23] oder seinem Stellvertreter und einem vertretungsberechtigten Beamten oder Angestellten zu unterzeichnen, soweit nicht dieses Gesetz etwas anderes bestimmt.«

Das Erfordernis der »doppelten Unterschrift« gilt nicht für Geschäfte der laufenden Verwaltung.

Diese Formvorschriften der Gemeindeordnungen/Landkreisordnungen berühren materiell-rechtlich nach der Rechtsprechung die **Vertretungsmacht** des handelnden Bürgermeisters oder Landrates.[24] Sie dienen dem Schutz der Gebietskörperschaft und ihren Mitgliedern. Vergibt daher ein Bürgermeister mündlich einen Ingenieurauftrag für Leistungen, die nicht mehr zur laufenden Verwaltung gehören, so handelt der Bür-

---

**Beispiel**

1. Ein Ingenieur erhält mündlich vom Bürgermeister den Auftrag für die örtliche Bauüberwachung eines Ingenieurbauwerkes (§ 57 HOAI).
   Der Ingenieur wird erstmals für die Gemeinde tätig. Das zu erwartende Ingenieurhonorar beträgt voraussichtlich 150.000 DM und übersteigt damit den Bereich der laufenden Verwaltung. Bei der nächsten Gemeinderatssitzung wird dieses Geschäft genehmigt.
   Rechtsfolge:
   Mit Genehmigung kommt der Vertrag rückwirkend wirksam zustande.

2. Gleicher Sachverhalt wie Beispiel 1. Allerdings genehmigt der Gemeinderat das Rechtsgeschäft nicht, weil etwa durch Änderungen in den Mehrheitsverhältnissen des Gemeinderates die Partei des Bürgermeisters zur Minderheitsfraktion wurde.
   Rechtsfolge:
   Die Beauftragung mit der örtlichen Bauüberwachung kommt mangels entsprechender Vertretungsmacht des Bürgermeisters nicht wirksam zustande.
   Der Ingenieur kann für seine erbrachten Leistungen nur den Bürgermeister persönlich in Anspruch nehmen.

3. Gleicher Sachverhalt wie Beispiel 2. Allerdings hat der Ingenieur bereits mehrfach mit der Kommune zusammengearbeitet.
   Rechtsfolge:
   Ein Vertrag mit der Kommune ist nicht zustande gekommen mangels entsprechender Vertretungsmacht des Bürgermeisters. Auch der Bürgermeister haftet nicht, da anzunehmen ist, daß der Ingenieur Kenntnis von dem Schriftformerfordernis und damit von der mangelnden Vertretungsmacht des Bürgermeisters hätte haben müssen.

germeister als Vertreter ohne Vertretungsmacht. Es kommt daher zunächst kein
Vertrag zwischen dem Ingenieur und der
Gemeinde zustande. Lediglich der Bürgermeister haftet dem Ingenieur nach § 179
Abs. 1 BGB als Vertreter ohne Vertretungsmacht. Genehmigt allerdings später das
nach der Gemeindeordnung für die Willensbildung zuständige Organ (die Gemeindevertretung, der Gemeinderat) den Vertragsabschluß, so wird der Ingenieurvertrag rückwirkend wirksam. Verweigert der Gemeinderat
allerdings die Genehmigung, so hat der
Ingenieur keine vertraglichen Erfüllungsansprüche gegen die Gemeinde. Im Extremfall
kann sogar eine Haftung des Bürgermeisters
ausscheiden, wenn nämlich der Architekt
wußte oder hätte wissen müssen, daß die
Gemeindeordnung ein Schriftformerfordernis vorsieht. Dies ist in aller Regel dann
anzunehmen, wenn der Ingenieur schon
häufiger Aufträge von der öffentlichen Hand
erhalten hat.

Auch Verträge mit **kirchlichen Auftraggebern** bedürfen zu ihrem wirksamen Zustandekommen nach dem einschlägigen
Kirchenrecht der Genehmigung durch ein
bestimmtes Organ.[25])

---
### Beispiel

*Planungsverträge für den Neubau eines
Krankenhauses einer katholischen Kirchengemeinde bedürfen zu ihrer Wirksamkeit der
Genehmigung der bischöflichen Behörde.[26])
Bei einer evangelischen Kirchengemeinde
bedürfen sie i. d. R. zumindest der Genehmigung durch das Presbyterium.*

---

Auch derartige spezifische kirchenrechtliche
Vorschriften, wie etwa § 21 Abs. 2 des Ver-
mögensverwaltungsgesetzes vom 24. 07.
1924, beschränken die Vertretungsmacht

des Handelnden. Wird die Genehmigung
der bischöflichen Behörde nicht erteilt, so
kommt der Vertrag mangels Vertretungsmacht des auf seiten des Auftraggebers
Handelnden nicht zustande.

---
### Praxishinweis

*Bei Aufträgen kirchlicher Institutionen ist bei
dem Auftraggeber anzufragen, ob dem Vertragsschluß kirchenrechtliche Genehmigungsvorbehalte entgegenstehen könnten bzw.
ob die entsprechende Genehmigung erteilt
wurde.
Fehlt die Genehmigung, so sollte der Ingenieur bis zu ihrer Erteilung zunächst keine
Leistungen erbringen, da er anderenfalls
ohne vertragliche Grundlage tätig wird.*

---

### 4.4.3.3 Vertretungsprobleme bei
juristischen Personen
als Auftraggeber

Oftmals stehen dem Ingenieur auf Auftraggeberseite juristische Personen gegenüber.
I. d. R. sind es Gesellschaften mit beschränkter Haftung, aber auch Aktiengesell-
schaften, Genossenschaften oder Vereine,
die Planungsaufträge vergeben. Gerade im
Immobilienbereich ist die GmbH eine der am
häufigsten anzutreffenden Gesellschaftsfor-
men. Im Rechtsverkehr handelt die Kapitalgesellschaft nicht selber, sondern wird
durch natürliche Personen vertreten. Der
Geschäftspartner einer juristischen Person
hat sich zu vergewissern, ob der für die
Gesellschaft Handelnde auch tatsächlich
Vertretungsmacht besitzt. In Zweifelsfällen
kann dies unproblematisch durch eine Handelsregisteranfrage in Erfahrung gebracht
werden. Im Handelsregister sind die Ver-
tretungsverhältnisse eingetragen. Die Einsicht des Handelsregisters sowie der zum
Handelsregister eingereichten Schriftstücke

ist gem. § 9 Abs. 1 HGB jedem gestattet. Befindet sich der Sitz der Gesellschaft des Auftraggebers in einer anderen Stadt, so empfiehlt sich die Anforderung eines (aus Kostengründen unbeglaubigten) Handelsregisterauszuges. Eine solche Anfrage wird von den Registergerichten im allgemeinen schnell und unbürokratisch beantwortet. Die Anfrage sollte unter Angabe des Namens der Gesellschaft und ihres Sitzes sowie – falls bekannt – der sog. HRB-Nummer[27]) erfolgen. Die HRB-Nummer findet sich im Briefbogen der GmbH. Eine Handelsregisteranfrage kann etwa wie folgt lauten:

An das Amtsgericht X
Registergericht
(Anschrift)

Betr.: XY-GmbH mit Sitz in ...,
       HRB-Nummer ........

Sehr geehrte Damen und Herren,

wir bitten um Übersendung eines unbeglaubigten Handelsregisterauszuges zu der im Betreff genannten Gesellschaft.

Mit freundlichen Grüßen

Dipl.-Ing. Müller

Den Angaben im Handelsregister ist sodann zu entnehmen, ob der konkrete Verhandlungspartner eine Vertretungsvollmacht besitzt. Bei einer GmbH finden sich in aller Regel folgende Vertretungsvarianten:

• Einzelvertretungsbefugnis eines jeden Geschäftsführers.
• Gemeinschaftliche Vertretungsbefugnis der Geschäftsführer.
  (Beispiel: 2-Mann-GmbH mit zwei Geschäftsführern, die nur gemeinsam zeichnungsberechtigt sind.)

• Vertretung durch einen Geschäftsführer gemeinsam mit einem Prokuristen.
• Einzelvertretungsbefugnis der Geschäftsführer und der Prokuristen.

| Praxishinweis |
|---|
| *In Zweifelsfällen, insbesondere wenn die auftraggebende GmbH am Markt unbekannt ist, sollte anhand eines Handelsregisterauszuges die Vertretungsbefugnis des Verhandlungspartners durch Einsicht in das Handelsregister geprüft werden.[28])* |

Tritt auf seiten der Kapitalgesellschaft eine im Register nicht als vertretungsbefugtes Organ eingetragene Person auf, so ist der Ingenieurvertrag mit der Kapitalgesellschaft zunächst nicht wirksam zustande gekommen. Wird der Vertrag allerdings durch einen vertretungsbefugten Geschäftsführer oder Prokuristen genehmigt, so wirkt diese Genehmigung wiederum rückwirkend vertragsbegründend. Verweigert die Gesellschaft die Genehmigung, so stehen dem Ingenieur nur Ansprüche gegen den unmittelbar handelnden Verhandlungspartner nach den Grundsätzen der Haftung des vollmachtlosen Vertreters gem. § 179 BGB zu.

## 4.5 Die Vollmacht des Ingenieurs

Die vorstehenden Ausführungen beschäftigten sich mit der Fallgestaltung, daß der Bauingenieur mit einem Vertreter seines Auftraggebers den Ingenieurvertrag schließt. In einem weiteren Schritt stellt sich die Frage, ob und in welchem Umfang der Ingenieur **für** den Auftraggeber Aufträge an Dritte wirksam vergeben kann. Ein wirksames rechtsgeschäftliches Handeln im Namen des Auftraggebers setzt voraus, daß der Ingenieur eine entsprechende **Vollmacht** hat.

Gewerblich tätige Bauherrn **schließen** in aller Regel eine Vollmacht des Ingenieurs zur Vergabe von Zusatzaufträgen **in ihren Verträgen aus.** Eine solche Klausel lautet etwa:

>*»Der Ingenieur ist verpflichtet, die Interessen des Auftraggebers wahrzunehmen. Er ist nicht befugt, ohne vorherige Zustimmung des Auftraggebers Aufträge an Dritte zu vergeben.«*

*oder*

>*»Rechtsgeschäftliche Verpflichtungen des Auftraggebers durch den Auftragnehmer (Ingenieur) sind ohne Zustimmung des Auftraggebers unwirksam.«*

*oder*

>*»Aufträge an Dritte können nur durch den Auftraggeber erteilt werden.«*

Derartige Klauseln, die dem Ingenieur ein rechtsgeschäftliches Handeln für den Auftraggeber ausdrücklich untersagen, finden sich häufig nicht unmittelbar in dem eigentlichen Ingenieurvertrag, sondern in den Allgemeinen Geschäftsbedingungen (AGB) des Auftraggebers.

Der umgekehrte Fall, nämlich die ausdrückliche Bevollmächtigung des Ingenieurs mit der Auftragsvergabe an Dritte ohne vorherige Zustimmung des Auftraggebers, wird in Ingenieurverträgen eher selten vereinbart. Eine derartige Vollmachtserteilung wird der Auftraggeber nur vornehmen, wenn er bereits über einen längeren Zeitraum hinweg mit dem Ingenieur vertrauensvoll zusammengearbeitet hat.

Wie aber ist die Rechtslage, wenn – wie nicht selten – im Ingenieurvertrag keine ausdrückliche Vereinbarung zur Vollmacht des Ingenieurs aufgenommen wurde?

Hier gilt der Grundsatz: **Der Umfang der Ingenieurvollmacht ist mit Rücksicht auf die Interessen des Auftraggebers grundsätzlich eng auszulegen.**

Allein der Abschluß eines Ingenieurvertrages bevollmächtigt den Ingenieur daher nicht, namens und im Auftrag eines Auftraggebers zusätzliche Aufträge zu vergeben, die zu einer fühlbaren Preiserhöhung führen können.

Vergibt etwa der bauleitende Ingenieur gleichwohl ohne vorherige Zustimmung des Auftraggebers Aufträge an Dritte, können die wirtschaftlichen Folgen für ihn empfindlich sein: Genehmigt der Auftraggeber diesen Auftrag nicht, so haftet der Ingenieur dem von ihm Beauftragten nach den Grundsätzen der Vertretung ohne Vertretungsmacht gem. § 179 BGB. Eine Haftung

---

**Praxishinweis**

*Zur Vermeidung einer Haftung wegen vollmachtlosen Handelns sollte der Bauingenieur entweder*
- *bei Auftragsvergaben stets zunächst die Zustimmung des Auftraggebers einholen oder*
- *den Beauftragten vor Zeugen darauf hinweisen, daß der Auftrag erst mit Genehmigung des Bauherrn wirksam wird.*

des Ingenieurs scheidet nur dann aus, wenn der Beauftragte hätte erkennen können, daß der Ingenieur ohne Vollmacht handelt.

Die folgende **Checkliste** gibt anhand der aktuellen Rechtsprechung einen Überblick zu der Frage, welche Handlungen der Ingenieur gegenüber Dritten im Rahmen seines Ingenieurvertrages für den Bauherrn wirksam vornehmen kann (nachfolgend 1.) bzw. mit welchen Handlungen er sich in den Bereich der Haftung als vollmachtloser Vertreter begibt (nachfolgend 2.).

Die untenstehende Checkliste verdeutlicht, daß der Ingenieur in der Praxis – ohne ausdrückliche Bevollmächtigung durch den Auftraggeber – zur Vermeidung eigener Haftung **rechtsgeschäftliche** Handlungen möglichst nur durch den Auftraggeber selbst bzw. dessen Bevollmächtigten vornehmen lassen soll.

Trotz eines vollmachtlosen Handelns des Ingenieurs kann ein Vertrag mit dem Auftraggeber ausnahmsweise nach den Grundsätzen der **Anscheinsvollmacht** bzw. der **Duldungsvollmacht** zustande kommen:

Die bloße Beauftragung zur Einholung von Angeboten begründet jedoch noch keine

---

**Checkliste: Die Vollmacht des Ingenieurs**

1.  Der Ingenieur ist grundsätzlich bevollmächtigt,
    *   das gemeinsame **Aufmaß** mit bindender Wirkung für den Auftraggeber vorzunehmen,[29]
    *   Bauleistungen **tatsächlich** entgegenzunehmen und eine **technische** Abnahme durchzuführen (ohne **rechtsgeschäftliche** Abnahme),[30]
    *   mit Behörden und Fachplanern zu **verhandeln** (ohne Auftragserteilung),[31]
    *   im Ausnahmefall Zusatzaufträge kleineren Umfanges oder gänzlich untergeordnete Neben- und Nachtragsaufträge für den Bauherrn zu vergeben[32] (hier ist jedoch Vorsicht geboten: Es wird im Einzelfall streitig sein, ob es sich tatsächlich um einen »kleineren Zusatzauftrag« handelt).
2.  Der Ingenieur ist ohne ausdrückliche Vollmacht grundsätzlich **nicht** befugt,
    *   Werklohnforderungen mit Wirkung für den Auftraggeber anzuerkennen (Hinweis: Der Prüfvermerk des Architekten/Ingenieurs auf der Schlußrechnung beinhaltet kein rechtsgeschäftliches Schuldanerkenntnis),[33]

    *   einen bestehenden Bauvertrag in seinen Modalitäten zu ändern,[34]
    *   bei Vorliegen eines Einheitspreisvertrages Stundenlohnarbeiten abzuzeichnen,[35]
    *   das Bauwerk rechtsgeschäftlich abzunehmen,[36]
    *   einem Bauunternehmer einen anderen Abrechnungsmodus zuzugestehen,[37]
    *   Nachträge zu vereinbaren (sofern diese nicht von untergeordneter Bedeutung sind – siehe oben –),
    *   Sonderfachleute zu beauftragen,[38]
    *   Baufristen zu verlängern,
    *   über einen vereinbarten Pauschalwerklohn hinaus umfangreiche Zusatzaufträge zu erteilen,[39]
    *   auf die Erteilung einer Schlußrechnung zu verzichten,[40]
    *   einen Vergleich über die Höhe der Werklohnforderung zu schließen,[41]
    *   Werklohnforderungen in einer bestimmten Höhe anzuerkennen,[42]
    *   Aufträge zu vergeben, mit denen Planungsfehler beseitigt werden sollen.[43]

Anscheinsvollmacht dahingehend, daß der Ingenieur auch zur Auftragsvergabe bevollmächtigt war. Demgegenüber ist eine Anscheinsvollmacht zugunsten des Ingenieurs anzunehmen, wenn er einen kleineren Zusatzauftrag für ein Gewerk vergibt, für dessen Vergabe er eine ausdrückliche Vollmacht des Auftraggebers besaß.

Der bauleitende Ingenieur kann sich auf eine Duldungsvollmacht beispielsweise dann berufen, wenn er mit Wissen seines Auftraggebers bereits über einen längeren Zeitraum Gewerke-Aufträge vergeben hat. In einem solchen Fall können die Handwerker darauf vertrauen, daß der Ingenieur entsprechend bevollmächtigt ist.

Zusammenfassend ist zur Vollmachtsproblematik des Ingenieurs festzuhalten:

Oftmals wird eine Vollmacht des Ingenieurs für ein rechtsgeschäftliches Handeln bereits im Ingenieurvertrag (ggf. in den AGB des Auftraggebers) ausgeschlossen. Fehlt eine solche Klausel, so besteht nach der Rechtsprechung mit Rücksicht auf die Interessen des Auftraggebers nur eine sehr eingeschränkte originäre Vollmacht des Ingenieurs (siehe dazu auch die Beispiele in der Checkliste). In der Praxis sollte der Ingenieur daher auf ein rechtsgeschäftliches Handeln im Namen des Auftraggebers verzichten.

## 4.6 Die Inhalte eines Ingenieurvertrages mit Erläuterungen und Checkliste

### 4.6.1 Typisierung der Ingenieurverträge

Der Inhalt des zwischen dem Auftraggeber und dem Bauingenieur zu schließenden Ingenieurvertrages steht in Abhängigkeit zur Art und zum Umfang des Bauobjektes sowie auch zu konkreten Auftragsleistungen des Ingenieurs. Dennoch wird in der Praxis versucht, eine **Typisierung** der Ingenieurverträge zu erreichen. Die Vertragstypisierung dient dem Ziel, durch **Fallgruppenbildung** Vertragsgruppen zu schaffen, die nach Aufbau, Struktur und Inhalt – bezogen auf die jeweilige Ingenieurleistung – vergleichbare Vertragsmuster bilden. Dies erleichtert die Vertragsgestaltung und die Verhandlung der Beteiligten. Eine solche Vertragstypisierung gewährleistet ferner die lückenlose Ermittlung des vertraglich zu regelnden Sachverhaltes und erleichtert es den Vortragsbeteiligten, Einzelprobleme zu erkennen. Schließlich erleichtert eine klare und in den verschiedenen Vertragsvarianten wiederkehrende Vertragsstruktur auch den Einsatz der EDV bei der Vertragsgestaltung. Der als Volltext gespeicherte Vertrag muß natürlich den Gegebenheiten des Einzelfalles durch Veränderungen und Einfügungen angepaßt werden.

Bestimmte Ingenieurleistungen entziehen sich allerdings einer solchen Typisierung. Dies gilt insbesondere für den Bereich der **komplexen Engineering-Verträge im Industrieanlagenbau.** Wird etwa eine hochspezialisierte Ingenieurgesellschaft mit der Anfertigung von Expertisen für die Planung eines Industrieanlagenbaus, mit der Erarbeitung des Verfahrens, mit der Projektierung und Konstruktion oder mit der Koordinierung der Einzelleistungen beauftragt, so müssen derartige Verträge auf das konkrete Projekt maßgeschneidert formuliert und im Detail ausgehandelt werden. Hierzu bedarf es einer abgestimmten Zusammenarbeit zwischen spezialisierten Rechtsanwälten, Kaufleuten und technischen Fachleuten. Von der Verwendung typisierter Vertragsmuster kann hier nur abgeraten werden.[44])

Für die typischen Leistungsbilder des Bauingenieurs liegen zwischenzeitlich Musterverträge vor. Entsprechende Mustermappen können im Fachhandel insbesondere für folgende Bereiche bezogen werden:

- Ingenieurvertrag über Leistungen bei Ingenieurbauwerken,
- Ingenieurvertrag über Leistungen bei Verkehrsanlagen für kommunale Auftraggeber,
- Ingenieurvertrag über Leistungen bei der Tragwerksplanung,
- Ingenieurvertrag über Leistungen für die technische Ausrüstung,
- Ingenieurvertrag über Leistungen der thermischen Bauphysik,
- Ingenieurvertrag über Leistungen für Bauakustik/Schallimmissionsschutz/Raumakustik,
- Ingenieurvertrag über Bodenmechanik, Erd- und Grundbau.

Diesen Formularverträgen sind i. d. R. »Allgemeine Vertragsbestimmungen zum Ingenieurvertrag (AVI)« beigefügt.

## 4.6.2 Typisierte Ingenieurverträge von Auftraggeberseite

Sowohl **öffentliche Auftraggeber** als auch **Großinvestoren der gewerblichen Wirtschaft** verfügen über **Vertragsmuster,** die sie den von ihnen vergebenen Architekten- und Ingenieuraufträgen zugrunde legen. Im Bereich der öffentlichen Auftragsvergabe sind diese Vertragsmuster als Handbücher bzw. in Richtlinienform veröffentlicht.

Die in der Praxis wichtigsten Vertragsmuster der öffentlichen Hand werden nachfolgend vorgestellt:

- **Richtlinien für die Durchführung von Bauaufgaben des Bundes im Zuständigkeitsbereich der Finanzbauverwaltung (RBBau)**[45])
  Diese Richtlinie enthält folgende Vertragsmuster:
  - Vertragsmuster: Gebäude (Anhang 10 RBBau)
  - Vertragsmuster: Technische Ausrüstung (Anhang 11 RBBau)
  - Vertragsmuster: Tragwerksplanung – und – Prüfung der Tragwerksplanung (Anhang 12 und 12/1 RBBau)
  - Vertragsmuster: Freianlagen (Anhang 13 RBBau)
  - Vertragsmuster: Ingenieurbauwerke und Verkehrsanlagen (Anhang 14 RBBau)
  - Vertragsmuster: Ingenieurvermessung (Anhang 15 RBBau)
  - Allgemeine Vertragsbestimmungen – AVB (Anhang 19 RBBau).

---

**Praxishinweis**

*Diese Richtlinien gelten unmittelbar für Bauaufgaben des Bundes im Zuständigkeitsbereich der Finanzbauverwaltung.*
*Diese Vertragsmuster werden jedoch häufig auch von anderen öffentlichen Auftraggebern entsprechend herangezogen, so daß die Vertragsmuster der RBBau von hoher praktischer Bedeutung sind.*

---

- **Handbuch für Verträge über Leistungen der Ingenieure und Landschaftsarchitekten im Straßen- und Brückenbau (HIV-StB)**

Dieses Handbuch ist eine vom Bundesministerium für Verkehr, Abteilung Straßenbau, herausgegebene Loseblatt-Sammlung mit Regelungen für die Gestaltung der Verträge über Leistungen der Ingenieure und Landschaftsarchitekten, die Vergabe dieser Leistungen sowie die Abwicklung der Verträge. Das Regelungswerk ist in fünf Teile gegliedert. Teil 4 enthält einen Vertragsvordruck (Ing 1) sowie Formulare für die Honorarermittlung und die Ermittlung der anrechenbaren Kosten für die einzelnen Leistungsbilder des Bauingenieurs. Teil 5 des HIV-StB enthält schließlich Allgemeine Vertragsbedingungen, die als AGB vom öffentlichen Auftraggeber gestellt werden.

- **Handbuch für Ingenieurverträge in der Wasserwirtschaft (HIV-Was)**

Das Handbuch für Ingenieurverträge in der Wasserwirtschaft (HIV-Was) gründet im wesentlichen auf den Inhalten des HIV-StB. Das Handbuch wird herausgegeben von der Länderarbeitsgemeinschaft Wasser (LAWA[46]). Die HIV-Was ist auch in der Abfallwirtschaft anwendbar. Das Handbuch ist ebenfalls in fünf Teile gegliedert. Ein Vertragsmuster sowie Muster für die Honorarberechnung finden sich in Teil 4;

Teil 5 enthält den Abdruck der »Allgemeinen Vertragsbedingungen für Leistungen der Ingenieure und Landschaftsarchitekten in der Wasserwirtschaft (AVB-Ing.)«.

- **Architekten- und Ingenieurverträge für öffentliche Bauvorhaben (Herausgeber: AK Vergabewesen der Bundesvereinigung der kommunalen Spitzenverbände)[47]**

Dieses Werk enthält folgende Vertragsmuster:

- Architektenvertrag
- Ingenieurvertrag: Verkehrsanlagen/Wasserwirtschaft
- Ingenieurvertrag: Tragwerksplanung für Gebäude und zugehörige bauliche Anlagen
- Ingenieurvertrag: Tragwerksplanung Ingenieurbauwerke
- Ingenieurvertrag: Technische Ausrüstung
- Ingenieurvertrag: Thermische Bauphysik
- Ingenieurvertrag: Schallschutz und Raumakustik
- Ingenieurvertrag: Leistungen der Bodenmechanik, Erd- und Grundbau
- Ingenieurvertrag: Vermessungstechnische Leistungen
- Allgemeine Vertragsbedingungen für Verträge mit freiberuflich Tätigen (AVB)
- Zusätzliche Vertragsbestimmungen für Verträge mit freiberuflich tätigen Objektplanern (ZVB)
- Zusätzliche Vertragsbestimmungen zum Ingenieurvertrag: Technische Ausrüstung (ZVB-TA).

Diese Vertragsmuster orientieren sich an den Mustern der RBBau; spezifisch kommunale Belange wurden berücksichtigt. Die Vertragsformulare zu den verschiedenen Leistungsbildern sind im Aufbau jeweils gleich strukturiert.

### 4.6.3  Checkliste zum Inhalt des Ingenieurvertrages mit Erläuterungen

Die nachfolgende Checkliste dient als Orientierungshilfe für den Inhalt eines einfachen Ingenieurvertrags. Sie ist beispielhaft am Leistungsbild der Tragwerksplanung (§§ 62 ff. HOAI) ausgerichtet. Es werden die wesentlichen Vertragsbestandteile dargestellt und aus der Sicht des Ingenieurs erläutert.[48])

---

**(Eingangsformel)**

**Ingenieurvertrag**

**Tragwerksplanung für Gebäude und zugehörige bauliche Anlagen**

Zwischen _____

vertreten durch _____
                (nachfolgend Auftraggeber genannt)

und dem Ingenieur _____
                (nachfolgend Ingenieur genannt)

wird folgender Ingenieurvertrag geschlossen:

---

**Erläuterung:**

Es ist darauf zu achten, daß die Vertragsparteien genau beschrieben werden. D.h., es müssen insbesondere Namen, Vornamen und Anschriften sowie die Gesellschaftsbezeichnungen (etwa GmbH, KG, AG) aufgenommen werden. Weiterhin ist zu berücksichtigen, daß sowohl auf Auftraggeberseite als auch auf Auftragnehmerseite die vertretungsberechtigten Personen benannt werden und diese Personen den Vertrag unterzeichnen. Anderenfalls besteht die Gefahr, daß kein wirksamer Ingenieurvertrag geschlossen wird.[49])

---

**§ 1  Gegenstand des Vertrages**

Gegenstand des Vertrages sind Ingenieurleistungen für folgende Baumaßnahmen:

_____

_____

_____

(genaue Bezeichnung des Bauvorhabens)

---

**Erläuterung:**

Das Bauvorhaben ist nach Lage und Bezeichnung möglichst genau zu beschreiben. Handelt es sich um mehrere Objekte, so ist jedes Objekt – hier unter Beachtung des § 66 Abs. 1 – Abs. 4 HOAI – genau zu bezeichnen. Entsprechendes gilt, wenn die Gesamtbaumaßnahme aus verschiedenen Bauabschnitten besteht.

---

**§ 2  Leistungen des Ingenieurs**

Der Auftraggeber beauftragt den Ingenieur mit folgenden Leistungen:[50])

**2.1  Grundleistungen nach § 64 HOAI mit Bewertung in vom-Hundert-Sätzen:**
**2.1.1  Grundlagenermittlung**
     Klären der Aufgabenstellung      3 v.H.*)
**2.1.2  Vorplanung**
     (Projekt- und Planungsvorbereitung)
     Erarbeiten des statisch-konstruktiven
     Konzepts  des Tragwerks      10 v.H.
**2.1.3  Entwurfsplanung**
     (System- und Integrationsplanung)
     Erarbeiten der Tragwerkslösung
     mit überschlägiger statischer
     Berechnung      12 v.H.

---

(* Die Grundlagenermittlung ist bei Ingenieurbauwerken zu streichen, sofern die Grundleistungen dieser Leistungsphase der Tragwerksplanung dem Ingenieur im Rahmen eines Ingenieurvertrages über Leistungen bei Ingenieurbauwerken übertragen ist, vgl. § 55 HOAI.)

**2.1.4 Genehmigungsplanung**
Anfertigen und Zusammenstellen
der statischen Berechnung
mit Positionsplänen für die
Prüfung                                  30 v. H.

**2.1.5 Ausführungsplanung**
Anfertigen der Tragwerks-
ausführungszeichnungen          42 v. H.

**2.1.6 Vorbereitung der Vergabe**
Beitrag zur Mengenermittlung
und zum Leistungsverzeichnis     3 v. H.

**2.2    Besondere Leistungen** nach § 2
Abs. 3 HOAI, die anstelle von Grund-
leistungen treten oder neben den
Grundleistungen zu erbringen sind mit
Bewertung in vom-Hundert-Sätzen:

_____ v. H.

_____ v. H.

_____ v. H.

**2.3    Soweit** dem Ingenieur Leistungen
für thermische Bauphysik nach den
§§ 77 ff. HOAI oder für Schallschutz
nach § 80 ff. HOAI übertragen werden,
wird hierüber ggf. eine gesonderte
Vereinbarung getroffen.

**2.4    Zusätzliche Leistungen** nach Teil III der
HOAI mit Bewertung in vom-Hundert-
Sätzen der Honorare des § 65 HOAI

_____ v. H.

_____ v. H.

**Erläuterung:**

Die Leistungen des Ingenieurs (hier des
Tragwerksplaners) werden im Vertrag genauestens festgelegt. Es werden unterschieden: Grundleistungen, Besondere Leistungen, Zusätzliche Leistungen und ggf.
Leistungen für thermische Bauphysik und
Schallschutz.

Die **Grundleistungen** werden entsprechend dem Leistungsbild des § 64 HOAI

in sechs Leistungsphasen vorgegeben. Es
wird ferner davon ausgegangen, daß der
Tragwerksplaner mit sämtlichen Elementen
der einzelnen Leistungsphasen beauftragt
wird, so daß die vom-Hundert-Sätze sum-
miert 100 % ergeben. Die Leistungsphase 1
(Grundlagenermittlung) ist nur dann zu streichen, wenn dem Ingenieur diese Leistungsphase bereits im Rahmen eines Ingenieurvertrages über Leistungen bei Ingenieurbauwerken übertragen worden ist.

Das Honorar für **Besondere Leistungen**
wird in dem vorliegenden Vertragsentwurf
mit vom-Hundert-Sätzen bewertet. Denkbar
sind auch andere Bewertungsmaßstäbe
(etwa nach Zeithonorar). Dem Ingenieur ist
nachdrücklich zu empfehlen, das Honorar
für Besondere Leistungen möglichst bereits
bei Auftragserteilung schriftlich zu vereinbaren. Eine eindeutige Honorarbewertung vermeidet spätere Streitigkeiten. Dies gilt insbesondere im Hinblick auf § 5 Abs. 4 HOAI.
Nach dieser Vorschrift darf ein Honorar für
Besondere Leistungen, die zu den Grundleistungen hinzutreten, nur berechnet werden,
wenn – neben anderen Voraussetzungen –
das Honorar schriftlich vereinbart worden
ist.

Denkbar und von der HOAI in § 5 Abs. 4 a
ausdrücklich vorgesehen ist ferner die Vereinbarung eines **Erfolgshonorars** für bau-
kostensenkende Besondere Leistungen
des Ingenieurs. Eine solche Formulierung
könnte lauten:

*»Für Besondere Leistungen, die unter Aus-*
*schöpfung der technisch-wirtschaftlichen Lö-*
*sungsmöglichkeiten zu einer wesentlichen*
*Kostensenkung (mindestens 10 %) ohne Ver-*
*minderung des Standards führen, wird ein Er-*
*folgshonorar zugunsten des Ingenieurs verein-*
*bart, welches 20 % der durch die Besonderen*
*Leistungen eingesparten Kosten des Auftrag-*
*gebers beträgt.*

*Als Besondere Leistungen, die ein Erfolgshono-*
*rar begründen, vereinbaren die Vertragspar-*
*teien insbesondere ...«*

Soweit dem Ingenieur im Einzelfall **Zusätz-**
**liche Leistungen** nach Teil III der HOAI
(Entwicklung und Herstellung von Fertigteilen, rationalisierungswirksame besondere
Leistungen, Projektsteuerung, Leistungen
für Winterbau) übertragen werden, ist auch
hier zu empfehlen, die Honorarhöhe bereits
im Vertrag festzulegen. Bei umfangreichen
Zusätzlichen Leistungen, etwa Leistungen
der Projektsteuerung, sollten diese in einer
Anlage zum Vertrag näher beschrieben werden.

Soweit der Auftraggeber dem Auftragnehmer auch Leistungen für thermische Bauphysik oder für Schallschutz überträgt, sieht
der vorliegende Vertragsentwurf vor, daß
über diese Leistungen eine gesonderte Vereinbarung getroffen wird. Denkbar ist allerdings auch, daß bereits in dem Vertrag für
die Tragwerksplanung diese Leistungen mit
der entsprechenden Bewertung der Honorierung aufgenommen werden. Aus Gründen der Rechtsklarheit empfehlen wir jedoch
die hier vorgeschlagene gesonderte vertragliche Vereinbarung.

## § 3 Leistungen des Auftraggebers und anderer fachlich Beteiligter

**3.1 Der Auftraggeber erbringt folgende Leistungen aus dem Leistungsbild gem. § 64 HOAI selbst oder in seinem Auftrag durch Dritte:**

_____

_____

_____

Der Auftraggeber verpflichtet sich, alle Voraussetzungen zu schaffen, die zur Erbringung
der vertraglichen Leistungen des Ingenieurs
gem. § 2 dieses Vertrages erforderlich sind.
Insbesondere stellt der Auftraggeber dem Ingenieur folgende Unterlagen zur Verfügung:

_____

**3.2 Nachfolgende Leistungen werden von den nachstehend benannten anderen fachlich Beteiligten erbracht:**

_____

_____

_____

Die Verträge mit den anderen an der Planung
und Überwachung fachlich Beteiligten werden
unmittelbar vom Auftraggeber geschlossen.

### Erläuterung:

Soweit der Auftraggeber selbst oder durch
Dritte Leistungen aus dem Leistungsbild
nach § 64 HOAI erbringt, sind diese genauestens zu bezeichnen. Dies dient einerseits
der Abgrenzung der Leistungsverpflichtungen des Ingenieurs; zum anderen kann der
Ingenieur im Haftungsfall auf seinen so ein-
gegrenzten Leistungsbereich verweisen.

Die Leistungen anderer fachlich Beteiligter
(etwa Objektplanung, Objektüberwachung,

Planung der Innenräume oder technische Ausrüstung) sollte ebenfalls im Vertrag festgelegt werden. Es empfiehlt sich zudem – soweit möglich – diese anderen fachlich Beteiligten namentlich zu benennen. Allerdings stößt dies nicht selten auf Schwierigkeiten, da bei Auftragserteilung die Vergabe an andere Sonderfachleute durch den Auftraggeber oftmals noch nicht abschließend geklärt ist.

Mit der unter Ziffer 3.1 aufgenommenen Verpflichtung des Auftraggebers, die Voraussetzungen zur Erbringung der Ingenieurleistungen zu schaffen, wird ein zusätzliches Sicherungsinstrument für den Ingenieur eingefügt. Häufig führt beispielsweise die unvollständige oder verspätete Vorlage von Unterlagen des Auftraggebers an den Ingenieur zu Verzögerungen im Leistungsablauf. Dieses Risiko hat der Auftraggeber zu tragen.

Die Formulierung unter Ziffer 3.2, daß die Verträge mit den anderen fachlich Beteiligten vom Auftraggeber geschlossen werden, stellt klar, daß keine Verpflichtung des Ingenieurs zum Abschluß von Sub-Verträgen mit Sonderfachleuten für die entsprechenden Teilleistungen besteht.

---

### § 4 Termine und Fristen

Für die Leistungen nach den §§ 2 und 3 gelten folgende Termine/Fristen:

_____

_____

_____

---

**Erläuterung:**

Sofern der Auftraggeber auf die Vereinbarung von Vertragsfristen/-terminen besteht, ist darauf zu achten, daß auch die auftraggeberseitig zu erbringenden Leistungen terminlich bestimmt werden. Es ist zudem im Sinne beider Vertragsparteien, daß auftraggeber- und auftragnehmerseitige Termine/Fristen eindeutig aufeinander abgestimmt werden, so daß ein zügiger Bauablauf gewährleistet ist. Insbesondere muß zwischen der Übergabe der Unterlagen durch den Auftraggeber und dem Beginn der Leistungen des Ingenieurs ein zeitlicher Puffer gesetzt werden, der eine Überprüfung der Unterlagen durch den Ingenieur ermöglicht.

## § 5 Honorarermittlung

### 5.1 Das Honorar für die Grundleistungen wird wie folgt ermittelt:

**5.1.1** Für die Leistungsphasen 1 bis 3 nach der Kostenberechnung, solange diese nicht vorliegt, nach der Kostenschätzung; für die Leistungsphasen 4 bis 6 nach der Kostenfeststellung, solange diese nicht vorliegt, nach dem Kostenanschlag.

**5.1.2** Die Honorarzone wird nach dem statisch-konstruktiven Schwierigkeitsgrad der Baumaßnahme gem. § 1 dieses Vertrages wie folgt eingeordnet:

_____

Auftraggeber oder Ingenieur sind berechtigt, bei Änderungen der Bewertungsmerkmale gem. § 63 HOAI eine neue Einordnung zu verlangen.

**5.1.3** Als Honorarsatz nach § 65 Abs. 1 HOAI wird der Vom-Satz der Honorartafel (Mindestsatz) zzgl. _____ v. H. des Honorarrahmens vereinbart.

**5.1.4** Vorhandene Bausubstanz, die technisch oder gestalterisch mitverarbeitet wird, ist bei den anrechenbaren Kosten in Höhe von _____ DM zu berücksichtigen.
Der Honorarrahmen stellt die Differenz dar zwischen dem Vom-Satz (Mindestsatz) und dem Bis-Satz (Höchstsatz).

### 5.2 Umbauten

Für Umbauten wird gem. § 66 Abs. 5 HOAI ein Zuschlag in Höhe _____ v. H. (maximal 50 %) vereinbart.
Kosten für das Abbrechen von Bauwerken oder Bauteilen der Kostengruppe 1.4.4 nach DIN 276 werden den anrechenbaren Kosten zugerechnet.

### 5.3 Die Nebenkosten nach § 7 Abs. 2 HOAI werden wie folgt abgerechnet:

a) Die Nebenkosten werden pauschal erstattet mit _____.
b) Die Nebenkosten werden auf Nachweis erstattet.
(Nichtzutreffendes streichen)
Vervielfältigung bei pauschaler Nebenkostenvereinbarung:
Die vom Ingenieur dem Auftraggeber zu liefernden Unterlagen sind
a) einfach/
b) _____ fach
zu übergeben
(Nichtzutreffendes streichen)
Weitere Unterlagen sind gegen Nachweis der Kosten zu erstatten.

### 5.4 Zeithonorar

Soweit Leistungen nach Zeithonorar abzurechnen sind, werden gem. § 6 Abs. 2 HOAI folgende Stundensätze vereinbart:
Für den Ingenieur oder seinen Vertreter _____ DM/Stunde
für den Mitarbeiter des Ingenieurs _____ DM/Stunde
für den technischen Zeichner _____ DM/Stunde
Die Vergütung richtet sich nach den Stundenbelegen, deren Nachweis/Abrechnung (Nichtzutreffendes streichen)
monatlich/vierteljährlich (Nichtzutreffendes streichen) erfolgen soll.

**5.5** Für Besondere Leistungen und Zusätzliche Leistungen, die **nach** Vertragsabschluß übertragen werden, gilt ein Zeithonorar gem. den Stundensätzen nach § 5.4 als vereinbart, es sei denn, die Vertragsparteien haben insoweit eine gesonderte Vereinbarung schriftlich getroffen.

**5.6** Die Umsatzsteuer ist in den Honoraren und Nebenkosten nicht enthalten und wird in der jeweiligen gesetzlichen Höhe gesondert in Rechnung gestellt (§ 9 HOAI).

**Erläuterung:**

Ziffer 5.1 beinhaltet die Festlegungen zum Honorar für **Grundleistungen.** Unter Ziffer 5.1.2 wird die **Honorarzone** festgelegt. Der Vertrag sieht vor, daß beide Vertragsparteien berechtigt sind, bei einer Neubewertung des statisch-konstruktiven Schwierigkeitsgrades der Baumaßnahme die Honorarzone auch nach Vertragsschluß höher oder niedriger einzuordnen. Ferner wird unter Ziffer 5.1.3 der **Honorarsatz** vereinbart. Die Vertragsparteien können hier einen Honorarsatz wählen, der zwischen dem Mindestsatz und dem Höchstsatz liegt. Will der Ingenieur eine Honorarvereinbarung treffen, die über dem Mindestsatz liegt, so **muß** die entsprechende Differenz unter Ziffer 5.1.3 eingetragen werden. Anderenfalls fehlt es an einer schriftlichen Vereinbarung **bei Auftragserteilung,** so daß gem. § 4 Abs. 4 HOAI der Mindestsatz als vereinbart gilt.

Ziffer 5.1.4 sieht eine Regelung hinsichtlich der **Mitverarbeitung vorhandener Bausubstanz** vor. Gem. § 10 Abs. 3a HOAI ist vorhandene Bausubstanz, die technisch oder gestalterisch mitverarbeitet wird, bei den anrechenbaren Kosten »angemessen« zu berücksichtigen; der Umfang der Anrechnung bedarf der schriftlichen Vereinbarung. Zur Vermeidung späterer Streitigkeiten über die Frage, welcher Betrag »angemessen« ist, empfehlen wir nachdrücklich, diesen bereits bei Vertragsschluß summenmäßig zu bestimmen.

Ziffer 5.2 behandelt den sog. **Umbauzuschlag.** Dieser kann gem. § 66 Abs. 5 HOAI bei durchschnittlichem Schwierigkeitsgrad (dies entspricht der Honorarzone III) zwischen 20 bis 50 v.H. vereinbart werden. Fehlt es an einer schriftlichen Vereinbarung, gilt ab durchschnittlichem Schwierigkeitsgrad ein Zuschlag von 20 v.H. als vereinbart.

Dem Ingenieur als Auftragnehmer ist daher auch hier zu empfehlen, den Umbauzuschlag im Vertrag der Höhe nach schriftlich festzulegen.

Die Abrechnung der **Nebenkosten** wird unter Ziffer 5.3 des Vertragsentwurfs dargestellt. Aus Sicht der Praxis sollte eine Nebenkostenabrechnung nach Einzelnachweis möglichst vermieden werden. Der entsprechende Erstellungs- und Prüfungsaufwand steht für beide Vertragsparteien in keinem Verhältnis des Einzelnachweises zum möglichen Vorteil (höhere Genauigkeit). Es wird daher empfohlen, eine **pauschale Nebenkostenerstattung** zu vereinbaren, so daß die Variante »Nebenkosten werden auf Nachweis erstattet« im Vertrag gestrichen wird.

Soweit Leistungen nach **Zeithonorar** abzurechnen sind, ist der entsprechende Stundensatz zwischen den Vertragsparteien zu vereinbaren. Der Honorarrahmen ist § 6 Abs. 2 HOAI zu entnehmen und jeweils nach Mitarbeiterstatus gestaffelt. Für die aufgewandte Zeit sind Stundenbelege zu sammeln und bei der Abrechnung vorzulegen.

Ziffer 5.5 sieht eine Regelung für **Besondere Leistungen** und **Zusätzliche Leistungen** vor, die **nach** Vertragsabschluß in Auftrag gegeben wurden. Es handelt sich daher um Besondere Leistungen und Zusätzliche Leistungen, die nicht unter Ziffer 2.2 und 2.4 des Vertragsentwurfes aufgeführt sind. Für diese weiteren Leistungen wird hier ein Zeithonorar gem. Ziffer 5.4 vereinbart.

Abschließend wird unter Ziffer 5.6 klarstellend darauf hingewiesen, daß der Ingenieur zusätzlich zu seinem Honorar und den Nebenkosten einen Anspruch auf Ersatz der **Umsatzsteuer** in der jeweiligen gesetzlichen Höhe hat. Eine entsprechende Regelung sieht die HOAI unter § 9 Abs. 1 HOAI vor.

### § 6 Verlängerung der Planungs- und Bauzeit, Unterbrechung des Vertrages

**6.1** Verlängert sich die Planungs- und Bauzeit um mehr als _____ Monate durch Umstände, die der Ingenieur nicht zu vertreten hat, so hat der Ingenieur einen Anspruch auf ein zusätzliches Honorar in Höhe seiner durch die Verlängerung der Planungs- und Bauzeit verursachten Mehraufwendungen.

**6.2** Wird die Durchführung des Vertrages wegen fehlender Mitwirkungshandlungen des Auftraggebers unterbrochen, so steht dem Ingenieur für die Dauer der Unterbrechung eine angemessene Entschädigung zu. § 21 HOAI bleibt unberührt.

**Erläuterung:**

Ziffer 6.1 begründet einen Anspruch des Ingenieurs auf Erstattung der Mehraufwendungen, die durch eine Verlängerung der Planungs- und Bauzeit verursacht werden. Voraussetzung ist, daß diese Verzögerungen vom Ingenieur nicht verschuldet sind. Seit dem 01. 01. 1996 sieht der neu eingefügte § 4a Satz 3 HOAI vor, daß zwischen den Vertragsparteien ein zusätzliches Honorar für derartige Mehraufwendungen vereinbart werden **kann.** Mit der unter Ziffer 6.1 aufgenommenen Formulierung wird von dieser Möglichkeit Gebrauch gemacht. Die Frage, welcher Verzögerungszeitraum den Anspruch auf Erstattung der Mehraufwendungen auslösen soll, hängt von der Art und dem Umfang des Bauprojektes ab. Bei kleineren Bauprojekten können dies drei Monate sein; regelmäßig ist an einen Verlängerungszeitraum von sechs Monaten zu denken.

Die Regelung unter Ziffer 6.2 betrifft die Unterbrechung des Vertrages wegen fehlender Mitwirkungshandlungen des Auftraggebers. In der Praxis handelt es sich hierbei insbesondere um die Nichtübergabe von notwendigen Planungsunterlagen durch den Auftraggeber. Problematisch ist der seitens des Ingenieurs zu führende Nachweis einer Vertragsunterbrechung. Zum Zwecke der Beweisführung kann der Ingenieur hier ggf. auf den Bauzeitenplan verweisen. Bei der Frage nach der Angemessenheit der Entschädigung sind als Bewertungsgrundlage in erster Linie die zusätzlichen Vorhaltekosten (für Arbeitskräfte und Sachmittel) des Ingenieurs heranzuziehen.

### § 7 Haftpflichtversicherung des Ingenieurs

Der Ingenieur hat eine Haftpflichtversicherung mit folgenden Mindestdeckungssummen nachzuweisen:
Für Personenschäden
in Höhe von _____ DM
für sonstige Schäden
in Höhe von _____ DM.

**Erläuterung:**

Der Ingenieur ist verpflichtet, einen Versicherungsvertrag abzuschließen. Die Versicherungsgesellschaft stellt hierüber eine Urkunde aus (Versicherungsschein). Der Nachweis über das Bestehen einer Versicherung gegenüber dem Auftraggeber ist durch Vorlage einer Kopie des Versicherungsscheines zu führen.

Die Versicherung muß sowohl Personenschäden als auch »sonstige Schäden« erfassen. Unter sonstige Schäden sind Sachschäden und reine Vermögensschäden zu verstehen. Tritt die Versicherung ein, so ersetzt sie über den eigentlichen Schaden hinaus auch die Rechtsverfolgungskosten (Gerichts-, Anwalts-, Sachverständigenkosten).

Vom Versicherungsschutz **nicht umfaßt** sind in der Regel:[51])

- Ansprüche aus unerlaubter Handlung (insbesondere Verletzung von Verkehrssicherungspflichten),
- schuldhaft falsche Kostenermittlungen,
- schuldhaft falsche Massenermittlungen,
- Ansprüche wegen schuldhaft verspäteter Leistungen (Ausnahme: die Verspätung gründet auf der Korrektur von Planungsmängeln),
- bewußtes Bauen ohne Baugenehmigung oder in Abweichung zur Baugenehmigung,
- Schäden aus der Überschreitung von Vor- und Kostenanschlägen,
- Schäden aus der Verletzung von gewerblichen Schutzrechten, Urheberrechten und aus der Vergabe von Lizenzen,
- Schäden aus dem Verstoß gegen das Rechtsberatungsgesetz.

---

**§ 8 Ergänzende Vereinbarungen**

---
---
---

**Erläuterung:**

An dieser Stelle werden die Vertragsparteien zusätzliche Vereinbarungen treffen, die sich aus der Besonderheit des Objektes ergeben. Dies hängt naturgemäß vom jeweiligen Einzelfall ab. Denkbar sind etwa Sicherheitsleistungen in Form von Vertragserfüllungs- und Gewährleistungsbürgschaften zugunsten des Auftraggebers. Die vertragliche Aufnahme einer Regelung zur Stellung einer Bürgschaft gem. § 648a Abs. 1 BGB zugunsten des Ingenieurs ist nicht erforderlich. Dieser Anspruch des Ingenieurs besteht bereits von Gesetzes wegen und bedarf daher keiner vertraglichen Vereinbarung.[52]) Eine weitere zusätzliche Vereinbarung zwischen den Vertragsparteien könnte etwa die Honorierung von Änderungsleistungen betreffen.[53]) Schließlich kann es zum Zwecke der Klarstellung sinnvoll sein, Genehmigungserfordernisse nochmals vertraglich festzuhalten. Hat etwa auf seiten des Auftraggebers eine nicht vertretungsbefugte Person den Vertrag unterzeichnet, so sollte festgehalten werden, daß der Ingenieurvertrag erst mit Genehmigung des vertretungsbefugten Geschäftsführers der Auftraggeberfirma (rückwirkend) wirksam wird.

# 4.7 Allgemeine Geschäftsbedingungen

Der Verwendung von Allgemeinen Geschäftsbedingungen (AGB) – also vorformulierten Vertragsmustern – kommt in der Bauwirtschaft eine hohe Bedeutung zu. Investorengesellschaften, die öffentliche Hand, Bauunternehmen und auch Ingenieure verwenden vorformulierte Vertragsbedingungen mit dem berechtigten Ziel einer einheitlichen Vertragsgestaltung. Derartige Allgemeine Geschäftsbedingungen unterliegen der Inhaltskontrolle des am 01. 04. 1977 in Kraft getretenen Gesetzes zur Regelung des Rechts der Allgemeinen Geschäftsbedingungen (AGBG). Dieses Gesetz war ursprünglich als reines Verbraucherschutzgesetz konzipiert. Jedoch hat es seit seiner Geltung eine weit darüber hinausgehende Bedeutung gefunden. Vereinfacht gesagt sind nach dem AGBG vorformulierte Vertragsbedingungen dann unwirksam, wenn sie den Vertragspartner des Verwenders entgegen den Geboten von Treu und Glauben unangemessen benachteiligen. Die Rechtsprechung hat in zahlreichen Entscheidungen dazu Stellung genommen, wann Klauseln in Bau-, Architekten- und Ingenieurverträgen wegen Verstoßes gegen das AGBG unwirksam sind. Eine Darstellung dieser Rechtsprechung in all ihren Facetten würde den Rahmen dieses Rechtshandbuches sprengen. Wir beschränken uns daher auf die Darstellung der Grundzüge (nachfolgend 8.1) und die Wiedergabe einer Rechtsprechungs-Schnellübersicht zum Architekten-/Ingenieurvertrag (nachfolgend 8.2).

## 4.7.1 Das Recht der Allgemeinen Geschäftsbedingungen – ein Überblick

### Wann liegen Allgemeine Geschäftsbedingungen vor?

Von Allgemeinen Geschäftsbedingungen spricht man, wenn folgende Voraussetzungen erfüllt sind: Es muß sich um für eine **Vielzahl** von Verträgen **vorformulierte** Vertragsbedingungen handeln, die eine Vertragspartei der anderen bei Abschluß eines Vertrages **stellt**.

Eine »für eine **Vielzahl** von Verträgen vorformulierte Vertragsbedingung« liegt in der Regel vor, wenn eine **mindestens dreimalige Verwendung** der Klausel beabsichtigt ist.[54] Dies kann allerdings nur als allgemeine Richtschnur verstanden werden. In der neueren Rechtsprechung finden sich Tendenzen, wonach eine Allgemeine Geschäftsbedingung schon dann anzunehmen ist, wenn typisierte, vorformulierte Vertragsklauseln verwendet werden, ohne daß das Vielzahlkriterium dann noch eigens geprüft werden müßte.[55] Eine zusätzliche Erweiterung des Anwendungsbereiches des AGB-Gesetzes hat die EG-Richtlinie über mißbräuchliche Klauseln in Verbraucherverträgen gebracht. Danach kann bereits eine einmalige Verwendung die Inhaltskontrolle des AGB auslösen.[56] Voraussetzung ist, daß ein Gewerbetreibender gegenüber einem Verbraucher die Klausel verwendet.

| Beispiel |
| --- |
| *Ein Planungsbüro in der Rechtsform einer GmbH schließt einen Architektenvertrag mit einer Privatperson und stellt hierbei einseitig Vertragsklauseln.* |

### Wann werden Vertragsklauseln gestellt?

Das »**Stellen**« einer vertraglichen Klausel setzt voraus, daß die Vertragsbedingung durch einen Vertragspartner dem anderen einseitig auferlegt wird. Dies wird bei der Einbeziehung von vorformulierten Vertragsbedingungen im Baubereich nahezu stets der Fall sein. Eine Ausnahme besteht lediglich dann, wenn eine Vertragsklausel von beiden Vertragsparteien in den Vertrag einbezogen wird. In der Praxis ist der wichtigste Anwendungsfall die einvernehmliche Einbeziehung der VOB/B in den Werkvertrag des Bauunternehmers.

Eine Allgemeine Geschäftsbedingung ist ferner dann nicht anzunehmen, wenn die Vertragsklauseln zwischen den Vertragspartnern im einzelnen ausgehandelt wurden (§ 1 Abs. 2 AGBG). In diesem Fall spricht man von einer sog. »Individualvereinbarung«. Nach der Rechtsprechung des Bundesgerichtshofes[57] ist hierfür erforderlich, daß dem Vertragspartner die Möglichkeit verschafft wird, auf den Vertragsinhalt Einfluß zu nehmen. Hierfür ist allerdings der Verwender, also derjenige, der den Vertrag vorlegt, beweispflichtig.

---

#### Praxishinweis

*Der Ingenieur, der einen vorgefertigten Vertragsentwurf vorlegt, muß sich Beweismittel sichern, die später ein individuelles Aushandeln belegen können: Zum einen ist zu empfehlen, daß er bei den Vertragsverhandlungen eine weitere Person hinzuzieht, die im Streitfall bezeugen kann, daß der Vertragspartner auf den Vertragsinhalt freien Einfluß nehmen konnte. Weiterhin ist anzuraten, bei Änderungen und Ergänzungen des vorgelegten Vertrages diese Modifizierungen handschriftlich einzufügen. Derartige handschriftliche Einfügungen sind ein Indiz dafür, daß der Vertrag insoweit im einzelnen ausgehandelt worden ist.*

---

Wichtig für die Praxis ist ferner, daß eine Allgemeine Geschäftsbedingung auch dann vorliegt, wenn eine vorformulierte Vertragsklausel eine Lücke aufweist, die ausgefüllt wird.

---

#### Praxishinweis

*Die Klausel »Überschreitet der Auftragnehmer die Vertragsfristen schuldhaft, ist eine Vertragsstrafe von DM _____ pro Kalendertag zu zahlen, höchsten jedoch _____ % der Auftragssumme« ist nach deren Ausfüllen durch einen Vertragspartner eine Allgemeine Geschäftsbedingung. Das Ausfüllen einer Klausellücke stellt regelmäßig keine Individualvereinbarung dar.*

---

Eine Allgemeine Geschäftsbedingung ist ferner dann anzunehmen, wenn zwischen mehreren vorformulierten Fassungen zu wählen ist[58] und lediglich die nichtzutreffende Vertragsklauselvariante von den Parteien gestrichen wird (»Nichtzutreffendes bitte streichen«). Auch standardisierte Vertragsmuster, die in der Textverarbeitung gespeichert sind, fallen unter das AGBG.

Unterlagen, die einem Bauvertrag als Bestandteile beigegeben werden, insbesondere

- Allgemeine Vertragsbedingungen,
- Besondere Vertragsbedingungen,
- Zusätzliche Vertragsbedingungen,

unterliegen stets dem Anwendungsbereich des AGB-Gesetzes. Auch Leistungsbeschreibungen, die für eine Vielzahl von Anwendungsfällen vorformuliert sind, sind Allgemeine Geschäftsbedingungen.

## Welche Folgen hat die Anwendung des AGB-Gesetzes für den Verwender?

Das AGB-Gesetz schützt den Vertragspartner des AGB-Verwenders. Es bestimmt in verschiedenen Vorschriften, daß eine Vertragsklausel entweder unwirksam ist oder nicht Vertragsbestandteil wird. Der Vertrag bleibt im übrigen aber wirksam. Anstelle der unwirksamen AGB-Klausel gelten die gesetzlichen Vorschriften.

Die wichtigsten Bestimmungen des AGB-Gesetzes werden nachfolgend im Überblick zusammengefaßt:

## § 3 Überraschende Klauseln

Danach werden ungewöhnliche AGB-Klauseln nicht Vertragsbestandteil, wenn der Vertragspartner des Verwenders mit ihnen nicht zu rechnen brauchte.

## § 5 Unklarheitenregel

Zweifel bei der Auslegung Allgemeiner Geschäftsbedingungen gehen zu Lasten des Verwenders.

> **Beispiel**
>
> *Widersprechen sich einzelne Klauseln, so ist diejenige Vertragsklausel unwirksam, die sich für den Vertragspartner ungünstiger auswirkt.*

## § 9 Generalklausel

Nach dieser Bestimmung sind Vertragsklauseln unwirksam, wenn sie den Vertragspartner des Verwenders entgegen den Geboten von Treu und Glauben unangemessen benachteiligen. Gem. § 9 Abs. 2 AGBG ist eine unangemessene Benachteiligung im Zweifel anzunehmen, wenn die Vorschrift

- mit wesentlichen Grundgedanken der gesetzlichen Regelung, von der abgewichen wird, nicht zu vereinbaren ist oder
- wesentliche Rechte oder Pflichten, die sich aus der Natur des Vertrages ergeben, so einschränkt, daß die Erreichung des Vertragszweckes gefährdet ist.

Diese – sehr weit gefaßte – Generalklausel hat die Rechtsprechung bewogen, zahlreiche Bauvertragsklauseln für unwirksam zu erklären.[59]

## § 10 Klauselverbot mit Wertungsmöglichkeit

§ 10 AGBG gilt nicht, wenn der Vertragspartner des Verwenders ein Kaufmann ist. Diese Vorschrift sieht sieben Klauselverbote vor. Unwirksam sind danach u. a.

- die Vereinbarung eines Rücktrittsvorbehaltes ohne sachlich gerechtfertigten Grund, es sei denn, es handelt sich um ein Dauerschuldverhältnis,
- die Vereinbarung eines Rechts des Verwenders, die versprochene Leistung zu ändern oder von ihr abzuweichen (Änderungsvorbehalt), es sei denn, die Änderung/Abweichung ist dem anderen Vertragsteil zumutbar,
- eine Bestimmung, die vorsieht, daß eine Erklärung des Verwenders von besonderer Bedeutung dem anderen Vertragsteil als zugegangen gilt (Fiktion des Zuganges),
- eine Bestimmung, nach der der Verwender für den Fall, daß eine Vertragspartei vom Vertrag zurücktritt oder den Vertrag kündigt, eine unangemessen hohe Vergütung oder einen unangemessen hohen Ersatz von Aufwendungen verlangen kann.

## § 11 Klauselverbote ohne Wertungsmöglichkeit

Auch diese Vorschrift des AGBG ist nicht anwendbar, wenn der Vertragspartner des Verwenders ein Kaufmann ist. § 11 AGBG sieht zahlreiche Klauselverbote vor, deren Darstellung über den Rahmen dieses Rechtshandbuches hinausgingen. In der nachfolgenden Rechtsprechungs-Schnellübersicht werden wir auf einzelne dieser Klauselverbote des § 11 AGBG eingehen.

### 4.7.2 Unwirksame Klauseln in Architekten- und Ingenieurverträgen nach dem AGBG (Rechtsprechungs-Schnellübersicht)

Die Rechtsprechung zur AGB-Inhaltskontrolle im Baubereich ist äußerst vielfältig. Die nachfolgende Übersicht beinhaltet eine Auswahl der wichtigsten Entscheidungen für den Architekten-/Ingenieurbereich.

### Beweislast

Eine Klausel, die in jedem Fall dem Auftraggeber die Beweislast für ein Verschulden des Architekten/Ingenieurs zuweist, verstößt gegen § 11 Nr. 15a AGBG und ist daher unwirksam. Es handelt sich um eine unzulässige Umkehr der Beweislast.

### Haftungsbeschränkung

Eine formularmäßige Begrenzung der Haftung für einen Schaden, der auf einer grob fahrlässigen Vertragsverletzung des Verwenders oder seines Vertreters/Erfüllungsgehilfen beruht, ist unwirksam.[60])

Eine Klausel, die die Haftung des Verwenders von einer vorherigen gerichtlichen Inanspruchnahme Dritter abhängig macht

(sog. Subsidiaritätsklausel), verstößt gegen § 11 Nr. 10a AGBG und ist daher unwirksam.

### Haftungsfreistellung

Eine Klausel mit dem Inhalt: »Der Auftragnehmer (Bauunternehmer) stellt den Architekten von eventuellen Schadensersatzforderungen frei, die an diesen aufgrund von Leistungsmängeln des Auftragnehmers gestellt werden könnten« ist gem. § 9 AGBG unwirksam. Sie beseitigt das gesetzliche Leitbild der gesamtschuldnerischen Haftung zwischen Architekt und Bauunternehmer.[61])

### Haftungshöhe

Die Begrenzung der Haftungshöhe des Architekten/Ingenieurs für nicht versicherbare Schäden auf die Honorarhöhe verstößt gegen § 9 AGBG und ist daher unwirksam.[62])

### Haftungsverzicht

Die Klausel »Der Auftragnehmer verzichtet – soweit gesetzlich zulässig – auf alle Schadensersatzansprüche gegen den Auftraggeber oder seinen Beauftragten (Architekten/Ingenieure)« ist gem. den §§ 11 Nr. 7, 9 AGBG unwirksam. Ein derartiger Haftungsausschluß ist zu unbestimmt, da er nicht erkennen läßt, in welchem Umfang Schadensersatzansprüche eingeschränkt werden sollen.[63])

### Kündigungsklauseln

Eine Klausel des Auftraggebers, die im Falle einer auftraggeberseitigen Kündigung den Vergütungsanspruch des Architekten/Ingenieurs für nichterbrachte Leistungen gem. § 649 Satz 2 BGB ausschließt, ist gem. § 9 AGBG unwirksam.

Eine Klausel, die den Abzug der ersparten Aufwendungen bei Kündigung durch den Auftraggeber pauschal mit 40 % für die vom Ingenieur/Architekten noch nicht erbrachten Leistungen vereinbart, ist gem. §§ 11 Nr. 5b und 10 Nr. 7 AGBG unwirksam.[64])

Eine Klausel, die das Recht des Auftraggebers zur freien Kündigung eines Ingenieur-/Architektenvertrages auf Fälle des wichtigen Grundes beschränkt, ist gem. § 9 Abs. 1 Nr. 1 AGBG unwirksam.[65])

## Nachforderungsklausel

Die Klausel »Wird nach Annahme der Schlußzahlung/Teilschlußzahlung festgestellt, daß das Honorar abweichend vom Vertrag oder aufgrund unzutreffender anrechenbarer Kosten ermittelt wurde, so ist die Abrechnung zu berichtigen« soll ebenfalls gegen § 9 Abs. 1 AGBG verstoßen.[66]) Eine solche Klausel liefe auf ein unbegrenzt währendes Nachforderungsrecht hinaus; zudem läge es im Risikobereich des Ingenieurs, wenn dieser die anrechenbaren Kosten unzutreffend bemißt.

## Verjährungsfristen

Eine Bestimmung, die die Gewährleistungsfrist für den Architekten/Ingenieur gegenüber dem Bauherrn auf zwei Jahre beschränkt, ist unwirksam. Die Klausel verstößt gegen § 11 Nr. 10f AGBG. Sie verkürzt die gesetzliche Frist von fünf Jahren bei Architektenleistungen auf zwei Jahre. Eine solche Klausel ist auch dann unwirksam, wenn die Zahl »2« handschriftlich in ein entsprechendes Formularmuster eingesetzt wurde und die Frist nicht individuell ausgehandelt wurde.[67])

## Verjährungsfristen II

Eine Abkürzung der fünfjährigen Verjährungsfrist kann auch nicht dadurch erreicht werden, daß der Beginn der Verjährungsfrist formularmäßig vor den Zeitpunkt der Abnahme des Ingenieurwerkes vorverlegt wird. Auch hierin liegt ein Verstoß gegen § 11 Nr. 10f AGBG.

## Verschuldensklausel

Die Klausel »Der Architekt/Ingenieur haftet nur für nachweislich von ihm **schuldhaft** verursachten Schaden« schließt eine Haftung für verschuldensunabhängige Ansprüche aus und kehrt die Beweislast um. Eine solche Klausel verstößt gegen § 11 Nr. 8b AGBG sowie gegen § 11 Nr. 10a AGBG, § 11 Nr. 15a AGBG und § 9 Abs. 2 AGBG. Sie ist daher unwirksam.[68])

## Vertragsstrafe

Die Klausel »Die vereinbarte Vertragsstrafe wird für jeden Tag der Überschreitung der Vertragsfristen fällig« verstößt gegen § 9 AGBG. Sie sieht keine Begrenzung der Höhe der Vertragsstrafe vor und weist zudem dem Auftragnehmer das Risiko auch für von ihm nicht zu vertretende Umstände zu.

Die Klausel »Der Auftraggeber darf die Vertragsstrafe auch geltend machen, wenn er sie bei der Abnahme nicht ausdrücklich vorbehalten hat« verstößt gegen § 9 Abs. 1 Nr. 1 AGBG. Sie weicht von dem gesetzlichen Wertungsmodell des § 341 Abs. 3 BGB ab.[69])

Eine Bestimmung, wonach der Auftragnehmer »bei Überschreitung der vereinbarten Ausführungsfrist pro Kalendertag der Verzögerung eine Vertragsstrafe zu zahlen hat« ist gem. den §§ 9, 11 Nr. 4 AGBG unwirksam. Es handelt sich hierbei um eine sog. »verschuldens**un**abhängige Vertragsstrafenklausel«, die in einer AGB grundsätzlich nicht vereinbart werden kann. Die Vertragsstrafe setzt vielmehr regelmäßig voraus, daß die Fristüberschreitung durch den Auftragnehmer verschuldet wird. Lediglich in engen Ausnahmefällen kann eine verschuldensunabhängige Vertragsstrafe wirksam vereinbart werden. Es müssen dann aber gewichtige Umstände vorliegen, die eine Abweichung von der gesetzlichen Wertung rechtfertigen.

Die Klausel »Neben der Vertragsstrafe kann Schadensersatz geltend gemacht werden« verstößt gegen § 9 Abs. 1 Nr. 1 AGBG. Bei Vereinbarung einer Vertragsstrafe darf der Schadensersatz nicht »daneben«, sondern nur insoweit geltend gemacht werden, als die Schadenshöhe die Vertragsstrafe übersteigt.[70]

### Zurückbehaltungsrecht

Der Ausschluß des Zurückbehaltungsrechts ist gem. § 11 Nr. 2 AGBG unwirksam.[71]

## 4.8 Die stufenweise Beauftragung des Ingenieurs

Die sog. »stufenweise Beauftragung« findet in der Praxis eine immer größere Verbreitung. Hintergrund ist das Interesse vieler Auftraggeber, sich rechtsgeschäftlich noch nicht für sämtliche Leistungsphasen vertraglich binden zu wollen. Dieses Interesse kann verschiedene Gründe haben,[72] wie etwa

- die Finanzierung des Bauvorhabens ist noch nicht gesichert, so daß der Auftraggeber die Planungsleistungen ggf. flexibel beenden will;
- der Auftraggeber will ein Ingenieurbüro zunächst in den ersten Leistungsphasen »testen«, bevor er eine weitere Leistungsvergabe vornimmt;
- der Auftraggeber will generell die Vergabe von Planungsleistungen flexibel beenden können, insbesondere die für ihn nachteiligen Rechtsfolgen einer Kündigung des Ingenieurvertrages gem. § 649 Satz 2 BGB vermeiden.

Bei der stufenweisen Beauftragung eines Ingenieurs wird mit diesem zunächst nur ein bindender **(Haupt-)**Vertrag über einige Leistungsphasen geschlossen. Hinsichtlich der weiteren Leistungsphasen wird in dem Vertrag die (unverbindliche) Absicht des Auftraggebers aufgenommen, den Ingenieur ggf. mit den künftigen Leistungsphasen zu beauftragen. Regelmäßig werden diese künftigen Leistungen und das hierfür zu zahlende Honorar in einem **Vorvertrag** bereits genau bestimmt.

| Beispiel |
| --- |
| *Die Tochtergesellschaft eines größeren Konzerns beauftragt ein Ingenieurbüro mit Planungsleistungen bis einschließlich der Leistungsphase 4 (Genehmigungsplanung). Sofern die Konzernmutter der Realisierung des Bauvorhabens zustimmen wird, soll dem Ingenieurbüro auch der Planungsauftrag für die Leistungsphasen 5 bis 9 übertragen werden. Die Frage der Realisierung ist jedoch derzeit noch offen.* |

In diesem Beispielsfall wird die Tochtergesellschaft als Auftraggeberin zunächst in einer ersten Stufe nur einen Ingenieurvertrag (Hauptvertrag I) über die ersten vier Leistungsphasen schließen und zugleich hinsichtlich der weiteren Leistungsphasen einen Vorvertrag. Kommt es sodann zur Realisierung des Bauvorhabens, weil die Konzernmutter dem zugestimmt hat, so wird auf der Grundlage der im Vorvertrag festgelegten Bestimmungen für die weiteren Leistungsphasen 5 bis 9 ein zweiter Ingenieurvertrag (Hauptvertrag II) geschlossen. Dieses Prinzip der »stufenweisen Beauftragung« wird nachfolgend nochmals in einem Schaubild dargestellt:

## Beispiel für eine stufenweise Beauftragung

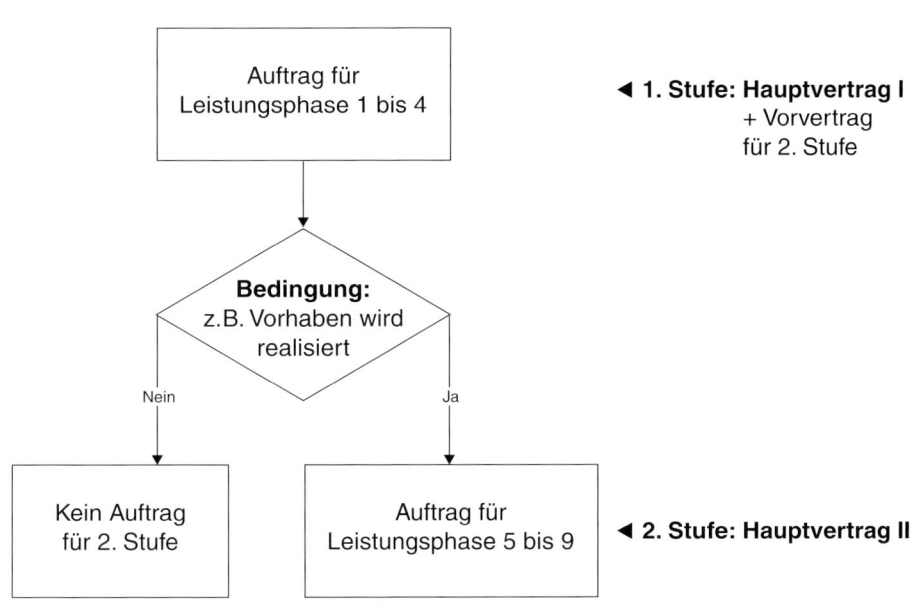

Die vertraglichen Formulierungen zur stufenweisen Beauftragung sind sehr unterschiedlich. Es können zwei Gruppen unterschieden werden:

- Die stufenweise Beauftragung im freien Ermessen des Bauherrn:

Formulierungsbeispiel 1:

»Der Auftraggeber beabsichtigt, dem Auftragnehmer ggf. weitere Leistungen zu übertragen. Die Übertragung dieser zusätzlichen Leistungen steht in der freien Entscheidung des Auftraggebers.«

Formulierungsbeispiel 2:

»Der Auftraggeber beabsichtigt, dem Auftragnehmer ggf. weitere Leistungen nach Anlage … zu übertragen. Die Übertragung erfolgt durch schriftliche Mitteilung. Einen Anspruch auf Übertragung dieser Leistungen hat der Auftragnehmer nicht.«

- Die stufenweise Beauftragung, bei der die Weiterbeauftragung vom Eintritt konkreter Voraussetzungen abhängig gemacht wird:

Formulierungsbeispiel 1:

»Nach Genehmigung der Entwurfsplanung durch den Aufsichtsrat des Auftraggebers ist beabsichtigt, dem Ingenieur auch die Leistungen der Leistungsphasen 4 bis 9 des § 55 HOAI zu übertragen.«

Formulierungsbeispiel 2:

»Der Auftraggeber beabsichtigt, dem Auftragnehmer die weiteren Leistungen in Auftrag zu geben, wenn die endgültige Entwurfsplanung vorliegt und die Finanzierung des Bauvorhabens gesichert ist.«

Dem Ingenieur ist zu empfehlen, bei einer stufenweisen Beauftragung wenn immer möglich darauf zu dringen, daß die weitere Beauftragung nicht im freien Ermessen des Auftraggebers, sondern vom Eintritt konkreter Voraussetzungen abhängig gemacht wird. Nur dann hat der Ingenieur rechtliche

Möglichkeiten, den Abschluß des in Aussicht gestellten Hauptvertrages II durchzusetzen bzw. – wenn das Verhältnis zum Auftraggeber zerrüttet ist – gem. § 326 BGB Schadensersatz wegen Nichterfüllung zu verlangen. Steht hingegen die Beauftragung im freien Ermessen des Auftraggebers, hat der Ingenieur rechtlich keinerlei Erfüllungsansprüche.

---

**Praxishinweis**

*Bei einer stufenweisen Beauftragung ist dem Ingenieur als Auftragnehmer anzuraten, die Weiterbeauftragung nicht in das freie Ermessen des Auftraggebers, sondern vom Eintritt konkreter Voraussetzungen abhängig zu machen. Anderenfalls bestehen regelmäßig keinerlei Erfüllungs- bzw. Schadensersatzansprüche des Ingenieurs bei Verweigerung der Weiterbeauftragung.*

---

Besondere Vorsicht ist geboten, wenn **zusätzlich** zu einer stufenweisen Beauftragung eine **vertragliche Bindungsklausel** in den Vertrag aufgenommen wird. Eine solche vertragliche Bindungsklausel verpflichtet den Ingenieur als Auftragnehmer **einseitig,** innerhalb eines bestimmten Zeitraumes auf Abruf des Auftraggebers die weiteren Leistungsphasen zu erbringen. Hier muß der Ingenieur in seiner Kalkulation genauestens prüfen, ob er bereit und in der Lage ist, die – bei Nichtbeauftragung vergeblichen – Vorhaltekosten für künftige Leistungen zu tragen. Das Prinzip der vertraglichen Bindungsklausel wird im nachfolgenden Schaubild nochmals verdeutlicht:

## Vertragliche Bindungsklausel

Auftraggeberseitige Bindungsklauseln können wie folgt lauten:

Formulierungsbeispiel 1 (RBBau):

»Der Auftragnehmer ist verpflichtet, im Rahmen der Gesamtmaßnahme die weiteren Leistungen (Abschnitte) zu erbringen, wenn der Auftraggeber sie ihm überträgt; es sei denn, daß seit der Fertigstellung der letzten Leistungen mehr als … Jahre vergangen sind oder daß ein wichtiger Kündigungsgrund vorliegt.«

Formulierungsbeispiel 2:

»Der Auftraggeber beabsichtigt, dem Auftragnehmer ggf. weitere Leistungen nach Anlage … zusätzlich zu übertragen. Der Auftragnehmer ist verpflichtet, diese Leistungen zu erbringen, wenn sie ihm vom Auftraggeber innerhalb von … Monaten nach Abnahme der Leistungen nach Anlage … übertragen werden. Einen Anspruch auf Übertragung dieser Leistungen hat er nicht. Aus der stufenweisen Übertragung kann der Auftragnehmer keinen Anspruch auf Erhöhung seines Honorars ableiten.«

Derartige Bindungsklauseln finden sich häufig in den Allgemeinen Geschäftsbedingungen der Auftraggeber. Sie unterliegen der Wirksamkeitskontrolle des AGBG. Gem. § 9 Abs. 1 AGBG können derartige Bindungsklauseln nichtig sein, wenn sie den Auftragnehmer/Ingenieur unangemessen benachteiligen. Dies ist dann der Fall, wenn die Bindungsfrist zu Lasten des Auftragnehmers unangemessen lang ausgestaltet ist, so daß die Vorhaltekosten unkalkulierbar werden. Zur Vermeidung einer Nichtigkeit dieser Klausel ist daher darauf zu achten, daß die Bindungsfrist auf das jeweilige Bauvorhaben abgestimmt wird. Sie kann zwischen sechs Monaten (bei kleineren Bauvorhaben) und zwei Jahren (bei Großvorhaben) betragen.

Werden im Rahmen einer stufenweisen Beauftragung Teilleistungen erst nach Inkrafttreten einer HOAI-Novelle in Auftrag gegeben, so gilt für diese Leistungen die HOAI in der jeweiligen Neufassung. Dies gründet rechtlich darauf, daß mit dem Abrufschreiben des Auftraggebers hinsichtlich der weiteren Leistungsstufen jeweils ein neuer (Haupt-)Ingenieurvertrag geschlossen wird. Fällt dieser Vertragsschluß in den Zeitraum, für den eine Neufassung der HOAI gilt, so sind die Bestimmungen dieser Neufassung für die weiteren Teilleistungen maßgebend. Der Auftragnehmer/Ingenieur kommt daher für seine weiteren Teilleistungen insbesondere auch in den Genuß der erhöhten Honorartafelsätze.

---

**Praxishinweis**

*Der Ingenieur, der stufenweise beauftragt wird, hat im Falle einer HOAI-Novelle darauf zu achten, daß er die weiteren Teilleistungen nach den neuen, meist höheren Honorartafelsätzen abrechnet.*

---

Vereinbaren die Vertragsparteien, daß die HOAI in der bei Abschluß des ersten Hauptvertrages gültigen Fassung gelten soll, so ist dies unwirksam, falls durch diese Vereinbarung der Mindestsatz nach der HOAI-Novelle unterschritten wird.

---

**Beispiel**

*Zum 01. 01. 1996 ist die 5. HOAI-Novelle in Kraft getreten. Im Mai 1995 schlossen die Vertragsparteien einen Ingenieurvertrag, wonach der Ingenieur zunächst die Leistungsphasen 1 bis 3 zu erbringen hat.*
*Hinsichtlich der weiteren Leistungsphasen 4 bis 9 wurde ein Vorvertrag geschlossen. Die Beauftragung für diese weiteren Leistungsphasen erfolgte durch Abrufschreiben des Auftraggebers im März 1996.*
*Für die Leistungsphasen 1 bis 3 gelten die alten Honorartafelsätze der 4. HOAI-Novelle; für die nach dem 01. 01. 1996 in Auftrag gegebenen Leistungsphasen 4 bis 9 gelten die – höheren – Honorartafelsätze der 5. HOAI-Novelle. Diese gelten auch dann, wenn die Parteien vertraglich vereinbart hätten, daß »der Auftragnehmer aus der stufenweisen Beauftragung keinen Anspruch auf Erhöhung des Honorars ableiten kann, falls durch diese Vereinbarung die Mindestsätze der (neuen) HOAI-Fassung unterschritten werden«.*

---

Zusammenfassend ist festzuhalten:

Die in der Praxis entwickelte stufenweise Beauftragung des Ingenieurs gibt dem Auftraggeber die Möglichkeit, den Ingenieur zunächst mit einzelnen Leistungsphasen zu beauftragen. Bei Fortführung des Bauvorhabens erhält der Ingenieur auch den Auftrag für die weiteren Leistungsphasen. Insoweit wird zunächst ein Vorvertrag geschlossen. Die Weiterbeauftragung kann im freien Ermessen des Auftraggebers stehen, sie kann jedoch auch vom Eintritt konkreter Voraussetzungen abhängig gemacht werden. Die stufenweise Beauftragung wird zudem oftmals mit einer vertraglichen Bindungsklausel gekoppelt. In diesem Fall ist der Auftragnehmer/Ingenieur verpflichtet, auf Abruf innerhalb eines angemessenen Zeitraumes die weiteren Leistungsphasen durchzuführen.

# 4.9 Der Verstoß gegen das Koppelungsverbot

Das sog. »Koppelungsverbot« beschäftigt in hohem Maße die Rechtspraxis.[73] Danach ist es verboten, Ingenieur- (und Architekten-)Leistungen mit Grundstückserwerbsgeschäften zu koppeln. Immer wieder werden Ingenieur- und Architektenverträge aus diesem Grunde von Gerichten für unwirksam erklärt. Das Verbot der Ingenieurbindung im Zusammenhang mit einem Grundstückserwerbsgeschäft hat der Gesetzgeber – für den Laien kaum auffindbar – in Art. 10 § 3 des »Gesetzes zur Verbesserung des Mietrechts und zur Begrenzung des Mietanstiegs sowie zur Regelung von Ingenieur- und Architektenleistungen« (MRVG) wie folgt festgeschrieben:

> »Eine Vereinbarung, durch die der Erwerber eines Grundstücks sich im Zusammenhang mit dem Erwerb verpflichtet, bei der Planung oder Ausführung eines Bauwerks auf dem Grundstück die Leistungen eines bestimmten Ingenieurs oder Architekten in Anspruch zu nehmen, ist unwirksam ...«

Nach dieser Regelung dürfen Ingenieurleistungen nicht **im Zusammenhang** mit einem **Grundstückserwerb** stehen. Durch die Formulierung »im Zusammenhang« hat der Gesetzgeber das Koppelungsverbot bewußt sehr weit gefaßt. Dies hat die Rechtsprechung aufgegriffen und das Koppelungsverbot in extensiver Auslegung auf nahezu alle denkbaren Erwerbssituationen ausgeweitet. Selbst **Vorverträge**[74], die auf einen späteren Grundstückserwerb gerichtet sind, dürfen nicht mit der Verpflichtung zur Übernahme einer Ingenieur- oder Architektenleistung verbunden werden. »Erwerbsgeschäfte«, die ein Koppelungsverbot auslösen, sind ferner nicht nur Grundstück**kauf**verträge, vielmehr kommen auch

**Tausch-** und **Schenkungs**verträge in Betracht. Das Kammergericht Berlin hat ferner in einem Urteil aus dem Jahre 1991[75] entschieden, daß das Koppelungsverbot auch im Zusammenhang mit dem Erwerb eines **Erbbaurechts** gelten solle. Lediglich im Bereich des Erwerbs von **Wohnungseigentum** hat sich der Bundesgerichtshof[76] klar gegen die Anwendung des Koppelungsverbots ausgesprochen.

Das Verbot ist nach ständiger Rechtsprechung des Bundesgerichtshofs allein auf die Berufsgruppe der **freiberuflichen** Architekten und Ingenieure ausgerichtet.[77] Freiberufliche Ingenieure unterfallen dem Koppelungsverbot in jeder Form: Tritt der freiberufliche Architekt/Ingenieur etwa als Generalübernehmer, Generalunternehmer, Bauträger oder Baubetreuer auf, so führt dies zur Unwirksamkeit des jeweiligen Vertrages. Das Koppelungsverbot greift selbst dann, wenn ein freiberuflicher Ingenieur, wie ein Bauträger, auf einem **eigenen,** dem Erwerber vorweg übertragenen Grundstück einen schlüsselfertigen Bau auf eigene Rechnung und auf eigenes Risiko errichtet. [78]

Das Koppelungsverbot hat seine Grenze dort, wo die freiberufliche Tätigkeit endet. Ist deshalb der Ingenieur gewerbsmäßig mit einer Erlaubnis nach § 34c GewO (beispielsweise als Baubetreuer) tätig, so ist eine Bindung zulässig. Der Umstand, daß die Grenze zwischen erlaubten und unerlaubten Ingenieurbindungen wesentlich von der Stellung als freiberuflich Tätiger abhängig ist, fordert den Umgehungsversuch in der Praxis geradezu heraus.

Wird ein Verstoß gegen das Koppelungsverbot festgestellt, so ist hinsichtlich der möglichen **Rechtsfolgen**[79]) zu unterscheiden:

- Das **Grundstückserwerbsgeschäft** bleibt wirksam.
- Hingegen ist die Bindungsvereinbarung und damit regelmäßig der **Ingenieurvertrag** nichtig, d.h., der Vertrag ist von Beginn an unwirksam. Es können aus der Vereinbarung keinerlei Rechte oder Pflichten der Vertragsparteien hergeleitet werden.

In der Praxis stellt sich oftmals das Problem, daß der Ingenieur auf den nichtigen Vertrag bereits erhebliche Leistungen erbracht hat. Kann er für diese Leistungen ein Honorar verlangen? Aus dem Vertrag selber sicherlich nicht. Die aufgrund des nichtigen Vertrages erbrachten Ingenieurleistungen werden daher nach den sog. bereicherungsrechtlichen Regelungen der §§ 812 ff. BGB behandelt. Danach ist zu differenzieren:

- Wurden die Leistungen vom Auftraggeber **verwertet,** so hat der Ingenieur nach § 812 BGB einen **Erstattungsanspruch** in Höhe der **Mindestsätze** der HOAI.

---

### Beispiel

*Das Bauvorhaben des Grundstückskäufers wird auf der Grundlage der erstellten Pläne errichtet.*

---

Jedoch kann der Auftraggeber einwenden, er hätte die Architekten-/Ingenieurleistungen von anderer Seite zu geringeren Kosten erhalten. In diesem Fall wird die Ingenieur-/Architektenleistung entsprechend geringer vergütet.

- Hat dagegen der Auftraggeber die Architektenleistungen **nicht verwertet,** steht dem Architekten auch keinerlei Honoraranspruch zu.

Für den Ingenieur/Architekten bedeutet dies:

Bei einem Verstoß gegen das Koppelungsverbot trägt der Ingenieur/Architekt das Risiko, daß die von ihm bereits erbrachten Leistungen entweder nicht oder lediglich zu den Mindestsätzen honoriert werden. Der Grundstückskäufer/Auftraggeber kann sich auf die Nichtigkeit des Vertrages jederzeit berufen.

---

### Praxishinweis

*In der Praxis finden sich zuweilen selbst in notariell beurkundeten Grundstückskaufverträgen Koppelungsvereinbarungen. Der Notar, der eine solche Bestimmung in einem notariellen Grundstückskaufvertrag aufnimmt, verletzt schuldhaft, nämlich fahrlässig, seine Amtspflicht nach § 19 Abs. 1 BNotO. Eine derartige Amtspflichtverletzung löst einen Schadensersatzanspruch der Vertragsparteien gegen den Notar aus. Der Ingenieur kann also ggf. wegen einer Honorareinbuße Regreß vom Notar verlangen.*

---

Zusammenfassend ist zum Koppelungsverbot festzuhalten:

Der **sachliche Anwendungsbereich** des Verbots der Ingenieurbindung wird von der Rechtsprechung sehr weit gefaßt. Beinahe zu allen Grundstückserwerbsgeschäften (einschl. der Einräumung eines Erbbaurechts) wird die Verbindung mit einer Architekten-/Ingenieurleistung als unzulässig angesehen. Lediglich in wenigen Ausnahmefällen toleriert die Rechtsprechung eine solche Bindung. Hierbei ist von Bedeutung insbesondere die Zulässigkeit der Architekten-/Ingenieurbindung bei der Wohnraumbildung (»Vorratsteilung«). Das Koppelungsverbot betrifft allein die Leistungen der **freiberuflichen** Ingenieure und Architekten. Im Falle eines Verstoßes gegen das Koppelungsverbot ist der **Ingenieurvertrag** (nicht der Grundstücksvertrag) **nichtig.** Dem Ingenieur steht lediglich ein Bereicherungsanspruch gegen seinen Auftraggeber zu. Bei Verwertung der Leistungen orientiert sich der Bereicherungsanspruch an den Mindestsätzen der HOAI.

## 4.10 Die vorzeitige Beendigung des Ingenieurvertrages

Erklärtes Ziel der Vertragsparteien bei Vertragsabschluß ist es, den Ingenieurvertrag in einer für beide Seiten zufriedenstellenden Weise durchzuführen und das Bauprojekt zu einem erfolgreichen Abschluß zu führen. Ein zufriedener Auftraggeber wird auch künftig die Leistungen des Ingenieurs in Anspruch nehmen. Dennoch können in der Praxis Probleme auftreten, die eine vorzeitige Vertragsbeendigung, d. h. eine Auflösung des Vertrages vor Abschluß des Bauprojektes, erzwingen. Nicht selten entstehen bereits während der Planungsphase Unstimmigkeiten zwischen den Vertragsparteien über die Durchführung des Projektes; oder aber die finanziellen Reserven des Auftraggebers lassen eine Vollendung des Projektes nicht zu. In diesen Fällen wird es zu einer vorzeitigen Auflösung des Vertrages kommen. Den Vertragsparteien stehen insoweit drei Möglichkeiten zur Verfügung:

- Die einvernehmliche Aufhebung des geschlossenen Ingenieurvertrages (Aufhebungsvertrag),
- die Kündigung gem. § 649 BGB (ordentliche Kündigung),
- die außerordentliche Kündigung des Vertrages.

### 4.10.1 Der Aufhebungsvertrag

Die Vertragsparteien können jederzeit **einvernehmlich** das Vertragsverhältnis beenden. Im Gegensatz zur Kündigung, die eine einseitige Willenserklärung voraussetzt, wird der Aufhebungsvertrag nur wirksam, wenn eine entsprechende **Einigung** der Parteien vorliegt. Es empfiehlt sich, die Aufhebungsvereinbarung **schriftlich** zu fassen. Soweit die Parteien nichts anderes bestimmen, wirkt der Aufhebungsvertrag nur für die Zukunft, d.h., für bereits erbrachte Leistungen bleiben Honoraransprüche des Auftragnehmers/Ingenieurs, und auch Gewährleistungsansprüche des Auftraggebers bestehen. Eine solche Aufhebungsvereinbarung hat etwa folgenden Wortlaut:

Formulierungsbeispiel:

*»Die Vertragsparteien haben am ... einen Ingenieurvertrag betreffend das Objekt ... geschlossen.*
*Die Vertragsparteien sind darin einig, daß vorstehender Ingenieurvertrag mit Wirkung zum ... aufgehoben wird.*
*Unterschriften«.*

Nach Abschluß eines Aufhebungsvertrages stellt sich oftmals die Frage, ob dem Ingenieur ein **Vergütungsanspruch für** seine noch **nicht erbrachten Leistungen** gem. § 649 Satz 2 BGB zusteht. Diese Vorschrift, die unmittelbar nur für die Kündigung des Werkvertrages gilt,[80]) kann im Einzelfall auch bei einem Aufhebungsvertrag Anwendung finden. Entscheidend ist, ob die Gründe für die Aufhebung des Vertrages aus der Sphäre des Ingenieurs oder der des Auftraggebers stammen. Das heißt für den Regelfall: Der Ingenieur hat bei Abschluß eines Aufhebungsvertrages grundsätzlich dann einen Anspruch entsprechend § 649 Satz 2 BGB auf Zahlung der Vergütung für nicht erbrachte Leistungen, wenn der Aufhebungsgrund nicht von ihm zu verantworten ist.

---

**Beispiel**

*Der Auftraggeber verlangt von dem Ingenieur eine von der behördlich genehmigten Planung abweichende und nicht genehmigungsfähige Bauausführung. Der Ingenieur verweigert dies. Es kommt zum Streit, und die Parteien schließen einen Aufhebungsvertrag. In diesem Fall beruht die Aufhebung des Vertrages auf Umständen, die nicht der Ingenieur, sondern der Auftraggeber zu verantworten hat. Der Ingenieur hat daher nach wie vor den Vergütungsanspruch für nicht erbrachte Leistungen entsprechend § 649 Satz 2 BGB.*

---

Vorstehendes gilt nur, wenn die Vertragsparteien im Aufhebungsvertrag nichts anderes vereinbart haben. Regelmäßig werden daher zwischen den Vertragsparteien **Abgeltungsklauseln** vereinbart. Diese können – je nach Formulierung – unterschiedliche Rechtsfolgen haben. Die in der Praxis häufigsten Abgeltungsklauseln werden nachfolgend mit ihren Rechtsfolgen dargestellt:

Abgeltungsklausel 1:

*»Die Vertragsparteien sind darin einig, daß mit Wirksamwerden dieses Aufhebungsvertrages sämtliche gegenwärtigen und künftigen Forderungen gleich aus welchem Rechtsgrund wechselseitig abgegolten sind.«*

**Rechtsfolge:**
*Mit dieser Klausel gelten sämtliche Vergütungsansprüche des Ingenieurs für erbrachte und nicht erbrachte Leistungen sowie sämtliche Gewährleistungsansprüche und sonstige Gegenansprüche des Auftraggebers als abgegolten.*

Abgeltungsklausel 2:

*»Die Vertragsparteien sind darin einig, daß mit Wirksamwerden dieses Aufhebungsvertrages sämtliche gegenwärtigen und künftigen Forderungen gleich aus welchem Rechtsgrund wechselseitig abgegolten sind. Hiervon ausgenommen sind Vergütungsansprüche des Auftragnehmers für bereits erbrachte Leistungen.«*

**Rechtsfolge:**

*Nach dieser Klausel gelten nur Vergütungsan-
sprüche des Ingenieurs für nicht erbrachte Leistungen sowie sämtliche Gewährleistungsansprüche und sonstige Gegenrechte des Auftraggebers als abgegolten.*

Abgeltungsklausel 3:

*»Mit Wirksamwerden des Aufhebungsvertrages
verzichtet der Auftraggeber auf die Geltendmachung von eventuellen Gewährleistungsansprüchen. Der Auftragnehmer nimmt diesen
Verzicht an.«*

**Rechtsfolge:**

*Mit diesem Verzicht werden lediglich Gewähr-
leistungsansprüche des Auftraggebers ausgeschlossen. Der Ingenieur hat, da nichts anderes
bestimmt, weiterhin seinen Vergütungsanspruch für erbrachte Leistungen. Soweit der
Aufhebungsgrund nicht seiner Sphäre zuzuordnen ist, kann er zudem auch Vergütungsansprüche für nicht erbrachte Leistungen entsprechend § 649 Satz 2 BGB geltend machen.*

Die vorstehenden Formulierungsbeispiele
zeigen, daß – je nach Inhalt der gewählten
Abgeltungsklausel – die Rechtsfolgen eines
Aufhebungsvertrages für den Ingenieur oder
aber für den Auftraggeber günstig sind. In
aller Regel ist es interessengerecht, eine
Abgeltungsklausel zu wählen, die dem Ingenieur den Honoraranspruch für erbrachte
Leistungen beläßt und im übrigen wechsel-
seitige Forderungen ausschließt.

---

**Praxishinweis**

*Sowohl der Ingenieur als auch der Auftrag-
geber können den Aufhebungsvertrag wegen
Irrtums gem. § 119 BGB anfechten. Voraussetzung ist hierfür, daß sie nach Vertragsschluß von Tatsachen erfahren, bei deren
Kenntnis sie den Vertrag nicht aufgehoben
hätten. Bei der Wertung, ob es sich um an-
fechtungsrelevante Tatsachen handelt,
bedarf es in aller Regel einer kompetenten
juristischen Beratung.*

---

## 4.10.2 Die ordentliche Kündigung gem. § 649 BGB

Die sog. »ordentliche Kündigung« ist in
§ 649 BGB geregelt. Danach kann der **Auftraggeber** (nicht der Auftragnehmer!) bis zur
Vollendung des Werkes den Vertrag **jederzeit, ohne Angabe von Gründen** kündigen.

Einzige Voraussetzung für die Wirksamkeit
der Kündigung ist der **Zugang einer Kündigungserklärung** bei dem Auftragnehmer.
Für den Zugang der Kündigungserklärung
ist der Auftraggeber beweispflichtig.

Die **Kündigungserklärung** ist eine einseitige, empfangsbedürftige Willenserklärung.
Sie kann auch in einer Klageerhebung gesehen werden. Der Begriff »Kündigung«
muß nicht gewählt werden. Allerdings muß
der Wille zur Vertragsbeendigung von dem
Erklärenden so eindeutig umschrieben werden, daß der Empfänger dies ohne Zweifel
erkennen kann.

---

**Beispiel**

*Der Ingenieur erhält ein Schreiben folgenden
Inhalts:
»Wir beenden hiermit die Zusammenarbeit.
Bitte übersenden Sie uns Ihre Schlußrech-
nung.«
In diesem Beispiel wird zwar der Begriff
Kündigung nicht erwähnt, gleichwohl ist der
Wille zur Vertragsbeendigung eindeutig.*

---

In der Praxis wird das Recht zur ordentlichen Kündigung oftmals **vertraglich ausgeschlossen.** Statt dessen wird ein Kündigungsrecht auf bestimmte Gründe (beispielsweise: Bauunterbrechung von mehr
als drei Monaten) vereinbart.

Die Kündigung **wirkt** ab Zugang bei dem
Auftragnehmer. Das heißt, Vergütungs-

ansprüche des Auftragnehmers sowie Gewährleistungsansprüche des Auftraggebers, die vor Kündigungszugang entstanden sind, bleiben hiervon unberührt.

---

### Beispiel

*Nach Erbringung der Leistungsphasen 1 bis 3 kündigt der Auftraggeber den Ingenieurvertrag. Er behauptet zugleich, daß die bisherigen Planungsleistungen mangelhaft seien. In diesem Fall steht dem Ingenieur für seine bereits erbrachten Leistungen ein anteiliges Honorar zu. Der Auftraggeber kann, soweit die behaupteten Planungsmängel bewiesen werden können, allerdings mit seinen Gewährleistungsansprüchen in entsprechender Höhe aufrechnen.*

---

Das Recht des Auftraggebers zur jederzeitigen ordentlichen Kündigung gem. § 649 Satz 1 BGB korrespondiert mit einem **Vergütungsanspruch des Auftragnehmers für seine noch nicht erbrachten Leistungen gem. § 649 Satz 2 BGB.** Der Gesetzgeber hat mit dieser Regelung einen Interessenausgleich bezweckt. Zugunsten des Kündigungsempfängers wird eine Vorteilsausgleichung angeordnet, die dem Ingenieur den Gewinn sichert, der ihm bei Vollendung des Vertrags geblieben wäre. Folgerichtig erhält der Ingenieur nicht den gesamten Vergütungsanspruch für noch nicht erbrachte Leistungen; vielmehr muß er sich ersparte Aufwendungen anrechnen lassen. § 649 Satz 2 BGB lautet wörtlich:

*»Kündigt der Besteller, so ist der Unternehmer berechtigt, die vereinbarte Vergütung zu verlangen; er muß sich jedoch dasjenige anrechnen lassen, was er infolge der Aufhebung des Vertrages an Aufwendungen erspart oder durch anderweitige Verwendung seiner Arbeitskraft erwirbt oder zu erwerben böswillig unterläßt.«*

Diese Regelung des Vergütungsanspruches des Auftragnehmers/Ingenieurs wird nachfolgend nochmals anhand eines Schaubildes graphisch verdeutlicht:

---

### Honoraranspruch bei Kündigung durch den Auftraggeber
### (§ 649 Satz 2 BGB)

| Erbrachte Leistungen | Nicht erbrachte Leistungen |
|---|---|

| **Voller Honoraranspruch** | **Voller Honoraranspruch** |
|---|---|
|  | abzüglich ersparter Aufwendungen |

Vertragsschluß — Kündigung durch Auftraggeber

Der Vergütungsanspruch für nicht erbrachte Leistungen wird somit um die ersparten Aufwendungen des Auftragnehmers/Ingenieurs gekürzt. In der Praxis wurden die ersparten Aufwendungen **bisher** mit 40% bewertet, so daß der Restvergütungsanspruch für die noch nicht erbrachten Leistungen bei 60% lag. Entsprechende Regelungen, die den Restvergütungsanspruch pauschal mit 60% bewerten, fanden sich auch in den meisten Formularverträgen.

Durch zwei Entscheidungen des Bundesgerichtshofes ist diese langjährige Praxis nunmehr nicht mehr haltbar. In einem Urteil vom 08. 02. 1996[81]) führt der Bundesgerichtshof hierzu aus:

*»Bei den als erspart anzurechnenden Aufwendungen ist auch beim Architektenvertrag (dies gilt entsprechend für den Ingenieurvertrag, Anmerkung der Verfasser) auf den konkreten Vertrag abzustellen. Welche ersparten Aufwendungen und welchen anteiligen Erwerb er sich anrechnen läßt, hat der Architekt (Ingenieur) **vorzutragen und zu beziffern**. Trägt er nur einen bestimmten Prozentsatz vor (hier 40%), so genügt das nicht, weil nicht ersichtlich ist, wie er für den **konkreten Vertrag** gerade zu diesem Prozentsatz gekommen ist und ob er von dem richtigen Begriff der Ersparnisse ausgegangen ist.«[82]*)

Der Bundesgerichtshof verlangt also, daß der Ingenieur seine ersparten Aufwendungen im konkreten Fall vortragen und zahlenmäßig beziffern muß. Diese Rechtsprechung hat der Bundesgerichtshof in einer weiteren Entscheidung vom 10. 10. 1996[83]) auch auf die **formularmäßige** Festlegung der 40%-Regel übertragen: Gem. den §§ 11 Nr. 5b und 10 Nr. 7 AGBG ist die in **Allgemeinen Geschäftsbedingungen** eines Planungsunternehmens enthaltene Klausel nichtig: »In den übrigen Fällen (also abgesehen von den Fällen, in denen ein wichtiger Grund vorliegt, den der Auftrag-

nehmer zu vertreten hat) behält der Auftragnehmer den Anspruch auf das vertragliche Honorar, jedoch unter Abzug der ersparten Aufwendungen, die mit 40% für die vom Auftragnehmer noch nicht erbrachten Leistungen vereinbart werden.«

Der Bundesgerichtshof hat hier also festgestellt, daß die genannte AGB-Klausel, die eine pauschale Aufwendungsersparnis von 40% vorsah, unwirksam ist. Nach – allerdings umstrittener – Auffassung in der juristischen Literatur[84]) ist diese Rechtsprechung nur von Bedeutung, wenn die Entschädigungsklausel keinen Zusatz folgenden Inhalts enthält: »Sofern der Auftraggeber im Einzelfall keinen höheren Anteil an ersparten Aufwendungen nachweist.«

Nach dieser neuen Rechtsprechung kann die Aufwendungsersparnis durchaus auch unter 40% liegen. Der Ingenieur muß dazu allerdings verwertbare Angaben machen. Insbesondere muß er etwa vortragen, ob und ggf. in welcher Höhe er Personalkosten durch den Wegfall des Auftrages eingespart hat.

---

**Beispiel**

*Infolge der Auftragsentziehung mußte der Ingenieur einen technischen Zeichner entlassen. Die durch die Entlassung eingesparten Gehaltskosten sind ersparte Aufwendungen.*

---

Bei der Frage der ersparten Aufwendungen dürfte eine betriebswirtschaftliche Sicht entscheidend sein.[85]) Es ist daher bei der großen Zahl der Ein-Mann-Planungsbüros durchaus denkbar, daß diese Ingenieurbüros keine Aufwendungsersparnis durch den Auftragswegfall haben. Sowohl die Sachkosten als auch die Kosten für die Tätigkeit des Büroinhabers laufen weiter.

Eine Aufwendungsersparnis ergibt sich nur dann, wenn der Büroinhaber die durch den Auftragswegfall »ersparte Zeit« für einen anderen, zusätzlichen Auftrag nutzen konnte. Ist dies nicht der Fall, so bleibt für eine Kürzung des Vergütungsanspruchs für nicht erbrachte Leistungen kein Raum, das heißt, er erhält 100 % seines Honorars.

Der Ingenieur ist verpflichtet, nach der Kündigung durch den Auftraggeber eine **prüfbare Schlußrechnung** über das Honorar für die bereits erbrachten und für die noch nicht erbrachten Leistungen, für die er eine Vergütung verlangt, zu stellen.

---

### Praxishinweis

*Der Vergütungsanspruch für die nicht erbrachten Leistungen ist **nicht umsatzsteuerpflichtig**.[86]) Mangels Vertragsausführung fehlt es an einem umsatzsteuerpflichtigen Austauschgeschäft. In der zu erstellenden Schlußrechnung ist daher dieser Honoraranteil ohne Mehrwertsteuer anzugeben.*

---

Zusammenfassend ist zur ordentlichen Kündigung nach § 649 BGB festzuhalten:

Der Auftraggeber hat das Recht der jederzeitigen Kündigung ohne Angabe von Gründen. Der Auftragnehmer hat in diesem Fall – soweit in einer Abgeltungsklausel nichts anderes vereinbart ist – einen Anspruch auf Vergütung der bereits erbrachten Leistungen sowie – zusätzlich – einen Anspruch auf Vergütung noch nicht erbrachter Leistungen, letzteres abzüglich seiner ersparten Aufwendungen. Die ersparten Aufwendungen sind nach neuerer Rechtsprechung nicht mehr mit 40 % zu pauschalisieren. Vielmehr muß der Ingenieur im Einzelfall seine Aufwendungsersparnis vortragen und beziffern.

### 4.10.3 Die Kündigung aus wichtigem Grund

Sowohl der Auftraggeber als auch der Auftragnehmer können den Ingenieurvertrag **aus wichtigem Grund** kündigen. In der Kündigungserklärung müssen die Kündigungsgründe nur dann benannt werden, wenn der andere Vertragspartner dies verlangt. Es ist daher auch möglich, daß der Kündigende später weitere Kündigungsgründe »nachschiebt«. In der Praxis aber ist zu empfehlen, dem Gekündigten **auf dessen Verlangen hin sämtliche Kündigungsgründe** zu benennen. Führt nämlich der Kündigende im Laufe des Rechtsstreits weitere Kündigungsgründe an, die er zunächst nicht benannt hatte, und kommt das Gericht zu der Auffassung, daß nur diese neuen Kündigungsgründe die Kündigung rechtfertigen, so kann dies dazu führen, daß der Kündigende die Prozeßkosten übernehmen muß. Der Gekündigte hat einen Schadensersatzanspruch aus sogenannter positiver Vertragsverletzung, wenn der Kündigende schuldhaft die nachgeschobenen Kündigungsgründe nicht rechtzeitig mitgeteilt hat.

---

### Praxishinweis

*Bei jeder außerordentlichen Kündigung muß der Kündigende zunächst genauestens prüfen, ob er den wichtigen Kündigungsgrund darlegen und beweisen kann. Kündigt etwa der Auftraggeber dem Ingenieur und stellt sich später heraus, daß kein wichtiger Kündigungsgrund vorliegt oder beweisbar ist, so steht dem Ingenieur ein Restvergütungsanspruch gem. § 649 Satz 2 BGB zu.*
*Die außerordentliche Kündigung wird in diesem Fall in eine ordentliche Kündigung umgedeutet.*

---

Der Kündigende trägt die Darlegungs- und Beweislast für das Vorliegen eines wichtigen Grundes, der eine außerordentliche Kündigung rechtfertigt. Bestreitet also der Gekündigte den Kündigungsgrund, so muß der Kündigende diesen im Prozeß beweisen.

Ein wichtiger Grund für eine außerordentliche Kündigung setzt nach der Rechtsprechung voraus, daß dem Kündigenden ein Festhalten an dem Vertrag nicht mehr zumutbar ist. Es bedarf in aller Regel einer Bewertung des Einzelfalles, ob das Unzumutbarkeitskriterium erfüllt ist. Nachfolgend werden verschiedene praxisrelevante Fallgruppen dargestellt, die eine außerordentliche Kündigung begründen können:

- **Wichtige Gründe,** die eine außerordentliche Kündigung **des Auftraggebers** begründen können:
  - Der Ingenieur, der an der Vergabe mitwirkt, nimmt Schmiergelder entgegen.
  - Der Ingenieur erkrankt für längere Zeit, so daß er die vertraglich geschuldeten Leistungen nicht erbringen kann.
  - Über das Vermögen des Ingenieurs wird das Konkurs- oder Gesamtvollstreckungsverfahren eingeleitet.
  - Das geplante Bauvorhaben wird infolge einer Änderung des Bebauungsplanes bauplanungsrechtlich undurchführbar.
  - Das geplante Bauvorhaben ist undurchführbar, da bereits von vornherein die bauplanungsrechtliche Grundlage fehlt; der Ingenieur hat hierauf nicht hingewiesen.
  - Die von dem Bauherrn vorgegebenen Baukosten werden in der Planung des Ingenieurs erheblich überschritten.[87])

- **Wichtige Gründe**, die eine außerordentliche Kündigung des **Auftragnehmers/Ingenieurs** begründen könnten:
  - Fällige Abschlagsrechnungen werden durch den Auftraggeber nicht bezahlt (Hinweis: Es muß sich um Abschlagsrechnungen für erbrachte und nachgewiesene Ingenieurleistungen handeln; es darf kein Leistungsverweigerungsrecht des Auftraggebers, etwa wegen mangelhafter Planung bestehen.) [88])
  - Der Auftraggeber fordert den Ingenieur auf, von den behördlich genehmigten Plänen abzuweichen und einen nicht genehmigungsfähigen Bau zu errichten.
  - Über das Vermögen des Auftraggebers wird das Konkurs- oder Gesamtvollstreckungsverfahren eingeleitet.
  - Der Auftraggeber äußert sich in ehrverletzender Weise über den Auftragnehmer.

Wird der Ingenieurvertrag von einer Vertragspartei außerordentlich gekündigt, so stellt sich die Frage nach dem nunmehr geschuldeten **Ingenieurhonorar.** Auch die außerordentliche Kündigung wirkt nur für die Zukunft, so daß der Ingenieur für bereits erbrachte Leistungen einen vollen Honoraranspruch hat. Denkbar ist allerdings, daß diesem Honoraranspruch Aufrechnungsansprüche des Auftraggebers wegen mangelhafter Leistungen gegenüberstehen. Neben dem Honorar für erbrachte Leistungen ist im Einzelfall jeweils zu prüfen, ob auch für die künftigen noch nicht erbrachten Leistungen ein Restvergütungsanspruch besteht. Dies hängt davon ab, ob der wichtige Kündigungsgrund tatsächlich von dem Auftragnehmer verursacht wurde, oder aber, ob der Kündigungsgrund der Sphäre des Auftraggebers oder Dritter am Bau Beteiligter zuzuordnen ist. Die insoweit denkbaren Varianten werden anhand des nachfolgenden Schaubildes dargestellt:

## Honoraranspruch des Auftragnehmers
## bei außerordentlicher Kündigung des Vertrages

| Kündigung durch: | Wichtiger Grund: | Honoraranspruch des Ingenieurs: |
|---|---|---|
| 1. Auftraggeber | Vom Ingenieur verursacht | Nur für bereits **erbrachte Leistungen**[89]) |
| 2. Auftraggeber | Nicht vom Ingenieur verursacht (Dritte/Auftraggeber) | Für bereits erbrachte Leistungen<br>– **zusätzlich:**<br>für noch nicht erbrachte Leistungen (abzüglich ersparter Aufwendungen) |
| 3. Ingenieur | Vom Auftraggeber verursacht | wie oben 2. |

Zusammenfassend ist zur außerordentlichen Kündigung festzuhalten:

Jeder Vertragspartei steht das Recht zur außerordentlichen Kündigung des Ingenieurvertrages zu. Die außerordentliche Kündigung setzt einen wichtigen Grund voraus. Vor Ausspruch einer außerordentlichen Kündigung muß daher genauestens geprüft werden, ob tatsächlich ein wichtiger Grund, der eine außerordentliche Kündigung rechtfertigen kann, vorliegt. Die Kündigungsgründe müssen auf Verlangen des Gekündigten benannt werden. Ein Nachschieben von Kündigungsgründen ist rechtlich möglich, jedoch in aller Regel nicht ratsam. Die außerordentliche Kündigung wirkt vertragsbeendigend mit Zugang der Kündigungserklärung bei dem Gekündigten. Ein Honorar für noch nicht erbrachte Leistungen erhält der Ingenieur dann, wenn der Kündigungsgrund nicht aus seiner Sphäre stammt.

# 4.11 Die Bürgschaft im Bauwesen

In der Bauwirtschaft ist die Bürgschaft neben dem Einbehalt von Zahlungen die häufigste Art der Sicherheitsgewährung. Die Kenntnis und der Umgang mit diesem Sicherungsmittel ist daher für den Bauingenieur unabdingbar. Nachfolgend werden daher die Grundzüge des Bürgschaftsrechts sowie die typischen Bürgschaftsformen im Bauvertragsrecht erläutert.[90])

## 4.11.1 Grundzüge des Bürgschaftsrechts

Der Bürge verpflichtet sich gegenüber dem Gläubiger eines Dritten, für die Drittverbindlichkeiten einzustehen. Dieses Dreiecksverhältnis wird nachfolgend in einem Schaubild dargestellt:

Der Bürgschaftsvertrag wird zwischen dem Bürgen (meist einer Bank) und dem Gläubiger (etwa dem Auftraggeber) geschlossen. Die Bürgschaft ist abhängig vom Bestehen und vom Umfang des Hauptschuldverhältnisses (Bauvertrag, Ingenieurvertrag) zwischen dem Gläubiger und dem Hauptschuldner (den Bauvertragsparteien). Erlischt die Hauptschuld (z. B. der Bauvertrag wird angefochten), so erlischt auch die Bürgschaft. Grundsätzlich ist Voraussetzung für die Wirksamkeit des Bürgschaftsvertrages gem. § 766 Satz 1 BGB die **schriftliche** Erteilung des Bürgschaftsversprechens. Dies gilt zwar nach dem Gesetz nicht für die Bürgschaftserklärung eines Vollkaufmannes, sofern sie ein Handelsgeschäft darstellt. Dieser gesetzliche Ausnahmefall hat jedoch in der Praxis keinerlei Bedeutung. Auch im kaufmännischen Verkehr werden Bürgschaftserklärungen – aus Beweisgründen – stets schriftlich abgegeben.

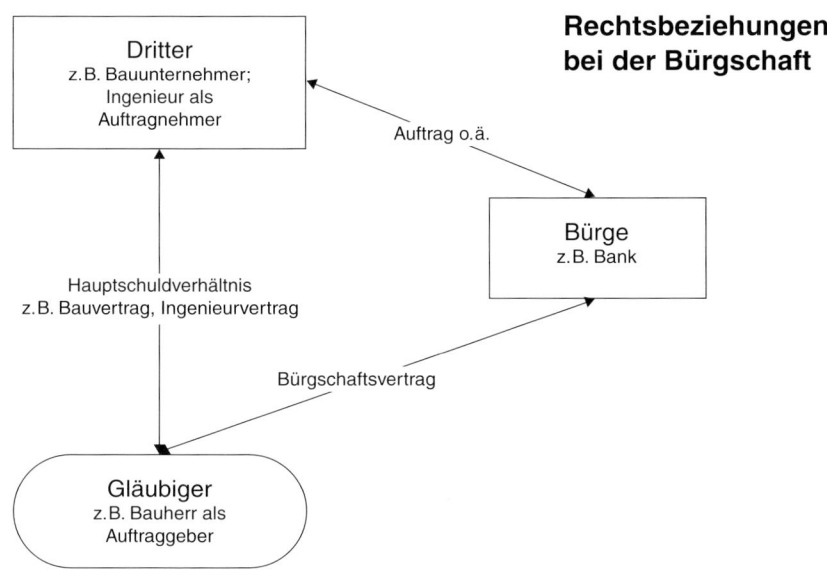

**Rechtsbeziehungen bei der Bürgschaft**

Die in der Praxis häufigste Form der Bürgschaft ist die sog. **selbstschuldnerische Bürgschaft.** Diese sieht das Gesetz in § 773 BGB ausdrücklich vor. Die selbstschuldnerische Haftung des Bürgen hat folgenden Hintergrund: Nach der gesetzlichen Grundform der Bürgschaft kann der Bürge (die Bank) die Zahlung an den Gläubiger verweigern, so lange dieser nicht erfolglos eine Zwangsvollstreckung gegen den Hauptschuldner versucht hat (sog. »Einrede der Vorausklage«). Ein solches Vorgehen ist in aller Regel langwierig und widerspricht daher dem Interesse des Gläubigers. Deshalb wird in der Praxis regelmäßig ein Verzicht auf die Einrede der Vorausklage vereinbart. Bei Abschluß einer solchen zusätzlichen Vereinbarung spricht man rechtstechnisch von einer selbstschuldnerischen Bürgschaft.

Derartige Bürgschaftsurkunden enthalten i. d. R. folgende Erklärungen des Bürgen:

> *»Der Bürge übernimmt für den Auftragnehmer die selbstschuldnerische Bürgschaft nach deutschem Recht. Auf die Einrede der Aufrechnung sowie der Vorausklage gem. den §§ 770, 771 BGB wird verzichtet.«*

Individualvertraglich können die Vertragsparteien über die selbstschuldnerische Bürgschaft hinaus auch die Beibringung einer **Bürgschaft auf erstes Anfordern** vereinbaren.

In diesem Fall enthält die Bürgschaftsurkunde zusätzlich folgende Erklärung des Bürgen:

> *»Der Bürge hat auf erstes Anfordern zu zahlen.«*

Die Bürgschaft auf erstes Anfordern ist in der Baupraxis weit verbreitet. Sie ist jedoch für den Auftragnehmer höchst gefährlich. Eine derartige Bürgschaft begründet die Verpflichtung des Bürgen (der Bank), sofort nach Aufforderung durch den Gläubiger (Auftraggeber) Zahlung zu leisten. Mögliche – sonst bei der selbstschuldnerischen Bürgschaft bestehenden – Einwendungen, können lediglich im späteren Rückforderungsprozeß geltend gemacht werden. Nur für den Fall, daß offensichtlich und liquide beweisbar ist, daß der Gläubiger (Auftraggeber) die Bank rechtsmißbräuchlich in Anspruch nimmt, kann diese die Zahlung verweigern. Der Nachweis eines offensichtlichen Rechtsmißbrauchs ist in aller Regel nicht zu führen. Ferner ist zu beachten, daß der Gläubiger (Auftraggeber), der aufgrund einer Bürgschaft auf erstes Anfordern Zahlung verlangt, nicht einmal verpflichtet ist, schlüssig darzulegen, daß die durch die Bürgschaft gesicherte Hauptforderung besteht. Die Bürgschaft auf erstes Anfordern ist daher für den Hauptschuldner und für den Bürgen ein äußerst risikoreiches Rechtsgeschäft.

---

### Praxishinweis

*Dem Auftragnehmer/Ingenieur ist nachdrücklich anzuraten, das Ansinnen eines Auftragnehmers auf Stellung einer Bürgschaft auf erstes Anfordern abzulehnen. Wird eine solche Bürgschaft gezogen, bestehen hiergegen – mit Ausnahme der Einrede des offensichtlichen Rechtsmißbrauchs – keine Abwehrmöglichkeiten. Der Auftragnehmer sieht sich unmittelbar nach Auszahlung des Bürgschaftsbetrages an den Auftraggeber einem Rückforderungsanspruch der Bank in gleicher Höhe ausgesetzt.*

## 4.11.2 Die Bürgschaftsformen in der Praxis des Bauvertragswesens

### • Die Vertragserfüllungsbürgschaft

Die Vertragserfüllungsbürgschaft (auch als Erfüllungsbürgschaft oder Ausführungsbürgschaft bezeichnet) sichert den Anspruch des Auftraggebers aus dem Ingenieurvertrag/Bauvertrag auf ordnungsgemäße Ausführung der vertraglich vereinbarten Leistungen. Der Sicherungszweck umfaßt damit sämtliche Fälle, in denen der Auftragnehmer seine Verpflichtung aus dem Vertrag nicht, nicht rechtzeitig oder nicht vollständig erfüllt. Auch die Verpflichtung zur Zahlung einer Vertragsstrafe wird von der Vertragserfüllungsbürgschaft umfaßt. Die **Höhe der Vertragserfüllungsbürgschaft** soll bei öffentlichen Auftragsvergaben gem. § 14 Ziffer 5 VOB/A 5 % der Auftragssumme nicht überschreiten. Im gewerblichen Bauvertragsrecht werden regelmäßig 10 % der Auftragssumme als Vertragserfüllungssicherheit gefordert. Verwendet der Auftraggeber **Allgemeine Geschäftsbedingungen,** in denen die Verpflichtung zur Stellung einer Vertragserfüllungsbürgschaft vereinbart wird, so ist die Höhe an den Vorschriften des AGBG zu messen. Hier ist insbesondere § 9 AGBG zu berücksichtigen, wonach AGB-Klauseln unwirksam sind, die den Vertragspartner »unangemessen benachteiligen«.

Beispiel 1:

*Die Verpflichtung in einer AGB zur Stellung einer Vertragserfüllungsbürgschaft in Höhe von 25 % der Auftragssumme verstößt gegen § 9 AGBG und ist unwirksam.*

Beispiel 2:

*Die Kombination einer Vertragserfüllungsbürgschaft in Höhe von 10 % der Bruttoauftragssumme mit einem 10prozentigen Einbehalt verstößt ebenfalls gegen § 9 AGBG.*

### • Die Gewährleistungsbürgschaft

Zweck der Gewährleistungsbürgschaft ist die Sicherung des Anspruchs des Auftraggebers auf vollständige und fristgerechte Erfüllung seiner Gewährleistungsrechte aus dem Bauvertrag/Ingenieurvertrag. Die Gewährleistungsbürgschaft sichert auch den Anspruch des Auftraggebers auf Vorschußleistung für die voraussichtlichen Mängelbeseitigungskosten. Sie erfaßt ferner Ansprüche aus Mängeln, die bereits vor Abnahme aufgetreten sind.

Auch die Gewährleistungsbürgschaft unterliegt als formularmäßige Vereinbarung der Wirksamkeitskontrolle des AGBG.

Das OLG München hat entschieden, daß die formularmäßige Vereinbarung einer Gewährleistungsbürgschaft »auf erstes Anfordern« – auch im kaufmännischen Geschäftsverkehr – gegen § 9 AGBG verstößt.[91])

### • Die Abschlagszahlungsbürgschaft

Der Auftraggeber hat gem. § 16 Nr. 1 Abs. 1 VOB/B Abschlagszahlungen an den Auftragnehmer zu leisten. Der Auftragnehmer muß seinerseits vor jeder Abschlagszahlung den Nachweis der vertragsgemäßen Leistung erbringen. Allerdings können die Vertragsparteien vereinbaren, daß Abschlagszahlungen bereits vorzeitig, d. h. vor Nachweis der vertragsgemäßen Leistung, an den Auftragnehmer gezahlt werden. Zur Sicherung eines möglichen Rückzahlungsanspruchs stellt der Auftragnehmer dem Auftraggeber im

---

**Praxishinweis**

*Die Abschlagszahlungsbürgschaft ist ein Sicherungsmittel im Zusammenhang mit der Erbringung von Bauleistungen. Bei Ingenieurverträgen findet sie in der Praxis regelmäßig keine Anwendung.*

Gegenzug eine Abschlagszahlungsbürgschaft in Höhe des vorzeitig ausgezahlten Abschlagszahlungsbetrages.

- **Die Vorauszahlungsbürgschaft**
Die Parteien eines Bauvertrages können bereits im Bauvertrag vereinbaren, daß der Auftraggeber an den Auftragnehmer Vorauszahlungen leistet. Für den Fall, daß der Auftragnehmer die Bauleistungen nicht oder nicht vollständig erbringt, sichert die Vorauszahlungsbürgschaft den potentiellen Rückzahlungsanspruch des Auftraggebers. In der Praxis werden Vorauszahlungsbürgschaften i.d.R. für den Fall verlangt, daß der Auftraggeber Baustoffe oder Bauteile beibringt.

---

**Praxishinweis**

*Die Vorauszahlungsbürgschaft hat ihre praktische Bedeutung im Bereich des Bauvertrages. In Ingenieurverträgen finden sich Vorauszahlungsbürgschaften regelmäßig nicht.*

---

- **Die Bietungsbürgschaft**
Diese Bürgschaftsform dient der Absicherung des Risikos, daß der Bieter bei einer Ausschreibung sein Angebot nicht aufrechterhält oder bei Auftragserteilung die verlangte Vertragserfüllungsbürgschaft nicht stellt.

---

**Praxishinweis**

*Der Bauingenieur, der bei der Vergabe mitwirkt, sollte das Instrument der Bietungsbürgschaft kennen und auf Verlangen seines Auftraggebers anwenden können. Es ist allerdings darauf hinzuweisen, daß Bietungsbürgschaften nach Möglichkeit nur aus besonderem Anlaß gefordert werden, da diese den Kreditrahmen der beteiligten Bauunternehmen zusätzlich einschränken.*

---

### 4.11.3 Die Bürgschaft gem. § 648a BGB

Mit der Einführung des § 648a BGB bezweckte der Gesetzgeber eine verbesserte Sicherung des Bauunternehmers gegenüber der in § 648 BGB geregelten Bauhandwerkersicherungshypothek. Der persönliche Anwendungsbereich des **§ 648a BGB** ist nicht nur auf Bauunternehmen beschränkt, vielmehr stehen die Rechte aus dieser Vorschrift **auch dem Ingenieur und dem Architekten** zu. Der Ingenieur hat – unabhängig von jeder vertraglichen Vereinbarung – in jeder Phase seiner Leistungen einen Anspruch auf Gewährung einer Sicherheit durch den Auftraggeber. Dieser Anspruch kann **vertraglich nicht ausgeschlossen** werden. Das von dem Auftraggeber zu leistende Sicherungsmittel wird in § 648a Abs. 2 Satz 1 BGB sowie in den §§ 232ff. BGB genannt. In der Praxis wird am häufigsten die Stellung einer Bankbürgschaft verlangt.

Der Ingenieur hat als Auftragnehmer das Recht, eine Sicherheit bis zur Höhe seines voraussichtlichen Vergütungsanspruchs zu verlangen. Die **Kosten der Bürgschaft** hat allerdings der Ingenieur bis zur Höhe eines Zinssatzes von 2% p.a. dem Auftraggeber zu erstatten. Hat der Ingenieur eine Sicherheit gem. § 648a BGB erhalten, so ist der Anspruch auf Einräumung einer Bauhandwerkersicherungshypothek nach § 648a Abs. 1 BGB ausgeschlossen.

Das Sicherungsmittel des § 648a BGB findet **keine Anwendung,** wenn der Auftraggeber eine juristische Person des öffentlichen Rechts ist. Ebenfalls ausgeschlossen ist § 648a BGB bei der Errichtung oder Instandsetzung eines Einfamilienhauses.

Der Bauingenieur hat dem Auftraggeber zur Stellung der Sicherheit eine **angemessene Frist** zu **setzen.** Nach Ablauf dieser Frist kann der Bauingenieur/Architekt seine Leistung verweigern. Die Frage nach der Angemessenheit der Frist wird unterschiedlich bewertet: In der Gesetzesbegründung wird als angemessene Frist eine Zeitdauer von sieben bis zehn Tagen genannt. In Fällen, in denen der Ingenieur sein Bürgschaftsverlangen nach § 648 a BGB erst nach Abschluß des Ingenieurvertrages stellt und damit den Auftraggeber überrascht, dürfte eine längere Frist einzuräumen sein, da der Auftraggeber in der Regel zuvor Verhandlungen mit einem oder mehreren Kreditinstituten führen muß. Angemessen dürfte hier eine Frist von zwei bis drei Wochen sein.

Kommt der Auftraggeber seiner Verpflichtung zur Stellung einer Sicherheit innerhalb der gesetzten Frist nicht nach, hat der Ingenieur zunächst ein **Leistungsverweigerungsrecht.** Er ist zudem berechtigt, in einem zweiten Schritt dem Auftraggeber eine weitere angemessene Frist zu setzen mit der Erklärung, daß der Vertrag bei fruchtlosem Ablauf der Frist gekündigt werde. Nach Ablauf dieser zweiten Frist gilt der **Vertrag** als **aufgehoben.** Der Bauingenieur/Architekt hat in diesem Fall u. a. Anspruch auf **Ersatz des Vertrauensschadens** (z. B. die Kosten des Vertragsabschlusses oder des entgangenen Gewinns infolge Ablehnung eines anderweitigen Auftrages).

Das Sicherungsinstrument des § 648 a BGB gewinnt in der Baupraxis zunehmend an Bedeutung. Es kann zudem vom Auftragnehmer als ein »Frühwarnsystem« genutzt werden, um die Liquidität des Auftraggebers zu prüfen.

---

### Praxishinweis

*In Fällen, in denen der Auftraggeber Abschlagsrechnungen des Ingenieurs nicht oder nur zögerlich begleicht, ist zu empfehlen, von dem Auftraggeber eine Sicherheit nach § 648 a BGB zu verlangen. Kommt der Auftraggeber dem innerhalb einer angemessenen Frist nicht nach, hat der Bauingenieur/ Architekt ein Leistungsverweigerungsrecht. Dieses Leistungsverweigerungsrecht ermöglicht ihm, die Arbeiten einzustellen, ohne daß er den Vertrag kündigen muß. Zugleich verhindert das Leistungsverweigerungsrecht, daß der Ingenieur weitere Vorausleistungen ohne entsprechende Honorargegenleistung tätigen muß.*

[1]) siehe hierzu die Nachweise bei Locher/Koeble/Frik, Kommentar zur HOAI, 7. Auflage, 1996, Rdn. 210 ff.; ferner: BGH BauR 1972, 255 f. (Vermessungsingenieur); OLG München NJW 1974, 2238 (Technische Ausrüstung); BGH NJW 1979, 214 (Bodenmechanik, Erd- und Grundbau); BGH BauR 1972, 180 (Tragwerksplanung)

[2]) Motzke/Wolff, Praxis der HOAI, 2. Auflage, 1995, S. 20; zur Einordnung des Projektsteuerervertrages vgl. Kapitel 2, Seite 53 ff.

[3]) OLG Hamm NJW-RR 1995, 400 f.

[4]) BGH Baurecht 1997, 154 ff.

[5]) OLG Frankfurt NJW-RR 1989, 337; OLG Köln NJW-RR 1988, 335; Werner/Pastor, Der Bauprozeß, 8. Auflage 1996, Rdn. 1767 mit weiteren Nachweisen

[6]) Beispiel nach: BGH BauR 1991, 111 ff.; hierzu auch Theißen, Die Haftung des Architekten, 1992, Rdn. 52

[7]) BGHZ 1968, 169 ff.; Theißen, Die Haftung des Architekten, 1992, Rdn. 46-51; siehe dazu auch S 302 f.

[8]) Beispiel: Der unterbliebene Hinweis eines angeblichen Architekten auf die fehlende Architekteneigenschaft, vgl. OLG Köln BauR 1980, 372; OLG Düsseldorf BauR 1993, 630

[9]) siehe hierzu im einzelnen die Ausführungen in Abschnitt 4.8, Seite 164 ff.

[10]) OLG Karlsruhe 1985, 236; KG BauR 1988, 621, 624

[11]) vgl. Locher/Koeble/Frik, Kommentar zur HOAI, 7. Auflage, 1996, Einleitung, Rdn. 25

[12]) BGH BauR 1987, 454; OLG Hamm BauR 1990, 636

[13]) BGHZ 21, 102, 107

[14]) siehe dazu Abschnitt 4.4.3.2, Seite 143 f.

[15]) vgl. etwa: BGH BauR 1974, 206

[16]) siehe Abschnitt 4.8, Seite 164 ff.

[17]) RGZ 105, 390

[18]) BGH NJW 1962, 246

[19]) BGH NJW 1962, 104

[20]) BGH WM 1973, 1376; OLG Düsseldorf NJW-RR 1995, 501

[21]) BGHZ 73, 266

[22]) Beispiel Bayern: Artikel 38 Abs. 2 GemO, Artikel 35, Abs. 2 LKO

[23]) hinsichtlich des Gemeindedirektors gelten Übergangsvorschriften

[24]) BGH NJW 1980, 117; BGH NJW 1994, 1528

[25]) Aktuelle juristische Literatur zur Problematik der Vertretung von Kirchen: Peglau, Wirkung kirchlicher Genehmigungsvorbehalte im allgemeinen Rechtsverkehr, NVwZ 1996, 767-770; Zilles, Kämper, Kirchengemeinden als Körperschaften im Rechtsverkehr. Voraussetzungen und Funktionsstörungen rechtswirksamer Betätigung, NVwZ 1994, 109-115

[26]) vgl. OLG Hamm BauR 1988, 742

[27]) Bei Personengesellschaften, etwa einer Kommanditgesellschaft, ist die sog. HR A-Nummer anzugeben

[28]) insbesondere in solchen Fällen bietet sich auch die Einholung der Auskunft einer Wirtschaftsauskunftei an

[29]) BGH NJW 1974, 646; OLG Stuttgart BauR 1972, 318

[30]) Locher/Koeble/Frik, Kommentar zur HOAI, 7. Auflage, 1996, Einleitung, Rdn. 139

[31]) Motzke/Wolff, Praxis der HOAI, 2. Auflage, 1995, S. 27

[32]) BGH NJW 1960, 859; OLG Köln NJW, 1973, 1798; OLG Köln BauR 1986, 443

[33]) OLG Hamm BauR 1996, 739

[34]) OLG Stuttgart BauR 1994, 789 mit weiteren Nachweisen

[35]) BGH BauR 1994, 760

[36]) Locher/Koeble/Frik, a. a. O. mit weiteren Nachweisen

[37]) LG Bochum BauR 1990, 636

[38]) OLG Hamm BauR 1992, 260

[39]) Motzke/Wolff a. a. O.

[40]) OLG Düsseldorf BauR 1996, 740

[41]) OLG Düsseldorf BauR 1996, 740

[42]) OLG Düsseldorf BauR 1996, 740

[43]) OLG Hamm BauR 1987, 468

[44]) Für den Bereich des Maschinen- und Anlagenbaus hat der Verband Deutscher Maschinen- und Anlagenbau e. V. (VDMA) als Orientierungshilfe einen typisierten Ingenieurvertrag entworfen. Dieser kann im Einzelfall als Leitfaden – gleichsam als Checkliste mit Formulierungshilfen – herangezogen werden. Verband Deutscher Maschinen- und Anlagenbau e. V., Ingenieurvertrag, Leitfaden für die Investitionsgüter-Industrie, Frankfurt am Main, 1995

[45]) Verfaßt und herausgegeben vom Bundesministerium für Raumordnung, Bauwesen und Städtebau in der Fassung der »Bekanntmachung des Erlasses zur Einführung der überarbeiteten Vertragsmuster, Anhang 10-15 und 19, der Richtlinien für die Durchführung von Bauaufgaben des Bundes im Zuständigkeitsbereich der Finanzbauverwaltung (RBBau)« vom 11. 10. 1993

[46]) die Länderarbeitsgemeinschaft Wasser wurde als Zusammenschluß der für die Wasserwirtschaft und das Wasserrecht zuständigen Ministerien der Länder gegründet. Ziel der LAWA ist es, durch Einrichtung von Arbeitsgruppen und themenspezifischen Arbeitskreisen einen einheitlichen wasserwirtschaftlichen Vollzug in den Bundesländern zu erreichen. Anschrift der Geschäftsstelle: Geschäftsstelle der Länder-Arbeitsgemeinschaft Wasser (LAWA), Salvador-Allende-Str. 78-80 e, 12559 Berlin, Tel.: 0 30/65 88 11 06

[47]) Arbeitskreis Vergabewesen der Bundesvereinigung der kommunalen Spitzenverbände (Hrsg.), Architekten- und Ingenieurverträge für öffentliche Bauvorhaben. München, 1995

[48]) bei der praktischen Anwendung ist darauf zu achten, daß die jeweiligen Besonderheiten des Einzelfalles berücksichtigt werden müssen. Eine kritiklose Übernahme der Formulierungsbeispiele auf vermeintlich ähnlich gelagerte Sachverhalte sollte daher vermieden werden

[49]) vgl. hierzu die Ausführungen in Abschnitt 4.4.3, Seite 140 ff.

[50]) Hinweis: Bei den Grundleistungen (2.1.1 bis 2.1.6) sind die erforderlichen Einzelelemente der jeweiligen Leistungsphase aufzunehmen

[51]) vgl. hierzu ausführlich Neuenfeld, Einheitsarchitektenvertrag, 1997, S. 111

[52]) handelt es sich allerdings bei dem Auftraggeber um eine öffentliche Körperschaft, so ist die Anwendung des § 648a BGB gesetzlich ausgeschlossen. Die Stellung einer Sicherheit kann daher hier vertraglich vereinbart werden. Es bestehen jedoch erhebliche Zweifel, ob dies in der Praxis durchsetzbar ist

[53]) vgl. Neuenfeld, Einheitsarchitektenvertrag, 1997, S. 122 ff.

[54]) vgl. BGH ZfBR 1988, 29

[55]) Glatzel/Hofmann/Frikell, Unwirksame Bauvertrags-klauseln, 7. Auflage, S. 18 mit weiteren Nachweisen

[56]) vgl. Theißen/Stollhoff, EG-Richtlinie über mißbräuchliche Klauseln in Verbraucherverträgen, INF 1995, 623 ff.

[57]) BGH NJW 1979, 367; BGH NJW-RR 1988, 57

[58]) BGH NJW 1992, 504

[59]) Siehe hierzu die Übersicht bei Glatzel/Hofmann/ Frikell, Unwirksame Bauvertragsklauseln, 7. Auflage, 1995

[60]) Locher/Koeble/Frik, HOAI, 7. Auflage, 1996, Einleitung, Rdn. 99

[61]) OLG München DB 1988, 1443

[62]) Wolf/Horn/Lindacher, AGB-Gesetz, 3. Auflage 1994, § 23, Rdn. 310

[63]) OLG Stuttgart NJW 1981, 1105

[64]) BGH BauR 1997, 156

[65]) OLG Hamburg MDR 1992, 1059

[66]) Ulmer/Brandner/Hensen, AGB-Gesetz, 7. Auflage, Anhang §§ 9-11, Rdn. 425

[67]) BGH BauR 1987, 113

[68]) BGH BauR 1980, 488; OLG München NJW-RR 1990, 1358

[69]) BGHZ 85, 305, 310

[70]) BGH BB 1992, 307

[71]) Wolf/Horn/Lindacher, AGB-Gesetz, 3. Auflage 1994, § 23, Rdn. 311

[72]) vgl. hierzu auch: Werner, Die »stufenweise Beauftragung« des Architekten, BauR 1992, 695 ff.

[73]) Siehe hierzu die ausführliche Darstellung in: Hesse/Korbion/Mantscheff/Vygen, HOAI, 5. Auflage, 1996, S. 215 ff.; ferner Theißen, Das Verbot der Architektenbindung bei Grundstücksgeschäften, DAB 1994, 340 ff.

[74]) BGHZ 64, 173

[75]) KG NJW-RR 1992, 916

[76]) BGH NJW 1986, 1811

[77]) BGH BauR 1984, 192

[78]) BGH BauR 1991, 114 ff.

[79]) Vertiefend: Hesse/Korbion/Mantscheff/Vygen, HOAI, 5. Auflage, 1996, S. 230 ff.

[80]) siehe hierzu auch Abschnitt 4.10.2, Seite 173 f.

[81]) BGH BauR 1996, 412

[82]) Hervorhebungen durch die Verfasser

[83]) BGH BauR 1997, 156

[84]) Neuenfeld, Einheitsarchitektenvertrag, 1997, S. 118

[85]) Neuenfeld, Einheitsarchitektenvertrag, 1997, S. 117

[86]) BGH, Urt. v. 24. 04. 1986-VII ZR 139/84; NJW-RR 1986, S. 1026

[87]) OLG Hamm, BauR 1987, 464 (Verdoppelung der Baukosten); OLG Naumburg, Urt. v. 26. 10. 1994-6 U 130/94, ZfBR 1996, 213-216, IBR 1996, 375 mit Anmerkung Schulze-Hagen, NJW-RR 1996, 1302-1303 (Erhöhung der Bausumme auf das ca. 1,5fache: von 2,8 Mio. DM auf 4,3 Mio. DM), Hinsichtlich der bis zur Kündigung erbrachten (Teil-)Leistungen stand dem Architekten nach der letztgenannten Entscheidung kein Vergütungs-anspruch zu, weil die Leistungen für den Besteller wegen der Bausummenüberschreitung unbrauchbar waren

[88]) BGH BauR 1989, 626, 628

[89]) beachte aber auch die Ausnahmen bei zwar erbrachten aber unbrauchbaren Leistungen, z. B. bei Bausummenüberschreitung OLG Naumburg, Urt. v. 26. 10. 1994-6 U 130/94, ZfBR 1996, 213-216, IBR 1996, 375 mit Anmerkung Schulze-Hagen, NJW-RR 1996, 1302-1303

[90]) vgl. auch die Übersichten in: Graf Lambsdorff/Skora, Handbuch des Bürgschaftsrechts, 1994, S. 34 ff.; Theißen, Die Bürgschaft im Baurecht, INF 1997, 306 ff.

[91]) OLG München BauR 1992, 234; OLG München BauR 1995, 859

# 5 Der Ingenieurvertrag bei Vergabe nach VOF

Nach der EG-Dienstleistungskoordinie-rungsrichtlinie[1]) sind ab einem Schwellen-wert von 200.000 ECU erstmalig auch Dienstleistungen einem europaweiten Wett-bewerb unterworfen worden. Für Ingenieure ist insbesondere von Bedeutung, daß damit Dienstleistungen im Architekten- und Inge-nieurbereich sowie der Projektsteuerung er-faßt werden.

Im einzelnen handelt es sich in diesem Be-reich um folgende Dienstleistungen nach Anhang I A:[2])

- »Architektur, technische Beratung und Planung; integrierte technische Leistun-gen; Stadt- und Landschaftsplanung; zu-gehörige wissenschaftliche und techni-sche Beratung; technische Versuche und Analysen.«
- Projektsteuerungsleistungen, die über den vorgenannten Rahmen der »typischen« Architekten- und Ingenieurleistungen hin-ausgehen, sind Dienstleistungen der »Unternehmensberatung und verbundene Tätigkeiten« i. S. d. Anhanges I A.

## 5.1 Umsetzung der EG-Dienstleistungs-koordinierungsrichtlinie

Die Umsetzung der EG-Dienstleistungskoor-dinierungsrichtlinie in das nationale Verga-berecht hätte bis zum 01. 07. 1993 erfolgen müssen. Seitdem war es umstritten, ob auf-grund der nicht fristgerechten Umsetzung der Richtlinie diese unmittelbar anzuwenden sei.[3])

Mit Beschluß vom 25. 04. 1997 hat der Bun-desrat dem Entwurf einer Änderungsverord-nung zur VOL/A (Verdingungsordnung für Leistungen ausgenommen Bauleistungen) und der Einführung der VOF (Verdingungs-ordnung für freiberufliche Leistungen) zu-gestimmt. Mit gemeinsamem Schreiben vom 12. 05. 1997 haben sie das Bundesministe-rium für Wirtschaft und das Bundesministe-rium für Raumordnung, Bauwesen und Städteplanung bekanntgemacht.[4]) Die damit einhergehenden Änderungen des Vergabe-rechts wurden für die betreffenden Auftrag-geber am 01. 11. 1997 wirksam.

## 5.2 Anwendungsbereich der VOF – Abgrenzung zur VOL

Auf die oben bereits genannten Architekten- und Ingenieurleistungen sowie darüber hinausgehende Projektsteuerungsleistungen sind die Bestimmungen der VOF anzuwenden, sofern der Auftragswert 200.000 ECU (ohne Umsatzsteuer) oder mehr beträgt (§ 2 Abs. 2 VOF).

Bereits bei der Definition des Anwendungsbereiches der VOF wird die Vergabepraxis von Anfang an mit einer Unklarheit belastet, die sich aus der Abgrenzung der Vergabebestimmungen nach VOL bzw. nach VOF ergeben. In § 2 der Vergabeverordnung[5]) sowie in § 2 Abs. 2 Satz 2 der VOF heißt es:

*»Eindeutig und erschöpfend beschreibbare freiberufliche Leistungen sind nach der Verdingungsordnung für Leistungen (VOL) zu vergeben.«*[6])

Diese »Abgrenzungsregelung« muß bereits heute als »verunglückt« bezeichnet werden. In der Diskussion zur Umsetzung der EG-Dienstleistungskoordinierungsrichtlinie wurde als Beispiel für freiberufliche Dienstleistungen, deren Gegenstand sich wegen der besonderen Natur nicht von vornherein eindeutig oder erschöpfend beschreiben lassen, die Leistungen von Architekten oder Ingenieuren genannt. Diese sollen abschließend nach der VOF vergeben werden.

Als Beispiel für eindeutig und erschöpfend beschreibbare freiberufliche Leistungen wurde insbesondere die Gebäudereinigung angeführt, die wie bisher weiter nach der Verdingungsordnung für Leistungen (VOL) zu vergeben sei.

Diese »Motivationslage« hat bei der Zustimmung des Bundesrates zwar eine große

Rolle gespielt, findet aber keinen eindeutigen Niederschlag im Text der VOF bzw. der VOL/A.

In der jetzigen Fassung der VOF stellt sich die Frage, was an Architekten- oder Ingenieurleistungen i. d. R. weniger eindeutig beschreibbar sei als bei den oben genannten Leistungen der Gebäudereinigung.

Nach dem Wortlaut der Vergabeverordnung und der VOF ist deshalb durchaus die Auffassung vertretbar, daß die Vergabe auch von Architekten- und Ingenieurleistungen, die eindeutig und erschöpfend beschreibbar sind, nach VOL zu vergeben sind.

Insbesondere bei einer stufenweisen Beauftragung mit Architekten- und Ingenieurleistungen ist für die Vergabe z. B. der Leistungen ab Leistungsphase 5 für den Bereich der Objektplanung und unseres Erachtens ganz eindeutig für den Fall der isolierten Vergabe der Bauoberleitungen die betreffende Architekten- oder Ingenieurleistung »eindeutig und erschöpfend beschreibbar«. Hier geht es »nur« um die Vollziehung einer planerischen Leistung bei der Realisierung des Bauwerkes. Die von der Bauoberleitung zu erbringenden Leistungen sind genauso eindeutig bzw. uneindeutig beschreibbar wie die Leistungen der »Gebäudereinigung«, bei denen wohl in den seltensten Fällen vorgeschrieben wird, in welchem Stockwerk und welchem Zimmer zuerst die Fenster zu reinigen sind.

Die hier vertretene Auffassung entspricht im übrigen auch der Präambel der EG-Dienstleistungskoordinierungsrichtlinie,[7]) in der es heißt:

*»Die Vergabevorschrift für öffentliche Dienstleistungsaufträge sollten so weit wie möglich denen für öffentliche Lieferaufträge und öffentliche Bauaufträge angenähert werden.«*

Von praktischer Bedeutung ist diese Abgrenzung vor allem unter dem Gesichtspunkt der Verpflichtung zur Öffentlichen Ausschreibung. Die VOF kennt nur das Verhandlungsverfahren. Die VOL/A kennt hingegen auch die Öffentliche und die Beschränkte Ausschreibung. Darüber hinaus weichen die Vergabeverfahren auch in den Einzelheiten z.T. erheblich voneinander ab.

## 5.3 Nach VOF ausschreibungspflichtige Auftraggeber

Die folgenden öffentlichen Auftraggeber sind zur Anwendung der VOF verpflichtet:[8])

1. Gebietskörperschaften sowie deren Sondervermögen,[9])
2. andere juristische Personen des öffentlichen und des privaten Rechts, die zu dem besonderen Zweck gegründet wurden, im Allgemeininteresse liegende Aufgaben nichtgewerblicher Art zu erfüllen, wenn Stellen, die unter Nr. 1 oder 3 fallen, sie einzeln oder gemeinsam durch Beteiligung oder auf sonstige Weise überwiegend finanzieren oder über ihre Leitung die Aufsicht ausüben oder mehr als die Hälfte der Mitglieder eines ihrer zur Geschäftsführung oder zu Aufsicht berufenen Organe bestimmt haben. Das gleiche gilt dann, wenn die Stelle, die einzeln oder gemeinsam mit anderen die überwiegende Finanzierung gewährt oder die Mehrheit der Mitglieder eines zur Geschäftsführung oder Aufsicht berufenen Organs bestimmt hat, unter Satz 1 fällt,[10])
3. Verbände, deren Mitglieder unter Nr. 1 oder 2 fallen,[11])

4. natürliche oder juristische Personen des privaten Rechts in den Fällen, in denen sie für Tiefbaumaßnahmen, für die Errichtung von Krankenhäusern, Sport-, Erholungs- oder Freizeiteinrichtungen, Schul-, Hochschul- oder Verwaltungsgebäuden oder für damit in Verbindung stehende Dienstleistungen und Wettbewerbe von Stellen, die unter Nr. 1 bis 3 fallen, Mittel erhalten, mit denen diese Vorhaben zu mehr als fünfzig v.H. finanziert werden.[12])

Nicht ausschreibungspflichtig sind demnach folgende Auftraggeber:[13])

- natürliche oder juristische Personen des privaten Rechts, die auf dem Gebiet der Trinkwasser- oder Energieversorgung oder des Verkehrs oder der Telekommunikation tätig sind, wenn diese Tätigkeiten auf der Grundlage von besonderen oder ausschließlichen Rechten ausgeübt werden, die von einer zuständigen Behörde gewährt wurden, oder wenn Auftraggeber, die unter die o.g. Nr. 1 und 2 fallen, auf diese Personen einzeln oder gemeinsam einen beherrschenden Einfluß ausüben können.

- natürliche oder juristische Personen des privaten Rechts, die mit Stellen, die unter die o.g. Nr. 1 bis 3 fallen, einen Vertrag über die Erbringung von Bauleistungen abgeschlossen haben, bei dem die Gegenleistung für die Bauarbeiten statt in einer Vergütung in dem Recht auf Nutzung der baulichen Anlage, ggf. zuzüglich der Zahlung eines Preises besteht, hinsichtlich der Aufträge an Dritte.

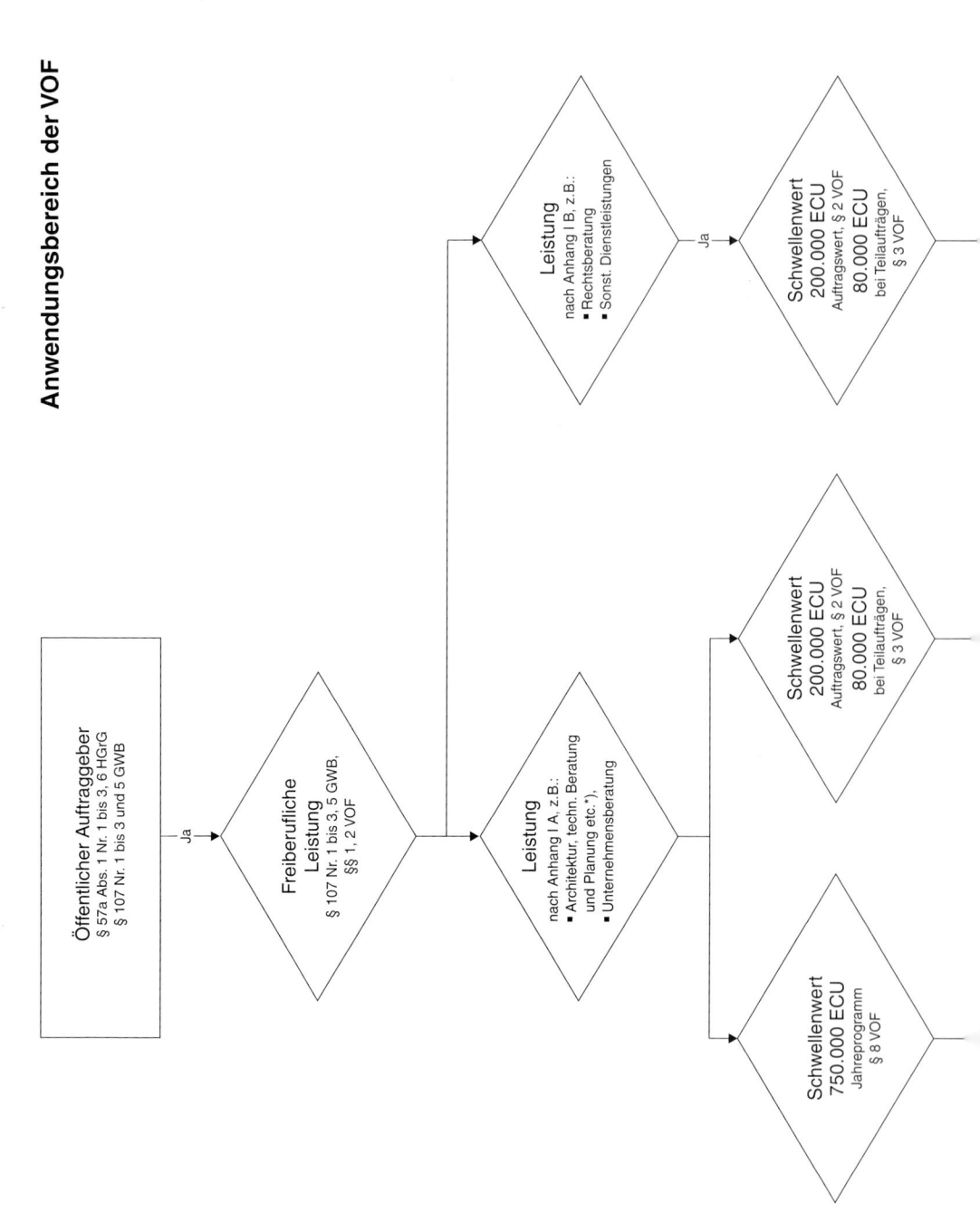

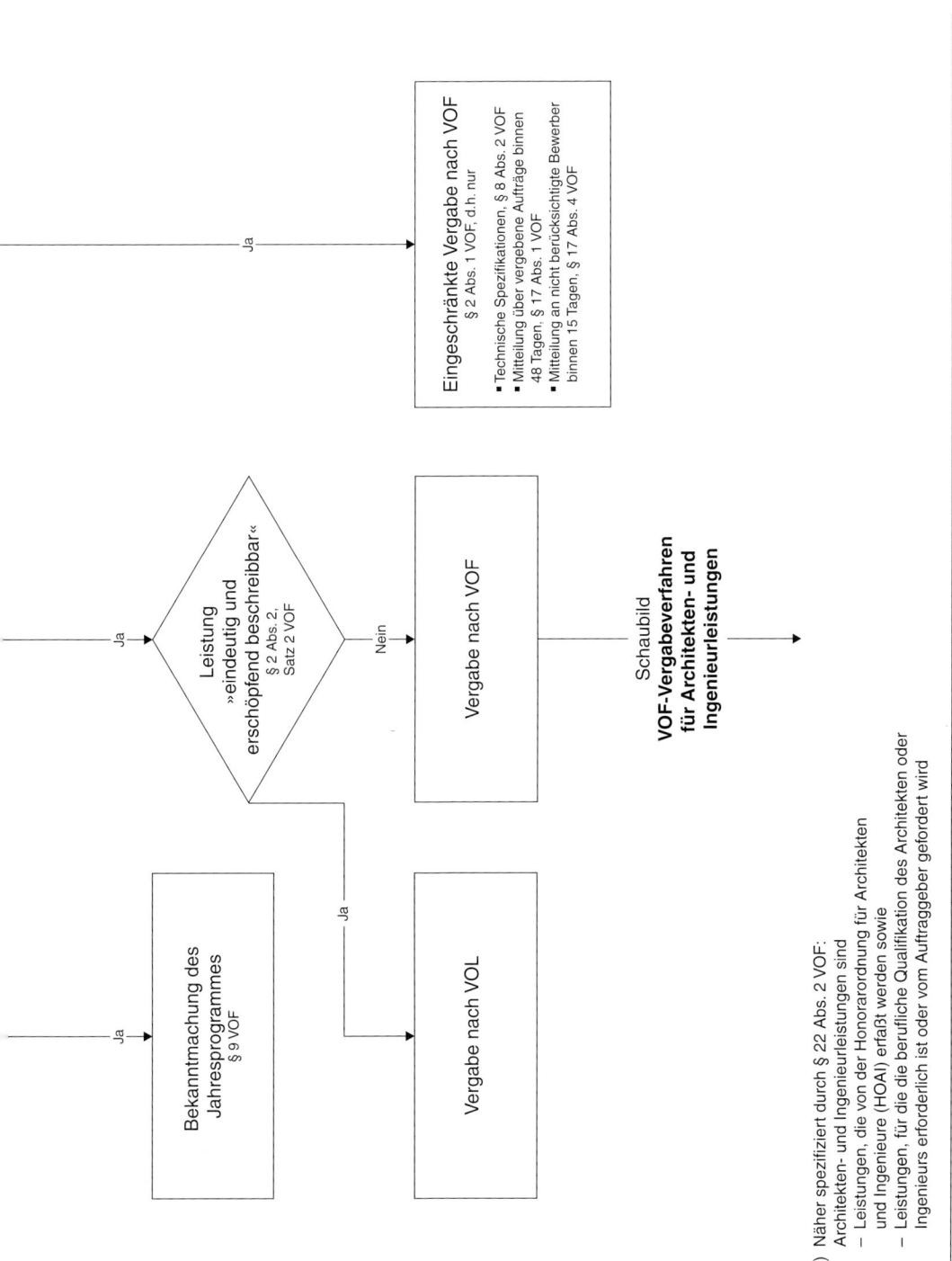

Schaubild
**VOF-Vergabeverfahren
für Architekten- und
Ingenieurleistungen**

*) Näher spezifiziert durch § 22 Abs. 2 VOF:
Architekten- und Ingenieurleistungen sind
– Leistungen, die von der Honorarordnung für Architekten
und Ingenieure (HOAI) erfaßt werden sowie
– Leistungen, für die die berufliche Qualifikation des Architekten oder
Ingenieurs erforderlich ist oder vom Auftraggeber gefordert wird

## 5.4 Auskunfts- und Nachweispflichten des Architekten und Ingenieurs im VOF-Vergabeverfahren

Für die Durchführung des Vergabeverfahrens nach VOF sind für Architekten und Ingenieure insbesondere die umfassenden Auskunfts- und Nachweisverpflichtungen zukünftig von erheblicher Bedeutung.

Nach § 7 Abs. 2 sind sie »zu verpflichten, Auskünfte darüber zu geben

- ob und auf welche Art sie wirtschaftlich mit Unternehmen verknüpft sind oder
- ob und auf welche Art sie auf den Auftrag bezogen in relevanter Weise mit anderen zusammenarbeiten,

sofern dem nicht berufsrechtliche Vorschriften entgegenstehen«.

---

### Praxishinweis

*In der Praxis ist zu beobachten, daß etliche Ingenieur- oder Architekturgesellschaften in »Konzerne« eingebunden sind, d. h. sie selbst Beteiligungen an »Unternehmen« halten bzw. anderen Unternehmen gehören. Für mittelständische Ingenieurgesellschaften könnte aus der oben genannten Vorgabe in § 7 Abs. 2 VOF die Schlußfolgerung gezogen werden, diese Gesellschaften aus solchen »Konzernen« auszugliedern.*

---

Nach § 7 Abs. 3 sind Bewerber »zu verpflichten, die Namen und die berufliche Qualifikation der Personen anzugeben, die die Leistung tatsächlich erbringen«.

Der Nachweis der finanziellen und wirtschaftlichen Leistungsfähigkeit ist nach § 12 Abs. 1 durch den Nachweis entsprechender

Berufshaftpflichtversicherungsdeckung sowie durch »Erklärung über den Gesamtumsatz des Bewerbers und seinen Umsatz für entsprechende Dienstleistungen der letzten drei Geschäftsjahre« zu erbringen. Durch die Vorlage von Bilanzen oder Bilanzauszügen kann dieser Nachweis nur dann erbracht werden, »wenn deren Veröffentlichung nach dem Gesellschaftsrecht des Mitgliedstaats, in dem der Bewerber ansässig ist, vorgeschrieben ist« (§ 12 Abs. 1 Buchst. b VOF).

Der Nachweis der fachlichen Eignung ist im Regelfall durch den Nachweis der Berufszulassung zu erbringen (§ 13 Abs. 2 Buchst. a VOF).

Der Text des § 13 Abs. 2 VOF ist so unklar abgefaßt, daß nicht ohne weiteres zu entscheiden ist, ob die genannten Nachweise »alternativ« oder »kumulativ« zu erbringen sind, d. h. praktisch: Muß ein Ingenieur neben seiner Berufszulassung (§ 13 Abs. 2 Buchst. a) in geeigneten Fällen noch weitere Nachweise erbringen oder ist er davon aufgrund seiner Berufszulassung als Ingenieur befreit? § 13 Abs. 2 VOF nennt als »Nachweis der Eignung« weiter:

- durch eine Liste der wesentlichen in den letzten drei Jahren erbrachten Leistungen mit Angabe des Rechnungswertes, der Leistungszeit sowie der … Auftraggeber (§ 13 Abs. 2 Buchst. b VOF),
- durch Angabe über die technische Leitung (§ 12 Abs. 2 Buchst. c VOF),
- durch Erklärung, aus der das jährliche Mittel der vom Bewerber in den letzten drei Jahren Beschäftigten und die Anzahl seiner Führungskräfte in den letzten drei Jahren ersichtlich ist (§ 12 Abs. 2 Buchst. d VOF),
- Erklärung über technische Ausstattung (§ 12 Abs. 2 Buchst. e VOF),

- Erklärung über Maßnahmen zur Qualitätssicherung (§ 13 Abs. 2 Buchst. f VOF),
- bei komplexen Vorhaben durch behördliche Kontrollberichte (§ 13 Abs. 2 Buchst. g VOF),
- Angabe beabsichtigter Unteraufträge (§ 13 Abs. 2 Buchst. h VOF).

Unter dem letzten Gesichtspunkt ist darauf hinzuweisen, daß nach § 26 VOF der Architekt bzw. Ingenieur als Auftragnehmer die Auftragsleistung grundsätzlich selbständig in seinem Büro zu erbringen hat. Dem Auftragnehmer kann mit Zustimmung des Auftraggebers gestattet werden, Auftragsleistungen im Wege von Unteraufträgen an Dritte mit entsprechender Qualifikation zu vergeben.

Mittelbar ergeben sich weitere Auskunftsverpflichtungen aus § 11 VOF, der den Ausschluß von Teilnehmern am Vergabeverfahren regelt. Ausschlußkriterien sind danach:

- Vermögensverfall (§ 11 Buchst. a VOF),
- Infragestellung der beruflichen Zuverlässigkeit (rechtskräftiges Urteil, schwere Verfehlungen; § 11 Buchst. b und c VOF),
- Bewerber, »die ihre Verpflichtung zur Zahlung der Steuern und Abgaben nach den Rechtsvorschriften des Mitgliedstaates des Auftraggebers nicht erfüllt haben« (§ 11 Buchst. d VOF)
- Bewerber, »die sich bei der Erteilung von Auskünften, …, im erheblichen Maß falscher Erklärungen schuldig gemacht haben oder diese Auskünfte unberechtigterweise nicht erteilen« (§ 11 Buchst. e VOF).

Darüber hinaus ist es zulässig, daß der Architekt bzw. Ingenieur Referenzobjekte präsentiert (§ 24 Abs. 2 VOF). Die Ausarbeitung von Lösungsvorschlägen der gestellten Planungsaufgabe kann vom Auftraggeber allerdings nur dann verlangt werden, wenn sie nach der HOAI vergütet werden (§ 24 Abs. 2, 3 VOF).

Wichtig erscheint der Hinweis, daß auch im »Verhandlungsverfahren« nach VOF die Vergütung des Architekten bzw. des Ingenieurs nicht in Frage steht, soweit die Leistungen nach dem Berechnungshonorar der HOAI vergütet werden. § 16 Abs. 2 Satz 2 VOF sieht vor:

*»Ist die zu erbringende Leistung nach einer gesetzlichen Gebühren- oder Honorarordnung zu vergüten, ist der Preis nur im dort vorgeschriebenen Rahmen zu berücksichtigen.«*

Leicht vorstellbar ist aber, was dies für solche Leistungsbilder bedeutet, deren Honorierung auch nach der HOAI frei vereinbar ist.[14] In diesen Bereichen führt die Anwendung der VOF vermutlich zu einem verstärkten Preiswettbewerb der Bieter.

## VOF-Vergabeverfahren für Architekten- und Ingenieurleistungen

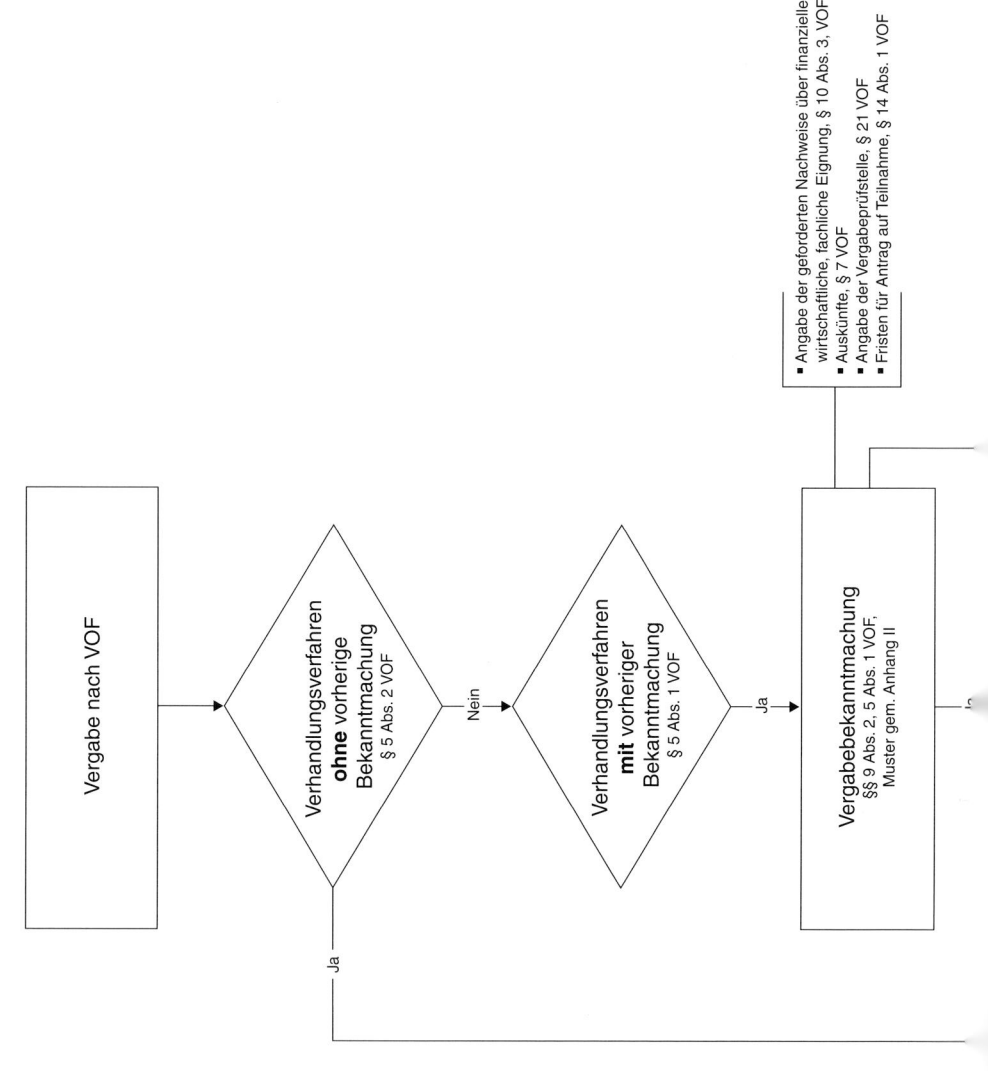

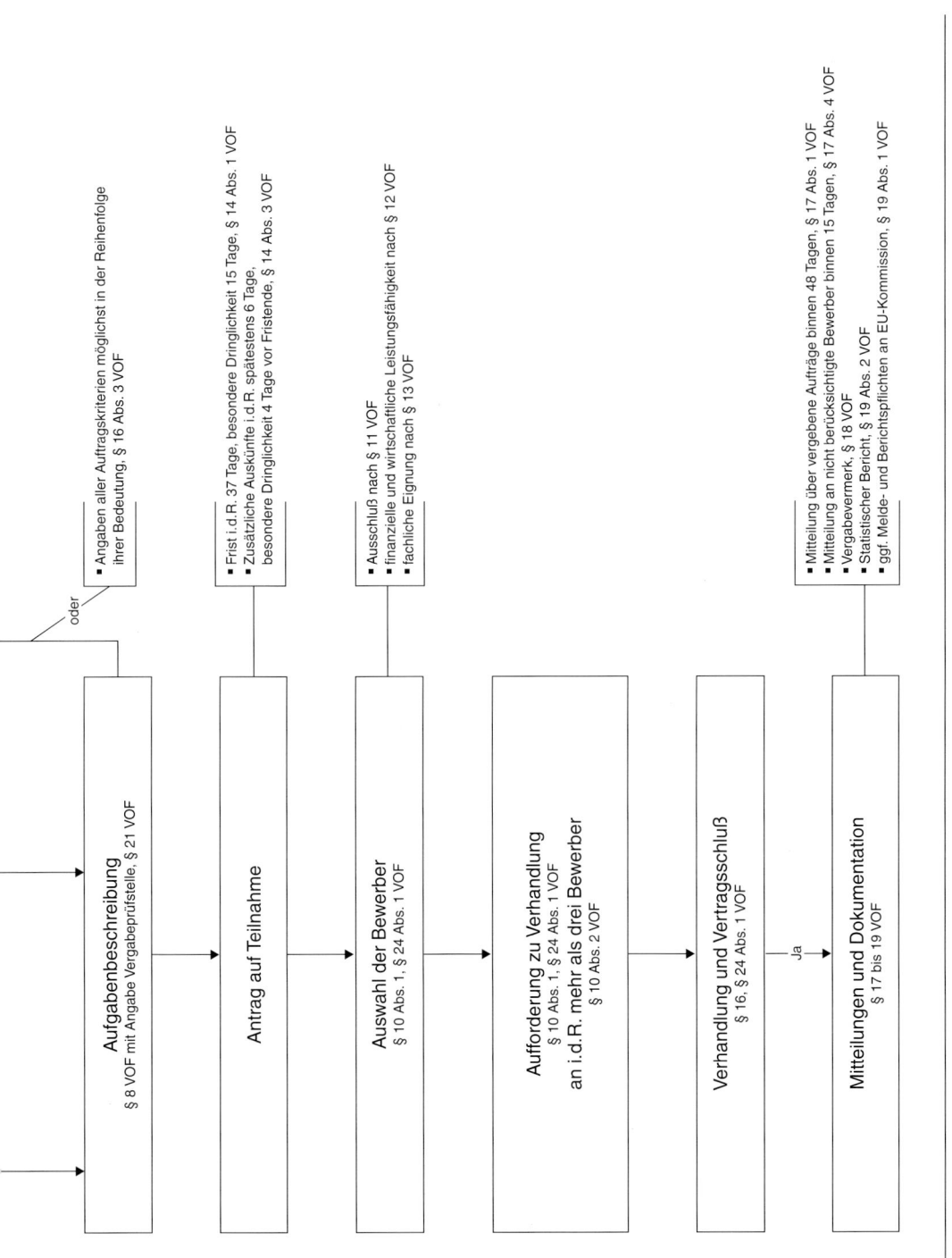

oder

■ Angaben aller Auftragskriterien möglichst in der Reihenfolge ihrer Bedeutung, § 16 Abs. 3 VOF

■ Frist i.d.R. 37 Tage, besondere Dringlichkeit 15 Tage, § 14 Abs. 1 VOF
■ Zusätzliche Auskünfte i.d.R. spätestens 6 Tage, besondere Dringlichkeit 4 Tage vor Fristende, § 14 Abs. 3 VOF

■ Ausschluß nach § 11 VOF
■ finanzielle und wirtschaftliche Leistungsfähigkeit nach § 12 VOF
■ fachliche Eignung nach § 13 VOF

■ Mitteilung über vergebene Aufträge binnen 48 Tagen, § 17 Abs. 1 VOF
■ Mitteilung an nicht berücksichtigte Bewerber binnen 15 Tagen, § 17 Abs. 4 VOF
■ Vergabevermerk, § 18 VOF
■ Statistischer Bericht, § 19 Abs. 2 VOF
■ ggf. Melde- und Berichtspflichten an EU-Kommission, § 19 Abs. 1 VOF

**Aufgabenbeschreibung**
§ 8 VOF mit Angabe Vergabeprüfstelle, § 21 VOF

**Antrag auf Teilnahme**

**Auswahl der Bewerber**
§ 10 Abs. 1, § 24 Abs. 1 VOF

**Aufforderung zu Verhandlung**
**an i.d.R. mehr als drei Bewerber**
§ 10 Abs. 1, § 24 Abs. 1 VOF
§ 10 Abs. 2 VOF

**Verhandlung und Vertragsschluß**
§ 16, § 24 Abs. 1 VOF

Ja

**Mitteilungen und Dokumentation**
§ 17 bis 19 VOF

## 5.5 Verdingungsordnung für freiberufliche Leistungen (VOF)

**Verdingungsordnung für freiberufliche Leistungen**
**– VOF –**

12. Mai 1997

### Kapitel 1:
### Allgemeine Vorschriften

**§ 1 Freiberufliche Leistungen**
Die VOF findet Anwendung auf die Vergabe von Leistungen, die im Rahmen einer freiberuflichen Tätigkeit erbracht oder im Wettbewerb mit freiberuflich Tätigen angeboten werden.

**§ 2 Anwendungsbereich**
(1) Die Bestimmungen der VOF sind auf die Vergabe von Leistungen i. S. d. § 1 anzuwenden, soweit sie im Anhang I A und im Anhang I B genannt sind. Für die Vergabe der in Anhang I B genannten Leistungen gelten nur § 8 Abs. 2 und § 17.

(2) Die Bestimmungen der VOF sind anzuwenden, sofern der Auftragswert 200.000 ECU ohne Umsatzsteuer oder mehr beträgt, soweit sich nicht aus § 2 Vergabeordnung anderes ergibt. Eindeutig und erschöpfend beschreibbare freiberufliche Leistungen sind nach der Verdingungsordnung für Leistungen (VOL) zu vergeben. Der Bundesminister für Wirtschaft gibt die Gegenwerte in DM im Bundesanzeiger bekannt.

(3) Die Vergabe folgender Aufträge ist von den Bestimmungen ausgenommen:
  b) Aufträge über Schiedsgerichts- und Schlichtungsleistungen,
  c) Aufträge über Forschungs- und Entwicklungsdienstleistungen anderer Art als derjenigen, deren Ergebnisse ausschließlich Eigentum des Auftraggebers für seinen Gebrauch bei der Ausübung seiner eigenen Tätigkeit sind, sofern die Dienstleistung vollständig durch den Auftraggeber vergütet wird.

(4) Aufträge, deren Gegenstand Dienstleistungen sowohl des Anhangs I A als auch des Anhangs I B sind, werden nach den Regelungen für diejenigen Dienstleistungen vergeben, deren Wert anteilsmäßig überwiegt.

**§ 3 Berechnung des Auftragswertes**
(1) Bei der Berechnung des geschätzten Auftragswertes ist von der geschätzten Gesamtvergütung für die vorgesehene Auftragsleistung auszugehen. Die Gesamtvergütung bestimmt sich im Falle des Vorliegens gesetzlicher Gebühren- oder Honorarordnungen nach der jeweils anzuwendenden Gebühren- oder Honorarordnung, in anderen Fällen nach der üblichen Vergütung. Ist eine derartige Vergütung nicht feststellbar, ist der Auftragswert unter Berücksichtigung des voraussichtlichen Zeitaufwands, Schwierigkeitsgrads und Haftungsrisikos zu schätzen.

(2) Die Berechnung des Auftragswertes oder eine Teilung des Auftrages darf nicht in der Absicht erfolgen, ihn der Anwendung dieser Bestimmungen zu entziehen.

(3) Soweit die zu vergebende Leistung in mehrere Teilaufträge derselben freiberuflichen Leistungen aufgeteilt wird, muß ihr Wert bei der Berechnung des geschätzten Gesamtwertes addiert werden. Teile eines Auftrags, deren geschätzte Vergütung unter 80.000 ECU liegen, können ohne Anwendung der VOF bis zu einem Anteil von 20 v. H. der geschätzten Gesamtvergütung der Summe aller Auftragsanteile vergeben werden.

(4) Bei regelmäßig wiederkehrenden Aufträgen oder Daueraufträgen ist der voraussichtliche Auftragswert
- entweder nach dem tatsächlichen Gesamtwert entsprechender Aufträge für ähnliche Arten von Leistungen aus dem vorangegangenen Haushaltsjahr oder den vorangegangenen 12 Monaten zu berechnen; dabei sind voraussichtliche Änderungen bei Mengen oder Kosten, während der auf die erste Leistung folgenden 12 Monate zu schätzen
- oder der geschätzte Gesamtwert, der sich für die auf die erste Leistung folgenden 12 Monate bzw. für die gesamte Laufzeit des Vertrages ergibt.

(5) Bei Verträgen, für die kein Gesamtpreis angegeben wird, ist bei einer Laufzeit von bis zu 48 Monaten der Auftragswert der geschätzte Gesamtwert für die Laufzeit des Vertrages, bei anderen Verträgen der mit 48 multiplizierte Wert der monatlichen Vergütung.

(6) Sieht der beabsichtigte Auftrag über die Vergabe einer freiberuflichen Leistung Optionsrechte vor, so ist der Auftragswert aufgrund des größtmöglichen Gesamtwertes unter Einbeziehung der Optionsrechte zu berechnen.

## § 4 Grundsätze der Vergabe

(1) Aufträge sind unter ausschließlicher Verantwortung des Auftraggebers im leistungsbezogenen Wettbewerb an fachkundige, leistungsfähige und zuverlässige – und soweit erforderlich befugte – Bewerber zu vergeben.

(2) Alle Bewerber sind gleich zu behandeln.

(3) Unlautere und wettbewerbsbeschränkende Verhaltensweisen sind unzulässig.

(4) Die Durchführung freiberuflicher Leistungen soll unabhängig von Ausführungs- und Lieferinteressen erfolgen.

(5) Kleinere Büroorganisationen und Berufsanfänger sollen angemessen beteiligt werden.

## § 5 Vergabeverfahren

(1) Aufträge über freiberufliche Leistungen sind im Verhandlungsverfahren mit vorheriger Vergabebekanntmachung zu vergeben. Verhandlungsverfahren sind Verfahren, bei denen der Auftraggeber ausgewählte Personen anspricht, um über die Auftragsbedingungen zu verhandeln.

(2) Die Auftraggeber können in folgenden Fällen Aufträge im Verhandlungsverfahren ohne vorherige Vergabebekanntmachung vergeben:

a) Sofern der Gegenstand des Auftrags eine besondere Geheimhaltung erfordert,

b) Wenn die Dienstleistungen aus technischen oder künstlerischen Gründen oder aufgrund des Schutzes von Ausschließlichkeitsrechten nur von einer bestimmten Person ausgeführt werden können,

c) wenn im Anschluß an einen Wettbewerb im Sinne der §§ 20 und 25 der Auftrag gem. den einschlägigen Bestimmungen an den Gewinner oder an einen Preisträger des Wettbewerbes vergeben werden muß. Im letzteren Fall müssen alle Preisträger des Wettbewerbes zur Teilnahme an den Verhandlungen aufgefordert werden,

d) soweit dies unbedingt erforderlich ist, wenn dringliche, zwingende Gründe im Zusammenhang mit Ereignissen, die der betreffende Auftraggeber nicht voraussehen konnte, es nicht zulassen, die vorgeschriebenen Fristen einzuhalten. Die Umstände zur Begründung der zwingenden Dringlichkeit dürfen auf keinen Fall dem Auftraggeber zuzuschreiben sein,

e) für zusätzliche Dienstleistungen, die weder in dem der Vergabe zugrundeliegenden Entwurf noch im zuerst geschlossenen Vertrag vorgesehen sind, die aber wegen eines unvorhergesehenen Ereignisses zur Ausführung der darin beschriebenen Dienstleistungen

erforderlich sind, sofern der Auftrag an
eine Person vergeben wird, die diese
Dienstleistungen erbringt,
  – wenn sich die zusätzlichen Dienst-
    leistungen in technischer und wirt-
    schaftlicher Hinsicht nicht ohne
    wesentlichen Nachteil für den Auftrag-
    geber vom Hauptauftrag trennen
    lassen oder
  – wenn diese Dienstleistungen zwar von
    der Ausführung des ursprünglichen
    Auftrags getrennt werden können,
    aber für dessen Verbesserung un-
    bedingt erforderlich sind.
Der Gesamtwert der Aufträge für die
zusätzlichen Dienstleistungen darf
jedoch 50 v. H. des Wertes des
Hauptauftrages nicht überschreiten,
  f)  bei neuen Dienstleistungen, die in der
      Wiederholung gleichartiger Leistungen
      bestehen, die durch den gleichen Auf-
      traggeber an die Person vergeben wer-
      den, die den ersten Auftrag erhalten hat,
      sofern sie einem Grundentwurf entspre-
      chen und dieser Entwurf Gegenstand
      des ersten Auftrags war. Die Möglichkeit
      der Anwendung dieses Verfahrens muß
      bereits in der Bekanntmachung des
      ersten Vorhabens angegeben werden.
      § 3 bleibt unberührt. Dieses Verfahren
      darf jedoch nur binnen drei Jahren nach
      Abschluß des ersten Auftrags ange-
      wandt werden.

### § 6  Mitwirkung von Sachverständigen

(1) Der Auftraggeber kann in jedem Stadium
    des Vergabeverfahrens, insbesondere bei
    der Beschreibung der Aufgabenstellung, bei
    der Prüfung der Eignung von Bewerbern,
    bei der Bewertung der Bewerbungen sowie
    bei Honorarfragen Sachverständige ein-
    schalten; diese können auf Anfrage auch
    von den Berufsvertretungen vorgeschlagen
    werden.

(1) Die Sachverständigen dürfen weder
    unmittelbar noch mittelbar an der betreffen-
    den Vergabe beteiligt sein und auch nicht
    beteiligt werden.

### § 7  Teilnehmer am Vergabeverfahren

(1) Bewerber können einzelne oder mehrere
    natürliche oder juristische Personen sein,
    die freiberufliche Leistungen anbieten.

(2) Bewerber sind zu verpflichten, Auskünfte
    darüber zu geben,
  – ob und auf welche Art sie wirtschaftlich
    mit Unternehmen verknüpft sind oder
  – ob und auf welche Art sie auf den Auftrag
    bezogen in relevanter Weise mit anderen
    zusammenarbeiten,
    sofern dem nicht berufsrechtliche Vor-
    schriften entgegenstehen.

(3) Bewerber sind zu verpflichten, die Namen
    und die berufliche Qualifikation der Perso-
    nen anzugeben, die die Leistung tatsächlich
    erbringen.

(4) Soll der Auftrag an mehrere Bewerber
    gemeinsam vergeben werden, kann der
    Auftraggeber verlangen, daß diese im Falle
    der Auftragserteilung eine bestimmte
    Rechtsform annehmen, sofern dies für
    die ordnungsgemäße Durchführung des
    Auftrages notwendig ist.

### § 8  Aufgabenbeschreibung

(1) Die Aufgabenstellung ist so zu beschreiben,
    daß alle Bewerber die Beschreibung im
    gleichen Sinne verstehen können.

(2) Bei der Beschreibung der Aufgabenstellung
    sind die technischen Anforderungen unter
    Bezugnahme auf europäische Spezifika-
    tionen festzulegen; es gelten die im Anh. TS
    vorgesehenen Regelungen.

(3) Alle die Erfüllung der Aufgabenstellung
    beeinflussende Umstände sind anzugeben,
    insbesondere solche, die dem Auftragneh-
    mer ein ungewöhnliches Wagnis aufbürden
    oder auf die er keinen Einfluß hat und deren
    Einwirkung auf die Honorare oder Preise
    und Fristen er nicht im voraus abschätzen
    kann.
    § 16 Abs. 3 ist zu berücksichtigen.

### § 9 Bekanntmachungen

(1) Die Auftraggeber veröffentlichen sobald wie möglich nach Beginn des jeweiligen Haushaltsjahres eine unverbindliche Bekanntmachung über den vorgesehenen Gesamtwert der Aufträge für freiberufliche Leistungen nach Anh. I A, die in den folgenden zwölf Monaten vergeben werden sollen, sofern der nach § 3 geschätzte Wert mindestens 750.000 ECU beträgt.

(2) Die Auftraggeber, die einen Auftrag für eine freiberufliche Leistung nach § 5 Abs. 1 vergeben wollen, teilen ihre Absicht durch Bekanntmachung mit.

(3) Bekanntmachungen werden ungekürzt im Abl. der Europäischen Gemeinschaften und in der Datenbank TED in ihren Originalsprachen veröffentlicht. In den Amtsblättern oder der Presse des Landes des Auftraggebers darf die Bekanntmachung nicht vor dem Tag der Absendung an das Amt für die amtlichen Veröffentlichungen der Europäischen Gemeinschaften veröffentlicht werden; der Auftraggeber muß den Tag der Absendung der Bekanntmachung nachweisen können. Bei der Veröffentlichung ist dieser Zeitpunkt anzugeben. Die Veröffentlichung darf nur im Abl. der Europäischen Gemeinschaften veröffentlichte Angaben enthalten.

(4) Die Bekanntmachungen werden entsprechend den Mustern des Anh. II erstellt. Ihre Länge darf eine Seite des Abl. der Europäischen Gemeinschaften, d. h. rund 650 Worte, nicht überschreiten. Die Bekanntmachungen sind unverzüglich auf dem geeignetsten Wege dem Amt für amtliche Veröffentlichungen der Europäischen Gemeinschaften zuzuleiten. In Fällen besonderer Dringlichkeit muß die Bekanntmachung mittels Fernschreiben, Telegramm oder Fernschreiber übermittelt werden.

### § 10 Auswahl der Bewerber

(1) Der Auftraggeber wählt anhand der erteilten Auskünfte über die Eignung der Bewerber sowie anhand der Auskünfte und Formalitäten, die zur Beurteilung der von diesen zu erfüllenden wirtschaftlichen und technischen Mindestanforderungen erforderlich sind, unter den Bewerbern, die nicht aufgrund von § 11 ausgeschlossen wurden und die die in §§ 12 und 13 genannten Anforderungen erfüllen, diejenigen aus, die er zur Verhandlung auffordert.

(2) Die Zahl der zur Verhandlung aufgeforderten Bewerber darf bei hinreichender Anzahl geeigneter Bewerber nicht unter drei liegen.

(3) Der Auftraggeber hat in der Bekanntmachung anzugeben, welche Nachweise über die finanzielle, wirtschaftliche oder fachliche Eignung oder welche anderen Nachweise vom Bewerber zu erbringen sind.

(4) Die in Abs. 3 vorgesehenen Nachweise dürfen nur insoweit gefordert werden, wie es durch den Gegenstand des Auftrags gerechtfertigt ist. Dabei muß der Auftraggeber die berechtigten Interessen der Bewerber am Schutz ihrer technischen, fachlichen oder handelsbezogenen Betriebsgeheimnisse berücksichtigen; die Verpflichtung zur beruflichen Verschwiegenheit bleibt unberührt.

### § 11 Ausschlußkriterien

Von der Teilnahme am Vergabeverfahren können Bewerber ausgeschlossen werden,

a) die sich im Konkursverfahren, im gerichtlichen Vergleichsverfahren oder in Liquidation befinden oder ihre Tätigkeit eingestellt haben oder sich aufgrund eines in den einzelstaatlichen Rechtsvorschriften vorgesehenen gleichartigen Verfahrens in einer entsprechenden Lage befinden,

b) die aufgrund eines rechtskräftigen Urteils aus Gründen bestraft worden sind, die ihre berufliche Zuverlässigkeit in Frage stellen,

c) die im Rahmen ihrer beruflichen Tätigkeit eine schwere Verfehlung begangen haben, die vom Auftraggeber nachweislich festgestellt wurde,

d) die ihre Verpflichtung zur Zahlung der Steuern und Angaben nach den Rechtsvorschriften des Mitgliedstaates des Auftraggebers nicht erfüllt haben,

e) die sich bei der Erteilung von Auskünften, die gem. den §§ 7, 10, 12 und 13 eingeholt werden können, in erheblichem Maß falscher Erklärungen schuldig gemacht haben oder diese Auskünfte unberechtigterweise nicht erteilen.

### § 12 Nachweis der finanziellen und wirtschaftlichen Leistungsfähigkeit

(1) Die finanzielle und wirtschaftliche Leistungsfähigkeit des Bewerbers kann insbesondere durch einen der nachstehenden Nachweise erbracht werden:

  a) entsprechende Bankerklärung oder den Nachweis entsprechender Berufshaftpflichtversicherungsdeckung,

  b) Vorlage von Bilanzen oder Bilanzauszügen, falls deren Veröffentlichung nach dem Gesellschaftsrecht des Mitgliedstaates, in dem der Bewerber ansässig ist, vorgeschrieben ist,

  c) Erklärung über den Gesamtumsatz des Bewerbers und seinen Umsatz für entsprechende Dienstleistungen in den letzten drei Geschäftsjahren.

(2) Kann ein Bewerber aus einem wichtigen Grund die vom Auftraggeber geforderten Nachweise nicht beibringen, so kann er seine finanzielle und wirtschaftliche Leistungsfähigkeit durch Vorlage anderer, vom Auftraggeber für geeignet erachteter Belege nachweisen.

### § 13 Fachliche Eignung

(1) Die fachliche Eignung von Bewerbern für die Durchführung von Dienstleistungen kann insbesondere aufgrund ihrer Fachkunde, Leistungsfähigkeit, Erfahrung und Zuverlässigkeit beurteilt werden.

(2) Der Nachweis der Eignung kann je nach Art, Umfang und Verwendungszweck der betreffenden Dienstleistungen folgendermaßen erbracht werden:

  a) soweit nicht bereits durch Nachweis der Berufszulassung erbracht, durch Studiennachweise und Bescheinigungen über die berufliche Befähigung des Bewerbers und/oder der Führungskräfte des Unternehmens, insbesondere der für die Dienstleistungen verantwortlichen Person oder Personen,

  b) durch eine Liste der wesentlichen in den letzten drei Jahren erbrachten Leistungen mit Angabe des Rechnungswertes, der Leistungszeit sowie der öffentlichen oder privaten Auftraggeber der erbrachten Dienstleistungen,
    – bei Leistungen für öffentliche Auftraggeber durch eine von der zuständigen Behörde ausgestellte oder beglaubigte Bescheinigung,
    – bei Leistungen für private Auftraggeber durch eine vom Auftraggeber ausgestellte Bescheinigung; ist eine derartige Bescheinigung nicht erhältlich, so ist eine einfache Erklärung des Bewerbers zulässig,

  c) durch Angabe über die technische Leitung,

  d) durch eine Erklärung, aus der das jährliche Mittel der vom Bewerber in den letzten drei Jahren Beschäftigten und die Anzahl seiner Führungskräfte in den letzten drei Jahren ersichtlich ist,

  e) durch eine Erklärung, aus der hervorgeht, über welche Ausstattung, welche Geräte und welche technische Ausrüstung der Bewerber für die Dienstleistungen verfügen wird,

  f) durch eine Beschreibung der Maßnahmen des Bewerbers zur Gewährleistung der Qualität und seiner Untersuchungs- und Forschungsmöglichkeiten,

g) sind die zu erbringenden Leistungen komplexer Art oder sollten sie ausnahmsweise einem besonderen Zweck dienen, durch eine Kontrolle, die vom Auftraggeber oder in dessen Namen von einer anderen damit einverstandenen zuständigen amtlichen Stelle aus dem Land durchgeführt wird, in dem der Bewerber ansässig ist; diese Kontrolle betrifft die Leistungsfähigkeit und erforderlichenfalls die Untersuchungs- und Forschungsmöglichkeiten des Bewerbers sowie die zur Gewährleistung der Qualität getroffenen Vorkehrungen,

h) durch Angabe des Auftragsanteils, für den der Bewerber möglicherweise einen Unterauftrag zu erteilen beabsichtigt.

## § 14 Fristen[15])

(1) Die vom Auftraggeber festgesetzte Frist für den Antrag auf Teilnahme beträgt mindestens 37 Tage, in Fällen besonderer Dringlichkeit mindestens 15 Tage, jeweils gerechnet vom Tag der Absendung der Bekanntmachung an.

(2) Die Anträge auf Teilnahme an den Verfahren zur Vertragsvergabe können durch Brief, Telegramm, Fernkopierer oder Telefon übermittelt werden. Erfolgt die Übermittlung nicht durch Brief, so sind sie durch ein vor Ablauf der in Abs. 1 genannten Frist abzusendendes Schreiben zu bestätigen.

(3) Der Auftraggeber muß rechtzeitig angeforderte zusätzliche Auskünfte über die Aufgabenstellung spätestens 6 Tage vor Ablauf der Frist für den Eingang der Bewerbungen, in Fällen besonderer Dringlichkeit spätestens 4 Tage vor Ablauf der Bewerbungsfrist, erteilen.

(4) Können die Bewerbungen nur nach einer Ortsbesichtigung oder Einsichtnahme in Unterlagen an Ort und Stelle erstellt werden, so sind die vorgenannten Fristen entsprechend zu verlängern.

## § 15 Kosten

(1) Für die Ausarbeitung der Bewerbungsunterlagen werden Kosten nicht erstattet.

(2) Verlangt der Auftraggeber darüber hinaus, daß Bewerber Entwürfe, Pläne, Zeichnungen, Berechnungen oder andere Unterlagen ausarbeiten, so ist einheitlich für alle Bewerber eine angemessene Vergütung festzusetzen. Gesetzliche Gebühren- oder Honorarordnungen und der Urheberrechtsschutz bleiben unberührt.

## § 16 Auftragserteilung

(1) Der Auftraggeber schließt den Vertrag mit dem Bewerber, der aufgrund der ausgehandelten Auftragsbedingungen die bestmögliche Leistung erwarten läßt.

(2) Bei der Entscheidung über die Auftragserteilung berücksichtigt er auf die erwartete fachliche Leistung bezogene Kriterien insbesondere Qualität, fachlicher oder technischer Wert, Ästhetik, Zweckmäßigkeit, Kundendienst und technische Hilfe, Leistungszeitpunkt, Ausführungszeitraum oder -frist und Preis/Honorar. Ist die zu erbringende Leistung nach der gesetzlichen Gebühren- oder Honorarordnung zu vergüten, ist der Preis nur im dort vorgeschriebenen Rahmen zu berücksichtigen.

(3) Die Auftraggeber haben in der Aufgabenbeschreibung oder der Vergabebekanntmachung alle Auftragskriterien anzugeben, deren Anwendung vorgesehen ist, möglichst in der Reihenfolge der ihnen zuerkannten Bedeutung.

## § 17 Vergebene Aufträge

(1) Die Auftraggeber machen über jeden vergebenen Auftrag Mitteilung anhand einer Bekanntmachung. Sie wird nach dem Anh. II enthaltenen Muster C erstellt und ist spätestens 48 Tage nach Vergabe des Auftrags auf dem geeignetsten Weg an das Amt für amtliche Veröffentlichungen der Europäischen Gemeinschaften zu übermitteln.

(2) Bei der Bekanntmachung von Dienstleistungsaufträgen des Anh. I B geben die
Auftraggeber in ihrer Bekanntmachung an,
ob sie mit der Veröffentlichung einverstanden sind.

(3) Bestimmte Angaben über die Auftragsvergabe brauchen jedoch bei bestimmten Ein-
zelaufträgen nicht veröffentlicht zu werden,
wenn ihre Bekanntgabe den Gesetzesvoll-
zug behindern, dem öffentlichen Interesse
in anderer Weise zuwiderlaufen, die legi-
timen geschäftlichen Interessen einzelner
Personen berühren oder den fairen Wettbewerb beeinträchtigen würde.

(4) Der Auftraggeber teilt den bei der Vergabe
eines Auftrages nicht berücksichtigten
Bewerbern, die dies schriftlich beantragen,
innerhalb von 15 Tagen nach Eingang ihres
Antrages die Gründe für die Ablehnung
ihrer Bewerbung sowie den Namen des
erfolgreichen Bewerbers mit.

(5) Einen Beschluß, auf die Vergabe eines
dem EG-weiten Wettbewerb unterstellten
Auftrages zu verzichten, teilt der Auftraggeber dem Amt für amtliche Veröffentlichungen der Europäischen Gemeinschaften mit.
Den Bewerbern, die das schriftlich beantragen, teilt der Auftraggeber die Gründe mit,
aus denen beschlossen wurde, auf die Vergabe eines bekanntgemachten Auftrages
zu verzichten oder das Verfahren erneut
einzuleiten.

### § 18  Vergabevermerk

Über die Vergabe ist ein Vermerk zu fertigen,
der die einzelnen Stufen des Verfahrens, die
Maßnahmen, die Feststellung sowie die
Begründung der einzelnen Entscheidungen
enthält.

### § 19  Melde- und Berichtspflichten

(1) Auf Verlangen der Europäischen Kommission sind aus dem Vergabevermerk
folgende Angaben zu übermitteln:
   a) Name und Anschrift des Auftraggebers,
   b) Art und Umfang der Leistung,

c) Wert des Auftrages,
d) Namen der berücksichtigten Bewerber
   und Gründe für ihre Auswahl,
e) Name der ausgeschlossenen Bewerber
   und die Gründe für die Ablehnung,
f) Name des erfolgreichen Bewerbers und
   die Gründe für die Auftragserteilung
   sowie – falls bekannt – den Anteil, den
   der erfolgreiche Bewerber an Dritte
   weiterzugeben beabsichtigt,
g) Gründe für die Wahl des Verhandlungsverfahrens,
h) Gründe für die Ausnahme von der Anwendung europäischer Spezifikationen
   (Anh. TS Nr. 2).

(2) Die Auftraggeber übermitteln an die zuständige Stelle alle zwei Jahre eine statistische
Aufstellung über die vergebenen Aufträge.
Diese Aufstellung enthält mindestens
Angaben über die Anzahl und den Wert der
vergebenen Aufträge, aufgeschlüsselt nach
den in § 5 vorgesehenen Verfahren, nach
der Kategorie der Dienstleistung und nach
der Nationalität des Auftragnehmers sowie
Anzahl und Wert der Aufträge, die in die
einzelnen EG-Mitgliedstaaten oder Dritt-
staaten vergeben worden sind.

### § 20  Wettbewerbe

(1) Wettbewerbe sind Auslobungsverfahren, die
dazu dienen, dem Auftraggeber einen Plan
oder eine Planung zu verschaffen, deren
Auswahl durch ein Preisgericht aufgrund
vergleichender Beurteilungen mit oder ohne
Verteilung von Preisen erfolgt.

(2) Für die Durchführung von Wettbewerben,
die zu einem Dienstleistungsauftrag führen,
dessen geschätzter Wert 200.000 ECU
ohne Umsatzsteuer oder mehr beträgt oder
deren Summe der Preisgelder und Zahlungen an Teilnehmer 200.000 ECU oder
mehr beträgt, sind die nachfolgenden
Absätze anzuwenden.

(3) Die auf die Durchführung von Wettbewerben anwendbaren Regeln sind den
an der Teilnahme am Wettbewerb Inter-
essierten mitzuteilen.

(4) Die Zulassung zur Teilnahme an einem Wettbewerb darf nicht eingeschränkt werden
  – auf das Gebiet eines Mitgliedstaates oder einen Teil davon,
  – auf natürliche oder juristische Personen.

(5) Bei Wettbewerben mit beschränkter Teilnehmerzahl haben die Auftraggeber eindeutige und nichtdiskriminierende Auswahlkriterien festzulegen. Die Zahl der Teilnehmer muß ausreichen, um einen echten Wettbewerb zu gewährleisten.

(6) Das Preisgericht darf nur aus Preisrichtern bestehen, die von den Teilnehmern des Wettbewerbes unabhängig sind. Wird von diesen Teilnehmern eine bestimmte berufliche Qualifikation verlangt, muß mindestens ein Drittel der Preisrichter über dieselbe oder eine gleichwertige Qualifikation verfügen.

(7) Das Preisgericht ist in seinen Entscheidungen und Stellungnahmen unabhängig. Es trifft diese aufgrund von Wettbewerbsarbeiten, die anonym vorgelegt werden, und nur aufgrund von Kriterien, die in der Bekanntmachung nach Abs. 8 genannt sind.

(8) Auftraggeber, die einen Wettbewerb durchführen wollen, teile ihre Absicht durch Bekanntmachung nach dem Anh. II enthaltenen Muster D mit. Die Bekanntmachung ist dem Amt für amtliche Veröffentlichungen der Europäischen Gemeinschaften unverzüglich mitzuteilen.

(9) § 9 Abs. 3 und 4 gilt entsprechend.

(10) Auftraggeber, die einen Wettbewerb durchgeführt haben, geben spätestens 48 Tage nach Durchführung eine Bekanntmachung nach Muster E des Anh. II an das Abl. der Europäischen Gemeinschaften, § 15 gilt entsprechend.

## § 21 Vergabeprüfstelle

In der Bekanntmachung und der Aufgabenbeschreibung ist die Stelle anzugeben, an die sich der Bewerber zur Nachprüfung behaupteter Verstöße gegen die Bestimmungen über die Vergabe- und Wettbewerbsverfahren wenden kann.

### Kapitel 2:
### Besondere Vorschriften zur Vergabe von Architekten- und Ingenieurleistungen

## § 22 Anwendungsbereich

(1) Die Bestimmungen dieses Kapitels gelten zusätzlich für die Vergabe von Architekten- und Ingenieurleistungen.

(2) Architekten- und Ingenieurleistungen sind
  – Leistungen, die von der Honorarordnung für Architekten und Ingenieure (HOAI) erfaßt werden sowie
  – sonstige Leistungen, für die die berufliche Qualifikation des Architekten oder Ingenieurs erforderlich ist oder vom Auftraggeber gefordert wird.

## § 23 Qualifikation des Auftragnehmers

(1) Wird als Berufsqualifikation der Beruf des Architekten oder der einer seiner Fachrichtungen gefordert, so ist jeder zuzulassen, der nach den Architektengesetzen der Länder berechtigt ist, die Berufsbezeichnung Architekt zu tragen, oder nach den EG-Richtlinien, insbesondere der Richtlinie für die gegenseitige Anerkennung der Diplome auf dem Gebiete der Architektur[16]) berechtigt ist, in der Bundesrepublik Deutschland als Architekt tätig zu werden.

(2) Wird als Berufsqualifikation der Beruf des Beratenden Ingenieurs oder Ingenieurs gefordert, so ist jeder zuzulassen, der nach den Gesetzen der Länder berechtigt ist, die Berufsbezeichnung »Beratender Ingenieur« oder »Ingenieur« zu tragen, oder nach der EG-Richtlinie über eine allgemeine Regelung zur Anerkennung der Hochschuldiplome[17]) in der Bundesrepublik Deutschland als »Beratender Ingenieur« oder »Ingenieur« tätig zu werden.

(3) Juristische Personen sind als Auftragnehmer zuzulassen, wenn sie für die Durchführung der Aufgabe einen verantwortlichen Berufsangehörigen gem. Abs. 1 und 2 benennen.

### § 24 Auftragserteilung

(1) Die Auftragsverhandlungen mit den nach § 10 Abs. 1 ausgewählten Bewerbern dienen der Ermittlung des Bewerbers, der im Hinblick auf die gestellte Aufgabe am ehesten die Gewähr für eine sachgerechte und qualitätsvolle Leistungserfüllung bietet. Der Auftraggeber führt zu diesem Zweck Auftragsgespräche mit den ausgewählten Bewerbern durch und entscheidet über die Auftragsvergabe nach Abschluß dieser Gespräche.

(2) Die Präsentation von Referenzobjekten, die der Bewerber zum Nachweis seiner Leistungsfähigkeit vorlegt, ist zugelassen. Die Ausarbeitung von Lösungsvorschlägen der gestellten Planungsaufgabe kann vom Auftraggeber nur im Rahmen eines Verfahrens nach Abs. 3 oder eines Planungswettbewerbes gem. § 25 verlangt werden. Die Auswahl eines Bewerbers darf nicht dadurch beeinflußt werden, daß von Bewerbern zusätzlich unaufgefordert Lösungsvorschläge eingereicht wurden.

(3) Verlangt der Auftraggeber außerhalb eines Planungswettbewerbes Lösungsvorschläge für die Planungsaufgabe, so sind die Lösungsvorschläge der Bewerber nach den Honorarbestimmungen der HOAI zu vergüten.

### § 25 Planungswettbewerbe

(1) Wettbewerbe i. S. v. § 20, die dem Ziel dienen, alternative Vorschläge für Planungen auf dem Gebiet der Raumplanung, des Städtebaus und des Bauwesens auf der Grundlage veröffentlichter einheitlicher Richtlinien zu erhalten (Planungswettbewerbe), können jederzeit vor, während oder ohne Verhandlungsverfahren ausgelobt werden. In den einheitlichen Richtlinien wird auch die Mitwirkung von Architekten- und Ingenieurkammern an der Vorbereitung und Durchführung der Wettbewerbe geregelt.

(2) Der Auslober eines Planungswettbewerbes hat zu gewährleisten, daß jedem Teilnehmer die gleiche Chance eingeräumt wird. Er hat dazu mit der Bekanntmachung des Planungswettbewerbes die Verfahrensart festzulegen. Allen Teilnehmern sind Wettbewerbsunterlagen, Termine, Ergebnisse und Kolloquien und die Antworten auf Rückfragen jeweils zum gleichen Zeitpunkt bekanntzugeben.

(3) Mit der Auslobung sind Preise und ggf. Ankäufe auszusetzen, die der Bedeutung und Schwierigkeit der Bauaufgabe sowie dem Leistungsumfang nach dem Maßstab der Honorarverordnung für Architekten und Ingenieure angemessen sind.

(4) Ausgeschlossen von der Teilnahme an Planungswettbewerben sind Personen, die infolge ihrer Beteiligung an der Auslobung oder Durchführung des Wettbewerbs bevorzugt sein oder Einfluß auf die Entscheidung des Preisgerichts nehmen können. Das gleiche gilt für Personen, die sich durch Angehörige oder ihnen wirtschaftlich verbundene Personen einen entsprechenden Vorteil oder Einfluß verschaffen können.

(5) Das Preisgericht muß sich in der Mehrzahl aus Preisrichtern zusammensetzen, die aufgrund ihrer beruflichen Qualifikation die fachlichen Anforderungen in hervorragendem Maße erfüllen, die nach Maßgabe der einheitlichen Grundsätze und Richtlinien i. S. v. Abs. 1 zur Teilnahme am Wettbewerb berechtigen. Die Preisrichter haben ihr Amt persönlich und unabhängig allein nach fachlichen Gesichtspunkten auszuüben.

(6) Das Preisgericht hat in seinen Entscheidungen die in der Auslobung als bindend bezeichneten Vorgaben des Auslobers und die dort genannten Entscheidungskriterien zu beachten. Nicht zugelassene oder über das geforderte Maß hinausgehende Leistungen sollen von der Wertung ausgeschlossen werden. Das Preisgericht hat die für eine Preisverleihung in Betracht zu ziehenden Arbeiten in ausreichender Zahl schriftlich zu bewerten und eine Rangfolge unter ihnen festzulegen. Das Preisgericht kann nach Festlegung der Rangfolge einstimmig eine Wettbewerbsarbeit, die besonders bemerkenswerte Lösungen enthält, aber gegen Vorgaben

des Auslobers verstößt, mit einem Sonderpreis bedenken. Über den Verlauf der Preisgerichtssitzung ist eine Niederschrift zu fertigen, durch die der Gang des Auswahlverfahrens nachvollzogen werden kann.

(7) Jeder Teilnehmer ist über das Ergebnis des Wettbewerbes unter Versendung der Niederschrift der Preisgerichtssitzung unverzüglich zu unterrichten. Spätestens einen Monat nach der Entscheidung des Preisgerichtes sind die Wettbewerbsarbeiten mit Namensangaben der Verfasser unter Auslegung der Niederschrift auszustellen.

(8) Soweit ein Preisträger wegen Verstoßes gegen Wettbewerbsregeln nicht berücksichtigt werden kann, rücken die übrigen Preisträger sowie sonstige Teilnehmer in der Rangfolge des Preisgerichts nach, soweit das Preisgericht ausweislich seiner Niederschrift nichts anderes bestimmt hat.

(9) Soweit und sobald die Wettbewerbsaufgabe realisiert werden soll, sind einem oder mehreren der Preisträger weitere Planungsleistungen nach Maßgabe der in Abs. 1 genannten einheitlichen Richtlinien zu übertragen, sofern mindestens einer der Preisträger eine einwandfreie Ausführung der zu übertragenden Leistungen gewährleistet und sonstige wichtige Gründe der Beauftragung nicht entgegenstehen.

(10) Urheberrechtlich und wettbewerbsrechtlich geschützte Teillösungen von Wettbewerbsteilnehmern, die bei der Auftragserteilung nicht berücksichtigt worden sind, dürften nur gegen eine angemessene Vergütung genutzt werden.

## § 26 Unteraufträge

Der Auftragnehmer hat die Auftragsleistung selbständig mit seinem Büro zu erbringen. Dem Auftragnehmer kann mit Zustimmung des Auftraggebers gestattet werden, Auftragsleistungen im Wege von Unteraufträgen an Dritte mit entsprechender Qualifikation zu vergeben.

### Anhang
### TS Technische Spezifikation

## 1 Begriffsbestimmung

1.1 »Technische Spezifikationen« sind sämtliche, insbesondere in den Verdingungsunterlagen enthaltenen, technischen Anforderungen an ein Material, ein Erzeugnis oder eine Lieferung, mit deren Hilfe das Material, das Erzeugnis oder die Lieferung so bezeichnet werden können, daß sie ihren durch den Auftraggeber festgelegten Verwendungszweck erfüllen. Zu diesen technischen Anforderungen gehören Qualitätsstufen, Gebrauchstauglichkeit, Sicherheit und Abmessungen, ebenso die Vorschriften für Materialien, Erzeugnisse oder Lieferungen hinsichtlich Qualitätssicherung, Terminologie, Bildzeichen, Prüfungen und Prüfverfahren, Verpackung, Kennzeichnung und Beschriftung. Außerdem gehören dazu auch die Vorschriften für die Planung und Berechnung von Bauwerken, die Bedingungen für die Prüfung, Inspektion und Abnahme von Bauwerken, die Konstruktionsmethoden oder -verfahren und alle anderen technischen Anforderungen, die der Auftraggeber bezüglich fertiger Bauwerke oder der dazu notwendigen Materialien oder Teile durch allgemeine oder spezielle Vorschriften anzugehen in der Lage ist.

1.2 »Norm«: technische Spezifikation, die von einer anerkannten Normenorganisation zur wiederholten oder ständigen Anwendung angenommen wurde, deren Einhaltung grundsätzlich nicht zwingend vorgeschrieben ist.

1.3 »Europäische Norm«: die von dem Europäischen Komitee für Normung (CEN) oder dem Europäischen Komitee für Elektrotechnische Normung (CENELEC) gem. deren gemeinsamen Regeln als Europäische Normen (EN) oder Harmonisierungsdokumente (HD) angenommenen Normen oder vom Europäischen Institut für Telekommunikationsnormen (ETSI) entsprechend

seinen eigenen Vorschriften als »Europäische Telekommunikationsnorm« (ETS)
angenommenen Normen.

1.4 »Europäische technische Zulassung«: eine
positive technische Beurteilung der Brauchbarkeit eines Produkts hinsichtlich der
Erfüllung der wesentlichen Anforderungen
an bauliche Anlagen; sie erfolgt aufgrund
der spezifischen Merkmale des Produkts
und der festgelegten Anwendungs- und Ver-
wendungsbedingungen. Die europäische
technische Zulassung wird von einer zu
diesem Zweck vom Mitgliedstaat zugelassenen Organisation ausgestellt.

1.5 »Gemeinsame technische Spezifikation«:
technische Spezifikation, die nach einem
von den Mitgliedstaaten anerkannten Verfahren erarbeitet wurde, um die einheitliche
Anwendung in allen Mitgliedstaaten sicherzustellen und die im Abl. der Europäischen
Gemeinschaften veröffentlicht wurde.

1.6 »Europäische Spezifikation«: eine gemeinsame technische Spezifikation, eine
europäische technische Zulassung oder
eine in innerstaatliche Normen über-
nommene europäische Norm.

## 2   Von der Bezugnahme auf europäische Spezifikationen kann abgesehen werden, wenn

2.1 die Normen keine Bestimmungen zur Feststellung der Übereinstimmung einschließen
oder es keine technischen Möglichkeiten
gibt, die Übereinstimmung eines Erzeugnis-
ses mit diesen Normen in zufriedenstellen-
der Weise festzustellen;

2.2 die Anwendung die Durchführung der
Richtlinie 86/361/EWG des Rates vom
24. 07. 1986 über die erste Phase der
gegenseitigen Anerkennung der Allgemein-
zulassungen von Telekommunikations-End-
geräten[18]) des Beschlusses 87/95/EWG
des Rates vom 22. 12. 1986 über die
Aufstellung von Normen auf dem Gebiet
der Informationstechnologie und der Telekommunikation[19]) oder anderer Gemein-
schaftsinstrumente in bestimmten Dienst-
leistungs- oder Produktionsbereichen
beeinträchtigt würde.

## 3   Mangels europäischer Spezifikationen

3.1 werden die technischen Spezifikationen unter Bezugnahme auf die einzelstaatlichen
technischen Spezifikationen festgelegt,
die anerkanntermaßen den wesentlichen
Anforderungen der Gemeinschaftsricht-
linien zur technischen Harmonisierung
entsprechen.

3.2 können die technischen Spezifikationen unter Bezugnahme auf die einzelstaatlichen
technischen Spezifikationen betreffend den
Einsatz von Produkten festgelegt werden.

3.3 können die technischen Spezifikationen
unter Bezugnahme auf sonstige Dokumente festgelegt werden. In einem solchen
Fall ist unter Beachtung der nachstehenden
Normenrangfolge zurückzugreifen auf

– die innerstaatlichen Normen, mit denen
vom Land des Auftraggebers akzeptierte
internationale Normen umgesetzt werden;

– sonstige innerstaatliche Normen und
innerstaatliche technische Zulassungen
des Landes des Auftraggebers;

– alle weiteren Normen.

| Anh. I A | | |
|---|---|---|
| **Kategorie** | **Titel** | **CPC-Referenz-Nr.**[20]) |
| 1 | Instandhaltung und Reparatur | 6112, 6122, 633, 886 |
| 2 | Landverkehr[1] einschl. Geldtransport und Kurierdienste, ohne Postverkehr | 712 (außer 71235), 7512, 87304 |
| 3 | Fracht- und Personenbeförderung im Flugverkehr, ohne Postverkehr | 73 (außer 7321) |
| 4 | Personenbeförderung im Landverkehr[1] sowie Luftpostbeförderung | 71235, 7321 |
| 5 | Fernmeldewesen[2] | 752 |
| 6 | Finanzielle Dienstleistungen | ex 81 |
| | a) Versicherungsleistungen | 812, 814 |
| | b) Bankenleistungen und Wertpapiergeschäfte[3] | |
| 7 | Datenverarbeitung verbundene Tätigkeiten | 84 |
| 8 | Forschung und Entwicklung[4] | 85 |
| 9 | Buchführung, -haltung und -prüfung | 862 |
| 10 | Markt- und Meinungsforschung | 864 |
| 11 | Unternehmensberatung und verbundene Tätigkeiten | 865, 866 |
| 12 | Architektur, technische Beratung und Planung; integrierte technische Leistungen; Stadt- und Landschaftsplanung; zugehörige wissenschaftliche und technische Beratung; technische Versuche und Analysen | 867 |
| 13 | Werbung | 871 |
| 14 | Gebäudereinigung und Hausverwaltung | 874 82201 bis 82206 |
| 15 | Verlegen und Drucken gegen Vergütung oder auf vertraglicher Grundlage | 88442 |
| 16 | Abfall- und Abwasserbeseitigung; sanitäre und ähnliche Dienstleistungen | 94 |

(1) Ohne Eisenbahnverkehr der Kategorie 18.
(2) Ohne Fernsprechdienstleistungen, Telex, beweglichen Telefondienst, Funkrufdienst und Satellitenkommunikation.
(3) Ohne Verträge über finanzielle Dienstleistungen im Zusammenhang mit Ausgabe, Verkauf, Ankauf oder Übertragung von Wertpapieren oder anderen Finanzinstrumenten sowie Dienstleistungen der Zentralbanken.
(4) Ohne Aufträge über Forschungs- und Entwicklungsdienstleistungen anderer Art als derjenigen, deren Ergebnisse ausschließlich Eigentum des Auftraggebers für seinen Gebrauch bei der Ausübung seiner eigenen Tätigkeit sind, sofern die Dienstleistung vollständig durch den Auftraggeber vergütet wird.

| Anh. I B | | |
|---|---|---|
| **Kategorie** | **Titel** | **CPC-Referenz-Nr.** |
| 17 | Gaststätten und Beherbergungsgewerbe | 64 |
| 18 | Eisenbahnen | 711 |
| 19 | Schiffahrt | 72 |
| 20 | Neben- und Hilfstätigkeiten des Verkehrs | 74 |
| 21 | Rechtsberatung | 861 |
| 22 | Arbeits- und Arbeitskräftevermittlung | 872 |
| 23 | Unterrichtswesen und Berufsausbildung | 92 |
| 24 | Gesundheits-, Veterinär- und Sozialwesen | 93 |
| 25 | Erholung, Kultur und Sport | 96 |
| 26 | Sonstige Dienstleistungen | |

## Anh. II Bekanntmachungsmuster

**A. Vorinformationsverfahren**

1. Name, Anschrift, Telefon-, Telegrafen-, Fernschreib- und Fernkopiernummer des Auftraggebers und ggf. der Stelle, von der zusätzliche Angaben erlangt werden können:
2. Beabsichtigte Gesamtbeschaffungen von Dienstleistungen in jeder Kategorie des Anh. I A:
3. Geschätzter Zeitpunkt der Einleitung der Vergabeverfahren nach Kategorien:
4. Sonstige Angaben, insbesondere die Stelle, an die sich der Bewerber zur Nachprüfung behaupteter Verstöße gegen Vergabebestimmungen wenden kann:
5. Tag der Absendung der Bekanntmachung:
6. Tag des Eingangs der Bekanntmachung beim Amt für amtliche Veröffentlichungen der Europäischen Gemeinschaften:

**B. Verhandlungsverfahren**

1. Name, Anschrift, Telefon-, Telegrafen-, Fernschreib- und Fernkopiernummer des Auftraggebers:
2. Kategorie der Dienstleistung und Beschreibung:
   CPC-Referenznummer:
3. Ausführungsort:
4. a) Angabe, ob die Leistung durch Rechts- und Verwaltungsvorschriften einem besonderen Berufsstand vorbehalten ist:
   b) Verweisung auf die Rechts- oder Verwaltungsvorschrift:
   c) Angabe, ob juristische Personen die Namen und die berufliche Qualifikation der Personen angeben müssen, die für die Ausführung der betreffenden Dienstleistungen verantwortlich sein sollen:
5. Angabe, ob der Dienstleistungserbringer Bewerbungen für einen Teil der betreffenden Leistungen abgeben kann:
6. Beabsichtigte Zahl oder Marge von Dienstleistungserbringern, die zur Verhandlung aufgefordert werden:
7. Ggf. Verbot von Änderungsvorschlägen:
8. Dauer des Auftrags oder Frist für die Erbringung der Dienstleistung:
9. Ggf. Rechtsform, die die Bietergemeinschaft, an die der Auftrag vergeben wird, haben muß:
10. a) Ggf. Begründung der Inanspruchnahme des beschleunigten Verfahrens:
    b) Einsendefrist für die Anträge auf Teilnahme:
    c) Anschrift, an die diese Anträge zu richten sind:
    d) Sprache(n), in der (denen) diese Anträge abgefaßt sein müssen:
11. Ggf. geforderte Kautionen und Sicherheiten:
12. Angaben zur Lage des Dienstleistungserbringers sowie Angaben und Formalitäten, die zur Beurteilung der Frage erforderlich sind, ob der Dienstleistungserbringer die technischen und wirtschaftlichen Mindestanforderungen erfüllt:
13. Ggf. Name und Anschrift der vom Auftraggeber bereits ausgewählten Dienstleistungserbringer:
14. Sonstige Angaben, insbesondere die Stelle, an die sich der Bewerber zur Nachprüfung behaupteter Verstöße gegen Vergabebestimmungen wenden kann:
15. Tag der Absendung der Bekanntmachung:
16. Tag des Eingangs der Bekanntmachung beim Amt für amtliche Veröffentlichungen der Europäischen Gemeinschaften:
17. Tag(e) der Veröffentlichung von Vorinformationen im Abl. der Europäischen Gemeinschaften:

**C. Auftragsvergabe**

1. Name und Anschrift des Auftraggebers:
2. Gewähltes Vergabeverfahren; im Fall von Verhandlungsverfahren ohne vorherige Veröffentlichung einer Ausschreibung: Begründung (§ 5 Abs. 2):
3. Kategorie der Dienstleistung und Beschreibung:
   CPC-Referenznummer:
4. Tag der Auftragserteilung:
5. Kriterien für die Auftragserteilung:
6. Anzahl der eingegangenen Bewerbungen:
7. Name und Anschrift des/der Dienstleistungserbringer(s):
8. Mindest-/Höchstpreis oder Preisspanne:
9. Ggf. Wert und Anteil des Auftrags, der voraussichtlich als Unterauftrag an dritte Parteien vergeben wird:
10. Sonstige Angaben, insbesondere die Stelle, an die sich der Bewerber zur Nachprüfung behaupteter Verstöße gegen Vergabebestimmungen wenden kann:
11. Tag der Veröffentlichung der Ausschreibung im Abl. der Europäischen Gemeinschaften:
12. Tag der Absendung der Bekanntmachung:
13. Tag des Eingangs der Bekanntmachung beim Amt für amtliche Veröffentlichungen der Europäischen Gemeinschaften:
14. Bezüglich von Aufträgen für Dienstleistungen i. S. d. Anh. I B: Einverständnis des Auftraggebers mit der Veröffentlichung der Bekanntmachung (§ 17 Abs. 2):

**D. Bekanntmachung über Wettbewerbe**

1. Name, Anschrift, Telefon-, Telegrafen-, Fernschreib- und Fernkopiernummer des Auftraggebers und der Dienststelle, bei der einschlägige Unterlagen erhältlich sind:
2. Beschreibung des Vorhabens:
3. Art des Wettbewerbes, offen oder beschränkt:
4. Bei offenen Wettbewerben: Frist für den Eingang von Wettbewerbsarbeiten:
5. Bei beschränkten Wettbewerben:
   a) beabsichtigte Zahl der Teilnehmer:
   b) ggf. Namen bereits ausgewählter Teilnehmer:
   c) anzuwendende Kriterien bei der Auswahl von Teilnehmern:
   d) Frist für den Eingang von Anträgen auf Teilnahme:
6. Ggf. Angabe, ob die Teilnahme einem besonderen Berufsstand vorbehalten ist:
7. Anzuwendende Auswahlkriterien:
8. Ggf. Namen der ausgewählten Mitglieder des Preisgerichts:
9. Angabe, ob die Entscheidung des Preisgerichts den Auftraggeber bindet:
10. Ggf. Anzahl und Höhe der Preise:
11. Angabe, ob die Teilnehmer Anspruch auf Kostenerstattung haben:
12. Angabe, ob die Preisgewinner Anspruch auf den Zuschlag von Folgeaufträgen haben:
13. Sonstige Angaben, insbesondere die Stelle, an die sich der Teilnehmer zur Nachprüfung behaupteter Verstöße gegen Wettbewerbsbestimmungen wenden kann:
14. Tag der Absendung der Bekanntmachung:
15. Tag des Eingangs der Bekanntmachung beim Amt für amtliche Veröffentlichungen der Europäischen Gemeinschaften:

### E. Ergebnisse von Wettbewerben

1. Name, Anschrift, Telefon-, Telegrafen-, Fernschreib- und Fernkopiernummer des Auftraggebers:
2. Beschreibung des Vorhabens:
3. Gesamtzahl der Teilnehmer:
4. Anzahl der ausländischen Teilnehmer:
5. Der/die Gewinner des Wettbewerbes:
6. Ggf. der/die Preise:
7. Sonstige Angaben, insbesondere die Stelle, an die sich der Teilnehmer zur Nachprüfung behaupteter Verstöße gegen Wettbewerbsbestimmungen wenden kann:
8. Verweisung auf die Bekanntmachung über den Wettbewerb:
9. Tag der Absendung der Bekanntmachung:
10. Tag des Eingangs der Bekanntmachung beim Amt für amtliche Veröffentlichungen der Europäischen Gemeinschaften:

---

[1]) Richtlinie 92/50/EWG des Rates vom 18. 07. 1992 über die Koordinierung der Verfahren zur Vergabe öffentlicher Dienstleistungsaufträge, ABl Nr. L 209/1 vom 24. 07. 1992

[2]) Anhang I A der der EG-Dienstleistungskoordinierungsrichtlinie wurde jeweils als Anhang I A in die VOF sowie in die VOL (a- und b-§§ sowie VOB/SKR) aufgenommen

[3]) Dabrinhausen, Zur Direktwirkung der EG-Dienstleistungskoordinierungsrichtlinie, Der Gemeindehaushalt 1994, 25 ff., legt ausführlich dar, daß diese Voraussetzungen bei der EG-Dienstleistungskoordinierungsrichtlinie nicht gegeben sind

[4]) Bundesanzeiger Nr. 163a v. 02. 09. 1997

[5]) Vergabeverordnung vom 22. 02. 1994, BGBl. 1994, 321, zuletzt geändert durch die Erste Verordnung zur Änderung der Vergabeverordnung vom 29. 09. 1997, BGBl. 1997, 2384 v. 07. 10. 1997. Die Änderungen traten zum 01. 11. 1997 in Kraft

[6]) eine entsprechende Bestimmung ist für die geänderte VOL/A in § 2 Abs. 1 Satz 3 vorgesehen

[7]) Richtlinie 92/50/EWG des Rates vom 18. 07. 1992 über die Koordinierung der Verfahren zur Vergabe öffentlicher Dienstleistungsaufträge, ABl Nr. L 209/1 vom 24. 07. 1992

[8]) Die Bundesregierung beabsichtigt 1998 die Rechtsgrundlagen für die Vergabe zu ändern. Im folgenden sind die einschlägigen Bestimmungen nach dem Haushaltsgrundsätzegesetz (HGrG) sowie nach dem Gesetzentwurf (GWB-Entwurf) vom 05. 09. 1997, Bundesratsdrucksache 646/97, angegeben. Wesentliche inhaltliche Änderungen ergeben sich hieraus hinsichtlich des Kreises der Ausschreibungspflichtigen nicht

[9]) § 57a Abs. 1 Nr. 1 HGrG bzw. § 107 Nr. 1 GWB-Entwurf

[10]) § 57a Abs. 1 Nr. 2 HGrG bzw. § 107 Nr. 2 GWB-Entwurf

[11]) § 57a Abs. 1 Nr. 3 HGrG bzw. § 107 Nr. 3 GWB-Entwurf

[12]) § 107 Nr. 5 GWB-Entwurf. Grundsätzlich sind dies auch die Auftraggeber i. S. d. § 57a Abs. 1 Nr. 6 HGrG. § 2 Abs. 2 der Vergabeverordnung i. d. F. vom 28. 09. 1997 schränkt dies aber ein. Die Ausschreibungspflicht besteht nur, »wenn das Vorhaben Dienstleistungsaufträge oder Wettbewerbe, die zu Dienstleistungsaufträgen führen sollen, *in Verbindung mit Tiefbaumaßnahmen oder mit Baumaßnahmen* zur Errichtung von Krankenhäusern, Sport-, Erholungs- oder Freizeiteinrichtungen, Schul-, Hochschul- oder Verwaltungsgebäuden zum Gegenstand hat«

[13]) § 57a Abs. 1 Nr. 4, 5, 7 und 8 bzw. § 107 Nr. 4 und Nr. 6 GWB-Entwurf

[14]) siehe hierzu Abschnitt 4.2.5, S. 224 f.

[15]) Die Berechnung der Fristen erfolgt nach der Verordnung (EWG/Euratom) Nr. 1182/71 des Rates vom 03. 06. 1971 zur Festlegung der Regeln für die Fristen, Daten und Termine, ABl. Nr. L 124 vom 08. 06. 1971, S. 1

[16]) Richtlinie des Rates 85/384/EWG vom 10. 06. 1985 für die gegenseitige Anerkennung der Diplome, Prüfungszeugnisse und sonstigen Befähigungsnachweise auf dem Gebiet der Architektur und für Maßnahmen zur Erleichterung der tatsächlichen Ausübung des Niederlassungsrechts und des Rechtes auf freien Dienstleistungsverkehr (ABl. Nr. L 223)

[17]) Richtlinie des Rates 89/48/EWG vom 21. 12. 1988 über eine allgemeine Regelung zur Anerkennung der Hochschuldiplome, die eine mindestens dreijährige Berufsausbildung abschließen (ABl. Nr. L 19)

[18]) ABl. Nr. L 217 vom 05. 08. 1986, S. 21, geändert durch die Richtlinie 91/263/EWG (ABl. Nr. L 128 vom 23. 05. 1991, S. 1)

[19]) ABl. Nr. L 36 vom 07. 02. 1987, S. 31

[20]) nichtamtlicher Hinweis der Autoren: CPC ist die Zentrale Gütersystematik der Vereinten Nationen (Provisional Central Product Classification). Nähere Informationen und Bezug: *gopher://ns1.infor.com/*, sub »UN Publications«, sub »Search by Keword in Documents«, »cpc«

# 6  Das Ingenieurhonorar

Honorarfragen sind das »tägliche Brot« des Ingenieurs. Dies gilt sowohl für den Ingenieur, der als Auftragnehmer seinem Auftraggeber nachvollziehbare Abschlags- und Schlußrechnungen zu stellen hat, als auch für den Ingenieur, der auftraggeberseitig mit der Prüfung dieser Rechnungen befaßt ist. Bei der nachfolgenden Darstellung unterstellen wir, daß der Leser bereits praktische Erfahrungen mit der Berechnung des Ingenieur-Honorars gesammelt hat. Wir beschränken uns daher auf eine systematische Darstellung der wichtigsten Elemente des Honorarrechts. Dem Leser soll ein Leitfaden an die Hand gegeben werden, welcher die wesentlichen Fragen im Überblick behandelt. Zur Vertiefung empfehlen wir insbesondere das Werk von Motzke/Wolff »Praxis der HOAI«[1] sowie den Praxiskommentar von Pott/Dahlhoff/Kniffka zur HOAI.[2] Darüber hinaus empfehlen wir für die tägliche Praxis die Anschaffung eines der im Handel angebotenen EDV-Abrechnungsprogramme für Architekten/Ingenieure. Die Nutzung eines solchen Programms vermeidet Fehlerquellen und erleichtert die praktische Anwendung der HOAI. Mit dem Erwerb eines solchen Programms »kauft« der Ingenieur Zeit, die er in seine planerische Tätigkeit investieren kann.[3]

## 6.1  Anwendungsbereich und Aufbau der HOAI

### 6.1.1  Geltungsbereich der HOAI

Erklärter Zweck der HOAI ist es, ein ausgewogenes Preis- und Leistungsgefüge herzustellen. Der Auftraggeber soll durch Höchstsätze vor überhöhten Honoraren geschützt werden. Der Ingenieur soll durch die Festsetzung von Mindestsätzen gegen einen ruinösen Preiswettbewerb geschützt werden.

Die HOAI gilt für alle sachlich von ihr erfaßten Ingenieurleistungen, die auf dem Gebiet der Bundesrepublik Deutschland erbracht werden. Auch ausländische Ingenieure, die für Objekte in der Bundesrepublik Deutschland tätig sind, unterfallen dem Preisrecht der HOAI unabhängig davon, ob diese in der Bundesrepublik ein Büro unterhalten oder nicht.

Die HOAI ist auf alle Ingenieurleistungen anzuwenden, gleichgültig, ob diese von Ingenieuren oder von Berufsfremden – etwa Bauunternehmen – erbracht werden. Schlagwortartig wird der persönliche Anwendungsbereich in der HOAI mit der Formel umschrieben: »Die HOAI ist leistungsbezogen und nicht berufsstandsbezogen.«[4]

Voraussetzung für die Anwendbarkeit der HOAI ist daher lediglich, daß die Tätigkeit des Ingenieurs »durch Leistungsbilder oder andere Bestimmungen« der HOAI erfaßt werden, vgl. § 1 HOAI. Führt der Bauingenieur ausnahmsweise Tätigkeiten durch, die weder in den Leistungsbildern noch in anderen Bestimmungen der HOAI aufgeführt sind und auch keine Besonderen Leistungen i.S.d. § 2 Abs. 3 HOAI sind, so unterliegen diese Tätigkeiten nicht den preisrechtlichen Beschränkungen.

Vom **Geltungsbereich der HOAI** werden insbesondere folgende Leistungen **nicht** erfaßt:

- Leistungen von Vermessungsingenieuren, soweit sie als öffentlich bestellte Vermessungsingenieure tätig werden,[5])
- berufsfremde Leistungen des Bauingenieurs (etwa Tätigkeiten als Makler oder Designer),[6])
- die Erstellung von Gutachten, soweit diese nicht unter § 33 HOAI fallen,[7])
- sog. Isolierte Besondere Leistungen (Beispiel: Erstellung eines Finanzierungsplanes, Mitwirkung bei der Kreditbeschaffung, Wirtschaftlichkeitsberechnungen),[8])
- Leistungen, deren anrechenbare Kosten die Höchstwerte der HOAI-Honorartafel-Sätze überschreiten (Beispiel: Die Errichtung eines Ingenieurbauwerkes, dessen anrechenbare Kosten über 50 Mio. DM liegen),[9])
- Leistungsbilder, die nicht in die HOAI aufgenommen sind.[10])

Für derartige, außerhalb des Geltungsbereiches der HOAI liegende Ingenieurtätigkeiten, kann das Honorar grundsätzlich frei vereinbart werden; es sei denn, es existieren – wie etwa bei den öffentlich bestellten Vermessungsingenieuren – spezielle Kostenordnungen.

Von diesen Ausnahmen abgesehen, wird die Tätigkeit des Bauingenieurs i.d.R. dem Preisrecht der HOAI unterliegen. Die Anwendung der HOAI ist in diesen Fällen zwingend. Honorarangebote des Ingenieurs oder entsprechende Anforderungen des Auftraggebers, die unter den Mindestsätzen der HOAI liegen, können zur Anwendung des Gesetzes gegen den unlauteren Wettbewerb (UWG) führen. Dies gilt insbesondere dann, wenn sich der Ingenieur oder der Auftraggeber über die Mindestsatzregelung ziel- und planmäßig hinwegsetzt. An die Voraussetzung der Planmäßigkeit werden keine allzu hohen Anforderungen gestellt, wobei allerdings versehentliche oder auf bloßer Unachtsamkeit beruhende Verstöße nicht erfaßt werden.[11]) Die in der Praxis oftmals anzutreffenden Aufforderungen eines Auftraggebers zur Unterschreitung der Mindestsätze durch Pauschalangebote beinhalten rechtlich eine Anstiftung zu einem wettbewerbswidrigen Verhalten des Ingenieurs[12]) und unterliegen daher ebenfalls den Sanktionen des UWG.

### 6.1.2 Aufbau der HOAI

Die HOAI ist in 14 Kapitel gegliedert (Teil I – Teil XIV).

**Allgemeiner Teil der HOAI:**

**Teil I** enthält Allgemeine Vorschriften. Es handelt sich hierbei um Bestimmungen, die für sämtliche übrigen Teile der HOAI gelten. Der Verordnungsgeber hat die §§ 1–9 HOAI gleichsam »vor die Klammer gezogen«. Die §§ 1–9 HOAI bilden daher eine inhaltliche Grundlage für die Teile II–XIV, ohne daß es einer Rückverweisung im Einzelfall bedarf. Die Allgemeinen Vorschriften des Teils I beinhalten insbesondere zentrale Begriffsdefinitionen und grundlegende Honorarbestimmungen.

Begriffsdefinitionen:

• **§ 2 HOAI** definiert den Begriff der **Grundleistungen** und den Begriff der **Besonderen Leistungen.**

• **§ 3 HOAI** definiert die Begriffe: Objekte, Neubauten und Neuanlagen, Wiederaufbauten, Erweiterungsbauten, Umbauten, Modernisierungen, Raumbildende Ausbauten, Einrichtungsgegenstände, Integrierte Werbeanlagen, Instandsetzungen, Instandhaltungen, Freianlagen.

Honorarbestimmungen:

• **§ 4 HOAI:** Hierbei handelt es sich um eine zentrale Vorschrift. Sie enhält einerseits das Mindest- und Höchstsatzgebot. Zum anderen wird hier festgeschrieben, daß das Honorar bei Auftragserteilung schriftlich zu vereinbaren ist (§ 4 Abs. 1 HOAI); fehlt es an einer solchen schriftlichen Honorarvereinbarung, so gelten die jeweiligen Mindestsätze als vereinbart (§ 4 Abs. 4 HOAI).

• **§ 4 a HOAI:** Diese Vorschrift ist durch die 5. HOAI-Novelle mit Wirkung zum 01. 01. 1996 eingeführt worden. Sie enthält drei Regelungsinhalte. Aus Sicht des Bauingenieurs ist § 4 Satz 2 HOAI von besonderer Bedeutung. Diese Bestimmung sieht vor, daß der Auftraggeber verpflichtet ist, von ihm veranlaßte Mehrleistungen des Ingenieurs zusätzlich zu honorieren. Der Ingenieur hat also auch ohne vertragliche Honorarvereinbarung insoweit einen Honoraranspruch.

In den Leistungsphasen 5 bis 9 ergeben sich Mehrleistungen durch Änderungen bei der Ausführungsplanung gegenüber der Entwurfsplanung oder durch umfangreichere Leistungsverzeichnisse oder durch erhöhte Anforderungen an die Bauüberwachung.

Zu der Frage, wie dieser Honoraranspruch für Mehrleistungen der **Höhe** nach berechnet werden soll, enthält § 4 a HOAI keine Regelung. Im Zweifel dürfte das zusätzliche Honorar nach den Stundensätzen des § 6 Abs. 2 HOAI zu berechnen sein.[13]

§ 4 a Satz 3 HOAI beinhaltet ferner eine Sonderregelung für zusätzliches Honorar bei verlängerter Planungs- und Bauzeit. Nach dieser Neuregelung können die Vertragsparteien einen Anspruch des Auftragnehmers (Bauingenieurs) auf Ersatz der hierdurch verursachten Mehraufwendungen vertraglich vereinbaren.

---

**Praxishinweis**

*Bei verlängerten Planungs- und Bauzeiten besteht kein automatischer Anspruch des Bauingenieurs auf Ersatz seiner Mehraufwendungen.*
*Die Vertragsparteien können dies vielmehr ausdrücklich vereinbaren. Es wird dem Ingenieur als Auftragnehmer empfohlen, eine entsprechende Regelung bereits in den Ingenieurvertrag aufzunehmen.[14]*

---

• **§ 5 HOAI:** Diese Vorschrift sieht verschiedene Regelungen zur Honorarberechnung in besonderen Fällen vor. § 5 Abs. 1 und Abs. 2 HOAI regelt die Honorierung bei nur teilweiser Vergabe von Leistungsphasen. Nach diesen Vorschriften besteht ein Honoraranspruch lediglich für die tatsächlich in Auftrag gegebenen Leistungsphasen bzw. Teile einer Leistungsphase. Die Vom-Hundert-Sätze werden somit entsprechend reduziert.

Wird bei dem Leistungsbild Ingenieurbauwerk die Bauoberleitung (Leistungsphase 8) nicht in Auftrag gegeben, so reduzieren sich die Vom-Hundert-Sätze des § 55 HOAI um 15%.

§ 5 Abs. 4 HOAI beinhaltet eine für die Praxis wichtige Regelung zu den Besonderen Leistungen, die zu den Grundleistungen hinzutreten: Danach darf ein Honorar nur berechnet werden, wenn diese Besonderen Leistungen einen im Verhältnis zu den Grundleistungen wesentlichen Arbeits- und Zeitmehraufwand verursachen **und das Honorar schriftlich vereinbart wird.**

---

### Praxishinweis

*Dem Bauingenieur wird empfohlen, den Honoraranspruch für Besondere Leistungen der Höhe nach bereits im Ingenieurvertrag festzulegen (etwa durch Vereinbarung eines Zeithonorars).*[15])

---

• **§ 5a HOAI:** Diese Vorschrift stellt klar, daß bei den Honorartafeln die Honorare der Zwischenwerte (d.h. der Werte zwischen den dort aufgeführten Kostenstufen) ausschließlich durch **lineare** Interpolation zu ermitteln sind.

• **§ 6 HOAI:** Diese Vorschrift regelt die Abrechnung nach Zeitaufwand.[16]) Wichtig ist, daß § 6 HOAI nicht bereits anwendbar ist, wenn der Bauingenieur seine Leistungen nach dem Zeitaufwand in Rechnung stellt, sondern nur dann, wenn er eine Leistung erbringt, die nach der HOAI nach Zeitaufwand abgerechnet werden darf.[17])

• **§ 7 HOAI:** Diese Norm regelt die Erstattung von Auslagen (Nebenkosten) des Auftragnehmers (Architekten/Ingenieurs).[18])

• **§ 8 HOAI:** Diese Bestimmung enthält Fälligkeitsvoraussetzungen für die Honorare (Abschlagszahlungen, Schlußzahlungen) und Nebenkosten der Architekten und Ingenieure.[19])

• **§ 9 HOAI:** Diese Vorschrift betrifft zwei Regelungsinhalte:
– Zum einen wird in § 9 Abs. 1 HOAI klargestellt, daß der Architekt/Ingenieur zusätzlich zu seinem Honorar einen Anspruch auf Ersatz der Umsatzsteuer in der jeweils gesetzlichen Höhe hat.
– Zum anderen legt § 9 Abs. 2 HOAI fest, daß für die Ingenieurhonorarberechnung lediglich die **Netto**-Baukosten in Ansatz gebracht werden dürfen. D.h., die auf die Baukosten entfallende Umsatzsteuer ist nicht Bestandteil der anrechenbaren Kosten. Das gilt auch dann, wenn der Auftraggeber (z.B. eine Kommune) nicht vorsteuerabzugsberechtigt ist.[20])

### Besonderer Teil der HOAI (Teil II–XIII):

Im »Besonderen Teil« der HOAI werden nahezu erschöpfend die Architekten- und Ingenieurleistungen behandelt, die im Baubereich von Bedeutung sein können. Es handelt sich im einzelnen um folgende Leistungsbereiche:

| | |
|---|---|
| II: | Leistungen bei Gebäuden, Freianlagen und raumbildenden Ausbauten |
| III: | Zusätzliche Leistungen |
| IV: | Gutachten und Wertermittlungen |
| V: | Städtebauliche Leistungen |
| VI: | Landschaftsplanerische Leistungen |
| VII: | Leistungen bei Ingenieurbauwerken und Verkehrsanlagen |
| VIIa: | Verkehrsplanerische Leistungen |
| VIII: | Leistungen bei der Tragwerksplanung |
| IX: | Leistungen bei der Technischen Ausrüstung |
| X: | Leistungen für Thermische Bauphysik |
| XI: | Leistungen für Schallschutz und Raumakustik |
| XII: | Leistungen für Bodenmechanik, Erd- und Grundbau |
| XIII: | Vermessungstechnische Leistungen |

**Schluß- und Überleitungsvorschriften:**

§ 103 HOAI bestimmt in Abs. 1 zunächst, daß die HOAI am 01. 01. 1977 in Kraft trat. In den Absätzen 3 bis 6 finden sich Hinweise zum Inkrafttreten folgender HOAI-Novellen:

- 1. ÄndVO vom 17. 07. 1984 (BGBl. I, S. 948), in Kraft getreten am 01. 01. 1985
- 3. ÄndVO vom 17. 03. 1988 (BGBl. I, S. 359); in Kraft getreten am 01. 04. 1988,
- 4. HOAI-Novelle (BGBl. I 1990, S. 2707); in Kraft getreten am 01. 01. 1991,
- 5. HOAI-Novelle (BGBl. I 1995, S. 1174); in Kraft getreten am 01. 01. 1996.

Für die Praxis wesentlich ist der in § 103 Abs. 1 Satz 2 HOAI festgelegte Rechtsgedanke, daß jeweils die Fassung der HOAI gilt, die **im Zeitpunkt des Abschlusses des Ingenieurvertrages** wirksam war.

---

**Beispiel**

*Haben die Vertragsparteien einen Ingenieurvertrag am 15. 12. **1995** geschlossen, so ist für die Honorarberechnung die HOAI i. d. F. vom 01. 01. 1991 (4. HOAI-Novelle) ausschließlich maßgebend. Auch wenn der Ingenieur seine Leistungen nach dem 01. 01. 1996 erbringt, muß er bei der Honorarabrechnung die – niedrigeren – Honorartafelwerte der früheren Fassung der HOAI anwenden.*

---

Die Vertragsparteien haben jedoch die Möglichkeit, diese Regelung des § 103 Abs. 1 Satz 2 HOAI vertraglich abzuändern. Es kann etwa vereinbart werden, daß

*»für die Honorarberechnung die jeweilige Fassung der HOAI zum Zeitpunkt der Leistungserbringung des Auftragnehmers gilt«.*

---

**Praxishinweis**

*Aus Sicht des Ingenieurs ist zu empfehlen, daß er in den Vertrag eine Klausel aufnimmt, wonach für die Honorarberechnung diejenige Fassung der HOAI gelten soll, die zum Zeitpunkt der Leistungserbringung in Kraft getreten ist. Durch eine solche Vereinbarung wird sichergestellt, daß bei einer HOAI-Novelle die Leistungen nach den – meist höheren – Honorartafelsätzen der aktuellen HOAI-Novelle abgerechnet werden können.*

---

Aus Sicht des Auftraggebers sollte aus eben diesen Gründen eine solche Anpassungsklausel vermieden werden, so daß es bei der Grundregelung des § 103 HOAI verbleibt.

Fällt bei einer **stufenweisen Beauftragung** der Abruf der folgenden Stufen in den zeitlichen Geltungsbereich einer HOAI-Novelle, so kann der Ingenieur die weiteren Stufen auf der Grundlage der – höheren – Tafelsätze der aktuellen Fassung der HOAI abrechnen. Bei der stufenweisen Beauftragung wird nämlich hinsichtlich der weiteren Stufen mit dem auftraggeberseitigen Abruf ein eigenständiger Vertrag begründet.

---

**Beispiel**

*Die Vertragsparteien schließen am 15. 06. 1995 einen Ingenieurvertrag. Es wird eine stufenweise Beauftragung vereinbart. Zunächst werden die Leistungen der Leistungsphasen 1 bis 4 in Auftrag gegeben. Der Abruf der Leistungsphasen 5 bis 9 (2. Stufe), erfolgt am 01. 08. 1996. In diesem Fall wird das Honorar für die Leistungsphasen 1 bis 4 nach der am 01. 01. 1991 in Kraft getretenen Fassung der HOAI abgerechnet. Das Honorar für die Leistungsphasen 5 bis 9 bemißt sich nach den höheren Tafelsätzen der 5. HOAI-Novelle, die seit dem 01. 01. 1996 gilt.*

## 6.2 Honorararten

Die HOAI läßt je nach Einzelfall folgende Honorarberechnungsformen zu:

- Berechnungshonorar (als Regelfall),
- Pauschalhonorar,
- Zeithonorar,
- Erfolgshonorar,
- frei vereinbartes Honorar.

### 6.2.1 Das Berechnungshonorar

Die Grundform der Honorarberechnung bildet das Berechnungshonorar. Dieses ist stets anzuwenden, wenn die HOAI ausnahmsweise keine andere Form der Honorarberechnung vorsieht oder die Parteien keine wirksame Honorarvereinbarung (etwa ein Pauschalhonorar im Rahmen der Mindest- und Höchstsätze) getroffen haben. Bei dem Berechnungshonorar sind **folgende Stufen** zu durchlaufen:

*1. Stufe: Ermittlung des Leistungsbereichs*

Zunächst muß sich der Auftragnehmer/ Auftraggeber Klarheit darüber verschaffen, welche Ingenieurleistungen für das konkrete Bauobjekt zu erbringen sind. Er wird also die zu erbringenden Leistungen den Teilen 2 bis 13 in der HOAI zuordnen.

---

**Beispiel**

*Für die Errichtung eines Bahnsteigs sind die Leistungsbereiche des Teils VII (Ingenieurbauwerk), Teil VIII (Tragwerksplanung) und ggf. der Leistungsbereich des Teils XII (Baugrundbeurteilung) erforderlich.*

---

*2. Stufe: Ermittlung der anrechenbaren Kosten*

In einem weiteren Schritt sind die anrechenbaren Kosten, d.h. die Kosten des Objekts (ohne Mehrwertsteuer) zu bestimmen.

---

**Praxishinweis**

*Für die Leistungsbereiche Flächennutzungsplan (Teil V), Grünordnungsplan (Teil VI) werden anstelle der anrechenbaren Kosten Verrechnungseinheiten (VE) zugrunde gelegt. Für die Leistungsbereiche Bebauungsplan (Teil V), Landschaftsplan (Teil VI) sowie Landschaftsrahmenplan (Teil VI) wird anstelle der anrechenbaren Kosten die Gesamtfläche des Planbereichs in Hektar (ha) zugrunde gelegt.*

---

*3. Stufe: Ermittlung der Honorarzone*

Die dritte Komponente für die Honorarbestimmung ist die Honorarzone des Objekts. Die Honorarzone bemißt sich nach dem jeweiligen Schwierigkeitsgrad und kann anhand von Bewertungspunkten sowie Objektlisten, die die HOAI vorgibt, ermittelt werden.

*4. Stufe: Ermittlung des Honorarrahmens (Honorartafelsätze)*

Aus den jeweiligen in der HOAI festgelegten Honorartafeln kann das Honorar (für eine zunächst angenommene Vollbeauftragung = 100 v.H.) entnommen werden. Zusätzlich muß hierbei allerdings bekannt sein, welcher Honorarsatz (Mindestsatz bis Höchstsatz) die Vertragsparteien vereinbart haben, da die Honorartafeln jeweils Von-Sätze (= Mindestsätze) und Bis-Sätze (= Höchstsätze) ausweisen. Soweit in der Honorartafel Zwischenwerte errechnet werden müssen, erfolgt diese Berechnung durch lineare Interpolation.

*5. Stufe: Ermittlung des Leistungsumfangs*
*(Vom-Hundert-Sätze)*

Die Honorartafeln weisen in den jeweiligen Spalten Honorarwerte aus, die bei einer vollständigen Übertragung sämtlicher Leistungsphasen entstehen. Sind dem Ingenieur nicht sämtliche Leistungsphasen übertragen worden, muß in einem letzten Schritt ermittelt werden, wie hoch der prozentuale Anteil der übertragenen Leistungen an dem Leistungsbild ist.

Dieses Fünf-Stufen-System wird nachfolgend nochmals anhand eines Schaubildes verdeutlicht:

| **Beispiel** |
| --- |
| *Der Ingenieur wurde mit den Leistungsphasen 1 bis 4 des Leistungsbildes Ingenieurbauwerk beauftragt. Die anrechenbaren Kosten betragen 1 Mio. DM. Das Objekt ist in die Honorarzone III eingeordnet. Die Parteien haben den Mindestsatz vereinbart. Nach dem Honorartafelwert schuldet der Auftraggeber für die Erbringung aller Leistungsphasen (= 100 v.H.) ein Nettohonorar in Höhe von 72.380 DM. Da der Ingenieur jedoch nur mit den ersten vier Leistungsphasen beauftragt wurde, steht ihm nur ein entsprechend reduziertes Honorar zu: Gem. § 55 Abs. 1 HOAI erhält der Ingenieur lediglich 52 % der zuvor errechneten Tafelsätze, d.h. also 37.637,60 DM netto (= 52 % aus 72.380 DM).* |

## Grundschema Berechnungshonorar (Fünf-Stufen-System)

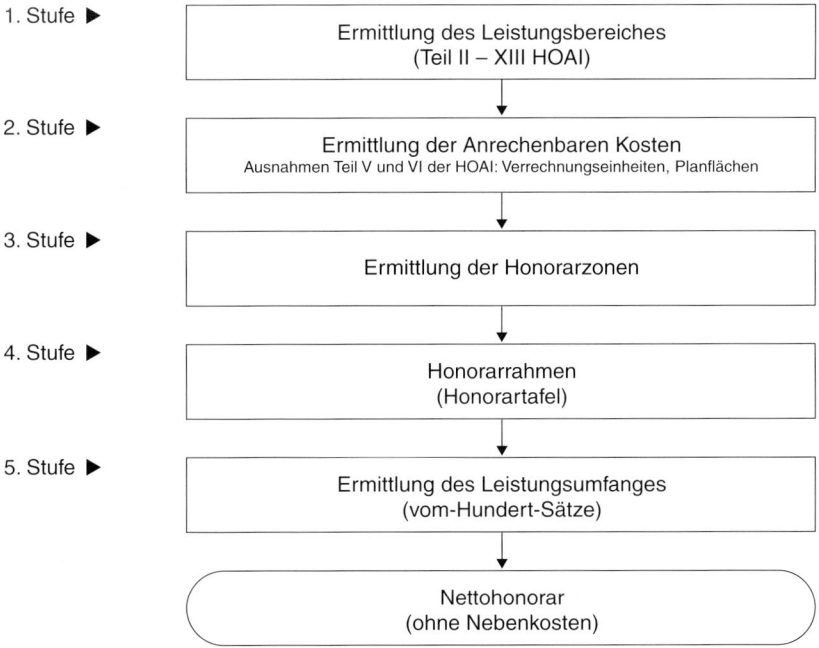

Bei der praktischen Anwendung dieses Grundschemas stellt sich für den Ingenieur oftmals die Schwierigkeit, die entsprechenden Vorschriften, die der jeweiligen Stufe zuzuordnen sind, in der HOAI zu finden. Eine **Orientierungshilfe** bietet die nachfolgende **Übersicht.** In dieser Übersicht ist das gesamte Regelungswerk der HOAI syste-

matisch aufbereitet. Es werden jeweils innerhalb der Leistungsbereiche die Paragraphen für die anrechenbaren Kosten (alternativ: Verrechnungseinheit, Fläche), die Honorarzonen, das Leistungsbild (dem sind die vom-Hundert-Sätze zu entnehmen) und die Honorartafel benannt.

| | HOAI – Schnellübersicht: Anrechenbare Kosten, Honorarzonen, Leistungsbild, Honorartafel | | |
|---|---|---|---|
| **Teil II:** | **Gebäude, Freianlagen, raumbildende Ausbauten (§§ 10–27)** | | |
| | Anrechenbare Kosten | § 10 Abs. 2–6 | |
| | Honorarzonen | §§ 11, 12 | (Gebäude) |
| | | §§ 13, 14 | (Freianlagen) |
| | | §§ 14 a, 14 b | (raumbildende Ausbauten) |
| | Leistungsbild | § 15 | |
| | Honorartafel | § 16 | (Gebäude, raumbildende Ausbauten) |
| | | § 17 | (Freianlagen) |
| | Besondere Honorarbestimmungen | §§ 18–27 | |
| **Teil V:** | **Städtebauliche Leistungen (§§ 35–42)** | | |
| | Anrechenbare Kosten (statt dessen: Verrechnungseinheit, Planfläche) | § 38 Abs. 2–5 | (Flächennutzungsplan) |
| | | § 41 Abs. 2 | (Bebauungsplan) |
| | Honorarzonen | § 36 a | (Flächennutzungsplan) |
| | | § 39 a | (Bebauungsplan) |
| | Leistungsbild | § 37 | (Flächennutzungsplan) |
| | | § 40 | (Bebauungsplan) |
| | Honorartafel | § 38 | (Flächennutzungsplan) |
| | | § 41 | (Bebauungsplan) |
| | Sonstige Städtebauliche Leistungen | § 42 | |
| **Teil VI:** | **Landschaftsplanerische Leistungen (§§ 43–50)** | | |
| | Anrechenbare Kosten (statt dessen: Verrechnungseinheiten, Planflächen) | § 45 b Abs. 2 | (Landschaftsplan) |
| | | § 46 a Abs. 3 | (Grünordnungsplan) |
| | | § 47 a Abs. 2 | (Landschaftsrahmenplan) |
| | | § 48 b Abs. 2 | (Umweltverträglichkeitsstudie) |
| | | § 49 a Abs. 3 | (Landschaftspflegerische Begleitpläne) |
| | | § 49 d Abs. 2 | (Pflege- und Entwicklungsplan) |

| | | |
|---|---|---|
| Honorarzonen | § 45 | (Landschaftsplan) |
| | § 48 | (Umweltverträglichkeitsstudie) |
| | § 49 | (Landschaftspflegerische Begleitpläne) |
| | § 49 b | (Pflege- und Entwicklungspläne) |
| Leistungsbild | § 45 a | (Landschaftsplan) |
| | § 46 | (Grünordnungsplan) |
| | § 47 | (Landschaftsrahmenplan) |
| | § 48 a | (Umweltverträglichkeitsstudie) |
| | § 49 a | (Landschaftspflegerischer Begleitplan) |
| | § 49 c | (Pflege- und Entwicklungsplan) |
| Honorartafel | § 45 b Abs. 1 | (Landschaftsplan) |
| | § 46 a Abs. 1 | (Grünordnungsplan) |
| | § 47 a Abs. 1 | (Landschaftsrahmenplan) |
| | § 48 b Abs. 1 | (Umweltverträglichkeitsstudie) |
| | § 49 d Abs. 1 | (Pflege- und Entwicklungsplan) |
| Sonstige landschafts-
planerische Leistungen | § 50 | |

**Teil VII: Leistungen bei Ingenieurbauwerken und Verkehrsanlagen (§§ 51–61)**

| | |
|---|---|
| Anrechenbare Kosten | § 52 Abs. 2–7 |
| Honorarzonen | §§ 53, 54 |
| Leistungsbild | § 55 |
| Honorartafel | § 56 |
| Besondere
Honorarbestimmungen | §§ 57–61 |

**Teil VIII: Tragwerksplanung (§§ 62–67)**

| | |
|---|---|
| Anrechenbare Kosten | § 62 Abs. 2–8 |
| Honorarzonen | § 63 |
| Leistungsbild | § 64 |
| Honorartafel | § 65 |
| Besondere
Honorarbestimmungen | §§ 66–67 |

**Teil IX: Technische Ausrüstung (§§ 68–76)**

| | |
|---|---|
| Anrechenbare Kosten | § 69 Abs. 1–6 |
| Honorarzonen | §§ 71,72 |
| Leistungsbild | § 73 |
| Honorartafel | § 74 |
| Besondere
Honorarbestimmungen | §§ 75,76 |

**Teil X: Thermische Bauphysik (§§ 77–79)**

| | |
|---|---|
| Anrechenbare Kosten | § 78 Abs. 2, § 10 |
| Honorarzonen | § 78 Abs. 2,
§§ 11, 12 |
| Honorartafel | § 78 Abs. 3 |
| Sonstige Leistungen | § 79 |

**Teil XI:   Schallschutz, Raumakustik (§§ 80–90)**

| | | |
|---|---|---|
| Anrechenbare Kosten | § 81 Abs. 3–5 | (Bauakustik) |
| | § 86 Abs. 3–4 | (Raumakustische Planung und Überwachung) |
| Honorarzonen | § 82 | (Bauakustik) |
| | §§ 87, 88 | (Raumakustische Planung und Überwachung) |
| Leistungsbild | § 81 Abs. 1 | (Bauakustik) |
| | § 86 Abs. 1 | (Raumakustische Planung und Überwachung) |
| Honorartafel | § 83 | (Bauakustik) |
| | § 89 | (Raumakustische Planung und Überwachung) |
| Sonstige Leistungen | § 84 | (Schallschutz) |
| | § 90 | (Bauakustik) |

**Teil XII:   Bodenmechanik, Erd- und Grundbau (§§ 91–95)**

| | | |
|---|---|---|
| Anrechenbare Kosten | § 92 Abs. 2 i.V.m. § 62 Abs. 3–8 | (Baugrundbeurteilung und Gründungsberatung) |
| Honorarzonen | § 93 | (Baugrundbeurteilung und Gründungsberatung) |
| Leistungsbild | § 92 Abs. 1 | (Baugrundbeurteilung und Gründungsberatung) |
| Honorartafel | § 94 | (Baugrundbeurteilung und Gründungsberatung) |
| Sonstige Leistungen | § 95 | |

**Teil XIII:   Vermessungstechnische Leistungen (§§ 96–100)**

| | | |
|---|---|---|
| Anrechenbare Kosten | § 97 Abs. 2–5 | (Entwurfsvermessung) |
| | § 98 Abs. 2–4 | (Bauvermessung) |
| Honorarzonen | § 97 a | (Entwurfsvermessung) |
| | § 98 a | (Bauvermessung) |
| Leistungsbild | § 97 b | (Entwurfsvermessung) |
| | § 98 b | (Bauvermessung) |
| Honorartafel | § 99 | (Entwurfs- und Bauvermessung) |
| Sonstige vermessungs- technische Leistungen | § 100 | |

Instruktive **Beispielsfälle** zur Honorarberechnung finden sich insbesondere im Anh. IV des Kommentars zur HOAI von Pott/Dahlhoff/Kniffka.[21])

## 6.2.2  Das Pauschalhonorar

Die HOAI sieht in verschiedenen Vorschriften ausdrücklich die Vereinbarung eines Pauschalhonorars vor; zu nennen sind insbesondere:

- § 7 Abs. 3 HOAI:
  Pauschalierung der Nebenkosten,
- § 16 Abs. 2 HOAI:
  Honorar für Grundleistungen bei Gebäuden und raumbildenden Ausbauten, deren
  anrechenbare Kosten unter 50.000 DM
  liegen,
- § 17 Abs. 2 HOAI:
  Honorar für Grundleistungen bei Freianlagen, deren anrechenbare Kosten unter
  40.000 DM liegen,
- § 26 HOAI:
  Honorar für Leistungen bei Einrichtungsgegenständen und integrierten Werbeanlagen,
- § 32 Abs. 3 HOAI:
  Honorar bei Leistungen für den Winterbau,
- § 38 Abs. 8 HOAI:
  Werden bei dem Leistungsbild »Flächennutzungsplan« einzelne Phasen in größeren Zeitabständen ausgeführt, so kann
  der erhöhte Aufwand als Pauschalhonorar
  abgegolten werden. Ähnliche Regelungen
  finden sich bei den landschaftsplanerischen Leistungen (§ 44 HOAI) sowie beim
  Landschaftsplan und Grünordnungsplan.

Über die vorstehenden Regelungen hinaus
läßt es die HOAI zu, für alle in der HOAI
geregelten Architekten-/Ingenieurleistungen
ein Pauschalhonorar zu vereinbaren. Hierbei ist allerdings Voraussetzung, daß diese
Pauschalvereinbarung zwischen den Min-
dest- und Höchstsätzen des Berechnungs-
honorars liegt. Die Pauschalvereinbarung
muß ferner schriftlich bei Auftragserteilung
getroffen werden, da anderenfalls gem. § 4
Abs. 4 HOAI die Mindestsätze als vereinbart
gelten. Die Vereinbarung eines Pauschalhonorars unterhalb der Mindestsätze ist unzulässig, soweit nicht ein Ausnahmefall
gem. § 4 Abs. 2 HOAI vorliegt.[21a]

## 6.2.3 Das Zeithonorar

Die zentrale Regelung zum Zeithonorar ist
§ 6 HOAI. Diese Regelung legt allerdings
nur fest, wie das Zeithonorar zu berechnen
ist. Sie gibt keinen Anhaltspunkt dafür, ob im
Einzelfall ein Zeithonorar zulässig ist. Ein
Zeithonorar kann nicht nach Belieben vereinbart werden, sondern nur wenn und
soweit die HOAI dies zuläßt.

Ein Zeithonorar ist in folgenden Fällen zulässig.[22]

- § 5 Abs. 4 Satz 3 HOAI:
  Besondere Leistungen, die zu den Grundleistungen hinzutreten,
- § 16 Abs. 2 HOAI:
  Bei Gebäuden/raumbildenden Ausbauten,
  deren anrechenbaren Kosten unter 50.000
  DM liegen,
- § 26 HOAI:
  Bei Einrichtungsgegenständen und integrierten Werbeanlagen, sofern kein Pauschalhonorar vereinbart wurde,
- § 29 Abs. 2 HOAI:
  Bei rationalisierungswirksamen Besonderen Leistungen, sofern kein Erfolgshonorar vereinbart wird,
- § 32 Abs. 3 HOAI:
  Bei Leistungen im Winterbau, sofern keine
  andere Honorarvereinbarung geschlossen
  wurde,
- § 33 HOAI:
  Bei Gutachten, sofern nicht bei Auftragserteilung ein anderes Honorar schriftlich
  vereinbart wurde,
- § 38 Abs. 7 HOAI:
  Bei Flächennutzungsplänen von mehr
  als 3 Mio. Verrechnungseinheiten, sofern
  keine andere wirksame Honorarvereinbarung geschlossen wurde,
- §§ 41 Abs. 5, 38 Abs. 7 HOAI:
  Bei Bebauungsplänen, sofern die Plan-
  fläche mehr als 100 ha beträgt und keine

andere wirksame Honorarvereinbarung getroffen wurde,

- § 42 Abs. 2 HOAI:
Bei sonstigen städtebaulichen Leistungen, soweit keine andere Honorarvereinbarung wirksam getroffen wurde,

- §§ 52 Abs. 8, 32 Abs. 3 HOAI:
Bei Leistungen im Winterbau im Zusammenhang mit Ingenieurbauwerken/Verkehrsanlagen,

- § 52 Abs. 9 HOAI:
Für Leistungen bei Deponien für unbelasteten Erdaushub, bei hydraulischer Sanierung von Altablagerungen und kontaminierten Standorten, bei selbständigen Geh- und Radwegen, bei Gleis- und Bahnsteiganlagen mit mehr als zwei Gleisen, sofern kein anderes Honorar bei Auftragserteilung schriftlich vereinbart wurde,

- § 61 Abs. 4 HOAI:
Isolierte Leistungen für bau- und landschaftsgestalterische Beratung,

- §§ 62 Abs. 3, 32 Abs. 3 HOAI:
Für Leistungen im Winterbau im Zusammenhang mit der Tragwerksplanung,

- §§ 65 Abs. 2 HOAI:
Für Leistungen der Tragwerksplanung, deren anrechenbare Kosten weniger als 20.000 DM betragen,

- § 67 Abs. 4 HOAI:
Für Leistungen der Tragwerksplanung hinsichtlich verschiebbarer Gerüste bei Ingenieurbauwerken,

- §§ 69 Abs. 7, 32 Abs. 3 HOAI:
Für Leistungen beim Winterbau im Zusammenhang mit der technischen Ausrüstung,

- § 74 Abs. 2 HOAI:
Bei Leistungen für technische Ausrüstungen, deren anrechenbare Kosten weniger als 10.000 DM für Grundleistungen betragen,

- § 83 Abs. 2 HOAI:
Bei Leistungen für Bauakustik mit anrechenbaren Kosten von weniger als 500.000 DM,

- § 86 Abs. 6 HOAI:
Für Leistungen bei raumakustischer Planung und Überwachung von Freiräumen,

- § 89 Abs. 2 HOAI:
Für Leistungen bei raumakustischer Planung und Überwachung, deren anrechenbare Kosten weniger als 100.000 DM betragen,

- § 90 HOAI:
Bei sonstigen Leistungen für die Raumakustik, soweit diese von dem Leistungsbild des § 86 HOAI nicht erfaßt sind,

- § 92 Abs. 5 HOAI:
Für Baugrundbeurteilungen und Gründungsberatung bei Ingenieurbauwerken mit großer Längenausdehnung, soweit keine anderen Honorarvereinbarungen bei Auftragserteilung schriftlich vereinbart wurden,

- § 94 Abs. 2 HOAI:
Für Leistungen der Baugrundbeurteilung und Gründungsberatung, deren anrechenbare Kosten weniger als 100.000 DM betragen,

- § 95 HOAI:
Bei sonstigen Leistungen für Bodenmechanik, Erd- und Grundbau, soweit diese Leistungen nicht von dem Leistungsbild des § 92 HOAI erfaßt wurden,

- § 99 Abs. 2 HOAI:
Für vermessungstechnische Grundleistungen, deren anrechenbare Kosten unter 100.000 DM liegen,

- § 100 HOAI:
Für sonstige vermessungstechnische Leistungen, die nicht in den Leistungsbildern der §§ 97b, 98b HOAI erwähnt sind.

In den vorstehenden Fällen kann jeweils zulässigerweise ein Zeithonorar vereinbart werden. § 6 HOAI legt sodann fest, wie das Zeithonorar zu bestimmen ist. Gem. § 6 Abs. 1 Satz 1 HOAI soll grundsätzlich eine Vorausschätzung des Zeitbedarfs erfolgen und sodann ein Fest- oder Höchstbetrag berechnet werden. Da allerdings in der Praxis eine solche Vorausschätzung i.d.R. nicht möglich ist, ist der Regelfall die Abrechnung nach **nachgewiesenem Zeitbedarf.**

§ 6 Abs. 2 HOAI legt sodann die Mindest- und Höchstsätze für das Zeithonorar fest. Es handelt sich hierbei um Mindest- und Höchstsätze i.S.d. § 4 HOAI, die also nicht unter- bzw. überschritten werden dürfen. Gem. § 6 Abs. 2 können folgende Stundensätze berechnet werden (jeweils Mindest- und Höchstsatz):

* für den Auftragnehmer (Ingenieur) 75,00 DM bis 160,00 DM
* für Mitarbeiter, die technische/wirtschaftliche Aufgaben erfüllen, 70,00 DM bis 115,00 DM
* für technische Zeichner und sonstige Mitarbeiter mit vergleichbarer Qualifikation, die technische oder wirtschaftliche Aufgaben erfüllen, 60,00 DM bis 85,00 DM.

Wird zwischen den Vertragsparteien vereinbart, daß ein Zeithonorar geschuldet wird, ohne daß der Stundensatz festgelegt wird, so gilt der jeweilige Mindestsatz für die vorgenannten drei Personengruppen als vereinbart, § 4 Abs. 4 HOAI.

---

### Praxishinweis

*Dem Auftragnehmer (Ingenieur) ist stets zu empfehlen, im Ingenieurvertrag, d.h. bei Auftragserteilung, schriftlich einen Stundensatz zu vereinbaren.*
*Anderenfalls erhält er lediglich die Mindeststundensätze.*

---

### 6.2.4 Das Erfolgshonorar

Die Vereinbarung eines Erfolgshonorars spielt in der HOAI – bisher – nur eine geringe Rolle. Die HOAI sieht ein Erfolgshonorar ausdrücklich in § 29 Abs. 1 HOAI für rationalisierungswirksame Besondere Leistungen vor. Der Anwendungsbereich dieser Vorschrift ist sehr eng. Es sollte sich hierbei um »zum ersten Mal erbrachte Leistungen« handeln, die aufgrund ihrer »herausragenden technisch-wirtschaftlichen Lösungen« zu einer Senkung der Bau- und Nutzungskosten führen.

Darüber hinaus ist seit dem 01. 01. 1996 durch den neu eingefügten § 5 Abs. 4a HOAI ein spezielles Erfolgshonorar in das Regelungswerk der HOAI aufgenommen worden. Nach dieser Vorschrift kann ein Erfolgshonorar zwischen den Vertragsparteien für Besondere Leistungen schriftlich vereinbart werden, die unter Ausschöpfung der technisch-wirtschaftlichen Lösungsmöglichkeiten zu einer wesentlichen Kostensenkung ohne Verminderung des Standards führen. Das Erfolgshonorar kann bis zu 20% der durch die Leistungen eingesparten Kosten betragen. Zu der Frage, wann eine »wesentliche Kostensenkung« vorliegt, gibt die Vorschrift keine Vorgaben. Die Beantwortung dieser Frage hängt sicherlich von der Größe des Objekts und der Marktlage ab. Eine Kostensenkung bis zu 10% dürfte im Normalfall das Wesentlichkeits-Kriterium noch nicht erfüllen.[23]

Weitere Voraussetzung für den Anspruch auf ein Erfolgshonorar gem. § 5 Abs. 4a HOAI ist eine schriftliche Honorarvereinbarung, welche vor Erbringung der Besonderen Leistung zwischen den Vertragsparteien getroffen sein muß.

---

**Praxishinweis**

*Es wird empfohlen, bereits im Ingenieur-
vertrag eine entsprechende Vereinbarung zu
treffen. Eine solche Vereinbarung könnte
lauten:* »*Die Parteien vereinbaren, daß dem
Auftragnehmer für Besondere Leistungen, die
unter Ausschöpfung der technisch-wirtschaftlichen Lösungsmöglichkeiten zu einer wesentlichen Kostensenkung (mindestens 10%)
ohne Verminderung des Standards führen,
ein Erfolgshonorar in Höhe von 20% der
eingesparten Kosten zusteht. Besondere
Leistungen, die ein Erfolgshonorar begründen,
sind* **insbesondere** *…*«

### 6.2.5 Das frei vereinbarte Honorar

Die freie Honorarvereinbarung ist nach der
HOAI der Ausnahmefall. Dennoch sieht die
Verordnung verschiedene Fälle vor, in denen eine freie Honorarvereinbarung ohne
preisrechtliche Beschränkungen möglich ist:

*   § 16 Abs. 3 HOAI:
    Das Honorar für Grundleistungen bei Ge-
    bäuden und raumbildenden Ausbauten,
    deren anrechenbare Kosten über 50 Mio.
    DM liegen,
*   § 17 Abs. 2 HOAI:
    Das Honorar für Grundleistungen bei Frei-
    anlagen, deren anrechenbare Kosten über
    3 Mio. DM liegen,
*   § 31 Abs. 2 HOAI:
    Leistungen der Projektsteuerung,
*   § 33 HOAI:
    Gutachten über Leistungen, die in der
    HOAI erfaßt sind,
*   § 42 HOAI:
    Sonstige städtebaulichen Leistungen (ins-
    besondere sog. »informelle Planungen«,
    wie etwa Entwicklungs-, Struktur-, Rah-
    men- oder Gestaltpläne),

*   § 45 b Abs. 4 HOAI:
    Das Honorar für Landschaftspläne, deren
    Plangebiet über 15.000 ha liegt (entspre-
    chende Vorschriften gelten für Land-
    schaftsrahmenpläne: § 47a Abs. 2 HOAI;
    Umweltverträglichkeitsstudien:      § 48 b
    Abs. 3 HOAI; Pflege- und Entwicklungs-
    pläne: § 49 d Abs. 3 HOAI),
*   § 50 Abs. 2 HOAI:
    Sonstige landschaftsplanerische Leistun-
    gen (etwa besondere Plandarstellung und
    Modelle, Ausarbeitung von Satzungen,
    Teilnahme an Verhandlungen mit Behör-
    den),
*   § 52 Abs. 9 HOAI:
    Leistungen bei Deponien für unbelasteten
    Erdaushub, beim Ausräumen oder bei
    hydraulischer Sanierung von Altablage-
    rungen und bei kontaminierten Stand-
    orten, bei selbständigen Geh- und Rad-
    wegen, bei Gleis- und Bahnsteiganlagen
    mit mehr als zwei Gleisen,
*   § 57 Abs. 3 HOAI:
    Örtliche Bauüberwachung bei Objekten
    nach § 52 Abs. 9 HOAI (siehe vorste-
    hend),
*   § 61 Abs. 4 HOAI:
    Isolierte bau- und landschaftsgestalteri-
    sche Beratung im Zusammenhang mit In-
    genieurbauwerken und Verkehrsanlagen,
*   § 61a Abs. 3 HOAI:
    Honorar für verkehrsplanerische Leistun-
    gen
*   § 67 Abs. 4 HOAI:
    Honorar für Leistungen bei der Tragwerks-
    planung für verschiebbare Gerüste,
*   § 79 HOAI:
    Sonstige Leistungen bei der Thermischen
    Bauphysik,
*   § 84 HOAI:
    Sonstige Leistungen beim Schallschutz,
*   § 86 Abs. 6 HOAI:
    Raumakustische Planung und Überwa-
    chung bei Freiräumen,

- § 90 HOAI:
  Sonstige Leistungen bei der Raumakustik,
- § 92 Abs. 5 HOAI:
  Honorar für Ingenieurbauwerke mit großer Längenausdehnung, sog. »Linienbauwerke« (Beispiel: Ufer- und Kaimauern),
- § 95 HOAI:
  Sonstige Leistungen für Bodenmechanik, Erd- und Grundbau,
- § 97 Abs. 5 HOAI:
  Vermessungstechnische Leistungen bei ober- und unterirdischen Leitungen, innerörtlichen Verkehrsanlagen, Geh- und Radwegen sowie Gleis- und Bahnsteiganlagen,
- § 98 Abs. 4 HOAI:
  Vermessungstechnische Leistungen bei ober- und unterirdischen Leitungen, Tunnel-, Stollen- und Kavernenbauwerken u. a.,
- § 100 HOAI:
  Sonstige vermessungstechnische Leistungen (z.B. Auswerten und Interpretieren von Luftbildern).

Die Aufzählung der Möglichkeiten einer freien Honorarvereinbarung in der HOAI ist abschließend. Soweit also die HOAI eine freie Honorarvereinbarung nicht ausdrücklich erwähnt, ist diese unzulässig. Dies gilt natürlich nur für Architekten- und Ingenieurleistungen, die vom sachlichen Anwendungsbereich der HOAI erfaßt werden. Bei Leistungen außerhalb der HOAI gelten die allgemeinen Regelungen des Dienst- und Werkvertragsrechts.

## 6.3 Die schriftliche Honorarvereinbarung bei Auftragserteilung

Gem. § 4 Abs. 1 HOAI richtet sich das Honorar nach der **schriftlichen Vereinbarung,** die die Vertragsparteien **bei Auftragserteilung** treffen. Fehlt es an einem der beiden vorgenannten Merkmale, d. h., ist das Honorar nicht »schriftlich« oder nicht »bei Auftragserteilung« vereinbart worden, so gelten gem. § 4 Abs. 4 HOAI automatisch die **jeweiligen Mindestsätze** als vereinbart. Der Ingenieur, der ein über den Mindestsatz hinausgehendes Honorar vereinbaren will, ist daher gehalten, das Schriftformerfordernis und das Zeiterfordernis (»bei Auftragserteilung«) einzuhalten.

**Was setzt die Schriftlichkeit voraus?**

Grundsätzlich müssen beide Vertragsparteien die Vertragsurkunde eigenhändig (oder durch ihre Vertreter) unterschreiben. Leserlichkeit der Unterschrift ist zwar nicht erforderlich, doch ist eine Paraphe nicht ausreichend. Ferner müssen beide Unterschriften auf der gleichen Urkunde erscheinen. Lediglich dann, wenn beide Vertragsparteien einen gleichlautenden Vertragstext erhalten, genügt es, wenn jede Partei die für die jeweils andere Partei bestimmte Urkunde unterzeichnet. Das Schriftformerfordernis ist **nicht** eingehalten

- bei Auftragserteilung durch ein kaufmännisches Bestätigungsschreiben,
- bei Erklärung einer schriftlichen Auftragsbestätigung,
- bei Faksimile-Unterschriften,
- bei Telegrammen oder Fernschreiben.

Die Frage, ob eine Unterschrift per Telefax zur Wahrung der Schriftform ausreicht, ist noch nicht abschließend geklärt. Zur Sicherheit ist daher zu empfehlen, die Originalverträge wechselseitig zu unterzeichnen.

Das Schriftformerfordernis des § 4 Abs. 1 HOAI bezieht sich allein auf die Honorarvereinbarung. Der Ingenieurvertrag kommt auch bei mündlicher Absprache wirksam zustande. Der Ingenieur hat allerdings dann den Nachteil, daß er lediglich zu den Mindestsätzen tätig wird.

**Was bedeutet das Merkmal »bei Auftragserteilung«?**

Das Honorar muß ferner bei Auftragserteilung vereinbart werden. Die Honorarvereinbarung ist unwirksam, wenn sie nicht zugleich mit der Auftragserteilung unterschrieben wird. Auch eine spätere Änderung der Honorarvereinbarung ist bis zur Beendigung der Ingenieurtätigkeit nicht zulässig.

In der Praxis wird eine zeitgerechte Honorarvereinbarung oftmals versäumt. So nimmt der Ingenieur nicht selten Aufträge entgegen, erbringt Planungsleistungen und übersendet dem Auftraggeber erst später einen schriftlichen Ingenieurvertrag mit Bitte um Gegenzeichnung. Ist in einem solchen Ingenieurvertrag ein Honorar vorgesehen, das über den Mindestsätzen liegt, so ist diese Vereinbarung unwirksam. Der Ingenieur erhält nur die Mindestsätze.

---

**Praxishinweis**

*Will der Ingenieur ein über dem Mindestsatz liegendes Honorar vereinbaren, so* **muß** *er dieses Honorar* **bei Auftragserteilung schriftlich** *mit seinem Auftraggeber vereinbaren. Nachträgliche Honorarvereinbarungen oder Änderungen der Honorarabsprache sind unwirksam.*

---

## 6.4 Die Mindestsatzunterschreitung, die Höchstsatzüberschreitung

### 6.4.1 Die Mindestsatzunterschreitung

Die HOAI stellt in § 4 Abs. 2 HOAI darauf ab, daß die Mindestsätze nur **in Ausnahmefällen** unterschritten werden dürfen. Sinn und Zweck der HOAI ist es u. a., einem ruinösen Preiswettbewerb entgegenzuwirken. Allerdings findet dieses Prinzip der nur ausnahmsweisen Mindestsatzunterschreitung in der Praxis immer weniger Beachtung. Sowohl Auftraggeber als auch Ingenieure neigen dazu, beispielsweise durch Pauschalvereinbarungen die Mindestsätze der HOAI zu unterschreiten. Diese Entwicklung ist äußerst bedenklich, da hierdurch das Preisrecht der HOAI faktisch zu Lasten der Ingenieure ausgehöhlt wird.

Bei einer Mindestsatzunterschreitung, die gegen § 4 Abs. 2 HOAI verstößt, hat der Ingenieur grundsätzlich einen Anspruch auf ein Mindesthonorar. Allerdings hat der Bundesgerichtshof in einer Entscheidung vom 22. 05. 1997[24]) diesen Anspruch des Ingenieurs auf Erhalt des Mindestsatzhonorars relativiert. Der Bundesgerichtshof führt hierzu aus:

*»Vereinbaren die Parteien eines Architektenvertrages (gleiches gilt für den Ingenieurvertrag, Anmerkung der Verfasser) ein Honorar, das die Mindestsätze in unzulässiger Weise unterschreitet, so verhält sich der Architekt (der Ingenieur, Anmerkung der Verfasser), der später nach den Mindestsätzen abrechnen will, widersprüchlich. Dieses widersprüchliche Verhalten steht nach Treu und Glauben einem Geltendmachen der Mindestsätze entgegen, sofern der Auftraggeber auf die Wirksamkeit der Vereinbarung vertraut hat und vertrauen*

*durfte und er sich darauf in einer Weise einge-
richtet hat, daß ihm die Zahlung des Differenzbetrages zwischen dem vereinbarten Honorar
und den Mindestsätzen nach Treu und Glauben
nicht zugemutet werden kann.«*

Nach dieser neuen Rechtsprechung steht
dem Ingenieur bei unzulässiger Mindestsatzunterschreitung zwar grundsätzlich das
Mindestsatzhonorar zu. Er ist jedoch an das
geringere Pauschalhonorar dann gebunden,
wenn der Auftraggeber auf die Wirksamkeit
der Pauschalvereinbarung in schutzwürdi-
ger Weise vertraut und sich hierauf einge-
richtet hat. Für die Praxis bedeutet dieses
Urteil, daß eine nach der HOAI an sich unzulässige Mindestsatzunterschreitung unter
Umständen von den Gerichten toleriert wird.

Trotz dieser hier dargestellten Einschränkungen muß jedoch daran festgehalten werden, daß die Unterschreitung eines Mindest-
satzes nach dem klaren Wertungsmodell der
HOAI nur in Ausnahmefällen zulässig ist.
Derartige Ausnahmefälle, die eine Unterschreitung der Mindestsätze rechtfertigen,
können beispielsweise sein:

- enge Beziehungen rechtlicher, wirtschaftlicher, sozialer oder persönlicher Art[24a]
- außergewöhnlich minimaler Aufwand des
  Ingenieurs.

Kein »Ausnahmefall« und somit eine unzulässige Mindestsatzunterschreitung liegt
etwa vor

- bei einer unter dem Mindestsatz liegenden
  Pauschalvereinbarung,[25]
- bei einem auf den Mindestsatz gewährten
  Nachlaß,
- bei Kürzung der Honorarsätze einzelner
  Leistungsphasen, obgleich der Ingenieur
  die Leistungen vollständig erbracht hat,
- bei Kürzung der anrechenbaren Kosten
  unter Verstoß gegen die jeweilig einschlägigen HOAI-Vorschriften zur Berechnung
  der anrechenbaren Kosten,

- bei Festlegung einer zu niedrigen Honorarzone.

### 6.4.2 Die Höchstsatzüberschreitung

Die Überschreitung der in der HOAI festgesetzten Höchstsätze ist gem. § 4 Abs. 3
nur zulässig bei **außergewöhnlichen oder
ungewöhnlich lange dauernden Leistungen.** Auch hier bedarf es einer vorherigen
schriftlichen Vereinbarung.

Außergewöhnlich ist eine Leistung nach der
amtlichen Begründung,[26] wenn sie in künst-
lerischer, technischer oder wirtschaftlicher
Hinsicht eine überdurchschnittliche Aufgabe
beinhaltet. Der Schwierigkeitsgrad muß die
für die Honorarzone V verlangten »sehr
hohen« Anforderungen deutlich übersteti-
gen.[27] Das Merkmal der »außergewöhnlichen Leistung«, die eine Höchstsatzüberschreitung rechtfertigen kann, spielt daher in
der Praxis nahezu keine Rolle. Auch das
weitere Merkmal der »ungewöhnlich langen
Leistungsdauer« vermag regelmäßig keine
Überschreitung der Höchstsätze zu begründen. Zunächst muß die Vereinbarung über
die Höchstsatzüberschreitung schriftlich bei
Auftragserteilung getroffen werden. Dadurch
fallen bei Vertragsschluß unvorhersehbare
lange Bauzeiten nicht unter den Anwendungsbereich des § 4 Abs. 3 HOAI. Zudem soll sich die Überschreitung des HOAI-
Höchstsatzes auf Ausnahmefälle beschränken, so daß die Regelung des § 4 Abs. 3
HOAI grundsätzlich eng auszulegen ist.
Nach der amtlichen Begründung ist eine
Höchstsatzüberschreitung nur bei einer
»objektiv erforderlichen übermäßig langen
Dauer« zulässig.[28] Der BGH[29] hat in einer
Entscheidung angenommen, daß eine ungewöhnliche Überschreitung der Normal-
oder Regelbauzeit erst bei einer Zeitüber-
schreitung von 60 % bis 85 % vorliegt.

## 6.5 Die anrechenbaren Kosten

### 6.5.1 Allgemeine Hinweise

Eine der grundlegenden Bezugsgrößen für die Berechnung des Ingenieurhonorars sind die anrechenbaren Kosten. Dementsprechend sehen die einzelnen Leistungsbereiche der HOAI spezielle Vorschriften zur Berechnung vor:[30])

| | |
|---|---|
| Gebäude, Freianlagen, raumbildende Ausbauten | § 10 Abs. 2–6 HOAI |
| Ingenieurbauwerke, Verkehrsanlagen | § 52 Abs. 2–7 HOAI |
| Tragwerksplanung | § 62 Abs. 2–8 HOAI |
| Technische Ausrüstung | § 69 Abs. 1–6 HOAI |
| Thermische Bauphysik | §§ 78 Abs. 2, 10 HOAI |
| Schallschutz, Raumakustik | § 81 Abs. 3–5 HOAI, § 86 Abs. 3–4 HOAI |
| Baugrundbeurteilung, Gründungsberatung | § 92 Abs. 2 HOAI |
| Vermessungstechnische Leistungen | § 97 Abs. 2–5 HOAI § 98 Abs. 2–4 HOAI |

Die anrechenbaren Kosten werden auf der Basis der (Netto-)Herstellungskosten ermittelt. Diese Herstellungskosten werden bei bestimmten Leistungsbereichen jedoch nur teilweise in Ansatz gebracht. Generell nicht anrechenbar sind z. B. die Grundstückserwerbskosten, die Erschließungskosten, die Baunebenkosten sowie die auf die Objektkosten entfallende Umsatzsteuer. Hingegen führen Schadensersatzleistungen der bauausführenden Unternehmer sowie Vertragsstrafezahlungen nicht zu einer Reduzierung der anrechenbaren Kosten.

### 6.5.2 Die Ermittlung der anrechenbaren Kosten in den Leistungsbereichen »Objektplanung Gebäude, Ingenieurbauwerke, Technische Ausrüstung, Tragwerksplanung«

*Anrechenbare Kosten bei der Objektplanung Gebäude*

Für die Ermittlung der anrechenbaren Kosten bei **Gebäuden** sind die Herstellungskosten des Objektes zugrunde zu legen. Die zentralen Regelungen finden sich in § 10 Abs. 2–5 HOAI:

---

**§ 10 Abs. 2–5 HOAI**

(1)     …

(2)     Anrechenbare Kosten sind unter Zugrundelegung der Kostenermittlungsarten nach DIN 276 i. d. F. vom April 1981 (DIN 276) zu ermitteln

    1. für die Leistungsphasen 1 bis 4 nach der Kostenberechnung, solange diese nicht vorliegt, nach der Kostenschätzung;

    2. für die Leistungsphasen 5 bis 7 nach dem Kostenanschlag, solange dieser nicht vorliegt, nach der Kostenberechnung;

    3. für die Leistungsphasen 8 und 9 nach der Kostenfeststellung, solange diese nicht vorliegt, nach dem Kostenanschlag.

(3)  Als anrechenbare Kosten nach Abs. 2 gelten die ortsüblichen Preise, wenn der Auftraggeber

 1. selbst Lieferungen oder Leistungen übernimmt,
 2. von bauausführenden Unternehmen oder von Lieferern sonst nicht übliche Vergünstigungen erhält,
 3. Lieferungen oder Leistungen in Gegenrechnung ausführt oder
 4. vorhandene oder vorbeschaffte Baustoffe oder Bauteile einbauen läßt.

(3 a) Vorhandene Bausubstanz, die technisch oder gestalterisch mitverarbeitet wird, ist bei den anrechenbaren Kosten angemessen zu berücksichtigen; der Umfang der Anrechnung bedarf der schriftlichen Vereinbarung.

(4)  Anrechenbar sind für Grundleistungen bei Gebäuden und raumbildenden Ausbauten die Kosten für Installationen, zentrale Betriebstechnik und betriebliche Einbauten (DIN 276, Kostengruppen 3.2 bis 3.4 und 3. 5. 2 bis 3. 5. 4), die der Auftragnehmer fachlich nicht plant und deren Ausführung er fachlich auch nicht überwacht,

 1. vollständig bis zu 25 v. H. der sonstigen anrechenbaren Kosten,
 2. zur Hälfte mit dem 25 v. H. der sonstigen anrechenbaren Kosten übersteigenden Betrag. Plant der Auftragnehmer die in Satz 1 genannten Gegenstände fachlich und/oder überwacht er fachlich deren Ausführung, so kann für diese Leistungen ein Honorar neben dem Honorar nach Satz 1 vereinbart werden.

(5)  Nicht anrechenbar sind für Grundleistungen bei Gebäuden und raumbildenden Ausbauten die Kosten für:

 1. das Baugrundstück einschließlich der Kosten des Erwerbs und des Freimachens (DIN 276, Kostengruppen 1.1 bis 1.3).
 2. das Herrichten des Grundstücks (DIN 276, Kostengruppe 1.4), soweit der Auftragnehmer es weder plant noch seine Ausführung überwacht.
 3. die öffentliche Erschließung und andere einmalige Abgaben (DIN 276, Kostengruppen 2.1 und 2.3),
 4. die nichtöffentliche Erschließung (DIN 276, Kostengruppe 2.2) sowie die Abwasser- und Versorgungsanlagen und die Verkehrsanlagen (DIN 276, Kostengruppen 5.3 und 5.7), soweit der Auftragnehmer sie weder plant noch ihre Ausführung überwacht,
 5. die Außenanlagen (DIN 276, Kostengruppe 5), soweit nicht unter Nr. 4 erfaßt,
 6. Anlagen und Einrichtungen aller Art, die in DIN 276, Kostengruppen 4 oder 5.4 aufgeführt sind, sowie die nicht in DIN 276 aufgeführten, soweit der Auftragnehmer sie weder plant noch bei ihrer Beschaffung mitwirkt, noch ihre Ausführung oder ihren Einbau überwacht,
 7. Geräte und Wirtschaftsgegenstände, die nicht in DIN 276, Kostengruppen 4 und 5.4 aufgeführt sind, oder die der Auftraggeber ohne Mitwirkung des Auftragnehmers beschafft,
 8. Kunstwerke, soweit sie nicht wesentliche Bestandteile des Objekts sind,
 9. künstlerisch gestaltete Bauteile, soweit der Auftragnehmer sie weder plant noch ihre Ausführung überwacht,
 10. die Kosten der Winterbauschutzvorkehrungen und sonstige zusätzliche Maßnahmen nach DIN 276, Kostengruppe 6; § 32 Abs. 4 bleibt unberührt,
 11. Entschädigungen und Schadensersatzleistungen,
 12. die Baunebenkosten (DIN 276, Kostengruppe 7),
 13. fernmeldetechnische Einrichtungen und andere zentrale Einrichtungen der Fernmeldetechnik für Ortsvermittlungsstellen sowie Anlagen der Maschinentechnik, die nicht überwiegend der Ver- und Entsorgung des Gebäudes zu dienen bestimmt sind, soweit der Auftragnehmer diese fachlich nicht plant oder ihre Ausführung fachlich nicht überwacht; Abs. 4 bleibt unberührt.

Die in § 10 Abs. 2 HOAI genannten Kostenermittlungsarten werden an anderer Stelle ausführlich behandelt.[31])

Gem. **§ 10 Abs. 3 HOAI** führen folgende Umstände **nicht** zu einer Reduzierung der anrechenbaren Kosten:

- Lieferungen oder Leistungen, die der Auftraggeber selbst übernimmt.

---

**Beispiel**

*Der Auftraggeber, Inhaber einer Fliesenlegerfirma, liefert Fliesen auf eigene Rechnung und läßt die Fliesenlegerarbeiten durch eigenes Personal durchführen. Hier sind die Eigenliefer- und Werkleistungen für die Fliesenlegerarbeiten bei den anrechenbaren Kosten dennoch in Ansatz zu bringen. Der Auftraggeber muß dem Architekten/Ingenieur die Höhe der Eigenleistungskosten zur Ermittlung der anrechenbaren Kosten mitteilen.*

---

- Der Auftraggeber erhält von dem Bauunternehmen oder den Lieferanten sonst nicht übliche Vergünstigungen.

---

**Beispiel**

*Ein Großinvestor hat mit seinen Lieferanten Sonderkonditionen vereinbart (etwa Rabatte, Gutschriften, Rückvergütungen), die weit über dem liegen, was sonst marktüblich ist (z. B. ein überhöhter Großhandelsrabatt). Hier bleiben die Sonderkonditionen bei der Berechnung der anrechenbaren Kosten außer Betracht; d. h., es werden die ortsüblichen Preise in Ansatz gebracht. Es sei denn, die Vertragsparteien haben Abweichendes vereinbart.*

---

- Der Auftraggeber erhält Lieferungen oder Leistungen in Gegenrechnung.

---

**Beispiel**

*Gebäude werden im Wege der Nachbarschaftshilfe errichtet. Hier werden die durch die Nachbarschaftshilfe eingesparten Kosten gleichwohl in die anrechenbaren Kosten eingerechnet.*

---

- Es werden bereits vorhandene oder vorbeschaffte Baustoffe und Bauteile eingebaut.

Unter **Baustoffe** sind die Herstellungsmaterialien (beispielsweise Zement, Sand, Holz, Farbe) zu verstehen. **Bauteile** sind die zum Einbau in das Bauwerk bestimmten Erzeugnisse (z. B. Fliesen, Heizkörper, Waschbecken, Stahlträger, Treppen). Die Kosten für die vorhandenen Baustoffe/Bauteile sind ebenfalls in die anrechenbaren Kosten einzubeziehen.

In **§ 10 Abs. 3 a HOAI** wird geregelt, daß **vorhandene Bausubstanz** bei den anrechenbaren Kosten angemessen zu berücksichtigen ist. Für die Berücksichtigung der vorhandenen Bausubstanz gelten folgende Voraussetzungen:

- Es muß sich begrifflich um »vorhandene Bausubstanz« handeln. Hierunter fallen alle Gebäudebestandteile, die fest mit dem Gebäude und dem Grund und Boden verbunden sind und wiederverwendbar eingefügt werden können.

---

**Beispiel**

*Fundamente, Wände, Stützen*
- *Die vorhandene Bausubstanz muß technisch oder gestalterisch mitverarbeitet werden.*
  *D. h., die Altsubstanz wird in das neue Planungskonzept und damit in das neu errichtete Gebäude eingebunden.*
- *Über den Umfang der Anrechnung wird eine schriftliche Vereinbarung getroffen.*

Die schriftliche Vereinbarung ist nach herrschender Auffassung[32]) keine Anspruchsvoraussetzung. Gleichwohl ist dem Architekten/Ingenieur dringend anzuraten, die Höhe des für die vorhandene Bausubstanz anzusetzenden Betrages bereits im Ingenieurvertrag schriftlich zu vereinbaren. Problematisch ist allerdings die Bestimmung der Höhe. Die Vorschrift des § 10 Abs. 3a HOAI ist wenig hilfreich, da hier nur von einer »angemessenen« Berücksichtigung gesprochen wird. Der ortsübliche Preis ist hiermit nicht gemeint. Teilweise wird eine Bewertung nach dem Zeitwert vorgeschlagen. Insoweit gibt es zwei Ansätze: Bei genereller Einbeziehung der Restsubstanz den Zeitwert abzüglich der Abbruchkosten nicht verwendeter Teile; bei mitverwendeten Einzelteilen deren Zeitwerte.[33]) In der Praxis ist es letztlich eine Verhandlungssache, wie die Vertragsparteien die Höhe des Anrechnungsbetrages für vorhandene Bausubstanz festlegen.

---

**Praxishinweis**

*Die Anrechenbarkeit vorhandener Bausubstanz nach § 10 Abs. 3a HOAI schließt es nicht aus, zusätzlich den Umbauzuschlag nach § 24 HOAI zu verlangen.*

---

**§ 10 Abs. 4 HOAI** behandelt die Anrechenbarkeit von **Kosten für Installationen, zentrale Betriebstechnik und betriebliche Einbauten,** die der Ingenieur/Architekt weder plant noch überwacht. In diesen Fällen sieht § 10 Abs. 4 HOAI eine Kürzung der anrechenbaren Kosten entsprechend folgender Quotelung vor:

- Volle Anrechnung bis zu 25 v.H. der sonstigen anrechenbaren Kosten,
- hälftige Anrechnung mit dem 25 v.H. der sonstigen anrechenbaren Kosten übersteigenden Betrag.

---

**Beispiel**

| | |
|---|---|
| Anrechenbare Kosten gem. § 10 Abs. 2, 3, 3a | 2.100.000 DM |
| Kosten für Installationen gem. § 10 Abs. 4 | 500.000 DM |
| Differenz (»sonstige anrechenbare Kosten«) | 1.600.000 DM |
| hiervon 25 % volle Anrechenbarkeit für die Installationen | 400.000 DM |
| Restbetrag (500.000 ./. 400.000 DM = 100.000 DM) = hälftig anrechenbar: | 50.000 DM |

Demnach ergibt sich für die anrechenbaren Kosten folgende Berechnung:

| | |
|---|---|
| Sonstige anrechenbare Kosten | 1.600.000 DM |
| volle Anrechenbarkeit für Installationen | 400.000 DM |
| hälftige Anrechenbarkeit für Installationen | 50.000 DM |
| anrechenbare Kosten insgesamt | 2.050.000 DM |

---

**§ 10 Abs. 5 HOAI** beinhaltet diejenigen Positionen, die bei der Ermittlung der anrechenbaren Kosten **nicht** berücksichtigt werden. Es handelt sich u.a. um die Grundstückserwerbskosten, die Kosten für das »Freimachen« gem. DIN 276, Teil 2, Kostengruppe 1.3 (Ablösung dinglicher Rechte und Belastungen, Abfindungen für Miet- und Pachtverträge etc.). Ferner werden nicht berechnet die Kosten für das »Herrichten« des Grundstückes gem. DIN 276, Teil 2, Kostengruppe 1.4; die Kosten für die öffentliche und nichtöffentliche Erschließung gem. DIN 276, Teil 2, Kostengruppe 2.1 und 2.2, die Kosten für die Außenanlagen gem. DIN 276, Teil 2, Kostengruppe 5, die Kosten für künstlerisch gestaltete Bauteile, Kunstwerke sowie die Kosten für Entschädigungen und Schadensersatzleistungen sowie für Baunebenkosten gem. DIN 276, Kostengruppe 7.

| Praxishinweis |
| --- |
| Sowohl für die Berechnung der anrechenbaren Kosten als auch für die Berücksichtigung der nicht anrechenbaren Positionen ist für den Ingenieur und Architekten die Kenntnis der DIN 276 in der Fassung vom April 1981 unabdingbar. |

**Anrechenbare Kosten für Ingenieurbauwerke und Verkehrsanlagen**

Die zentralen Regelungen zur Berechnung der anrechenbaren Kosten bei Ingenieurbauwerken und Verkehrsanlagen finden sich in § 52 Abs. 2–9 HOAI:

---

### § 52 HOAI Grundlagen des Honorars

(1)   ...

(2)   Anrechenbare Kosten sind die Herstellungskosten des Objekts. Sie sind zu ermitteln:
1. für die Leistungsphasen 1 bis 4 nach der Kostenberechnung, solange diese nicht vorliegt oder wenn die Vertragsparteien dies bei Auftragserteilung schriftlich vereinbaren, nach der Kostenschätzung;
2. für die Leistungsphasen 5 bis 9 nach der Kostenfeststellung, solange diese nicht vorliegt oder wenn die Vertragsparteien dies bei Auftragserteilung schriftlich vereinbaren, nach der Kostenberechnung.

(3)   § 10 Abs. 3 bis 4 gilt sinngemäß.

(4)   Anrechenbar sind für Grundleistungen der Leistungsphasen 1 bis 7 und 9 des § 55 bei Verkehrsanlagen:
1. die Kosten für Erdarbeiten einschließlich Felsarbeiten, soweit sie 40 v. H. der sonstigen anrechenbaren Kosten nach Abs. 2 nicht übersteigen;
2. 10 v. H. der Kosten für Ingenieurbauwerke, wenn dem Auftragnehmer nicht gleichzeitig Grundleistungen nach § 55 für diese Ingenieurbauwerke übertragen werden.

(5)   Anrechenbar sind für Grundleistungen der Leistungsphasen 1 bis 7 und 9 des § 55 bei Straßen mit mehreren durchgehenden Fahrspuren, wenn diese eine gemeinsame Entwurfsachse und eine gemeinsame Entwurfsgradiente haben, sowie bei Gleis- und Bahnsteiganlagen mit zwei Gleisen, wenn diese ein gemeinsames Planum haben, nur folgende Vomhundertsätze der nach den Absätzen 2 bis 4 ermittelten Kosten:
1. bei dreispurigen Straßen 85 v. H.,
2. bei vierspurigen Straßen 70 v. H.,
3. bei mehr als vierspurigen Straßen 60 v. H.,
4. bei Gleis- und Bahnsteiganlagen mit zwei Gleisen 90 v. H.

(6)   Nicht anrechenbar sind für Grundleistungen die Kosten für:
1. das Baugrundstück einschließlich der Kosten des Erwerbs und des Freimachens,
2. andere einmalige Abgaben für Erschließung (DIN 276, Kostengruppe 2.3),
3. Vermessung und Vermarkung,
4. Kunstwerke, soweit sie nicht wesentliche Bestandteile des Objekts sind,
5. Winterbauschutzvorkehrungen und sonstige zusätzliche Maßnahmen bei der Erschließung, beim Bauwerk und bei den Außenanlagen für den Winterbau,
6. Entschädigungen und Schadensersatzleistungen,
7. die Baunebenkosten.

(7)  Nicht anrechenbar sind neben den in Abs. 6 genannten Kosten, soweit der Auftragnehmer die Anlagen oder Maßnahmen weder plant noch ihre Ausführung überwacht, die Kosten für:
1. das Herrichten des Grundstücks (DIN 276, Kostengruppe 1.4),
2. die öffentliche Erschließung (DIN 276, Kostengruppe 2.1),
3. die nichtöffentliche Erschließung und die Außenanlagen (DIN 276, Kostengruppen 2.2 und 5),
4. verkehrsregelnde Maßnahmen während der Bauzeit,
5. das Umlegen und Verlegen von Leitungen,
6. Ausstattung und Nebenanlagen von Straßen sowie Ausrüstung und Nebenanlagen von Gleisanlagen,
7. Anlagen der Maschinentechnik, die der Zweckbestimmung des Ingenieurbauwerks dienen.

(8)  Die §§ 20 bis 22 und 32 gelten sinngemäß; § 23 gilt sinngemäß für Ingenieurbauwerke nach § 51 Abs. 1 Nr. 1 bis 5.

(9)  Das Honorar für Leistungen bei Deponien für unbelasteten Erdaushub, beim Ausräumen oder bei hydraulischer Sanierung von Altablagerungen und bei kontaminierten Standorten, bei selbständigen Geh- und Radwegen mit rechnerischer Festlegung nach Lage und Höhe, bei nachträglich an vorhandene Straßen angepaßten landwirtschaftlichen Wegen, Gehwegen und Radwegen sowie bei Gleis- und Bahnsteiganlagen mit mehr als zwei Gleisen kann frei vereinbart werden. Wird ein Honorar nicht bei Auftragserteilung schriftlich vereinbart, so ist das Honorar als Zeithonorar nach § 6 zu berechnen.

Zu beachten ist, daß in **§ 52 Abs. 3 HOAI** auf die Regelungsinhalte des § 10 Abs. 3, 3a, 4 HOAI verwiesen wird. D.h., die Bestimmungen des § 10 Abs. 3, 3a, 4 HOAI gelten auch für die anrechenbaren Kosten bei Ingenieurbauwerken und Verkehrsanlagen.

Speziell für **Verkehrsanlagen** sieht **§ 52 Abs. 4** eine Sonderregelung vor. Danach werden die Kosten für Erdarbeiten einschließlich Felsarbeiten ebenfalls angerechnet, soweit sie 40 v.H. der sonstigen anrechenbaren Kosten nicht übersteigen. Soweit der Ingenieur gleichzeitig mit Grundleistungen nach § 55 HOAI für Ingenieurbauwerke befaßt ist, werden die anrechenbaren Kosten bei Verkehrsanlagen um 10% der Kosten für das Ingenieurbauwerk erhöht.

**§ 52 Abs. 6 und Abs. 7 HOAI** enthält einen Katalog für **nicht anrechenbare** Positionen. Die in § 52 Abs. 6 HOAI genannten Kostengruppen sind generell nicht anrechenbar; die in § 52 Abs. 7 HOAI genannten Kostengruppen sind nur dann nicht anrechenbar, wenn der Ingenieur die dort genannten Anlagen oder Maßnahmen weder geplant noch überwacht hat.

**Anrechenbare Kosten bei der technischen Ausrüstung**

Die zentrale Vorschrift des § 69 Abs. 1–6 HOAI lautet:

### § 69 HOAI Grundlagen des Honorars

(1) Das Honorar für Grundleistungen bei der Technischen Ausrüstung richtet sich nach den anrechenbaren Kosten der Anlagen einer Anlagengruppe nach § 68 Satz 1 Nr. 1 bis 6, nach der Honorarzone, der die Anlagen angehören, und nach der Honorartafel in § 74.

(2) Werden Anlagen einer Anlagengruppe verschiedenen Honorarzonen zugerechnet, so ergibt sich das Honorar nach Abs. 1 aus der Summe der Einzelhonorare. Ein Einzelhonorar wird jeweils für die Anlagen ermittelt, die einer Honorarzone zugerechnet werden. Für die Ermittlung des Einzelhonorars ist zunächst für die Anlagen jeder Honorarzone das Honorar zu berechnen, das sich ergeben würde, wenn die gesamten anrechenbaren Kosten der Anlagengruppe nur der Honorarzone zugerechnet würden, für die das Einzelhonorar berechnet wird.
Das Einzelhonorar ist dann nach dem Verhältnis der Summe der anrechenbaren Kosten der Anlagen einer Honorarzone zu den gesamten anrechenbaren Kosten der Anlagengruppe zu ermitteln.

(3) Anrechenbare Kosten sind, bei Anlagen in Gebäuden unter Zugrundelegung der Kostenermittlungsarten nach DIN 276, zu ermitteln
   1. für die Leistungsphasen 1 bis 4 nach der Kostenberechnung, solange diese nicht vorliegt, nach der Kostenschätzung;
   2. für die Leistungsphasen 5 bis 7 nach dem Kostenanschlag, solange dieser nicht vorliegt, nach der Kostenberechnung;
   3. für die Leistungsphasen 8 und 9 nach der Kostenfeststellung, solange diese nicht vorliegt, nach dem Kostenanschlag.

(4) § 10 Abs. 3 und 3a gilt sinngemäß.

(5) Nicht anrechenbar sind für Grundleistungen bei der Technischen Ausrüstung die Kosten für
   1. Winterbauschutzvorkehrungen und sonstige zusätzliche Maßnahmen nach DIN 276, Kostengruppe 6;
   2. die Baunebenkosten (DIN 276, Kostengruppe 7).

(6) Werden Teile der Technischen Ausrüstung in Baukonstruktionen ausgeführt, die zur DIN 276, Kostengruppe 3.1 gehören, so können die Vertragsparteien vereinbaren, daß die Kosten hierfür ganz oder teilweise zu den anrechenbaren Kosten nach Abs. 3 gehören. Satz 1 gilt entsprechend für Bauteile der Kostengruppe Baukonstruktionen, deren Abmessung oder Konstruktion durch die Leistung der Technischen Ausrüstung wesentlich beeinflußt werden.

Zu beachten ist, daß § 69 Abs. 4 HOAI auf § 10 Abs. 3, 3a HOAI verweist. D. h., die Regelungen des § 10 Abs. 3, 3a gelten sinngemäß.

§ 69 Abs. 5 HOAI legt fest, daß folgende Positionen **nicht anrechenbar** sind:

- Winterbauschutzvorkehrungen und sonstige zusätzliche Maßnahmen (DIN 276, Kostengruppe 6);
- Baunebenkosten (DIN 276, Kostengruppe 7).

### Anrechenbare Kosten bei der Tragwerksplanung

§ 62 Abs. 2–8 HOAI enthält die für die anrechenbaren Kosten bei der Tragwerksplanung zentralen Regelungen:

### § 62 HOAI Grundlagen des Honorars

(1) ...

(2) Anrechenbare Kosten sind, bei Gebäuden und zugehörigen baulichen Anlagen unter Zugrundelegung der Kostenermittlungsarten nach DIN 276, zu ermitteln:

  1. bei Anwendung von Abs. 4

    a) für die Leistungsphasen 1 bis 3 nach der Kostenberechnung, solange diese nicht vorliegt, nach der Kostenschätzung;

    b) für die Leistungsphasen 4 bis 6 nach der Kostenfeststellung, solange diese nicht vorliegt, nach dem Kostenanschlag; die Vertragsparteien können bei Auftragserteilung abweichend von den Buchstaben a und b eine andere Zuordnung der Leistungsphasen schriftlich vereinbaren;

  2. bei Anwendung von Abs. 5 oder 6 nach der Kostenfeststellung, solange diese nicht vorliegt oder wenn die Vertragsparteien dies bei der Auftragserteilung schriftlich vereinbaren, nach dem Kostenanschlag.

(3) § 10 Abs. 3 und 3a sowie die §§ 21 und 32 gelten sinngemäß.

(4) Anrechenbare Kosten sind bei Gebäuden und zugehörigen baulichen Anlagen

  – 55 v.H. der Kosten der Baukonstruktionen und besonderen Baukonstruktionen (DIN 276, Kostengruppen 3.1 und 3.5.1)

    und

  – 20 v.H. der Kosten der Installationen und besonderen Installationen (DIN 276, Kostengruppen 3.2 und 3.5.2).

(5) Die Vertragsparteien können bei Gebäuden mit einem hohen Anteil an Kosten der Gründung und der Tragkonstruktionen (DIN 276, Kostengruppen 3.1.1 und 3.1.2) sowie bei Umbauten bei der Auftragserteilung schriftlich vereinbaren, daß die anrechenbaren Kosten abweichend von Abs. 4 nach Abs. 6 Nr. 1 bis 12 ermittelt werden.

(6) Anrechenbare Kosten sind bei Ingenieurbauwerken die vollständigen Kosten für:

  1. Erdarbeiten,
  2. Maurerarbeiten,
  3. Beton- und Stahlbetonarbeiten,
  4. Naturwerksteinarbeiten,
  5. Betonwerksteinarbeiten,
  6. Zimmer- und Holzbauarbeiten,
  7. Stahlbauarbeiten,
  8. Tragwerke und Tragwerksteile aus Stoffen, die anstelle der in den vorgenannten Leistungen enthaltenen Stoffe verwendet werden,
  9. Abdichtungsarbeiten,
  10. Dachdeckungs- und Dachabdichtungsarbeiten,
  11. Klempnerarbeiten,
  12. Metallbau- und Schlosserarbeiten für tragende Konstruktionen,
  13. Bohrarbeiten, außer Bohrungen zur Baugrunderkundung,
  14. Verbauarbeiten für Baugruben,
  15. Rammarbeiten,
  16. Wasserhaltungsarbeiten, einschließlich der Kosten für Baustelleneinrichtungen. Abs. 7 bleibt unberührt.

(7)    Nicht anrechenbar sind bei Anwendung von Abs. 5 oder 6 die Kosten für
       1.  das Herrichten des Baugrundstücks,
       2.  Oberbodenauftrag,
       3.  Mehrkosten für außergewöhnliche Ausschachtungsarbeiten,
       4.  Rohrgräben ohne statischen Nachweis,
       5.  nichttragendes Mauerwerk < 11,5 cm,
       6.  Bodenplatten ohne statischen Nachweis,
       7.  Mehrkosten für Sonderausführungen, z.B. von Dächern, Sichtbeton oder Fassaden-
           verkleidungen,
       8.  Winterbauschutzvorkehrungen und sonstige zusätzliche Maßnahmen für den Winterbau
           (bei Gebäuden und zugehörigen baulichen Anlagen: nach DIN 276, Kostengruppe 6),
       9.  Naturwerkstein-, Betonwerkstein-, Zimmer- und Holzbau-, Stahlbau- und Klempner-
           arbeiten, die in Verbindung mit dem Ausbau eines Gebäudes oder Ingenieurbauwerks
           ausgeführt werden,
      10.  die Baunebenkosten.
(8)    Die Vertragsparteien können bei Ermittlung der anrechenbaren Kosten vereinbaren, daß
       Kosten von Arbeiten, die nicht in den Absätzen 4 bis 6 erfaßt sind, sowie die in Abs. 7 Nr. 7
       und bei Gebäuden die in Abs. 6 Nr. 13 bis 16 genannten Kosten ganz oder teilweise zu
       den anrechenbaren Kosten gehören, wenn der Auftragnehmer wegen dieser Arbeiten Mehr-
       leistungen für das Tragwerk nach § 64 erbringt.

§ 62 Abs. 3 HOAI verweist auf die sinngemäße Anwendbarkeit der Regelungen des § 10 Abs. 3, 3 a HOAI.

Die **Sondervorschrift** des **§ 62 Abs. 4 HOAI** regelt, daß bei Gebäuden und zugehörigen Anlagen die Kosten der Baukonstruktionen (DIN 276, Kostengruppe 3.1 und 3.5.1) und die Kosten der Installationen (DIN 276, Kostengruppen 3.2 und 3.5.2) lediglich anteilig anzusetzen sind (Baukonstruktionen: 55 v.H.; Installationen 20 v.H.). Gem. § 62 Abs. 5 HOAI ist es allerdings den Vertragsparteien freigestellt, in bestimmten Fällen (hoher Anteil der Gründung und der Tragkonstruktion, Umbauten) eine von Abs. 4 abweichende Kostenanrechnung zu vereinbaren. Diese Vereinbarung muß jedoch schriftlich und bei Auftragserteilung erfolgen.

§ 62 Abs. 6 HOAI beinhaltet einen Katalog derjenigen Kostenpositionen, die **vollständig** bei Ingenieurbauwerken anzusetzen

sind. Zu beachten ist, daß hierzu auch die Kosten für Baustelleneinrichtungen gehören.

§ 62 Abs. 7 HOAI beinhaltet wiederum einen Katalog derjenigen Kostenpositionen, die **nicht anrechenbar** sind. Zu beachten ist allerdings, daß dieser Ausnahmekatalog nur gilt, wenn die anrechenbaren Kosten sich nach Abs. 5 bzw. Abs. 6 des § 62 HOAI bemessen.

§ 62 Abs. 8 HOAI enthält schließlich eine Sonderregelung bei erhöhtem Arbeitsaufwand.

# 6.6 Die Honorarzonen

Neben den anrechenbaren Kosten bilden die Honorarzonen eine weitere Grundlage für das Berechnungshonorar. Demgemäß beinhaltet die HOAI für die einzelnen Leistungsbereiche jeweils Vorschriften, die die Einstufung des Objektes in eine Honorarzone regeln:

Gebäude, Freianlagen,
raumbildende Ausbauten
§ 11, 12 HOAI (Gebäude)
§ 13, 14 HOAI (Freianlagen)
§ 14a, 14b (raumbildende Ausbauten)

Städtebauliche Leistungen
§ 36a HOAI (Flächennutzungspan)
§ 39a HOAI (Bebauungsplan)

Landschaftsplanerische Leistungen
§ 45 HOAI (Landschaftsplan)
§ 48 HOAI (Umweltverträglichkeitsstudie)
§ 49 HOAI (Landschaftspflegerische Begleitpläne)
§ 49b HOAI (Pflege- und Entwicklungspläne)

Ingenieurbauwerke, Verkehrsanlagen
§ 53, 54 HOAI

Tragwerksplanung
§ 63 HOAI

Technische Ausrüstung
§ 71, 72 HOAI

Thermische Bauphysik
§ 78 Abs. 2, §§ 11, 12 HOAI

Schallschutz, Raumakustik
§ 82 HOAI (Bauakustik)
§§ 87, 88 HOAI (Raumakustische Planung und Überwachung)

Bodenmechanik, Erd- und Grundbau
§ 93 HOAI

Vermessungstechnische Leistungen
§ 97a HOAI (Entwurfsvermessung)
§ 98a HOAI (Bauvermessung)

Je nach Schwierigkeitsgrad wird das Objekt in eine von fünf Honorarzonen (bei der Technischen Ausrüstung: drei Honorarzonen) eingeordnet. Die Honorarzonen sind wie folgt gestuft:

Honorarzone I:
Objekte mit sehr geringen Planungsanforderungen

Honorarzone II:
Objekte mit geringen Planungsanforderungen

Honorarzone III:
Objekte mit durchschnittlichen Planungsanforderungen

Honorarzone IV:
Objekte mit überdurchschnittlichen Planungsanforderungen

Honorarzone V:
Objekte mit sehr hohen Planungsanforderungen.

Bei der **Ermittlung der Honorarzone** ist es zweckmäßig, wie folgt vorzugehen:

In einem **ersten Prüfungsschritt** werden die jeweiligen **Objektlisten** dahingehend überprüft, ob das Objekt typischerweise einem der Regelbeispiele zuzuordnen ist.

---

**Beispiel**

*Der Ingenieur ist mit der Planung eines Kraftwerksgebäudes beauftragt. Eine Durchsicht der Objektliste in § 12 HOAI ergibt, daß das Objekt »Kraftwerksgebäude« unter Ziffer 4 der Honorarzone IV zugeordnet wird.*

---

In einem weiteren Schritt ist zu überprüfen, ob die Merkmale des konkreten Objektes den Bewertungsmerkmalen entsprechen.

---

**Beispiel**

*Im Eingangsbeispiel (Kraftwerksgebäude) ist abzugleichen, ob die Zuordnung zur Honorarzone IV mit den Bewertungsmerkmalen des § 11 Abs. 1 Ziffer 4 HOAI (Honorarzone IV) übereinstimmt.*

Ergibt diese Prüfung, daß die Bewertungsmerkmale und die Einstufung in der Objektliste übereinstimmen, so ist die Honorarzone festgelegt.

Ergibt sich hingegen, daß die Zuordnung in der Objektliste mit den entsprechenden Bewertungsmerkmalen nicht übereinstimmt, so sind allein die Bewertungsmerkmale für die Bestimmung der Honorarzone maßgebend.

---

**Beispiel**

*Das Objekt (Kraftwerksgebäude) ist nach der Objektliste des § 12 HOAI zwar der Honorarzone IV zuzuordnen.*
*Dennoch sind im konkreten Fall lediglich durchschnittliche Planungsanforderungen i. S. d. § 11 Abs. 1 Nr. 3 HOAI erforderlich. Die Bewertungsmerkmale ergeben daher eine Zuordnung in die Honorarzone III. Ausschlaggebend sind bei einer solchen Divergenz die Bewertungsmerkmale. Für den Kraftwerksbau ist daher im vorliegenden Fall die Honorarzone III maßgebend.*

---

Ist das Objekt nicht in der Objektliste aufgeführt, so ist die Honorarzone ausschließlich nach den Bewertungsmerkmalen und ggf. nach einer Punktebewertung vorzunehmen.

---

**Beispiel**

*Ein von dem Ingenieur zu planendes Gebäude ist nicht in den Regelbeispielen des § 12 HOAI (Objektliste) aufgeführt. In diesem Fall ist für die Zuordnung der Honorarzone allein § 11 HOAI anwendbar.*
*Ergibt sich zudem, daß das Gebäude Bewertungsmerkmale verschiedener Honorarzonen enthält, ist eine Punktebewertung gem. § 11 Abs. 2, Abs. 3 HOAI vorzunehmen.*

---

Die vorstehenden Varianten werden nachfolgend nochmals im Überblick am Beispiel der Objektplanung »Gebäude« dargestellt.

---

**Varianten der Honorarzonen-Einordnung (am Beispiel: Objektplanung Gebäude)**

*1. Variante:*
Regelbeispiel der Objektliste (§ 12 HOAI) + Bewertungsmerkmale (§ 11 Abs. 1 HOAI) stimmen überein:
→ Einordnung der Honorarzone entsprechend Objektliste

*2. Variante:*
Regelbeispiel der Objektliste (§ 12 HOAI) + Bewertungsmerkmale (§ 11 Abs. 1 HOAI) stimmen nicht überein:
→ Einordnung der Honorarzone entsprechend Bewertungsmerkmalen (§ 11 Abs. 1 HOAI)

*3. Variante:*
Objekt ist keinem Regelbeispiel in der Objektliste (§ 12 HOAI) zuzuordnen
→ Einordnung der Honorarzone entsprechend Bewertungsmerkmalen (§ 11 Abs. 1 ggf. Abs. 2, 3 HOAI)

*4. Variante:*
Bewertungsmerkmale aus verschiedenen Honorarzonen des § 11 Abs. 1 HOAI
→ Punktebewertung nach § 11 Abs. 2, 3 HOAI

Wird eine Punktebewertung durchgeführt, so ist für die Praxis der Objektplanung »Gebäude« folgendes Bewertungsschema zu empfehlen (siehe Tabelle Honorarzone):[34])

Wie eingangs ausgeführt, sieht die HOAI für die einzelnen Leistungsbilder jeweils spezielle **Zuordnungsvorschriften für die Honorarzonen** vor. Das **nachfolgende Schaubild** verdeutlicht die Regelungsinhalte bezüglich der Leistungsbilder: Gebäude, Ingenieurbauwerke, Tragwerksplanung, Technische Ausrüstung. Die Anwendung dieses Schaubildes erleichtert dem Ingenieur in der Praxis das Auffinden der entsprechenden Vorschriften.

| Honorarzone: | | I | II | III | IV | V |
|---|---|---|---|---|---|---|
| Planungsanforderungen | | sehr gering | gering | durch-schnittlich | über-durch-schnittlich | sehr hoch |
| Bewertungsmerkmale: | | | | | | |
| 1 | Einbindung in die Umgebung | 1 | 2 | 3 | 4 | 5 |
| 2 | Anzahl der Funktionsbereiche | 1–2 | 3–4 | 5–6 | 7–8 | 9 |
| 3 | Gestalterische Anforderungen | 1–2 | 3–4 | 5–6 | 7–8 | 9 |
| 4 | Konstruktive Anforderungen | 1 | 2 | 3–4 | 5 | 6 |
| 5 | Techn. Gebäudeausrüstung | 1 | 2 | 3–4 | 5 | 6 |
| 6 | Ausbau | 1 | 2 | 3–4 | 5 | 6 |
| Summe der Punkte | | bis 10 | 11–18 | 19–26 | 27–34 | 35–42 |

**Honorarzonen**

| | Gebäude | Ingenieur-bauwerk | Tragwerks-planung | Technische Ausrüstung |
|---|---|---|---|---|
| Honorarzonen (Stufen) geregelt in | I – V § 11 Abs. 1 | I – V § 53 Abs. 1 | I – V § 63 Abs. 1 | I – III § 71 Abs. 1 |
| Objektlisten/ Bewertungsmerkmale geregelt in | Objektliste § 12 | Objektliste § 54 Abs. 1 | Bewertungs-merkmale § 63 Abs. 1 | Objektliste § 72 |
| Punktebewertung/ Schwerpunktbildung geregelt in | Punkte-bewertung § 11 Abs. 2, 3 | Punkte-bewertung § 53 Abs. 3, 4 | Schwerpunkt-bildung § 63 Abs. 2 | Schwerpunkt-bildung § 71 Abs. 2 |

## 6.7 Die Leistungsphasen und ihre Bewertung

Die Leistungsbilder sind regelmäßig in **neun Leistungsphasen** unterteilt:

1. Grundlagenermittlung
2. Vorplanung (Projekt- und Planungsvorbereitung)
3. Entwurfsplanung (System- und Integrationsplanung)
4. Genehmigungsplanung
5. Ausführungsplanung
6. Vorbereitung der Vergabe
7. Mitwirkung bei der Vergabe
8. Objektüberwachung
9. Objektbetreuung und Dokumentation.

In einzelnen **Leistungsbildern** bestehen allerdings Besonderheiten: Die Leistungsbilder Entwurfsvermessung und Bauvermessung sind in sechs bzw. vier Leistungsphasen unterteilt. Bei der Tragwerksplanung sind bei den Grundleistungen lediglich sechs Leistungsphasen vorgesehen.

Die einzelnen Leistungsphasen der Leistungsbilder werden in **vom-Hundert-Sätzen** der Honorare nach den Honorartafeln **bewertet.** Diese vom-Hundert-Sätze differieren je nach Leistungsbild. So wird etwa die Leistungsphase 5 (Ausführungsplanung) bei der Objektplanung Gebäude mit 25 v.H., bei der Technischen Ausrüstung mit 18 v.H., bei den Ingenieurbauwerken mit 15 v.H. und bei der Tragwerksplanung mit 42 v.H. bewertet.

---

### Praxishinweis

*Auftraggeber beauftragen den Ingenieur häufig nicht mit sämtlichen Leistungsphasen eines Leistungsbildes (Beispiel: Gestufte Beauftragung).*
*Damit sich der Ingenieur Klarheit über die Höhe seines Honorars verschaffen kann, ist es für ihn unabdingbar, vor Auftragsannahme anhand der vom-Hundert-Sätze des jeweiligen Leistungsbildes sein Honorarvolumen zu ermitteln. Grundsätzlich ist dem Ingenieur für seine Vertragsverhandlungen daher zu empfehlen, die vom-Hundert-Sätze der wichtigsten Leistungsbilder präsent zu kennen.*

---

Die unterschiedliche Bewertung der Leistungsphasen nach vom-Hundert-Sätzen wird anhand des nachfolgenden Schaubildes für vier Leistungsbilder verdeutlicht (siehe Seite 241).

Wird der Ingenieur mit sämtlichen Leistungsphasen eines Leistungsbildes beauftragt, so erhält er nach Abschluß der Arbeiten 100 % des in der entsprechenden Honorartafel ausgewiesenen Honorars. In der Praxis werden jedoch häufig nur Teilleistungen vergeben. Insoweit bestehen zwei Möglichkeiten:

- Es werden verschiedene **Leistungsphasen** aus dem Auftrag herausgenommen.
- Es werden **Teilelemente von Leistungsphasen** aus dem Auftrag herausgenommen.

Im ersten Fall ist die Honorarberechnung unproblematisch, da das Honorar um die vom-Hundert-Sätze der nichtbeauftragten Leistungsphasen vermindert wird. Problematisch ist allerdings der Fall, daß lediglich Teilelemente verschiedener Leistungsphasen aus dem Auftrag herausgenommen werden. Hier müssen sich die Vertragsparteien darauf einigen, wie diese Teilelemente pro-

## Bewertung der Leistungsphasen im Vergleich

Leistungsbilder: Gebäude, Technische Ausrüstung, Ingenieurbauwerke, Tragwerksplanung

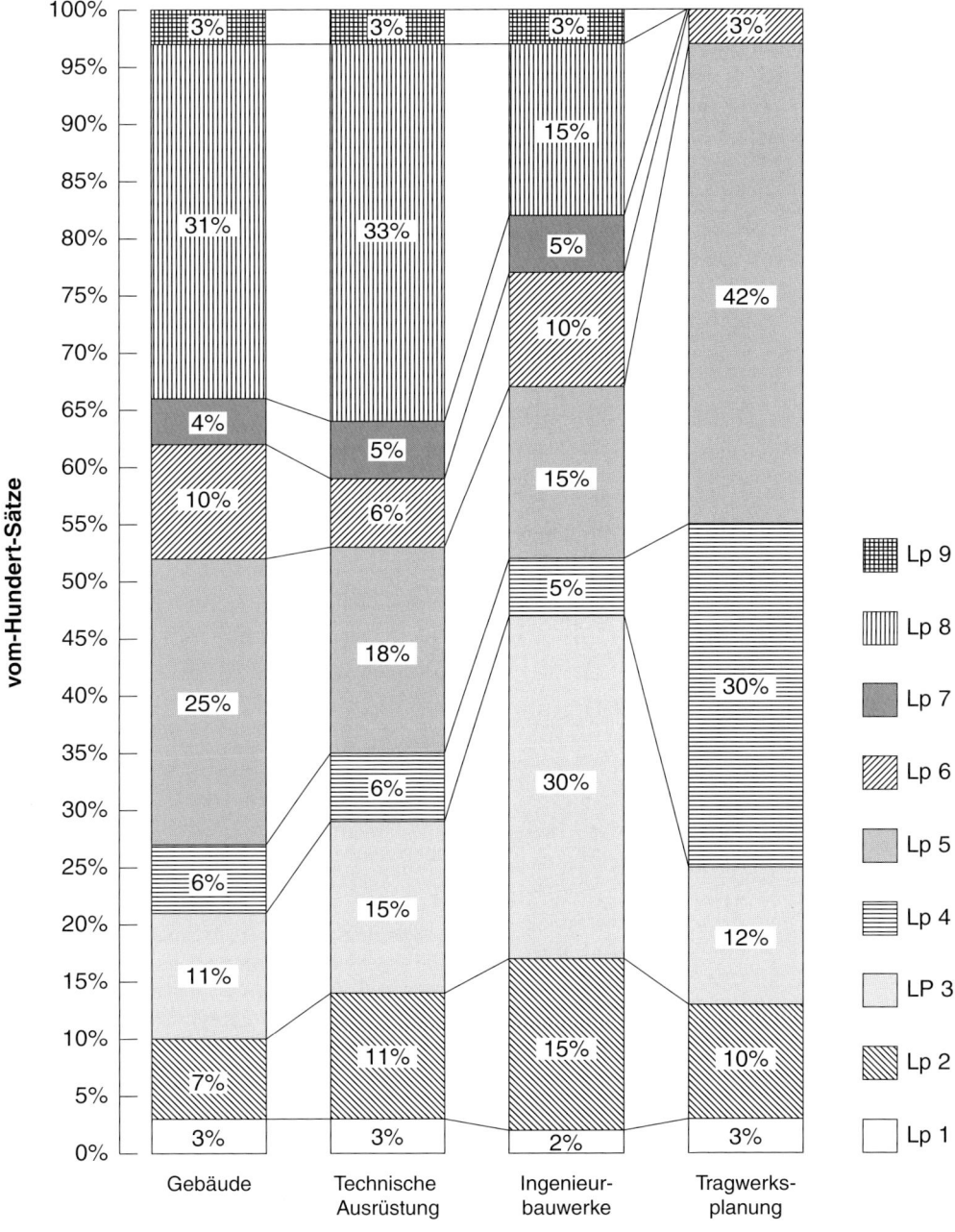

**Leistungsbilder**

zentual zu bewerten sind. Allgemein gültige Regeln gibt es hierfür nicht, so daß die Bewertung in der Praxis von dem Verhandlungsgeschick der Vertragspartner abhängt. Lediglich für den Bereich der Objektplanung Gebäude findet sich in der juristischen Kommentarliteratur[35]) eine tabellarische Bewertung der Einzelelemente der verschiedenen Leistungsphasen. Diese Tabelle ermöglicht eine Orientierungshilfe bei der Gewichtung der einzelnen »Bausteine« der neun Leistungsphasen des § 15 HOAI.

---

### Praxishinweis

*Werden bei der Objektplanung Gebäude einzelne Teilelemente der Leistungsphasen des § 15 HOAI vom Auftraggeber aus der Beauftragung herausgenommen, so empfiehlt es sich, bei der prozentualen Bewertung dieser Teilelemente auf die Tabelle von Pott/Dahlhoff/Kniffka (Kommentar zur HOAI, 7. Auflage, Anh. III) zurückzugreifen.*

---

## 6.8 Die Honorartafeln

Neben den anrechenbaren Kosten und den Honorarzonen sind bei der Honorarberechnung die für das jeweilige Leistungsbild einschlägigen Honorartafeln heranzuziehen. Der Ingenieur kann aus den Honorartafeln bei Kenntnis der anrechenbaren Kosten und der Honorarzone das geschuldete (Netto-) Honorar entnehmen. Die in den Honorartafeln aufgeführten Honorarwerte weisen das Honorar aus, das der Ingenieur bei Durchführung sämtlicher neun Leistungsphasen (= 100%) erhält. Sofern der Ingenieur nicht mit sämtlichen Leistungsphasen beauftragt wurde, sind die Werte der Honorartafel um die nicht beauftragten vom-Hundert-Sätze zu vermindern. In den Honorartafel-Spalten sind jeweils sog. »Von-Sätze« und sog. »Bis-Sätze« aufgeführt. Der »Von-Satz« entspricht dem Mindestsatz, der »Bis-Satz« entspricht dem Höchstsatz. Sofern die Vertragsparteien einen Honorarsatz vereinbart haben, der zwischen dem Mindest- und Höchstsatz liegt, bedarf es einer entsprechenden Umrechnung.

---

### Beispiel

*Der Ingenieur plant ein Ingenieurbauwerk mit anrechenbaren Kosten von 1.000.000 DM. Das Objekt ist der Honorarzone III zuzuordnen. Die Vertragsparteien haben einen »Mittelsatz« vereinbart. In diesem Fall kann der Ingenieur sein Honorar aus der Honorartafel zu § 56 Abs. 1 HOAI entnehmen: Der Mindestsatz beträgt hier 72.380 DM, der Höchstsatz 82.510 DM. Für den vertraglich vereinbarten Mittelsatz erhält der Ingenieur folglich ein Nettohonorar in Höhe von 77.445 DM (vorausgesetzt, er erbringt sämtliche neun Leistungsphasen).*

Die Honorartafeln sehen in der ersten Spalte (anrechenbare Kosten) jeweils bestimmte Stufenwerte vor. Liegt der tatsächliche Wert der anrechenbaren Kosten im konkreten Fall zwischen diesen Stufen, so ist das Honorar für diesen Zwischenwert durch **lineare Interpolation** zu ermitteln.

---

**Beispiel**

*Die anrechenbaren Kosten eines Gebäudes liegen bei 1.750.000 DM. Da die Honorartafel zu § 16 Abs. 1 HOAI lediglich Honorarwerte für anrechenbare Kosten in Höhe von 1.000.000 DM und 2.000.000 DM ausweist, muß hier durch lineare Interpolation der entsprechende Mittelwert für die Zwischenstufe (1.750.000 DM) ermittelt werden.*

---

Der Rechenvorgang bei der Interpolation ist in aller Regel unproblematisch. Lediglich für schwierigere Fälle empfiehlt es sich nach folgender Formel vorzugehen:

---

$$\text{Honorar} = a + \frac{b \times c}{d}$$

a = Honorar für die nächstniedrigere Stufe der anrechenbaren Kosten

b = Differenz zwischen tatsächlichen anrechenbaren Kosten und dem in der Honorartafel genannten nächstniedrigeren Betrag anrechenbarer Kosten

c = Differenz der beiden Honorare für die nächsthöheren und nächstniedrigeren anrechenbaren Kosten

d = Differenz der in der Tabelle nacheinander genannten anrechenbaren Kosten

---

## 6.9 Die Nebenkosten

Die Erstattung der Nebenkosten ist in § 7 HOAI geregelt. Zu den Nebenkosten gehören insbesondere:

- **Post- und Fernmeldegebühren:**
  Hierunter fallen alle Post- und Fernmeldegebühren einschließlich Gebühren für Telegramme, Fernschreiber und Telefax. Ausgenommen sind Grundgebühren für die Einrichtung und Unterhaltung von Fernmeldeeinrichtungen.

- **Kosten für Vervielfältigungen von Zeichnungen und von schriftlichen Unterlagen sowie Anfertigung von Filmen und Fotos:**
  Hier ist darauf zu achten, daß nur **Vervielfältigungen** erstattungsfähig sind. D.h., die Kosten für die Erstellung des Originals sind mit dem Ingenieurhonorar abgegolten. Sofern der Ingenieurvertrag vorsieht, daß der Ingenieur Unterlagen in mehrfacher Ausfertigung (z.B. 2fach) vorzulegen hat, entstehen Nebenkosten erst, wenn der Auftraggeber darüber hinausgehende Vervielfältigungen verlangt (z.B. ab der 3. Mehrfertigung). »Schriftliche Unterlagen« können beispielsweise Verdingungsunterlagen sein.[36])

- **Kosten für ein Baustellenbüro einschließlich der Einrichtung, Beleuchtung und Beheizung:**
  Erstattungsfähige Nebenkosten entfallen nur auf **ein** Baustellenbüro. Werden mehrere Baustellenbüros unterhalten, sind die Kosten für die weiteren Büros nicht als Nebenkosten abrechenbar. In einem solchen Fall empfiehlt es sich, mit dem Auftraggeber eine gesonderte Vereinbarung über die Kostenerstattung zu treffen.

- **Fahrtkosten für Reisen:**
  Erstattungsfähig sind lediglich die Kosten für Reisen, die über den Umkreis von mehr als 15 Kilometern vom Geschäftssitz des Auftragnehmers hinausgehen. Grundsätzlich werden Fahrtkosten in Höhe der steuerlich zulässigen Pauschalsätze erstattet, sofern nicht höhere Aufwendungen nachgewiesen werden. Die Fahrtkostenerstattung umfaßt nicht nur die Kosten für Reisen des Ingenieurs selbst, sondern auch die Kosten für Reisen seiner Mitarbeiter. Der Zeitaufwand und die Verpflegungsmehrkosten fallen nicht unter den Begriff der »Fahrtkosten«.

- **Trennungsentschädigung und Kosten für Familienheimfahrten:**
  Diese können nach den steuerlich zulässigen Pauschalsätzen abgerechnet werden, sofern nicht höhere Aufwendungen an Mitarbeiter des Ingenieurs aufgrund tariflicher Vereinbarung gezahlt werden.

- **Entschädigung für den sonstigen Aufwand bei längeren Reisen:**
  Der Begriff »sonstiger Aufwand« setzt voraus, daß es sich nicht um eine Trennungsentschädigung oder um Fahrtkosten handelt.

---

**Beispiel**

*»Sonstiger Aufwand« ist beispielsweise der Zeitaufwand, der Verpflegungsmehraufwand, die Übernachtungskosten.*

---

Hier ist zu beachten, daß dieser Aufwand nur dann erstattungsfähig ist, wenn die Vertragsparteien **vor Reiseantritt schriftlich** eine Kostenerstattung vereinbart haben. In der juristischen Kommentarliteratur zur HOAI ist streitig, ob eine solche Vereinbarung sich auf eine bestimmte nach Reiseziel und Reisezweck festliegende Reise bezie-

hen muß[37]) oder aber, ob es ausreichend ist, daß die Vereinbarung generell für erforderlich werdende Reisen abgeschlossen wird.[38]) Nach der hier vertretenen Meinung reicht eine generelle Vereinbarung aus. Bei der Höhe des zu erstattenden Betrages ist an gestaffelte Pauschalsätze zu denken, wie sie auch im Anwaltsbereich festgelegt sind. Aber auch hier empfiehlt sich eine schriftliche Vereinbarung.

---

**Beispiel**

*Tage- und Abwesenheitsgeld bei nicht mehr als vier Stunden: 30 DM;*
*ab vier Stunden bis acht Stunden: 60 DM;*
*ab acht Stunden: 110 DM.[39])*

---

- **Entgelte für Drittleistungen:**
  Hierunter sind Auslagen für solche Entgelte zu verstehen, die der Ingenieur für Leistungen, die er selbst nicht zu erbringen hat, im Einvernehmen mit dem Auftraggeber an Dritte gezahlt hat.

---

**Beispiel**

*Vom Ingenieur erteilte Aufträge zur Anfertigung von Gutachten, Modellen oder Inseraten, die er im eigenen Namen, jedoch im Einvernehmen mit dem Auftraggeber, vergeben hat.*

---

- **Kosten für Meßfahrzeuge und andere meßtechnische Leistungen:**
  Diese Kosten sind erstattungsfähig, wenn ein Zeithonorar nach § 6 HOAI zulässigerweise vereinbart wurde. Die praktische Anwendung dieser Sonderform einer Nebenkostenerstattung bezieht sich insbesondere auf die Bereiche Schallschutz, Raumakustik, thermische Bauphysik und sonstige vermessungstechnische Leistun-

gen. Bei Vermessungsleistungen nach den §§ 97–99 HOAI sind die Kosten für Vermessungsfahrzeuge und andere Meßfahrzeuge bereits in den Honoraren der Honorartafel eingearbeitet.

---

**Praxishinweis**

*Der Katalog der vorstehend aufgeführten Nebenkosten ist nicht abschließend. Dies ergibt sich aus der in § 7 Abs. 2 HOAI verwendeten Formulierung: »Zu den Nebenkosten gehören insbesondere ... «*

---

Bei der **Abrechnung der Nebenkosten** sieht die HOAI in § 7 Abs. 1, Abs. 3 folgende Varianten vor:

1. Die Erstattung wird durch schriftliche Vereinbarung bei Auftragserteilung **ganz oder teilweise ausgeschlossen.**

2. Die Nebenkosten werden aufgrund einer schriftlichen Vereinbarung bei Auftragserteilung **pauschal abgerechnet.**

3. Die Nebenkosten werden **nach Einzelnachweis** abgerechnet.

Ein Ausschluß der Nebenkosten sollte aus Sicht des Ingenieurs vermieden werden. Auch der Einzelnachweis ist für die Praxis nicht zu empfehlen, da der hiermit verbundene Aufwand (Zusammenstellen der Einzelnachweise auf seiten des Ingenieurs; Prüfaufwand auf seiten des Auftraggebers) regelmäßig unverhältnismäßig hoch ist. Die Regel sollte daher eine **pauschale** Abgeltung der Nebenkosten sein.

Es ist allerdings darauf zu achten, daß die Abrechnung auf Einzelnachweis automatisch dann gilt, wenn keine wirksame Pauschalabrechnungs-Vereinbarung getroffen wurde.

---

**Praxishinweis**

*Es ist bei den Nebenkosten in jedem Fall zu empfehlen, mit dem Auftraggeber bei Auftragserteilung schriftlich eine Pauschale zu vereinbaren.*

---

Die **Höhe der Pauschalvereinbarung** für die Nebenkosten hängt naturgemäß vom Einzelfall ab. In der Praxis werden – abhängig vom Aufwand – Pauschalen in Höhe von 3 v.H.–8 v.H. vereinbart. In Einzelfällen (z.B. bei Vermessungsleistungen) können bis zu 10 v.H. des Honorars vereinbart werden.[40] Anstelle eines vom-Hundert-Satzes kann auch ein fester Betrag vereinbart werden. Zulässig ist ferner, die Vereinbarung eines vom-Hundert-Satzes mit einem Höchstbetrag in absoluten Zahlen (»Kappungsgrenze«) zu koppeln.

---

**Beispiel**

*Die Vertragsparteien vereinbaren zur Abgeltung der Nebenkosten eine Pauschale in Höhe von 5 % des Honorars, maximal aber 50.000 DM.*

---

Die Vereinbarung einer Pauschale muß der Höhe nach angemessen sein. D.h., sie darf in keinem krassen Mißverhältnis zu den tatsächlichen Nebenkosten stehen. Nach einem Urteil des Oberlandesgerichts Düsseldorf[41] soll in einem solchen Fall die Pauschalvereinbarung unwirksam sein. Die Folge ist, daß die Nebenkosten nach Einzelnachweis abzurechnen sind.

Denkbar und zulässig sind auch Mischformen.

---

**Beispiel**

*Die Vertragsparteien vereinbaren für die Abrechnung der Nebenkosten eine Pauschale. Lediglich die Kosten für Vervielfältigungen werden nach Einzelnachweis abgerechnet.*

---

Bei einer solchen »Mischform« muß die Höhe der Pauschale der Höhe der auf Einzelnachweis abrechenbaren Kosten Rechnung tragen.

## 6.10 Besonderheiten der Honorarabrechnung

### 6.10.1 Allgemeine Hinweise

Die HOAI sieht für verschiedene Leistungen der Ingenieure/Architekten Honorarerhöhungen bzw. Honorarreduzierungen vor. Für die Praxis besonders wichtig sind die **Umbau-/ Modernisierungszuschläge,** die Honorarerhöhungsmöglichkeiten für **Instandhaltungen und Instandsetzungen,** die Honorarerhöhungsmöglichkeit für **Einzelleistungen (Vorplanung, Entwurfsplanung, Objektüberwachung),** die Honoraranpassung bei **mehreren Vor- oder Entwurfsplanungen** sowie die Honoraranpassung bei einem Auftrag für **mehrere Gebäude.** Diese besonderen Honorarvorschriften dienen dem Zweck, die Vergütung des Ingenieurs/Architekten an seinen erhöhten bzw. verminderten Arbeitsaufwand anzupassen.

### 6.10.2 Umbauten, Modernisierungen

**Umbauten** sind nach der Definition in § 3 Ziffer 5 HOAI »Umgestaltungen eines vorhandenen Objektes mit wesentlichen Eingriffen in Konstruktion oder Bestand« (Bauen im Bestand). Es muß demnach entweder in die Konstruktion, d. h. das statische Gefüge oder in den Baubestand eingegriffen werden. In beiden Fällen ist jedoch Voraussetzung, daß der Eingriff »wesentlich« ist. Die Frage, ob ein »wesentlicher Eingriff« vorliegt, führt in der Praxis häufig zu Diskussionen zwischen dem Auftraggeber und dem Ingenieur. Denn hiervon hängt ab, ob der Ingenieur einen Umbauzuschlag erhält oder nicht. Entscheidend ist letztlich, ob durch den Umfang des Eingriffs und/oder durch die Einwirkungsintensität der bisherige Zustand des Objektes in erheblichem Maße verändert wird.[42])

---

**Beispiel**

*Eine Verstärkung von tragenden Wänden oder Decken zur Erhöhung der Tragfähigkeit erfüllt regelmäßig das Merkmal des Umbaus, da hier ein wesentlicher Eingriff in die Konstruktion vorliegt. In den »Bestand« wird beispielsweise beim Einbau nichttragender Zwischenwände oder Installationen eingegriffen. Kein wesentlicher Eingriff in den Bestand liegt hingegen vor, wenn lediglich Putz abgeschlagen wird.*

---

**Modernisierungen** sind gem. § 3 Ziffer 6 HOAI »bauliche Maßnahmen zur nachhaltigen Erhöhung des Gebrauchswerts eines Objektes«. Entscheidend ist hier die auf Dauer angelegte (»nachhaltige«) Verbesserung der Nutzungsmöglichkeit des Objektes.

---

**Beispiel**

*Einbau von Aufzügen, Maßnahmen zur Verbesserung der Wärmedämmung oder des Schallschutzes, Verbesserung der Sanitär-Einrichtungen.*

---

Liegen die Merkmale eines Umbaus gem. § 3 Ziffer 5 HOAI oder einer Modernisierung gem. § 3 Ziffer 6 HOAI vor, so steht dem Ingenieur/Architekt ein erhöhter Honoraranspruch in Form des sog. »Umbauzuschlages« bzw. »Modernisierungszuschlages« zu. Dieser Zuschlag für Umbauten und Modernisierungen ist in folgenden Vorschriften der HOAI geregelt:

| | |
|---|---|
| Objektplanung Gebäude | § 24 HOAI |
| Ingenieurbauwerke und | |
| Verkehrsanlagen | § 59 HOAI |
| Tragwerksplanung (nur | |
| Umbauzuschlag) | § 66 Abs. 5, 6 HOAI |
| Technische Ausrüstung | § 76 HOAI. |

Diese Regelungen sind abschließend, d.h., eine darüber hinausgehende entsprechende Anwendung auf andere Leistungsbilder ist unzulässig.

Der Ingenieur/Architekt hat einen **Rechtsanspruch** auf Vereinbarung eines Zuschlages. Die Höhe des Zuschlages ist insbesondere abhängig vom Schwierigkeitsgrad der zu erbringenden Leistungen. So kann etwa bei Gebäuden mit durchschnittlichem Schwierigkeitsgrad (dies entspricht der Honorarzone III) ein Zuschlag zwischen 20 und 33 v.H. vereinbart werden. Fehlt es an einer schriftlichen Vereinbarung, so gilt ab durchschnittlichem Schwierigkeitsgrad ein Zuschlag von 20 v.H. als vereinbart. Bei unterdurchschnittlicher Schwierigkeit der zu erbringenden Leistungen (Honorarzone I, II) kann der Zuschlag auch unter 20 v.H. liegen. Der Ingenieur/Architekt hat aber auch bei unterdurchschnittlichem Schwierigkeitsgrad einen Rechtsanspruch auf einen angemessenen Zuschlag.

---

**Praxishinweis**

*Ein Umbauzuschlag/Modernisierungszuschlag sollte der Höhe nach im Ingenieurvertrag vereinbart werden. Bei Planungsleistungen der Honorarzone I, II erspart sich der Ingenieur durch eine solche Vereinbarung künftige Streitigkeiten über die angemessene Höhe des Zuschlages. Bei Leistungen ab durchschnittlichem Schwierigkeitsgrad (Honorarzone III und höher) sollte der Ingenieur im Ingenieurvertrag einen Zuschlag vereinbaren, der über dem Mindestzuschlag von 20 v.H. liegt.*

### 6.10.3 Instandhaltungen und Instandsetzungen

**Instandsetzungen** sind gem. § 3 Ziffer 10 HOAI »Maßnahmen zur Wiederherstellung des zum bestimmungsgemäßen Gebrauch geeigneten Zustandes (Soll-Zustandes) eines Objektes«. Keine Instandsetzungen sind Wiederaufbauten oder Modernisierung. I.d.R. wird es sich bei der Instandsetzung um die Behebung von baulichen Mängeln handeln.

**Instandhaltungen** sind gem. § 3 Ziffer 11 HOAI »Maßnahmen zur Erhaltung des Soll-Zustandes eines Objektes«. Von einer Instandhaltung spricht man daher, wenn vorbeugende Maßnahmen zur Bewahrung des Soll-Zustandes eines Objektes durchgeführt werden.

Liegen Maßnahmen der Instandhaltung oder der Instandsetzung vor, so **können** die Vertragsparteien eine Erhöhung des vom-Hundert-Satzes der Leistungsphase 8 (Bauüberwachung) um bis zu 50 v.H. vereinbaren. Diese Honorarvereinbarung muß schriftlich bei Auftragserteilung getroffen werden. Sie ist nicht nachholbar.

---

**Praxishinweis**

*Dem Ingenieur ist bei der Durchführung von Instandhaltungen oder Instandsetzungen nachdrücklich zu empfehlen, schriftlich bei Auftragserteilung eine Erhöhung des vom-Hundert-Satzes der Leistungsphase 8 zu vereinbaren. Versäumt er dies, besteht kein Honorarerhöhungsanspruch.*

---

Die HOAI sieht in folgenden Vorschriften Bestimmungen zur Honorarerhöhung bei Instandhaltungen/Instandsetzungen vor:

Objektplanung Gebäude
  § 27 HOAI
Ingenieurbauwerke, Verkehrsanlagen
  § 60 HOAI
Technische Ausrüstung
  §§ 69 Abs. 7, 27 HOAI.

---

**Praxishinweis**

*Bei Ingenieurbauwerken und Verkehrsanlagen kann eine Erhöhung des vom-Hundert-Satzes für die Leistungsphase 8 des § 55 HOAI **und** des Betrages für die örtliche Bauüberwachung nach § 57 HOAI vereinbart werden.*

---

### 6.10.4 Einzelleistungen

§ 19 HOAI bietet die Möglichkeit einer Erhöhung der vom-Hundert-Sätze, wenn **die Vorplanung (Leistungsphase 2), Entwurfsplanung (Leistungsphase 3) oder Objektüberwachung (Leistungsphase 8)** als **Einzelleistung** beauftragt wird. Unter Einzelleistung ist der isolierte Einzelauftrag zu verstehen.

---

**Beispiel**

*Der Auftraggeber hat noch keine konkrete Bauabsicht, da die Finanzierung noch nicht feststeht. Zur Vorbereitung der Finanzierungsverhandlungen mit seiner Bank möchte er eine Vorplanung durchgeführt haben. Hierfür vergibt er einen Auftrag an den Architekten/Ingenieur.*

---

Zweck der Vorschrift des § 19 HOAI ist es, eine angemessene Vergütung für den erhöhten Aufwand des Architekten/Ingenieurs bei Durchführung der Einzelleistung zu erreichen.

Eine Honoraranpassung für Einzelleistungen sehen folgende Vorschriften der HOAI vor:

- Objektplanung Gebäude, Freianlagen, raumbildende Ausbauten
  § 19 HOAI
- Flächennutzungsplan
  § 37 Abs. 4 HOAI
- Bebauungsplan
  § 40 Abs. 1 Satz 3 HOAI
- Landschaftsplan
  § 45a Abs. 4 HOAI
- Grünordnungsplan
  § 46 Abs. 3 HOAI
- Ingenieurbauwerke und Verkehrsanlagen
  § 58 HOAI
- Technische Ausrüstung
  § 75 HOAI.

### 6.10.5 Mehrere Vorplanungen und Entwurfsplanungen

Werden für dasselbe Gebäude auf Veranlassung des Auftraggebers mehrere Vor- oder Entwurfsplanungen nach grundsätzlich verschiedenen Anforderungen gefertigt, so kann der Ingenieur/Architekt gem. § 20 HOAI für die umfassendste Vor- oder Entwurfsplanung die vollen vom-Hundert-Sätze dieser Leistungsphase und für jede andere Vor- oder Entwurfsplanung die Hälfte dieser vom-Hundert-Sätze berechnen. Der

Anspruch auf Erhalt des Wiederholungshonorars setzt folgendes voraus:

- Mehrere Vor- und/oder Entwurfsplanungen,
- für dasselbe Gebäude,
- auf Veranlassung des Auftraggebers,
- grundsätzlich verschiedene Anforderungen an die Planung.

Liegen diese Voraussetzungen vor, so ist voll zu vergüten die »umfassendste Planung«. Die umfassendste Planung ist diejenige, die die höchsten anrechenbaren Kosten beinhaltet.[43] Für jede weitere Vor- oder Entwurfsplanung kann die Hälfte der vom-Hundert-Sätze der jeweiligen Leistungsphase (d. h. also für die Vorplanung: 3,5 v. H.; für die Entwurfsplanung 5,5 v. H.) verlangt werden.

Das Wiederholungshonorar gem. § 20 HOAI muß nicht gesondert vereinbart werden. In Höhe der Mindestsätze entsteht es automatisch. In den Fällen, in denen die Mindestsätze überschritten werden sollen, ist auch hier eine schriftliche Honorarvereinbarung bei Auftragserteilung erforderlich.

§ 20 HOAI gilt unmittelbar für die

- Objektplanung Gebäude

und sinngemäß für

- Ingenieurbauwerke und Verkehrsanlage
  § 52 Abs. 8 HOAI
- Technische Ausrüstung
  § 69 Abs. 7 HOAI.

### 6.10.6 Auftrag über mehrere gleiche, spiegelgleiche oder gleichartige Objekte

Erhält der Ingenieur einen Auftrag für mehrere Objekte, die gleich, spiegelgleich oder im wesentlichen gleichartig sind, so tritt unter den folgenden drei Voraussetzungen eine Honorar-Minderung ein:

(1) Die Objekte sind **gleich,** d. h., sie werden nach einem identischen Entwurf ausgeführt. Oder aber die Objekte sind **spiegelgleich.** Oder aber die Objekte sind **im wesentlichen gleichartig;** dies ist der Fall, wenn Grundriß und Tragwerk nicht wesentlich geändert sind.

---

**Beispiel**

*Im wesentlichen gleichartig sind Gebäude gleichen Grundtyps, die im Bereich der Giebelfenster und in der Lage der Garagen voneinander abweichen.*[44])

---

Den vorgenannten Objekten werden gleichgestellt: **Gebäude nach Typenplanung oder Serienbauten.**

(2) Weitere Voraussetzung ist, daß die Objekte entweder im zeitlichen oder im örtlichen Zusammenhang errichtet werden. »Zeitlicher Zusammenhang« bedeutet nicht zeitgleich. Ein **zeitlicher** Zusammenhang liegt vielmehr vor, wenn ein Teil der Leistungen des Auftragnehmers an einem Objekt mit einem Teil der Leistungen an dem anderen Objekt zusammenfällt. Für den **örtlichen** Zusammenhang ist ein Indiz, daß eine einheitliche Planung und Bauüberwachung möglich ist.

(3) Die Objekte müssen unter gleichen baulichen Verhältnissen errichtet werden. Daran kann es beispielsweise fehlen, wenn ungleiche Bodenbedingungen abweichende Gründungsmaßnahmen erfordern.[45])

Liegen die vorgenannten Voraussetzungen vor, so wird das Honorar des Ingenieurs/Architekten wie folgt gestuft:

* Für das **erste Objekt** erhält der Ingenieur/Architekt das **volle Honorar,**
* Für die erste bis vierte Wiederholung (Objekt 2–5) werden die vom-Hundert-Sätze der Leistungsphasen 1 bis 7 um 50 % gemindert.
* Ab der fünften Wiederholung (Objekt 6 ff.) werden die vom-Hundert-Sätze der Leistungsphasen 1 bis 7 um 60 % gemindert.

Die zentrale Vorschrift für die Honorarminderung bei mehreren gleichen/spiegelgleichen/gleichartigen Objekten findet sich in **§ 22 HOAI.** Diese Sonderregelung betrifft die Objektplanung **Gebäude.**

§ 22 HOAI gilt sinngemäß für

* Ingenieurbauwerke und Verkehrsanlagen § 52 Abs. 8 HOAI
* Technische Ausrüstung § 69 Abs. 7 HOAI
* Wärmeschutz § 78 Abs. 4 HOAI
* Bauakustik § 81 Abs. 7 HOAI
* Raumakustische Planung und Überwachung § 86 Abs. 2 HOAI.

Ferner sieht § 66 HOAI für die Tragwerksplanung eine dem § 22 HOAI teilweise entsprechende Sonderregelung vor.

# 6.11 Die Kosten-ermittlungsarten

Der Ingenieur/Architekt hat zur Kostener-mittlung entsprechend der von ihm zu er-bringenden Leistungsphasen **vier Kosten-ermittlungen** durchzuführen. Dieses in der HOAI festgeschriebene Prinzip einer pha-senweisen Kostenermittlung dient dem Schutz des Auftraggebers. Der Auftraggeber soll in jeder Phase ein dem Leistungsfort-schritt angepaßtes Bild der Kostensituation erhalten.[46]

Die HOAI schreibt folgende Kostenermitt-lungsarten vor:[47]

---

**Kostenschätzung**
Überschlägige Vorausschätzung der Kosten anhand von Erfahrungswerten

**Kostenberechnung**
Genauere Ermittlung der Kosten aufgrund der bei der Entwurfsbearbeitung erhobe-nen Mengen und der zugehörigen Einzel-kosten.

**Kostenanschlag**
Fortschreibung der Kostenberechnung auf-grund der eingegangenen Unternehmeran-gebote oder aufgrund aktueller vergleich-barer Angebote.

**Kostenfeststellung**
Tatsächliche Herstellungskosten ermittelt anhand der Gesamtabrechnung

---

Die vorgenannten Kostenermittlungen sind zentrale Leistungen des Ingenieurs/Archi-tekten. Werden diese nicht durchgeführt, kann dies zu Honorarabzügen führen. Auch kann dies die Prüffähigkeit der Schlußrech-nung berühren, so daß das Schlußhonorar nicht fällig wird.

---

**Praxishinweis**

*Dem Ingenieur wird nachdrücklich empfohlen, sämtliche vier Kostenermittlungen zeitgerecht und nach den Vorgaben der **DIN 276 i.d.F. vom April 1981** durchzuführen.[48] Nach der HOAI hat der Ingenieur nach wie vor die DIN 276 in der Fassung vom April 1981 an-zuwenden, denn nur auf diese Fassung der DIN 276 verweist die HOAI. Die Neufassung der DIN 276 vom Juni 1993 wurde in der 5. HOAI-Novelle, die am 01. 01. 1996 in Kraft trat, nicht berücksichtigt.*

---

Für die Kostenermittlung schreibt die HOAI in den meisten Leistungsbildern die Anwen-dung der DIN 276 vor:

- Gebäude, Freianlage, Raumbildende Aus-bauten
  § 10 Abs. 2 HOAI
- Tragwerksplanung
  § 62 Abs. 2 HOAI
- Technische Ausrüstung
  § 69 Abs. 3 HOAI
- Wärmeschutz
  § 78 Abs. 2, § 10 Abs. 2 HOAI
- Bauakustik
  § 61 Abs. 4, § 10 Abs. 2 HOAI
- Raumakustik
  § 86 Abs. 4, § 10 Abs. 2 HOAI
- Entwurfsvermessung
  § 97 Abs. 2 HOAI
- Bauvermessung
  § 98 Abs. 2 HOAI

Für Ingenieurbauwerke/Verkehrsanlagen sieht die entsprechende Vorschrift des § 52 Abs. 2 HOAI **keinen Verweis** auf die DIN 276 vor. Lediglich für die nicht anrechen-baren Kosten für Grundleistungen bei Inge-nieurbauwerken/Verkehrsanlagen bedarf es gem. § 52 Abs. 6 , Abs. 7 HOAI eines Rück-griffs auf die Kostengruppen der DIN 276.

Die einzelnen Kostenermittlungsarten sind in folgenden Leistungsphasen zu erbringen:

> **Kostenschätzung**
> Leistungsphase 2: Vorplanung
> **Kostenberechnung**
> Leistungsphase 3: Entwurfsplanung
> **Kostenanschlag**
> Leistungsphase 7:
> Mitwirkung bei der Vergabe
> **Kostenfeststellung**
> Leistungsphase 8:
> Objektüberwachung/Bauoberleitung

Wird der Ingenieur/Architekt **nicht mit sämtlichen Leistungsphasen beauftragt oder** wird der Auftrag durch Kündigung oder Aufhebungsvertrag **vorzeitig beendet,** so erfolgt für die Kostenermittlung jeweils ein Rückgriff auf die vorangegangene Kostenermittlungsart. Hierfür sind folgende Ablaufschemata maßgebend:

*Objektplanung Gebäude,*
*Freianlagen und raumbildende Ausbauten*
*(§ 10 Abs. 2 HOAI):*

- Für die Leistungsphasen 1 bis 4 nach der Kostenberechnung, solange diese nicht vorliegt, nach der Kostenschätzung und
- für die Leistungsphasen 5 bis 7 nach dem Kostenanschlag, solange dieser nicht vorliegt, nach der Kostenberechnung und
- für die Leistungsphasen 8 und 9 nach der Kostenfeststellung, solange diese nicht vorliegt, nach dem Kostenanschlag.

*Ingenieurbauwerke und Verkehrsanlagen*
*(§ 52 Abs. 2 HOAI)*

- Für die Leistungsphasen 1 bis 4 nach der Kostenberechnung, solange diese nicht vorliegt oder wenn die Vertragsparteien dies bei Auftragserteilung schriftlich vereinbaren, nach der Kostenschätzung und

- für die Leistungsphasen 5 bis 9 nach der Kostenfeststellung, solange diese nicht vorliegt oder wenn die Vertragsparteien dies bei Auftragserteilung schriftlich vereinbaren, nach der Kostenberechnung.

*Technische Ausrüstung*
*(§ 69 Abs. 3 HOAI)*

- Für die Leistungsphasen 1 bis 4 nach der Kostenberechnung, solange diese nicht vorliegt, nach der Kostenschätzung und
- für die Leistungsphasen 5 bis 7 nach dem Kostenanschlag, solange dieser nicht vorliegt, nach der Kostenberechnung, und
- für die Leistungsphasen 8 bis 9 nach der Kostenfeststellung, solange diese nicht vorliegt, nach dem Kostenanschlag.

*Tragwerksplanung für Gebäude*
*(§ 62 Abs. 2 HOAI)*

- Für die Leistungsphasen 1 bis 3 nach der Kostenberechnung, solange diese nicht vorliegt, nach der Kostenschätzung und
- für die Leistungsphasen 4 bis 6 nach der Kostenfeststellung, solange diese nicht vorliegt, nach dem Kostenanschlag.

> **Praxishinweis**
>
> *Die Vertragsparteien können bei Auftragserteilung eine abweichende Zuordnung schriftlich vereinbaren.*

*Tragwerksplanung für Gebäude*
*(§ 62 Abs. 5 HOAI)*

- Für die Leistungsphasen 1 bis 6 nach der Kostenfeststellung, solange diese nicht vorliegt oder wenn die Vertragsparteien dies bei der Auftragserteilung schriftlich vereinbaren, nach dem Kostenanschlag.

# 6.12 Zahlungen und Rechnungsstellungen

Es ist begrifflich zu unterscheiden zwischen der **Abschlagszahlung** und der **Schluß-zahlung.** Dementsprechend stellt der Ingenieur Abschlagsrechnungen und eine Schlußrechnung.[49])

## 6.12.1 Abschlagszahlungen

Gem. § 8 Abs. 2 HOAI können Abschlags-zahlungen in angemessen zeitlichen Ab-ständen für nachgewiesene Leistungen gefordert werden. Die **Fälligkeit** von Ab-schlagszahlungen setzt folgendes voraus:

- Die Leistungen, auf die sich die Ab-schlagsrechnung bezieht, müssen **nach-gewiesen** werden. In der Praxis wird es regelmäßig genügen, daß der Ingenieur den Auftraggeber in groben Zügen über den Stand der Leistungen unterrichtet. Auf Verlangen des Auftraggebers sind Belege (etwa Pläne und Berechnungen) vorzule-gen.
- Ferner sind Abschlagsrechnungen in **an-gemessenen zeitlichen Abständen** zu stellen. Hiermit ist in erster Linie gemeint, daß zwischen den einzelnen Abschlags-rechnungen ein nennenswerter Leistungs-fortschritt des Auftragnehmers vorliegt. Es sollen zu häufige Kleinst-Forderungen ver-mieden werden. Feste Regeln für die Ab-stände von Abschlagszahlungen existie-ren nicht; letztlich hängt die Entscheidung von der Größe des Projektes ab. Als Grob-regel kann festgehalten werden, daß klei-nere Leistungsphasen in den Abschlags-rechnungen zusammengefaßt werden. Für arbeitsintensive Leistungsphasen können gesonderte Abschlagsrechnungen gestellt werden.

- Die Abschlagsrechnung muß ein **eindeu-tiges Zahlungsverlangen** enthalten und dem Auftraggeber zugehen. Für den Zu-gang ist der Ingenieur beweispflichtig.

| **Praxishinweis** |
|---|
| *Für die Rechnungsstellung wird empfohlen, das Zahlungsziel dem Kalender nach zu bestimmen. D. h., es muß ein konkretes Datum benannt werden. Nur dadurch wird der andere Vertragspartner in Verzug gesetzt. Die häufig in Rechnungen zu findende Formu-lierung »Zahlung innerhalb von 14 Tagen« ist hier wenig hilfreich und sollte vermieden werden.* |

Die Abschlagsrechnung entfaltet – anders als möglicherweise die Honorarschlußrech-nung – keinerlei Bindungswirkung für den Ingenieur.

Die Erteilung von Teilschlußrechnungen ist nur bei entsprechenden vertraglichen Ver-einbarungen möglich.[50])

## 6.12.2 Die Honorarschlußrechnung

### 6.12.2.1 Die Prüffähigkeit der Schlußrechnung

Besondere Schwierigkeiten bereitet dem Ingenieur in der Praxis die Erstellung einer **prüffähigen** Honorarschlußrechnung. Eine Hilfestellung bieten hier die im Handel erhältlichen EDV-Programme zur Honorarabrechnung. Die Verwendung eines solchen Programms stellt zumindest sicher, daß die erforderlichen Mindestangaben für die Prüffähigkeit der Honorarabrechnung benannt werden.

Eine nichtprüffähige Schlußrechnung hat gem. § 8 Abs. 1 HOAI zur Konsequenz, daß das Honorar nicht fällig wird. Eine entsprechende Honorarklage würde als derzeit unbegründet abgewiesen. Allerdings hat der Ingenieur die Möglichkeit, bis zum Schluß der letzten mündlichen Verhandlung die Prüffähigkeit der Rechnung noch herzustellen.

Zur Prüffähigkeit einer Schlußrechnung gibt es mittlerweile eine umfangreiche Rechtsprechung, die hier im Detail nicht dargestellt werden kann. Die nachfolgenden Ausführungen sollen – checklistenartig – Orientierungshilfen für die Praxis bieten:

*Prüffähigkeit bei Pauschalhonorarvereinbarung*

Die Schlußabrechnung eines Pauschalhonorars ist unproblematisch. Erforderlich ist, daß der Ingenieur in dieser Schlußrechnung das Pauschalhonorar benennt, die bereits erbrachten Abschlagszahlungen einzeln aufführt und sodann die Differenz ausweist. Ferner ist die Umsatzsteuer gesondert aufzuführen. Weitere Angaben (etwa zu den anrechenbaren Kosten, der Honorar-

zone etc.) sind bei einer wirksamen Pauschalhonorarvereinbarung für eine prüffähige Schlußrechnung nicht erforderlich.[51]

---

**Checkliste:**
**Inhalt der Schlußhonorarrechnung**
**bei Pauschalhonorarvereinbarung**

1. Benennung des Pauschalhonorarbetrages
2. Einzelaufstellung der bereits erbrachten Abschlagszahlungen
3. Bezifferung des verbleibenden Differenzbetrages
4. Ausweisung der Mehrwertsteuer

---

**Praxishinweis**

*Strengere Prüfbarkeitskriterien gelten bei einem gekündigten Pauschalhonorarvertrag. Hier muß der Auftraggeber der Honorarschlußrechnung entnehmen können, welche Leistungen erbracht worden sind und welcher Anteil des Pauschalhonorars hierfür berechnet wird.[52]*

*Prüffähige Schlußrechnung bei Berechnungshonorar*

Eine Honorarschlußrechnung muß regelmäßig folgenden Inhalt haben:

---

**Checkliste:**
**Prüffähige Honorarschlußrechnung bei Berechnungshonorar**
**(am Beispiel Objektplanung Gebäude)**

1. Objektbezeichnung und Vertragsgrundlage
2. Leistungsbild (z.B. § 15 HOAI)
3. Ermittlung der anrechenbaren Objektkosten (z.B. nach § 10 Abs. 2 HOAI):
   - Für die Leistungsphasen 1 bis 4 nach der Kostenberechnung,
   - für die Leistungsphasen 5 bis 7 nach dem Kostenanschlag,
   - für die Leistungsphasen 8 und 9 nach der Kostenfeststellung
4. Bezeichnung der Honorarzonen unter Angabe der maßgeblichen Vorschriften und ggf. der Bewertungsmerkmale (wenn die Zuordnung nicht eindeutig ist), z.B. nach §§ 11 ff. HOAI
5. Honorarsatz
6. Auflistung der erbrachten Leistungsphasen unter Angabe der jeweiligen vom-Hundert-Sätze
7. Benennung ggf. ausgeführter Besonderer Leistungen
8. Berechnung und Benennung von Zuschlägen und Honorarminderungen (z.B. gem. den §§ 11, 20, 24, 27 HOAI)
9. Ggf. die Berechnung von Zeithonoraren gem. § 6 HOAI; aufgegliedert nach den zugrundeliegenden Leistungen
10. Bezifferung des errechneten Gesamthonorars
11. Bezifferung der Nebenkosten (als Pauschale nur bei entsprechender Vereinbarung, ansonsten Einzelnachweis)
12. Ausweisung der Mehrwertsteuer (§ 9 HOAI)
13. Berücksichtigung geleisteter Abschlagszahlung

---

Die vorstehende Checkliste dient als Orientierungshilfe. Je nach Einzelfall können weitere Angaben hinzukommen, wie etwa die Benennung eines Erfolgshonorars, eines Zusatzhonorars zur Verlängerung von Planungs- und Bauzeiten oder die Benennung zusätzlicher Leistungen gem. den §§ 28 ff. HOAI. Dies ist letztlich abhängig von den einzelnen vertraglichen Vereinbarungen.

Eine Honorarschlußrechnung könnte etwa wie folgt gegliedert werden:

Ingenieurbüro Plangut mbH
(Anschrift)                                                                      Köln, den 01. 10. 1997

An die Firma Invest GmbH
(Anschrift)

**Bauvorhaben: Wohnhaus Lilienweg 1 in Bielefeld**
Objektplanung Gebäude

**Honorarschlußrechnung**

Gem. Honorarvereinbarung vom 10. 12. 1996 berechnen wir Ihnen für

**Leistungsbild:** Objektplanung gem. § 15 HOAI
**Honorarzone:** III gem. §§ 11, 12 HOAI
**Gebührensatz:** Mindestsatz nach Honorartafel zu § 16 Abs. 1 HOAI
**Anrechenbare Kosten** nach § 10 Abs. 2 HOAI:
– Für Leistungsphasen 1 bis 4 gem. Kostenberechnung (Anlage 1)    DM _____
– Für Leistungsphasen 5 bis 7 gem. Kostenanschlag (Anlage 2)      DM _____
– Für Leistungsphasen 8 bis 9 gem. Kostenfeststellung (Anlage 3)  DM _____

| Erbrachte Leistungen (gem. § 15 Abs. 1 HOAI) | |
|---|---|
| Grundlagenermittlung | 3% |
| Vorplanung | 7% |
| Entwurfsplanung | 11% |
| Genehmigungsplanung | 6% |
| Ausführungsplanung | 25% |
| Vorbereitung der Vergabe | 10% |
| Mitwirkung bei der Vergabe | 4% |
| Objektüberwachung | 31% |
| Objektbetreuung | 3% |
| Summe | 100% |

**Honorarermittlung:**
**– Leistungsphasen 1 bis 4**
  Anrechenbare Kosten:                        DM _____
  Gebührensatz nach § 16 HOAI 100% =                                 DM _____
  hiervon 27% =                                                      DM _____
**– Leistungsphasen 5 bis 7**
  Anrechenbare Kosten:                        DM _____
  Gebührensatz nach § 16 HOAI 100% =                                 DM _____
  hiervon 39% =                                                      DM _____
**– Leistungsphasen 8 bis 9**
  Anrechenbare Kosten:                        DM _____
  Gebührensatz nach § 16 HOAI 100% =                                 DM _____
  hiervon 34% =                               DM _____
**Nebenkosten (pauschal 8% gem. Honorarvereinbarung)**                **DM** _____
Summe                                                                **DM** _____
zzgl. Umsatzsteuer                                                   **DM** _____
**Rechnungssumme gesamt:**                                           **DM** _____

Köln, den _____
(Unterschrift)

Hinzuweisen ist darauf, daß die Prüffähigkeit einer Schlußrechnung nicht zu verwechseln ist mit der Richtigkeit der Honorarrechnung. Eine prüffähige Schlußrechnung kann durchaus sachlich und rechnerisch falsch sein. Eine sachlich und rechnerisch richtige Schlußrechnung kann umgekehrt – wegen Fehlens einer Mindestangabe – nicht prüffähig sein.

### 6.12.2.2 Die Bindungswirkung der Honorarschlußrechnung

Nach der Rechtsprechung entfaltet die Honorarschlußrechnung eine Bindungswirkung.[53] Dies bedeutet, daß grundsätzlich Nachforderungen des Ingenieurs über die Schlußrechnung hinaus infolge der Bindungswirkung ausgeschlossen sind. In neueren Entscheidungen hat der Bundesgerichtshof diese Bindungswirkung gelockert.[54] Entscheidend ist, ob die Rechnung einen Vertrauenstatbestand für den Auftraggeber geschaffen hat und dieser im Vertrauen hierauf disponiert hat.[55] Es sind im Einzelfall die Interessen des Ingenieurs/Architekten und diejenigen des Auftraggebers zu prüfen und gegeneinander abzuwägen. In Ausnahmefällen kann dies dazu führen, daß der Ingenieur nicht an eine einmal gestellte Schlußrechnung gebunden ist.

---

**Beispiel**

*Der Ingenieur/Architekt hat sich offensichtlich verrechnet, und der Auftraggeber hätte dies erkennen müssen. Hier kann der Ingenieur/ Architekt eine korrigierte Honorarschlußrechnung stellen, ohne daß sich der Auftraggeber auf die Bindungswirkung der Erst-Schlußrechnung berufen kann.*

---

**Praxishinweis**

*Die Bindungswirkung der Schlußrechnung besteht nach wie vor. Die Rechtsprechung hat sie lediglich geringfügig gelockert. Es ist daher dem Ingenieur dringend anzuraten, Honorarschlußrechnungen und Teilschlußrechnung sorgfältig zu bearbeiten. Ein »Nachschieben« von in der Schlußrechnung nicht berücksichtigter Positionen ist wegen der Bindungswirkung der Schlußrechnung in aller Regel nicht mehr möglich.*

## 6.13  Die Verjährung des Honoraranspruchs

**Was bedeutet Verjährung?**

Der Auftraggeber hat nach Ablauf der Verjährungsfrist das Recht, die Honorarzahlung zu verweigern. Die Verjährung wird bei Gericht nicht von Amts wegen berücksichtigt. Vielmehr muß der Auftraggeber ausdrücklich die »Einrede der Verjährung« geltend machen. Er muß sich also auf die Verjährung berufen. Wird die Verjährungseinrede von dem Auftraggeber nicht erhoben, was in der Praxis allerdings selten vorkommt, so muß der Auftraggeber trotz eingetretener Verjährung zahlen.

**Wann beginnt und wie lange dauert die Verjährungsfrist?**

Die Verjährungsfrist für den Honoraranspruch des Ingenieurs/Architekten beträgt gem. § 196 Nr. 7 BGB **zwei Jahre.**[56)]

Die Zwei-Jahres-Frist beginnt gem. den §§ 198, 201 BGB **mit dem Schluß des Jahres,** in dem die Forderung entstanden ist. Die Forderung entsteht, wenn die Leistung vertragsgemäß erbracht und die Schlußrechnung überreicht worden ist.

---

**Beispiel**

*Der Bauingenieur überreicht für die von ihm erbrachten Leistungen am 01. 07. 1996 die Schlußrechnung. Die zweijährige Verjährungsfrist beginnt in diesem Fall am 31. 12. 1996 (24.00 Uhr) und endet am 31. 12. 1998 (24.00 Uhr).*

---

Die Schlußrechnung, die die Verjährungsfrist beginnen läßt, muß grundsätzlich prüffähig sein. Der Ingenieur, der sich darauf be-

ruft, daß die von ihm gestellte Schlußrechnung nicht prüffähig sei und deshalb die Verjährung noch nicht eingetreten sei, geht allerdings ein hohes Risiko ein. Hat nämlich der Auftraggeber die fehlende Prüffähigkeit nicht gerügt und darauf vertraut, daß die Forderung verjährt ist, so tritt die Verjährung auch bei nicht prüffähiger Rechnung ein.

Bei **vorzeitiger Beendigung** eines Ingenieur-/Architektenvertrages (etwa durch Kündigung) beginnt die Verjährungsfrist **nicht** bereits mit dem Zeitpunkt des **Zugangs** der Kündigung. Auch hier ist Voraussetzung für den Fristbeginn, daß eine prüffähige Schlußrechnung durch den Auftragnehmer vorgelegt wird.

Legt der Ingenieur keine Schlußrechnung vor, so kann der Auftraggeber nicht – wie gegenüber dem Bauunternehmer gem. § 14 Nr. 4 VOB/B – die Schlußrechnung selbst auf Kosten des säumigen Ingenieurs aufstellen und damit die Verjährung des Vergütungsanspruchs in Gang setzen.[57)] Der Auftraggeber ist allerdings nicht schutzlos. Er kann vielmehr dem mit der Schlußrechnung säumigen Ingenieur eine angemessene Frist zur Rechnungsstellung setzen. Erstellt der Ingenieur sodann innerhalb der gesetzten Frist nicht die Schlußrechnung, so kann dies dazu führen, daß er sich hinsichtlich der Verjährung seines Honoraranspruchs gem. den §§ 162 Abs. 1, 242 BGB so behandeln lassen muß, als sei die Schlußrechnung innerhalb angemessener Frist erteilt worden.[58)]

**Wann verjähren Abschlagsrechnungen?**

Die Verjährung von Abschlagsforderungen ist in der Rechtsprechung noch nicht abschließend geklärt. Nach wohl herrschender Auffassung verjähren Abschlagszahlungsansprüche jeweils selbständig in zwei Jahren.[59]) Auch hier beginnt die zweijährige Verjährungsfrist mit dem Schluß des Jahres, in dem die Abschlagsforderung fällig wird. Entscheidend ist hierfür regelmäßig der Zeitpunkt des Zuganges der Abschlagsrechnung bei dem Auftraggeber.

Übergibt der Ingenieur dem Auftraggeber eine Schlußrechnung, in der auch die Abschlagsforderungen eingestellt sind, so tritt eine selbständige Verjährung der Abschlagsforderungen jedenfalls dann nicht ein, wenn die Schlußrechnung vor Verjährung der Abschlagsforderung bei dem Auftraggeber eingegangen ist.[60])

### Wann tritt eine Unterbrechung oder Hemmung der Verjährung ein?

Eine Verlängerung der Verjährungsfrist tritt in bestimmten Fällen kraft Gesetzes ein.

Die **Hemmung** der Verjährung bedeutet gem. § 205 BGB, daß der Zeitraum, währenddessen die Verjährung gehemmt ist, in die Verjährungsfrist nicht eingerechnet wird. Dieser Zeitraum bleibt somit bei der Berechnung der Verjährungsfrist unberücksichtigt. Der in der Praxis wichtigste Fall ist die sog. »Forderungsstundung«; d.h., der Auftragnehmer trifft mit dem Auftraggeber nach Verjährungsbeginn eine Vereinbarung dahingehend, daß die Fälligkeit des Anspruchs hinausgeschoben wird.

Die **Unterbrechung** der Verjährung hat gem. § 217 BGB zur Folge, daß die bis zur Unterbrechung verstrichene Zeit außer Betracht bleibt; d.h., die volle Verjährungsfrist beginnt nach Beendigung der Unterbrechungswirkung erneut zu laufen. Das Gesetz sieht insbesondere folgende Unterbrechungsgründe vor:

- Anerkenntnis des Honoraranspruchs durch den Auftraggeber (§ 208 BGB),
- gerichtliche Geltendmachung des Honoraranspruchs durch Klageerhebung,
- Zustellung eines Mahnbescheides,
- Aufrechnung im Prozeß oder Streitverkündung (§ 209 BGB).

---

**Praxishinweis**

*Droht eine Verjährung des Honoraranspruchs, so muß der Bauingenieur dafür Sorge tragen, daß durch gerichtliche Zustellung eines Mahnbescheides oder durch Klageerhebung die Verjährungsfrist unterbrochen wird. Eine bloße Mahnung unterbricht die Verjährung nicht!*

[1]) Motzke/Wolff, Praxis der HOAI, 2. Auflage, 1995
[2]) Pott/Dahlhoff/Kniffka HOAI, 7. Auflage, 1996
[3]) vgl. einige Online-Anbieter für architekten- und ingenieurspezifische Informationen und Beratungsdienstleistungen, Abschnitt 1.7, S. 38 ff.
[4]) BGH, Urt. v. 22. 05. 1997-VII ZR 290/95
[5]) OLG Düsseldorf, Urt. v. 16. 02. 1995- 5 U 252/93, OLG-Rp Düsseldorf 1995, 131-132, BauR 1995, 589-590, NJW-RR 1996, 269-271, IBR 1996, 125; vgl. Morlock IBR 1996, 125
[6]) OLG Frankfurt NJW-RR 1993, 1305
[7]) Beispiel: Das Gutachten eines gerichtlich bestellten Sachverständigen im Rahmen eines selbständigen Beweisverfahrens
[8]) Pott/Dahlhoff/Kniffka, HOAI, 7. Auflage, § 1 Rdn. 3b
[9]) Pott/Dahlhoff/Kniffka, HOAI, 7. Auflage, § 1 Rdn. 3
[10]) vgl. die Beispiele bei Locher/Koeble/Frik, HOAI, § 1 Rdn. 3
[11]) BGH BauR 1991, 641
[12]) vgl. LG Nürnberg-Fürth BauR 1993, 105
[13]) vgl. hierzu auch: Hesse/Korbion/Mantscheff/Vygen, HOAI 5. Auflage, § 4a Rdn. 26
[14]) siehe hierzu auch die Ausführungen und das Beispiel in Abschnitt 4.6.3, § 6, S. 157
[15]) siehe hierzu die Ausführungen und das Formulierungsbeispiel in Abschnitt 4.6.3, § 2.2, S. 152 und § 5.5, S. 155
[16]) Einzelheiten hierzu in Abschnitt 6.2, S. 221 ff.
[17]) Hesse/Korbion/Mantscheff/Vygen, HOAI, 5. Auflage, § 6 Rdn. 2
[18]) Einzelheiten hierzu in Abschnitt 6.9, S. 243 ff.
[19]) Einzelheiten hierzu in Abschnitt 6.12, S. 253 ff.
[20]) anders aber bei der Kostenermittlung nach DIN 276, die die Umsatzsteuer enthalten muß. Für die anrechenbaren Kosten ist die Umsatzsteuer aus der Kostenermittlung herauszurechnen
[21]) Pott/Dahlhoff/Kniffka, HOAI, 7. Auflage, 1996, S. 979-1034 (Anhang IV)
[21a]) BGH, BauR 1997, 677 ff.
[22]) vgl. hierzu auch: Pott/Dahlhoff/Kniffka, HOAI, 7. Auflage, § 6 Rdn. 3-3c
[23]) vgl. Hesse/Korbion/Mantscheff/Vygen, HOAI, 5. Auflage, § 5 Rdn. 79
[24]) BGH, BauR 1997, 677 ff.
[24a]) BGH, BauR 1997, 679
[25]) nach BGH, BauR 1997, 677 ff., ist der Architekt/Ingenieur jedoch ggf. nach Treu und Glauben an ein von ihm angebotenes Pauschalhonorar, das die Mindestsätze unterschreitet, gebunden, wenn der Auftraggeber auf die Wirksamkeit der Honorarvereinbarung vertraut hat
[26]) Bundesrat-Drucksache 270/76, S. 9
[27]) Pott/Dahlhoff/Kniffka, HOAI, 7. Auflage 1996, § 4 Rdn. 21
[28]) Bundesrat-Drucksache 270/76, S. 9
[29]) BGH Schäfer/Finnern Z 3.01 Blatt 311
[30]) siehe hierzu auch die HOAI-Schnellübersicht in Abschnitt 6.2.1, S. 218 ff.
[31]) siehe hierzu Abschnitt 6.11, S. 251 ff.

[32]) vgl. Hesse/Korbion/Mantscheff/Vygen, HOAI, 5. Auflage 1996, § 10 Rdn. 34 mit weiteren Nachweisen
[33]) Motzke/Wolff, Praxis der HOAI, 2. Auflage 1995, S. 141; zu weiteren Berechnungsvorschlägen vgl. Bredenbeck/Schmidt BauR 1994, 67 ff.
[34]) siehe hierzu auch Locher/Koeble/Frik, HOAI, 7. Auflage, 1996, § 11 Rdn. 5
[35]) Pott/Dahlhoff/Kniffka, HOAI, 7. Auflage, 1996, Anhang III
[36]) vgl. Rusam, HOAI, Praxis bei Ingenieurleistungen, 5. Auflage, 1996, S. 43
[37]) so Hesse/Korbion/Mantscheff/Vygen, HOAI, 5. Auflage 1996, § 7 Rdn. 41
[38]) so Pott/Dahlhoff/Kniffka, HOAI, 7. Auflage 1996, § 7 Rdn. 7a
[39]) vgl. hierzu § 28 Abs. 3 BRAGO
[40]) Rusam, HOAI, Praxis bei Ingenieurleistungen, 5. Auflage, 1996, S. 47
[41]) OLG Düsseldorf BauR 1990, 640
[42]) Pott/Dahlhoff/Kniffka, HOAI, 7. Auflage, 1996, § 3 Rdn. 7
[43]) vgl. Pott/Dahlhoff/Kniffka, HOAI, 7. Auflage, 1996, § 20 Rdn. 9 mit weiteren Nachweisen
[44]) OLG Düsseldorf BauR 1982, 597
[45]) Pott/Dahlhoff/Kniffka, HOAI, 7. Auflage, 1996, § 22 Rdn. 5b
[46]) Motzke/Wolff, Praxis der HOAI, 2. Auflage 1995, S. 137
[47]) vgl. zum folgenden Rusam, HOAI, Praxis bei Ingenieurleistungen, 5. Auflage, 1996, S. 54 (Übersicht 5)
[48]) Kommentierung zur DIN 276 i. d. F. Juni 1993 bei: Weiß, Normengerechtes Bauen. Kosten, Grundflächen und Rauminhalte von Hochbauten, Köln 1995 sowie bei: Winkler, Hochbaukosten, Flächen, Rauminhalte, Kommentar zur DIN 276 und DIN 277, 9. Auflage, Wiesbaden 1996
[49]) wegen der besonderen Bedeutung gerade des § 8 HOAI geben wir nachfolgend eine Übersicht über die Rechtsprechung des Bundesgerichtshofes und der Oberlandesgerichte seit 1995.
Rechtsprechungsübersicht BGH:
BGH, Urt. v. 09. 07. 1981-VII ZR 139/80, BGHZ 81, 229-247, NJW 1981, 2351-2355, BauR 1981, 582-590, LM Nr. 17 zu AGBG mit Anmerkung Schmidt, BB 1982, 580-583, LM Nr. 1 zu HOAI, DB 1981, 2424-2426, ZfBR 1981, 232-236, LM Nr. 2 zu § 9 (Cb) AGBG mit Anmerkung Schmidt, LM Nr. 4 zu § 13 AGBG, LM Nr. 1 zu § 8 AGBG, Schaetzell BlGBW 1982, 2-4; BGH, Urt. v. 06. 05. 1985-VII ZR 320/84, BauR 1985, 484, BauR 1985, 582-584, ZfBR 1985, 222-228, DB 1986, 270, NJW 1986, 845, NJW-RR 1986, 18-19, NJW-RR 1986, 383, ZfBR 1986, 230; BGH, Urt. v. 19. 06. 1986-VII ZR 221/85, ZfBR 1986, 153, BauR 1986, 596-598, BB 1986, 2294-2295, DB 1986, 2483-2484, NJW-RR 1986, 1279-1280, ZfBR 1986, 232, Quambusch BauR 1987, 265-268, Lauer BauR 1989, 665-670; BGH, Urt. v. 01. 03. 1990-VII ZR 132/89, BauR 1990, 382-383, NJW-RR 1990, 725-726, ZfBR

1990, 189-190; vgl. aber nachfolgend BGH, Urt. v. 05. 11. 1992-VIII ZR 52/91 (Änderung der Rechtsprechung); BGH, Urt. v. 05. 11. 1992-VIII ZR 52/91, BGHZ 120, 133-141, NJW 1993, 659-661, MDR 1993, 237-238, ZfBR 1993, 66-68, BauR 1993, 236-239, LM BGB § 242 (Cd) Nr. 325 (6/1993) mit Anmerkung Koeble, NJW-RR 1993, 533, BauR 1993, 492 mit Anmerkung Locher, BB 1993, 1241-1243, JZ 1993, 898-900 mit Anmerkung Derleder, Scholtissek BauR 1993, 394-399; BGH, Urt. v. 27. 10. 1994-VII ZR 217/93, BGHZ 127, 254-262, ZfBR 1995, 5, NJW 1995, 399-401, BauR 1995, 126-129, LM HOAI Nr. 28 (4/1995) mit Anmerkung Koeble, ZfBR 1995, 73-75, IBR 1995, 64, 65 mit Anmerkungen Reineke, Rath BauR 1996, 632-640; BGH, Urt. v. 12. 10. 1995-VII ZR 195/94, IBR 1996, 25 mit Anmerkung Reineke, ZfBR 1996, 37-38, NJW-RR 1996, 145, BauR 1996, 138-139 Rechtsprechungsübersicht Oberlandesgerichte seit 1995:
OLG Hamm 12, Urt. v. 21. 04. 1995-12 U 25/94, OLG-Rp Hamm 1995, 196, IBR 1996, 155, 162 mit Anmerkungen Preussner, BauR 1996, 437; OLG Hamm, Urt. v. 12. 03. 1995-12 U 137/94, OLG-Rp Hamm 1995, 159-160, IBR 1995, 436 mit Anmerkung Weyer, NJW-RR 1996, 83-84; OLG Oldenburg, Urt. v. 17. 05. 1995-2 U 56/94, OLG-Rp Oldenburg 1995, 168-169, IBR 1995, 389 mit Anmerkung Reineke; OLG Düsseldorf, Urt. v. 09. 06. 1995-22 U 6/95, BauR 1995, 740, IBR 1995, 439, IBR 1995, 481, NJW-RR 1995, 1361-1363, IBR 1995, 526, OLG-Rp Düsseldorf 1996, 16, Anmerkungen Beigel IBR 1995, 439, 481, 526; OLG Düsseldorf, Urt. v. 23. 06. 1995-22 U 198/94, OLG-Rp Düsseldorf 1995, 206-207, IBR 1995, 388-392 mit Anmerkungen Schulze-Hagen, BauR 1995, 741, NJW-RR 1996, 84-85; OLG Hamm, Urt. v. 05. 07. 1995-12 U 112/94, IBR 1995, 484 mit Anmerkung Arneburg; OLG Düsseldorf, Urt. v. 10. 11. 1995-22 U 82/95, NJW-RR 1996, 470-471, BauR 1996, 292-293, BauR 1996, 151, IBR 1996, 203 mit Anmerkung Reineke, OLG-Rp Düsseldorf 1996, 112; OLG Düsseldorf, Urt. v. 30. 11. 1995-12 U 200/94, BauR 1996, 422-424, IBR 1996, 376, 377 mit Anmerkungen Morlock; OLG Düsseldorf, Urt. v. 12. 12. 1995-21 U 53/95, IBR 1996, 70 mit Anmerkung Schulze-Hagen, BauR 1996, 152-153, NJW-RR 1996, 404, BauR 1996, 287-288; OLG Oldenburg, Urt. v. 20. 12. 1995-2 U 167/95, OLG-Rp Oldenburg 1997, 110-111, NJW-RR 1997, 785-786; OLG Düsseldorf, Urt. v. 22. 03. 1996-22 U 219/95, IBR 1996, 337 mit Anmerkung Morlock, OLG-Rp Düsseldorf 1996, 179-180, BauR 1996, 438, NJW-RR 1996, 1109-1110, BauR 1996, 742-744; OLG Düsseldorf, Urt. v. 31. 05. 1996-22 U 237/95, IBR 1996, 430, 431 mit Anmerkungen Motzke, BauR 1996, 759, OLG-Rp Düsseldorf 1996, 251-252, NJW-RR 1996, 1421, BauR 1997, 165-167; OLG Frankfurt, Urt. v. 31. 05. 1996-12 U 168/95, IBR 1996, 520 mit Anmerkung Cuypers; OLG Düsseldorf, Urt. v. 14. 06. 1996-22 U 30/96, IBR 1996, 471,

BauR 1996, 759, NJW-RR 1996, 1421-1422, BauR 1997, 163-164; OLG Frankfurt, Urt. v. 11. 07. 1996-1 U 54/95, OLG-Rp Frankfurt 1996, 195-196, IBR 1997, 158, BauR 1997, 523; Preussner, IBR 1997, 158

[50]) BGH, Urt. v. 12. 10. 1995-VII ZR 195/94, IBR 1996, 25 mit Anmerkung Reineke, ZfBR 1996, 37-38, NJW-RR 1996, 145, BauR 1996, 138-139

[51]) OLG Hamm NJW-RR 1994, 1433

[52]) OLG Hamm BauR 1993, 633

[53]) BGH BauR 1985, 582; BGH BauR 1990, 382

[54]) BGH BauR 1993, 236; vgl. für den Tragwerksplaner OLG Düsseldorf BauR 1995, 419

[55]) vgl. BGH, Urt. 05. 11. 1992-VII ZR 50/92, BauR 1993, 239 m.w.N.

[56]) BGH BauR 1972, 321; BGH BauR 1982, 187; vgl. für Tragwerksplaner ferner BGH BauR 1983, 170 und für Bauingenieure und Gutachter OLG Hamm MDR 1974, 489

[57]) BGH BauR 1986, 596, 597

[58]) BGH BauR 1986, 596, 597/598

[59]) BGH BauR 1974, 213; OLG Köln ZfBR 1994, 20

[60]) OLG Celle BauR 1991, 371, 372

# 7 Die Haftung des Ingenieurs

Die Frage einer möglichen Haftung wird von den an einem Bauprojekt beteiligten Auftragnehmern oftmals verdrängt. Dies ist auf den ersten Blick verständlich, da gemeinsames Ziel die Erstellung eines mangelfreien Werkes ist. Doch zeigt die Praxis, daß gerade die Sensibilität für das Bestehen möglicher »Haftungsfallen« eine unabdingbare Voraussetzung ist, um Haftungsfälle zu vermeiden. Dies wiederum setzt die Kenntnis des gesetzlichen und von der Rechtsprechung weiterentwickelten Haftungssystems voraus. Haftungsfälle sind für alle an einem Bauwerk Beteiligten äußerst problematisch, denn es geht nicht allein um die schwierige Tatsachenfeststellung, in wessen Verantwortungsbereich der Baumangel fällt. Vielmehr stellen sich in diesen Konfliktfällen auch schwierige Rechtsfragen.

Die Gefahren, die für den Ingenieur damit verbunden sind, werden in der Praxis jedoch häufig dadurch abgemildert, daß – richtigerweise – die Vertragsparteien eine außergerichtliche gütliche Regelung finden. Auch wir empfehlen nachdrücklich, bei einem möglichen Haftungsfall zunächst eine gütliche Einigung zu suchen. In vielen Fällen hilft dem Ingenieur bereits der Hinweis auf sein **Nachbesserungsrecht.** Auch dient der Streitvermeidung die Einschaltung eines Schiedsrichters. Hier empfehlen wir, bei komplexen Bauvorhaben eine Schiedsgerichtsabrede in den Ingenieurvertrag aufzunehmen.

## 7.1 Überblick über das Haftungssystem des Ingenieurvertrages

Vor der Darstellung der möglichen Fehler- und Mängelformen bei der Ingenieurleistung soll zunächst ein Überblick über die Grundlagen für die Haftung des Ingenieurs und die daran anknüpfenden Rechtsfolgen gegeben werden. Der Ingenieurvertrag ist i.d.R. als Werkvertrag zu qualifizieren, so daß der Ingenieur für Mängel des von ihm erstellten Werkes nach den Vorschriften der §§ 633–635 BGB einzustehen hat. Im Rahmen seiner Herstellungspflicht, zur Erfüllung des Werkvertrages, hat der Ingenieur – der Unternehmer in der Terminologie des Werkvertrages – seine Leistung so zu erbringen, daß sie die zugesicherten Eigenschaften hat und nicht mit Fehlern behaftet ist, die den Wert oder die Tauglichkeit zu dem gewöhnlichen oder nach dem Vertrag vorausgesetzten Gebrauch aufheben oder mindern (§ 633 Abs. 1 BGB). Diese Pflicht des Unternehmers zur mangelfreien Erstellung des Werkes hat primäre Bedeutung für das Erfüllungsstadium, die Zeit vor der Abnahme. Doch wird damit auch der Zustand des Werkes beschrieben, an dem sich die Nachbesserung – als primäres Gewährleistungsrecht – und die sekundären Gewährleistungsrechte – dabei handelt es sich um Wandlung, Minderung und Schadensersatz (§§ 634, 635 BGB) – des Auftraggebers orientieren. Für die Erreichung dieses Zustandes hat der Ingenieur also im Rahmen der Haftung einzustehen. Generell wird die Haftung des Ingenieurs natürlich durch die jeweilige vertragliche Vereinbarung begrenzt.

So hat der nur mit der Planung beauftragte Ingenieur nicht für Ausführungsfehler einzustehen; der nur mit der Bauausführung beauftragte Ingenieur haftet grundsätzlich nicht für Planungsfehler.

**Zur Erfüllung des Werkvertrages** hat der Ingenieur das Werk im Rahmen seiner konkreten vertraglichen Pflichten so herzustellen, daß das Werk die **zugesicherten Eigenschaften** besitzt. Der weite Begriff der Eigenschaft umfaßt jegliche Merkmale des Werkes, die nach ihrer Art und Dauer gem. der Verkehrsanschauung einen Einfluß auf die Wertschätzung und Brauchbarkeit des Werkes haben können.[1]) Für die Zusicherung reicht das – auch stillschweigend mögliche – Versprechen des Ingenieurs, das Werk mit einer bestimmten Eigenschaft auszustatten; er muß nicht zum Ausdruck bringen, daß er beim Fehlen der Eigenschaft für alle Folgen einstehen werde.[2]) Im letzteren Fall kann aber eine unselbständige Garantie vorliegen, nach der sich der Unternehmer verpflichtet, für das Vorliegen der Eigenschaft unbedingt einzustehen, und bei Fehlen der Eigenschaft auch ohne sein Verschulden Schadensersatz zu leisten. Allerdings ist nicht in jeder allgemein gehaltenen Vertragserklärung eine Zusicherung zu sehen. Im Rahmen des Ingenieurvertrages ist insbesondere die Bezugnahme auf Regelwerke, wie DIN-Normen, im Vertrag i.d.R. keine Eigenschaftszusicherung, sondern nur eine Leistungsbeschreibung. Gleichfalls enthalten Erklärungen keine Zusicherungen von Eigenschaften, die die Verpflichtung zur Herstellung eines mangelfreien Werkes nur bekräftigen, wie z.B. das Versprechen

erster Qualität oder hervorragender Durchführung.[3])

Das Ingenieurwerk ist auch mangelhaft, wenn es mit **Fehlern** behaftet ist, die den Wert oder die Tauglichkeit zu dem gewöhnlichen oder nach dem Vertrag vorausgesetzten Gebrauch aufheben oder mindern (§ 633 Abs. 1 BGB). Der Begriff des Fehlers ist nicht rein objektiv zu verstehen, entscheidend ist vielmehr, welche Beschaffenheit des Werkes der Ingenieur auf dem Boden der werkvertraglichen Abmachungen der Parteien – daher subjektiv nach ihrem Vertrag – schuldet. Danach liegt ein Fehler vor, wenn die vom Unternehmer erbrachte Leistung von der vertraglich vorgesehenen Beschaffenheit abweicht. Der Fehler kann in den Eigenschaften des Werkes als solchem oder in seinen Beziehungen zur Umwelt liegen, die nach der Verkehrsauffassung Wert und Brauchbarkeit des Werkes unmittelbar beeinflussen.[4])

| Beispiel |
| --- |
| *Der Ingenieur erstellt eine »funktionsfähige Planung« für eine Abfalldeponie, die allerdings nach KrW/AbfG nicht genehmigungsfähig ist. Daher ist das Ingenieurwerk aufgrund seiner Beziehungen zur Umwelt fehlerhaft.* |

Ein Fehler führt nur zu einem Mangel des Werks i.S.v. § 633 Abs. 1 BGB, wenn er den **Wert oder die Tauglichkeit** des Werkes beeinträchtigt. Für den **Wert** des Werkes ist als objektivem Maßstab vom **Verkehrswert** auszugehen, es ist nicht die individuelle Wertauffassung der Vertragsparteien maßgebend. Für die Minderung oder Aufhebung der **Tauglichkeit** des fehlerhaften Werkes ist primär von dem vertraglich vorausgesetzten Gebrauch auszugehen. Die im Vertrag zum Ausdruck gekommene Zweckbestimmung ist entscheidend, und es ist auf die subjektiven Absichten der Vertragsparteien abzustellen. Falls diese nicht festgestellt werden können, ist auf den gewöhnlichen Gebrauch des Werkes abzustellen, unter dem die nach der Verkehrsanschauung übliche Benutzung des Werkes zu verstehen ist. Eine subjektive Unfähigkeit des Auftraggebers und seine persönlichen Anschauungen bleiben außer Betracht. Relevanter Zeitpunkt für die Mangelfreiheit des Werkes ist die Abnahme (§ 640 BGB).

Auch im Hinblick auf die Fehler sind grundsätzlich das Ingenieurwerk und das Bauwerk, in dem sich das Ingenieurwerk verkörpert, isoliert zu betrachten. Ein Mangel am Bauwerk ist nicht ohne weiteres gleichzusetzen mit einem Mangel am Ingenieurwerk, da es seine Ursachen z. B. auch in einer mangelhaften Bauausführung durch den Bauunternehmer haben kann.

---

### Beispiel

*Ein nur mit der Planung beauftragter Ingenieur erstellt eine Planung für eine Aufzugsanlage, die nach ihrer Realisierung aufgrund von Ausführungsmängeln des Bauunternehmers nicht funktioniert. Der Mangel liegt damit nicht beim Ingenieurwerk, sondern in der Werkleistung des Bauunternehmers.*

---

In diesem Sinne ist das Ingenieurwerk dann mangelhaft, wenn eine objektive Pflichtverletzung durch den Ingenieur vorliegt, die ursächlich für den beanstandeten Baumangel geworden ist.[5] Somit sind Baumängel, die auf mangelhafter Erfüllung der Ingenieurpflichten beruhen, zugleich Fehler des Ingenieurwerks.[6] Die **Fehler beim Ingenieurwerk** lassen sich – grob orientiert an den in den Leistungsphasen der HOAI vorgesehe-

nen Leistungen – in Planungs- und Koordinierungsfehler, in Fehler bei der Objektüberwachung, der Objektbetreuung und Dokumentation sowie bei der Überwachung und Beratung im Hinblick auf die Kosten des Auftraggebers einteilen.

Mangelfrei ist das Werk des Ingenieurs grundsätzlich nur dann, wenn er bei der Erstellung die **anerkannten Regeln der Technik** beachtet hat.[7] Zwar ergibt sich aus dem Werkvertragsrecht im BGB – im Gegensatz zu § 13 Abs. 1 VOB/B – nicht ausdrücklich, daß das Werk, wenn es mangelfrei sein soll, den anerkannten Regeln der Technik zu entsprechen hat. Doch hat der Auftraggeber Anspruch auf ein »ordentliches« Werk. Den geschuldeten Wert oder die Tauglichkeit zu dem gewöhnlichen Gebrauch kann das Werk aber grundsätzlich nur haben, wenn es den anerkannten Regeln der Technik entspricht.[8] Die Parteien können allerdings die Maßgeblichkeit der anerkannten Regeln der Technik vertraglich abbedingen und – neben höheren – auch geringere Anforderungen an das Werk stellen. Doch auch dann bestehen nach der Rechtsprechung hohe Anforderungen an den Ingenieur: Er muß in diesem Falle den Auftraggeber klar und unmißverständlich darüber aufklären, daß die angebotene Leistung von den anerkannten Regeln der Technik abweicht.[9] Anderenfalls kommt eine Haftung des Ingenieurs aufgrund mangelhafter Aufklärung in Betracht.

Zu den »anerkannten Regeln der Technik« gehören nur Regeln, die sich nach wissenschaftlicher Erkenntnis als richtig und unanfechtbar darstellen und sich in den Kreisen der für die Anwendung der Regeln in Betracht kommenden Techniker durchweg durchgesetzt haben.[10] Die Regeln sind wandelbar entsprechend dem jeweiligen Erkenntnisstand. Zur Feststellung der anerkannten Regeln der Technik kommt den

**technischen Regelwerken** besondere Bedeutung zu, insbesondere DIN-Normen, VDI-Richtlinien, VDE-Bestimmungen sowie den Unfallverhütungsvorschriften (UVV). Die Aufnahme einer technischen Regel in diese Regelwerke bedeutet allerdings nicht zwingend, daß es sich um eine anerkannte Regel der Technik handelt. Denn einerseits ist es denkbar, daß eine Norm dieser Regelwerke bereits von der technischen Entwicklung überholt ist, andererseits kann eine Norm Aufnahme gefunden haben, bevor sie sich allgemein durchgesetzt hat. Doch besteht für die in den einschlägigen Regelwerken kodifizierten Normen eine widerlegliche Vermutung, daß sie identisch mit den allgemein anerkannten Regeln der Technik sind **(Identitätsvermutung).**[11]

Auf der anderen Seite schließt die Beachtung der anerkannten Regeln der Technik durch den Ingenieur nicht aus, daß ein Werk fehlerhaft ist. Denn als Werkunternehmer schuldet der Ingenieur die Entstehung eines mangelfreien, zweckgerechten Werkes. Wenn seine Leistungen nicht diesen Anforderungen entsprechen, so ist das Werk fehlerhaft, und zwar unabhängig davon, ob die anerkannten Regeln der Technik eingehalten worden sind. Dieser Fehlerbegriff resultiert aus der Haftung des Ingenieurs für den werkvertraglichen Erfolg; wie er diesen Erfolg in Gestalt der Herstellung eines mangelfreien Werkes herbeiführt, ob dafür die Einhaltung der anerkannten Regeln der Technik ausreicht, ist seine Sache.[12] Im Rahmen des Schadensersatzanspruchs kann die Einhaltung der anerkannten Regeln der Technik aber ein Verschulden des Ingenieurs ausschließen.[13]

Aus der Herstellungsverpflichtung des Ingenieurs folgt die Einstandspflicht für Mängel. Der Besteller kann zunächst die Mängelbeseitigung verlangen (§ 633 Abs. 2 BGB).

Dieser **Nachbesserungsanspruch** ist noch kein Gewährleistungsanspruch, sondern ein modifizierter Erfüllungsanspruch.[14] Er kann auch schon vor der Abnahme geltend gemacht werden, wenn dem Unternehmer zur Mängelbeseitigung eine auf den vorgesehenen Zeitpunkt der Ablieferung berechnete Frist gesetzt worden ist (§ 634 Abs. 1 Satz 2 BGB). Während der ursprüngliche Erfüllungsanspruch aber allgemein auf Herstellung des fehlerfreien Werkes geht, konkretisiert und beschränkt er sich als Nachbesserungsanspruch von der Abnahme oder Fristsetzung an auf das hergestellte Werk, somit auf die Beseitigung der Mängel.[15]

Der Nachbesserungsanspruch setzt lediglich einen **Mangel** voraus, der seine Ursache nicht im Verantwortungsbereich des Auftraggebers hat. Die Erheblichkeit des Fehlers wie auch insbesondere ein Verschulden des Unternehmers am Mangel spielen keine Rolle.[16] Der Anspruch geht auf Behebung der Mängel bzw. Herstellung der zugesicherten Eigenschaften an dem vom Unternehmer hergestellten Werk. Wenn die Mängel nur auf diese Weise zu beseitigen sind, kann der Anspruch – selbst nach Abnahme – bis zur Neuherstellung des Werkes reichen. Dies entspricht dem Wesen des Erfüllungsanspruchs; im übrigen ist eine scharfe Abgrenzung zwischen Mängelbeseitigung und Neuherstellung in der Praxis ohnehin oft nicht möglich.[17] Die Nachbesserung umfaßt alle damit am ursprünglichen Abnahmeort[18] verbundenen Kosten, einschließlich aller Nebenkosten, z.B. Transport-, Wege-, Arbeits- und Materialkosten (§ 633 Abs. 2 Satz 2 unter Verweis auf § 476a BGB). Der Nachbesserungsanspruch umfaßt auch die Behebung der Schäden, soweit sie durch die erforderlichen Nachbesserungsarbeiten am sonstigen Eigentum des Bestellers entstehen.[19] Demgegenüber hat der Auftraggeber Leistungen, die der Ingenieur nach dem Vertrag zunächst nicht zu erbringen hatte, die aber dann zur ordnungsgemäßen Ausführung erforderlich werden, gesondert zu vergüten (sog. **Sowieso-Kosten**). Insofern kann der Ingenieur vom Auftraggeber vorprozessual Sicherheitsleistung in Höhe dieser Kosten verlangen; im Rahmen eines Prozesses wird der Unternehmer zur Mängelbeseitigung Zug-um-Zug gegen Zuschußzahlung in gleicher Höhe durch den Auftraggeber verpflichtet.[20])

Allerdings besteht ein **Nachbesserungsanspruch** des Auftraggebers hinsichtlich der Aufgabenfelder Planung, Vergabe und Überwachung gegenüber dem Ingenieur nach der Rechtsprechung nur, **solange noch nicht gebaut worden ist.** Denn sofern die Planung schon in die Tat umgesetzt ist, führt eine Nachbesserung zu keiner sachgerechten Lösung, weil die bloße Beseitigung des Fehlers im Plan nicht die deshalb fehlerhaft gebaute Anlage heilen kann. Auch eine unzureichende Bauaufsicht kann später nicht nachgeholt werden.[21]) Demgegenüber liegt bei Beseitigung der Baumängel am Bauwerk selbst keine Nachbesserung des Ingenieurwerks vor.[22]) Daher ist dem Ingenieur die Beseitigung von Planungs- und Bauaufsichtsfehlern zu diesem Zeitpunkt i.d.R. unmöglich.

Diese Grundsätze der Rechtsprechung werden allerdings zu Recht für zu eng gehalten. Hat der Ingenieur seine Pflichten verletzt, so ist er im Rahmen des Nachbesserungsanspruchs **zur Beseitigung der Mängel des Ingenieurwerks verpflichtet,** wenn dies sinnvoll möglich ist – **auch nach Realisierung des Bauwerks.** Danach hat der Ingenieur zwar nicht die Nachbesserung der Mängel am Bauwerk körperlich durchzuführen, doch hat er durch seine geistige Tätigkeit die Voraussetzungen dafür zu

schaffen. Wenn auf Verlangen des Auftraggebers umgeplant wird, so ist der Ingenieur verpflichtet, im Wege der Nachbesserung Pläne und Ausführungszeichnungen zu ändern und die Nachbesserungsarbeiten im Rahmen der Bauaufsicht zu überwachen.[23]) Eine Mängelbeseitigung ist auch bei fehlerhafter Rechnungsprüfung möglich, soweit sie noch nachholbar ist, so bei fehlerhafter Kostenermittlung[24]) oder fehlerhafter Auflistung von Gewährleistungsfristen. Im Falle eines Planungsfehlers, aufgrund dessen die Nutzbarkeit einer Anlage nicht mehr gewährleistet ist, kann der Ingenieur eventuell die Mängelbeseitigung im Wege der Erwirkung eines Dispenses nach BauBG bewirken.[25]) Grundsätzlich ist allerdings festzuhalten, daß eine Nachbesserung des Ingenieurs bei schon realisierten Anlagen oder Bauwerken nur in Ausnahmefällen in Betracht kommt.

Von der Frage der **Pflicht zur Nachbesserung** ist das **Recht zur Nachbesserung** zu unterscheiden. Ein solches Recht des Ingenieurs zur Schadensbeseitigung ist nicht von vornherein abzulehnen. Häufig hat der Ingenieur ein berechtigtes Interesse daran, den Schaden selbst zu beseitigen, und kann aufgrund seiner Fachkenntnisse und seiner Verbindungen u.U. einen erheblich höheren Schadensersatz abwenden. Nach Treu und Glauben ist dem Ingenieur im Einzelfall das Recht zuzubilligen, den Bauwerkschaden selbst zu beseitigen, wenn er ein berechtigtes Interesse daran darlegt und er es in einer dem Auftraggeber zumutbaren, besonders Erfolg versprechenden Weise anbietet.

Gibt der Auftraggeber in einem solchen Fall dem Ingenieur keine Gelegenheit, den Schaden zu beseitigen, so kann seinem Schadensersatzanspruch vom Ingenieur ein Mitverschulden nach § 254 Abs. 2 BGB entgegengehalten werden.[26]) Unter den gleichen Umständen kann sich der Ingenieur auch in AGBs wirksam die Befugnis ausbedingen, selbst die Bauwerkschäden beseitigen zu dürfen, da der Auftraggeber insoweit nicht unangemessen i. S. v. § 9 Abs. 2 Nr. 1 AGBG benachteiligt wird.[27]) Allerdings begründet eine solche Regelung keine Schadensbeseitigungspflicht, sondern nur ein Schadensbeseitigungsrecht des Ingenieurs. Der Auftraggeber wird damit zur Einhaltung des Verfahrens – Fristsetzung mit Ablehnungsandrohung nach § 634 BGB – vor der Geltendmachung von weitergehenden Gewährleistungsansprüchen verpflichtet.

Sofern eine Mängelbeseitigung grundsätzlich in Betracht kommt, kann der Ingenieur sie verweigern, wenn dies einen unverhältnismäßigen Aufwand erfordert (§ 633 Abs. 2 Satz 3 BGB). Denn das Gesetz will dem Auftragnehmer keine unwirtschaftlichen Ersatzleistungen aufbürden. Dies ist aber der Fall, wenn der Aufwand des Ingenieurs zur Mängelbeseitigung in einem objektiven Mißverhältnis zum Vorteil für den Auftraggeber steht,[28]) wobei aber auch der Grad des Verschuldens des Auftragnehmers zu berücksichtigen ist.[29]) Schon aus der Gesetzesformulierung ergibt sich, daß es allein dem Ingenieur zusteht zu entscheiden, ob er wegen unverhältnismäßiger Aufwendung die Mangelbeseitigung verweigern will. Der Auftraggeber kann demgegenüber die Mangelbeseitigung durch den Auftragnehmer nicht aufgrund des unverhältnismäßigen Aufwandes ablehnen.[30]) Daneben entfällt der Nachbesserungsanspruch, wenn der Auftraggeber das Werk ohne Vorbehalt abnimmt, obwohl er den Mangel kennt (§ 640 Abs. 2 BGB).

---

**Überblick über den Nachbesserungsanspruch (§ 633 Abs. 2 BGB)**

**Maßstab:** Erstellung eines mangelfreien Werkes, d. h. Werk ohne Fehler und mit zugesicherten Eigenschaften (vgl. § 633 Abs. 1 BGB)

**Inhalt:** Beseitigung des Mangels, bis zur Neuherstellung des Werkes

**Voraussetzung:** nur Mangel des Werkes

**Zeitpunkt:** Geltendmachung grundsätzlich erst nach Abnahme bzw. Vollendung des Werkes; vor Abnahme u. U. nach Fristsetzung mit Ablehnungsandrohung (§ 634 Abs. 1 Satz 2 BGB)

**Ausschluß:**
- beim Ingenieurwerk grundsätzlich nach Realisierung der Ingenieurleistung im Bauwerk wegen Unmöglichkeit
- bei Berufung des Auftragnehmers auf die Unverhältnismäßigkeit des Aufwandes zur Mängelbeseitigung (§ 633 Abs. 2 Satz 3 BGB)
- nach Ablauf der vom Auftraggeber gesetzten Frist zur Mängelbeseitigung (§ 634 Abs. 1 Satz 3 BGB)
- bei vorbehaltloser Abnahme des Werkes trotz Kenntnis des Mangels (§ 640 Abs. 2 BGB)

---

Der Auftraggeber kann den Mangel selbst beseitigen und Ersatz der erforderlichen Aufwendungen verlangen, wenn der Auftragnehmer mit der Beseitigung des Mangels in Verzug ist (§ 633 Abs. 3 BGB). Grundvoraussetzung dafür ist, daß ein vom Auftragnehmer nicht erfüllter Mangelbeseitigungsanspruch des Auftraggebers gem. § 633 Abs. 1 Satz 1 BGB besteht. Somit scheidet ein **Recht zur Selbstbeseitigung** auf Kosten des Auftragnehmers von vornherein aus, wenn – wie beim Ingenieurvertrag häufig – die Nachbesserung unmöglich ist oder nur mit einem unverhältnismäßigen Aufwand möglich wäre und sich der Ingenieur darauf beruft. Gleichfalls entfällt das Recht, wenn der Auftraggeber seinen Anspruch auf Mangelbeseitigung bereits verloren hat, insbesondere wenn er dem Ingenieur bereits eine Frist zur Mangelbeseitigung mit der Erklärung bestimmt hat, daß er nach Ablauf der Frist die Beseitigung des Mangels ablehne (vgl. § 634 Abs. 1 Satz 3 BGB), oder wenn er das Werk trotz Kenntnis des Mangels ohne Vorbehalt abgenommen hat (vgl. § 640 Abs. 2 BGB).

Für das Selbstbeseitigungsrecht des Auftraggebers muß der Ingenieur mit der Beseitigung des Mangels **in Verzug** sein. Dies setzt voraus, daß er dem berechtigten Mangelbeseitigungsverlangen des Auftraggebers trotz Fälligkeit und Mahnung schuldhaft nicht nachgekommen ist (§§ 284, 285 BGB). Dafür bedarf es zunächst einer **Aufforderung zur Mängelbeseitigung** durch den Auftraggeber, wobei dieser dem Ingenieur die gerügten Mängel bezeichnen und konkret darlegen muß. Zusätzlich zur Aufforderung ist eine **Mahnung** durch den Auftraggeber erforderlich. Darüber hinaus ist Voraussetzung, daß der Ingenieur dem Mangelbeseitigungsverlangen nicht nachgekommen ist und ihm daran **Verschulden** zur Last fällt. Nach Zugang des Mangelbeseitigungsverlangens muß dem Ingenieur ein angemessener Zeitraum für die Mangelbeseitigung eingeräumt werden, wobei die Interessen beider Seiten im konkreten Fall zu berücksichtigen sind. Das Erfordernis der Mahnung kann bei einer kalendermäßigen Bestimmung der Leistung – z.B. im Rahmen der Aufforderung zur Mangelbeseitigung – entfallen (vgl. § 284 Abs. 2 BGB); die Aufforderung zur Mangelbeseitigung oder auch die Mahnung sind entbehrlich, wenn der Auftragnehmer die Mangelbehebung endgültig und ernsthaft verweigert oder dem Auftraggeber die Mangelbeseitigung durch den Auftragnehmer nicht mehr zugemutet werden kann.[31] Letzteres kann aber zum Schutz des Ingenieurs nur in Ausnahmefällen bei einer schwerwiegenden Störung der Vertrauensbasis zwischen den Vertragsparteien angenommen werden.[32]

Mit der berechtigten Selbstbeseitigung der Mängel erlischt gleichzeitig das Recht des Ingenieurs zur Nachbesserung. Der Anspruch des Auftraggebers ist sodann auf Ersatz der erforderlichen Aufwendungen gerichtet, wovon alle Kosten umfaßt werden, die ein wirtschaftlich denkender Auftraggeber für vertretbare Maßnahmen der Schadensbeseitigung aufwenden konnte und mußte. Für diesen Anspruch kann der Auftraggeber einen Vorschuß verlangen, mit dem er gegenüber dem Ingenieur später abrechnen muß.[33] Durch die Vorschußpflicht und den weiteren Umfang gerät dieser Anspruch in der allgemeinen werkvertraglichen Praxis in die Nähe des Schadensersatzanspruchs nach § 635 BGB. Beim Ingenieurvertrag ist demgegenüber aber zu beachten, daß ein Vorschuß – bei Vorliegen der übrigen Voraussetzungen – nur im Hinblick auf nachbesserungsfähige Ingenieurleistungen, nicht mit Blick auf die Beseitigung von Schäden am Bauwerk beansprucht werden kann.

**Überblick über
Anspruch auf Aufwendungsersatz
(§ 633 Abs. 3 BGB)**

**Maßstab:** Erstellung eines mangelfreien Werkes, d. h. Werk ohne Fehler und mit zugesicherten Eigenschaften (vgl. § 633 Abs. 1 BGB)
**Inhalt:** Ersatz der Aufwendungen für die Mangelbeseitigung, umfaßt auch Anspruch auf Vorschußzahlung mit späterer Abrechnungspflicht
**Voraussetzung:** neben Mangel des Werkes Aufforderung zur Mangelbeseitigung und Verzug des Auftragnehmers damit
**Zeitpunkt:** Geltendmachung grundsätzlich erst nach Abnahme bzw. Vollendung des Werkes; vor Abnahme u. U. nach Fristsetzung mit Ablehnungsandrohung (§ 634 Abs. 1 Satz 2 BGB)
**Ausschluß:**
- beim Ingenieurwerk grundsätzlich nach Realisierung der Ingenieurleistung im Bauwerk wegen Unmöglichkeit
- bei Berufung des Auftragnehmers auf die Unverhältnismäßigkeit des Aufwandes zur Mängelbeseitigung (§ 633 Abs. 2 Satz 3 BGB)
- nach Ablauf der vom Auftraggeber gesetzten Frist zur Mängelbeseitigung (§ 634 Abs. 1 Satz 3 BGB)
- bei vorbehaltloser Abnahme des Werkes trotz Kenntnis des Mangels (§ 640 Abs. 2 BGB)

Nach Fristsetzung mit Ablehnungsandrohung im Hinblick auf die Mängelbeseitigung kann der Auftraggeber **wahlweise Wandlung oder Minderung als Gewährleistungsrechte** verlangen (§ 634 Abs. 1 Satz 1 BGB). Die Fristsetzung ist beim Ingenieurvertrag für Fehler in Planung und Bauaufsicht regelmäßig entbehrlich, da diese Leistungen – wie soeben dargelegt – nach Errichtung des Bauwerks grundsätzlich nicht nachgebessert werden können, und die Beseitigung der Mängel daher nicht

möglich ist i. S. v. § 634 Abs. 2 BGB.[34]) Im übrigen ist die Fristsetzung entbehrlich, wenn der Ingenieur die Nachbesserung verweigert oder die sofortige Geltendmachung des Gewährleistungsanspruchs durch ein besonderes Interesse des Bestellers gerechtfertigt wird (§ 634 Abs. 2 BGB). Der Anspruch auf Wandlung bzw. Minderung entfällt, wenn der Auftraggeber das Werk ohne Vorbehalt abnimmt, obwohl er den Mangel kennt (§ 640 Abs. 2 BGB).

**Rechtsfolge der Wandlung** ist die **Rückgängigmachung des Vertrages** nach Rücktrittsrecht, daher die Rückgewähr der gegenseitig empfangenen Leistungen Zug um Zug (§§ 634 Abs. 4, 465 ff., 346 ff. BGB). Dabei sind die Besonderheiten des Ingenieurvertrages zu beachten. Eine Rückabwicklung stellt keine Probleme dar, wenn es sich nur um nicht verwirklichte Pläne und darauf geleistete Abschlagszahlungen handelt. Demgegenüber läßt sich die Rückgängigmachung des Vertrages angesichts der Eigenart des Ingenieurvertrages sachlich kaum verwirklichen, soweit aufgrund der Ingenieurtätigkeit bereits gebaut wurde. Bei bereits durchgeführter Mitwirkung bei Vergabe, Objektüberwachung und Beratung scheidet eine Rückgewähr ebenso aus wie bei endgültiger Errichtung des Bauwerks. Denn damit hat die Leistung des Ingenieurs ihre Verkörperung gefunden; eine Rückgewähr (nur) der Ingenieurleistung ist unmöglich. Ein Ausgleich durch eine anteilige Honorierung der Ingenieurtätigkeit im Hinblick auf den Mangel entspräche eher der Minderung. Doch neben der Frage, welches Ergebnis die Wandlung zeitigen kann, besteht das Problem bei der Wandlung für den Auftraggeber grundsätzlich darin, daß sie ihm nicht weiterhilft, da sie sich nur auf die Leistung des Ingenieurs bezieht und die Mängel am Bauwerk nach wie vor bestehenbleiben. Dennoch ist die Wandlungsklage bei Ingenieurverträgen nicht grundsätzlich ausgeschlossen, soweit sie im Einzelfall auf ein sinnvolles Ergebnis zielt.[35])

---

**Überblick über Anspruch auf Wandlung (§ 634 Abs. 1 BGB)**

**Maßstab:** Erstellung eines mangelfreien Werkes, d.h. Werk ohne Fehler und mit zugesicherten Eigenschaften (vgl. § 633 Abs. 1 BGB)
**Inhalt:** Rückgängigmachung des Vertrages (§§ 634 Abs. 4, 465 ff., 346 ff. BGB)
**Voraussetzung:** neben Mangel des Werkes Fristsetzung zur Mangelbeseitigung und Ablehnungsandrohung (§ 634 Abs. 1 BGB); Fristsetzung beim Ingenieurvertrag nach Realisierung der Ingenieurleistung im Bauwerk regelmäßig entbehrlich (§ 634 Abs. 2 BGB)
**Zeitpunkt:** Geltendmachung grundsätzlich erst nach Abnahme bzw. Vollendung des Werkes; vor Abnahme u.U. nach Fristsetzung mit Ablehnungsandrohung (§ 634 Abs. 1 Satz 2 BGB)
**Ausschluß:**
• beim Ingenieurwerk grundsätzlich nach Realisierung der Ingenieurleistung wegen Unmöglichkeit der Rückgewähr
• bei unerheblicher Minderung des Wertes oder der Tauglichkeit durch den Mangel (§ 634 Abs. 3 BGB)
• bei vorbehaltloser Abnahme des Werkes trotz Kenntnis des Mangels (§ 640 Abs. 2 BGB)

---

Die **Minderung,** die nach dem Gesetz sogar bei unerheblichen Mängeln geltend gemacht werden kann (§ 634 Abs. 3 BGB), kann demgegenüber grundsätzlich beim Ingenieurvertrag durchgeführt werden. Zur Berechnung der Minderung ist der Honoraranspruch des Ingenieurs in dem Verhältnis herabzusetzen, in dem der Wert der mangelhaften Leistung zum objektiven Wert der mangelfreien Leistung stünde (§ 634 Abs. 4 i.V.m. § 472 Abs. 1 BGB).

---

**Beispiel**

*Das vereinbarte Ingenieurhonorar beträgt 50.000 DM, der Wert der mangelhaften Leistung 30.000 DM. Der objektive Wert der mangelfreien Ingenieurleistung beliefe sich auf 60.000 DM.*
*Das geminderte Ingenieurhonorar beträgt dann 25.000 DM.*

---

Maßgeblich für die Berechnung des Minderwertes ist der Zeitpunkt der Abnahme.[36]) Ist die Werkleistung völlig unbrauchbar, so kann der Vergütungsanspruch auf Null gemindert werden. Schwierig ist die Feststellung des Minderwertes vor allem im Hinblick auf mangelhafte Leistungen des Ingenieurs bei Kostenschätzungen, Kostenberechnungen, bei der Vergabe und bei der Bauüberwachung. Dies ist i.d.R. nicht ohne die Einholung eines – kostspieligen – Sachverständigengutachtens möglich. Bei Nichterbringung von übertragenen Teilleistungen kann eine Minderung der Ingenieurvergütung allerdings nicht ohne weiteres erfolgen, wenn diese nicht zu einem Mangel am Bauwerk geführt haben.[37]) Denn insofern sind Wert und Tauglichkeit des Ingenieurwerkes für den Auftraggeber nicht notwendig gemindert. **Allerdings: Grundsätzlich gilt,** daß der Auftraggeber durch die Minderung der Vergütung i.d.R. keinen ausreichenden Ausgleich für die Aufwendungen erhält, die er zur Mangelbeseitigung tätigen muß, wenn der Bau schon realisiert worden ist. Denn der Honorarminderung liegt nicht die Wertbeeinträchtigung an der errichteten Anlage zugrunde, sondern nur der Minderwert des mangelhaften Ingenieurwerkes. Die Kosten für die Mängelbeseitigung werden die Minderung des Honorars i.d.R. aber erheblich übersteigen.[38])

**Überblick über Anspruch auf Minderung (§ 634 Abs. 1 BGB)**

**Maßstab:** Erstellung eines mangelfreien Werkes, d. h. Werk ohne Fehler und mit zugesicherten Eigenschaften (vgl. § 633 Abs. 1 BGB)

**Inhalt:** Quotale Reduzierung des Werklohnanspruchs des Auftragnehmers (§§ 634 Abs. 4, 465 ff. BGB)

**Voraussetzung:** neben Mangel des Werkes Fristsetzung zur Mangelbeseitigung und Ablehnungsandrohung (§ 634 Abs. 1 BGB); Fristsetzung beim Ingenieurvertrag nach Realisierung der Ingenieurleistung im Bauwerk regelmäßig entbehrlich (§ 634 Abs. 2 BGB)

**Zeitpunkt:** Geltendmachung grundsätzlich erst nach Abnahme bzw. Vollendung des Werkes; vor Abnahme u. U. nach Fristsetzung mit Ablehnungsandrohung (§ 634 Abs. 1 Satz 2 BGB)

**Ausschluß:** bei vorbehaltloser Abnahme des Werkes trotz Kenntnis des Mangels (§ 640 Abs. 2 BGB)

Beruht der Mangel des Ingenieurwerkes auf einem Umstand, den der Ingenieur zu vertreten hat, so kann der Auftraggeber **Schadensersatz wegen Nichterfüllung nach § 635 BGB** verlangen. Da die Mangelbeseitigung dem Ingenieur zumeist nicht möglich ist und Wandlung und Minderung für den Auftraggeber unzulänglich sind, bildet der Schadensersatzanspruch wegen Nichterfüllung den von Auftraggebern in der Praxis am meisten geltend gemachten Gewährleistungsanspruch.

Ein Schadensersatz wegen Nichterfüllung kann nur **statt Wandlung oder Minderung** geltend gemacht werden. Der Auftraggeber kann zwischen Wandlung, Minderung und Schadensersatz wegen Nichterfüllung wählen, bis die Wandlung oder Minderung vollzogen sind, der Schadensersatzanspruch

anerkannt ist oder einer der drei Gewährleistungsansprüche rechtskräftig zugesprochen ist.[39]) Da somit i. d. R. der Schadensersatzanspruch erlischt, wenn sich der Auftragnehmer mit der Wandlung bzw. Minderung einverstanden erklärt,[40]) ist es für den Auftraggeber häufig problematisch, eines dieser Gewährleistungsrechte zu verlangen, da sie ihm zumeist nicht weiterhelfen.

Für den Anspruch auf Schadensersatz müssen weiterhin **die übrigen Voraussetzungen der Gewährleistungsrechte nach § 634 BGB** – daher von Wandlung und Minderung – vorliegen. Insofern muß dem Ingenieur eine objektive Pflichtwidrigkeit unterlaufen sein, die einen Mangel seines Werkes zur Folge hat. Weiterhin ist grundsätzlich eine Fristsetzung mit Ablehnungsandrohung erforderlich. Diese kann aber unter den Umständen des § 634 Abs. 2 BGB und für den Ersatz derjenigen Schäden entfallen, die durch die Nachbesserung nicht mehr behebbar sind, insbesondere für Mangelfolgeschäden. Im Unterschied zur Wandlung schließt selbst eine unerhebliche Minderung des Wertes oder der Tauglichkeit des Werkes (§ 634 Abs. 3 BGB) den Schadensersatzanspruch nicht aus; auch kann dieser Anspruch sogar noch geltend gemacht werden, obwohl das Werk trotz Kenntnis des Mangels vorbehaltlos abgenommen worden ist (§ 640 Abs. 2 BGB). Für die Verteilung der Darlegungs- und Beweislast vgl. Abschnitt 7.8, S. 298 ff.

Zusätzlich zu den Voraussetzungen der Wandlung und Minderung setzt der Schadensersatzanspruch **Verschulden,** also Vorsatz oder Fahrlässigkeit (§ 276 Abs. 1 Satz 1 BGB) voraus. Dabei hat der Ingenieur auch ein Verschulden seiner Erfüllungsgehilfen zu vertreten (§ 278 Satz 1 BGB).

---

**Beispiel**

*Die vom Ingenieur zur Ausführung des Auftrags hinzugezogenen technischen Zeichner, Bauleiter und Sonderfachleute sind Erfüllungsgehilfen des Ingenieurs. Deren Verschulden hat der Ingenieur wie eigenes Verschulden zu vertreten.*

---

Der **Maßstab des Verschuldens** ist abstrakt und hat sich an dem **im Verkehr Erforderlichen** zu orientieren: Der Ingenieur hat für die Kenntnisse, Fähigkeiten und Erfahrungen einzustehen, die in seinem Fach allgemein vorausgesetzt werden und die für die Herstellung des vertraglich übernommenen Werkes konkret erforderlich sind.[41] Bei einem Verstoß gegen die in seinem Fachgebiet anerkannten Regeln der Technik handelt der Ingenieur grundsätzlich fahrlässig. Umgekehrt scheidet i.d.R. ein Verschulden aus, wenn der Ingenieur die anerkannten Regeln der Technik beachtet hat. Dies gilt auch in den oben schon angesprochenen Fällen, in denen für eine fehlerfreie Herstellung des Werkes zusätzliche Anforderungen notwendig sind.[42] Der Ingenieur hat mit der Beachtung der anerkannten Regeln der Technik die im Verkehr erforderliche Sorgfalt walten lassen. Daneben spricht für ihn die Vermutung, daß er seiner beruflichen Sorgfaltspflicht genügt hat, wenn er bei der Herstellung seines Werkes DIN-Normen oder andere Regelwerke beachtet hat, auch wenn diese nicht zwingend die anerkannten Regeln der Technik darstellen müssen.[43] Diese Regel ist für den Ingenieur deshalb von großer praktischer Relevanz, da sein Verschulden bei Vorliegen einer objektiven Pflichtwidrigkeit vermutet wird.[44] Am einfachsten wird ihm dann die Widerlegung der Verschuldensvermutung durch den Nachweis der Einhaltung solcher »kodifizierter« Regeln seinerseits gelingen.

---

**Praxishinweis**

*Auch wenn Schadensersatzansprüche nach § 635 BGB mangels Verschulden ausscheiden, muß sich der Ingenieur zunehmend darauf einrichten, daß er zumindest auf Nachbesserung, Minderung und ggf. Wandlung im Bereich Technischer Rechtsnormen verschuldensunabhängig haftet.*

*Die Haftung wird dadurch verschärft, daß den Ingenieur eine Beobachtungspflicht dahingehend trifft, ob die Normen der technischen Regelwerke noch dem allgemein anerkannten Stand der Technik entsprechen. Dieser Grundsatz ist bereits einer Entscheidung des BGH aus dem Jahre 1967 zu entnehmen[45] und wird von der jüngsten Rechtsprechung zur Produkthaftung[46] fortgeführt: »In der Rechtsprechung des Bundesgerichtshofes ist bereits darauf hingewiesen worden, daß es nicht genügt, DIN-Normen zu erfüllen, wenn die technische Entwicklung darüber hinausgegangen ist (BGB, Urt. vom 12.10.1967 – VII ZR 8/65 – VersR 1967, 1194, 1995; vgl. auch Eiermann, Die Berufsgenossenschaft 1977, S. 512). Das gleiche gilt, wenn sich bei der Benutzung eines technischen Gerätes Gefahren gezeigt haben, die in DIN-Normen noch nicht berücksichtigt sind.«*

*Zur Beurteilung der Frage, ob eine Werkleistung zum Zeitpunkt ihrer Abnahme mangelhaft ist, dürfen neuere wissenschaftliche/technische Erkenntnisse herangezogen werden, auch wenn diese erst nach dem Zeitpunkt der Abnahme – bis zur letzten mündlichen Verhandlung in der Tatsacheninstanz des Gewährleistungsprozesses – bekanntgeworden sind.[47] Das gilt auch dann, wenn der Auftragnehmer weder zum Zeitpunkt des Vertragsschlusses noch zum Zeitpunkt der Abnahme den Mangel kennen konnte und das Werk zu diesen Zeitpunkten gar noch den technischen Regeln entsprach. Bei Werkleistungen, die vor diesem Hintergrund »gänzlich unbrauchbar« sind, kann der Besteller die Vergütung auf null DM mindern.*

Mangelnde Sorgfalt ist auch dann anzu-treffen, wenn die Ursache des Mangels gar nicht direkt aus dem Verantwortungs-bereich des Ingenieurs herrührt, sondern in Anweisungen oder sonstigen Maßnahmen des Auftraggebers oder in der untauglichen Vorleistung eines anderen Unternehmers zu suchen ist. Solche vom Auftraggeber oder einem Vorunternehmer gesetzten Ur-sachen können dann zu Schadensersatz-ansprüchen führen, wenn der Ingenieur schuldhaft seine Pflicht zur Prüfung verletzt.[48]) Auch im Hinblick auf die Zu-sicherung von Eigenschaften ist für einen Schadensersatz des Auftraggebers ein Ver-schulden des Ingenieurs bei Fehlen dieser Eigenschaften am Werk erforderlich. Dieses Erfordernis entfällt nur dann, wenn der Inge-nieur für das Vorhandensein der Eigenschaft die (unselbständige) **Garantie** übernommen hat,[49]) für die es aber einer eindeutigen Er-klärung bedarf.

Das Verlangen nach Schadensersatz hebt das Vertragsverhältnis nicht auf, sondern konzentriert es auf die Schadensersatz-leistung. Der Auftraggeber kann als Rechts-folge wählen, ob er das Werk behalten und den durch seine Mangelhaftigkeit ver-ursachten Schaden verlangen (**»kleiner Schadensersatz«**) oder ob er das Werk zurückweisen und den durch Nichterfüllung des ganzen Vertrages verursachten Scha-den ersetzt verlangen will (**»großer Scha-densersatz«).** Der in der Mangelhaftigkeit liegende Schadensersatz kann nach der mangelbedingten Wertminderung oder nach dem für die Beseitigung des Mangels er-forderlichen Aufwand bemessen werden.[50])

Der Schadensersatzanspruch wegen Nicht-erfüllung ist i.d.R., abweichend von § 249 BGB, auf **Entschädigung in Geld** gerich-tet.[51]) Für den Ingenieur gelten die gleichen Erwägungen wie bei der Nachbesserung:

Grundsätzlich schuldet er nicht Beseitigung der Baumängel, sondern Schadensersatz in Geld. Lediglich in Ausnahmefällen kann es unter den bei der Nachbesserung genann-ten Umständen geboten sein, daß der Inge-nieur unter dem Gesichtspunkt der Scha-densminderungspflicht des Auftraggebers (§ 254 Abs. 2 BGB) die Möglichkeit erhält, selbst dafür zu sorgen, daß die von ihm ver-schuldeten Mängel des Bauwerks behoben werden, anstatt den dafür anderweitig nöti-gen (höheren) Geldbetrag zu zahlen.[52])

Seinem Umfang nach umfaßt der Schadens-ersatzanspruch den **gesamten Schaden des Auftraggebers,** soweit er nach Mängel-beseitigung oder Minderung verbleibt.

---

### Beispiele

*Es sind neben den Kosten, die der Auftrag-geber zur Mängelbeseitigung im Vertrauen auf die Richtigkeit eines Sachverständigen-gutachtens für erforderlich halten durfte,[53]) die Kosten für ein Gutachten, das die Mängel und Möglichkeit ihrer Beseitigung klären soll,[54]) die Kosten eines selbständigen Beweisverfahrens[55]) und die Kosten eines Prozesses zu ersetzen, in dem der Auftrag-geber im Vertrauen auf die Richtigkeit eines Sachverständigengutachtens und nach Sachlage nicht völlig unsachgemäß einen anderen als den verantwortlichen Baubeteilig-ten verklagt hat.[56])*
*Gleichfalls ist der entgangene Gewinn zu ersetzen.[57]) So hat der Ingenieur, aufgrund dessen Verschulden eine Aufzugsanlage in einem Hochhaus nicht funktionsfähig ist, den Mietausfallschaden zu erstatten, der darauf beruht, daß die Wohnungen in den oberen Stockwerken während der Zeit der Reparatur nicht vermietet werden können.*

Aufgrund des Schadensersatzanspruchs besteht vor Behebung der Mängel kein Anspruch auf einen Vorschuß; der Schadensersatzanspruch besteht allerdings unabhängig von und auch vor der Mängelbeseitigung. Ob der Auftraggeber letztendlich die Mängel wirklich behebt, ist seine Sache und berührt den Unternehmer nicht.[58]) Darin unterscheidet sich der Schadensersatzanspruch nach § 635 BGB vom Anspruch auf Ersatz der Mangelbeseitigungskosten nach § 633 Abs. 3 BGB. Dieser Anspruch spricht einen Vorschuß nur für die tatsächliche Mangelbeseitigung zu. Gegenüber dem Anspruch des Unternehmers auf Rückgewähr des Vorschusses kann der Auftraggeber allerdings mit seinem Schadensersatzanspruch – soweit dieser nach der Mangelbeseitigung noch besteht – aufrechnen.[59])

Bei der Ermittlung des Schadens wirken sich wie beim Nachbesserungsanspruch die Sowieso-Kosten **schadensmindernd** aus, also die Kosten, die entstanden wären, wenn das Werk von vornherein mangelfrei hergestellt worden wäre, die aber der Auftragnehmer nach dem abgeschlossenen Vertrag nicht zu tragen verpflichtet ist. Dies gilt auch bei einer vereinbarten Pauschalvergütung.[60])

---

**Beispiel**

*Um die Stabilität eines Bauwerks zu gewährleisten, muß das Grundstück nach dessen Errichtung aufgeschüttet werden. Als Schadensersatz kann der Auftraggeber die Aufschüttung nur insoweit vom Ingenieur verlangen, der diese in seiner Planung nicht vorgesehen hat, als die spätere Aufschüttung zu zusätzlichen Kosten geführt hat.*

---

Gleichfalls ist der vom Auftraggeber entstandene Vorteil abzuziehen, wenn durch die Mangelbeseitigung die Haltbarkeit des Werks erhöht oder die nach dem normalen Verlauf der Dinge ohnehin notwendige Renovierung zeitlich herausgeschoben wird.[61])

Problematisch ist auch im Rahmen des Schadensersatzanspruches, daß nach Errichtung des Bauwerks der Schaden nicht an dem vom Ingenieur zu erbringenden Werk, sondern am Bauwerk anfällt. Insofern reicht dem Auftraggeber der Schadensersatz für den **Mangelschaden** – den Schaden am Werk des Ingenieurs selbst – wie die Wandlung und die Minderung i.d.R. nicht aus. Dies gilt unabhängig davon, ob sich der Mangelschaden als »großer Schadensersatz« unter Zurückweisung des Werks an dem dadurch entstandenen Schaden oder als »kleiner Schadensersatz« nur an dem durch die Wertminderung eingetretenen Schaden orientiert. Der Auftraggeber ist daran interessiert, daß der Schadensersatz auch die Schäden umfaßt, die durch die mangelhafte Planung oder Aufsicht am Bauwerk selbst entstanden sind. Aus dem Gesichtspunkt des Ingenieurwerkes handelt es sich dabei um **Mangelfolgeschäden** – dies sind daher Schäden, die an anderen Rechtsgütern als dem Werk selbst auftreten. Mangelfolgeschäden sind in rechtlicher Hinsicht problematisch, da sie nur z.T. von dem Schadensersatzanspruch nach § 635 BGB abgedeckt werden.

Nach der Rechtsprechung fällt ein Mangelfolgeschaden in den Bereich des § 635 BGB, wenn der Schaden **unmittelbar durch den Mangel des Werks verursacht** ist bzw. eng mit ihm zusammenhängt, weil es unbrauchbar, wertlos oder minderwertig ist.[62]) Dabei sind nächste Folgeschäden in den Schadensbegriff des § 635 BGB nur dort einzubeziehen, wo eine nach Güter- und In-

teressenabwägung angemessene Verteilung des Verjährungsrisikos dies erforderlich
macht.[63]) Dies gilt insbesondere dann, wenn
das unkörperliche Werk darauf gerichtet ist,
in der Hand des Auftraggebers seine Verkörperung in einem weiteren Werk zu finden, so
daß Fehler des ersten Werkes sich erst beim
zweiten mehr oder weniger zwangsläufig
auswirken, wie bei fehlerhafter Planung des
Ingenieurs.[64])

| **Beispiele** |
|---|
| **... für unmittelbare Mangelfolgeschäden:** |
| *Schäden, die durch fehlerhafte statische Berechnung,[65]) durch ungenügende Über-wachung des Bauunternehmers seitens des Architekten und Ingenieurs[66]) oder durch Planungsfehler entstehen, auch wenn ihre Tätigkeit auf die Planung beschränkt war.[67]) Ein unmittelbarer Mangelfolgeschaden wird selbst dann angenommen, wenn sich der Schaden am Bauwerk nur im merkantilen Minderwert äußert.[68]) Gleichfalls fallen darunter Vermögensschäden durch Fehler oder Unklarheiten in den vom Architekten oder Ingenieur vorzubereitenden Verträgen mit Bauhandwerkern.[69])* |

Demgegenüber sind nur mittelbar durch den
Mangel entstandene Schäden an anderen
Rechtsgütern – die sog. **mittelbaren Mangelfolgeschäden** – von der **positiven Vertragsverletzung** abgedeckt. Die positive
Vertragsverletzung **(pVV)** ist eine nicht im
Gesetz geregelte Grundlage für einen
Schadensersatzanspruch aufgrund der Verletzung einer vertraglichen Pflicht. Die Abgrenzung zwischen Ansprüchen aus pVV
und solchen aus § 635 BGB ist im Hinblick
auf Mangelfolgeschäden praktisch häufig
schwierig, in rechtlicher Hinsicht aber sehr
bedeutsam. Denn Ansprüche aus pVV
setzen zwar genau wie der Schadensersatzanspruch nach § 635 BGB die Verletzung

einer vertraglichen Pflicht des Werkunternehmers und sein Verschulden daran voraus. Doch gelten für die Ansprüche aus pVV
– anders als für Schadensersatzansprüche
nach § 635 BGB – die kurzen Verjährungsfristen nach § 638 BGB nicht, so daß sie
– zuungunsten des Ingenieurs – erst in
30 Jahren verjähren (§ 195 BGB). Außerdem können sie ohne Fristsetzung mit
Ablehnungsandrohung geltend gemacht
werden. Allerdings macht die Abgrenzung
der beiden Rechtsinstitute im Hinblick auf
unmittelbare – mittelbare Mangelfolgeschäden keinen Unterschied im Hinblick auf die
Haftpflichtversicherung des Ingenieurs: Ansprüche, die von der pVV erfaßt werden,
sind genau wie solche, die dem Bereich des
§ 635 BGB unterliegen, von der Haftpflichtversicherung gedeckt.[70])

Ein nur **mittelbarer Zusammenhang zwischen Mangel und Schaden** und damit
ein Schadensersatzanspruch aus **positiver
Vertragsverletzung (pVV)** kann sich aus
dem Zeitablauf ergeben oder daraus, daß
ein derartiger Schaden nicht zwangsläufig
und gewöhnlich nur bei Verletzung von
Obhutspflichten entsteht.[71]) Gleichfalls ist
ein mittelbarer Mangelfolgeschaden bei
Schäden des Auftraggebers gegeben, wenn
der umfassend beauftragte Ingenieur ihn
nach Beendigung seiner eigentlichen Tätigkeit nicht gehörig bei Untersuchung und
Behebung von Mängeln berät.[72])

**Beispiel**

*Infolge eines Planungsfehlers des Ingenieurs fallen Deckenplatten von einem Bauwerk herunter und beschädigen vom Auftraggeber eingebrachte Sachen. Der Schaden am Bauwerk durch das Herunterfallen der Decke stellt einen unmittelbaren Mangelfolgeschaden dar, der nach § 635 BGB ersatzfähig ist, während die Beschädigung der im Eigentum des Auftraggebers stehenden Sachen als mittelbarer Mangelfolgeschaden nach pVV ersatzfähig ist.*

Daneben kann der Auftraggeber **Schadensersatzansprüche aus pVV** bei Schäden geltend machen, die nicht mit Mängeln des Werks zusammenhängen, so insbesondere bei der schuldhaften Verletzung von Nebenpflichten des Ingenieurs. Die Nebenpflichten ergeben sich aus dem Vertragszweck und den Treuepflichten und betreffen neben dem Leistungsinteresse vor allem die Aufklärung und Information des Auftraggebers und den Schutz seines Eigentums. So liegt eine Verletzung von Nebenpflichten vor, wenn die Verletzung der Koordinierungspflicht des Ingenieurs zu Verzögerungsschäden führt,[73]

**Beispiele**

**... für Haftung aus Aufklärungspflicht:**

*Der Ingenieur hat den Auftraggeber aus der allgemeinen Aufklärungspflicht über Risiken und Gefahren des Werkes, die der Auftraggeber nicht erkennen oder nicht richtig einschätzen kann,[76] und über Bedenken gegen die Brauchbarkeit bei Anwendung noch unerprobter Technik aufzuklären.[77] Gleichfalls besteht eine Pflicht zur Prüfung neuer Materialien auf ihre Geeignetheit und zur diesbezüglichen Beratung des Auftraggebers.[78] Falls er dies nicht tut, haftet er aufgrund Verletzung der Aufklärungspflicht.*

oder bei mangelhafter Aufklärung.[74] Für den Ingenieur besteht eine allgemeine Aufklärungs- und Beratungspflicht über Umstände, die der Auftraggeber nicht kennt, deren Kenntnis aber für seine Willensbildung und Entschlüsse von Bedeutung ist.[75]

**Überblick über die Schadensersatzansprüche beim Werkvertrag**

**1. Anspruch auf Schadensersatz nach § 635 BGB**
**Maßstab:** Erstellung eines mangelfreien Werkes, d. h. Werk ohne Fehler und mit zugesicherten Eigenschaften (vgl. § 633 Abs. 1 BGB)
**Inhalt:** Ersatz von Schäden am Werk (Mangelschaden) wie auch von unmittelbaren Mangelfolgeschäden in Geld; davon werden regelmäßig auch Schäden am Bauwerk umfaßt, die durch eine mangelhafte Ingenieurleistung verursacht wurden
**Voraussetzung:** neben einem Mangel Verschulden des Auftragnehmers daran
**Zeitpunkt:** Geltendmachung grundsätzlich erst nach Abnahme bzw. Vollendung des Werkes; vor Abnahme u. U. nach Fristsetzung mit Ablehnungsandrohung (§ 634 Abs. 1 Satz 2 BGB)
**Ausschluß:** keiner

**2. Anspruch auf Schadensersatz nach positiver Vertragsverletzung (pVV)**
**Maßstab:** pflichtgemäße Erfüllung des Werkvertrages
**Inhalt:** Ersatz von mittelbaren Mangelfolgeschäden und von solchen Schäden, die nicht mit Mängeln zusammenhängen
**Voraussetzung:** neben einer Pflichtverletzung Verschulden des Auftragnehmers daran; Fristsetzung und Ablehnungsandrohung sind nicht erforderlich
**Zeitpunkt:** Geltendmachung grundsätzlich erst nach Abnahme bzw. Vollendung des Werkes
**Ausschluß:** keiner

Weiterhin hat die Rechtsprechung aus dem Eintritt in Vertragsverhandlungen Offenbarungs-, Aufklärungs- und Beratungspflichten entwickelt, die zu einer Haftung des Unternehmers aus **Verschulden bei Vertragsschluß** (culpa in contrahendo, c. i. c.) führen können. Diese Haftung setzt eine vorvertragliche Pflichtverletzung des Ingenieurs voraus, bei dem ihm Verschulden zur Last fällt; sie besteht unabhängig davon, ob es zu einem Vertragsschluß kommt. Den Ingenieur treffen hier insbesondere Aufklärungspflichten, so über die zu erwartenden Kosten oder über seine Stellung als freier oder baugewerblich tätiger Ingenieur. Ungefragt hat der Ingenieur keine Aufklärungspflicht über die Höhe seines Honorars. Ansprüche aus c. i. c. sind grundsätzlich ausgeschlossen, soweit sich das Verschulden des Unternehmers auf die Beschaffenheit des Werkes bezieht, da die skizzierten gesetzlichen Regeln über die Haftung des Werkunternehmers aus Sachmängelgewährleistung nach §§ 633 ff. BGB eine abschließende Sonderregelung darstellen.[79] Ausgenommen davon sind allerdings jedenfalls vorsätzlich falsche Erklärungen des Unternehmers, die von der Haftung nach c. i. c. erfaßt werden.[80] Ein Schadensersatzanspruch aus c. i. c. ist in aller Regel nur auf das Vertrauens-, nicht auf das Erfüllungsinteresse gerichtet. Der Geschädigte ist dabei so zu stellen, wie er stehen würde, wenn er nicht auf die Gültigkeit des Geschäfts vertraut hätte.[81] Insbesondere der entgangene Gewinn ist ihm vom Ingenieur nicht zu ersetzen.

Zentrale Voraussetzung für die Gewährleistungsansprüche ist daher das Vorliegen eines Mangels. Nach dem Leistungsbild des Ingenieurs, wie es sich aus der HOAI ergibt, kommen vor allem **folgende typische Mängel** in Betracht:

## 7.2 Planungsfehler

Der konkrete Umfang der Planungsaufgabe ergibt sich aus dem zwischen Auftraggeber und Ingenieur abgeschlossenen Ingenieurvertrag. Aus den Bestimmungen des § 55 HOAI läßt sich beispielsweise entnehmen, welche **Planungsaufgaben** ein Ingenieur bei der Erstellung von Ingenieurbauwerken grundsätzlich zu erfüllen hat.

Sofern dem Ingenieur nur ein begrenzter Planungsauftrag oder nur die Planung einer Einzelleistung übertragen wurde, ist selbstverständlich auch seine Haftung auf diese Leistung beschränkt.

Ein **Planungsfehler** liegt vor, wenn das Werk nicht zum vertraglich vorausgesetzten oder gewöhnlichen Gebrauch taugt (§ 633 Abs. 1 BGB). Maßstab für einen fehlerfreien Plan ist damit dessen Verwertbarkeit für den Auftraggeber, und zwar bezogen auf die konkrete Funktionsfähigkeit der geplanten Anlage oder des Bauwerks und die wirtschaftlichen Verhältnisse des Auftraggebers.[82] Ein eindeutiger Planungsfehler liegt dann vor, wenn die geplante Ausführung der Anlage oder des Bauwerkes notwendigerweise zu einem Mangel der Anlage oder des Bauwerkes führen muß.[83]

In **rechtlicher Hinsicht** hat die Planung nach öffentlich-rechtlichen Vorschriften **genehmigungsfähig** zu sein.[84] Das bedeutet, daß die Planung nicht nur den anerkannten Regeln der Technik entsprechen muß, sondern auch den geltenden bauordnungs- und bauplanungsrechtlichen Vorschriften.[85] In diesem Zusammenhang sind genaue Kenntnisse der jeweiligen Landesbauordnungen unerläßlich, denn danach bemißt sich die bauordnungsrechtliche Genehmigung. In den Fällen, in denen noch grundsätzliche baurechtliche Probleme geklärt werden müssen, wie z.B. die Frage der Bebaubarkeit überhaupt, die Lage im Innen- oder Außenbereich oder die zulässige GFZ, besteht sogar eine **Verpflichtung zur Stellung einer Bauvoranfrage.**[86] Sofern es aber um weniger bedeutsame Fragen des Bauplanungs- oder Bauordnungsrechts geht, ist eine Bauvoranfrage, die zusätzliche Kosten verursacht, überflüssig. Je nach Planungsaufgabe kommen hier auch Planfeststellungsverfahren, wasser- und abfallrechtliche Genehmigungsverfahren oder immissionsschutzrechtliche Verfahren in Betracht.

---

### Beispiele

**... für rechtliche Planungsfehler:**

- *Keine Bauvoranfrage für ein Grundstück, auf dem die Bebaubarkeit unklar war, da es noch nicht als Bauland ausgewiesen war.*[87]
- *Der Tragwerksplaner hat es unterlassen, die Genehmigung des von der Behörde bestellten Prüfstatikers einzuholen.*
- *Bei einer Verkehrswegeplanung hat der Ingenieur die städtebauliche Situation nicht ausreichend beachtet. Aufgrund mangelnder Lärmschutzanlagen ist seine Planung für den Auftraggeber nicht zu verwerten.*
- *Ein Ingenieur erhält den Auftrag zur Planung einer Kläranlage. Die zuständige Behörde verweigert die Genehmigung wegen mangelnder abwassertechnischer Eignung und bittet um Vorlage überarbeiteter Unterlagen.*

---

Geht allerdings die fehlende Genehmigungsfähigkeit auf Änderungswünsche des Auftraggebers zurück, begründet das dann keine Mangelhaftigkeit, wenn der Auftraggeber selber genügend sachkundig und erfahren in Genehmigungsfragen war oder wenn der Ingenieur ihn genügend über die möglichen Genehmigungsrisiken aufgeklärt hat. An die Aufklärung stellt die Rechtspre-

chung strenge Anforderungen. Danach muß der Auftraggeber die Verweigerung der Genehmigung bewußt in Kauf nehmen.[88] Zumindest ist in diesen Fällen aber bei der Haftung des Ingenieurs ein Mitverschulden des Auftraggebers zu erwägen.[89]

Ein Sonderproblem stellt dabei die zu Unrecht versagte Genehmigung dar, gegen die der Auftraggeber trotzdem keine Rechtsbehelfe einlegt.[90] In diesem Fall wird der Ingenieur Probleme haben, die Mangelfreiheit seines Werkes zu beweisen. Sofern die Versagung der Genehmigung als offensichtliche Fehlentscheidung angesehen werden muß, darf die Behördenentscheidung nicht zu Lasten des Ingenieurs gehen. Unterläßt der Auftraggeber in diesem Fall die Beschreitung des Rechtsweges, so darf er sich nicht auf die Mangelhaftigkeit der Planung berufen. War allerdings vorauszusehen, daß die Genehmigungsbehörde Bedenken hegen würde, ist das Werk des Ingenieurs doch insofern mangelhaft, als er seine Planung darauf hätte abstimmen bzw. zumindest den Auftraggeber hätte unterrichten müssen.

Die Frage einer offensichtlichen Fehlentscheidung der Genehmigungsbehörde ist allerdings nicht immer eindeutig zu klären und wird daher im äußersten Fall im Honorar- oder Schadensersatzprozeß zwischen Ingenieur und Auftraggeber durchprozessiert werden. Mit kleineren Umplanungen zur Errichtung der Genehmigungsfähigkeit hat sich der Auftraggeber jedoch abzufinden. Der Plan ist nur dann fehlerhaft, wenn die erforderliche Bau- oder Anlagengenehmigung nur nach grundlegender Umplanung der Anlage oder des Baukörpers zu erreichen ist oder wenn eine so weitgehende Planänderung erforderlich ist, daß mit einem Einverständnis des Auftraggebers nicht mehr gerechnet werden darf. Häufig ist der

Ingenieur nur mit einer Einzelleistung beauftragt, aber auch diese muß genehmigungsfähig sein. Bei der Projektierleistung
ist das Anfertigen und Zusammenstellen der
statischen Berechnungen für die Prüfung
durch die Bauaufsichtsämter ein Kernstück
der Planungsleistung.

In **technischer Hinsicht** hat die Planung
den modernen Erkenntnissen der Baukunst
und Wissenschaft zu entsprechen. Insbesondere ist der Ingenieur verpflichtet, den
technisch sichersten Weg zu wählen. Über
die Verwendung neuartiger Baustoffe, über
deren Bewährung wenig oder keine Erkenntnisse vorliegen, muß der Ingenieur
den Auftraggeber aufklären und dessen Entscheidung abwarten. Solange keine begrün-
deten Zweifel bestehen, kann er sich aber
auf Herstellerangaben verlassen.

---

### Beispiele

**... für technische Planungsfehler:**

- *Bei einem Behördenbau hat der Tragwerksplaner den Nachweis der Standsicherheit
  nicht erbracht. Als nach heftigen Regen-
  fällen mit dem Grundwasserspiegel auch
  der Wasserspiegel eines angrenzenden
  Flusses anstieg, lief das Gebäude voll
  Wasser.*
- *Obwohl der Kipp-Trockner in der raumlufttechnischen Anlage einer Wäscherei mit
  einem »Flusensieb« ausgestattet ist, führt
  starker Flusenanfall in der Abluft des
  Trockners zu erhöhten Betriebskosten,
  die den Vorteil der Wärmerückgewinnung
  aufzehren.[91])*
- *Bei einer Gründung im grundwasser-
  gefährdeten Bereich fehlen Detailzeichnungen, so daß Abdichtungen im Boden-
  und Wandbereich nicht den Regeln der
  Technik entsprechen mit der Folge, daß sich
  Feuchtigkeit und Grundwasser im Keller
  des Gebäudes sammeln.[92])*
- *Fehlende Dehnungsfugen bei großen
  Flächen.[93])*
- *Wärmedämmungsmaßnahmen an statisch
  relevanten Teilen werden nicht oder zeichnerisch falsch dargestellt.[94])*
- *Der Ingenieur legt in Unkenntnis der örtlichen Bodenverhältnisse seinen Berechnungen lediglich allgemeine Erfahrungs-
  werte zugrunde. Infolge fehlerhafter Tragwerksplanung treten später Risse am
  Gebäude auf, für die er haftet (§ 635 BGB).*
- *In einem erdbebengefährdeten Gebiet
  macht der fachlich mitwirkende Ingenieur
  den planenden Architekten nicht auf
  Bedenken hinsichtlich der Statik aufmerksam. Tatsächlich kommt es infolgedessen
  zu Schäden an der errichteten Kläranlage.
  Dafür ist der Ingenieur schadensersatzpflichtig, denn zu seiner Planungsaufgabe
  hätte es auch gehört, den Architekten auf
  seine Bedenken hinzuweisen, da der
  Architekt in diesem Spezialgebiet von der
  Verantwortlichkeit freigestellt ist und auf die
  Sachkunde des Ingenieurs vertrauen darf.*

Auch **in wirtschaftlicher Hinsicht** hat der Ingenieur auf eine vertretbare Planung zu achten. Er muß die finanziellen Möglichkeiten des Auftraggebers frühzeitig berücksichtigen und innerhalb des vorgegebenen Rahmens möglichst kostengünstig planen.[95] Die Mehrkosten für eine aufwendige Ausführungsplanung mit teuren Baumaterialien, die weder erforderlich noch gewünscht waren, hat der Ingenieur ggf. als Schadensersatz (§ 635 BGB) zu ersetzen.

---

**Beispiele**

**... für unwirtschaftliche Planung:**

- *Um mehr Platz innerhalb eines Gebäudes zu gewinnen, plant der Ingenieur einen dünnen, aber besonders teuren Raumteiler. Dabei hätte eine normale Wand errichtet werden können, ohne daß die Räume für den Zweck zu klein geworden wären.*
- *Die Planung des Ingenieurs sieht unnötig umfangreiche Fundamente vor. Ein Tragwerksplaner hat für ein fünfgeschossiges Wohnhaus eine Fundamentstärke geplant, die für ein neungeschossiges Wohnhaus ausreichen würde, und dafür die Genehmigung durch den Prüfstatiker erhalten. Trotzdem ist seine Planungsleistung im Verhältnis zum Auftraggeber mangelhaft, weil er nach dem Vertragszweck unwirtschaftlich geplant hat.[96]*

---

Ein wichtiger Unterschied besteht zwischen dem Anlagen- bzw. Bauwerksmangel und dem Mangel des Ingenieurwerkes. Ein Mangel an der errichteten Anlage selbst ist nicht automatisch mit einem Mangel des Ingenieurwerkes gleichzusetzen, weil er auch andere Ursachen haben kann als die vertragswidrige Erfüllung durch den Ingenieur. Der Fehler kann z.B. auch in der mangelhaften Bauausführung durch einen Unternehmer oder einem der übrigen an der Anlage beteiligten Sonderfachleute liegen.

In diesem Sinne ist die Planung des Ingenieurs nur mangelhaft, wenn der Fehler der gebauten Anlage auf einer objektiven Pflichtverletzung des Ingenieurs beruht.

Entsprechend des Gewährleistungssystems des Werkvertragsrechts hat der Besteller bei einem Planungsfehler zunächst einen Herstellungs- und Mängelbeseitigungsanspruch und nach Fristsetzung mit Ablehnungsandrohung ein Wahlrecht zwischen Wandlung, Minderung und Schadensersatz. Sofern lediglich eine Planungsleistung geschuldet ist, kann die erstellte Zeichnung oder Berechnung noch nachgebessert werden. Beanstandet der Prüfstatiker die Statik, so gehört es zur Mängelbeseitigungspflicht des Ingenieurs (§ 633 Abs. 2 BGB), seine Zeichnungen und Berechnungen den Beanstandungen anzupassen. Gibt der Auftraggeber dem Ingenieur dazu keine Gelegenheit, kann er auch keinen Schadensersatzanspruch geltend machen.

I. d. R. wird es jedoch um Schäden an Bauwerken oder Anlagen gehen, in denen die Planungsleistung schon verwirklicht ist. In diesem Fall muß der Auftraggeber beweisen, daß ein Planungsfehler des Ingenieurs für den Mangel ursächlich geworden ist, während der Ingenieur sich bezüglich seines Verschuldens entlasten muß. Allerdings wird nach den von der Rechtsprechung entwickelten Grundsätzen ein Planungsfehler indiziert, sofern der Fehler der Anlage offensichtlich nicht an einem Ausführungsmangel liegt.

Schließlich kann ein Planungsfehler, infolgedessen ein Dritter zu Schaden kommt, auch zu einer (deliktischen) Haftung des Ingenieurs gegenüber dem Dritten führen.[97]

Bei einem Schadensersatzanspruch nach § 635 BGB umfaßt der **Umfang der Haftung** alle Vermögensnachteile, die dem Auftraggeber entstanden sind. Zu ersetzen sind abzüglich der Sowieso-Kosten, also der Kosten, die ohnehin für den Auftraggeber entstanden wären, alle zur Herstellung eines ordnungsgemäßen Zustands erforderlichen Aufwendungen. Das kann beispielsweise bei Feuchtigkeitsschäden an einem Bauwerk je nach Einzelfall von dem nachträglichen Einbau eines Lüftungssystems über Ab- und Neudeckung eines Daches bis zur Neuherstellung des Bauwerks gehen.

## 7.3 Koordinierungsfehler

Bei der Übernahme der Koordination eines Bauvorhabens muß der Ingenieur in technischer, wirtschaftlich-kostenmäßiger und vor allem zeitlicher Hinsicht für den reibungslosen Fortschritt des Baugeschehens Sorge tragen. Die **Koordinierungspflicht** kann bereits in der Planungsphase einsetzen oder sich nur auf die Bauoberleitung (§ 55 Abs. 2 Nr. 8 HOAI) bzw. die Objektüberwachung (§ 15 Abs. 2 Nr. 8 HOAI) beziehen. Für die Frage, ob sich die Koordinierungspflicht auf das Planungsstadium oder die Bauoberleitung/Objektüberwachung bezieht, ist die vertragliche Vereinbarung zwischen Ingenieur und Auftraggeber im Einzelfall maßgeblich. Diese Frage kann für die Haftung insofern von entscheidender Bedeutung sein, als sich der Auftraggeber ein Koordinierungsverschulden des Ingenieurs im Bereich der Planung gegenüber den bauausführenden Unternehmern anrechnen lassen muß (nach §§ 254, 278 BGB).[98] Das bedeutet für den Ingenieur eine erhöhte Haftung, denn der Auftraggeber kann ihn für den überschießenden Betrag, den er von dem Bauunternehmer nicht beanspruchen kann, in die Verantwortung nehmen.[99] Dagegen werden Koordinierungsfehler bei der Objektüberwachung oder der örtlichen Bauaufsicht dem Auftraggeber nicht anspruchsmindernd angerechnet,[100] da sich der Bauherr gegenüber den bauausführenden Unternehmern ein Verschulden des Ingenieurs in diesem Bereich nicht anrechnen lassen muß.[101]

In beiden Phasen gilt es, die Arbeitsschritte der übrigen beteiligten Sonderfachleute, Bauunternehmer und örtlichen Bauüberwacher – sofern Bauoberleitung und örtliche Bauüberwachung getrennt vergeben werden – zu koordinieren. Ggf. muß der Ingenieur koordinierend eingreifen, um den planungs- und termingerechten Ablauf aller Leistungsbereiche sicherzustellen. Die Arbeiten müssen reibungslos ineinandergreifen. Auch eine zügige technische und geschäftliche Abwicklung der Bauunternehmer und Sonderfachleute hat der mit dem Bereich jeweils beauftragte Ingenieur zu veranlassen. Außerdem sind die erforderlichen Genehmigungen einzuholen, die Beschaffung der Baustoffe zu kontrollieren und konjunkturelle Besonderheiten des Baugewerbes zugunsten des Auftraggebers auszunutzen.

Dabei kommt es vor allem bei der Koordination der **zeitlichen Abfolge** einzelner Arbeitsschritte zu Problemen. Die an der Errichtung einer Anlage beteiligten Fachleute brauchen zur Vermeidung von Mängeln ausreichend Zeit zur Verfügung, aber es müssen Verzögerungen und damit verbundene Mehrkosten vermieden werden. Die Reihenfolge der zu erbringenden Leistungen muß so festgelegt werden, daß die an der Objektausführung Beteiligten sich nicht gegenseitig behindern, fertiggestellte Teile nicht durch Folgearbeiten beschädigt werden und die Aufeinanderfolge der verschiedenen Arbeitsschritte zeitsparend und effizient ist. Sofern sich der Bauablauf verzögert, sind die an den folgenden Abschnitten beteiligten Handwerker zu benachrichtigen und entsprechend anders zu terminieren. Der Ingenieur haftet aber nicht für Verspätungen von Handwerkern, die er pünktlich bestellt hat und die insofern außerhalb seiner Risikosphäre liegen.

| Beispiele |
|---|
| **... für zeitliche Koordinierungsfehler:** |

- *Der Ingenieur hat Estricharbeiten zur Ausführung freigegeben, bevor auf dem Boden verlegte Installationsrohre die erforderliche Ummantelung erhalten haben mit der Folge, daß der Fußboden später wieder aufgestemmt werden muß.*
- *Sofern der Baubeginn angeordnet wird, obwohl eine Auflage in der Baugenehmigung widersprüchlich oder unklar ist, kann den Ingenieur eine Mitschuld treffen.*
- *Der Ingenieur hat dem Abbau der Rüstung zugestimmt, obwohl diese für die Ausführung einer Arbeit noch erforderlich gewesen wäre.*
- *Bei Abbrucharbeiten ist eine Abstimmung der fachlich Beteiligten versäumt worden, so daß ein – zudem auch noch denkmalgeschütztes – Gebäude einstürzt.[102])*

Gerade für die Vermeidung zeitlicher Koordinierungsfehler ist die Aufstellung eines Zeitplans unerläßlich. Im Rahmen der Objektüberwachung ist ein Zeitplan in der Form eines Balkendiagramms vorgeschrieben (nämlich in der fünften Grundleistung der Objektüberwachung – § 15 Abs. 2 Nr. 8 HOAI). Dort werden Angaben über Ausführungszeiten und vertragliche Abmachungen von Beginn und Ende der Bauleistungen eingetragen.

In technischer Hinsicht hat der Koordinator die Verwendung von Baustoffen, die nicht miteinander kombiniert werden dürfen, zu verhindern.

---

**Beispiele**

**... für technische Koordinierungsfehler:**

- *Bei der technischen Gebäudeausrüstung werden Wasserleitung und Wandhalterung aus verschiedenen Materialien verwendet, die beide zusammen korrodieren. Um den Schaden zu beheben, müssen später die Wände wieder aufgestemmt werden.*
- *Die Festigkeit verschiedener Mörtellagen ist nicht sorgfältig aufeinander abgestimmt, so daß sich auf dem Unterputz verlegter Mörtel zusammen mit der Verblendung ablöst.*[103]

---

Die Koordinierungspflicht findet ihre **Grenzen** dort, wo die Leistung von anderen Sonderfachleuten, deren Fachbereich der Ingenieur nicht zu beherrschen braucht, inhaltlich abgestimmt werden müssen.[104] Bei größeren Objekten ist es inzwischen üblich, die zusätzliche Leistung »Projektsteuerung« (§ 31 HOAI) getrennt zu vergeben, die die erhöhten Anforderungen an die Koordinierungspflicht und Objektüberwachung mit abdeckt.

---

**Beispiele**

**... für die Grenzen der Koordinierungspflicht:**

- *Bei den Beckenlängswänden eines Regenüberlaufbeckens sind Risse aufgetreten. Der planende Ingenieur hatte für diese Anlage eine Dehnungsfuge vorgesehen, die jedoch in den Unterlagen des Statikers nicht mehr enthalten war. Obwohl der planende Ingenieur die Verpflichtung hatte, die Unterlagen des Statikers auf Übereinstimmung mit seiner Planung zu überprüfen, brauchte er doch die Tragwerksplanung, insbesondere die Erbringung der statischen Nachweise und die Anfertigung der Bewehrungspläne, nicht zu beherrschen. Der Ingenieur hat seine Planungs- und Koordinierungsaufgaben nicht mangelhaft erfüllt.*[105]
- *Bei der Planung einer raumlufttechnischen Anlage für die Wäscherei eines Krankenhauses darf der Ingenieur sich auf die Daten über die Wärmeabgabe von Maschinen und Geräten verlassen, die er von dem Auftraggeber oder dem Hersteller der Maschinen bekommt. Er ist nicht verpflichtet, eigene Untersuchungen und Messungen anzustellen.*[106]

---

Im Einzelfall ist es oft schwierig festzustellen, ob ein Mangel seine Ursache bereits in der Planungsphase hat. Koordinierungsfehler können nur dann eindeutig der Objektüberwachungsphase zugeschrieben werden, wenn der Ingenieur mit dem planerischen Bereich gar nichts zu tun hat oder wenn sich der Koordinierungsfehler nur auf eine bestimmte Bauleistung eines einzelnen Unternehmers auswirkt.[107]

Im Falle eines Koordinierungsfehlers steht dem Auftraggeber ein **Schadensersatzanspruch** nach § 635 BGB zu. Voraussetzung dafür ist, daß er den Fehler konkret und in überprüfbarer Weise darlegt; die bloße Behauptung mangelnder Koordination reicht

hierfür nicht aus. Sofern ein Schadensersatzanspruch wegen verspäteter Fertigstellung geltend gemacht werden soll, muß
der Auftraggeber auch nachweisen, daß die
Verspätung ausschließlich auf dem Fehler
des Ingenieurs beruht und daß bei ordnungsgemäßer Koordination insbesondere
die übrigen Arbeiten nach Bauzeitplan aufgenommen und fertiggestellt worden wären.

Inhaltlich schuldet der haftende Ingenieur
einen Geldanspruch für alle auf der Verzögerung beruhenden Vermögensnachteile.
Dies kann von zusätzlichen Lagerkosten,
Lohnzahlungen für unbeschäftigte Handwerker über Wiederherstellungskosten für
bereits ausgeführte Gewerke, die durch den
Koordinierungsfehler in Mitleidenschaft gezogen werden, bis zu hohen Mietausfall-
kosten wegen entgangener Vermietungs-
möglichkeit und Schadensersatzansprüchen
Dritter wegen Nichtgewährung des Ge-
brauchs reichen.

## 7.4 Mängel bei der Objektüberwachung/ Bauoberleitung/örtlichen Bauüberwachung

Der Pflichtenkreis der Objektüberwachung
reicht vom Überwachen der Ausführung des
Objekts auf Übereinstimmung mit der Baugenehmigung, den Ausführungsplänen und
den Leistungsbeschreibungen und den allgemein anerkannten Regeln der Technik
über die Überwachung und Detailkorrektur
von Fertigteilen sowie die Rechnungsprüfung und Kostenfeststellung bis zur Abnahme der Leistungen und Überwachung
der Mängelbeseitigung. Ziel und Zweck der
Tätigkeit ist auch hier, daß die Anlage
mängelfrei und wie geplant durchgeführt
wird. Für Gebäude, Freianlagen und raumbildende Ausbauten sind diese Pflichten insgesamt im Leistungsbild 8 des § 15 Abs. 2
HOAI zusammengefaßt, während Bauoberleitung und örtliche Bauüberwachung für
Ingenieurbauwerke und Verkehrsanlagen in
§ 55 Abs. 2 Nr. 8 und § 57 HOAI getrennt
geregelt sind.[108])

Die Leistung »**Überwachen der Ausführung des Objekts**« beinhaltet für die
Objektüberwachung (§ 15 Abs. 2 Nr. 8
HOAI) und die örtliche Bauüberwachung
(§ 57 Abs. 1 Nr. 1) ausschließlich eine kontrollierende und überwachende Tätigkeit. Die
vertragsgemäße Erbringung der erforderlichen Leistungen ist Sache der beauftragten Unternehmer. Hinsichtlich der stark am
Einzelfall orientierten Rechtsprechung zu
Umfang und Intensität der Überwachung
haben sich folgende Grundsätze konkretisiert: Einerseits braucht der überwachende
Ingenieur nicht ständig auf der Baustelle
anwesend zu sein[109]) und bei gängigen, einfachen Handwerksarbeiten nicht jeden ein-

zelnen Arbeitsvorgang zu überwachen.[110])
Bei **handwerklichen Selbstverständlichkeiten** darf der Ingenieur grundsätzlich auf
die ordentliche Arbeit eines Unternehmers
vertrauen, es sei denn, es handelt sich um
wenig sachkundige, unzuverlässige oder un-
sichere Bauunternehmer. Zu handwerklichen Selbstverständlichkeiten zählen beispielsweise Putz- und Malerarbeiten, die
Errichtung einer Klärgrube, die Verlegung
von Platten oder das Eindecken eines Daches mit Dachpappe. Die Kontrolle muß
jedoch regelmäßig und über Stichproben
hinaus erfolgen.

Andererseits steigen proportional mit der
besonderen Bedeutung eines Bauabschnitts
und mit der Schwierigkeit einer Arbeit die
Anforderungen, die die Rechtsprechung an
die Objekt- bzw. Bauüberwachung stellt. Insbesondere die wichtigsten Bauabschnitte,
von denen das Gelingen des ganzen Werkes abhängt, muß der Ingenieur persönlich
oder durch erprobte Erfüllungsgehilfen überwachen und sich nach Erledigung von ihrer
Ordnungsgemäßheit überzeugen.[111]) Besonders wichtig für den Bau als Ganzes sind
beispielsweise Beton-, Abdichtungs- und
Isolierarbeiten.[112]) Eine **gesteigerte Überwachungspflicht** besteht auch in den Fällen mit »Signalwirkung«,[113]) wenn nämlich
typische Gefahrenquellen bestehen, oder
bei Arbeiten, die erfahrungsgemäß eine
häufige Fehlerquelle darstellen. Als solche
gelten besonders Abbruch-, Betonierungs-
und Bewehrungsarbeiten, Ausgestaltung
von Drainagen und Dehnungsfugen sowie
die Abdichtung von Fundamenten und Kel-
lerwänden.[114]) Die dabei typischen Fehlerquellen müssen besonders beachtet und
überprüft werden.

Die Verwendung neuartiger, ungewöhnlicher
Baustoffe ist ebenso ein Indiz für eine gesteigerte Überwachungspflicht wie die Ab-

wendung eines neuen Verfahrens. Sofern
es auf bestimmte Eigenschaften, wie z.B.
Frostbeständigkeit, besonders ankommt, ergibt sich auch daraus eine Pflicht zur Mate-
rialprüfung.

Erst recht gilt diese »gesteigerte Überwachungspflicht«, wenn sich im Verlauf der
Bauausführung Anhaltspunkte für Mängel
ergeben.[115])

---

### Beispiel

***Der Bundesgerichtshof zur Objekt-
überwachung:***
*Der die Bauaufsicht (Objektüberwachung)
führende Ingenieur hat dafür zu sorgen, daß
der Bau plangerecht und frei von Mängeln
errichtet wird. Der Ingenieur ist dabei nicht
verpflichtet, sich ständig auf der Baustelle
aufzuhalten. Er muß allerdings die Arbeiten in
angemessener und zumutbarer Weise überwachen und sich durch häufige Kontrollen
vergewissern, daß seine Anweisungen sachgerecht erledigt werden (st. Rspr. zunächst für
Architekten, die auf Ingenieure zu übertragen
ist, vgl. Senatsurteil vom 15.06.1978 – VII ZR
15/78 = BauR 1978, 498 = ZfBR 1978, 17).
Bei wichtigen oder bei kritischen Baumaßnahmen, die erfahrungsgemäß ein hohes
Mängelrisiko aufweisen, ist der Ingenieur
zu erhöhter Aufmerksamkeit und zu einer in-
tensiveren Wahrnehmung der Bauaufsicht
verpflichtet (vgl. Senatsurteile vom 26. 09.
1985 – VII ZR 50/84 = BauR 1986, 112, 113 =
ZfBR 1986, 17, 18 und vom 11.03.1971 – VII
ZR 132/69 = BauR 1971, 131, 132). Der mit
der Objektüberwachung betraute Ingenieur
ist zu erhöhter Aufmerksamkeit verpflichtet,
wenn sich im Verlauf der Bauausführung
Anhaltspunkte für Mängel ergeben.[116])*

---

Bei **Nachbesserungsarbeiten** obliegt dem
Ingenieur schon deshalb eine gesteigerte
Überwachungspflicht, weil der dazu ver-
pflichtete Unternehmer bereits einen Fehler
begangen hat. In diesem Rahmen hat der

Ingenieur die Ursachen festgestellter Mängel zu klären, die Mängel zu rügen und den Unternehmer zu ihrer Beseitigung zu veranlassen. Befolgt der Unternehmer eine entsprechende Aufforderung nicht, muß der Ingenieur mit dem Auftraggeber Rücksprache halten und ihn umfassend über die technischen Auswirkungen unterrichten. Ggf. hat er dann auch die Mängelbeseitigung im Wege der Ersatzvornahme selbst zu veranlassen (§ 13 Nr. 5 Abs. 2 VOB/B, § 633 Abs. 3 BGB).[117])

Die Rechtsprechung und Fachliteratur hat mittlerweile weitreichende Grundsätze für das Verhältnis zwischen Bauherrn und umfassend beauftragten Architekten entwickelt, die auf den entsprechend beauftragten Ingenieur zu übertragen sind. Danach trifft den Ingenieur eine **umfassende Aufklärungspflicht über Mängel auch bei eigenen Versäumnissen.** Als Sachwalter des Bauherren schuldet ein umfassend mit der Betreuung des Auftraggebers beauftragter Fachmann die unverzügliche Aufklärung der Ursachen sichtbar gewordener Mängel und die sachkundige Unterrichtung vom Ergebnis. Außerdem hat er den Auftraggeber auch über seine rechtlichen Möglichkeiten und Ansprüche aufzuklären – auch bei eigenen Versäumnissen.[118]) Dies gilt nur dann nicht für das Verhältnis von Bauherr und Ingenieur, wenn er lediglich mit einer Einzelleistung, beispielsweise der Tragwerksplanung, beauftragt ist.[119])

---

**Praxishinweis**

*Keine Verjährung bei unterlassenem Hinweis auf Schadensersatzansprüche!*
*Ein Anspruch ist nicht verjährt, wenn der Architekt/Ingenieur es versäumt hat, den Auftraggeber auf die Möglichkeit eines Anspruchs gegen sich hinzuweisen. Auch der nicht umfassend beauftragte Architekt/Ingenieur ist im Rahmen des von ihm übernommenen Aufgabengebietes gehalten, seinen Auftraggeber ggf. auf die Möglichkeit eines Anspruchs gegen ihn selbst hinzuweisen.[120])*

---

Im übrigen hat der zur Objektüberwachung bestimmte Ingenieur auch eine **Gefahrabwendungspflicht.** Er ist für die Sicherheit auf der Baustelle verantwortlich. Dabei muß er den Auftraggeber über drohende Gefahren beraten und ihm Vorsorgemaßnahmen vorschlagen. Das bedeutet vor allem die Beachtung von **Verkehrssicherungspflichten,** um Gefahren abzuwenden, die Dritten im Zusammenhang mit der Baustelle, z.B. durch ungesicherte Baugruben oder herabstürzendes Material, entstehen können.[121])

Die Überwachungspflicht findet dort ihre **Grenzen,** wo Spezialisten, wie z.B. Geologen oder Bauphysiker, mit einer Aufgabe betraut sind. Das Werk dieser Sonderfachleute kann der Ingenieur mangels entsprechender Spezialkenntnisse nur in groben Zügen überprüfen. Er hat darauf zu achten, daß seine Planung korrekt umgesetzt wird und daß die Sonderfachleute von richtigen Daten hinsichtlich der örtlichen Besonderheiten ausgehen.[122]) Die ihm zur Verfügung gestellten Unterlagen hat er auf Fehler und Widersprüche zu überprüfen.[123])

Als **Rechtsfolge** eines solchen Objektüberwachungsmangels kommt – wie schon unter Punkt 1 beschrieben – vorrangig ein Schadensersatzanspruch in Betracht. Eine Nachbesserung durch den überwachenden Ingenieur kommt lediglich in Frage, wenn seine Pflichtverletzung auf dem Gebiet der technischen Objektüberwachung bei einer Mangelbeseitigung durch einen Handwerker oder Bauunternehmer nachgeholt werden kann. Im übrigen kann der Auftraggeber unmittelbar – d.h. ohne Fristsetzung mit Ablehnungsandrohung – Gewährleistungs- oder Schadensersatzansprüche geltend machen. Der Umfang des Schadensersatzanspruchs wird i.d.R. den Kosten für die Mängelbeseitigung entsprechen. Demgegenüber kommt eine Minderung (§ 634 Abs. 1 BGB) bei einem Mangel in Betracht, auf den sich der Auftraggeber bei der Nutzung des Objekts einstellen kann. So kann es z.B. sinnvoller sein, bei einer zu Tauwasserbildung neigenden Deckenkonstruktion nicht das gesamte System auszutauschen, sondern statt dessen für eine entsprechende Lüftung zu sorgen.[124]) Bei der Berechnung der Minderung ist dann der Wertverlust zu veranschlagen, den der Auftraggeber im Falle eines Weiterverkaufs hinnehmen muß.

Das Äquivalent zur Ausführungsüberwachung im Rahmen der Bauoberleitung des § 55 Abs. 2 Nr. 8 HOAI beinhaltet eine noch übergeordnetere Kontrollfunktion, sofern Bauoberleitung und örtliche Bauüberwachung getrennt vergeben werden. Im Rahmen seiner »Aufsicht über die örtliche Bauüberwachung« (§ 55 Abs. 2 Nr. 8 HOAI) steht dem Bauoberleiter ein Weisungsrecht zu.[125])

Zu den Grundpflichten dieser Leistungsphase 8 zählt auch die **Auflistung der Verjährungsfristen** der Gewährleistungsansprüche (zwölfte Grundleistung des § 15 Abs. 2 Nr. 8; siebte Grundleistung des § 55 Abs. 2 Nr. 8 HOAI).[126]) Diese Tätigkeit birgt hohe Haftungsrisiken, weil sie besondere juristische Kenntnisse erfordert und es dabei um erhebliche Summen gehen kann. Ist dem Auftraggeber infolge eines Fehlers des Ingenieurs die Geltendmachung eines Anspruchs durch Verfristung verwehrt, so kann der Ingenieur schadensersatzpflichtig sein.

Der Ingenieur hat nicht nur die Regelfristdauer der Gewährleistungen der einzelnen Gewerke übersichtlich aufzulisten, sondern er muß auch Hemmungs- und Unterbrechungstatbestände zuverlässig festhalten.[127]) Dafür ist auf einer Liste der Abnahmezeitpunkt aufzuschreiben. Das setzt die Prüfung der einzelnen Verträge der übrigen Baubeteiligten daraufhin voraus, ob die VOB Vertragsbestandteil ist oder ob ein BGB-Werkvertrag oder ein Dienstvertrag vorliegt.

Die Auflistung hat nicht nur Schluß-, sondern auch Teilabnahmen zu erfassen. Dabei muß festgestellt werden, ob sich der Endzeitpunkt für die Abnahme nach hinten verschiebt, weil die Verjährung gehemmt oder unterbrochen wurde. Als Ursachen dafür kommen z.B. selbständige Beweissicherungsverfahren oder ein Anerkenntnis (§ 208 BGB) in Betracht. Im Einzelfall ist der Ingenieur jedoch nicht verpflichtet, schwierige rechtliche Prüfungen vorzunehmen. Er kann auch nur die Fakten berücksichtigen, die ihm vor der Auflistung bekannt sind. Auf alle Fälle muß sich jedoch der Auftraggeber darauf verlassen können, auf Problemfälle und Schwierigkeiten ausdrücklich aufmerksam gemacht zu werden. Die rechtliche Einordnung ist insofern Sache des Auftraggebers.[128])

Im Rahmen der Objektüberwachung und der örtlichen Bauüberwachung (sechste Grundleistung des § 15 Abs. 2 Nr. 8; § 57 Abs. 1 Nr. 3 HOAI) ist die Führung eines Bautagebuchs vorgeschrieben. Haftungsrechtliche Konsequenzen können sich ergeben, wenn der Auftraggeber infolge der fehlenden Eintragungen einen Beweis nicht führen kann und insofern einen Vermögensnachteil erleidet.

---

**Praxishinweis**

*Auch im Rahmen der Bauoberleitung empfiehlt sich das Führen eines Bautagebuchs im eigenen Interesse des Ingenieurs, denn es kann auch bei Auseinandersetzungen zwischen ihm und seinem Auftraggeber als zuverlässiges Beweismittel dienen.*

---

# 7.5 Mängel bei der Objektbetreuung und Dokumentation

Das Leistungsbild der Objektbetreuung und Dokumentation reicht von der Objektbegehung zur Mängelfeststellung, der Überwachung der Mängelbeseitigung und der Verjährungsfristen über die Freigabe von Sicherheitsleistungen bis hin zur systematischen Zusammenstellung der Ergebnisse des Objekts (§§ 55 Abs. 2 Nr. 9, 15 Abs. 2 Nr. 9 HOAI). In erster Linie geht es also darum, die Ansprüche des Auftraggebers gegen Unternehmer während der Gewährleistungsfristen zu sichern. Diese Leistungsphase unterscheidet sich von der Objektüberwachung dadurch, daß sie diejenigen Mängel betrifft, die nach der Abnahme auftreten, während in die vorangegangene Leistungsphase die Mängel fallen, die bei der Abnahme festgestellt werden. Auch versteckte Mängel, die schon vor Abnahme vorlagen, fallen nicht unter die Objektüberwachung und Bauoberleitung, sondern in die Leistungsphase 9.

Im Rahmen der Fristen, die der Ingenieur in der Leistungsphase 8 aufgelistet hat, muß er so rechtzeitig das **Objekt begehen,** daß Mängel, die zwischen Abnahme und Verjährung auftreten, noch geltend gemacht werden können. Dazu muß er die Anlage und deren technische Funktionen an Ort und Stelle auf Fehler überprüfen; allein eine Besichtigung ist in diesem Zusammenhang grundsätzlich nicht ausreichend. Als **Zeitpunkt** bietet sich eine Objektbegehung kurz vor Ablauf der Verjährungsfrist an, da Mängel dann i.d.R. deutlich zutage getreten sein werden, andererseits aber noch ausreichend Zeit für die Geltendmachung der Ansprüche ist. Die Objektbetreuung, die regelmäßig auf fünf Jahre seit Abnahme der Leistungen begrenzt ist,[129]) beschränkt sich aber nicht auf die Objektbegehung. Der Ingenieur muß die festgestellten Mängel auch rügen, die Verantwortlichen zur Beseitigung auffordern und ggf. den Auftraggeber auf verjährungsunterbrechende Maßnahmen aufmerksam machen.

Eng mit der Objektbegehung verknüpft ist die **Freigabe von Sicherheitsleistungen.** Sie setzt ebenfalls eine Prüfung der Anlage auf Mangelfreiheit voraus. In dem Fall kann der Ingenieur den Auftraggeber darüber beraten, etwaige Sicherheitsleistungen zurückzugeben; er selber ist nicht zur Freigabe berechtigt.

Ein **Haftungsrisiko** liegt vor allem darin, daß für die unterschiedlichen Gewerke auch verschiedene Fristen laufen. Insofern müssen alle Einzelgewerke kurz vor Eintritt der für sie maßgeblichen Verjährung untersucht werden. Eine einzige Objektbegehung kurz vor Ablauf der letzten Gewährleistungsfrist ist auf gar keinen Fall ausreichend.

Der Ingenieur haftet für alle Rechtsnachteile des Auftraggebers infolge unterbliebener Mängelrügen auf Schadensersatz (§ 635 BGB) in Höhe der Mängelbeseitigungskosten. Auch wenn er zur Freigabe von Sicherheitsleistungen geraten hat, obwohl Gewährleistungsansprüche noch nicht erledigt sind und dem Auftraggeber dadurch ein Schaden entsteht, ist er ersatzpflichtig. Gleiches gilt, sofern er zu Unrecht die Einbehaltung von Sicherheitsleistungen empfiehlt. Verliert der Auftraggeber einen deshalb gegen ihn angestrengten Prozeß, hat der Ingenieur ihm als Schadensersatz die dadurch entstandenen Kosten zu erstatten.

## 7.6  Haftung als Bauleiter

Als Bauleiter ist der Ingenieur nach der jeweiligen Landesbauordnung für die ordnungsgemäße und den genehmigten Bauvorlagen entsprechende Ausführung des Bauvorhabens verantwortlich.[130]) Ihn treffen aber nicht nur die in der jeweiligen Landesbauordnung formulierten Pflichten, sondern auch solche aus dem Werkvertrag gegenüber dem Auftraggeber und aus Deliktsrecht gegenüber Dritten. Er hat darauf zu achten, daß die Arbeiten der Baubeteiligten ohne gegenseitige Gefährdung und ohne Gefährdung Dritter durchgeführt werden können. Dabei ist besonders die Überwachung der Tauglichkeit und Betriebssicherheit der Gerüste und anderer Baustelleneinrichtungen sowie die Einhaltung der Arbeitsschutzbestimmungen erforderlich. In diesem Zusammenhang ist er auch Dritten gegenüber verkehrssicherungspflichtig für Gefahren, die aus der Baustelle erwachsen können.

Der Bauleiter muß über die für seine Aufgabe erforderliche Sachkunde und Erfahrung verfügen. Sofern dies auf einzelne Teilgebiete nicht zutrifft, hat er geeignete Fachbauleiter hinzuzuziehen, die dann für das jeweilige Spezialgebiet an seine Stelle treten. In diesen Fällen muß der Ingenieur seine Tätigkeit und die der Fachbauleiter aufeinander abstimmen.

In einigen Bundesländern[131]) ist der Entwurfsverfasser lediglich für die Vollständigkeit und Brauchbarkeit seines Entwurfs und dessen Übereinstimmungen mit den öffentlich-rechtlichen Genehmigungsanforderungen verantwortlich, während für technische und sonstige Sicherheitsbestimmungen im übrigen der Bauherr und die Bauunternehmer im Rahmen ihres Wirkungskreises selber verantwortlich sind. Dies schließt aber eine vertragliche oder deliktische Verantwortlichkeit nicht aus.

Die Tätigkeit als Bauleiter ist nicht zu verwechseln mit dem örtlichen Bauführer (i. S. v. § 55 Abs. 2 Nr. 8 HOAI). Zwar hat auch der örtliche Bauführer als Objektüberwacher die Einhaltung der technischen Regeln und behördlichen Vorschriften zu überwachen, aber diese Verpflichtung besteht gegenüber dem Auftraggeber, während der Bauleiter Pflichten gegenüber der Baurechtsbehörde und der Öffentlichkeit wahrnimmt. Der Wirkungskreis des Bauleiters umfaßt die Überwachung der Bauausführung nach Bauordnungsrecht – nicht deren Leitung. Das Schwergewicht seiner Tätigkeit liegt in der Vermeidung von Gefahrensituationen.

Verletzt der Ingenieur allerdings seine öffentlich-rechtliche Bauleiterpflicht gegenüber der Behörde, so begeht er nicht nur eine Ordnungswidrigkeit, sondern er kann sich auch Dritten gegenüber wegen der Verletzung von Verkehrssicherungspflichten schadensersatzpflichtig machen.[132] Im übrigen bestehen die Pflichten, die der Ingenieur als Verantwortlicher gegenüber der Öffentlichkeit eingegangen ist, gegenüber dem Auftraggeber im Rahmen der Objektüberwachung sowieso.[133] Insofern geht der Ingenieur hierbei dasselbe Haftungsrisiko wie bei der Bauführung ein, nur daß es im Fall des Bauleiters zusätzlich noch öffentlich-rechtlich geregelt ist.

## 7.7 Haftung im Bereich der Kosten

Der Ingenieur schuldet nicht nur eine technisch, sondern auch wirtschaftlich einwandfreie Planung und ggf. deren Verwirklichung bis zum fertigen Objekt. Zu den wesentlichen Pflichten des Ingenieurs, deren Verletzung zu einer Haftung aus § 635 BGB führen kann, gehört daher auch die ständige Kontrolle der Kosten des Bauvorhabens.

### 7.7.1 Beachtung finanzieller Interessen des Auftraggebers bei der Planung – Bausummenüberschreitung

Eine Haftung kann sich zunächst aus der Garantie des Ingenieurs ergeben, die veranschlagten Baukosten einzuhalten. Eine solche **Bausummengarantie** muß nicht ausdrücklich erklärt werden; sie kann sich auch aus der Zusicherung ergeben, daß die Baukosten eine bestimmte Summe nicht überschreiten werden. Dafür reicht aber nicht jede Versicherung aus, ein bestimmtes Limit nicht zu überschreiten.[134] Ein Garantieversprechen ist auch nicht darin zu sehen, daß der Ingenieur einen Auftrag annimmt, nachdem der Auftraggeber ihm einen Betrag genannt hat, den er höchstens aufzubringen vermag. Es gilt auch dann noch nicht als Garantie, wenn in dem Ingenieurvertrag eine Bausumme festgeschrieben ist.[135] Vielmehr muß deutlich zum Ausdruck kommen, daß der Ingenieur für die Einhaltung der Baukosten persönlich haften und einstehen will.

Bei einem totalen Garantieversprechen verpflichtet sich der Ingenieur, selbst bei unvorhergesehenen und atypischen Geschehensabläufen die genannte Summe einzuhalten. Er kann seine Haftung in einem beschränkten Garantieversprechen aber auch darauf begrenzen, daß er nur für typische Geschehensabläufe einzustehen hat. Insofern ist vor einer totalen Bausummengarantie nur zur warnen, weil der Ingenieur dann auch für Ereignisse und Leistungen fremder Kosten haftet, die nicht in seinem Einflußbereich liegen, wie z.B. plötzliche Preissteigerungen oder die Notwendigkeit einer geänderten Planung aus technischen oder rechtlichen Gründen. Eine Ausnahme hiervon bilden solche Kosten, die durch Änderungswünsche des Auftraggebers entstanden sind.

In beiden Fällen haftet der Ingenieur allein aufgrund der abgegebenen Garantie für die Einhaltung der veranschlagten Baukosten, auch wenn die Summe ohne sein Verschulden überschritten wurde. Rechtsgrundlage dafür ist ein Erfüllungsanspruch, kein Schadensersatzanspruch, mit der Folge, daß der Ingenieur alle über die Garantiesumme hinausgehenden Kosten selber zu leisten hat. Der Auftraggeber ist für das Bestehen einer Bausummengarantie beweispflichtig, was in der Regel durch eine ausdrückliche, am besten schriftlich niedergelegte Vereinbarung bewirkt werden kann.

Aber auch ohne verbindliches Garantieversprechen kann die Überschreitung eines vom Auftraggeber gesetzten Limits für die Bausumme einen Mangel des Ingenieurwerks darstellen, der zur Haftung führen kann. Häufige Ursachen für eine Bausummenüberschreitung liegen z.B. in ungünstigen Vertragsabschlüssen mit Unternehmern, in der falschen Berechnung von Mengen und Flächen, in zwischenzeitlich gestiegenen Materialkosten, in der unerwarteten Entstehung von Mehrkosten bei der Gründung oder in einer unvollständigen Ausschreibung mit der Notwendigkeit der Vergabe weiterer Arbeiten im Stundenlohn. Teilweise kann sich auch erst während der

Bauabwicklung herausstellen, daß auch in dieser Phase zusätzliche technische Maßnahmen erforderlich sind; so können Aufwendungen für Schall- und Immissionsschutz die Bausumme in die Höhe treiben.

Eine Haftung wegen **Bausummenüberschreitung** setzt voraus, daß

• ein bestimmter Baukostenbetrag vorgegeben ist und
• dem Ingenieur ein Fehler im Kostenbereich unterlaufen ist und
• die Kostenerhöhung einen Toleranzrahmen überschreitet und
• dem Auftraggeber ein Schaden entstanden ist, der von dem Ingenieur schuldhaft (und kausal) verursacht worden ist.

Unter diesen Voraussetzungen kann eine Schadensersatzpflicht auch ohne die verbindliche Zusage der Bausumme eintreten.[136]

Entscheidend für einen **bestimmten Baukostenbetrag** ist eine gemeinsame Vorstellung von Auftraggeber und Ingenieur über eine bestimmte Kostenbasis. Diese gemeinsame Vorstellung ist nicht nur in einer konkret ermittelten Bausumme zu sehen; sie kann auch in der Vorgabe eines Kostenrahmens, z.B. durch höchstens finanzierbare Mittel oder dem Verwendungszweck, liegen.[137] Allerdings begründet die bloße Bezifferung der geschätzten Herstellungskosten in der Honorarvereinbarung keine Verpflichtung zur Einhaltung einer Bausumme.[138]

| **Beispiele** |
| --- |
| **... für einen bestimmten Baukostenbetrag:** <br> • *Im Ingenieurvertrag wird eine Obergrenze für die Baukosten ausdrücklich erwähnt.[139])* <br> • *Der Auftraggeber stimmt einer Vorplanung des Ingenieurs mit einer bestimmten Kostenschätzung zu, auf deren Basis dann der Ingenieurvertrag abgeschlossen wird.* <br> • *Der Auftraggeber teilt dem Ingenieur mit, daß sich sein Budget allein auf beschränkte öffentliche Fördermittel begrenzt.* <br> • *Im Bauantrag werden die Baukosten in einer bestimmten Höhe veranschlagt, und der Auftraggeber unterschreibt diesen Bauantrag.* |

| **Beispiele** |
| --- |
| **... für eine Pflichtverletzung:** <br> • *Pflichtwidrig kann eine zu aufwendige und teure Planung sein, die für den Auftraggeber wirtschaftlich nicht tragbar ist.* <br> • *Mangelhafte Bodenuntersuchungen führen zu späteren Mehrkosten für eine Tiefengründung.* <br> • *In der Kostenberechnung ist die Kubatur zu niedrig berechnet.[140])* |

Für diese Vorgabe eines bestimmten Baukostenbetrags ist d**er Auftraggeber beweispflichtig.**

Für eine Haftung für Mehrkosten muß der Ingenieur **die Verteuerung jedoch zu vertreten haben,** d. h., er muß vorsätzlich oder grob fahrlässig eine Pflicht verletzt haben. Das ist dann nicht der Fall, wenn z. B. eine Preissteigerung von Lohn- und Materialkosten, die nach der Kostenermittlung eingetreten ist, nicht vorhersehbar war. Bei kostspieligen Sonderwünschen des Auftraggebers, die eine Bausummenüberschreitung bewirken, begeht der Ingenieur nur eine Pflichtverletzung, wenn er einen Hinweis auf die Mehrkosten unterläßt. Allerdings ist er beweispflichtig dafür, daß sich der Auftraggeber über seine Aufklärung hinweggesetzt hat.

Das Vorliegen eines Fehlers hat ebenfalls der Auftraggeber zu beweisen.

Da jedoch jedes Bauvorhaben mit vielen Unsicherheitsfaktoren und Unwägbarkeiten belastet ist, führt nach der Rechtsprechung nicht jede Überschreitung der realistisch ermittelten Kosten oder vom Auftraggeber zur Verfügung gestellten Mittel zur Haftung, sondern dem Ingenieur wird ein **Toleranzrahmen** zugebilligt, bevor eine objektive Pflichtverletzung bejaht wird. Dieser Rahmen differiert je nach Verfeinerungsgrad der einzelnen Kostenermittlung – die Anforderungen an die Genauigkeit der Kostenermittlung steigen proportional zum Baufortschritt.

Im Bereich der **Kostenschätzung** (Leistungsphase 2: Vorplanung) bewegt sich dieser Rahmen zwischen 30 bis 40 %, hinsichtlich der **Kostenberechnung** (Leistungsphase 3: Entwurfsplanung) zwischen 20 bis 25 % und hinsichtlich des **Kostenanschlags** (Leistungsphase 7: Mitwirkung bei der Vergabe) zwischen **10 bis 15 %.**[141]) Der Toleranzrahmen wird sich dabei i. d. R. auf die gesamte Bausumme beziehen, wobei die Parteien aber etwas anderes vereinbaren können.

Vor einer generellen formelhaften Festlegung ist aber zu warnen, da die erforderliche Einzelfallbetrachtung durchaus zu anderen Ergebnissen kommen kann.[142]) Umbauten beispielsweise können so erhebliche Schwierigkeiten bei der Kostenschätzung und Berechnung aufwerfen, daß der Toleranzrahmen durchaus höher anzusetzen sein kann. Auch der Grad der Verbindlichkeit, mit der der Ingenieur die Kostenermittlung präsentiert hat, kann für den Toleranzrahmen ausschlaggebend sein.[143]) Bei einer als vorläufig bezeichneten (vorvertraglichen) Kostenprognose wird eine Pflichtverletzung nur im Falle einer besonders krassen Fehleinschätzung von deutlich über 30 % bejaht.[144]) Darüber hinaus billigt die Rechtsprechung dem Planer auch bei Kostenfestlegungen außerhalb der Leistungsphasen der HOAI eine gewisse Toleranz zu.[145]) Ob dieser Rahmen mit denen für die Kostenermittlungsverfahren nach DIN 276 identisch ist, ist höchstrichterlich bisher noch nicht entschieden. Aber auch hier kommt es auf die Umstände des Einzelfalls an, so daß sich allzu schematische Lösungen verbieten. So kann sich aus dem Vertrag auch ergeben, daß dem Ingenieur kein Toleranzrahmen zustehen sollte,[146]) was sich für ihn sehr gefährlich auswirken kann.

Bei einer nachweisbaren Überschreitung der Toleranzgrenze findet eine **Beweislastumkehr** statt. Nicht – wie sonst – der Auftraggeber muß das **Verschulden** des Ingenieurs beweisen, sondern umgekehrt hat der Ingenieur zu beweisen, daß ihn an der Bausummenüberschreitung kein Verschulden trifft. Ursache hierfür ist, daß die Überschreitung der Toleranzgrenze gegenüber einer realistischen Kostenermittlung den Anschein einer objektiven Pflichtverletzung begründet; es wird automatisch vermutet, daß der wirtschaftliche Schaden des Auftraggebers durch ein pflichtwidriges und schuldhaftes Verhalten des Ingenieurs herbeigeführt wurde.

Der **Entlastungsbeweis** gelingt zum einen, wenn die Bausummenüberschreitung auf für den Ingenieur unvorhersehbaren Ereignissen beruht. Das können z. B. untypische Auflagen in der öffentlich-rechtlichen Genehmigung sein. Zum anderen ist eine Entlastung trotz Bausummenüberschreitung möglich, wenn deren Ursachen außerhalb des Verantwortungsbereichs des Ingenieurs liegen. Darunter fallen z. B. nicht voraussehbare Lohn- und Materialpreiserhöhungen. Auch ein verzögerter Baubeginn mit entsprechenden Mehrkosten ist nicht einer pflichtwidrigen Bausummenüberschreitung des Ingenieurs anzulasten, sofern die Verspätung an Finanzierungsschwierigkeiten des Bauherrn liegt.[147])

Sofern der Auftraggeber die Pflichtverletzung des Ingenieurs jedoch bewiesen hat und dieser sein Verschulden nicht widerlegen kann, ist schließlich für die Haftung noch ein **Schaden** nachzuweisen. Dieser liegt zunächst in den über dem Toleranzrahmen liegenden Mehrkosten. Neben Lohn- und Materialkosten können das auch Zinsbelastungen für notwendig gewordene Zusatzkredite sein. Dann ist allerdings zu prüfen, ob diese Notwendigkeit tatsächlich für die gesamte Laufzeit des Kredits bestand. Die Gesamtlaufzeit darf nur angesetzt werden, wenn der Auftraggeber die Zusatzarbeiten während dieser Zeit nicht in Auftrag gegeben hätte.[148])

Kompliziert wird die **Schadensberechnung** dadurch, daß eventuelle Wertsteigerungen des Werkes, die ebenfalls durch die Mehrkosten bewirkt wurden, auf den Schaden anzurechnen sind.[149]) Zu einem Schaden können damit nur die Mehrkosten führen, die höher sind als die dadurch verursachte Wertsteigerung. Den Schaden aufwiegende Vorteile können in besseren Nutzungsmöglichkeiten, höheren Ertragswerten oder einer

Steigerung des Verkehrswertes liegen. Insbesondere bei Kostensteigerungen infolge behördlicher Anordnungen von Sicherheitsvorkehrungen und Immissionsschutz ist an einen solchen **Vorteilsausgleich** zu denken. Die wichtigste Form der Schadensermittlung bei der Bausummenüberschreitung ist daher die Berechnung der Differenz zwischen dem Verkehrswert des Objekts und den Baukosten. Bei eigengenutzten Bauwerken bemißt sich der Verkehrswert in der Regel nach dem Sachwert, während für gewerblich genutzte Anlagen meistens auf den Ertragswert abzustellen ist.

Wird die Aufnahme eines zusätzlichen Finanzierungskredits als Schaden geltend gemacht, kommen eventuell Steuervorteile als Schadensausgleich in Betracht. Im Einzelfall kann die Anrechnung der Wertsteigerung aber auch massiv die Interessen des Auftraggebers beeinträchtigen. Zwar kann er das nicht mit dem Einwand verhindern, er habe diesen Vorteil gar nicht gewollt. Doch ist er nach der Rechtsprechung nicht ausgleichspflichtig, wenn er den – für ihn insofern unerwünschten Vermögenszuwachs – finanziell nicht tragen kann.[150]) So ist es für den Auftraggeber untragbar, eine Reduzierung seines Lebensstandards hinzunehmen. Gleiches soll gelten, sofern der Auftraggeber nachweist, daß er bei Kenntnis der verteuernden Umstände eine einfachere Ausführung vorgezogen oder das Projekt gänzlich hätte fallen lassen. Dann ist der Ingenieur verpflichtet, die Mehrkosten gegenüber den zum Zeitpunkt der Kostenermittlung realistischen Kosten als Schadensersatz zu übernehmen.

Der Auftraggeber kann den Ingenieur jedoch nur dann direkt auf Schadensersatz in Anspruch nehmen, wenn die Bausumme endgültig überschritten ist. Das ist i. d. R. erst der Fall, wenn die Planung schon realisiert worden ist. Falls aber eine Nachbesserung der Planung dergestalt möglich ist, daß die ursprünglich veranschlagten Kosten durch andere Dispositionen des Ingenieurs, z. B. geringfügige Umplanungen oder Verzicht auf kostenintensive Sonderleistungen, noch erreicht werden können, hat der Auftraggeber erst eine **Frist zur Nachbesserung** zu setzen (§ 634 Abs. 1 BGB).[151]) Ohne Geltendmachung des Nachbesserungsanspruchs, der gleichzeitig ein Nachbesserungsrecht des Ingenieurs ist, darf der Auftraggeber in diesen Fällen nicht unmittelbar Schadensersatz verlangen.[152]) Anderenfalls kann der Schadensersatzanspruch durch ein Mitverschulden des Auftraggebers geschmälert werden.

### 7.7.2 Finanzielle Beratung des Auftraggebers

Eine umfassende Finanzierungsberatung gehört grundsätzlich nicht zu den Grundleistungsbildern der HOAI. Ebensowenig braucht der Ingenieur in jeder Hinsicht die Vermögensinteressen des Auftraggebers wahrzunehmen und muß nicht unter Berücksichtigung aller Möglichkeiten jeweils so kostengünstig wie nur möglich bauen.[153]) Auch auf steuerliche Vergünstigungen braucht der Ingenieur nicht ungefragt von sich aus hinzuweisen; das entspräche auch nicht dem Berufsbild des Ingenieurs. Sofern jedoch der Auftraggeber deutlich macht, daß sein gesamtes Vorhaben unter bestimmten steuerlichen Prämissen steht, hat der Ingenieur diese Interessen zu berücksichtigen und zu fördern.[154])

---

**Beispiele**

**... für Pflichtverletzung gegenüber Vermögensinteressen:**

- *Der Auftraggeber macht deutlich, daß es ihm auf die Förderung für Wohnungsbau ankommt, wobei eine bestimmte Wohnflächenhöchstgrenze nicht überschritten werden darf.*
  *Das gilt auch für die Erlangung staatlicher Zuschüsse oder Förderprogramme.*
- *Der Auftraggeber läßt eine Straße mit öffentlichen Zuschußmitteln bauen und beauftragt einen Ingenieur mit Planung, Oberleitung und örtlicher Bauleitung.*
  *In diesem Zusammenhang ist der Ingenieur zwar nicht verpflichtet, unmittelbar die Kriterien des Zuwendungsverfahrens einzuhalten, aber die Verpflichtung, möglichst kostengünstig zu bauen und Massenberechnungen möglichst genau durchzuführen, ergibt sich bereits aus seinem Vertragsverhältnis.[155])*

---

Im übrigen beinhalten die einzelnen Grundpflichten der Leistungsbilder der HOAI aber an verschiedenen Stellen Aufgaben, die der finanziellen Beratung und der Wahrung der Kosteninteresen des Auftraggebers dienen.

Eine Kostenschätzung ist im Rahmen der Vorplanung (Leistungsphase 2), eine Kostenberechnung im Rahmen der Entwurfsplanung (Leistungsphase 3) und ein Kostenanschlag im Rahmen der Mitwirkung bei der Vergabe (Leistungsphase 7) zu erbringen. Die Objektüberwachung (Leistungsphase 8) beinhaltet eine Kostenfeststellung und -kontrolle (§§ 15 Abs. 2, 55 Abs. 2 HOAI). Die Fachplaner und Projektanten haben bezogen auf ihren Fachplanungsbereich jeweils daran mitzuwirken (§§ 64, 73 HOAI).

Die **Kostenschätzung** dient der überschlägigen Ermittlung der Gesamtkosten und ist eine vorläufige Grundlage für Finanzie-

rungsüberlegungen. Sie geht nicht ins Detail, sondern beschränkt sich auf die Festlegung eines Kostenrahmens. In diesem Zusammenhang muß der planende Ingenieur den Auftraggeber auch auf mögliche Zuschüsse, wie z. B. ein Programm zur städtebaulichen Förderung, hinweisen. Auch finanzielle Aufwendungen, die über unmittelbare Material- und Lohnkosten hinausgehen, wie z. B. Erschließungsbeiträge für ein Grundstück, muß der Ingenieur einkalulieren und seinem Auftraggeber mitteilen.

Die **Kostenberechnung** dient zur Ermittlung der angenäherten Gesamtkosten und ist Grundlage der Entscheidung des Auftraggebers, ob das Objekt wie geplant durchgeführt werden kann. Fällt die Kostenberechnung zu niedrig aus und liegt sie mehr als 20 % unter den tatsächlichen Baukosten, so daß der Auftraggeber deshalb sein Projekt aufgibt, ist der Ingenieur schadensersatzpflichtig. Er hat die Aufwendungen zu ersetzen, die nach der Leistungsphase 3 entstanden sind; das sind Kosten für das Genehmigungsverfahren und eventuell für Sonderfachleute.

Der **Kostenanschlag** ist weiter verfeinert und dient der genauen Ermittlung der zu erwartenden Kosten. Dazu ist eine Zusammenstellung von Eigenbuchungen, Honorar- und Gebührenrechnungen, Auftragnehmerangeboten und anderen für das Baugrundstück bereits entstandenen Kosten erforderlich. Außerdem müssen genaue Bedarfsberechnungen für Standsicherheit, Wärmeschutz, Installationen und betriebstechnische Anlagen, Einbauten, Geräte und Außenanlagen vorliegen. Genauigkeit und Systematik des »Musters Kostenanschlag« sind auch dann unbedingt einzuhalten, wenn nicht die Formblätter der DIN 276 Teil 3 verwendet werden.[156])

Bei Kostenschätzung, -berechnung und -anschlag kann gleichermaßen ein Schadensersatzanspruch des Auftraggebers gegen den Ingenieur gegeben sein. Dem Ingenieur wird insofern eine gewisse Toleranzbreite als Spielraum zugebilligt, als es sich hierbei um eine Schätzung im Rahmen der Vorplanungen ohne konkrete Ausführungsunterlagen handelt. Aber sofern er dabei nicht so sorgfältig und zuverlässig wie möglich vorgeht, hat er dem Auftraggeber trotzdem einen deshalb entstandenen Schaden zu ersetzen, wenn sich nachweisen läßt, daß dieser sich anderenfalls nicht zur Bauausführung entschlossen hätte.[157]) Gegenstand des Schadensersatzanspruchs können nur Mehrkosten sein, die bei fehlerfreier Kostenermittlung nicht entstanden wären.[158]) Deshalb kommt es darauf an, daß der Auftraggeber nachweist, welche Einsparungen er vorgenommen oder von welchen Ausgaben er gänzlich Abstand genommen hätte, wenn die Kostenermittlung fehlerfrei gewesen wäre. Fehlerhaft in diesem Sinne ist eine Kostenermittlung, wenn sich die tatsächlichen Kosten außerhalb des Rahmens des Kostenermittlungsergebnisses bewegen und hierfür keine Änderungswünsche des Auftraggebers verantwortlich sind.

Im übrigen steigen die Sorgfalts- und Genauigkeitsanforderungen mit Planungs- und Baufortschritt. Im Rahmen der Kostenschätzungen verfügt der Ingenieur nur über allgemeine Angaben hinsichtlich des Gesamtkonzepts, während bei der Kostenschätzung nach DIN 276 bereits ein Planungskonzept vorliegt und bei der Kostenberechnung im Rahmen der Leistungsphase 3 ein durchgearbeitetes Planungskonzept zugrunde gelegt werden kann. Verletzt der Ingenieur im Zuge dieser steigenden Anforderungen aufgrund konkreter werdender Aussagen über die Kostenentwicklung seine Pflicht zur

sorgfältigen Kostenberechnung und entsteht dem Auftraggeber dadurch ein Schaden, ist er zur Nachbesserung oder zum Schadensersatz verpflichtet.

Die **Kostenfeststellung** schließlich muß alle bei der Bauausführung tatsächlich entstandenen Kosten wiedergeben. Ihrem Inhalt und ihrer Systematik nach hat die Kostenfeststellung auf der Grundlage der geprüften Schlußrechnungen, der Kostenbelege, Eigenleistungen und Planunterlagen DIN 276 Teil 3 zu entsprechen.[159])

Das Ziel der **Kostenfeststellung** ist es, vom Kostenanschlag abweichende Entwicklungen frühzeitig zu registrieren und zu korrigieren. Obwohl sie als letzte Grundleistung der Leistungsphase 8 aufgeführt ist, darf sie nicht am Ende der Bautätigkeit stehen, denn der Ingenieur hat die Kostenentwicklung während der gesamten Ausführung ständig im Auge zu behalten. Dafür muß er die Ergebnisse eingegangener und geprüfter Rechnungen unverzüglich mit dem Kostenanschlag vergleichen. Bei Änderungs- und Erweiterungswünschen des Auftraggebers ist der Ingenieur verpflichtet, ihn auf die Kostensteigerung gegenüber der Kostenermittlung hinzuweisen. Diese Warnungspflicht besteht jedoch dann nicht, wenn sich die Kostensteigerung aus den Gesamtumständen ergibt oder für den Auftraggeber ohnehin offensichtlich ist. Der Ingenieur ist auch nicht verpflichtet, im Zuge längerer Bauvorhaben gänzlich neue Kostenschätzungen vorzunehmen.

Eine unzureichende Kostenkontrolle löst einen Schadensersatzanspruch (§ 635 BGB) aus, wenn der Auftraggeber bei richtiger Überwachung der Kostenentwicklung und entsprechender Unterrichtung durch Einsparungen an anderer Stelle die ihm jetzt entstandenen Mehrkosten hätte vermeiden können und er so insgesamt keinen Wertverlust erlitten hätte. Hinsichtlich des Umfangs des Schadensersatzanspruchs ist auch hier ggf. ein Vorteilsausgleich anzurechnen.[160])

## 7.8 Darlegungs- und Beweislast bei werkvertraglichen Ansprüchen

Im Rahmen des Herstellungsanspruchs trifft den Ingenieur **bis zur Abnahme** seines Werkes im Hinblick auf dessen Mangelfreiheit – also die Freiheit von Fehlern und das Vorhandensein der zugesicherten Eigenschaften – im Prozeß die Darlegungs- und Beweislast. Denn der Ingenieur schuldet im Rahmen des Herstellungsanspruchs ein fehlerfreies Werk. **Von der Abnahme an** hat der Auftraggeber demgegenüber im Rahmen der Gewährleistungsansprüche das Vorhandensein von Mängeln darzulegen und zu beweisen. Dafür muß der Auftraggeber zunächst den Fehler konkret und in überprüfbarer Weise darlegen; die bloße Behauptung eines Fehlers reicht hierfür nicht aus. Wenn der Ingenieur den Fehler bestreitet, so hat der Auftraggeber diesen zu beweisen. Die gleiche Darlegungs- und Beweislastverteilung gilt auch hinsichtlich der übrigen Voraussetzungen, die zur Geltendmachung der einzelnen Ansprüche erforderlich sind, so für die Fristsetzung bei Wandlung oder Minderung und für die Voraussetzungen des Verzuges und die Höhe der Aufwendungen bei dem Aufwendungsersatzanspruch nach § 633 Abs. 3 BGB.

Besondere Bedeutung hat die Beweislast für den Ingenieur im Rahmen des **Schadensersatzanspruches nach § 635 BGB.** Der Auftraggeber hat die objektive Pflichtverletzung und deren Ursächlichkeit für den Mangel des Ingenieurwerkes zu beweisen, während sich der Ingenieur hinsichtlich seines Verschuldens entlasten muß. Eine solche Umkehr der Beweislast hinsichtlich des Verschuldens besteht jedenfalls dann, wenn die Schadensursache aus dem Gefahren-kreis des Ingenieurs stammt; insoweit ist von der Rechtsprechung eine Beweislastver-teilung nach Gefahrenbereichen vorgenom-men worden.[161] Im Hinblick auf den Beweis einer objektiven Pflichtverletzung des Inge-nieurs mit der Folge eines Mangels des In-genieurwerkes hat die Rechtsprechung dem Auftraggeber z.T. Beweiserleichterungen eingeräumt, insbesondere sind die Regeln des Anscheinsbeweises zu beachten. So steht dem Auftraggeber bei tatsächlich vorliegenden Mängeln, die aufgrund ge-sicherter Lebenserfahrung und typischer Geschehensabläufe auf Planungs- und Überwachungsfehler zurückzuführen sind, der Anscheinsbeweis für die Mangelhaftig-keit des Ingenieurwerkes zur Seite. Gleich-falls hat der Ingenieur, wenn die auf seine Tätigkeit zurückgehende Verletzung von DIN-Normen und im örtlichen und zeitlichen Zusammenhang damit Schäden feststehen, darzulegen und zu beweisen, daß die Schä-den nicht auf die Verletzung der DIN-Nor-men zurückzuführen sind.[162] Eine Vermu-tung für eine objektive Pflichtverletzung des Ingenieurs mit der Folge eines Mangels des Ingenieurwerkes ergibt sich aber noch nicht aus Mängeln am fertigen Bauwerk; denn es gibt Mängel am Bauwerk, die nicht auf Pflichtverletzungen des Ingenieurs zurück-zuführen sind. Für Einzelheiten ist auf die Auflistung der möglichen Fehler des Inge-nieurvertrages unter Abschnitt 7.2 bis 7.7 zu verweisen.

Gleichfalls hat der Auftraggeber im Rahmen des **Schadensersatzanspruches aus po-sitiver Vertragsverletzung** eine Verletzung der vertraglichen Pflichten durch den Inge-nieur und ihre Kausalität für den Schaden darzulegen und zu beweisen. Demgegen-über wird das Verschulden des Ingenieurs vermutet (in Analogie zu § 282 BGB), jeden-falls dann, wenn die Schadensursache, wie meist, in seinem Gefahrenbereich liegt. Der Ingenieur kann dann die Vermutung wider-legen, indem er sein fehlendes Verschulden beweist.

## 7.9 Haftung gegenüber Drittinteressierten

Eine Haftung des Ingenieurs aus dem Werkvertrag erfolgt grundsätzlich nur gegenüber dem Auftraggeber als Vertragspartner. Doch können die Vertragsparteien vereinbaren, daß auch dritte, an dem Vertrag nicht beteiligte Personen in seinen Schutzbereich einbezogen werden. Die dritten Personen können dann zwar nicht den Anspruch auf die Hauptleistung geltend machen, doch kann ihnen der Ingenieur zum Schadensersatz aus positiver Vertragsverletzung nach den Grundsätzen des **Vertrages mit Schutzwirkung für Dritte** verpflichtet sein. Falls die Parteien nichts anderes vereinbart haben, hat die Rechtsprechung im Wege der ergänzenden Vertragsauslegung folgende Kriterien im Regelfall für die Einbeziehung Dritter in den Vertrag aufgestellt:[163])

(1) Der Dritte muß sich in »Vertragsnähe« befinden, er muß typischerweise mit der Hauptleistung in Berührung kommen;
(2) der Vertragsgläubiger muß ein Interesse am Schutz des Dritten haben, das nicht notwendigerweise einer persönlichen Fürsorgepflicht entspringen muß;
(3) der Kreis der geschützten Dritten muß für den Schuldner subjektiv erkennbar und vorhersehbar sein;
(4) die Einbeziehung in den Vertrag entfällt bei mangelnder Schutzbedürftigkeit des Dritten, wenn das Interesse des Dritten bereits durch eigene vertragliche Ansprüche voll abgedeckt ist.

Bei entsprechender Vereinbarung können auch beim Ingenieurvertrag – grundsätzlich beliebige – Dritte in den Schutzbereich des Vertrages miteinbezogen werden. Wenn keine ausdrückliche Vereinbarung vorliegt, so hat die Rechtsprechung – mit jüngst eher

restriktiver Tendenz – anhand der genannten vier Kriterien die Familienangehörigen des Auftraggebers, wenn sie gerade in ihrer Eigenschaft als Familienangehörige mit dem Bauwerk in Berührung kommen,[164]) sowie Betriebsangehörige und Hausangestellte[165]) mit in den Schutzbereich des Vertrages einbezogen. Demgegenüber werden die zukünftigen Mieter eines Bauwerks nicht in den Schutzbereich eines Ingenieurvertrages miteinbezogen,[166]) gleichfalls nicht die Miteigentümer des Bauwerks, wenn sie nicht als Vertragspartner aufgetreten sind.[167]) Diesem Personenkreis kann der Ingenieur aber aus der Verletzung von Verkehrssicherungspflichten nach Deliktsrecht haften.

Daneben kann der Ingenieur im Einzelfall auch Dritten aus einem unmittelbar mit ihnen geschlossenen **Auskunftsvertrag** haften. Grundsätzlich begründet die Erteilung einer Auskunft noch keinen Vertrag, wenn sie aus bloßer Gefälligkeit ohne Rechtsbindungswillen abgegeben wird. Ein Rechtsbindungswille wird nach der Rechtsprechung nur bejaht, wenn es dem Auskunftsempfänger – für den Auskunftserteilenden erkennbar – gerade auf seine Auskunft ankommt und er diese offensichtlich zur Grundlage wesentlicher Entscheidungen machen will. Erforderlich ist weiterhin ein fachliches Gefälle zwischen der Sachkunde des auskunftserteilenden Experten und der Unkenntnis des den Vertrag schließenden Laien.[168]) Der stillschweigende Abschluß eines Auskunftsvertrages mit einem Ingenieur kommt danach namentlich bei **gutachterlichen Entscheidungen**[169]) oder bei einer Baufortschrittsanzeige in Betracht, wie sie zur Grundlage von erstmaliger oder weiterer Kreditgewährung gemacht zu werden pflegt.[170]) Dabei ist nicht erforderlich, daß die Auskunft direkt an den Dritten erteilt wird; es genügt, daß der Ingenieur sie in dem Wissen um den Verwendungszweck an den Auftraggeber aushändigt.[171]) Ein in dieser Weise zwischen Ingenieur und finanzierender Bank stillschweigend geschlossener Auskunftsvertrag ist die Grundlage für eine Haftung des Ingenieurs, wenn er zumindest fahrlässig eine unrichtige Baufortschrittsanzeige gegenüber der Bank abgibt.

---

### Beispiel

*Eine schuldhafte, d.h. grob fahrlässige, fehlerhafte Auskunft wird mit einer Baufortschrittsanzeige erteilt, wenn der Ingenieur diese ohne vorherige Besichtigung des Bauwerks abgibt.*

---

Wer vertragswidrig eine unrichtige Auskunft erteilt, hat den Vertragspartner im Rahmen des Schadensersatzes so zu stellen, als hätte er die richtige Auskunft erteilt. So hat der Ingenieur den Schaden des Kreditgebers in Höhe des ausgefallenen Darlehensbetrages zu ersetzen, wenn dieser dadurch, daß die Baufortschrittsanzeige den Baustand als zu weit fortgeschritten wiedergibt, zur Auszahlung von Darlehen veranlaßt wird, die bei richtiger Darstellung des Baufortschritts zurückgehalten worden wären und deren Rückzahlung nicht mehr erreicht werden kann.[172]) Falls die Auskunft in solchen Fällen bewußt unrichtig ist, kann der Schadensersatzanspruch auch aus § 826 BGB resultieren.

---

### Praxishinweis

*Aus haftungsrechtlicher Sicht ist es dringend zu empfehlen, Auskünfte gegenüber der finanzierenden Bank vor Abgabe genau zu überprüfen.*

---

Die Regel wird aber eher eine **deliktische Haftung** des Ingenieurs gegenüber nicht am Werkvertrag Beteiligten sein. Eine Haftung aus Deliktsrecht nach § 823 Abs. 1 BGB setzt zunächst eine schuldhafte Verletzung eines absoluten Rechtsguts voraus, insbesondere des Körpers, des Lebens und des Eigentums; eine Vermögensbeeinträchtigung allein reicht nicht aus. Eine Haftung des Ingenieurs folgt daraus aber nur, wenn er bei seiner Tätigkeit Verkehrssicherungspflichten verletzt hat. Danach hat er dafür einzustehen, daß sich infolge mangelhafter Ingenieurleistungen unmittelbar aus dem Bauwerk selbst Gefahren für die Schutzgüter dritter Personen ergeben,[173]) wobei auf ihn haftungsrechtlich im Kern dieselben Grundsätze anzuwenden sind, die für die Herstellung und den Vertrieb von Produkten gelten.[174]) Die Rechtsgutsverletzung muß daher auf von ihm verschuldeten Planungs- oder Aufsichtsfehlern beruhen und zu einem Schaden geführt haben. Danach kann der Ingenieur insbesondere für die Beschädigung von **Rechtsgütern zukünftiger Mieter,** aber auch des Auftraggebers selber haften. Dem Mieter eines Gebäudes steht in solchen Fällen zwar i.d.R. gleichfalls gegen den Vermieter ein Anspruch auf Ersatz seines Schadens zu; doch schließt die vertragliche Haftung des Vermieters die deliktische Verantwortlichkeit des Ingenieurs nicht aus.[175])

**Beispiel**

*Aufgrund eines Planungsfehlers des Inge-
nieurs dringt bei starken Niederschlägen
Regenwasser in Räume ein, in denen ein
Mieter in einem Einkaufszentrum ein Möbel-
geschäft errichtet hat und betreibt. Der Mieter
besitzt einen deliktischen Schadensersatzanspruch für die Schäden, die an den Aus-
stellungsstücken entstanden sind.[176]) Wenn
dem Ingenieur später bekannt wird, daß das
Bauwerk Schäden aufweist, die aus von ihm
verschuldeten Fehlern resultieren, sollte er
dem Auftraggeber und dem Mieter gegenüber
ausdrücklich erklären, daß er mit einem
Bezug der Räume nicht einverstanden ist,
solange die Schäden nicht beseitigt sind.*

Weiterhin können den Ingenieur **allgemeine Verkehrssicherungspflichten** treffen,
deren Verletzung zu einer Haftung Dritten
gegenüber führen kann. Wer eine Baustelle
betreibt, ist für die Sicherheit des dort eröff-
neten Verkehrs verantwortlich. Träger dieser
Verkehrssicherungspflicht ist zunächst der
Bauherr als derjenige, der den Verkehr eröffnet hat und dort die tatsächliche Verfügungsgewalt besitzt. Wenn der Bauherr die
Bauausführung einem zuverlässigen Bauunternehmer anvertraut, übernimmt der Unternehmer i. d. R. auch die umfassende Verkehrssicherungspflicht. Er muß in jeglicher
Hinsicht dafür sorgen, daß auf der Baustelle
Unfälle vermieden werden. Doch wird durch
die primäre Pflicht des Bauunternehmers,
Gefahrenquellen auf der Baustelle zu vermeiden, eine allgemeine Verkehrssicherungspflicht des Ingenieurs nicht grundsätzlich ausgeschlossen. Dies hängt allerdings von dem Inhalt seiner Beauftragung ab.
Eine allgemeine Verkehrssicherungspflicht
des Ingenieurs besteht jedenfalls dann nicht,
wenn ihm nur die **Planbearbeitung** und die
**Oberleitung** übertragen worden sind. Denn

in diesen Fällen hat der Ingenieur den Verkehr auf der Baustelle weder eröffnet, noch
ist ihm die tatsächliche Verfügungsgewalt
über das einzelne Geschehen auf der Baustelle anvertraut.

Demgegenüber trifft den Ingenieur eine –
umfassende – Verkehrssicherungspflicht,
wenn er als **Bauleiter** im Sinne der Landesbauordnung tätig wird.[177]) In diesem Fall
trifft ihn schon nach dem Gesetz die Pflicht
gegenüber der Behörde, dafür zu sorgen,
daß die Auflagen der Baugenehmigungs-
behörden und die Vorschriften zum Schutz
der Bauarbeiter eingehalten werden. Aus
der Stellung als Bauleiter folgt aber nicht
eine inhaltlich gesteigerte allgemeine Verkehrssicherungspflicht, sondern im Regelfall
braucht der Ingenieur auch dann nur die
deliktischen Verkehrssicherungspflichten zu
beachten, die dem Bauherrn als dem mittelbaren Veranlasser der aus der Bauausführung folgenden Gefahren obliegen und
die den Ingenieur im Rahmen der **örtlichen
Bauüberwachung** (vgl. zum Inhalt § 57
HOAI) ohnehin treffen.[178]) In beiden Fällen –
sowohl für den Ingenieur, der zum Bauleiter
bestellt ist, wie auch für den, der nur mit
der örtlichen Bauüberwachung betraut ist –
besteht das grundsätzliche Problem darin,
wie die Verkehrssicherungspflichten des Ingenieurs und die des Bauunternehmers
gegeneinander abzuschichten sind. In erster
Linie bleibt der Bauunternehmer für die
Sicherheit auf der Baustelle verantwortlich.

Doch ist der mit der örtlichen Bauüberwachung betraute Ingenieur gegenüber
dem zunächst verkehrssicherungspflichti-
gen Bauunternehmer aufsichtspflichtig und
muß auch »einspringen«. Er ist verkehrssicherungspflichtig, wenn Anhaltspunkte
vorliegen, daß der Unternehmer in dieser
Hinsicht nicht genügend sachkundig oder
zuverlässig ist, wenn er Gefahrenquellen er-

kannt hat oder wenn er diese bei gewissenhafter Beobachtung der ihm obliegenden Sorgfalt hätte erkennen können. Nach der Rechtsprechung darf der mit der örtlichen Bauüberwachung betraute Ingenieur also auch vor gewissen Gefahren seine Augen nicht verschließen, um auf diese Weise jeglichem Haftungsrisiko aus dem Wege zu gehen.[179] Im Hinblick auf die Verkehrssicherungspflicht des Ingenieurs gegenüber der des Bauunternehmers sind die unter Punkt 6 beschriebenen Grundsätze für die Überwachung der Ausführung des Objekts entsprechend heranzuziehen.

---

**Beispiel**

*Ein Handwerksbetrieb hat das Regenfallrohr an einem Neubau nicht an den Abwasserkanal angeschlossen. Da der Ingenieur sich vor der Bedeckung des freien Endes des Rohres mit Erdreich nicht von dessen ordnungsgemäßem Anschluß überzeugt hat, obwohl er als Bauleiter zu einer solchen Überprüfung aufgrund der Gefahr eines beträchtlichen Schadens und der Nichtnachholbarkeit der Prüfung nach der Zuschüttung verpflichtet ist, haftet er für die Schäden, die aus der Durchnässung des Kellers des Nachbarhauses resultieren.[180]*

---

Eine Verkehrssicherungspflicht des Ingenieurs besteht – unabhängig von dem Inhalt seiner Beauftragung – jedenfalls dann, wenn er selbst Maßnahmen an der Baustelle **veranlaßt** hat, die zu einer Gefahrenquelle für Dritte werden können.[181] In diesem Fall ist er direkt für die Eröffnung des Verkehrs verantwortlich.

---

**Beispiel**

*Der Ingenieur läßt in einer Kirche ein Gerüst errichten und lädt mehrere Personen dazu ein, das Gerüst zu betreten. Dieses ist von dem beauftragten Unternehmen mangelhaft aufgebaut worden und bricht deshalb zusammen. Der Ingenieur haftet für die Verletzungen der Personen, da er die ihn treffende (Verkehrssicherungs-)Pflicht, sich selbst von der Sicherheit, der Standfestigkeit und der Belastbarkeit des Gerüsts zu überzeugen, verletzt hat.[182]*

---

Besondere Beachtung ist der deliktischen Verkehrssicherungspflicht zu schenken, da es sich nicht nur um gegenüber dem Auftraggeber zu erfüllende Pflichten handelt, sondern um **Verkehrspflichten gegenüber Dritten,** die mit dem Bauwerk bestimmungsgemäß in Berührung kommen. Zu diesen gehören neben den Bewohnern und gewerblichen Nutzern des Gebäudes und deren Besuchern oder Kunden regelmäßig auch die Eigentümer und Nutzer der Nachbargrundstücke.[183] Diese Personen können ebenfalls darauf vertrauen, daß der Ingenieur die auch ihrem Schutz dienenden Aufgaben ordnungsgemäß erfüllt. Danach haftet der Ingenieur für die schuldhafte Verletzung seiner Verkehrssicherungspflichten, aus der Schäden an Leben, Gesundheit oder Eigentum Dritter resultieren, aus Deliktsrecht nach § 823 Abs. 1 BGB.

## 7.10  Mitverschulden des Auftraggebers

Hat bei der Entstehung des Schadens ein Verschulden des Auftraggebers mitgewirkt, so hängt der Umfang des zu leistenden Schadensersatzes davon ab, inwieweit der Schaden vorwiegend von dem einen oder anderen Teil verursacht worden ist (§ 254 BGB). Ein anspruchsminderndes Mitverschulden des Auftraggebers kommt insbesondere in Betracht, wenn der Mangel auf **Wünschen oder Anweisungen des Auftraggebers** beruht. Dies ist z. B. gegeben, wenn der Auftraggeber auf einer bestimmten Bauweise, die gegen Bauvorschriften verstößt, besteht. Ein Laie als Auftraggeber muß sich allerdings nur dann ein Mitverschulden entgegenhalten lassen, wenn der Ingenieur ihn über die Baurechtswidrigkeit belehrt hat. Hat er dies nachhaltig getan, so kann das Mitverschulden den Schadensersatzanspruch auch gänzlich ausschließen.

Falls der Auftraggeber eine mangelhafte Planung gebilligt hat oder Erklärungen abgegeben hat, die einer **Genehmigung** gleichkommen, kann es zweifelhaft sein, ob ihn ein mitwirkendes Verschulden trifft. Eine solche Billigung kann in der Unterzeichnung der Planungs- bzw. Bauvorlagen liegen. Als Laie wird der Auftraggeber die Bedeutung und Folgen nur bei ganz offensichtlichen planerischen Gestaltungen in ihren Konsequenzen überschauen und billigen. Andererseits kann davon ausgegangen werden, daß der Auftraggeber die Pläne vor seiner Unterschrift daraufhin prüft, ob sie mit seinen Vorstellungen übereinstimmen. Ist jedoch die planerische Vorstellung nicht für jeden Laien erkennbar, sondern der Schluß erst aufgrund umfangreicher Prüfungen oder besonderer Sachkenntnisse zu ziehen, so kann nicht von einer Billigung durch die

Unterschrift ausgegangen werden, und dem Auftraggeber wird kein mitwirkendes Verschulden angelastet werden können. Zu einem Mitverschulden des Auftraggebers kann es auch führen, wenn dieser seine Mitwirkungspflichten verletzt, etwa für den Ingenieur nötige Lagepläne nicht oder nicht mangelfrei beschafft.

Im Rahmen der Leistungsphase 9 kann ein Mitverschulden des Auftraggebers vorliegen, wenn er den Mangel des Objekts selbst hätte erkennen können. Sofern er das Objekt selbst nutzt und der Mangel ganz offensichtlich war, kann die Haftung des Ingenieurs sogar gänzlich entfallen.

Gleichfalls kann ein Mitverschulden entgegengehalten werden, wenn der Auftraggeber seine **Schadensminderungspflicht** verletzt.

Weiterhin hat der Auftraggeber auch ein **Mitverschulden seiner Erfüllungsgehilfen** zu vertreten (§§ 254 Abs. 2 Satz 2, 278 BGB). Als Erfüllungsgehilfe ist in diesem Zusammenhang jede Person anzusehen, die der geschädigte Auftraggeber mit der Wahrnehmung der Sorgfaltspflicht betraut hat, die ihm im eigenen Interesse bei der Abwicklung des Vertragsverhältnisses obliegen.[184] Danach ist im Verhältnis zum Ingenieur insbesondere der Statiker Erfüllungsgehilfe des Auftraggebers, sofern der Auftraggeber dem Ingenieur nach dem Vertragsinhalt eine Statik zur Verfügung zu stellen hat und die Erstellung des Bauwerks eine spezifische Statikerleistung erfordert.[185] Der Ingenieur ist nur verpflichtet, die statischen Berechnungen einzusehen und sich zu vergewissern, ob der Statiker von den gegebenen tatsächlichen Voraussetzungen ausgegangen ist; er muß nicht ihre rechnerische Richtigkeit überprüfen.[186] In gleicher Weise sind andere Sonderfachleute im Verhältnis zum Ingenieur Erfüllungsgehilfen des Auftraggebers. Der Ingenieur hat nur dann eine Pflicht zur Mitprüfung, wenn er die bautechnischen Fachkenntnisse des entsprechenden Bereiches hatte oder haben mußte.[187]) Daher muß sich der Auftraggeber ein Verschulden des Statikers und der anderen Sonderfachleute vom Ingenieur i.d.R. als Mitverschulden entgegenhalten lassen, wenn er den Ingenieur direkt beauftragt hat. Demgegenüber ist der Bauunternehmer im Verhältnis zum Ingenieur kein Erfüllungsgehilfe, so daß sich der Auftraggeber dessen Verschulden nicht zurechnen lassen muß.[188])

# 7.11 Haftung mehrerer Planungs- und Baubeteiligter

Wenn der **planende bzw. überwachende Ingenieur und der ausführende Unternehmer** für einen Mangel einzustehen haben, besteht zwischen beiden ein **Gesamtschuldverhältnis** (§ 421 BGB),[189]) und jeder von ihnen kann im Außenverhältnis vom Auftraggeber unmittelbar auf den gesamten Schaden in Anspruch genommen werden. Das Gesamtschuldverhältnis folgt aus der Zweckgemeinschaft, die darin besteht, daß jeder auf seine Art für die Beseitigung des Vermögensnachteils einzustehen hat, den der Auftraggeber durch den Mangel erleidet. Dem steht nicht entgegen, daß es sich um eine unvollkommene Zweckgemeinschaft handelt, da der Unternehmer zunächst auf Mangelbeseitigung, der Ingenieur dagegen regelmäßig auf Schadensersatz haftet. Gleichfalls ist sie unabhängig davon, welchen Anspruch – Mangelbeseitigung, Minderung oder Schadensersatz – der Auftraggeber tatsächlich gegen den ausführenden Unternehmer geltend macht.[190])

In welcher **Höhe eine gesamtschuldnerische Haftung des Ingenieurs und des ausführenden Unternehmers** gegenüber dem Auftraggeber besteht, ist je nach Mangelursache verschieden. Falls der Mangel auf einem Ausführungsfehler des Unternehmers beruht, für den der bauleitende Ingenieur aufgrund unzureichender Überwachung einzustehen hat, so kann der Auftraggeber beide als Gesamtschuldner in voller Höhe in Anspruch nehmen. Denn gegenüber dem Auftraggeber kann sich weder der Ingenieur auf den Ausführungsfehler des Unternehmers noch der Unternehmer auf den Überwachungsfehler des Ingenieurs berufen.[191]) Der Ingenieur erfüllt mit der Aus-

übung der Bauaufsicht nicht eine dem Bauherrn gegenüber dem Bauunternehmer ob-
liegende Pflicht; der Unternehmer kann vom
Bauherrn nicht verlangen, daß dieser ihn bei
den Bauarbeiten überwachen läßt. Eine
lediglich subsidiäre Haftung des Ingenieurs
kommt nur bei entsprechender vertraglicher
Vereinbarung in Betracht.[192])

Beruht demgegenüber der Mangel auf
einem **Planungs-, Anordnungs- oder
Koordinierungsfehler** des Ingenieurs, während der ausführende Unternehmer für den
Mangel wegen eines Verstoßes gegen seine
Prüfungs- und Hinweispflicht einzustehen
hat, so haftet der Ingenieur in vollem Umfang, während der Unternehmer dem Auftraggeber das Verschulden des Ingenieurs
als Mitverschulden nach §§ 254, 278 BGB
entgegenhalten kann.[193]) Denn der Auftraggeber ist verpflichtet, dem Unternehmer die
zur Bauausführung notwendige Planung
zur Verfügung zu stellen, notwendige bauleitende Anordnungen zu treffen und die
Leistungen der einzelnen Unternehmer aufeinander abzustimmen.[194]) Die Haftung des
Unternehmers ist daher auf eine bestimmte
Haftungsquote begrenzt, soweit sie nicht im
Einzelfall ganz zurücktritt. Im Rahmen dieser
Quote haften Ingenieur und Unternehmer
aber gesamtschuldnerisch, während der
Ingenieur für den überschießenden Betrag
allein verantwortlich ist. Falls der Mangel auf
einer fehlerhaften Leistung des Bauunternehmers wie auch auf einem davon **verschiedenen** Planungsmangel des Ingenieurs beruht, so besteht kein Gesamtschuldverhältnis zwischen beiden; sie haften
im Verhältnis zum Auftraggeber nur nach
ihrer jeweiligen Verursachungs- und Ver-
schuldensquote. Sie haften aber beide in
vollem Umfang als Gesamtschuldner, wenn
eine solche Aufteilung nicht vorgenommen
werden kann.[195])

Eine **gesamtschuldnerische Haftung des
Ingenieurs und von Sonderfachleuten** ist
i.d.R. gegeben, wenn sie beide für einen
Mangel verantwortlich sind.[196]) So haften Ingenieur und Statiker als Gesamtschuldner,
wenn der Statiker seinen Berechnungen fehlerhafte Pläne zugrunde legt, obwohl er
deren Mangelhaftigkeit hätte erkennen können, oder wenn umgekehrt der Ingenieur erkennbar unrichtige Leistungen des Statikers
verwendet. Ihre Prüfungspflichten sind allerdings inhaltlich beschränkt: Eine Mitprüfung
kann nur dort erwartet werden, wo sie die
jeweils notwendigen technischen Fachkenntnisse haben oder haben müssen.[197])
Ingenieur und Sonderfachmann können sich
aber gegenüber dem Auftraggeber jeweils
auf das Mitverschulden (§§ 254, 278 BGB)
durch den anderen Beteiligten berufen,
wenn der andere Beteiligte – im jeweiligen
Einzelfall – Erfüllungsgehilfe des Auftraggebers ist. So kann der Ingenieur, der die Un-
richtigkeit statischer Bewehrungspläne hätte
erkennen können, gegenüber dem Auftraggeber das Mitverschulden des Statikers einwenden. Denn bei größeren Bauvorhaben
ist der Auftraggeber verpflichtet, dem Ingenieur eine einwandfreie Statik zur Verfügung
zu stellen, wenn dieser die Aufgabe nicht
selbst übernimmt.[198]) Umgekehrt entlastet
es den Statiker, wenn sein Berechnungs-
fehler auf unrichtigen Ingenieurplänen beruht. Denn die Pläne sind als notwendige
Grundlage der statischen Berechnung vom
Auftraggeber in ordnungsgemäßer Form zur
Verfügung zu stellen. Die Haftung des Beteiligten, der sich entlasten kann, wird um den
Mitverschuldensanteil des anderen Beteiligten gekürzt. Ersterer haftet damit nur in
Höhe einer bestimmten Haftungsquote, in
deren Höhe auch ein Gesamtschuldverhältnis besteht, während der andere Beteiligte
in vollem Umfang und damit für den
überschießenden Betrag allein haftet. **Aber**

**grundsätzlich gilt:** Ein Gesamtschuldverhältnis wie auch der Einwand des Mitverschuldens kommen nur dann in Betracht,
wenn der Sonderfachmann nicht als Subunternehmer des Ingenieurs tätig wird, sondern vor allem dann, wenn Ingenieur und
Sonderfachmann beide direkt vom Bauherrn
beauftragt worden sind.

---

**Beispiel**

*Aufgrund fehlender Dehnungsfugen bei
großen Flächen an einem Bauwerk ist dieses
mangelhaft.*[199]*) Für die Anlegung einer
solchen Fuge ist zunächst der Statiker verantwortlich, doch muß daneben auch der
planende und bauausführende Ingenieur auf
das Vorhandensein der Fuge achten. Denn
das Erfordernis von Dehnungsfugen bei
großen Flächen erfordert kein spezielles
Fachwissen, sondern ist Allgemeingut jeden
Ingenieurs. Daher haftet er dafür, wenn er
einen entsprechenden Hinweis unterlassen
hat. Daneben haftet auch der Rohbauunternehmer für die Nichtanbringung der Fugen.
Da er die Bewehrungsstärken aus den Vorgaben des Statikers ersehen kann, muß er
Bedenken anmelden. Daher haften Statiker,
planender und bauausführender Ingenieur
sowie der Rohbauunternehmer als Gesamtschuldner, wobei das Verschulden des
Statikers das der anderen Beteiligten bei
weitem überwiegt, so daß dieser im internen
Ausgleich die höchste Quote zu tragen hat.*

---

Eine gesamtschuldnerische Haftung von
**planendem und überwachendem Inge-
nieur** kommt für solche Planungsfehler in
Betracht, die der überwachende Ingenieur
bei hinreichend sorgfältiger Vertragserfül-
lung hätte entdecken und verhindern müssen. Der mit der Überwachung beauftragte
Ingenieur kann dem Auftraggeber die fehlerhafte Planung aber grundsätzlich als Mitverschulden nach §§ 254, 278 BGB ent-

gegenhalten.[200]) Demgegenüber kann der
planende Ingenieur gegenüber dem Auftraggeber nicht einwenden, daß der Fehler
seiner Planung bei ordnungsgemäßer Bauüberwachung rechtzeitig entdeckt und verhindert worden wäre, da der überwachende
Ingenieur insoweit nicht Erfüllungsgehilfe
des Auftraggebers im Verhältnis zum planenden Ingenieur ist.[201]) Damit hat der
Planer den Schaden in vollem Umfang zu
verantworten, während der überwachende
Ingenieur i.d.R. nur in Höhe einer Quote
für den Schaden einzustehen hat, in deren
Höhe zwischen beiden Beteiligten dann ein
Gesamtschuldverhältnis besteht.

Der in Anspruch genommene Auftragnehmer kann von dem gesamtschuldnerisch
Mithaftenden **Ausgleich im Innenverhältnis** verlangen (§ 426 BGB), soweit er vom
Auftraggeber über seinen internen Haftungsanteil in Anspruch genommen wird.
Der Ausgleichsanspruch entsteht schon mit
der Begründung des Gesamtschuldverhält-
nisses und kann vom Ausgleichsberechtig-
ten bereits vor der Leistung an den Auftraggeber insofern geltend gemacht werden, als
er – teilweise – Befreiung von der Mängel-
haftung verlangen kann.[202])

---

**Beispiel**

*Die Betonabdichtung einer Kläranlage ist aufgrund eines Fehlers des Bauunternehmers beim Aufbringen des Betons in einem Bereich undicht. Der bauausführende Ingenieur hat die Aufbringung nicht überwacht; er haftet daher neben dem Unternehmer als Gesamtschuldner für den Schaden. Der Auftraggeber nimmt den Ingenieur für den Schaden insgesamt in Anspruch. Der Ingenieur kann dann vom Unternehmer den von diesem im Innenverhältnis zu tragenden Anteil schon vor Leistung des Schadensersatzes an den Auftraggeber verlangen. Der im Innenverhältnis vom Bauunternehmer zu tragende Anteil wird den des Ingenieurs bei weitem übersteigen, wenn die Haftung des Ingenieurs im Innenverhältnis nicht ohnehin insgesamt ausgeschlossen ist.*

---

Ein Ausgleichsanspruch kommt aber grundsätzlich nur dann in Betracht, wenn der in Anspruch genommene Gesamtschuldner dem Auftraggeber über **seinen internen Haftungsanteil hinaus haftet.** Dies ist allerdings nicht der Fall, wenn er sich gegenüber dem Auftraggeber auf ein Mitverschulden der weiteren Gesamtschuldner berufen kann, und zwar gesamtschuldnerisch, aber dennoch nur mit einer bestimmten Quote haftet. Die um das Mitverschulden der anderen Gesamtschuldner reduzierte Haftung gegenüber dem Auftraggeber entspricht der Quote, die er auch im Innenverhältnis gegenüber den anderen Gesamtschuldnern zu tragen hat. Denn auch dafür ist das Maß der Mitverursachung und des Mitverschuldens nach § 254 BGB maßgeblich. So haftet der Ingenieur, der infolge unzureichender Bauüberwachung für den Ausführungsfehler des Unternehmers einzustehen hat, dem Auftraggeber auf vollen Schadensersatz und kann sich gegenüber dem Auftraggeber nicht unter Hinweis auf die Mitverursachung

durch den ausführenden Unternehmer entlasten. Andererseits ist im internen Verhältnis zwischen Ingenieur und ausführendem Unternehmer letzterer regelmäßig zur alleinigen Schadenstragung verpflichtet. Denn die Überwachungspflicht des Ingenieurs besteht allein dem Bauherrn gegenüber; der Bauunternehmer kann sich nicht darauf berufen.[203] Daher kann der Ingenieur, wenn er vom Auftraggeber in Anspruch genommen wird, den geleisteten Schadensersatz vom Unternehmer nach § 426 BGB im Rahmen des Ausgleichsanspruchs i. d. R. in voller Höhe zurückverlangen.

Dagegen kommen im Rahmen des Ausgleichsverhältnisses bei Planungsfehlern des Ingenieurs die Erwägungen zum Mitverschulden zum Tragen. Hat der ausführende Unternehmer für einen auf Planungsfehlern beruhenden Bauwerksmangel einzustehen, weil er gegen seine Prüfungs- und Hinweispflichten verstoßen hat, so kann er dem Auftraggeber das Planungsverschulden entgegenhalten, soweit er den erforderlichen Hinweis nicht vorsätzlich unterlassen hat.[204] Damit kann der ausführende Unternehmer nur in der Höhe in Anspruch genommen werden, in der er auch nach dem internen Haftungsverhältnis gegenüber dem Ingenieur einzustehen hat. Wenn der Auftraggeber den Unternehmer zunächst im Rahmen seiner Haftungsquote und dann den Ingenieur für den Restbetrag in Anspruch nimmt, kommt ein interner Ausgleich nach § 426 BGB zwischen dem Unternehmer und dem Ingenieur nicht in Betracht. Falls sich der Auftraggeber zunächst an den Ingenieur wendet, so haftet dieser gegenüber dem Auftraggeber auf den vollen Betrag und kann gegen den Unternehmer in Höhe von dessen Haftungsquote Rückgriff nach § 426 BGB nehmen. Dies gilt allerdings nicht für den Fall, daß der Mitverursachungsanteil des Unternehmers, der allein aufgrund des fehlenden Hinweises haftet, gegenüber dem des Planers so gering ist, daß er außer acht bleibt und eine Haftung des Unternehmers überhaupt entfällt.[205]) Dieselben Grundsätze sind für den Ausgleichsanspruch zwischen Ingenieur und Sonderfachmann und zwischen planendem und überwachendem Ingenieur anzuwenden.

Allgemein ergeben sich die **Haftungsanteile der einzelnen Gesamtschuldner** in erster Linie aus dem Maß der Verursachung für den Mangel, in zweiter Linie aus dem Verschulden dafür. Danach ist zunächst festzustellen, wer die hauptsächliche Mangelursache gesetzt hat, andererseits ist zu berücksichtigen, ob einer der Beteiligten in besonderer Weise gegen seine Sorgfaltspflichten verstoßen hat. Die Entscheidung ist an den Verhältnissen des Einzelfalls zu orientieren. Wenn die Mithaftung eines Auftragnehmers darauf beruht, daß er die Leistung eines anderen Baubeteiligten nicht ausreichend beaufsichtigt bzw. geprüft hat, so ist er i. d. R. nicht ausgleichspflichtig.[206])

Hinsichtlich der **Verjährung** ist zwischen den dem Auftraggeber zustehenden Mängelrechten und den den Gesamtschuldnern intern zustehenden Ausgleichsansprüchen nach § 426 BGB zu differenzieren. Beginn und Dauer beider Verjährungsfristen sind voneinander unabhängig und decken sich nicht. Während die Gewährleistungsrechte des Auftraggebers den verkürzten Fristen nach § 638 BGB unterliegen, beträgt die Verjährungsfrist des Ausgleichsanspruchs der Gesamtschuldner nach § 426 Abs. 1 BGB 30 Jahre nach § 195 BGB. Die Verjährung von Gewährleistungsrechten tritt für jeden Gesamtschuldner einzeln ein; jeder Gesamtschuldner kann sich gegenüber dem Auftraggeber nur auf die Verjährung der eigenen Gewährleistungsverpflichtung be-

rufen (§ 425 BGB). Allerdings sind die Gesamtschuldner einander zum Ausgleich auch dann verpflichtet, wenn ihre Gewährleistungsrechte gegenüber dem Auftraggeber bereits verjährt sind.[207]) Der vom Auftraggeber in Anspruch genommene Gesamtschuldner muß sich nicht auf eine ihm zustehende Verjährungseinrede berufen; er kann in jedem Fall intern Ausgleich von den übrigen Gesamtschuldnern verlangen.[208])

## 7.12 Verjährung

Die **Verjährung der Gewährleistungsansprüche** des Auftraggebers gegenüber dem Ingenieur richtet sich nach § 638 BGB. Zu den Gewährleistungsansprüchen zählen die Ansprüche auf Nachbesserung (einschließlich des Anspruchs auf Aufwendungsersatz nach § 633 Abs. 3 BGB), Wandlung, Minderung oder Schadensersatz nach § 635 BGB; gleichfalls findet die kurze Verjährung Anwendung auf Ansprüche aus Verschulden bei Vertragsschluß (c. i. c.), soweit sie sich mit dem Anspruch aus § 635 BGB decken oder auf falscher Beratung beruhen, die sich auf einen Mangel oder eine Eigenschaft bezieht, von der die vertragsgemäße Verwendungsfähigkeit des Werkes abhängt.[209] Die kurze Verjährungsfrist nach § 638 BGB kommt dem Ingenieur nicht zugute, der den Mangel oder das Fehlen einer zugesicherten Eigenschaft arglistig verschweigt; maßgebender Zeitpunkt für das Verschweigen ist die Abnahme bzw. die Vollendung des Werkes.[210] Dem arglistig Verschweigenden steht ein – objektüberwachender – Ingenieur gleich, der nicht die organisatorischen Voraussetzungen dafür schafft, um sachgerecht beurteilen zu können, ob das Werk bei Abnahme mangelfrei ist, wenn der Mangel bei richtiger Organisation entdeckt worden wäre. Denn der Auftragnehmer darf haftungsrechtlich nicht dadurch bessergestellt werden, daß die Überwachung und Prüfung des Werkes nicht richtig organisiert worden ist.[211]

Für Leistungen des Ingenieurs findet in aller Regel die in § 638 BGB für Bauwerke vorgesehene fünfjährige Verjährungsfrist Anwendung. Denn Teilleistung eines Bauwerks ist auch die geistige Arbeit des Ingenieurs.[212] Die **Verjährung des Gewährleistungsanspruchs beginnt mit der Ab-**

nahme des Werkes (§ 638 BGB). Abnahme der Ingenieurleistung bedeutet danach die Anerkennung des Ingenieurwerks als eine in der Hauptsache vertragsgemäße Erfüllung.

Dies setzt die Vollendung des Werks voraus; der Ingenieur muß alles getan haben, was ihm nach dem Vertrag obliegt (vgl. § 8 Abs. 1 HOAI). Dies kann dazu führen, daß die Verjährung weit hinausgeschoben wird, wenn der Ingenieurvertrag die Leistungsphase 9 – Objektbetreuung – umfaßt. Danach ist das versprochene Werk erst mit Abschluß dieser Arbeiten hergestellt und kann erst dann abgenommen werden. Der Ingenieur kann in diesem Fall ein abnahmefähiges Werk erst dann anbieten, wenn sämtliche Gewährleistungsfristen abgelaufen sind. Dies hat zur Konsequenz, daß die Verjährung von Ansprüchen gegen den Ingenieur wegen mangelhafter Planung unter Umständen noch Jahre nach Fertigstellung des Bauwerks nicht zu laufen begonnen hat, weil der Ingenieur die Objektbetreuung übernommen hat.[213] Dies gilt nur dann nicht, wenn eine Vereinbarung über eine Teilabnahme der Leistungsphasen 1 bis 8 des Auftraggebers vorliegt; dieser Ausnahmefall ist vom Ingenieur zu beweisen.[214]

Die Gewährleistung kann von dem Ingenieur nicht einseitig durch AGBs verkürzt werden (§ 11 Nr. 10 lit. f., AGBG), eine solche **Verkürzung der Verjährungsfrist** ist nur bei individualvertraglicher Aushandlung durch die Parteien möglich. Zusätzlich zu den allgemeinen Hemmungs- und Unterbrechungstatbeständen ist die **Verjährung nach § 639 Abs. 2 BGB gehemmt,** solange sich ein Ingenieur im Einvernehmen mit dem Auftraggeber bemüht zu prüfen, ob ein von diesem behaupteter Mangel des Ingenieurwerkes tatsächlich vorliegt, oder einen Mangel mit Hilfe eines Bauunternehmers zu beseitigen versucht. Dies gilt solange, bis er dem Auftraggeber das Ergebnis dieser Prüfung mitteilt, ihm gegenüber den Mangel für beseitigt erklärt oder sich weigert, die Beseitigung durchzuführen. Sofern die Kosten beim Aufwendungsersatzanspruch nach § 633 Abs. 3 BGB innerhalb der Fristen noch nicht überschaubar und bezifferbar sind, kann der Auftraggeber zur Unterbrechung der Verjährung Feststellungsklage erheben.[215])

**Schadensersatzansprüche aus positiver Vertragsverletzung** unterliegen demgegenüber nicht der verkürzten Verjährung nach § 638 BGB, sondern der dreißigjährigen Verjährungsfrist nach § 195 BGB. Insoweit ist die oben[216]) vorgenommene Differenzierung zwischen nächsten Mangelfolgeschäden, die von § 635 BGB abgedeckt werden, und entfernteren Mangelfolgeschäden, die einen Schadensersatzanspruch aus pVV nach sich ziehen, von wesentlicher Bedeutung. Wie ausgeführt sind Mängel des Bauwerks und damit zusammenhängende Schäden regelmäßig als nächste Mangelfolgeschäden des Ingenieurwerkes zu betrachten, so daß insoweit zugunsten des Ingenieurs

zumeist die fünfjährige Verjährungsfrist des § 638 BGB eingreift. Schäden aus Pflichtverletzungen, die nicht zu einem Mangel des Ingenieurwerkes geführt haben, sind demgegenüber in jedem Falle nur aus pVV zu ersetzen und unterliegen damit der dreißigjährigen Verjährungsfrist.

**Schadensersatzansprüche aus Delikt,** insbesondere aus der Verletzung von Verkehrssicherungspflichten nach § 823 Abs. 1 BGB, verjähren innerhalb von drei Jahren von dem Zeitpunkt an, in welchem der Verletzte von dem Schaden und der Person des Ersatzpflichtigen Kenntnis erlangt hat (§ 852 Abs. 1 BGB). Insbesondere die Verjährung deliktischer Ansprüche dritter Personen gegenüber dem Ingenieur kann dann weit hinausgeschoben werden, wenn die dritten Personen erst später von der Ersatzpflichtigkeit des Ingenieurs Kenntnis erlangen.

---

[1]) RGZ 117, 315

[2]) BGHZ 96, 111, 114 f.

[3]) Münchener-Kommentar-Soergel, BGB, 2. Auflage, § 633 Rdn. 26 ff.

[4]) Palandt-Thomas, BGB, 56. Auflage, 1997, § 633 Rdn. 2

[5]) OLG München NJW-RR 1987, 854; Baumgärtel ZfBR 82, 1, 3

[6]) BGHZ 42, 16, 18

[7]) vgl. BGH BB 1985, 1561 für Sicherheitsbestimmungen

[8]) vgl. BGH BauR 1981, 577, 579; Palandt-Thomas, BGB, 56. Auflage, 1997, § 633 Rdn. 2

[9]) vgl. Staudinger-Peters, BGB, § 633 Rdn. 38

[10]) schon RGSt 44, 76 ff.; 56, 343 ff.

[11]) Münchener-Kommentar-Soergel, BGB, 2. Auflage, § 633 Rdn. 41

[12]) So das OLG Frankfurt im Blasbachtalbrückenfall, NJW 1983, 456 f.; vgl. auch BGHZ 91, 206, 212

[13]) siehe zusammenfassend den »Praxishinweis« S. 273

[14]) BGH NJW 1976, 143

[15]) BGHZ 26, 337; für einen Überblick zu den Unterschieden bei beiden Ansprüchen vgl. Staudinger-Peters, BGB, § 633 Rdn. 161

[16]) Zur Beweislast für Fehler und das Fehlen zugesicherter Eigenschaften vgl. Abschnitt 7.8, S. 298 f.

[17]) BGHZ 96, 111, 116 ff.

[18]) BGHZ 113, 251, 255 ff.

[19] BGHZ 96, 221, 224 ff.
[20] BGHZ 90, 344, 346 f.; 354, 356 ff.
[21] BGH NJW-RR 1989, 86
[22] gefestigte Rechtsprechung, vgl. BGHZ 43, 227, 232; BGH NJW 1967, 2259, 2260; OLG Hamm BauR 1992, 78 f.
[23] dazu insgesamt Kaiser, NJW 1973, 1910, 1913
[24] OLG Düsseldorf BauR 1988, 237, 239 ff.
[25] so im Fall OLG Hamm BauR 1978, 326
[26] Locher, Das private Baurecht, Rdn. 239
[27] vgl. Staudinger-Peters, BGB, Anh. II zu § 635, Rdn. 9; Locher, Das private Baurecht, Rdn. 239
[28] BGHZ 96, 111, 122 f. (für den Werkunternehmer)
[29] BGH WM 1987, 1561
[30] Münchener-Kommentar-Soergel, BGB, 2. Auflage, § 633 Rdn. 137
[31] BGH NJW 1968, 1524, 1526
[32] BGH BauR 1975, 137
[33] BGHZ 68, 372, 376 ff.
[34] OLG Düsseldorf BauR 1991, 791, 792
[35] vgl. Locher, Das private Baurecht, Rdn. 242
[36] Locher, Das private Baurecht, Rdn. 243
[37] BGHZ 45, 372 ff.
[38] vgl. BGHZ 58, 181 für Architekten
[39] BGH NJW 1990, 2680 f.
[40] vgl. Palandt-Putzo, BGB, 56. Auflage, 1997, § 465 Rdn. 15
[41] BGH NJW 1956, 787
[42] BGH, Urt. v. 12. 10. 1967-VII ZR 8/65, BGHZ 48, 310-313; VersR 1967, 1307, 1308
[43] Staudinger-Peters, BGB, § 635 Rdn. 9
[44] BGHZ 48, 310 ff.
[45] BGH, Urt. v. 12. 10. 1967-VV ZR 8/65, BGHZ 48, 310-313; VersR 1967, 1307, 1308
[46] BGH, Urt. v. 27. 09. 1994-VI ZR 150/93 in Fortführung der Entscheidung BGH, Urt. v. 12. 10. 1967-VII ZR 8/65, NJW 1994, 3349-3351, ZIP 1994, 1960-1962, BB 1994, 2307-2309, DB 1994, 2441-2443, LM BGB § 823 (Dc) Nr. 196 (2/1995) mit Anmerkung Foerste, EWiR 1995, 43 mit Anmerkung v. Westphalen, WiB 1995, 126 mit Besprechung Meyer, JuS 1995, 354, ZfSch 1995, 164-166
[47] OLG Köln, Urt. v. 06. 05. 1991-12 U 130/88, NJW-RR 1991, 1077
[48] vgl. BGH NJW 1956, 787; Münchener-Kommentar-Soergel, BGB, 2. Auflage, § 635 Rdn. 10
[49] BGHZ 27, 215, 218
[50] BGH NJW-RR 1991, 1429
[51] BGH NJW 1978, 1853; BGH NJW-RR 1989, 86 bzgl. des Schadensersatzanspruches wegen Nichterfüllung des ganzen Vertrages; BGH NJW 1987, 645 bzgl. des in der Mangelhaftigkeit des Werks liegenden Schadens
[52] vgl. BGH NJW 1978, 1853
[53] OLG Frankfurt/Main NJW-RR 1992, 602
[54] BGHZ 54, 352, 358; BGH NJW 1985, 381
[55] Palandt-Putzo, BGB, 56. Auflage, 1997, § 635 Rdn. 7; a.A. Münchener-Kommentar-Soergel, BGB, 2. Auflage, § 635 Rdn. 42, der die Kosten eines selbständigen Beweisverfahrens der pVV zurechnen will

[56] BGH NJW-RR 1991, 1428
[57] BGHZ 35, 130, 133
[58] BGHZ 61, 28, 31; Palandt-Putzo, BGB, 56. Auflage, 1997, § 635 Rdn. 7
[59] BGHZ 105, 103
[60] OLG Düsseldorf NJW-RR 1992, 23
[61] BGHZ 30, 29 ff.; zu einem mitwirkenden Verschulden des Auftraggebers siehe Abschnitt 7.10, S. 304 f.
[62] BGHZ 98, 45, 46; 115, 32; zu weiteren Ansätzen zur Abgrenzung von Ansprüchen nach § 635 BGB und solchen nach pVV vgl. Palandt-Putzo, BGB, 56. Auflage, 1997, vor § 633 Rdn. 22
[63] BGHZ 67, 1, 3 ff.
[64] BGH NJW 1993, 923 m. w. N.; Palandt-Putzo, BGB, 56. Auflage, 1997, vor § 633 Rdn. 23 m. w. N.
[65] BGHZ 80, 280, 284
[66] OLG Hamm NJW-RR 1990, 915
[67] BGH BB 1992, 950
[68] BGHZ 58, 225; den trotz Mangelbeseitigung verbliebenen merkantilen Minderwert des Werkes hat der Unternehmer ohne Rücksicht auf die Verkaufsabsicht des Auftraggebers zu erstatten, BGH NJW-RR 1991, 1429
[69] BGH NJW 1983, 871
[70] BGHZ 80, 285, 287; ausführlich Münchener-Kommentar-Soergel, BGB, 2. Auflage, § 635 Rdn. 25
[71] BGH a.a.O.; BGH NJW 1979, 1651
[72] BGH NJW 1985, 328 m. w. N.
[73] BGH DB 1977, 624
[74] BGH DB 1989, 1406
[75] OLG Frankfurt/Main NJW 1980, 2756; OLG Nürnberg NJW-RR 1993, 694
[76] BGH NJW-RR 1987, 664
[77] BGH DB 93, 1281
[78] OLG Köln BauR 1990, 103
[79] BGH DB 1976, 958; Palandt-Putzo, BGB, 56. Auflage, 1997, vor § 633 Rdn. 21
[80] BGH ZIP 1984, 962, 965
[81] Palandt-Heinrichs, BGB, 56. Auflage, 1997, vor § 249 Rdn. 17 m. w. N.
[82] für die finanziellen Aspekte der Planung vgl. Abschnitt 7.7, S. 291 ff.
[83] BauR 71, 58 ff.
[84] Instruktiv dazu OLG Jena, OLG-NL 1995, 105, 106 f.; OLG Düsseldorf, NJW-RR 1996, 1234 f.; NJW-RR 1992, 788 f.; Maser BauR 1994, 180-187
[85] BGH NJW-RR 1996, 403 f.
[86] BGH NJW-RR 1996, 403 f.
[87] Nach BGH WM 1972, 1457 f.
[88] BGH NJW 1996, 2370 f.; OLG Düsseldorf, BauR 1986, 469, 471; Löffelmann/Fleischmann, Architektenrecht, Rdn. 216
[89] siehe auch Abschnitt 7.10, S. 304 ff.
[90] Ausführlich dazu Locher, Das private Baurecht, Rdn. 250
[91] OLG Düsseldorf, NJW-RR 1996, 17, 19
[92] OLG Düsseldorf, BauR 1991, 791, 792
[93] BGH, BauR 1971, 265, 267; OLG Köln, BauR 1988, 241, 245
[94] vgl. OLG Frankfurt, BauR 1991, 785
[95] BGH NJW-RR 1991, 664; BGH BauR 1991, 366 f.

[96]) auf die finanziellen Aspekte wird außerdem im folgenden unter Abschnitt 7.7 näher eingegangen, S. 291 ff.

[97]) siehe dazu Abschnitt 7.9, S. 300 ff.

[98]) OLG Köln, SFH Nr. 9 zu § 635 BGB

[99]) näheres dazu unter Abschnitt 7.11, S. 305 ff.

[100]) BGH BauR 1989, 97, 102

[101]) LG Tübingen, NJW-RR 89, 1504; vgl. zu dieser Frage auch OLG Düsseldorf, NJW 1974, 704

[102]) nach OLG Oldenburg, BauR 1992, 258 ff.

[103]) nach BGH WM 1970, 354

[104]) BGH BauR 1976, 138 für die Koordination von Installateurarbeiten

[105]) OLG Nürnberg, BauR 1990, 492 f.

[106]) OLG Düsseldorf, NJW-RR 1996, 17 ff.

[107]) vgl. Werner/Pastor, Der Bauprozeß, Rdn. 1495

[108]) eine ausführliche und übersichtliche Gegenüberstellung der Grundleistungen der Leistungsphase 8 der §§ 15, 55 und 57 findet sich mit den entsprechenden Honorarregelungen bei Hesse/Korbion/Mantscheff/Vygen; Kommentar zur HOAI, § 57, Rdn. 1 ff.

[109]) vgl. BGH BB 56, 739

[110]) OLG Hamm, NJW-RR 1990, 158; BGH BauR 1971, 31

[111]) BGHZ 68, 169, 174

[112]) vgl. zu Beton- und Abdichtungsarbeiten OLG Hamm NJW-RR 1992, 1049

[113]) OLG München, NJW-RR, 1988, 336, 337

[114]) vgl. OLG Hamm, BauR 1995, 269; OLG Düsseldorf, BauR 1991, 791 f.; OLG Oldenburg, BauR 1992, 258 ff.

[115]) zum Architekten BGH, Urt. v. 10. 02. 1994-VII ZR 20/93 (Fortführung der ständigen Rechtsprechung, vergleiche BGH, 1985-09-26, VII ZR 50/84, BauR 1986, 112, 113, ZfBR 1986, 17, 18 und BGH 1971-03-11, VII ZR 132/69, BauR 1971, 131, 132), BGHZ 125, 111-116, NJW 1994, 1276-1278, ZfBR 1994, 131-132, BauR 1994, 392-394, LM HOAI Nr. 24 (6/1994) mit Anmerkung Koeble, WiB 1994, 441-442 mit Anmerkung von Seipen, IBR 1995, 192, 193 mit Anmerkungen Reineke

[116]) BGH, Urt. v. 10. 02. 1994-VII ZR 20/93 (Fortführung der ständigen Rechtsprechung, vergleiche BGH, 1985-09-26, VII ZR 50/84, BauR 1986, 112, 113, ZfBR 1986, 17, 18 und BGH 1971-03-11, VII ZR 132/69, BauR 1971, 131, 132), BGHZ 125, 111-116, NJW 1994, 1276-1279, MDR 1994, 480, ZfBR 1994, 131-132, BauR 1994, 392-394, LM HOAI Nr. 24 (6/1994) mit Anmerkung Koeble, WiB 1994, 441-442 mit Anmerkung von Seipen, IBR 1995, 192, 193 mit Anmerkungen Reineke

[117]) BGH NJW 1973, 1457, 1458; 1979, 1499 f.

[118]) z.B. BGH NJW 1967, 2010, 2011; 1971, 1130

[119]) OLG Köln, BauR 1991, 649; Locher, Das private Baurecht, Rdn. 373

[120]) vgl. zum Architekten BGH, Urt. v. 11. 06. 1996-VII ZR 85/95, NJW 1996, 1278-1279, BB 1996, 716, IBR 1996, 201, 202, mit Anmerkungen Groß, ZfBR 1996, 155-156, BauR 1996, 418-419, MDR 1996, 687, GI 1996, 183, DB 1996, 1516-1517, VersR 1996, 1108 (unter Fortführung BGH, Urt. v. 04. 10.

1984-VII ZR 342/83, BGHZ 92, 251, 258; BGH, Urt. v. 26. 09. 1985-VII ZR 50/84, BauR 1986, 112 ff., ZfBR 1986, 17)

[121]) vgl. dazu Abschnitt 7.9, S. 300 ff.

[122]) OLG Frankfurt/Main NJW-RR 1990, 1496 f.

[123]) OLG Hamm, BauR 1991, 368; OLG Hamm NJW-RR 90, 915, 916

[124]) vgl. OLG Celle, NJW-RR 1991, 1176, 1177

[125]) Locher/Koeble/Frik; Kommentar zur HOAI, § 55 Rdn. 83

[126]) Instruktiv für das Leistungsbild des § 15 HOAI: Locher, Schadensersatzansprüche gegen den Architekten wegen Nichtauflistung von Gewährleistungsfristen, BauR 1991, 135-140

[127]) vgl. Löffelmann/Fleischmann, Architektenrecht, Rdn. 499, 510; Locher/Koeble/Frik, Kommentar zur HOAI, § 55 Rdn. 91 und § 15, Rdn. 220; dagegen Bindhardt/Jagenburg, § 6 Rdn. 145

[128]) Löffelmann/Fleischmann, ebd., Rdn. 509

[129]) siehe dazu Locher/Koeble/Frik, Kommentar zur HOAI, § 15, Rdn. 226

[130]) § 80 Brem LBO, § 53 Bln BauO, § 62 Bgb BauO, § 45 LBO BaWü, § 57 HBauO, § 80 BauO Hessen, § 58 LBauO M-V, § 64 LBO SH, § 56 LBO RhPf, § 61 Bau LSA, § 58 Sächs BauO, § 60 Saarl BauO

[131]) vgl. § 58 NBauO, § 56 Thür BO, § 58 BauO NW, § 56 Sächs BauO

[132]) vgl. unten, Abschnitt 7.9, S. 300 ff.

[133]) vgl. Locher, Das private Baurecht, Rdn. 266; Löffelmann/Fleischmann, Architektenrecht, Rdn. 526

[134]) BGH BauR 1991, 366 f.

[135]) OLG Hamm, NJW-RR 1994, 211 f.; allerdings kommt dann eine Haftung wegen Bausummenüberschreitung in Betracht

[136]) zur Kündigung wegen Bausummenüberschreitung siehe S. 177

[137]) BGH BauR 1997, 494

[138]) OLG Düsseldorf, NJW-RR 1993, 285

[139]) Ähnlich gelagert ist OLG Naumburg, ZfBR 1996, 213 ff.

[140]) OLG Köln, NJW-RR 1994, 981

[141]) Locher/Koeble/Frik, Kommentar zur HOAI, Einl. Rdn. 59 m.w.N.; vgl. BGH BauR 1997, 494

[142]) BGH BauR, 1994, 268

[143]) Werner/Pastor, Der Bauprozeß, Rdn. 1788 f. m.w.N.

[144]) BGH NJW 1971, 1840, 1842; BauR, 1987, 225, 227

[145]) vgl. BauR 1988, 734, 736

[146]) vgl. Jagenburg NJW 1997, 2277, 2293

[147]) vgl. OLG Hamm, BauR 1991, 246

[148]) BGH BauR 1994, 268, 270

[149]) BGH BauR 1994, 268, 270; BauR 1979, 74

[150]) OLG Hamm, NJW-RR 1994, 211, 212; OLG Köln, NJW-RR 1993, 986, 987; Locher, Das private Baurecht, Rdn. 283; Pastor, Der Bauprozeß, Rdn. 1800 ff.

[151]) vgl. OLG Düsseldorf, BauR 1994, 133, 136; 1988, 237 ff.

[152]) i. E. auch Locher, Das private Baurecht, Rdn. 278

[153]) BGHZ 60, 1, 3

[154]) vgl. Locher, Das private Baurecht, Rdn. 300

[155]) nach BGH WM 1988, 1675, 1676

[156]) zu beziehen über Beuth Verlag GmbH, 10787 Berlin

157) Locher, Das private Baurecht, Rdn. 276
158) Löffelmann/Fleischmann, Architektenrecht,
      Rdn. 1507
159) Auch hier ist einschlägig die DIN 276 i. d. F. v.
      April 1981.
160) vgl. oben Abschnitt 7.1, S. 263 ff.
161) Locher, Das private Baurecht, Rdn. 313
162) BGH BB 1991, 1149 f.
163) vgl. BGH NJW 1984, 355; im Überblick Münchener-
      Kommentar-Gottwald, BGB, 3. Auflage, § 328
      Rdn. 86 ff.
164) BGH MDR 1956, 534, 535
165) RGZ 127, 224; zu einem Gesamtüberblick über die
      – potentiell – einbezogenen Personen s. Werner/
      Pastor, Der Bauprozeß, Rdn. 1746 ff.
166) OLG Hamm, NJW-RR 1987, 725; BGH NJW-RR
      1990, 726, 727
167) BGH NJW 1994, 2231
168) vgl. BGH NJW 1979, 1449, 1450; BGH BB 1982,
      329, 330; einschränkend auf die Gesamtumstände
      abstellend BGH NJW 1992, 2080, 2082
169) vgl. BGH WM 1966, 1158
170) vgl. OLG Hamm, NJW-RR 1987, 209; OLG Köln,
      NJW-RR 1988, 335; OLG Frankfurt NJW 1989, 337
171) im Überblick Staudinger-Peters, BGB, Anh. II zu
      § 635, Rdn. 56
172) OLG Köln, NJW-RR 1988, 335, 336
173) BGH NJW 1987, 1013
174) vgl. BGH NJW-RR 1990, 726, 727
175) BGH BauR 1991, 111 ff.
176) nach BGH NJW 1987, 1013
177) siehe dazu Abschnitt 7.6, S. 290 f.
178) BGH NJW 1977, 898, 899
179) für den Architekten BGH NJW 1977, 898; in der
      Literatur wird insofern von einer »sekundären Ver-
      kehrssicherungspflicht« gesprochen, vgl. Schmalzl,
      NJW 1977, 2040, 2042
180) nach OLG Köln, NJW-RR 1995, 156
181) vgl. Schmalzl, BauR 1981, 505, 508
182) nach BGH NJW-RR 1989, 921
183) OLG Köln NJW-RR 1995, 156
184) BGHZ 13, 111
185) OLG Düsseldorf NJW 1974, 704, 705
186) vgl. BGH BauR 1971, 265, 267
187) vgl. Werner/Pastor, Der Bauprozeß, Rdn. 2465
188) siehe die Übersicht über die mögliche Vertrags-
      beziehungen des Ingenieurs, S. 127 ff.
189) BGH BauR 1995, 231, 232
190) BGH NJW 1969, 653
191) BGH NJW 1985, 2475 f.; BGH BauR 1995,
      231, 231
192) vgl. OLG Oldenburg NJW-RR 1992, 409, 410
193) BGH NJW 1985, 2475, 2476
194) BGH BauR 1970, 57, 59
195) BGH BauR 1995, 231, 232
196) BGH BauR 1971, 265 ff.; vgl. auch OLG Hamm
      NJW-RR 1989, 1504
197) vgl. zur Verantwortlichkeit des Statikers OLG Hamm
      NJW-RR 1994, 1111; zur Verantwortlichkeit eines
      planenden Architekten OLG Köln, NJW-RR 1994,
      1110
198) OLG Oldenburg BauR 1981, 399

199) LG Stuttgart BauR 1997, 137
200) Kleine-Möller/Merl/Oelmaier, Handbuch des
      privaten Baurechts, § 12 Rdn. 820; a.A. im Hinblick
      auf die risikoentlastende Funktion eines bau-
      ausführenden Ingenieurs für den Auftraggeber bei
      erkennbaren Planungsmängeln OLG Bamberg,
      NJW-RR 1992, 91; OLG Köln NJW-RR 1997, 597 f.
201) BGH NJW-RR 1989, 86
202) Palandt-Heinrichs, BGB, 56. Auflage, 1997, § 426
      Rdn. 3
203) BGH NJW 1973, 518; LG Tübingen NJW-RR 1989,
      1504
204) BGH NJW 1973, 518 f.
205) BGH NJW 1969, 653, 655
206) vgl. auch BGH NJW 1969, 653, 655; NJW 1971,
      752, 754
207) BGHZ 58, 216, 219
208) Kleine-Möller/Merl/Oelmaier, Handbuch des
      privaten Baurechts § 12 Rdn. 832
209) BGH MDR 1985, 316
210) Palandt-Thomas, BGB, 56. Auflage, 1997, § 633
      Rdn. 3
211) vgl. BGHZ 117, 318, 321; Locher, Das private
      Baurecht, Rdn. 247
212) vgl. BGHZ 32, 206, 207 f.; zu Planungsfehlern
      BGHZ 37, 341, 344
213) OLG Köln, NJW-RR 1992, 1173
214) vgl. auch BGH BauR 1994, 392, 394
215) vgl. zur Feststellungsklage BGH NJW-RR 1986,
      1026, 1027
216) vgl. Abschnitt 7.1, S. 276

# 8 Die Bauvergabe

## 8.1 Zielvorgabe Bauvertrag – Tätigkeiten des Ingenieurs

### 8.1.1 Grundleistungen der »Vorbereitung« und »Mitwirkung bei der Vergabe«

Der Ingenieur wirkt bei der Bauvergabe und ihrer Vorbereitung entsprechend dem Auftrag und je nach übertragenem Leistungsbild in unterschiedlichem Umfang mit.

In den Leistungsphasen 6 und 7 der wichtigsten Leistungsbilder sind die Leistungen der »Vorbereitung« und »Mitwirkung bei der Vergabe« vorgesehen.

Die einzelnen Leistungsbilder unterscheiden sich hierbei deutlich voneinander. Die nachfolgende Übersicht »Grundleistungen der ›Vorbereitung‹ und ›Mitwirkung bei der Vergabe‹« zeigt, daß die Vorbereitung der Vergabe beim Ingenieurbauwerk (§ 55 HOAI) die höchsten Anforderungen stellt. Während beim Leistungsbild Gebäudeplanung nach § 15 HOAI nur das Aufstellen und Koordinieren der Leistungsbeschreibungen im Mittelpunkt stehen, ist dies beim Ingenieurbauwerk nur ein Teilbereich aus der Erstellung der gesamten Verdingungsunterlagen. Darüber hinaus wird von ihm schon Leistungsphase 6 das »Festlegen der wesentlichen Ausführungsphasen« erwartet. In der Leistungsphase 7 findet hingegen bei der Teilleistung »Prüfen und Werten der Angebote« nur beim Leistungsbild Gebäudeplanung die »Mitwirkung aller während der Leistungsphasen 6 und 7 fachlich Beteiligten« Erwähnung.

## Grundleistungen der »Vorbereitung« und »Mitwirkung bei der Vergabe«

| § 15 HOAI<br>Objektplanung für Gebäude, Freianlagen und raumbildende Ausbauten | § 55 HOAI<br>Objektplanung für Ingenieurbauwerke und Verkehrsanlagen | § 73 HOAI<br>Technische Ausrüstung |
|---|---|---|
| **6. Vorbereitung der Vergabe**<br>Ermitteln und Zusammenstellen von Mengen als Grundlage für das Aufstellen von Leistungsbeschreibungen unter Verwendung der Beiträge anderer an der Planung fachlich Beteiligter<br>Aufstellen von Leistungsbeschreibungen mit Leistungsverzeichnissen nach Leistungsbereichen | **6. Vorbereitung der Vergabe**<br>Mengenermittlung und Aufgliederung nach Einzelpositionen unter Verwendung der Beiträge anderer an der Planung fachlich Beteiligter<br><br>Aufstellen der Verdingungsunterlagen, insbesondere Anfertigen der Leistungsbeschreibungen mit Leistungsverzeichnissen sowie der Besonderen Vertragsbedingungen | **6. Vorbereitung der Vergabe**<br>Ermitteln von Mengen als Grundlage für das Aufstellen von Leistungsverzeichnissen in Abstimmung mit Beiträgen anderer an der Planung fachlich Beteiligter<br>Aufstellen von Leistungsbeschreibungen mit Leistungsverzeichnissen nach Leistungsbereichen |
| Abstimmen und Koordinieren der Leistungsbeschreibungen der an der Planung fachlich Beteiligten | Abstimmen und Koordinieren der Verdingungsunterlagen der an der Planung fachlich Beteiligten<br>Festlegen der wesentlichen Ausführungsphasen | |
| **7. Mitwirkung bei der Vergabe**<br>Zusammenstellen der Verdingungsunterlagen für alle Leistungsbereiche<br><br>Einholen von Angeboten<br>Prüfen und Werten der Angebote einschließlich Aufstellen eines Preisspiegels nach Teilleistungen unter Mitwirkung aller während der Leistungsphasen 6 und 7 fachlich Beteiligten<br>Abstimmen und Zusammenstellen der Leistungen der fachlich Beteiligten, die an der Vergabe mitwirken<br>Verhandlung mit Bietern | **7. Mitwirkung bei der Vergabe**<br>Zusammenstellen der Verdingungsunterlagen für alle Leistungsbereiche<br><br>Einholen von Angeboten<br>Prüfen und Werten der Angebote einschließlich Aufstellen eines Preisspiegels<br><br><br><br>Abstimmen und Zusammenstellen der Leistungen der fachlich Beteiligten, die an der Vergabe mitwirken<br>Mitwirken bei Verhandlungen mit Bietern | **7. Mitwirken bei der Vergabe**<br>Prüfen und Werten der Angebote einschließlich Aufstellen eines Preisspiegels nach Teilleistungen<br><br><br><br><br><br><br><br><br><br><br>Mitwirken bei der Verhandlung mit Bietern und Erstellen eines Vergabevorschlages |

| Kostenanschlag nach DIN 276 aus Einheits- oder Pauschalpreisen der Angebote | Fortschreiben der Kostenberechnung | Mitwirken beim Kostenanschlag aus Einheits- oder Pauschalpreisen der Angebote, bei Anlagen in Gebäuden: nach DIN 276 |
|---|---|---|
| Kostenkontrolle durch Vergleich des Kostenanschlags mit der Kostenberechnung | Kostenkontrolle durch Vergleich der fortgeschriebenen Kostenberechnung mit der Kostenberechnung | Mitwirken bei der Kostenkontrolle durch Vergleich des Kostenanschlags mit der Kostenberechnung |
| Mitwirken bei der Auftragserteilung | Mitwirken bei der Auftragserteilung | Mitwirken bei der Auftragserteilung |

## 8.1.2  Bewertung der Grundleistungen für das Honorar

Die Bedeutung dieser Tätigkeit schlägt sich auch in der Honorierung nieder.

| Bewertung der Grundleistungen i.V. der Honorare | | | | | |
|---|---|---|---|---|---|
| **HOAI** | **§ 15** | | | **§ 55** | **§ 73** |
| | Gebäude | Frei-anlagen | raumbildende Ausbauten | | |
| 6. Vorbereitung der Vergabe | 10 | 7 | 7 | 10 | 6 |
| 7. Mitwirkung bei der Vergabe | 4 | 3 | 3 | 5 | 5 |
| Summe Bauvergabe | 14 | 10 | 10 | 15 | 11 |

## 8.1.3  Besondere Leistungen der »Vorbereitung« und »Mitwirkung bei der Vergabe«

Bei den in der HOAI vorgesehenen »Besonderen Leistungen« bei der »Vorbereitung« und »Mitwirkung bei der Vergabe« in den einzelnen Leistungsbildern ergeben sich noch deutlichere Unterschiede.

### Praxishinweis

*Gerade hier empfiehlt sich für den Ingenieur bereits vor Vertragsschluß eine genaue Projektanalyse. § 2 Abs. 3 HOAI stellt nämlich klar, daß die Besonderen Leistungen in den einzelnen »Leistungsbildern nicht abschließend aufgeführt (sind). Die Besonderen Leistungen eines Leistungsbildes können auch in anderen Leistungsbildern oder Leistungsphasen vereinbart werden, in denen sie nicht aufgeführt sind, soweit sie dort nicht Grundleistungen darstellen«.*

---

**Besondere Leistungen der »Vorbereitung« und »Mitwirkung bei der Vergabe«**

| § 15 Abs. 2 HOAI<br>Objektplanung für Gebäude, Freianlagen und raumbildende Ausbauten | § 55 HOAI<br>Objektplanung für Ingenieurbauwerke und Verkehrsanlagen | § 73 HOAI<br>Technische Ausrüstung |
|---|---|---|
| 6. Vorbereitung der Vergabe<br>Aufstellen von Leistungsbeschreibungen mit Leistungsprogramm unter Bezug auf Baubuch/Raumbuch<br>Aufstellen von alternativen Leistungsbeschreibungen für geschlossene Leistungsbereiche<br>Aufstellen von vergleichenden Kostenübersichten unter Auswertung der Beiträge anderer an der Planung fachlich Beteiligter | | 6. Vorbereitung der Vergabe<br>Anfertigen von Ausschreibungszeichnungen bei Leistungsbeschreibung mit Leistungsprogramm |
| 7. Mitwirkung bei der Vergabe<br>Prüfen und Werten der Angebote aus Leistungsbeschreibung mit Leistungsprogramm einschließlich Preisspiegel<br><br>Aufstellen, Prüfen und Werten von Preisspiegeln nach besonderen Anforderungen | 7. Mitwirkung bei der Vergabe<br>Prüfen und Werten von Nebenangeboten und Änderungsvorschlägen mit grundlegend anderen Konstruktionen im Hinblick auf die technische und funktionelle Durchführbarkeit | |

---

Darüber hinaus sollte bedacht werden, daß Besondere Leistungen nur dann nach §§ 2 (3), 5 (4) HOAI zu honorieren sind, wenn gleichzeitig eine Grundleistung übertragen ist. Werden hingegen Besondere Leistungen isoliert in Auftrag gegeben, so kann hierfür ein Honorar frei vereinbart werden. Diese Leistungen sind von der HOAI nicht erfaßt. Auch § 5 (4) HOAI ist nicht anwendbar, so daß eine schriftliche Honorarvereinbarung für die isolierte Besondere Leistung nicht getroffen werden muß.[1]

### 8.1.4 Leistungen des Projektsteuerers bei der Ausführungsvorbereitung

Die **Tätigkeit des Projektsteuerers** auf Bauherrenseite wird von der Fachgruppe Projektsteuerung des AHO der Ingenieurverbände und -kammern[2] in Ziffer 3 mit der Ausführungsplanung in einer Leistungsphase zusammengefaßt. Die Grundleistungen sind mit 19 v. H. des Honorars bewertet:

## Leistungen des Projektsteuerers

### 3. Ausführungsvorbereitung
### (Ausführungsplanung, Vorbereitung und Mitwirkung bei der Vergabe)

*A Organisation, Information, Koordination und Dokumentation*

| Grundleistungen | Besondere Leistungen |
|---|---|
| 1. Fortschreiben des Organisationshandbuches | 1. Veranlassen besonderer Abstimmungsverfahren zur Sicherung der Projektziele |
| 2. Fortschreiben des Projekthandbuches | 2. Durchführen der Submissionen |
| 3. Mitwirken beim Durchsetzen von Vertragspflichten gegenüber den Beteiligten | 3. Besondere Berichterstattung in Auftraggeber- oder sonstigen Gremien |
| 4. Laufende Information und Abstimmung mit dem Auftraggeber | |
| 5. Einholen der erforderlichen Zustimmungen des Auftraggebers | |

*B Qualitäten und Quantitäten*

| Grundleistungen | Besondere Leistungen |
|---|---|
| 1. Überprüfen der Planungsergebnisse inkl. evtl. Planungsänderungen auf Konformität mit den vorgegebenen Projektzielen | 1. Überprüfen der Planungsergebnisse durch besondere Wirtschaftlichkeitsuntersuchungen |
| 2. Mitwirken beim Freigeben der Firmenliste für Ausschreibungen | 2. Fortschreiben des Gebäude- und Raumbuches unter Einbeziehung der Ergebnisse der Ausführungsplanung |
| 3. Herbeiführen der erforderlichen Entscheidungen des Auftraggebers | 3. Veranlassen oder Durchführen von Sonderkontrollen der Ausführungsvorbereitung |
| 4. Überprüfen der Verdingungsunterlagen für die Vergabeeinheiten und Anerkennung der Versandfertigkeit | 4. Versand der Ausschreibungsunterlagen |
| 5. Überprüfen der Angebotsauswertungen in technisch-wirtschaftlicher Hinsicht | 5. Änderungsmanagement bei Einschaltung eines Generalplaners |
| 6. Beurteilen der unmittelbaren und mittelbaren Auswirkungen von Alternativangeboten auf Konformität mit den vorgegebenen Projektzielen | |
| 7. Mitwirken bei den Vergabeverhandlungen bis zur Unterschriftsreife | |

### C Kosten und Finanzierung

| Grundleistungen | Besondere Leistungen |
|---|---|
| 1. Vorgabe der Soll-Werte für Vergabeeinheiten auf der Basis der aktuellen Kostenberechnung | 1. Kostenermittlung und -steuerung unter besonderen Anforderungen (z.B. Baunutzungskosten) |
| 2. Überprüfen der vorliegenden Angebote im Hinblick auf die vorgegebenen Kostenziele und Beurteilung der Angemessenheit der Preise | 2. Fortschreiben der Projektbuchhaltung für den Mittelzufluß und die Anlagenkonten |
| 3. Vorgabe der Deckungsbestätigung für Aufträge | |
| 4. Überprüfen der Kostenanschläge der Objekt- und Fachplaner sowie Veranlassen erforderlicher Anpassungsmaßnahmen | |
| 5. Zusammenstellen der aktualisierten Baunutzungskosten | |
| 6. Fortschreiben der Mittelbewirtschaftung | |
| 7. Prüfen und Freigeben der Rechnungen zur Zahlung | |
| 8. Fortschreiben der Projektbuchhaltung für den Mittelabfluß | |

### D Termine und Kapazitäten

| Grundleistungen | Besondere Leistungen |
|---|---|
| 1. Aufstellen und Abstimmen der Detailablaufplanung für die Ausführung | 1. Ermitteln von Ablaufdaten zur Bieterbeurteilung (erforderlicher Personal-, Maschinen- und Geräteeinsatz nach Art, Umfang und zeitlicher Verteilung) |
| 2. Fortschreiben der General- und Grobablaufplanung für Planung und Ausführung sowie der Detailablaufplanung für die Planung | 2. Ablaufsteuerung unter besonderen Anforderungen und Zielsetzungen |
| 3. Vorgabe der Vertragstermine und -fristen für die Besonderen Vertragsbedingungen (BVB) der Ausführungs- und Lieferleistungen | |
| 4. Überprüfen der vorliegenden Angebote im Hinblick auf vorgegebene Terminziele | |
| 5. Führen und Protokollieren von Ablaufbesprechungen der Ausführungsvorbereitungen sowie Vorschlagen und Abstimmen von erforderlichen Anpassungsmaßnahmen | |

# 8.2 Rechtliche Grundzüge des Bauvertrages

Für die Durchführung eines Bauvorhabens besteht i.d.R. eine Vielzahl von Vertragsverhältnissen. Im Vordergrund steht das Verhältnis zwischen dem Bauherrn (Auftraggeber) und dem Bauunternehmer (Auftragnehmer). Daneben sind weitere Personen mit besonderen Aufgaben – wie z.B. Architekten und Ingenieure – an der Bauausführung beteiligt. Auch sie stehen in Rechtsbeziehung zum Bauherrn, haben gleichzeitig aber auch bestimmte Pflichten gegenüber dem Bauunternehmer und anderen Baubeteiligten. Schließlich arbeiten i.d.R. bei der Durchführung eines Bauvorhabens Unternehmer verschiedenster Fachrichtungen zusammen. Sie haben meist jeder einen gesonderten Vertrag mit dem Bauherrn, sind oft jedoch auch untereinander vertraglich verbunden. Es liegt auf der Hand, daß es bei einzelnen Fragen hier nicht immer leicht ist, die rechtlichen Verantwortungsbereiche voneinander abzugrenzen.[3]

Das Bürgerliche Gesetzbuch kennt keinen eigenen Vertragstypus des »Bauvertrages«. Soweit für die Erbringung von Bauleistungen keine anderen Regelungen getroffen sind, findet Werkvertragsrecht (§§ 631 ff. BGB) Anwendung. Gegenstand des Werkvertrages kann nach § 631 Abs. 2 BGB »sowohl die Herstellung oder Veränderung einer Sache als ein anderer durch Arbeit oder Dienstleistung herbeizuführender Erfolg sein«.

Verarbeitet der Unternehmer selbst beschafftes Material und liegt in der Beschaffung des Materials der Schwerpunkt der Tätigkeit, liegt ein Werklieferungsvertrag (§ 651 Abs. 1 Satz 1 BGB) vor.[9]) Dennoch finden auch auf den Werklieferungsvertrag regelmäßig die werkvertraglichen Vorschriften Anwendung, da Bauwerke in aller Regel die Herstellung unvertretbarer Sachen zum Gegenstand haben,[10]) allerdings mit der bedeutsamen Ausnahme, daß die Vorschriften des § 648 BGB über die Bauhandwerkersicherungshypothek und des § 648 a BGB über die Bauhandwerkersicherung keine Anwendung finden.[11])

Als Werklieferungsvertrag mit Geschäftsbesorgungscharakter ist regelmäßig auch der **Bauträgervertrag** anzusehen. Inhalt des Bauträgervertrages ist die Bebauung eines im Eigentum des Bauträgers oder eines Dritten stehenden Grundstückes nach vom Betreuten gebilligten Plänen und zur Verfügung gestellten Mittel. Der Bauträger handelt im eigenen Namen. Der Bauträger hat die Verpflichtung, das hergestellte Bauwerk sowie das Grundstück dem Betreuten zu übertragen. Dadurch ist der Bauträgervertrag ein Vertrag eigener Art, welcher neben werk- und werklieferverträglichen auch kaufrechtliche Elemente (Grundstücksübertragung) und je nach Vertragsgestaltung auch Geschäftsbesorgungscharakter haben kann.

Vom Bauträgervertrag ist der sog. **Baubetreuungsvertrag** zu unterscheiden. Beim Baubetreuungsvertrag ist der Betreute schon Eigentümer des zu bebauenden Grundstücks. Pflicht des Baubetreuers ist die Durchführung des Bauvorhabens für den Betreuten. Im Unterschied zum Bauträgervertrag wird hier der Betreute grundsätzlich im fremden Namen und auf fremde Rechnung tätig. Soweit der Betreuer erfolgsabhängig tätig wird, ist der Vertrag zwischen Betreuer und Betreutem ein Werkvertrag. Übernimmt der Betreuer darüber hinaus wirtschaftliche Aufgaben, so sind diese nach Dienstvertragsrecht zu beurteilen. Im Verhältnis des Betreuten zu den bauausführenden Unternehmen ist der Betreuer lediglich Erfüllungsgehilfe des Betreuten.

Die VOB ist nur dann anzuwenden, wenn ihre Geltung zwischen den Vertragspartnern ausdrücklich vereinbart ist. Die VOB ist weder Gesetz noch Rechtsverordnung, noch ist sie gewohnheitsrechtlich anerkannt. Ihre Anwendung kann auch nicht als Handelsbrauch bezeichnet werden.

---

### Praxishinweis

*Ist für den Ingenieur nicht klar erkennbar, daß die VOB im Bauvertrag vertraglich vereinbart werden soll oder vereinbart ist, sollte er gegenüber seinem jeweiligen Auftraggeber auf Klarstellung drängen, ob die VOB/A für die Vergabe und die VOB/B für die Bauausführung gelten solle. In dem für ihn maßgeblichen Auftragsverhältnis sollte der Ingenieur auf eine verbindliche Klarstellung seines Auftraggebers bestehen und sich nicht auf die juristischen »Grauzonen« einlassen, die bei stillschweigender Vereinbarung der VOB oder bei Ergänzungs- und Nachtragsaufträgen zu einem der VOB unterliegenden Hauptauftrag bestehen könnten.*

Ob der Ingenieur befugt ist, die VOB/B rechtsverbindlich für den Auftraggeber mit dem Bieter bzw. Auftragnehmer zu vereinbaren, richtet sich nach seinem Vertrag. Wird der Ingenieur nicht nur die »Mitwirkung bei der Vergabe«, sondern auch mit der »Vergabe der Bauarbeiten« beauftragt, so umschließt dies grundsätzlich das Recht, von sich aus und verbindlich für den Auftraggeber mit dem Auftragnehmer die VOB/B zu vereinbaren.[12]

Hat der Ingenieur aber den Auftrag, in den Verträgen mit ausführenden Unternehmen die Verjährung der Gewährleistungsansprüche nach den Bestimmungen des BGB zu regeln, so haftet er, wenn der Auftragnehmer später zu Recht die Einrede der Verjährung erhebt, dem Auftraggeber nach § 635 BGB, weil er im Bereich der Mitwirkung bei der Vergabe eine fehlerhafte Leistung erbracht hat. Dies gilt auch, wenn der Bauvertrag so unklar ist, daß sich der Auftragnehmer mit Erfolg auf Verjährung gem. § 13 Nr. 4 VOB/B berufen kann.[13]

---

**Praxishinweis**

*Wie jeder Vertrag, so kommt auch der Bauvertrag bei Vorliegen zwei sich deckender Willenserklärungen – kurz: Angebot und Annahme – zustande.*

***Vorsicht! – Der Zuschlagsbeschluß ist noch kein Vertragsabschluß***
*Auch wenn nach öffentlicher Ausschreibung die Gemeinde einen Zuschlagsbeschluß gefaßt und den Bieter hiervon unterrichtet hat, kommt der Bauvertrag erst mit der formgerechten Auftragserteilung zustande.[14] Der Bauvertrag kommt nicht durch den Zuschlag als solchen zustande, sondern als empfangsbedürftige Willenserklärung **erst durch den Zugang der Mitteilung bei dem Bieter über den erfolgten Zuschlag**. Die Mitteilung über den Zuschlag braucht grundsätzlich nicht schriftlich zu erfolgen.[15] Die Absicht, den Bauvertrag in Schriftform zu fassen, hat grundsätzlich keinen Einfluß auf den Eintritt der Rechtswirksamkeit des Bauvertrages. Etwas anderes gilt beim öffentlichen Auftraggeber, wenn nach den maßgeblichen verwaltungsrechtlichen Bestimmungen die Einhaltung einer Form vorgeschrieben ist, wobei im Falle des Unterlassens dennoch die Wirksamkeit des Vertrages aus Treu und Glauben gegeben sein kann.[16]*

## 8.3 Richtungsweisende Fragen für die Bauvergabe

Im Rahmen dieses Handbuches können nicht alle in Betracht kommenden Fragen bei Vorbereitung und Durchführung der Bauvergabe erörtert werden. Im Vordergrund stehen die richtungsweisenden Fragen

- Wer muß ausschreiben? – Auftraggeber
- Welche Leistungen sind für wen auszuschreiben?
- In welchem Verfahren ist auszuschreiben? – Vergabearten
- Wie ist auszuschreiben? – Beschreibung der Bauleistung
- Mit welchen Vertragsbedingungen wird ausgeschrieben?

---

**Praxishinweis**

*Wir stellen diese **Fragen** deshalb in den Vordergrund, weil wir dringend empfehlen, sie **im Beratungs- und Planungsprozeß frühzeitig zu klären**. Sie haben Auswirkungen auf Form und Inhalt der Ingenieurleistung und setzen zeitliche Vorgaben. Im Regelfall ist es zu spät, wenn sich der Ingenieur mit diesen Fragen erst in der Leistungsphase 6 bei der Vorbereitung der Vergabe auseinandersetzt.*

---

Der Schwerpunkt des Beitrages liegt bei den Folgen von »Vergabefehlern« und den Möglichkeiten des Rechtsschutzes.

---

**Praxishinweis**

*Das Vergaberecht ist im Umbruch. Noch **1998** ist mit dem **»Vergaberechtsänderungsgesetz«** zu rechnen, das die Vergabe und vor allem ihre rechtliche Überprüfung auf eine neue Grundlage stellen wird. Das neue »Vergabegesetz« und seine Auswirkungen werden in diesem Kapitel dargestellt. Dort, wo wir mit Änderungen von Anforderungen rechnen, versuchen wir die Unterschiede zwischen der »derzeitigen Rechtslage« und der zu erwartenden »neuen Rechtslage« darzustellen. **Mit Änderungen der VOB/A, der VOB/B oder der VOB/C ist in diesem Zusammenhang aber nicht zu rechnen.***

---

### 8.3.1 Wer muß ausschreiben?

Kaum ein größeres Bauvorhaben ist ohne eine Ausschreibung im weitesten Sinne denkbar, selbst wenn es dabei nur um Markterkundungen oder Leistungs- und Preisabfragen geht.

Dies ist aber im allgemeinen nicht gemeint, wenn von »Ausschreibung« die Rede ist.

Eine »Ausschreibung« ist ein förmliches Verfahren zur Einholung von Angeboten, das in der VOB/A (Allgemeine Bestimmungen zur Vergabe von Bauleistungen – DIN 1960) geregelt ist.[17] Sinn der Ausschreibung ist es, den für die betreffende Bauvergabe in Frage kommenden Bauunternehmern die vorhandene Nachfrage zur Kenntnis zu bringen (Publizitätsfunktion) und unter diesen einen Wettbewerb (Wettbewerbsfunktion) herbeizuführen.[18]

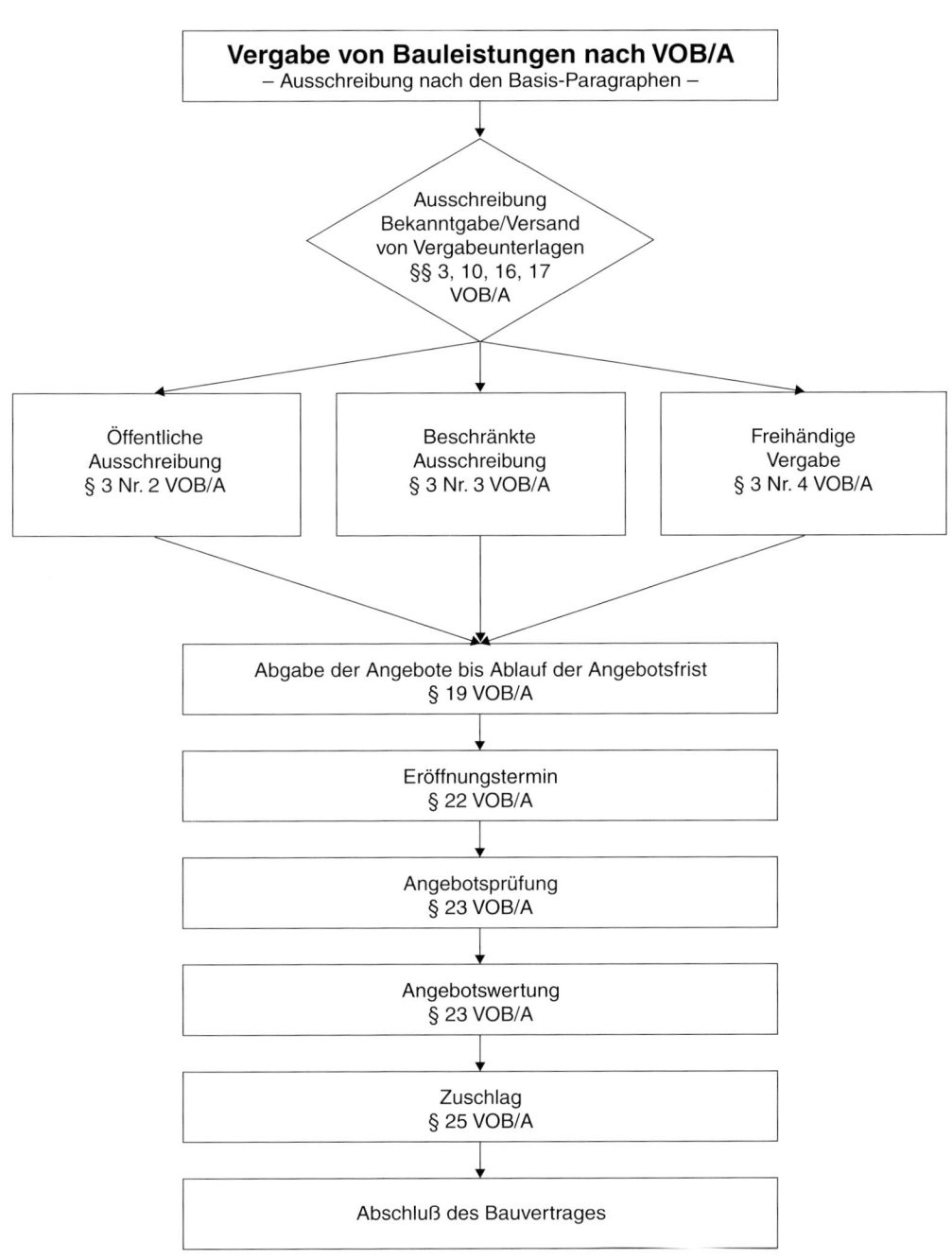

**Vergabe von Bauleistungen nach VOB/A**
– Ausschreibung nach den Basis-Paragraphen –

Ausschreibung
Bekanntgabe/Versand
von Vergabeunterlagen
§§ 3, 10, 16, 17
VOB/A

| Öffentliche Ausschreibung § 3 Nr. 2 VOB/A | Beschränkte Ausschreibung § 3 Nr. 3 VOB/A | Freihändige Vergabe § 3 Nr. 4 VOB/A |

Abgabe der Angebote bis Ablauf der Angebotsfrist
§ 19 VOB/A

Eröffnungstermin
§ 22 VOB/A

Angebotsprüfung
§ 23 VOB/A

Angebotswertung
§ 23 VOB/A

Zuschlag
§ 25 VOB/A

Abschluß des Bauvertrages

Die VOB/A ist in mehrere Ebenen aufgebaut: Zu den »Basis-Paragraphen« sind bei entsprechenden Aufträgen bzw. entsprechenden Auftraggebern zusätzlich die sog. »a-Paragraphen« (z.B. § 3a VOB/A) und die »b-Paragraphen« (z.B. § 3b VOB/A) bzw. der Abschnitt 4 der VOB/A zu beachten.

Mit der Einführung der Baukoordinierungsrichtlinie der EG[19]) kamen die sog. »a-Paragraphen« hinzu, die nur für den Bereich der über bestimmten Schwellenwerten liegenden öffentlichen Bauvergaben neben den »Basisparagraphen« gelten. Mit der Sektorenrichtlinie[20]) kam es dann zur »Vierteilung". Eingearbeitet wurden in die VOB/A die b-Paragraphen bzw. die Vergabebestimmungen nach der EG-Sektorenrichtlinie (VOB/SKR). Auch hier ist ein bestimmter Schwellenwert festgesetzt. Diese Bestimmungen betreffen die Auftragsvergabe über bestimmten Schwellenwerten im Bereich der Wasser-, Energie- und Verkehrsversorgung sowie im Telekommunikationssektor.

Jeder Investor kann die von ihm nachgefragten Bauleistungen nach den Regelungen der VOB/A ausschreiben.

Ein privater Auftraggeber kann für das Ausschreibungsverfahren ebenfalls die Geltung des Teils A der VOB vereinbaren. Das OLG Köln meint dazu, daß dies nach der Interessenlage eines privaten Auftraggebers aber eher fern liegt, »weil ihn die VOB/A zur Beachtung zahlreicher Förmlichkeiten zwingt und durch die Vergaberegeln nicht nur sein Verhandlungsspielraum, sondern insbesondere seine Entscheidungsfreiheit bei der Frage des Zuschlages erheblich eingeschränkt wird. Deshalb kann von der Geltung der VOB/A bei der Ausschreibung eines privaten Auftraggebers nur ausgegangen werden, wenn diese ausdrücklich oder nach den Umständen völlig eindeutig vereinbart

worden ist«.[21]) Die VOB/A ist keine Rechtsnorm. Es ist keiner privaten Vertragspartei verwehrt, vom Vertragsschlußverfahren nach VOB/A in mehr oder minder großem Umfang abzuweichen.[22])

---

**Praxishinweis**

***Trotzdem – Vorsicht ist geboten!***
*Wird von einem privaten Auftraggeber in Anlehnung an die Vorgaben der VOB/A ausgeschrieben, weicht das von ihm vorgesehene Verfahren aber vom Vergaberecht öffentlicher Auftraggeber ab, sollte auch der private Auftraggeber deutlich darauf hinweisen, daß die VOB/A keine Anwendung findet.*
*Zudem: Ein Ingenieur, der keine fundierten Erfahrungen mit VOB-abweichenden Ausschreibungsverfahren hat, sollte äußerste Vorsicht walten lassen, zumal wenn er dieses Verfahren noch selbst vorschlägt. Fehler in undurchdachten Ausschreibungsverfahren werden schnell zu »**Haftungsfallen**« gegenüber dem eigenen Auftraggeber.*

---

Bezieht sich der Auftraggeber bei der Bekanntmachung einer »Beschränkten Ausschreibung« ausdrücklich auf die VOB/A, ist er gegenüber den Bietern kraft Selbstbindung zur Einhaltung der Regeln der VOB/A verpflichtet.[23])

---

**Beispiel**

*Der Auftraggeber hat sich mit der Verwendung des feststehenden, in § 3 VOB/A verwendeten Begriffes der »Beschränkten Ausschreibung« bei der Bekanntmachung eines Bieterwettbewerbs im Bundesanzeiger ausdrücklich auf die VOB bezogen. Er hat sich dadurch selbst gegenüber den Bietern an die VOB/A gebunden und war deshalb kraft Selbstbindung zur Einhaltung der Regeln der VOB/A verpflichtet.[24])*

## Die entscheidende Frage ist aber, wer muß nach VOB/A ausschreiben?

Ein zur Beachtung der Vergabevorschriften der VOB/A verpflichteter Auftraggeber ist zunächst die öffentliche Hand. Bauaufträge, die nach der VOB/A auszuschreiben sind, liegen vor, wenn Auftraggeber nach der Bundeshaushaltsordnung,[25]) den Landeshaushaltsordnungen[26]) und den Gemeindehaushaltsverordnungen[27]) zur Ausschreibung verpflichtet sind.

## Zusätzliche Risiken bei Bauvorhaben öffentlicher Auftraggeber

Bei der Vergabe von Bauleistungen stellt sich die Frage nach rechtlichen Konsequenzen von »Fehlern« für den beteiligten Ingenieur in zweierlei Hinsicht:

- Konsequenzen für den Auftraggeber – ob als Bauherr oder als bauausführendes Unternehmen –, in dessen Auftrag er beratend, planend oder als Projektsteuerer tätig ist, und
- Konsequenzen für den Ingenieur selbst (Haftung, Honorar).

Beides muß der Ingenieur im Blick haben.

Soweit gilt das für jedes Bauvorhaben. Instruktiv ist unter diesem Gesichtspunkt eine Entscheidung des LG Aachen[28]) zu **unbrauchbaren Architektenleistungen bei der Erstellung des Leistungsverzeichnisses,** die auf Ingenieurleistungen entsprechend anwendbar ist:

*Die Vergütung für die Leistungsphase 6 (Vorbereitung der Vergabe) kann entfallen, wenn die Arbeiten des Ingenieurs trotz Nachbesserung unbrauchbar sind. Die Kündigung des Auftraggebers beschränkt in diesem Fall – wie die Entziehung des Auftrages nach § 8 Nr. 3 VOB/B – die Vergütung des Auftragnehmers auf die bis dahin geleistete Tätigkeit. Auch diese Vergü-*

*tung kommt hierbei ganz oder teilweise in Wegfall, soweit die erbrachten Leistungen für den Auftraggeber wertlos sind. Auf eine – weitere – Mängelbeseitigung braucht sich der Auftraggeber nicht einzulassen, wenn der erste Versuch der Mängelbeseitigung nicht zu einer entscheidenden Verbesserung der zu erstellenden Ausschreibungsunterlagen geführt hat; eine Fristsetzung ist dann gem. § 634 Abs. 2 BGB ebenfalls entbehrlich.[29])*

Bei der Vergabe durch öffentliche Auftraggeber stellen sich aber zusätzliche Risiken aus der weitgehenden Normierung des Vergabeverfahrens.

---

**Praxishinweis**

*Entscheidungsregeln für den Ingenieur:*
- *Möglichst frühzeitig klarstellen, ob und inwieweit er mit Fragen der Vergabe befaßt wird.*
- *Klärung der Zuständigkeiten: Für was ist der Ingenieur bei der Vergabe verantwortlich. Ohne Zögern sollte er klarstellen, für was er dann aber nicht zuständig ist.*

---

Bei den Konsequenzen aus »Vergabefehlern« öffentlicher Auftraggeber geht es zunächst um Ansprüche Bauleistungen anbietender Unternehmen **gegen den Bauherren:**

- So kann bei der Vergabe der bevorstehende Vertragsabschluß selbst angegriffen werden: Ein übergangener Bieter versucht zu verhindern, daß der Vertrag mit dem Konkurrenten zustande kommt. Er versucht den Zuschlag für das eigene Angebot zu erreichen.
- Es kann aber auch eine andere Frage in den Vordergrund drängen: Kann der übergangene Bieter Schadensersatz erhalten, weil sein Angebot nicht den Zuschlag erhalten hat?

Ist die eigene Verantwortlichkeit des Ingenieurs für »Vergabefehler« angesprochen, so sind Ansprüche aus zwei Richtungen denkbar:

- Ansprüche des eigenen Auftraggebers
- Ansprüche des übergangenen Bieters oder des mit der Bauausführung beauftragten Unternehmers.

Zunächst ist darauf hinzuweisen, daß unter Umständen die **Schadensersatzansprüche des Bieters** gegen den Auftraggeber an den falsch beratenden Ingenieur »**weitergereicht**« werden können.

Ein weiterer erheblicher Risikobereich für den beratenden Ingenieur sind die Fälle, in denen aufgrund der Beratung des Ingenieurs

- fälschlich keine Ausschreibung stattgefunden hat oder
- das falsche **Vergabeverfahren gewählt wurde.**

Diesen Risikobereich umreißen wir anhand zweier sich widersprechender Entscheidungen des Oberverwaltungsgerichtes (OVG) Koblenz und des OVG Münster, die im Dezember 1994 im Abstand von nur zwei Wochen ergangen sind. Sie geben einen Eindruck über die Bandbreite der Rechtsunsicherheit, in der sich ein öffentlicher Auftraggeber und seine Berater bewegen.

*Das OVG Koblenz vertritt die Auffassung, daß kommunale Gebietskörperschaften grundsätzlich verpflichtet sind, Maßnahmen öffentlich auszuschreiben, deren Kosten in Form von Gebühren umgelegt werden. Eine Gebührensatzfestsetzung, die unter Mißachtung der Ausschreibungspflicht vorgenommen wurde, ist unwirksam.[30])*
*Die in der Gemeindesatzung festgesetzten Gebührensätze waren im entschiedenen Fall auf der Grundlage von Kosten ermittelt worden, die ein mit der Abfallbeseitigung beauftragter priva-*

*ter Unternehmer dem Landkreis in Rechnung gestellt hatte. Der Beauftragung des privaten Unternehmers war kein Ausschreibungsverfahren vorausgegangen.*
*Die zum OVG Koblenz gegenteilige Auffassung vertrat zwei Wochen später das OVG Münster.[31]) Aus dem Umstand, daß der Beauftragung der (kommunalen) Eigengesellschaft keine Ausschreibung vorausgegangen ist, lassen sich nach Auffassung des OVG Münster keine Argumente gegen die Berücksichtigungsfähigkeit der von dieser Gesellschaft in Rechnung gestellten Kosten herleiten.*

Rät der Ingenieur fälschlicherweise nicht zu der gebotenen Ausschreibung, so eröffnen sich für ihn zwei »**Haftungsfallen**«:

- Rät der Ingenieur zu einer nicht vergaberechtskonformen Ausschreibung (z. B. Beschränkte Vergabe statt Öffentlicher Vergabe, oder er rät von einer Ausschreibung ab), so besteht die Gefahr, daß er für den Ausfall der kommunalen Gebühren haftet.
- Der Ingenieur ist mit einer »zügigen und wenig aufwendigen« Vergabe beauftragt. Er empfiehlt aber eine Öffentliche Vergabe, obwohl ausnahmsweise die Voraussetzungen einer Freihändigen Vergabe vorliegen. In diesem Fall kann er vom Auftraggeber für die Mehrkosten des aufwendigeren Vergabeverfahrens und ggf. höherer Baukosten in Anspruch genommen werden.

Die Haushaltsordnungen sehen weitgehend übereinstimmend vor, daß »dem Abschluß von Verträgen über Lieferungen und Leistungen ... eine öffentliche Ausschreibung vorausgehen (muß), sofern nicht die Natur des Geschäfts oder besondere Umstände eine Ausnahme rechtfertigen«.

Zu den Verpflichteten zählt somit

- die Bundesrepublik Deutschland,
- die Länder, die Gemeinden[32]) und Landkreise und alle übrigen Gebietskörperschaften,[33])
- die bundes-, landes- und gemeindeunmittelbaren juristischen Personen des öffentlichen Rechts (Körperschaften, Anstalten und Stiftungen),
- die aus Gebietskörperschaften oder juristischen Personen des öffentlichen Rechts bestehenden öffentlich-rechtlichen Verbände.

Private, privatrechtliche Gesellschaften oder solche, an denen die öffentliche Hand beteiligt ist, haben die Pflicht zur Anwendung der VOB, sofern es ihnen als Zuwendungsempfänger durch den Zuwendungsgeber auferlegt worden ist.

Am 01. 01. 1994 trat das Zweite Gesetz zur Änderung des Haushaltsgrundsätzegesetzes in Kraft. Durch die Gesetzesänderung wurden die §§ 57a–57c in das Haushaltsgrundsätzegesetz eingefügt. Damit wurden – nach Auffassung der Bundesregierung – die EG-Baukoordinierungs-Richtlinie[34]), die EG-Lieferkoordinierungs-Richtlinie sowie die EG-Sektoren-/Telekommunikations-Richtlinie[35]) in deutsches Recht umgesetzt. Auf der Grundlage dieser Bestimmungen des Haushaltsgrundsätzegesetzes traten am 01. 03. 1994 die Vergabeverordnung (VgV) und die Nachprüfungsverordnung (NpV) in Kraft. Sie konkretisieren die einzuhaltenden Vergabevorschriften und das Verfahren zur Nachprüfung von Auftragsvergaben. Unter den Begriff des »öffentlichen Auftraggebers« fallen neben der öffentlichen Hand auch bestimmte Unternehmen in privater Rechtsform.[36])

Noch 1998 soll das Vergaberecht in Deutschland auf eine neue rechtliche Grundlage gestellt werden.[37]) Im Ergebnis werden die §§ 57a–57c des Haushaltsgrundsätzegesetzes und die Nachprüfungsverordnung (NpV) voraussichtlich[38]) ersetzt durch den neuen 6. Teil des Gesetzes gegen Wettbewerbsbeschränkungen (Vergaberechtsänderungsgesetz). Auf dieser neuen Rechtsgrundlage wird die Vergabeverordnung im wesentlichen unverändert als »Verordnung über die Vergabe- und Nachprüfungsbestimmungen für öffentliche Aufträge (Vergabe- und Nachprüfungsverordnung – VgNpV)« bestehenbleiben. Mit diesen Regelungen wird zwar das Vergaberecht auf eine neue Rechtsgrundlage gestellt, für die öffentliche Hand ändert dies aber nichts an der bestehenden haushaltsrechtlichen Verpflichtung zur Ausschreibung.

Soweit es sich um Bauvergaben handelt, die an den EG-Vergaberichtlinien ausgerichtet sind, ist der Begriff »öffentlicher Auftraggeber« vom institutionellen zum funktionalen Begriff erweitert worden. In der nachfolgenden Übersicht sind die Auftraggeber aufgeführt,[39]) die danach zum Bereich der öffentlichen Auftraggeber im Sinne der Vergabebestimmungen zählen, sowie die von diesen zu beachtenden Vergabebestimmungen.

**Vergabebestimmungen für »Öffentliche Auftraggeber«**

| »Öffentliche Auftraggeber« i.S.d. § 57a Haushaltsgrundsätzegesetz[40]) | Anwendung der Basis-§§ | Anwendung der a-§§ | Anwendung der b-§§/SKR |
|---|---|---|---|
| 1. Gebietskörperschaften sowie deren Sondervermögen und die aus ihnen bestehenden Verbände, | ja; Haushaltsordnungen soweit bundes-, landes- und gemeindeunmittelbare juristische Personen des öffentlichen Rechts (Körperschaften, Anstalten und Stiftungen); Haushaltsordnungen | ja; § 3 Abs. 1 VgV | b-§§ für Tätigkeiten nach § 4 Abs. 3 VgV |
| 2. andere juristische Personen des öffentlichen und des privaten Rechts, die zu dem besonderen Zweck gegründet wurden, im Allgemeininteresse liegende Aufgaben nichtgewerblicher Art zu erfüllen, wenn Stellen, die unter Nr. 1 fallen, sie einzeln oder gemeinsam durch Beteiligung oder auf sonstige Weise überwiegend finanzieren oder über ihre Leitung die Aufsicht ausüben oder mehr als die Hälfte der Mitglieder eines ihrer Geschäftsführung oder zur Aufsicht berufenen Organe bestimmt haben. Das gleiche gilt dann, wenn die Stelle, die einzeln oder gemeinsam mit anderen die überwiegende Finanzierung gewährt oder die Mehrheit der Mitglieder eines zur Geschäftsführung oder Aufsicht berufenen Organs bestimmt hat, unter Satz 1 fällt. | | ja; § 3 Abs. 1 VgV | b-§§ für Tätigkeiten nach § 4 Abs. 3 VgV |
| 3. Verbände, deren Mitglieder unter Nr. 1 oder 2 fallen, | ja; vgl. aber Nr. 2 | ja; § 3 Abs. 1 VgV | b-§§ für Tätigkeiten nach § 4 Abs. 3 VgV |
| 4. Unternehmen in privater Rechtsform, die auf dem Gebiet der Trinkwasser- oder Energieversorgung oder des Verkehrs- oder Fernmeldewesens tätig sind, soweit Stellen, die unter Nr. 1 bis 3 fallen, auf sie einzeln oder gemeinsam einen beherrschenden Einfluß ausüben können, | | | SKR (Abschnitt 4 der VOB/A) für Tätigkeiten nach § 4 Abs. 3 VgV |

| »Öffentliche Auftraggeber« i.S.d. § 57a Haushaltsgrundsätzegesetz [40] | Anwendung der Basis-§§ | Anwendung der a-§§ | Anwendung der b-§§/SKR |
|---|---|---|---|
| 5. andere natürliche oder juristische Personen des privaten Rechts, die auf dem Gebiet der Trinkwasser- oder Energieversorgung oder des Verkehrs- oder Fernmeldewesens tätig sind und diese Tätigkeit auf der Grundlage von besonderen oder ausschließlichen Rechten ausüben, die von einer zuständigen Behörde gewährt wurden, | | | SKR (Abschnitt 4 der VOB/A) für Tätigkeiten nach § 4 Abs. 3 VgV |
| 6. natürliche oder juristische Personen des privaten Rechts, in den Fällen, in denen sie für Vorhaben zu einem gemeinnützigen Zweck von Stellen, die unter Nr. 1 bis 3 fallen, Mittel erhalten, mit denen diese Vorhaben zu mehr als 50 v.H. finanziert werden, | | bei Tiefbaumaßnahmen, Krankenhäuser, Sport-, Erholungs- oder Freizeiteinrichtungen, Schul-, Hochschul- oder Verwaltungsgebäude; § 3 Abs. 2 VgV | |
| 7. natürliche oder juristische Personen des privaten Rechts, die mit Stellen, die unter Nr. 1 bis 3 fallen, einen Vertrag über die Erbringung von Bauleistungen abgeschlossen haben, bei dem die Gegenleistung für die Bauarbeiten statt in einer Vergütung in dem Recht auf Nutzung der baulichen Anlage, ggf. zzgl. der Zahlung eines Preises besteht, hinsichtlich der Aufträge an Dritte, | | hinsichtlich der Bestimmungen, die auf diese Auftragnehmer Bezug nehmen; § 3 Abs. 3 VgV | |
| 8. natürliche und juristische Personen des Privatrechts, die mit einer der in Nr. 1 bis 3 genannten Stellen einen Vertrag über die Erbringung einer Bauleistung durch Dritte, gleichgültig mit welchen Mitteln, gem. den vom öffentlichen Auftraggeber genannten Erfordernissen, geschlossen haben. | | Ja; § 3 Abs. 1 VgV Ausnahme: Tätigkeit im eigenen Namen und auf eigene Rechnung für Auftraggeber nach Nr. 1–3 | |

Die Begriffsbestimmung des »Öffentlichen Auftraggebers« wird auch im Vergaberechtsänderungsgesetz praktisch unverändert bleiben. Die vorgenannten Nr. 4 und 5 werden in § 107 Nr. 4 GWB-Entwurf zusammengefaßt, die o. g. Nr. 8 entfällt.

## Praxishinweis

*Eine weitere Konkretisierung der »öffentlichen Auftraggeber« ergibt sich aus Anhang I zur Baukoordinierungsrichtlinie 93/37 mit dem »Verzeichnis der Einrichtung und Kategorien von Einrichtungen des öffentlichen Rechts« wie folgt:*

*»III. Deutschland. Kategorien*
1. *Juristische Personen des öffentlichen Rechts*
   *Die bundes-, landes- und gemeindeunmittelbaren Körperschaften, Anstalten und Stiftungen des öffentlichen Rechts, insbesondere in folgenden Bereichen:*
1.1 *Körperschaften*
   - *Wissenschaftliche Hochschulen und verfaßte Studentenschaften,*
   - *berufsständische Vereinigungen (Rechtsanwalts-, Notar-, Steuerberater-, Wirtschaftsprüfer-, Architekten-, Ärzte- und Apothekerkammern).*
   - *Wirtschaftsvereinigungen (Landwirtschafts-, Handwerks-, Industrie- und Handelskammern, Handwerksinnungen, Handwerkerschaften),*
   - *Sozialversicherungen (Krankenkasse, Unfall- und Rentenversicherungsträger),*
   - *kassenärztliche Vereinigungen,*
   - *Genossenschaften und Verbände;*
1.2 *Anstalten und Stiftungen*
   *Die der staatlichen Kontrolle unterliegenden und im Allgemeininteresse tätig werdenden Einrichtungen nichtgewerblicher Art, insbesondere in folgenden Bereichen:*
   - *Rechtsfähige Bundesanstalten,*
   - *Versorgungsanstalten und Studentenwerke,*
   - *Kultur-, Wohlfahrts- und Hilfsstiftungen;*
2. *Juristische Personen des Privatrechts*
   *Die der staatlichen Kontrolle unterliegenden und im Allgemeininteresse tätig werdenden Einrichtungen nichtgewerblicher Art, einschließlich der kommunalen Versorgungsunternehmen:*
   - *Gesundheitswesen (Krankenhäuser, Kurmittelbetriebe, medizinische Forschungseinrichtungen, Untersuchungs- und Tierkörperbeseitigungsanstalten),*
   - *Kultur (öffentliche Bühnen, Orchester, Museen, Bibliotheken, Archive, zoologische und botanische Gärten),*
   - *Soziales (Kindergärten, Kindertagesheime, Erholungseinrichtungen, Kinder- und Jugendheime, Freizeiteinrichtungen, Gemeinschafts- und Bürgerhäuser, Frauenhäuser, Altersheime, Obdachlosenunterkünfte),*
   - *Sport (Schwimmbäder, Sportanlagen und -einrichtungen),*
   - *Sicherheit (Feuerwehren, Rettungsdienste),*
   - *Bildung (Umschulungs-, Aus-, Fort- und Weiterbildungseinrichtungen, Volkshochschulen),*
   - *Wissenschaft, Forschung und Entwicklung (Großforschungseinrichtungen, wissenschaftliche Gesellschaften und Vereine, Wissenschaftsförderung),*
   - *Entsorgung (Straßenreinigung, Abfall- und Abwasserbeseitigung),*
   - *Bauwesen und Wohnungswirtschaft (Stadtplanung, Stadtentwicklung, Wohnungsunternehmen, Wohnraumvermittlung),*
   - *Wirtschaft (Wirtschaftsförderungsgesellschaften),*
   - *Friedhofs- und Bestattungswesen,*
   - *Zusammenarbeit mit den Entwicklungsländern (Finanzierung, technische Zusammenarbeit, Entwicklungshilfe, Ausbildung).«*

*Die Sektorenrichtlinie hat in den Anhängen I bis IX die in Betracht kommenden Auftraggeber aufgelistet:*

*Im Bereich Gewinnung, Fortleitung und Verteilung von* **Trinkwasser:**
- *Stellen, die gem. den Eigenbetriebsverordnungen oder -gesetzen der Länder Wasser gewinnen oder verteilen (Kommunale Eigenbetriebe),*
- *Stellen, die gem. den Gesetzen über die Kommunale Gemeinschaftsarbeit oder Zusammenarbeit der Länder Wasser gewinnen oder verteilen,*
- *Stellen, die gem. dem Gesetz über Wasser- und Bodenverbände vom 10. 02. 1937 und der ersten Verordnung über Wasser- und Bodenverbände vom 03. 09. 1937 Wasser gewinnen,[41])*
- *Regiebetriebe, die aufgrund der Kommunalgesetze, insbesondere der Gemeindeordnungen der Länder, Wasser gewinnen oder verteilen,*
- *Unternehmen nach dem Aktiengesetz oder dem GmbH-Gesetz, die aufgrund eines besonderen Vertrages mit regionalen oder lokalen Behörden Wasser gewinnen oder verteilen.*

*Im Bereich Erzeugung, Fortleitung oder Verteilung von elektrischem* **Strom:**
- *Energieversorgungsunternehmen gem. § 2 II Energiewirtschaftsgesetz mit Ausnahme der Stromerzeuger ohne eigenes Versorgungsgebiet, soweit sie nicht nach Art. 2 V in den Anwendungsbereich der Richtlinie fallen.*

*Im Bereich Erzeugung, Fortleitung oder Verteilung von* **Gas oder Wärme:**
- *Unternehmen, die der Fortleitung oder Abgabe von Gas dienen, gem. § 2 II Energiewirtschaftsgesetz,*
- *Verwaltungseinrichtungen auf Gemeindeebene oder Gemeindeverbände, die die Versorgung mit Fernwärme betreiben.*

*Im Bereich der* **Öl- oder Gasgewinnung:**
- *Unternehmen, die eine Genehmigung, Erlaubnis, Lizenz oder Konzession zur Aufsuchung und Gewinnung von Öl oder Gas nach dem Bundesberggesetz besitzen.*

*Im Bereich der Aufsuchung und Gewinnung von* **Kohle** *oder anderen Festbrennstoffen:*
- *Unternehmen, die eine Genehmigung, Erlaubnis, Lizenz oder Konzession zur Aufsuchung und Gewinnung von Kohle oder anderen Festbrennstoffen nach dem Bundesberggesetz besitzen.*

*Im Bereich der* **Schienenverkehrsdienste:**
- *Deutsche Bahn AG*
- *andere Unternehmen, die Schienenverkehrsleistungen für die Öffentlichkeit nach dem Allgemeinen Eisenbahngesetz ausführen.*

*Im Bereich der* **Stadtbahn-, Straßenbahn-, O-Bus- oder Omnibusverkehr:**
- *Unternehmen, die genehmigungspflichtige Verkehrsleistungen im öffentlichen Personennahverkehr i. S. d. Personenbeförderungsgesetzes erbringen.*

*Im Bereich der* **Flughafeneinrichtungen:**
- *Flughäfen i. S. d. § 32 II Nr. 1 Luftverkehrszulassungsordnung.*

*Im Bereich des See- oder Binnen**hafenverkehrs** oder anderer Verkehrsendpunkte:*
- *Häfen, die ganz oder teilweise den territorialen Behörden (Länder, Kreise, Gemeinden) unterliegen,*
- *Binnenhäfen, die der Hafenordnung gem. den Wassergesetzen der Länder unterliegen.*

*Im Bereich der* **Telekommunikation:**
- *Deutsche Bundespost-Telekom,*
- *Mannesmann-Mobilfunk GmbH.*

Die **Deutsche Postbank AG** hat keine Monopol- bzw. Pflichtleistungen zu erbringen und steht mit ihren Leistungen überall im Wettbewerb. Sie wurde nicht zu dem Zweck gegründet, im Allgemeininteresse liegende Aufgaben nichtgewerblicher Art zu erfüllen und unterfällt nicht dem Bereich des § 57a Abs. 1 Nr. 2 HGrG[42]) bzw. § 107 Nr. 2 GWB-Entwurf; sie ist damit nicht ausschreibungspflichtig.

Dagegen ist die **Deutsche Post AG** auch nach der Privatisierung aufgrund der VO zur Regelung der Pflichtleistungen der Deutschen Bundespost Postdienst vom 12. 01. 1994 zur Wahrnehmung von Monopol- und Pflichtleistungen auch nach ihrer Umwandlung in eine AG verpflichtet. Sie unterfällt daher dem § 57a Abs. 1 Nr. 2 HGrG[43]) bzw. § 107 Nr. 2 GWB-Entwurf.

Die **Deutsche Telekom AG** ist nur zur Anwendung des Abschnitt 4 VOB/A (SKR) verpflichtet.[44])

Die **Deutsche Bahn AG** ist als Auftraggeberin ebenfalls Adressatin des Vergaberechts i. S. v. § 57a Abs. 1 Nr. 4 HGrG bzw. § 107 Nr. 4 GWB-Entwurf. Sie erfüllt die Voraussetzungen des § 4 Abs. 3 Nr. 7 der VgV, weil sie ihre Schienenverkehrsleistungen aufgrund ausschließlicher und besonderer Genehmigung im Sinne der Sektorenrichtlinie erbringt. Die Deutsche Bahn AG hat daher, jedenfalls im Bereich der Schienenverkehrsleistungen, die Vergabevorschriften für die privaten Sektorenauftraggeber, und zwar für Bauleistungen die Regelungen in Abschnitt 4 der VOB/A anzuwenden.[45]) Bei dem vom Bund finanzierten Bau und Ausbau von Fahrwegen ist die Deutsche Bahn AG darüber hinaus den Vorschriften des Abschnittes 3 der VOB/A unterworfen, da der Ausbau des Schienennetzes eine vom Bund garantierte Gemeinwohlaufgabe ist,

bei deren Erfüllung sie als öffentliche Auftraggeberin handelt, weil sie i. S. d. § 57a Abs. 1 Nr. 2 HGrG dem § 4 Abs. 1 Nr. 2 VgV unterfällt.[46])

Mit dieser Entscheidung des Vergabeüberwachungsausschuß des Bundes dürfte die zwischen der Deutschen Bahn AG und der Bundesregierung am 06. 04. 1995 getroffene Regelung[47]) über Ausschreibungen bei Baumaßnahmen für das Streckennetz nicht mehr vertretbar sein, da die Deutsche Bahn AG die b-Paragraphen der VOB/A anzuwenden hat, so daß eine Anwendung des Abschnitts 4 der VOB/A (SKR) nicht in Betracht kommt.

Die Treuhandanstalt als Anstalt öffentlichen Rechts und dementsprechend ihre Rechtsnachfolgerin, die **Bundesanstalt für vereinigungsbedingte Sonderaufgaben,** hat die b-Paragraphen der VOB/A anzuwenden, weil sie im Allgemeininteresse liegende Aufgaben erfüllt, § 57a Abs. 1 Nr. 2 HGrG[48]) bzw. § 104 Nr. 2 GWB-Entwurf.

Dementsprechend zählen Unternehmen wie die VEAG, solange sie den beherrschenden Einfluß der Bundesanstalt für vereinigungsbedingte Sonderaufgaben unterliegt, nach dem funktionellen Auftraggeberbegriff gem. § 57a Abs. 1 Nr. 4 HGrG bzw. § 104 Nr. 4 GWB-Entwurf ebenfalls zu den öffentlichen Auftraggebern und haben die Vorschriften der Verdingungsordnung anzuwenden.[49])

Ein besonderes Problem wirft ein Erlaß des Ministerium des Innern des Landes Brandenburg[50]) für **kommunale Eigengesellschaften** auf. In dem Erlaß heißt es:

*»Sind § 57a Abs. 1 Nr. 2 und Nr. 4 HGrG nicht anwendbar, sind bei der Vergabe von Bau-, Liefer- und Dienstleistungen durch kommunale Gesellschaften im Rahmen der Beauftragung, freiwillige/pflichtige Selbstverwaltungsangele-*

genheiten zu erledigen, folgende Grundsätze zu beachten:

Im Bereich der sog. Leistungsverwaltung besteht für die kommunalen Körperschaften grundsätzlich die Freiheit der Formenwahl in dem Sinne, daß sie sich sowohl öffentlich-rechtlicher als auch privatrechtlicher Formen bedienen dürfen (BGH, NJW 1985, 197; NJW 1995, 1778). Allerdings stehen den Körperschaften bei der Erfüllung der öffentlichen Aufgaben nur die privatrechtlichen Rechtsformen, nicht aber auch die Freiheiten der Privatautonomie zu. Werden die Körperschaften im Rahmen der Erfüllung öffentlicher Aufgaben in der Form des Privatrechts tätig, ergänzen und modifizieren die Bestimmungen des öffentlichen Rechts die privatrechtlichen Normen. Zwar besteht keine Bindung an alle Grundsätze des Verwaltungsrechts, aber die in der Form des Privatrechts agierenden kommunalen Körperschaften haben die grundlegenden Prinzipien der öffentlichen Verwaltung zu beachten. Die sog. »Flucht in das Privatrecht« darf nicht dazu führen, daß sich die kommunalen Körperschaften dem Geltungsbereich des Haushaltsgrundsatzes der Sparsamkeit und Wirtschaftlichkeit entziehen. Die Vergabebestimmungen (Verdingungsordnungen für Leistungen, Bauleistungen, EG-Dienstleistungsrichtlinie, EG-Sektorenkoordinierungsrichtlinie) dienen der Konkretisierung dieses Haushaltsgrundsatzes. Sie beanspruchen auch im Bereich des Verwaltungsprivatrechts Geltung, soweit für die kommunalen Körperschaften eine rechtliche Verpflichtung besteht, diese Vergabebestimmungen anzuwenden. Die kommunalen Körperschaften sind nach § 29 Satz 2 GemHVO verpflichtet, die Verdingungsordnung für Bauleistungen und die Verdingungsordnung für Leistungen anzuwenden.

Die Bedingungen des Verwaltungsprivatrechts gelten nicht nur, wenn die öffentliche Verwaltung selbst in privatrechtlicher Form öffentliche Aufgaben erfüllt, sondern auch dann, wenn sie in Form eines von den kommunalen Körperschaften beherrschten privatrechtlich gefaßten Rechtssubjekts (z. B. GmbH) handelt. Soweit die Kommunen eine öffentliche Aufgabenstellung aus dem unmittelbaren Verwaltungsbereich herauslösen und mit ihrer Erledigung ein kommunales wirtschaftliches Unternehmen in Gestalt einer Gesellschaft beauftragen, die von einer kommunalen Körperschaft beherrscht wird, ist lediglich eine sog. formale Privatisierung gegeben. Die Aufgabe als solche wird nicht aus dem kommunalen Bereich ausgegliedert. Die Kommunen nehmen weiterhin materiell Verwaltungstätigkeit wahr. In diesem Fall stellt die Geltung des Verwaltungsprivatrechts die Bindung der kommunalen Körperschaft und deren Gesellschaften an bestimmte Grundsätze des Verwaltungsrechts sicher.

Voraussetzung für die Geltung des Privatrechts und damit der Vergabebestimmungen (Verdingungsordnung für Bauleistung/Verdingungsordnung für Leistungen) als Konkretisierung des Haushaltsgrundsatzes der Wirtschaftlichkeit und Sparsamkeit ist, daß die kommunale Gesellschaft eine öffentliche Aufgabe erledigt. Zu den öffentlichen Aufgaben gehört vor allem die sog. Daseinsvorsorge durch Bereitstellung von Strom, Wasser, Kanalisation, öffentlichen Verkehrsmitteln, Wohnraum für breite Schichten der Bevölkerung und von sonstigen öffentlichen Einrichtungen (Theater, Museen etc.). Adressat der Geltung des Verwaltungsprivatrechts ist dann nicht nur die kommunale Körperschaft, sondern die kommunale Gesellschaft selbst.«

Mit dieser Auffassung, die weder durch die jetzige Rechtslage noch durch die zu erwartenden Änderungen aufgrund des »Vergaberechtsänderungsgesetzes« geboten ist, unterwirft das Land Brandenburg die Tätigkeit kommunaler Eigengesellschaften auch dann vollumfänglich den Vergabebestimmungen der VOB/A, wenn die »Schwellenwerte« nicht erreicht sind.

In der Übersicht »Vergabebestimmungen für ›Öffentliche Auftraggeber‹« wurde die Dreiteilung der VOB/A in die sog. Basis-§§, die a-§§ und die b-§§/SKR deutlich. Die a-§§ und b-§§/SKR sind nur beim Erreichen vorgegebener Schwellenwerte zu beachten, die b-§§/SKR zudem nur bei bestimmten Tätigkeiten.

## Das System der Schwellenwerte der VOB/A

| § 1 a | § 1 b | § 1 SKR |
|---|---|---|
| **Verpflichtung zur Anwendung der a-Paragraphen** | **Verpflichtung zur Anwendung der b-Paragraphen** | **Bauleistungen, Geltungsbereich** |

| | | |
|---|---|---|
| Die Bestimmungen der a-Paragraphen sind zusätzlich zu den Basisparagraphen ... | Die Bestimmungen der b-Paragraphen sind zusätzlich zu den Basisparagraphen ... | Die Bestimmungen sind ... |

... für Bauaufträge anzuwenden, bei denen der geschätzte Gesamtauftragswert der Baumaßnahme bzw. des Bauwerks (alle Bauaufträge für eine bauliche Anlage) ohne Umsatzsteuer 5 Mio. Europäische Währungseinheiten (ECU) oder mehr beträgt. Der Gesamtauftragswert umfaßt auch den geschätzten Wert der vom Auftraggeber beigestellten Stoffe, Bauteile und Leistungen.

Werden die Bauaufträge für eine bauliche Anlage mit einem geschätzten Gesamtauftragswert von mindestens 5 Mio. ECU in Losen vergeben, sind die Bestimmungen anzuwenden
– bei jedem Los mit einem geschätzten Auftragswert von 1 Mio. ECU und mehr,
– unabhängig davon für alle Bauaufträge, bis mindestens 80 % des geschätzten Gesamtauftragswerts aller Bauaufträge für die bauliche Anlage erreicht sind.

Die Bestimmungen der a-Paragraphen sind auch anzuwenden, wenn eine Baumaßnahme aus nur einem Bauauftrag mit einem Auftragswert von mindestens 200.000 ECU ohne Umsatzsteuer besteht, bei dem die Lieferung so überwiegt, daß das Verlegen und Anbringen lediglich eine Nebenarbeit darstellt.

Eine bauliche Anlage darf für die Schwellenwertermittlung nicht in der Absicht aufgeteilt werden, sie der Anwendung der Bestimmungen zu entziehen.

Lieferungen, die nicht zur Ausführung der baulichen Anlage erforderlich sind, dürfen dann nicht mit einem Bauauftrag vergeben werden, wenn dadurch für sie die Anwendung der für Lieferleistungen geltenden EG-Vergabebestimmungen umgangen wird.

Der Wert einer Rahmenvereinbarung (§ 5 b/§ 4 SKR) wird auf der Grundlage des geschätzten Höchstwertes aller für den Mindestzeitraum ihrer Geltung geplanten Aufträge berechnet.

Maßgebender Zeitpunkt für die Schätzung des Gesamtauftragswerts ist die Einleitung des ersten Vergabeverfahrens für die bauliche Anlage.

Der Gegenwert der Europäischen Währungseinheit (ECU) in Deutscher Mark wird jeweils im Bundesanzeiger bekanntgegeben.

| § 1 a<br>**Verpflichtung zur Anwendung der a-Paragraphen** | § 1 b<br>**Verpflichtung zur Anwendung der b-Paragraphen** | § 1 SKR<br>**Bauleistungen, Geltungsbereich** |
|---|---|---|
| Die Bestimmungen der a-Paragraphen finden auch Anwendung auf einen Vertrag über die Erbringung einer Bauleistung durch Dritte, gleichgültig mit welchen Mitteln, gem. den vom Auftraggeber genannten Erfordernissen (z.B. Bauträgervertrag, Mietkauf- oder Leasing-Vertrag). | | |

Die Anwendung der b-§§ bzw. des Abschnittes 4 der VOB/A (SKR) ist beschränkt auf bestimmte Tätigkeiten, die in § 4 Abs. 3 der Vergabeverordnung aufgeführt sind. Die nachfolgende Übersicht beschränkt sich auf die Tätigkeiten, für die im weitesten Sinne Bauleistungen in Betracht kommen könnten.

### Die Tätigkeitsbereiche nach § 4 Abs. 3 Vergabeverordnung (VgV)

**1. in der Trinkwasserversorgung:**

die Bereitstellung und das Betreiben fester Netze zur Versorgung der Öffentlichkeit im Zusammenhang mit der Gewinnung, dem Transport oder der Verteilung von Trinkwasser sowie die Versorgung dieser Netze mit Trinkwasser. Diese Nr. gilt auch für von den zuvor bezeichneten Auftraggebern vergebene Aufträge im Zusammenhang mit der Ableitung und Klärung von Abwässern oder mit Wasserbauvorhaben sowie Vorhaben auf dem Gebiet der Bewässerung und Entwässerung, sofern die zur Trinkwasserversorgung bestimmte Wassermenge mehr als 20 v.H. der mit dem Wasserbauvorhaben bzw. den Bewässerungs- oder Entwässerungsanlagen zur Verfügung gestellten Gesamtwassermenge ausmacht.

**2. in der Elektrizitätsversorgung:**

die Bereitstellung und das Betreiben fester Netze zur Versorgung der Öffentlichkeit im Zusammenhang mit der Erzeugung, dem Transport oder der Verteilung von Strom sowie die Versorgung dieser Netze mit Strom durch Energieversorgungsunternehmen.

**3. in der Gasversorgung:**

die Bereitstellung und das Betreiben fester Netze zur Versorgung der Öffentlichkeit im Zusammenhang mit der Gewinnung, dem Transport oder der Verteilung von Gas sowie die Versorgung dieser Netze mit Gas durch Energieversorgungsunternehmen.

**4. in der Wärmeversorgung:**

die Bereitstellung und das Betreiben fester Netze zur Versorgung der Öffentlichkeit im Zusammenhang mit der Erzeugung, dem Transport oder der Verteilung von Wärme sowie die Versorgung dieser Netze mit Wärme. Auf Aufträge, die die Beschaffung von Energie oder Brennstoffen zum Zwecke der Wärmeerzeugung durch die vorgenannten Auftraggeber zum Gegenstand haben, ist Abs. 1 nicht anzuwenden. Diese Nr. gilt nicht für die Lieferung von Wärme durch Auftraggeber i.S.d. § 57 a Abs. 1 Nr. 4 und 5 des Haushaltsgrundsätzegesetzes, sofern die Erzeugung von Wärme sich zwangsläufig aus der Ausübung einer anderen Tätigkeit ergibt, die Lieferung an das öffentliche Netz nur darauf abzielt, diese Erzeugung

wirtschaftlich zu nutzen und unter Zugrundelegung des Mittels der letzten drei Jahre einschließlich des laufenden Jahres nicht mehr
als 20 v.H. des Umsatzes des betreffenden
Auftraggebers ausgemacht hat;

5. die Nutzung eines geographisch abgegrenzten
Gebietes zum Zwecke der Versorgung von
Beförderungsunternehmen im Luftverkehr mit
Flughäfen durch Flughafenunternehmer, die
eine Genehmigung gem. § 38 Abs. 2 Nr. 1 der
Luftverkehrszulassungsordnung erhalten ha-
ben oder einer solchen bedürfen;

6. die Nutzung eines geographisch abgegrenzten
Gebietes zum Zwecke der Versorgung von Beförderungsunternehmen im See- oder Binnen-
schiffsverkehr mit Häfen oder anderen Ver-
kehrseinrichtungen;

7. **im Schienenverkehr:**
das Betreiben von Netzen zur Versorgung der
Öffentlichkeit im Eisenbahn-, Straßenbahn-
und sonstigen Schienenverkehr, im öffentlichen Personenverkehr auch mit Kraftomnibus-
sen und Oberleitungsbussen, mit Seilbahnen
sowie mit automatischen Systemen. Im Ver-
kehrsbereich ist ein Netz auch vorhanden,
wenn die Verkehrsleistungen aufgrund einer
behördlichen Auflage erbracht werden; dazu
gehören die Festlegung der Strecken, Trans-
portkapazitäten oder die Fahrpläne;

8. **im Bereich der Telekommunikation:**
die Erbringung von Telekommunikationsdienst-
leistungen für die Öffentlichkeit gem. § 3 Nr. 19
des Telekommunikationsgesetzes vom 25. 07.
1996 (BGBl. I S. 1120) durch Unternehmen,
denen vor Ablauf des 31. 07. 1996 eine Verlei-
hung nach § 2 des Gesetzes über Fernmelde-
anlagen zum Errichten und Betreiben öffentlicher Telekommunikationsnetze sowie zum
Angebot von öffentlichen Telekommunikations-
diensten oder danach eine Lizenz nach den
§§ 6 und 8 des Telekommunikationsgesetzes
erteilt oder ein ausschließliches Recht nach
diesem Gesetz eingeräumt worden ist. Abs. 1
Satz 1 Nr. 1 und Abs. 2 Satz 1 Nr. 1 sind nicht
anwendbar, soweit andere Unternehmen die
Möglichkeit haben, diese Dienste in demsel-
ben geographischen Gebiet und unter im wesentlichen gleichen Bedingungen anzubieten.
Die betreffenden Auftraggeber teilen der Kommission der Europäischen Gemeinschaften auf
deren Anfrage die Dienste mit, die ihres Erachtens unter Satz 2 fallen. Eine Kopie des Schreibens an die Kommission der Europäischen
Gemeinschaften senden die Auftraggeber unaufgefordert dem Bundesministerium für Wirtschaft.

Die Ausschreibungsverpflichtungen werden
in Einzelfällen (z.B. für Rundfunkanstalten,
bei internationalen Verpflichtungen und für
verbundene Unternehmen eingeschränkt.[51])

Die Bedeutung der Frage, ob ein Auftrag-
nehmer nur die Bestimmungen der VOB/A-
SKR oder die Bestimmungen der b-§§ der
VOB/A anzuwenden hat, ergibt sich insbe-
sondere aus dem Verhältnis der b-§§ zu den
Basis-§§. Die b-§§ sind ergänzend zu den
Basis-§§ der VOB/A zu beachten, während
Auftraggeber, die nur der VOB/A-SKR unter-
liegen, die Basis-§§ nicht beachten müssen.

Eine der Auswirkungen hiervon ist, daß die
nur der VOB/A-SKR unterliegenden Auftraggeber nicht verpflichtet sind, der Bauausführung die VOB/B und VOB/C zugrunde zu
legen.

### 8.3.2 Welche Leistungen sind für wen und wie auszuschreiben? Die »Öffentlichen Auftraggeber« und das System der Vergabearten

Die im vorstehenden Abschnitt dargelegten Begriffe »Öffentliche Auftraggeber«, »Schwellenwerte« und »Tätigkeit« führen in der Verknüpfung zu den jeweils einschlägigen Vergabearten. Zusammengefaßt ergibt sich die Grundstruktur aus der nachfolgenden Übersicht »Ausschreibungspflichtige Auftraggeber und Ausschreibungsarten«.

Soweit »Öffentliche Auftraggeber« i. S. d. § 57a Abs. 1 Nr. 1–3 HGrG bzw. § 104 Nr. 1–3 GWB-Entwurf angesprochen sind, sind diese weitgehend identisch mit denjenigen, die sowieso aufgrund der einschlägigen Haushaltsordnungen bereits unabhängig vom Erreichen der »Schwellenwerte« nach den Basis-§§ der VOB/A ausschreibungspflichtig sind. Einen Unterschied sehen wir nur in bezug auf die juristischen Personen des Privatrechts, die § 57a Abs. 1 Nr. 2 HGrG bzw. § 104 Nr. 2 GWB-Entwurf erfaßt. Diese sind u. E. nicht ausschreibungspflichtig nach den Basis-§§ der VOB/A.

## Wir empfehlen folgendes Prüfschema:

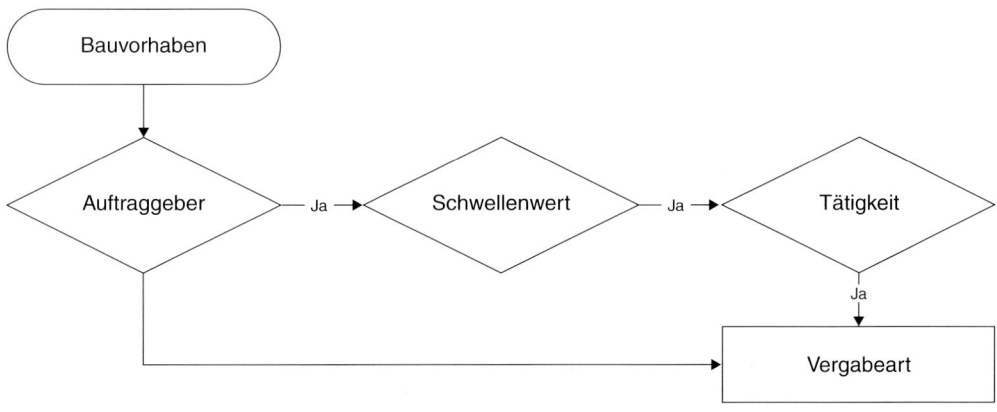

Die Elemente dieses Prüfschemas werden im folgenden erläutert.

## Ausschreibungspflichtige Auftraggeber und Ausschreibungsarten
– Grundstrukturen nach VOB/A –

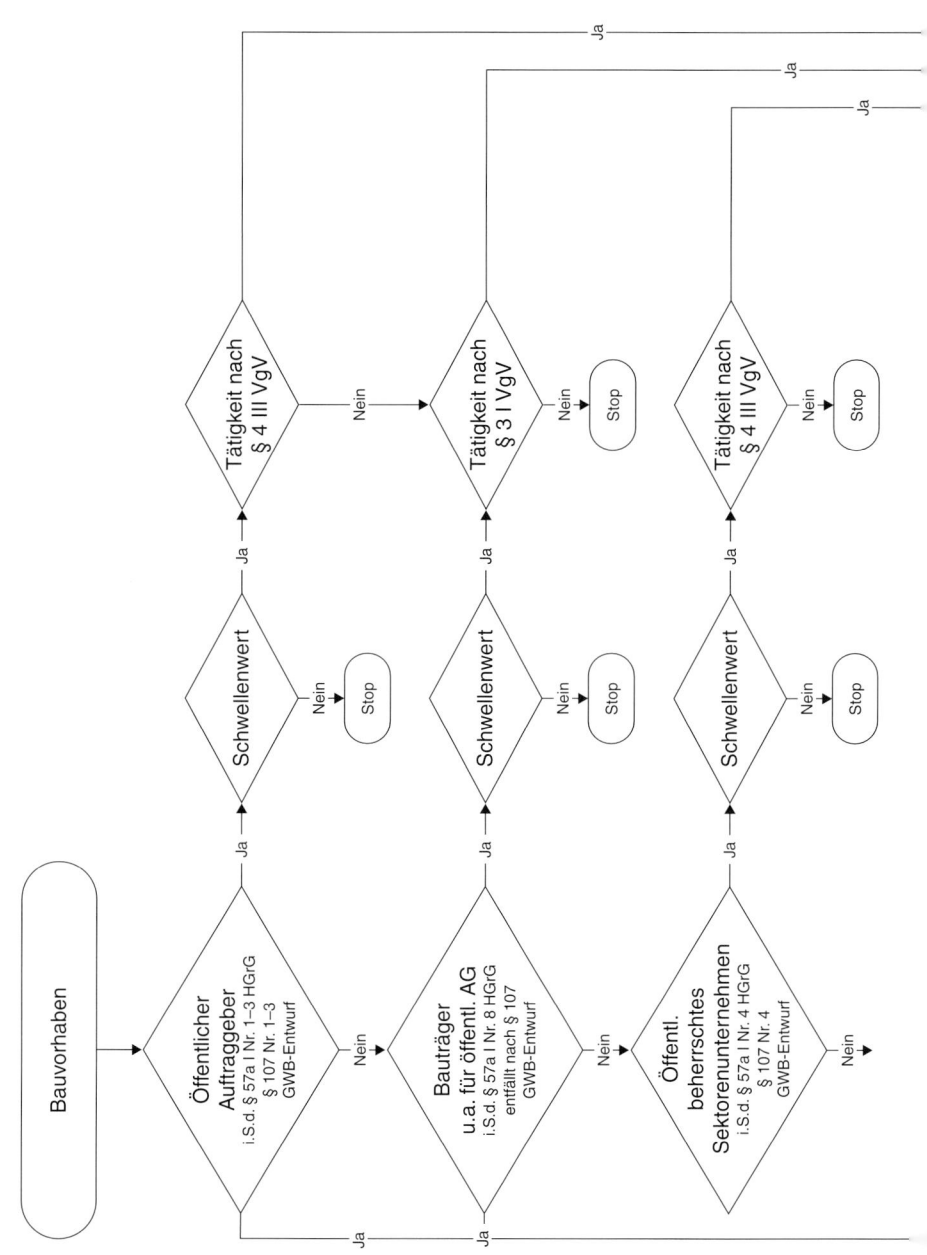

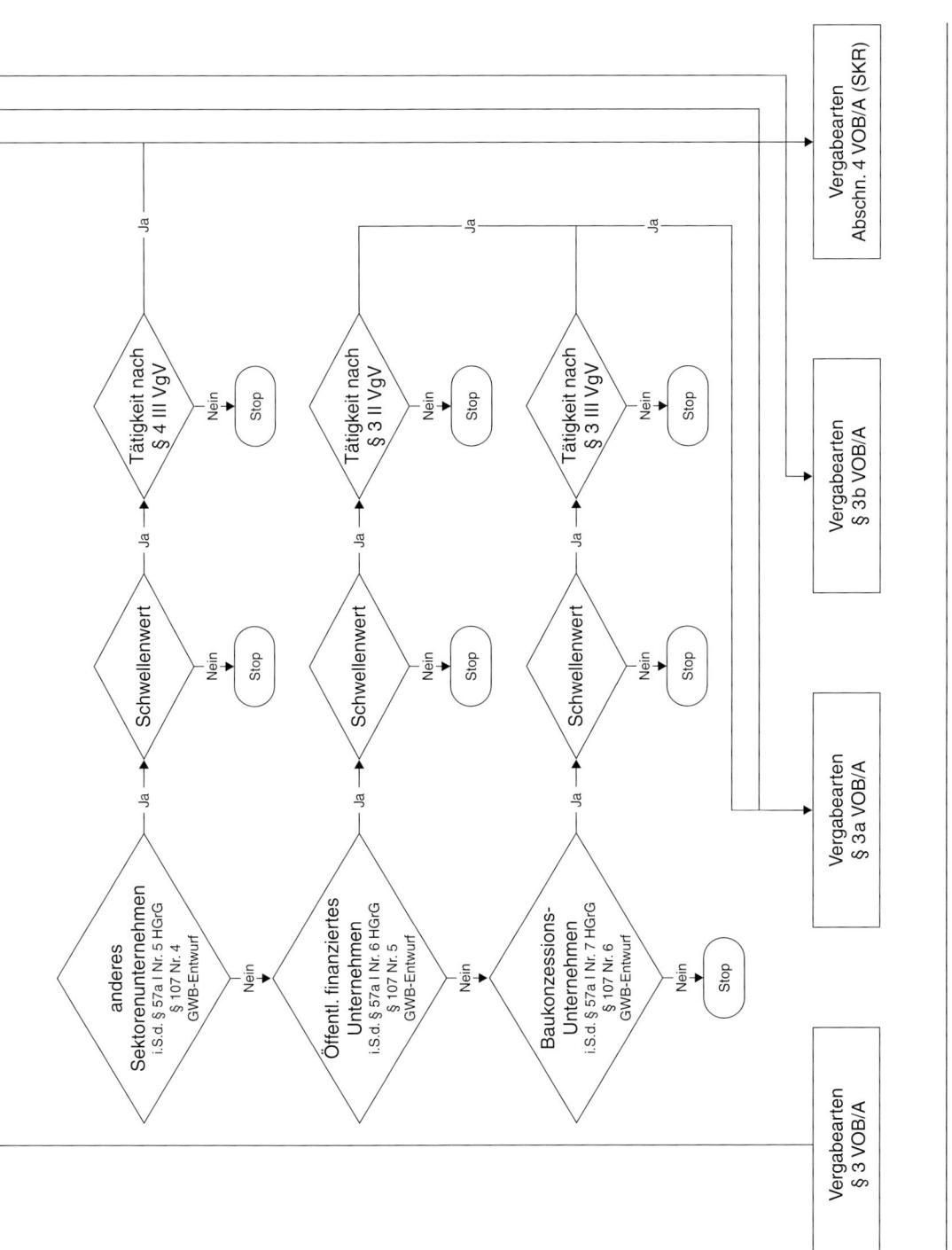

Das »System der Vergabearten« der VOB/A ist durch drei Vergabeverfahren gekennzeichnet:

- Öffentliche Ausschreibung (§ 3 Nr. 1 (1) VOB/A), der beim Erreichen der Schwellenwerte das Offene Verfahren (§ 3a Nr. 1a, § 3b Nr. 1a VOB/A, § 3 Nr. 2a VOB/A-SKR) entspricht;
- Beschränkte Ausschreibung (§ 3 Nr. 1 (2) VOB/A) bzw. das Nichtoffene Verfahren (§ 3a Nr. 1b, § 3b Nr. 1b VOB/A, § 3 Nr. 2b VOB/A-SKR);
- Freihändige Vergabe (§ 3 Nr. 1 (3) VOB/A) bzw. das Verhandlungsverfahren (§ 3a Nr. 1c, § 3b Nr. 1c VOB/A, § 3 Nr. 2c VOB/A-SKR).

Einer der wesentlichen Unterschiede zwischen den Vergabearten besteht in der unterschiedlichen Beteiligung der möglichen Anbieter durch öffentliche Information über das beabsichtigte Vorhaben (im folgenden kurz: »**Öffentlichkeitsbeteiligung**«).

Werden die Vergabearten nach diesem Kriterium gegliedert, bildet sich mit der Vergabe nach § 3 unter § 3a VOB/A die Gruppe von »Reglementierten Verfahren« und mit der Vergabe nach § 3b VOB/A und § 3 VOB/A – SKR eine Gruppe von »Wahlverfahren« heraus.

Wir verwenden den Begriff »Reglementierte Verfahren", weil bei der Vergabe nach § 3 bzw. § 3a VOB/A die Vergabeverfahren nicht wahlweise nebeneinanderstehen.

Dem Abschluß von Bauverträgen eines »Öffentlichen Auftraggebers« in diesen Fällen muß eine Öffentliche Ausschreibung/ Offene Vergabe vorausgehen, wenn nicht besondere Umstände eine Ausnahme rechtfertigen. Wird im Falle einer konkreten Bauabsicht geprüft, welche Vergabearten bei den Vertragsverhandlungen zu wählen sind,

so kann demnach nicht von der Frage ausgegangen werden, ob diese oder jene Art der Vergabe wünschenswert ist. Vielmehr muß die erste Frage bei diesen Vergabeverfahren so lauten: »Sind bei der vorhandenen Bauabsicht die grundlegenden Voraussetzungen für die Öffentliche Ausschreibung gegeben, weil Anhaltspunkte für eine davon abweichende Vergabeart nicht vorliegen?«[52]

---

### Praxishinweis

*Prüfgrundsätze für »Reglementierte Verfahren« – § 3 und § 3a VOB/A –*
- *Öffentliche Ausschreibung/Offenes Verfahren, wenn keine Ausnahmen vorliegen! Auftraggeber haben das Offene Verfahren anzuwenden, es sei denn aufgrund Gesetzes ist ihnen etwas anderes gestattet (§ 110 Abs. 3 GWB i. d. F. Referentenentwurfes).*
- *Ausnahmen sind sehr eng auszulegen!*
- *Planungs- und Entscheidungsverzögerungen sind i. d. R. kein Grund für »Dringlichkeit«!*

**Das System der Vergabearten nach VOB/A**

| § 3 VOB/A | § 3a VOB/A | § 3b VOB/A | § 3 VOB/A-SKR |
|---|---|---|---|
| Bei Öffentlicher Ausschreibung werden Bauleistungen im vorgeschriebenen Verfahren nach öffentlicher Aufforderung einer unbeschränkten Zahl von Unternehmern zur Einreichung von Angeboten vergeben. | Bauaufträge i.S.v. § 1a werden vergeben im Offenen Verfahren, das der Öffentlichen Ausschreibung (§ 3 Nr. 1 Abs. 1) entspricht. | Bauaufträge i.S.v. § 1b werden vergeben im Offenen Verfahren, das der Öffentlichen Ausschreibung (§ 3 Nr. 1 Abs. 1) entspricht. | Bauaufträge i.S.v. § 1 SKR können im Offenen Verfahren vergeben werden. |
| Bei Beschränkter Ausschreibung werden Bauleistungen im vorgeschriebenen Verfahren nach Aufforderung einer beschränkten Zahl von Unternehmern zur Einreichung von Angeboten vergeben, ggf. nach öffentlicher Aufforderung, Teilnahmeanträge zu stellen (Beschränkte Ausschreibung nach Öffentlichem Teilnahmewettbewerb). | Bauaufträge i.S.v. § 1a werden vergeben im Nichtoffenen Verfahren, das der Beschränkten Ausschreibung nach Öffentlichem Teilnahmewettbewerb (§ 3 Nr. 1 Abs. 2) entspricht. | Bauaufträge i.S.v. § 1b werden vergeben im Nichtoffenen Verfahren, das der Beschränkten Ausschreibung nach Öffentlichem Teilnahmewettbewerb (§ 3 Nr. 1 Abs. 2) oder einem anderen Aufruf zum Wettbewerb (§ 17b Nr. 1 Abs. 1 Buchstaben b und c) entspricht. | Bauaufträge i.S.v. § 1 SKR können im Nichtoffenen Verfahren vergeben werden. Im Nichtoffenen Verfahren werden die Bauleistungen vergeben im vorgeschriebenen Verfahren nach öffentlicher Aufforderung einer beschränkten Zahl von Unternehmern zur Einreichung von Angeboten, ggf. nach Aufruf zum Wettbewerb. |
| Bei Freihändiger Vergabe werden Bauleistungen ohne ein förmliches Verfahren vergeben. | Bauaufträge i.S.v. § 1a werden vergeben im Verhandlungsverfahren, das an die Stelle der Freihändigen Vergabe (§ 3 Nr. 1 Abs. 3) tritt. Beim Verhandlungsverfahren wendet sich der Auftraggeber an ausgewählte Unternehmer und verhandelt mit einem oder mehreren dieser Unternehmer über den Auftragsinhalt, ggf. nach Öffentlicher Vergabebekanntmachung. | Bauaufträge i.S.v. § 1b werden vergeben im Verhandlungsverfahren, das an die Stelle der Freihändigen Vergabe (§ 3 Nr. 1 Abs. 3) tritt. Beim Verhandlungsverfahren wendet sich der Auftraggeber an ausgewählte Unternehmer und verhandelt mit einem oder mehreren dieser Unternehmer über den Auftragsinhalt, ggf. nach Aufruf zum Wettbewerb (§ 17b Nr. 1 Abs. 1). | Bauaufträge i.S.v. § 1 SKR können im Verhandlungsverfahren vergeben werden. Beim Verhandlungsverfahren wendet sich der Auftraggeber an ausgewählte Unternehmer und verhandelt mit einem oder mehreren dieser Unternehmer über den Auftragsinhalt, ggf. nach Aufruf zum Wettbewerb. |

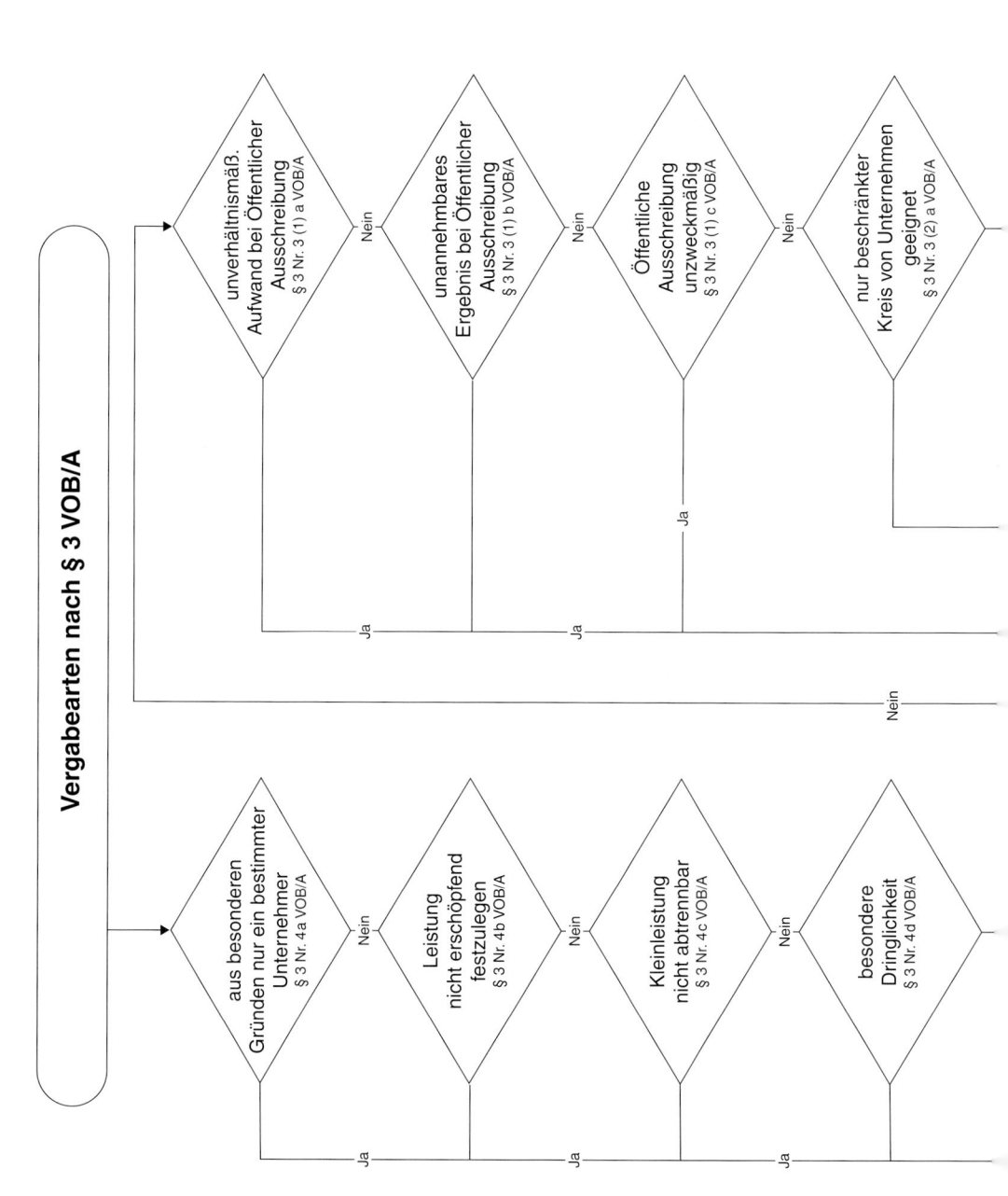

**Vergabearten nach § 3 VOB/A**

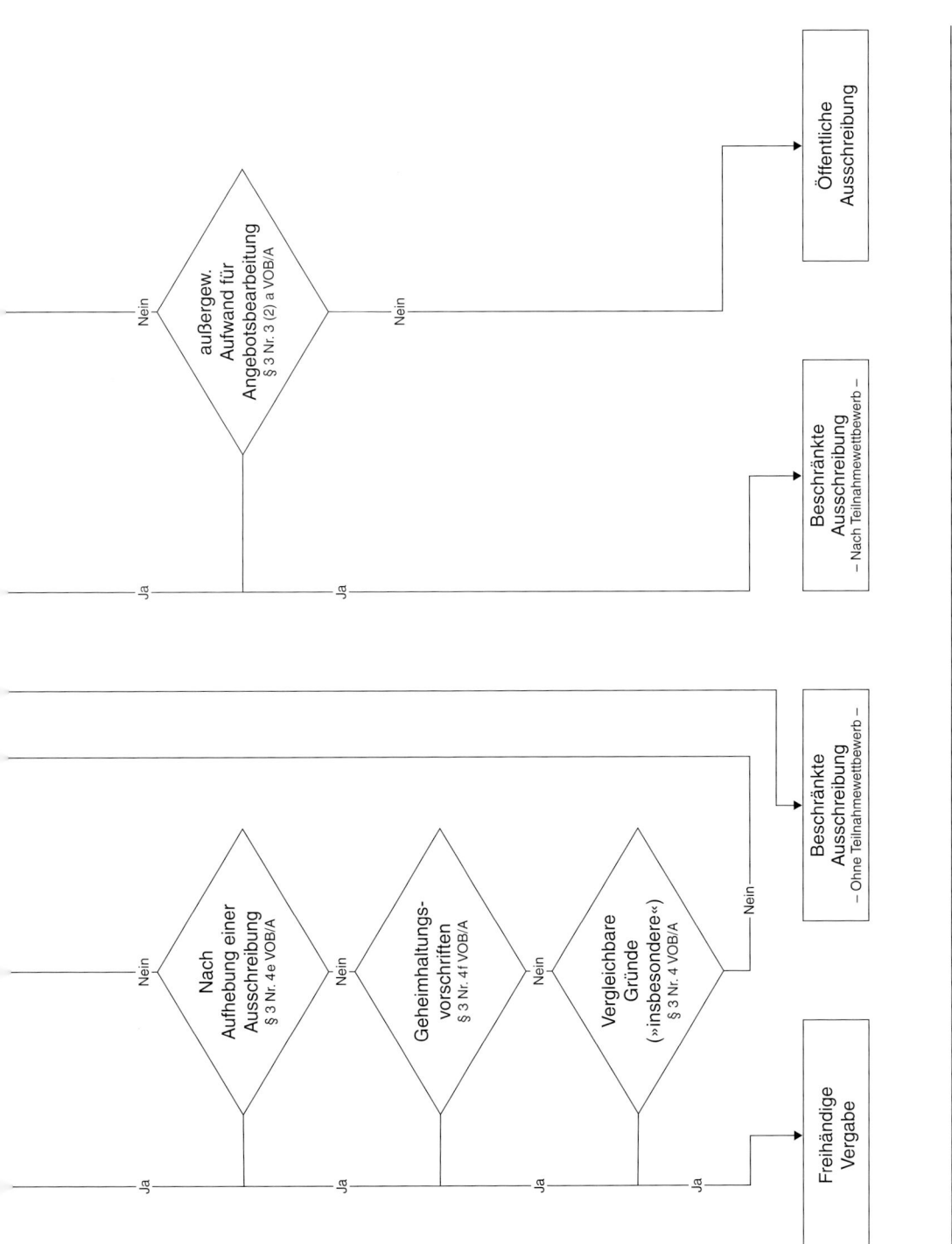

Die **Freihändige Vergabe** ist zulässig (vgl. § 3 Nr. 4 VOB/A), wenn die Öffentliche oder Beschränkte Ausschreibung unzweckmäßig ist, insbesondere

a) weil für die Leistung aus besonderen Gründen (z.B. Patentschutz, besondere Erfahrung oder Geräte) nur ein bestimmter Unternehmer in Betracht kommt,

b) weil die Leistung nach Art und Umfang vor der Vergabe nicht eindeutig und erschöpfend festgelegt werden kann,

c) weil sich eine kleine Leistung von einer vergebenen größeren Leistung nicht ohne Nachteil trennen läßt,

d) weil die Leistung besonders dringlich ist,

e) weil nach Aufhebung einer Öffentlichen Ausschreibung oder Beschränkten Ausschreibung eine erneute Ausschreibung kein annehmbares Ergebnis verspricht,

f) weil die auszuführende Leistung Geheimhaltungsvorschriften unterworfen ist.

Die **Beschränkte Ausschreibung** ist zulässig (vgl. § 3 Nr. 3 (1) VOB/A),

a) wenn die Öffentliche Ausschreibung für den Auftraggeber oder die Bewerber einen Aufwand verursachen würde, der zu dem erreichbaren Vorteil oder dem Wert der Leistung im Mißverhältnis stehen würde,

b) wenn eine Öffentliche Ausschreibung kein annehmbares Ergebnis gehabt hat,

c) wenn die Öffentliche Ausschreibung aus anderen Gründen (z.B. Dringlichkeit, Geheimhaltung) unzweckmäßig ist.

Die **Beschränkte Ausschreibung nach Öffentlichem Teilnahmewettbewerb** ist zulässig (vgl. § 3 Nr. 3 (2) VOB/A),

a) wenn die Leistung nach ihrer Eigenart nur von einem beschränkten Kreis von Unternehmern in geeigneter Weise ausgeführt werden kann, besonders wenn

außergewöhnliche Zuverlässigkeit oder Leistungsfähigkeit (z.B. Erfahrung, technische Einrichtungen oder fachkundige Arbeitskräfte) erforderlich ist,

b) wenn die Bearbeitung des Angebots wegen der Eigenart der Leistung einen außergewöhnlich hohen Aufwand erfordert.

Die **Hierarchie der Vergabeverfahren** ist an eng anzulegende Voraussetzungen gebunden. Dies gilt insbesondere für die Dringlichkeit der Auftragsvergabe. Diese Dringlichkeit ist immer dann noch nicht gegeben, wenn noch Zeit gewesen wäre, ein Nichtoffenes oder gar ein Offenes Verfahren durchzuführen, z.B. indem man bei einem dieser vorrangig anzuwendenden Verfahren die Bewerbungs- und Angebotsfristen verkürzt hätte.[53]

| **Beispiel** |
|---|
| *Dringlichkeit* *ist hier nicht in dem Sinne aufzufassen, daß es genügend wäre, wenn der Auftraggeber die Durchführung seines Bauvorhabens für eilbedürftig hält. Vielmehr müssen konkrete und sich aus den äußeren Umständen ergebende Anhaltspunkte vorliegen, aus denen die Dringlichkeit auch für einen unbefangen Urteilenden gegeben erscheint, ohne daß dem Auftraggeber im konkreten Fall ein Vorwurf gemacht werden kann. Das ist z.B. der Fall, wenn sich aus einer nicht früher erkennbaren Lage heraus die Notwendigkeit der unverzüglichen Durchführung einer Bauleistung ergibt, etwa um Schäden oder weitergehende Schäden zu verhindern. Diese Situation darf aber nicht dadurch entstehen, daß der Auftraggeber bei einem termingebundenen Bau mit der Öffentlichen Ausschreibung/Offenen Vergabe zumindest fahrlässig so lange wartet, bis für diese praktisch keine Zeit mehr übrigbleibt.*[54] |

Darüber hinaus wird bei der Freihändigen Vergabe nicht nur Dringlichkeit wie bei der Beschränkten Ausschreibung, sondern **besondere Dringlichkeit** verlangt. Aus dieser Abstufung ergibt sich, daß für die Freihändige Vergabe nur echte Ausnahmefälle zur Behebung einer gegebenen besonderen, nicht vorhersehbaren Situation in Betracht zu ziehen sind.

> ### Beispiel
>
> *Das gilt nicht nur, wenn es sich z. B. um die Behebung von Katastrophenschäden handelt, sondern auch, wenn es darum geht, Bauarbeiten durchzuführen, deren Notwendigkeit sich aus einer unvermutet aufgetretenen Situation ergeben hat, insbesondere um Schäden oder weitere Schäden zu verhindern.*

Grundlegende Voraussetzung für eine besondere Dringlichkeit ist es, daß die jeweils gegebene Situation nicht dem Auftraggeber zur Last gelegt werden kann. Die besondere Dringlichkeit wird im übrigen zeitlich an der Frage zu messen sein, ob die in § 18 Nr. 1 und 4 VOB/A vorgeschriebenen Angebotsfristen sowie die Zuschlags- und Bindefristen gem. § 19 VOB/A wegen der Dringlichkeit der Leistung bei der gebotenen objektiven Betrachtung nicht eingehalten werden können.[55]

Freihändig vergeben werden kann die Bauleistung auch dann, wenn sie nach Art und Umfang vor der Erteilung des Auftrages nicht eindeutig und erschöpfend festgelegt werden kann (§ 3 Nr. 4 b) VOB/A).

> ### Praxishinweis
>
> **Auch diese Ausnahmebestimmung ist keine »Fluchttür« für Planungsmängel!**

Diese Voraussetzungen liegen nicht schon bei einer Leistungsbeschreibung mit Leistungsprogramm vor, weil auch dort eine eindeutige und erschöpfende Festlegung der Leistung möglich ist.[56]

Dagegen kann es bei in technischer Hinsicht objektiv neuartigen Bauvorhaben vorkommen, bei denen sich nicht von vornherein der erforderliche Leistungsinhalt bestimmen läßt. Das kann auch zutreffen, wenn es sich um eine ganz spezielle Baumaßnahme handelt, bei der es um besondere unternehmerische Erfahrungen und Kenntnisse geht und es für die Auftraggeberseite darauf ankommt, verschiedene Techniken und Baumethoden kennenzulernen, die ihr nur von Unternehmerseite näher erläutert und deshalb vermittelt werden können.[57]

> ### Beispiel
>
> *Denkbar sind auch Fälle, in denen es sich um durch Kündigung »abgebrochene« Vorhaben handelt und es um die Vergabe des »Restes« an einen Nachfolgeunternehmer geht, wobei nicht zuletzt auch die Abgrenzung von Gewährleistungspflichten eine wesentliche Rolle spielen kann.[58] Voraussetzung für solche Ausnahmen ist aber, daß mit hinreichender Sicherheit miteinander vergleichbare Angebote nicht zu erwarten sind und ohne Preisverhandlung der Zuschlag nicht erteilt werden kann.[59]*

Die in § 3 weiter enthaltene **Aufzählung von Einzelbeispielen** (vgl. Nr. 3 Abs. 1 a–c, Abs. 2 a–b und Nr. 4 a–f VOB/A), in denen nach allgemeiner Erfahrung eine Öffentliche Ausschreibung nicht zum Zuge kommen kann oder soll, **ist nicht abschließend.** Es ist also keinesfalls ausgeschlossen, daß es auch noch andere Fälle gibt, in denen eine Öffentliche Ausschreibung auszuscheiden hat (wie z. B. Gewährleistungs- und Instandhaltungsarbeiten, ganz spezielle Leistungen, für die nur ein bestimmter Unternehmer in Betracht kommt).[60] Sie kann auch dann unzweckmäßig sein, wenn der Aufwand, den sie verursachen würde, in keinem Verhältnis zu dem Wert der zu vergebenden Leistung stünde, ohne damit dem der VOB/A zugrundeliegenden Gedanken eines ordnungsgemäßen Bauvergabewettbewerbs zuwiderzulaufen, so z.B. im Hinblick auf die Festlegung einer Wertgrenze, bei der nach aller Erfahrung der Aufwand bei einer Öffentlichen oder Beschränkten Ausschreibung unverhältnismäßig wäre.

Diese Wertgrenze dürfte aber niedrig anzusetzen sein, um den der VOB/A innewohnenden Wettbewerbsgedanken

nicht zu gefährden (keinesfalls höher als 10.000 DM!).[61])

**Praxishinweis**

*Es wäre ein Irrtum zu glauben, die Freihändige Vergabe sei ein »Freifahrtschein«, der Ausstieg aus den Vergabebestimmungen, mit dem alles zulässig wird.*

Auch die Freihändige Vergabe gehört zur VOB/A, und deshalb sind die grundlegenden Regeln bei den Vertragsverhandlungen und dem anschließenden Vertragsabschluß zu beachten (z.B. §§ 1, 2, 4, 5, 7, 8, 9, 10 VOB/A). Alle Bestimmungen, die nicht ausdrücklich auf die Öffentliche und die Be-

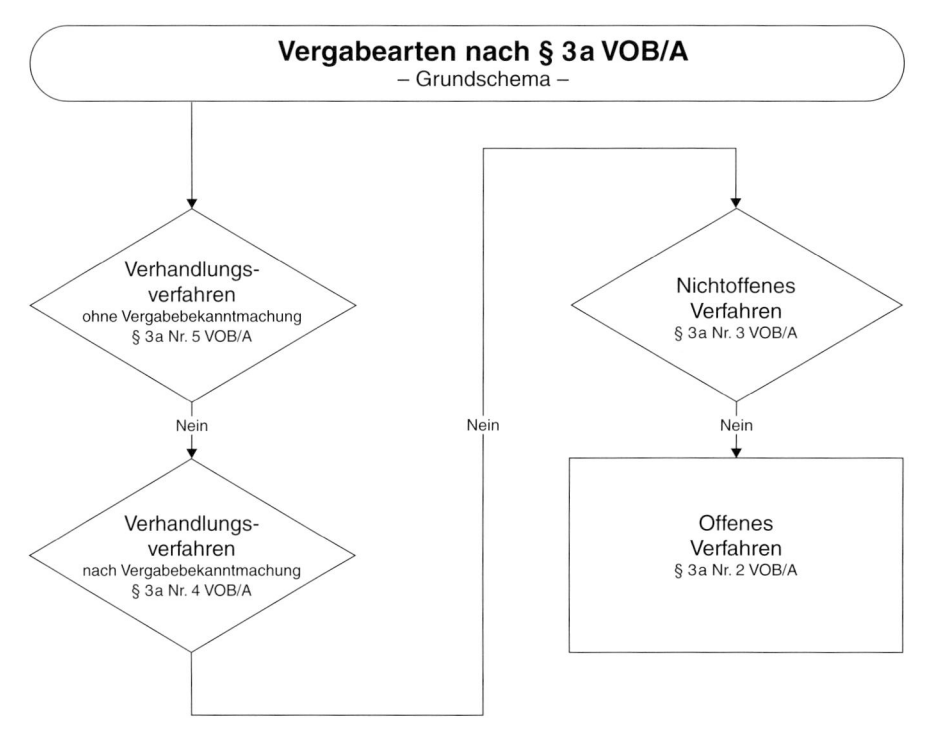

**Vergabearten nach § 3a VOB/A**
– Grundschema –

Verhandlungsverfahren
ohne Vergabebekanntmachung
§ 3a Nr. 5 VOB/A

Nichtoffenes Verfahren
§ 3a Nr. 3 VOB/A

Nein

Nein

Nein

Verhandlungsverfahren
nach Vergabebekanntmachung
§ 3a Nr. 4 VOB/A

Offenes Verfahren
§ 3a Nr. 2 VOB/A

schränkte Ausschreibung abgestellt sind und daher nicht nur diese meinen, müssen auch bei der Freihändigen Vergabe die gebührende Beachtung finden. Das gleiche gilt dort, wo in einzelnen Regelungen der VOB/A ausdrücklich auf ihre entsprechende oder sinngemäße Anwendung auch für die Freihändige Vergabe hingewiesen wird (§§ 19 Nr. 4, 20 Nr. 2 Abs. 2, 22 Nr. 7, 23 Nr. 3 Abs. 3, 25 Nr. 6. VOB/A).[62])

Da bei der europaweiten Vergabe nach § 3a Nr. 1c VOB/A das **Verhandlungsverfahren** an Stelle der Freihändigen Vergabe tritt, sind beim Verhandlungsverfahren nicht wie sonst bei den a-§§ zunächst die Regelungen in den Basisparagraphen und zugleich die a-§§ zu beachten. Das Verhandlungsverfahren ist vielmehr umfassend und abschließend geregelt. Also sind die Bestimmungen der Freihändigen Vergabe sonst nicht anzuwenden.[63])

Das Verhandlungsverfahren ist zulässig nach Öffentlicher Vergabebekanntmachung,

a) wenn bei einem Offenen Verfahren oder Nichtoffenen Verfahren keine annehmbaren Angebote abgegeben worden sind, sofern die ursprünglichen Verdingungsunterlagen nicht grundlegend geändert werden,

b) wenn die betroffenen Bauvorhaben nur zu Forschungs-, Versuchs- oder Entwicklungszwecken und nicht mit dem Ziel der Rentabilität oder der Deckung der Entwicklungskosten durchgeführt werden,

c) wenn im Ausnahmefall die Leistung nach Art und Umfang oder wegen der damit verbundenen Wagnisse nicht eindeutig und so erschöpfend beschrieben werden kann, daß eine einwandfreie Preisermittlung zwecks Vereinbarung einer festen Vergütung möglich ist.

Darüber hinaus kann auch ein Verhandlungsverfahren ohne öffentliche Bekanntmachung zulässig sein. Diese ohne »Öffentlichkeitsbeteiligung« zulässigen Verfahren sind im Anschluß an die Darstellung der verschiedenen Vergabearten in einer vergleichenden Übersicht gegenübergestellt.

Im Hinblick auf die »Öffentlichkeitsbeteiligung« haben wir die Vergabe nach § 3b VOB/A und § 3 VOB/A-SKR als »Wahlverfahren« bezeichnet. Wir verwenden diesen Begriff, weil bei diesen Vergaben die Vergabeverfahren wahlweise nebeneinanderstehen.

Die einzelnen Vergabearten sind nicht dahin abgestuft, daß das Offene Verfahren die Regel ist und nur ausnahmsweise ein Nichtoffenes Verfahren oder ein Verhandlungsverfahren unter näher umschriebenen Voraussetzungen stattfinden kann. Vielmehr können sie vom Auftraggeber gewählt werden; also kann er im Einzelfall selbst bestimmen, ob er ein Offenes Verfahren, ein Nichtoffenes Verfahren oder ein Verhandlungsverfahren durchführen will. Dieses Wahlrecht wird auch durch § 3 Nr. 1 VOB/A-SKR, der das Leitbild für die Bestimmungen in den b-Paragraphen abgibt, eindeutig zum Ausdruck gebracht. Hat sich der Auftraggeber allerdings schon für eine der drei Vergabearten entschieden, hat er nicht die Möglichkeit, während eines solchen Verfahrens die Vergabeart zu wechseln, etwa vom Offenen oder Nichtoffenen Verfahren auf das Verhandlungsverfahren überzugehen. Vielmehr geht das nur, wenn das bisherige Verfahren unter den Voraussetzungen des § 26 VOB/A aufgehoben ist.[64])

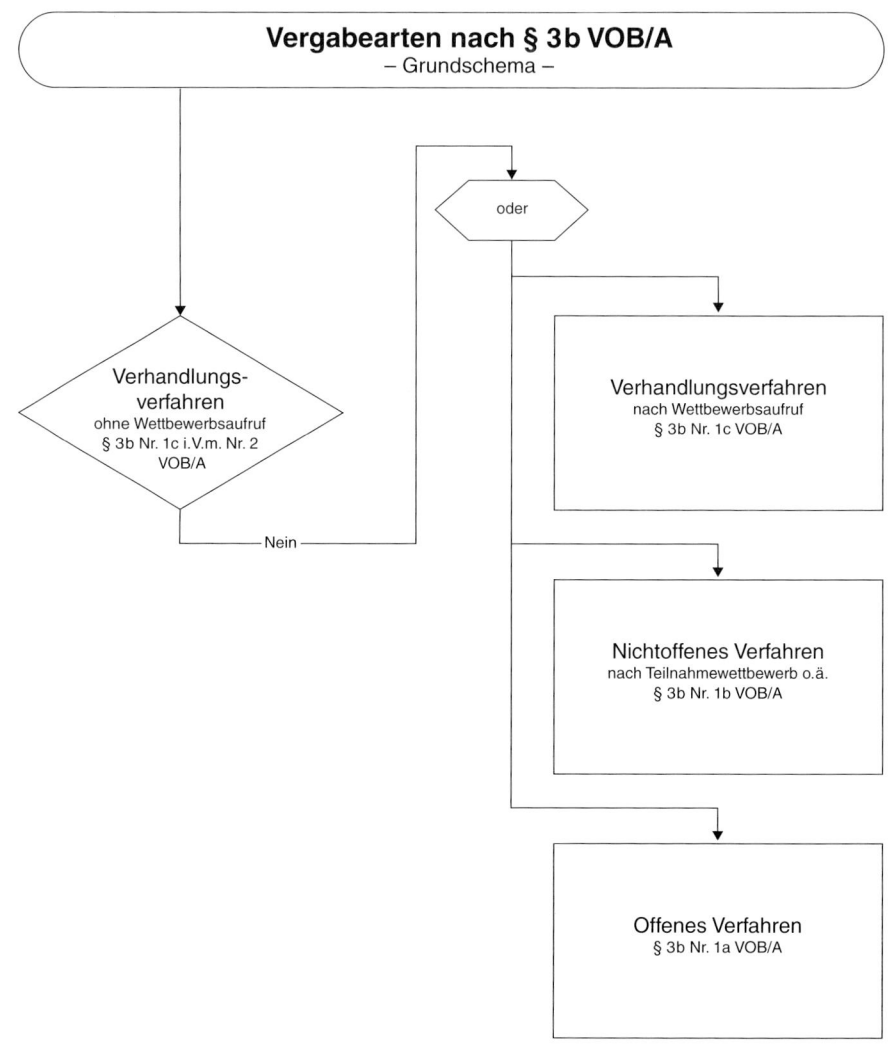

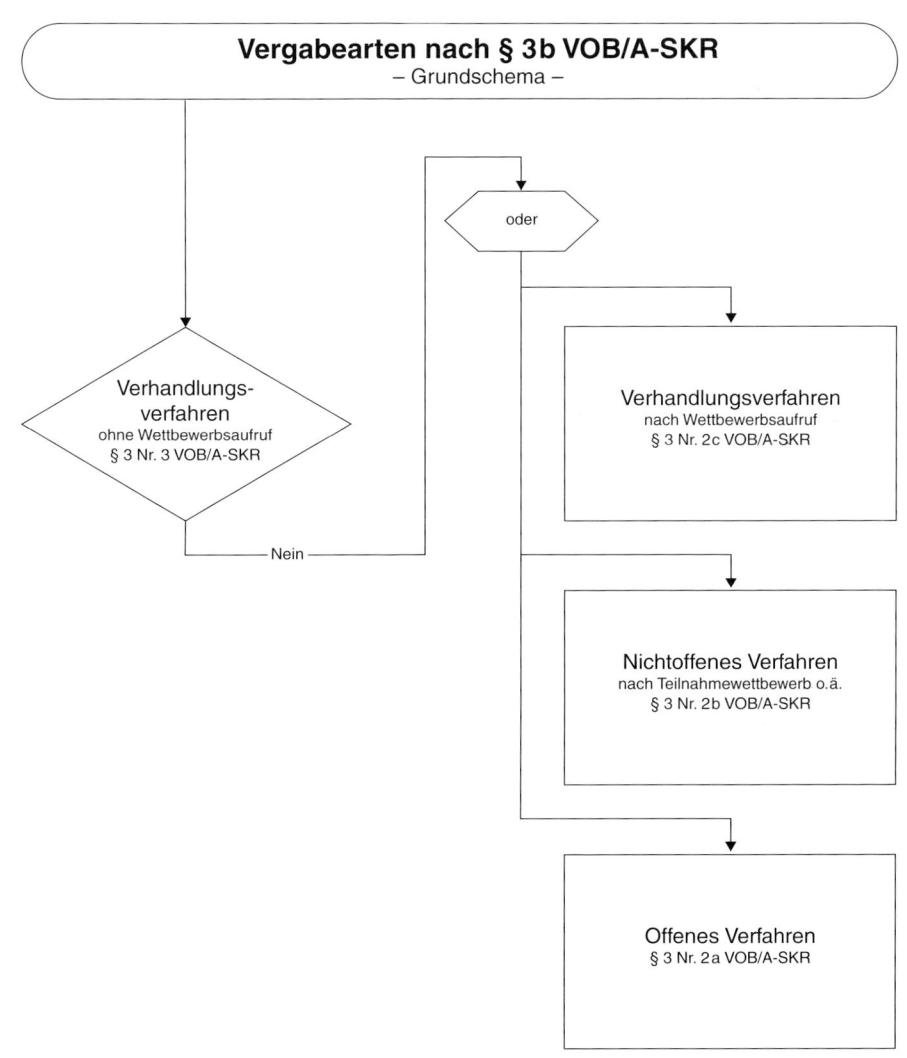

**Vergabearten nach § 3b VOB/A-SKR**
– Grundschema –

oder

Verhandlungs-
verfahren
ohne Wettbewerbsaufruf
§ 3 Nr. 3 VOB/A-SKR

Nein

Verhandlungsverfahren
nach Wettbewerbsaufruf
§ 3 Nr. 2c VOB/A-SKR

Nichtoffenes Verfahren
nach Teilnahmewettbewerb o.ä.
§ 3 Nr. 2b VOB/A-SKR

Offenes Verfahren
§ 3 Nr. 2a VOB/A-SKR

Eine Einschränkung der »Wahlfreiheit« ergibt sich auch hier hinsichtlich der »Öffentlichkeitsbeteiligung«. Das Verhandlungsverfahren kann ohne vorherigen Aufruf zum Wettbewerb nur unter eng begrenzten Bedingungen (vgl. § 3b Nr. 2 VOB/A bzw. § 3 Nr. 3 VOB/A-SKR) durchgeführt werden.

Diese Ausnahmen sind in der nachfolgenden Übersicht den vergleichbaren Bestimmungen des § 3a Nr. 5 VOB/A für die Durchführung des Verhandlungsverfahrens ohne Öffentliche Vergabebekanntmachung gegenübergestellt.

## Die Verhandlungsverfahren ohne »Öffentlichkeitsbeteiligung«

| § 3a VOB/A | § 3b VOB/A (bzw. § 3 VOB/A-SKR) |
|---|---|

Das Verhandlungsverfahren ist zulässig ohne Öffentliche Vergabebekanntmachung,

a) wenn bei einem Offenen Verfahren oder Nichtoffenen Verfahren keine annehmbaren Angebote abgegeben worden sind, sofern die ursprünglichen Verdingungsunterlagen nicht grundlegend geändert werden und in das Verhandlungsverfahren alle Bieter aus dem vorausgegangenen Verfahren einbezogen werden, die fachkundig, zuverlässig und leistungsfähig sind,

b) wenn bei einem Offenen Verfahren oder Nichtoffenen Verfahren keine oder nur nach § 25 Nr. 1 auszuschließende Angebote abgegeben worden sind, sofern die ursprünglichen Verdingungsunterlagen nicht grundlegend geändert werden (wegen der Berichtspflicht siehe § 30a),

c) wenn die Arbeiten aus technischen oder künstlerischen Gründen oder aufgrund des Schutzes von Ausschließlichkeitsrechten nur von einem bestimmten Unternehmer ausgeführt werden können,

d) weil wegen der Dringlichkeit der Leistung aus zwingenden Gründen infolge von Ereignissen, die der Auftraggeber nicht verursacht hat und nicht voraussehen konnte, die in § 18a Nr. 1, 2 und 3 vorgeschriebenen Fristen nicht eingehalten werden können,

e) wenn an einen Auftragnehmer zusätzliche Leistungen vergeben werden sollen, die weder in seinem Vertrag noch in dem ihm zugrundeliegenden Entwurf enthalten sind, jedoch wegen eines unvorhergesehenen Ereignisses zur Ausführung der im Hauptauftrag beschriebenen Leistung erforderlich sind, sofern diese Leistungen
 – sich entweder aus technischen oder wirtschaftlichen Gründen nicht ohne wesentliche Nachteile für den Auftraggeber vom Hauptauftrag trennen lassen
oder

Ein Verfahren ohne vorherigen Aufruf zum Wettbewerb kann durchgeführt werden,

a) wenn im Rahmen eines Verfahrens mit vorherigem Aufruf zum Wettbewerb keine oder keine geeigneten Angebote abgegeben worden sind, sofern die ursprünglichen Bedingungen des Auftrags nicht grundlegend geändert werden,

b) wenn ein Auftrag nur zum Zweck von Forschungen, Versuchen, Untersuchungen oder Entwicklungen und nicht mit dem Ziel der Gewinnerzielung oder der Deckung der Forschungs- und Entwicklungskosten vergeben wird,

c) wenn der Auftrag wegen seiner technischen oder künstlerischen Besonderheiten oder aufgrund des Schutzes von Ausschließlichkeitsrechten nur von bestimmten Unternehmern durchgeführt werden kann,

d) wenn dringliche Gründe im Zusammenhang mit Ereignissen, die der Auftraggeber nicht voraussehen konnte, es nicht zulassen, die in den Offenen Verfahren, Nichtoffenen Verfahren oder Verhandlungsverfahren vorgesehenen Fristen einzuhalten,

e) bei zusätzlichen Bauarbeiten, die weder in dem der Vergabe zugrundeliegenden Entwurf noch im zuerst vergebenen Auftrag vorgesehen sind, die aber wegen eines unvorhergesehenen Ereignisses zur Ausführung dieses Auftrags erforderlich sind, sofern der Auftrag an den Unternehmer vergeben wird, der den ersten Auftrag ausführt,
 – wenn sich diese zusätzlichen Arbeiten in technischer oder wirtschaftlicher Hinsicht nicht ohne wesentlichen Nachteil für den Auftraggeber vom Hauptauftrag trennen lassen
oder

## § 3 a VOB/A

- für die Verbesserung der im Hauptauftrag beschriebenen Leistung unbedingt erforderlich sind, auch wenn sie getrennt vergeben werden könnten,

vorausgesetzt, daß die geschätzte Vergütung für alle solche zusätzlichen Leistungen die Hälfte der Vergütung der Leistung nach dem Hauptauftrag nicht überschreitet,

f) wenn gleichartige Bauleistungen wiederholt werden, die durch denselben Auftraggeber an den Auftragnehmer vergeben werden, der den ersten Auftrag erhalten hat, sofern sie einem Grundentwurf entsprechen und dieser Entwurf Gegenstand des ersten Auftrags war, der nach den in § 3 a genannten Verfahren vergeben wurde.

Die Möglichkeit der Anwendung dieses Verfahrens muß bereits bei der Ausschreibung des ersten Bauabschnitts angegeben werden; der für die Fortsetzung der Bauarbeiten in Aussicht genommene Gesamtauftragswert wird vom öffentlichen Auftraggeber bei der Anwendung von § 1 a berücksichtigt. Dieses Verfahren darf jedoch nur binnen drei Jahren nach Abschluß des ersten Auftrags angewandt werden.

g) bei zusätzlichen Leistungen des ursprünglichen Auftragnehmers, die zur teilweisen Erneuerung von gelieferten Waren oder Einrichtungen zur laufenden Benutzung oder zur Erweiterung von Lieferungen oder bestehenden Einrichtungen bestimmt sind, wenn ein Wechsel des Unternehmers dazu führen würde, daß der Auftraggeber Waren mit unterschiedlichen technischen Merkmalen kaufen müßte und dies eine technische Unvereinbarkeit oder unverhältnismäßige technische Schwierigkeiten bei Gebrauch, Betrieb oder Wartung mit sich bringen würde. Die Laufzeit dieser Aufträge darf in der Regel drei Jahre nicht überschreiten.

Die Fälle e) und f) finden nur Anwendung bei der Vergabe von Aufträgen mit einem Schwellenwert nach § 1 a Nr. 1 Abs. 2. Der Fall g) findet nur Anwendung bei der Vergabe von Aufträgen mit einem Schwellenwert nach § 1 a Nr. 2.

## § 3 b VOB/A (bzw. § 3 VOB/A-SKR)

- wenn diese zusätzlichen Arbeiten zwar von der Ausführung des ersten Auftrags getrennt werden können, aber für dessen Abrundung unbedingt erforderlich sind,

f) bei neuen Bauarbeiten, die in der Wiederholung gleichartiger Arbeiten bestehen, die vom selben Auftraggeber an den Unternehmer vergeben werden, der den ersten Auftrag erhalten hat, sofern sie einem Grundentwurf entsprechen und dieser Entwurf Gegenstand eines ersten Auftrags war, der nach einem Aufruf zum Wettbewerb vergeben wurde. Die Möglichkeit der Anwendung dieses Verfahrens muß bereits bei der Ausschreibung des ersten Bauabschnitts angegeben werden; der für die Fortsetzung der Bauarbeiten in Aussicht genommene Gesamtauftragswert wird vom Auftraggeber für die Anwendung von § 1 b (bzw. § 1 SKR) berücksichtigt,

g) bei Aufträgen, die aufgrund einer Rahmenvereinbarung vergeben werden sollen, sofern die in § 5 b Nr. 2 (bzw. § 4 SKR Nr. 2) genannte Bedingung erfüllt ist.

### 8.3.3 Wie ist auszuschreiben? – Beschreibung der Bauleistung

Wie wichtig unmißverständlich formulierte Leistungsbeschreibungen und ein ausgereiftes, funktionelles Vertragswerk sind, zeigt sich immer dann, wenn es bei der Leistungsabnahme bzw. -abrechnung zu Unstimmigkeiten bis hin zu unliebsamen und zudem zeit- und kostenintensiven Streitereien zwischen den Vertragspartnern kommt. Die Gründe dafür liegen sehr häufig in nicht sorgfältig erstellten Verdingungsunterlagen, die unterschiedliche Auslegungen in bezug auf den Leistungsumfang oder -inhalt bei Auftraggeber und Auftragnehmer zulassen oder auch nur Ansatzpunkte dazu liefern. Jeder Vertragspartner nimmt die für ihn günstigste Auslegung in Anspruch, weil er von der Richtigkeit seiner Annahmen überzeugt ist.[65]

Die Beschreibung der Bauleistung steht im Mittelpunkt der §§ 9, 9a, 9b VOB/A und § 6 VOB/A-SKR.

Die Leistung ist eindeutig und so erschöpfend zu beschreiben, daß alle Bewerber die Beschreibung im gleichen Sinne verstehen müssen und ihre Preise sicher und ohne umfangreiche Vorarbeiten berechnen können (§ 9 Nr. 1 VOB/A).

Dem Auftragnehmer darf dabei kein ungewöhnliches Wagnis aufgebürdet werden für Umstände und Ereignisse, auf die er keinen Einfluß hat und deren Einwirkung auf die Preise und Fristen er nicht im voraus schätzen kann (§ 9 Nr. 2 VOB/A).

---

**Praxishinweis**

**… für die Erstellung verständlicher Leistungsverzeichnisse**

*Damit angefragte Bieter wettbewerbsgerecht kalkulieren können, müssen die Beschreibungen der Teilleistungen so formuliert sein, daß jeder Leser die Beschreibungen im gleichen Sinne versteht. Das bedeutet aber, daß die Texte sehr lang und daher im Gebrauch, z. B. vor Ort beim Leistungsaufmaß, sehr unhandlich werden können. Will man den Mangel der Unhandlichkeit umgehen, muß auf Kurztexte der Beschreibung der Teilleistungen zurückgegriffen werden. Da die Kurztexte allein zur Darstellung der Leistungsinhalte aber nicht ausreichen, muß der Langtext, der die Vertragsgrundlage darstellt, folglich anderweitig bekanntgegeben werden.*

*Thiel nennt hierzu einige Gestaltungsmöglichkeiten.*

*Für den Titel »Kabelgräben ausheben und verfüllen« könnte beispielsweise der Kurztext lauten: »Oberboden (Mutterboden) ausheben und verfüllen, Einheit: … m³.« Der dazugehörige Langtext könnte dann lauten: »Oberboden (Mutterboden) der Klasse 1 nach DIN 18300 ausheben. Den zur Verfüllung erforderlichen Oberboden getrennt lagern. Der Mutterboden darf nicht verunreinigt werden. Grabenprofil nach Werknorm oder nach Angabe der Bauleitung anlegen und Kabelgraben unmittelbar vor der Kabellegung säubern. Nach Durchführung der Kabelarbeiten den Mutterboden in der vorgefundenen Schichtdicke wieder verfüllen. Eventuell fehlender Boden ist nachzuliefern. Der Einbau des Bodens hat so zu erfolgen, daß die ursprüngliche Nutzung der Aufbruchfläche gewährleistet ist. Lagerfläche und Grabenoberfläche einebnen.«[66]*

*Aus dem Titel »Kabel legen, ziehen, verschieben, aufnehmen« könnte ein Kurztext nach Thiel beispielsweise wie folgt lauten: »Kabel legen über 1,5 bis 3 kg/m KuKab4x95– 150 mm, Einheit: … m.« Der dazugehörige Langtext könnte lauten: »Vorhaltung der erforderlichen Geräte und Werkzeuge. Kabel mit einer Masse über 1,5–3 kg/m z. B. vom*

fahrenden Kabelwagen aus oder durch Ausrollen eines Kabelringes in vorhandenen Graben unter Einhaltung der Werknorm einlegen. Anmerkung: Die Bereitstellung eines Lkw sowie des Kabelwagens werden gesondert vergütet.«[67])
Weitere Hinweise hält der bereits empfohlene **Kapellmann/Schiffers** bereit.[68])

Um eine einwandfreie Preisermittlung zu ermöglichen, sind alle sie beeinflussenden Umstände festzustellen und in den Verdingungsunterlagen anzugeben (§ 9 Nr. 3 (1) VOB/A). Erforderlichenfalls sind auch der Zweck und die vorgesehene Beanspruchung der fertigen Leistung anzugeben (§ 9 Nr. 3 (2) VOB/A). Ebenso sind die für die Ausführung der Leistung wesentlichen Verhältnisse der Baustelle, z.B. Boden- und Wasserverhältnisse, so zu beschreiben, daß der Bewerber ihre Auswirkungen auf die bauliche Anlage und die Bauausführung hinreichend beurteilen kann (§ 9 Nr. 3 (3) VOB/A). Die »Hinweise für das Aufstellen der Leistungsbeschreibung« in Abschnitt 0 der Allgemeinen Technischen Vertragsbedingungen für Bauleistungen DIN 18299 ff. (Angaben zur Baustelle und zum Baugelände, einschließlich ggf. zu beachtender Schutzbestimmungen, Angaben zur Ausführung, Einzelangaben bei Abweichungen von den ATV, Einzelangaben zu Nebenleistungen und Besonderen Leistungen, Abrechnungseinheiten) sind zu beachten (§ 9 Nr. 3 (4) VOB/A). Sie werden ergänzt durch die auf die einzelnen Leistungsbereiche bezogenen Hinweise in den Abschnitten 0 der ATV DIN 18300 ff.

Bei der Beschreibung der Leistung sind die verkehrsüblichen Bezeichnungen zu beachten (§ 9 Nr. 4 (1) VOB/A). Die technischen Anforderungen sind in den Verdingungsunterlagen grundsätzlich unter Bezugnahme auf gemeinschaftsrechtliche technische

Spezifikationen festzulegen. Im einzelnen regelt dies die VOB/A in § 9 Nr. 4, § 9 a, § 9 b und § 6 VOB/A-SKR, auf die hier verwiesen wird.

Die Leistungsbeschreibung muß »**diskriminierungsfrei**« sein. Bestimmte Erzeugnisse oder Verfahren sowie bestimmte Ursprungsorte und Bezugsquellen dürfen nur dann ausdrücklich vorgeschrieben werden, wenn dies durch die Art der geforderten Leistung gerechtfertigt ist (§ 9 Nr. 5 (1) VOB/A). Bezeichnungen für bestimmte Erzeugnisse oder Verfahren (z.B. Markennamen, Warenzeichen, Patente) dürfen ausnahmsweise, jedoch nur mit dem Zusatz »oder gleichwertiger Art«, verwendet werden, wenn eine Beschreibung durch hinreichend genaue, allgemeinverständliche Bezeichnungen nicht möglich ist (§ 9 Nr. 5 (2) VOB/A).

## Leistungsbeschreibung mit Leistungsverzeichnis

Die VOB/A geht von der »Leistungsbeschreibung mit Leistungsverzeichnis« als **Regelfall** aus (§ 9 Nr. 6–9 VOB/A). Unter bestimmten Voraussetzungen ist eine »Leistungsbeschreibung mit Leistungsprogramm« (§ 9 Nr. 10–12 VOB/A) zulässig.

Die Leistung soll i.d.R. durch eine allgemeine Darstellung der Bauaufgabe (Baubeschreibung) und ein in Teilleistungen gegliedertes Leistungsverzeichnis beschrieben werden (§ 9 Nr. 6 VOB/A). Erforderlichenfalls ist die Leistung auch zeichnerisch oder durch Probestücke darzustellen oder anders zu erklären, z.B. durch Hinweise auf ähnliche Leistungen, durch Mengen- oder statische Berechnungen. Zeichnungen und Proben, die für die Ausführung maßgebend sein sollen, sind eindeutig zu bezeichnen (§ 9 Nr. 7 VOB/A). Leistungen, die nach den

Vertragsbedingungen, den Technischen Vertragsbedingungen oder der gewerblichen Verkehrssitte zu der geforderten Leistung gehören (§ 2 Nr. 1 VOB/B), brauchen nicht besonders aufgeführt zu werden (§ 9 Nr. 8 VOB/A).

Im Leistungsverzeichnis ist die Leistung derart aufzugliedern, daß unter einer Ordnungszahl (Position) nur solche Leistungen aufgenommen werden, die nach ihrer technischen Beschaffenheit und für die Preisbildung als in sich gleichartig anzusehen sind. Ungleichartige Leistungen sollen unter einer Ordnungszahl (Sammelposition) nur zusammengefaßt werden, wenn eine Teilleistung gegenüber einer anderen für die Bildung eines Durchschnittspreises ohne nennenswerten Einfluß ist (§ 9 Nr. 9 VOB/A).

## Leistungsbeschreibung mit Leistungsprogramm

Gegenüber dem Regelfall der »Leistungsbeschreibung mit Leistungsverzeichnis« ist die »Leistungsbeschreibung mit Leistungsprogramm« nach § 9 Nr. 10 VOB/A zulässig, »wenn es nach Abwägen aller Umstände zweckmäßig ist, zusammen mit der Bauausführung auch den Entwurf für die Leistung dem Wettbewerb zu unterstellen, um die technisch, wirtschaftlich und gestalterisch beste sowie funktionsgerechte Lösung der Bauaufgabe zu ermitteln«. Sie wird auch als »Funktionsbestimmte Leistungsbeschreibung« oder als »funktionale Leistungsbeschreibung«[69]) bezeichnet.

Das Leistungsprogramm umfaßt eine Beschreibung der Bauaufgabe, aus der die Bewerber alle für die Entwurfsbearbeitung und ihr Angebot maßgebenden Bedingungen und Umstände erkennen können und in der sowohl der Zweck der fertigen Leistung

als auch die an sie gestellten technischen, wirtschaftlichen, gestalterischen und funktionsbedingten Anforderungen angegeben sind, sowie ggf. ein Musterleistungsverzeichnis, in dem die Mengenangaben ganz oder teilweise offengelassen sind (§ 9 Nr. 11 (1) VOB/A). Für das Leistungsprogramm gilt § 9 Nr. 7 bis 9 VOB/A sinngemäß.

Nicht zuletzt wegen des von den Bietern abzufordernden Aufwandes, dürfte die funktionale Leistungsbeschreibung nicht bei der Öffentlichen Ausschreibung/Offenen Vergabe in Betracht kommen.[70])

Vom Auftraggeber wird nur der Rahmen oder das Programm der gewünschten Bauleistung angegeben, wobei er es den Bietern überläßt, bei der Angebotsbearbeitung den Rahmen oder das Programm dadurch auszufüllen, daß sie, jedenfalls z.T. auch im Wege der Planung, die erforderlichen Leistungseinzelheiten nach ihrer Vorstellung erarbeiten und dann in ihrem Angebot angeben. Sie ist nur für solche Fälle gedacht, in denen es sich bei ganz bestimmten Bauvorhaben um die Ermittlung der technischen, wirtschaftlichen und gestalterischen sowie funktionsgerechten Lösung der Bauaufgabe handelt, und zwar mit dem objektiv als berechtigt anzusehenden Anliegen, unternehmerisches Wissen und unternehmerische Erfahrung mit bei der Planung des Bauvorhabens einzusetzen.[71])

Die funktionale Leistungsbeschreibung kommt grundsätzlich nur für bestimmte und – wegen des hier notwendigen Kostenaufwandes im Angebotsverfahren – zeitlich zugleich oder in gewissen Abschnitten wiederkehrende, gleichartige oder zumindest weitgehend ähnliche Bauvorhaben in Betracht, wie es z.B. beim Bau von Turn- und Sporthallen, Schwimmbädern, Verwaltungsbauten, auch im Rahmen der Heizungs-, Klima- und Lüftungstechnik, der Entsorgung der Fall sein kann.[72])

---

**Praxishinweis**

*Keinesfalls geht es an, bauunternehmerisches Wissen zu bemühen, bloß um einen eigenen Planer, wie Architekt oder Ingenieur, »zu sparen«. Und schon gar nicht geht es an, eine als Leistungsbeschreibung mit Leistungsverzeichnis angelegte Ausschreibung als Leistungsbeschreibung mit Leistungsprogramm »auszulegen", wenn sich qualitative Mängel des Leistungsverzeichnisses herausstellen. Zu dieser »Ausrede« wird in der Praxis nach unseren Erfahrungen fast regelmäßig gegriffen.*

---

Ingenieure sollten den »**Wettbewerbsaspekt**« dieser Frage nicht unterschätzen. Da eine Leistungsbeschreibung mit Leistungsprogramm nicht nur hinsichtlich eines Gesamtvorhabens, sondern auch bei einem in sich abgeschlossenen, für sich – vor allem auch im Angebotsverfahren – bewertbaren Teils wie z.B. Heizungs-, Lüftungs-, Aufzugsanlagen[73]) möglich ist, ist in der Praxis zu beobachten, daß der mit der Gebäudeplanung (Leistungsbild nach § 15 HOAI) Beauftragte z.B. für die TGA (Leistungsbild nach § 73 HOAI) keinen Ingenieur beauftragt, sondern »funktional« ausschreibt und die Planungsaufgaben insoweit dem bauausführenden Unternehmen überläßt.

Für den Bauherren kann dieses Vorgehen, das Risiko beinhalten, daß seine Funktion (z.B. die Aufzugsanlage) zwar befriedigt wird, diese im Gesamtzusammenhang »Gebäude« aber nicht optimiert wird. Um bei dem Beispiel der Aufzugsanlage zu bleiben: Eine geringfügige Veränderung der Dimensionierung des zur Verfügung stehenden Fahrstuhlschachtes im Gebäude kann zu

völlig anderen Kostenrelationen führen, wenn der Anbieter Standardanlagen anbieten könnte. Dieses Risiko »suboptimaler Planung« kann natürlich reduziert werden, wenn es rechtzeitig gesehen wird.

---

**Beispiel**

*Umgekehrt kann die »funktionale Ausschreibung« durchaus ein sinnvoller Marketingaspekt für den Ingenieur sein. Die Ausschreibung z.B. eines Blockheizkraftwerkes (BHKW) als Leistungsbeschreibung mit Leistungsverzeichnis kann einem sinnvollen Wettbewerb sogar entgegenstehen. Je nach Konstruktion des Motors liegen z.B. die Schnittstellen für die Abgänge (Warmwasser, Abgas) völlig anders, mit der Folge, daß die nachzuordnenden Armaturen unterschiedlich auszugestalten sind.*
*Oder, warum soll bei einem neu zu errichtenden BHKW eine ganz bestimmte Synchronisationstechnik für die Stromeinspeisung durch ein aufwendiges Leistungsverzeichnis vorgegeben werden, wenn die Anbieter ggf. kostengünstiger ein anderes System anbieten könnten?*

---

Auf jeden Fall – und darauf soll dieses Beispiel in erster Linie hinweisen – kann eine Leistungsbeschreibung mit Leistungsprogramm den für den Ingenieur ansonsten erforderlichen Planungsaufwand erheblich reduzieren. Das gilt sowohl im Hinblick auf das zu vereinbarende Honorar als auch im Hinblick auf die zeitlichen Erfordernisse.

Läßt sich der Ingenieur bei Abschluß seines Ingenieurvertrages ausdrücklich damit beauftragen, soweit wie möglich funktional auszuschreiben, muß er ggf. nicht alle Teilleistungen der einzelnen Leistungsphasen im vollen Umfang erbringen, so daß er seine Ingenieurleistung ohne Verstoß gegen das Mindesthonorarerfordernis der HOAI preisgünstiger anbieten kann. Eine gründliche Projektanalyse vor Vertragsschluß ist hier zwingend erforderlich.

---

### Praxishinweis

*Bei der »Leistungsbeschreibung mit Leistungsprogramm« sollten aber die Risiken nicht außer Betracht bleiben, daß Ansprüche aus Verschulden bei Vertragsabschluß entstehen könnten.*
*Eine nicht sorgfältige Vergabe nach Leistungsprogramm kann die Ursache für spätere Ansprüche nach abgeschlossenem Vertrag sein oder sie ausschließen, obwohl sie sonst nach einer Vergabe nach § 9 Nr. 3 ff. VOB/A gegeben wären. Zu denken ist hier vornehmlich an die Verletzung von Mitwirkungspflichten des Auftraggebers nach §§ 3, 5 VOB/B mit der Folge einer möglichen Schadensersatzpflicht sowie an Erfüllungs- und Gewährleistungsansprüche des Auftraggebers (§ 4 Nr. 6 und 7, § 13 VOB/B).[74])*

---

Der Auftraggeber muß vor allem überlegen, ob sein Ziel nicht in gleicher Weise durch eine Leistungsbeschreibung mit Leistungsverzeichnis nach § 9 Nr. 6–9 VOB/A mit der ausdrücklichen Zulassung von Änderungsvorschlägen und Nebenangeboten (vgl. § 10 Nr. 5 (4) bzw. § 10b Nr. 2 VOB/A, § 7 Nr. 2 (3) VOB/A-SKR) erreicht wird. Weiter ist zu prüfen, ob die Veranstaltung eines Ideenwettbewerbs im architektonischen Bereich und die anschließende Ausschreibung mit Leistungsverzeichnis nicht sinnvoller, vor allem auch rationeller oder kostensparender ist.[75])

Dazu kommt die Überlegung, ob die funktionale Leistungsbeschreibung im Einzelfall den sachgerechten Einsatz von mittleren oder kleineren Unternehmen überhaupt oder jedenfalls in dem Sinne behindert, daß diese von vornherein in die Abhängigkeit von Generalunternehmern gedrängt wer-

den.[76]) Auch Eilbedürftigkeit allein ist kein Grund für die Wahl dieser Ausschreibungsart.[77])

Wesentliche Anhaltspunkte für die Vorbereitungsarbeit des Auftraggebers bei der »Leistungsbeschreibung mit Leistungsprogramm« geben die im »Vergabehandbuch«[78]) zu § 9 Nr. 11 VOB/A aufgeführten Richtlinien.

---

### Angaben des Auftraggebers für die Ausführung nach VHB Nr. 7.2.3.1 zu § 9 Nr. 11 VOB/A

- Beschreibung des Bauwerks/der Teile des Bauwerks
- Allgemeine Beschreibung des Gegenstandes der Leistung nach Art, Zweck und Lage
- Beschreibung der örtlichen Gegebenheiten wie z. B. Klimazone, Baugrund, Zufahrtswege, Anschlüsse, Versorgungseinrichtungen
- Beschreibung der Anforderungen an die Leistung
- Flächen- und Raumprogramm, z. B. Größenangaben, Nutz- und Nebenflächen, Zuordnungen, Orientierung
- Art der Nutzung, z. B. Funktion, Betriebsabläufe, Beanspruchung
- Konstruktion; ggf. bestimmte grundsätzliche Forderungen, z. B. Stahl oder Stahlbeton, statisches System
- Einzelangaben zur Ausführung, z. B.:
- Rastermaße, zulässige Toleranzen, Flexibilität
- Tragfähigkeit, Belastbarkeit
- Akustik (Schallerzeugung, -dämmung, -dämpfung)
- Klima (Wärmedämmung, Heizung, Lüftungs- und Klimatechnik)
- Licht- und Installationstechnik, Aufzüge
- hygienische Anforderungen
- besondere physikalische Anforderungen (Elastizität, Rutschfestigkeit, elektrostatisches Verhalten)
- sonstige Eigenschaften und Qualitätsmerkmale

- vorgeschriebene Baustoffe und Bauteile
- Anforderungen an die Gestaltung (Dachform, Fassadengestaltung, Farbgebung, Formgebung)
- Abgrenzung zu Vor- und Folgeleistungen
- Normen oder etwaige Richtlinien der nutzenden Verwaltung, die zusätzlich zu beachten sind
- öffentlich-rechtliche Anforderungen, z. B. spezielle planungsrechtliche, bauordnungsrechtliche, wasser- oder gewerberechtliche Bestimmungen oder Auflagen.

**Unterlagen, die nach VHB Nr. 7.2.3.2 zu § 9 Nr. 11 VOB/A der Auftraggeber zur Verfügung stellt:**

- Dem Leistungsprogramm sind als Anlage beizufügen z. B. das Raumprogramm, Pläne, Erläuterungsberichte, Baugrundgutachten, besondere Richtlinien der nutzenden Verwaltung.
- Die mit der Ausführung von Vor- und Folgeleistungen beauftragten Unternehmer sind zu benennen.
- Die Einzelheiten über deren Leistung sind anzugeben, soweit sie für die Angebotsbearbeitung und die Ausführung von Bedeutung sind, z. B. Belastbarkeit der vorhandenen Konstruktionen, Baufristen, Vorhalten von Gerüsten und Versorgungseinrichtungen.

Bei der »Leistungsbeschreibung mit Leistungsprogramm« ist vom Bieter ein Angebot zu verlangen, das

- neben der Ausführung der Leistung
- den Entwurf nebst eingehender Erläuterung und
- eine Darstellung der Bauausführung sowie
- eine eingehende und zweckmäßig gegliederte Beschreibung der Leistung (ggf. mit Mengen- und Preisangaben für Teile der Leistung)

umfaßt.

Bei Beschreibung der Leistung mit Mengen- und Preisangaben ist vom Bieter zu verlangen,

- daß er die Vollständigkeit seiner Angaben, insbesondere die von ihm selbst ermittelten Mengen, entweder ohne Einschränkung oder im Rahmen einer in den Verdingungsunterlagen anzugebenden Mengentoleranz vertritt und
- daß er etwaige Annahmen, zu denen er in besonderen Fällen gezwungen ist, weil zum Zeitpunkt der Angebotsabgabe einzelne Teilleistungen nach Art und Menge noch nicht bestimmt werden können (z. B. Aushub-, Abbruch- oder Wasserhaltungsarbeiten), – erforderlichenfalls anhand von Plänen und Mengenermittlungen – begründet (§ 9 Nr. 12 VOB/A).

Eine Leistungsbeschreibung mit Leistungsprogramm stellt besonders hohe Anforderungen an die Sorgfalt der Bearbeitung. Die Beschreibung muß eine einwandfreie Angebotsbearbeitung durch die Bieter ermöglichen und gewährleisten, daß die zu erwartenden Angebote vergleichbar sind. Auch müssen sämtliche für das Bauvorhaben bedeutsamen öffentlich-rechtlichen Forderungen (städtebaulicher und bauaufsichtlicher Art) geklärt sein.[79]

Zu berücksichtigen sind auch die **Kosten-
folgen:**

---

### Praxishinweis

*Nach § 20 Nr. 2 (1) VOB/A wird dem Bieter
für die Bearbeitung des Angebots keine Entschädigung gewährt. Verlangt jedoch der
Auftraggeber, daß der Bewerber Entwürfe,
Pläne, Zeichnungen, statische Berechnungen,
Mengenberechnungen oder andere Unterlagen ausarbeitet, insbesondere in den Fällen
des § 9 Nr. 10 bis 12 VOB/A (»Leistungsbeschreibung mit Leistungsprogramm«), so
ist einheitlich für alle Bieter in der Ausschreibung eine angemessene Entschädigung festzusetzen. Ist eine Entschädigung festgesetzt,
so steht sie jedem Bieter zu, der ein der Ausschreibung entsprechendes Angebot mit den
geforderten Unterlagen rechtzeitig eingereicht
hat. Dies gilt auch bei Freihändiger Vergabe.*

---

In der jüngeren Rechtsprechung zur funktionalen Ausschreibung geht es u.a. um
die Frage der »hinreichend bestimmbaren
Leistung« und um die »Risikoabwälzung«
vom Auftraggeber auf den Auftragnehmer.
Eine Ausschreibung, die neben bestimmt
formulierten Mindestanforderungen festlegt,
daß weitere Leistungen der von dem Auftragnehmer als Vertragsleistung übernommenen Tragwerksplanung zu entsprechen
haben, legt den Vertragsinhalt hinreichend
bestimmbar fest.[80]

Der BGH widersprach damit der Auffassung
des OLG Karlsruhe, wonach es mit § 9 Nr. 1
und Nr. 2 VOB/A nicht vereinbar sei, dem
Auftragnehmer die erst als Vertragsleistung
zu erstellende Tragwerksplanung zu überlassen. Das OLG Karlsruhe war der Ansicht,
daß es dem Auftragnehmer nicht zuzumu-
ten sei, diese Tragwerksplanung bereits als
Grundlage seines Angebots zu erstellen.

Seine Auffassung hat der BGH zwischenzeitlich in einer weiteren Entscheidung bestätigt.[81]

Für die Wirksamkeit eines Vertragsschlusses ist es des weiteren nicht von Bedeutung,
daß die übernommenen Verpflichtungen kalkulierbar sind. Weder ist es für die Wirksamkeit einer Willenserklärung von Bedeutung,
daß die damit eingegangenen Verpflichtungen kalkulierbar sind, noch gibt es einen
Erfahrungssatz, wonach regelmäßig nur
kalkulierbare Verpflichtungen eingegangen
werden. Ohne rechtliche Bedeutung ist es in
diesem Zusammenhang, daß die Erstellung
einer Tragwerksplanung in der Angebots-
phase für den Auftragnehmer zu aufwendig
gewesen wäre. Ob und wie sich ein Vertragspartner der Risiken eines Vertragsschlusses vergewissert, ist ausschließlich
seine Sache. Es gibt keinen Rechtsgrund-
satz, nach dem riskante Leistungen nicht
übernommen werden können.[82]

Nach der Rechtsprechung des BGH hat
ein Verstoß gegen die Bestimmungen der
VOB/A keine unmittelbar rechtsgeschäftliche Wirkung etwa in dem Sinne, daß die
betreffende Ausschreibung als Verstoß
gegen ein gesetzliches Verbot gem. § 134
BGB anzusehen wäre. Die VOB/A kann sich
aber mittelbar zugunsten des Auftragnehmers auswirken. So kann der Bieter
etwa Auslegungszweifel zugunsten einer
der VOB/A entsprechenden Auslegung
lösen. Für eine solche Auslegung ist aber
dann kein Raum mehr, wenn die bei Vertragsschluß beabsichtigte Risikoverlagerung
für den Auftragnehmer zweifelsfrei erkennbar war. Die Ausschreibungstechnik der
funktionalen Leistungsbeschreibung ist verbreitet und in Fachkreisen allgemein bekannt, so daß sich ein sachkundiger Auftragnehmer nicht darauf berufen kann, die
damit verbundene Risikoverlagerung habe

er nicht erkennen können oder nicht zu erkennen brauchen.[83])

Haben die Parteien nach längeren Verhandlungen die Leistung funktional vollständig beschrieben, so kommt einem Angebot mit Leistungsverzeichnis, das Grundlage der Verhandlungen bildet, hinsichtlich des Umfanges der funktional beschriebenen Leistung keine entscheidende Auslegungsbedeutung mehr zu.[84])

### 8.3.4 Mit welchen Vertragsunterlagen wird ausgeschrieben?

Die Vergabeunterlagen bestehen gem. § 10 Nr. 1 (1) VOB/A aus

1. dem Anschreiben (Aufforderung zur Angebotsabgabe), ggf. Bewerbungsbedingungen (§ 10 Nr. 5 VOB/A) und
2. den Verdingungsunterlagen (§ 9, § 10 Nr. 1 Abs. 2 und Nr. 2 bis 4 VOB/A).

*1. Die Aufforderung zur Angebotsabgabe*

Bei Ausschreibungen nach den Basis-§§ und den a- bzw. b-§§ ist nach § 10 Nr. 5 (1) VOB/A für die Versendung der Verdingungsunterlagen (§ 17 Nr. 3 VOB/A) ein Anschreiben (Aufforderung zur Angebotsabgabe) zu verfassen, das alle Angaben enthält, die außer den Verdingungsunterlagen für den Entschluß zur Abgabe eines Angebots notwendig sind.

**Checkliste**

In dem Anschreiben sind insbesondere anzugeben (§ 10 Nr. 5 (2) VOB/A):

a) Art und Umfang der Leistung sowie der Ausführungsort,

b) etwaige Bestimmungen über die Ausführungszeit,

c) Bezeichnung (Anschrift) der zur Angebotsabgabe auffordernden Stelle und der den Zuschlag erteilenden Stelle,

d) Name und Anschrift der Dienststelle, bei der die Verdingungsunterlagen und zusätzlichen Unterlagen angefordert und eingesehen werden können, sowie Termin, bis zu dem diese Unterlagen spätestens angefordert werden können,

e) ggf. Höhe und Einzelheiten der Zahlung der Entschädigung für die Übersendung dieser Unterlagen,

f) Art der Vergabe (§ 3 VOB/A),

g) etwaige Ortsbesichtigungen,

h) genaue Aufschrift der Angebote,

i) Ort und Zeit des Eröffnungstermins (Ablauf der Angebotsfrist, § 18 Nr. 2 VOB/A) sowie Angabe, welche Personen zum Eröffnungstermin zugelassen sind (§ 22 Nr. 1 Satz 1 VOB/A),

j) etwa vom Auftraggeber zur Vorlage für die Beurteilung der Eignung des Bieters verlangte Unterlagen (§ 8 Nr. 3 und 4 VOB/A),

k) die Höhe etwa geforderter Sicherheitsleistungen,

l) Änderungsvorschläge und Nebenangebote,

m) etwaige Vorbehalte wegen der Teilung in Lose und Vergabe der Lose an verschiedene Bieter,

n) Zuschlags- und Bindefrist (§ 19 VOB/A),

o) sonstige Erfordernisse, die die Bewerber bei der Bearbeitung ihrer Angebote beachten müssen,

p) die wesentlichen Zahlungsbedingungen oder Angabe der Unterlagen, in denen sie enthalten sind (z. B. § 16 VOB/B),

q) die Stelle, an die sich der Bewerber oder Bieter zur Nachprüfung behaupteter Verstöße gegen die Vergabebestimmungen wenden kann.

Darüber hinaus kann der Auftraggeber die Bieter auffordern, in ihrem Angebot die Leistungen anzugeben, die sie an Nachunternehmer zu vergeben beabsichtigen (§ 10 Nr. 5 (3) VOB/A).

Wenn der Auftraggeber Änderungsvorschläge oder Nebenangebote wünscht oder nicht zulassen will, so ist dies nach § 10 Nr. 5 (4) VOB/A anzugeben; ebenso ist anzugeben, wenn Nebenangebote ohne gleichzeitige Abgabe eines Hauptangebots ausnahmsweise ausgeschlossen werden. Von Bietern, die eine Leistung anbieten, deren Ausführung nicht in Allgemeinen Technischen Vertragsbedingungen oder in den Verdingungsunterlagen geregelt ist, sind im Angebot entsprechende Angaben über Ausführung und Beschaffenheit dieser Leistung zu verlangen.

Bei Bauaufträgen i.S.v. § 1a bzw. § 1b VOB/A muß das Anschreiben (Aufforderung zur Angebotsabgabe) außer den Angaben nach § 10 Nr. 5 (2) VOB/A noch folgendes enthalten:

– Sofern nicht in der Bekanntmachung angegeben (§ 17a Nr. 2 bis 4), die maßgebenden Wertungskriterien i.S.v. § 25 Nr. 3, d.h. neben technischem Wert und Wirtschaftlichkeit (Angebotspreis, Unterhaltungs- und Betriebskosten) besondere Kriterien, auf die der Auftraggeber im Einzelfall Wert legt, z.B. gestalterische und funktionsbedingte Gesichtspunkte, Nutzungsdauer und Ausführungsfrist. Diese Angaben möglichst in der Reihenfolge der ihnen zuerkannten Bedeutung (§ 10a bzw. § 10b Nr. 1 VOB/A).
– Die Angabe, daß die Angebote in deutscher Sprache abzufassen sind (§ 10a bzw. § 10b Nr. 1 VOB/A).
– Einen Hinweis auf die Bekanntmachung nach § 17a Nr. 3 beim Nichtoffenen Ver-

fahren und beim Verhandlungsverfahren (§ 10a VOB/A) bzw. einen Hinweis auf die Veröffentlichung der Bekanntmachung (§ 10b Nr. 1 VOB/A).

Darüber hinaus erfordert bei einer Ausschreibung von Bauleistungen i.S.d. § 1b VOB/A das Anschreiben die Angabe der Unterlagen, die ggf. beizufügen sind (§ 10b Nr. 1d VOB/A). Wenn der Auftraggeber bei dieser Ausschreibung Änderungsvorschläge oder Nebenangebote nicht oder nur in Verbindung mit einem Hauptangebot zulassen will, so ist dies anzugeben. Ebenso sind ggf. die Mindestanforderungen an Änderungsvorschläge und Nebenangebote anzugeben und auf welche Weise sie einzureichen sind (§ 10b Nr. 2 VOB/A).

## 2. Die Verdingungsunterlagen

In § 10 Nr. 1 Abs. 2 VOB/A heißt es:

»In den **Verdingungsunterlagen** ist vorzuschreiben, daß die Allgemeinen Vertragsbedingungen für die Ausführung von Bauleistungen (VOB/B) und die Allgemeinen Technischen Vertragsbedingungen für Bauleistungen (VOB/C) Bestandteile des Vertrags werden. Das gilt auch für etwaige Zusätzliche Vertragsbedingungen und etwaige Zusätzliche Technische Vertragsbedingungen, soweit sie Bestandteile des Vertrags werden sollen.«

Nach § 10 Nr. 2 (1) VOB/A bleiben die **Allgemeinen Vertragsbedingungen** grundsätzlich unverändert. Sie dürfen von Auftraggebern, die ständig Bauleistungen vergeben, für die bei ihnen allgemein gegebenen Verhältnisse durch **Zusätzliche Vertragsbedingungen** ergänzt werden. Diese dürfen den Allgemeinen Vertragsbedingungen nicht widersprechen.

Für die Erfordernisse des Einzelfalles sind die Allgemeinen Vertragsbedingungen und etwaige Zusätzliche Vertragsbedingungen durch **Besondere Vertragsbedingungen** zu ergänzen. In diesen sollen sich Abweichungen von den Allgemeinen Vertragsbedingungen auf die Fälle beschränken, in denen dort besondere Vereinbarungen ausdrücklich vorgesehen sind und auch nur soweit es die Eigenart der Leistung und ihre Ausführung erfordern (§ 10 Nr. 2 (2) VOB/A).

Auch die **Allgemeinen Technischen Vertragsbedingungen** bleiben grundsätzlich unverändert. Sie dürfen von Auftraggebern, die ständig Bauleistungen vergeben, für die bei ihnen allgemein gegebenen Verhältnisse durch **Zusätzliche Technische Vertragsbedingungen** ergänzt werden. Für die Erfordernisse des Einzelfalles sind Ergänzungen und Änderungen in der Leistungsbeschreibung festzulegen (§ 10 Nr. 2 (3) VOB/A).

---

Nach § 10 Nr. 4 (1) VOB/A sollen in den **Zusätzlichen Vertragsbedingungen** oder in den **Besonderen Vertragsbedingungen,** soweit erforderlich, folgende Punkte geregelt werden:

a) Unterlagen (§ 20 Nr. 3 VOB/A, § 3 Nr. 5 und 6 VOB/B),

b) Benutzung von Lager- und Arbeitsplätzen, Zufahrtswegen, Anschlußgleisen, Wasser- und Energieanschlüssen (§ 4 Nr. 4 VOB/B),

c) Weitervergabe an Nachunternehmer (§ 4 Nr. 8 VOB/B),

d) Ausführungsfristen (§ 11 VOB/A, § 5 VOB/B),

e) Haftung (§ 10 Nr. 2 VOB/B),

f) Vertragsstrafen und Beschleunigungsvergütungen (§ 12 VOB/A, § 11 VOB/B),

g) Abnahme (§ 12 VOB/B),

h) Vertragsart (§ 5 VOB/A), Abrechnung (§ 14 VOB/B),

i) Stundenlohnarbeiten (§ 15 VOB/B),

k) Zahlungen, Vorauszahlungen (§ 16 VOB/B),

l) Sicherheitsleistung (§ 14 VOB/A, § 17 VOB/B),

m) Gerichtsstand (§ 18 Nr. 1 VOB/B),

n) Lohn- und Gehaltsnebenkosten,

o) Änderung der Vertragspreise (§ 15 VOB/A).

---

Im Einzelfall erforderliche besondere Vereinbarungen über die Gewährleistung (§ 13 Nr. 2 VOB/A, § 13 Nr. 1, 4, 7 VOB/B) und über die Verteilung der Gefahr bei Schäden, die durch Hochwasser, Sturmfluten, Grundwasser, Wind, Schnee, Eis und dergleichen entstehen können (§ 7 VOB/B), sind nach § 10 Nr. 4 (2) VOB/A in den Besonderen Vertragsbedingungen zu treffen. Sind für bestimmte Bauleistungen gleichgelagerte Voraussetzungen i.S.v. § 13 Nr. 2 VOB/A gegeben, so dürfen die besonderen Vereinbarungen auch in Zusätzlichen Technischen Vertragsbedingungen vorgesehen werden.

### 3. Der Sonderfall des § 7 VOB/A-SKR

Eine eigenständige Regelung für die Vergabeunterlagen – für die also § 10 VOB/A nicht gilt – beinhaltet § 7 VOB/A-SKR.

Es wurde bereits darauf hingewiesen, daß Auftraggeber, die nur der VOB/A-SKR unterliegen, die Basis-§§ nicht beachten müssen. Sie sind damit z.B. nicht verpflichtet, der Bauausführung die VOB/B und VOB/C zugrunde zu legen, da eine solche Verpflichtung nur in § 10 Nr. 1 Abs. 2 VOB/A vorgesehen ist und § 7 VOB/A-SKR eine entsprechende Verpflichtung nicht beinhaltet.

Auch hier bestehen die Vergabeunterlagen zwar aus dem Anschreiben (Aufforderung zur Angebotsabgabe) und den Verdingungsunterlagen (§ 7 Nr. 1 VOB/SKR). Für die Versendung der Verdingungsunterlagen ist aber lediglich »ein Anschreiben (Aufforderung zur Angebotsabgabe) zu verfassen, das alle Angaben enthält, die außer den Verdingungsunterlagen für den Entschluß zur Abgabe eines Angebots notwendig sind« (§ 7 Nr. 2 (1) VOB/A-SKR).

---

**Checkliste**

In dem Anschreiben sind insbesondere aufzunehmen:
a) Anschrift der Stelle, bei der zusätzliche Unterlagen angefordert werden können,
b) Tag, bis zu dem zusätzliche Unterlagen angefordert werden können,
c) ggf. Betrag und Zahlungsbedingungen für zusätzliche Unterlagen,
d) Anschrift der Stelle, bei der die Angebote einzureichen sind,
e) Angabe, daß die Angebote in deutscher Sprache abzufassen sind,
f) Tag, bis zu dem die Angebote eingehen müssen,
g) Hinweis auf die Veröffentlichung der Bekanntmachung,
h) Angabe der Unterlagen, die ggf. dem Angebot beizufügen sind,
i) sofern nicht in der Bekanntmachung nach § 8 Nr. 1 VOB/A-SKR angegeben, die maßgebenden Wertungskriterien i. S. v. § 10 Nr. 1 VOB/SKR, »d. h. neben technischem Wert und Wirtschaftlichkeit (Angebotspreis, Unterhaltungs- und Betriebskosten) besondere Kriterien, auf die der Auftraggeber im Einzelfall Wert legt, z.B. gestalterische und funktionsbedingte Gesichtspunkte, Lebensdauer und Ausführungsfrist, diese Angaben möglichst in der Reihenfolge der ihnen zuerkannten Bedeutung«.

---

Auch hier ist anzugeben, daß der Auftraggeber Änderungsvorschläge oder Nebenangebote nicht oder nur in Verbindung mit einem Hauptangebot zulassen will. Ebenso sind ggf. die Mindestanforderungen an Änderungsvorschläge und Nebenangebote vorzugeben und auf welche Weise sie einzureichen sind (§ 7 Nr. 2 (3) VOB/A-SKR).

Der Auftraggeber kann die Bieter auffordern, in ihrem Angebot die Leistungen anzugeben, die sie an Nachunternehmer zu vergeben beabsichtigen (§ 7 Nr. 3 VOB/A-SKR).

---

### Beispiel

#### Aufbau der Vergabeunterlagen

Ein Urteil des LG Aachen[85]) konkretisiert sehr instruktiv die Anforderungen an die Aufstellung der Vergabeunterlagen, insbesondere des Leistungsverzeichnisses anhand der VOB/A. Nach § 9 Nr. 3 VOB/A soll die Leistung durch eine allgemeine Darstellung der Bauaufgabe (Baubeschreibung) und ein in Teilleistungen gegliedertes Leistungsverzeichnis beschrieben werden. Hieraus ergibt sich, daß eine Leistungsbeschreibung mit Leistungsverzeichnis nicht allein aus dem eigentlichen Leistungsverzeichnis, sondern darüber hinaus noch aus der sogenannten Baubeschreibung besteht. Bei der genannten Vorschrift handelt es sich zwar um eine Sollvorschrift, was bedeutet, daß sowohl der notwendige Inhalt einer Baubeschreibung als auch ein solcher eines Leistungsverzeichnisses auch auf andere Weise den Bietern im Rahmen des Angebotsverfahrens klargemacht werden kann. Immer wird aber vorausgesetzt, daß dabei die zwingende Regel in § 9 Nr. 1 VOB/A, nämlich der eindeutigen und erschöpfenden, für alle Bewerber gleichermaßen verständlichen Beschreibung der Leistung eingehalten wird. Die allgemeine Darstellung der Bauaufgabe dient hierbei dazu, den Bewerbern eine hinreichende Übersicht über die gewünschte Bauleistung im allgemeinen zu geben.

In den Allgemeinen Vorbemerkungen soll den Bewerbern zunächst ein überschlägiger Überblick verschafft werden; dies bedingt, daß sich die Baubeschreibung auf technische Angaben zu beschränken hat. Es ist daher zu vermeiden, in den Vorbemerkungen andere Angaben zu machen, wie etwa solche rechtlichen Inhalts (z. B. Bestimmungen über Mehr- und Minderleistungen), da dies die Gefahr mit sich bringt, daß der spätere Vertragsinhalt unklar oder gar widerspruchsvoll werden kann.

Aus der genannten Zweckbestimmung ergibt sich weiter, daß in den allgemeinen Vorbemerkungen nur solche technischen Angaben aufzunehmen sind, die sich auf die Gesamtleistung beziehen. Demgemäß gehören nicht solche Angaben hierher, welche sich nur auf bestimmte Teilleistungen im Rahmen der Ausschreibung beziehen und richtigerweise zu den »Besonderen Vertragsbedingungen« oder den »Allgemeinen Technischen Vorschriften« gehören.

Darüber hinaus entsprechen auch die Texte der von der Arbeitsgemeinschaft erstellten eigentlichen Leistungsverzeichnisse nicht den Anforderungen des § 9 Nr. 1 VOB/A. Gerade auch das Leistungsverzeichnis muß den Anforderungen der genannten Vorschrift genügen, es muß also eine eindeutige und erschöpfende Beschreibung enthalten, und zwar so, daß sie gleichermaßen für alle Bewerber verständlich ist, insbesondere auch im Hinblick auf die Preisberechnung, welche für die Angebotsbearbeitung wesentlicher Bestandteil ist. Ein umfassender und genauer Leistungsbeschrieb ist vor allem auch deshalb notwendig, weil sonst die Möglichkeit nachträglicher Preisänderungen nach § 2 Nr. 3 bis 6 VOB/B in besonderem Maße gegeben ist.[86])

## 4. Ergänzungen und Änderungen der VOB/B

Deshalb fallen nachfolgende Praxishinweise überaus deutlich aus:

---

### Praxishinweis

Mit Ergänzungen der Allgemeinen Vertragsbedingungen (VOB/B) und der Allgemeinen Technischen Vertragsbedingungen (VOB/C) begibt sich der Ingenieur auf das »Glatteis« der Allgemeinen Geschäftsbedingungen und damit des Gesetzes zur Regelung des Rechts der Allgemeinen Geschäftsbedingungen (AGB-Gesetz).

Es muß in aller Deutlichkeit herausgestellt werden: Je rechtlich bedenklicher die vorzufindenden Regelungen, desto geringer ist offensichtlich das Problembewußtsein der Verfasser. Obwohl das AGB-Gesetz auf den 09. 12. 1976 datiert, kann man sich in der Praxis oft des Eindruckes nicht erwehren, daß die dazu ergangene Rechtsprechung spurlos an manchen Architekten und Ingenieuren vorübergegangen ist. Diese »**Haftungsfalle**« wird oft übersehen.

---

### Praxishinweis

- *Äußerste Zurückhaltung bei der Formulierung von Ergänzenden Bestimmungen. Nehmen Sie sich die Zeit zu prüfen, ob sie wirklich erforderlich sind.*
- *Wenn solche Bestimmungen schon erforderlich werden, dann orientieren Sie sich im Zweifel an den Mustern der Öffentlichen Auftraggeber.[87])*
- *Legen Sie Ihrem Auftraggeber diese Vergabeunterlagen vorab zur Prüfung vor mit dem Hinweis, daß Sie diese Unterlagen nicht auf die Vereinbarkeit mit den Bestimmungen des AGB-Gesetzes prüfen können.*
- *Sie sollten den gleichen Hinweis geben, wenn Sie solche Ergänzenden Bestimmungen Ihres Auftraggebers verwenden sollen.*
- *Eigene Zusammenstellungen für »Ergänzende Bestimmungen« sollte ein Ingenieur nicht ohne fundierte juristische Beratung verwenden und sie regelmäßig aktualisieren lassen. Gerade in diesem Bereich hat die juristische Beratung für den Ingenieur eine wesentliche Sicherungsfunktion im Regreßfall.*
- *Sie sind von Ihrer Beratungspflicht befreit, wenn der Bauherr selbst die erforderliche Sachkunde besitzt oder wenn er erklärt, einen sachkundigen Dritten mit der Wahrung seiner Interessen betrauen zu wollen.[88])*

---

Da Bauverträge vielfach mit vorformulierten Vertragsmustern abgeschlossen werden, kommt das ursprünglich als reines Verbraucherschutzgesetz konzipierte AGB-Gesetz bei Bauverträgen umfassend zur Anwendung. Die intensive Neigung zum Abschluß einseitiger, unausgewogener Bauverträge hat sich auch nach Inkrafttreten des AGB-Gesetzes nicht wesentlich geändert[89]), so daß diese Thematik in der Beratung sowie in der außergerichtlichen und gerichtlichen Auseinandersetzung nach wie vor hochaktuell ist.

Da das Gericht vorformulierte Vertragsbedingungen von Amts wegen zu prüfen hat, sind AGBG-widrige Vertragsklauseln im Falle der gerichtlichen Auseinandersetzung für den Verwender nutzlos. Die unwirksame Klausel entfällt entweder ersatzlos oder wird durch die entsprechende gesetzliche Regelung ersetzt.

Wichtig ist in diesem Zusammenhang auch, daß sich der Verwender unwirksamer »Ergänzender Bestimmungen« im Prozeß selbst nicht auf deren Unwirksamkeit berufen darf.[90])

| Beispiel |
| --- |
| *Es wirkt sich für den Verwender z. B. zu seinen Ungunsten aus, wenn die von ihm selbst gestellten »Ergänzenden Bestimmungen« in das Gefüge des § 2 Nr. 3 VOB/B eingegriffen haben.* <br> *Diese Bestimmung geht davon aus, daß Mengenschwankungen gegenüber der Ausschreibung von bis zu 10 % das Gleichgewicht von Leistung und Gegenleistung nicht stören. Klauseln, die dieses Gleichgewicht stören, können zwar unwirksam sein, der Verwender kann sich aber nicht darauf berufen, so daß er in diesem Fall auch größere Mengenänderungen ohne Auswirkung auf die Gegenleistung hinnehmen muß (z. B. »Massenabweichungen und -änderungen bedingen keine Änderung der Einheitspreise«)[91])* |

Unabhängig von der Frage, ob der Ingenieur, der »Ergänzende Bestimmungen« für die Vergabe einer Bauleistung empfiehlt, zulässigerweise rechtsberatend tätig wird, haftet er im Falle fehlerhafter Beratung gegenüber dem Auftraggeber und kann sich deshalb Schadensersatzansprüchen ausgesetzt sehen. Darüber hinaus kann ein Ingenieur als »Empfehler« oder als »Verwender« unwirksamer Vertragsbedingungen von den in § 13 Nr. 2 AGB-Gesetz genannten Verbänden in Anspruch genommen werden.

In der Praxis muß aber festgestellt werden, daß unwirksame Bauvertragsklauseln von Auftragnehmern oft in Kauf genommen werden, um künftige Geschäftsbeziehungen nicht zu gefährden. Bei Auftraggebern und für sie die »Ergänzenden Bestimmungen« formulierenden Architekten und Ingenieure ist dieser faktische Zustand häufig wiederum das Argument, mit dem sie sich der rechtlichen Beratung und der kritischen Überprüfung der eigenen »Ergänzenden Bestimmungen« entziehen: Der Hinweis auf »Auftragsfreiheit« ist oft schneller zur Hand als die Bereitschaft, die eigenen »Ergänzenden Bestimmungen« rechtmäßig auszugestalten.

Charakteristisch für »Ergänzende Bestimmungen« ist, daß die VOB in fast allen Formularverträgen vereinbart wird, dies meist jedoch so, daß deren ausgewogener Charakter wieder aufgehoben oder zumindest eingeschränkt wird, indem die für den Auftragnehmer günstigen Regelungen weitgehend ausgeschlossen werden. Für einen solchen »Ausschluß« kann es schon ausreichend sein, daß VOB-Regelungen durch die gesetzlichen Bestimmungen ersetzt werden. Bereits dadurch kann die Ausgewogenheit der VOB »als Ganzes« beeinträchtigt sein, mit der Folge, daß die einzelnen Bestimmungen der VOB nunmehr selbst anhand der Regelungen des AGB-Gesetzes zu prüfen sind. Dies wiederum hat zur Folge, daß zahlreiche als Einzelregelungen vereinbarte Bestimmungen der VOB unwirksam sind.

## Beispiele

Seit 1987 ist es ständige Rechtsprechung auch des BGH, daß die formularmäßige Vereinbarung von Abschlagszahlungen abweichend von § 16 Nr. 1 VOB/B nicht in Höhe der jeweils nachgewiesenen Leistungen, sondern nur in geringerer Höhe (beispielsweise 90 % statt der 100 %) ausreicht, den in der VOB festgelegten gerechten Interessenausgleich dergestalt beeinträchtigt, daß die VOB nicht mehr »als Ganzes« erhalten bleibt.

Dann fallen zwangsläufig verschiedene, vereinbarte »VOB-Restklauseln«.[92])

- § 2 Nr. 8 Abs. 1 Satz 1 VOB/B ist nur rechtswirksam, wenn dem Vertrag die VOB »als Ganzes« zugrunde liegt.[93])

- Die Bestimmung sieht vor, daß Leistungen, die der Auftragnehmer ohne Auftrag oder unter eigenmächtiger Abweichung vom Auftrag ausführt, nicht vergütet werden. Diese Bestimmung beinhaltet eine schwerwiegende, den Auftragnehmer hart treffende Folge und weicht entscheidend zu seinen Lasten von der gesetzlichen Regelung ab, da der Vergütungsanspruch von einer Anzeige des Auftragnehmers abhängig wird. Bei der gesetzlichen Regelung hingegen können z. B. auch Ansprüche aus sog. Geschäftsführung ohne Auftrag begründet sein, ohne daß dies von der Anzeige abhängig ist.

- Wird die Abnahmefiktion des § 12 Nr. 5 VOB/B ausgeschlossen, so ist dies zwar wirksam, hat aber zur Folge, daß die VOB/B nicht mehr »als Ganzes« vereinbart ist.[94])

- Nach § 16 Nr. 3 Abs. 1 VOB/B ist die Schlußzahlung alsbald nach Prüfung und Feststellung der vom Auftragnehmer vorgelegten Schlußrechnung zu leisten, spätestens innerhalb von zwei Monaten nach Zugang. Wenn nicht die VOB »als Ganzes« vereinbart ist, ist diese Regelung unwirksam, mit der Folge, daß die Schlußzahlung sofort mit der Abnahme fällig wird.[95])

- Nach § 16 Nr. 3 Abs. 2 VOB/B kann der Auftragnehmer unter bestimmten Umständen mit weiteren Zahlungsansprüchen ausgeschlossen werden, wenn der Auftraggeber Schlußzahlungen leistet, den Auftragnehmer über die Schlußzahlung schriftlich unterrichtet und auf die Ausschlußwirkung hingewiesen hat. Auch diese Möglichkeit bleibt nur bestehen, wenn die VOB »als Ganzes« vereinbart ist.[96])

- Die nach § 16 Nr. 6 Satz 1 VOB/B ansonsten mögliche Zahlung des Auftraggebers direkt an einen Subunternehmer seines Vertragspartners, wenn sich der Vertragspartner gegenüber dem Subunternehmer in Zahlungsverzug befindet, ist nicht möglich, wenn die VOB/B nicht »als Ganzes« vereinbart ist.[97])

## Praxishinweis

Im Rahmen dieses Handbuches kann nicht die gesamte Rechtsprechung zu unwirksamen Bauvertragsklauseln dargestellt werden. Hierfür muß auf die einschlägige Literatur verwiesen werden, die für die Praxis überaus hilfreich ist. Für den »Erstcheck« ist auf Glatzel/Hofmann/Frikell, Unwirksame Bauvertragsklauseln nach dem AGB-Gesetz, 7. Auflage, hinzuweisen.

## Beispiele

Besonders problematisch sind »**Ergänzende Bestimmungen**« – ohne Anspruch auf Vollständigkeit – in folgenden Bereichen:

- Klauseln, die auf die Fiktion des Aushandelns vorformulierter Vertragsbedingungen abzielen.
- Klauseln, die die Vollständigkeit und die ausreichende Prüfung von Vertragsunterlagen durch den Auftragnehmer fingieren.
- Unklare Auslegungsregeln (z. B. sog. »Salvatorische Klauseln«, nach denen etwa eine unwirksame Bedingung durch solche zu ersetzen sei, die dem gewollten wirtschaftlichen Zweck am nächsten kommen) oder
- Auslegungsklauseln zu Lasten des Auftragnehmers (z. B. »bei widersprüchlichen Angaben in den Angebots- bzw. Vertragsunterlagen gelten jeweils die zugunsten des Auftraggebers weitergehenden«).
- Angebots- und Vertragsänderungsklauseln, die den Auftraggeber berechtigen, den Leistungsinhalt einseitig abzuändern oder Teilleistungen ohne Vergütungsfolge zu kündigen. Auch die »Selbstübernahme« von Leistungsteilen ist rechtlich als Kündigung oder Teilkündigung zu qualifizieren.
- Klauseln, die Vertragsänderungsvorbehalte zugunsten des Auftraggebers beinhalten.
- Irrtumsklauseln, die das gesetzliche Anfechtungsrecht des Vertragspartners wegen Irrtums einschränken.
- Schriftformklauseln, die mündlichen Vereinbarungen die Gültigkeit absprechen.
- Sog. »Vollständigkeitsklauseln«, die den Auftragnehmer verpflichten, gegen die vereinbarte Vergütung »alle Leistungen zu übernehmen, die erforderlich sind, um das Werk vollständig zu erbringen, selbst wenn sie in den Vertragsunterlagen nicht erwähnt sind.[98])
- Klauseln, die dem Auftragnehmer nicht näher definierbare Informationspflichten auferlegen und z. B. Forderungen »infolge mangelhafter Information« nicht anerkennen.
- Klauseln, die dem Auftragnehmer bei unvollständigen oder fehlerhaften Ausführungsunterlagen Risiken und Verpflichtungen übertragen, die über die Anmeldung von Bedenken (vgl. § 3 Nr. 3 VOB/B) hinausgehen.
- Klauseln, die vom Auftragnehmer verlangen, daß er Zeichnungen, Berechnungen und andere von ihm gefertigte Unterlagen dem Auftraggeber kostenlos zur Verfügung zu stellen habe.
- Klauseln, nach denen »Nebenleistungen« ohne Zusatzvergütung zu erbringen sind, sind insbesondere dann problematisch, wenn
  – sie zu einem inhaltlich unbestimmten Leistungsumfang verpflichten (»Unkalkulierbarkeit der Leistung«),
  – die Kosten für Nebenleistungen vom Auftragnehmer auch dann zu tragen sind, wenn etwa Bauverzögerungen durch den Auftraggeber verschuldet sind,
  – Nebenleistungen für andere am Bau beteiligte Unternehmen vorzuhalten sind (z. B. Vorhaltung von Gerüsten oder das Beseitigen des Bauschutts anderer Unternehmer).
  In diesem Zusammenhang sind auch sog. »Kostenumlageklauseln« für Strom, Baureinigung, Abfallbeseitigung und Bauwesenversicherung zu sehen.
- Klauseln, die Vergütungsforderungen nach § 2 VOB/B an zusätzliche Erfordernisse (z. B. Schriftformerfordernis, weitere Anspruchsvoraussetzungen) knüpfen. Nach § 2 Nr. 5 VOB/B ist ein neuer Preis unter Berücksichtigung der Mehr- oder Minderkosten zu vereinbaren, wenn durch Änderung des Bauentwurfs oder anderer Anordnungen die Grundlagen des Preises für eine im Vertrag vorgesehene Leistung geändert werden. »Ergänzende Bestimmungen«, die die Ankündigung des Auftragnehmers oder eine diesbezügliche Vereinbarung mit ihm an das Schriftformerfordernis binden, sind unwirksam.[99])
  Entsprechendes gilt für sog. Zusatzleistungen (§ 2 Nr. 6 VOB/B).
- Da beim Pauschalvertrag die auftraggeberseitigen Vertragsunterlagen die Vermutung der Vollständigkeit und Richtigkeit für sich

haben[100]), sind auch hier die Spielräume für den Auftraggeber eng begrenzt, Risiken auf den Auftragnehmer formularmäßig zu übertragen (z. B. Ausschluß von Nachforderungen wegen Mehr- oder Minderleistungen[101])).

- Klauseln, die die Ausführung der Bauleistung betreffen und hier dem Auftraggeber über die Regelungen der VOB/B hinausgehende Eingriffs- und Weisungsbefugnisse übertragen (z. B. Festlegung der Reihenfolge zur Ausführung der einzelnen Gewerke, direkte Weisungsrechte gegenüber dem Personal des Auftragnehmers).

- Klauseln bezüglich der Ausführungsfristen, in denen sich der Auftraggeber das Recht vorbehält, einseitig Ausführungsfristen festzulegen oder mit denen die Folgen nicht erbrachter eigener Mitwirkungsleistungen auf den Auftragnehmer überwälzt werden.

- Entsprechendes gilt für Klauseln, zur Behinderung und Unterbrechung der Ausführung der Bauleistungen (vgl. § 6 VOB/B).

- Klauseln, die die Abnahme oder die an sie geknüpften Rechtsfolgen berühren (z. B. Gefahrtragungspflicht für den Auftragnehmer bis zur Gebrauchsabnahme, Schriftformerfordernis für die Abnahme).

- Bei Kündigungsklauseln sind insbesondere Regelungen problematisch, die dem Auftraggeber über die »großzügige« Bestimmung eines wichtigen Grundes faktisch ein einseitiges Recht ohne sachlich gerechtfertigten Grund vorsehen[102]), sowie Regelungen, die gesetzlich vorgesehene Vergütungsfolgen im Falle der Kündigung berühren.

- Risiken beinhalten in diesem Zusammenhang auch Klauseln, die ein Verschuldenserfordernis auf seiten des Auftragnehmers nicht ausreichend berücksichtigen.
Klauseln, die das Kündigungsrecht des Auftragnehmers erweitern oder einschränken. Da das gesetzliche Werkvertragsrecht kein freies Kündigungsrecht des Auftragnehmers kennt, ist bei etwaigen »Rücktrittsvorbehalten« der Auftragnehmerseite zu prüfen, ob sie an einen »sachlichen Grund« (§ 10 Nr. 3 AGBG) geknüpft sind. »Ergänzende Bestimmungen« der Auftraggeberseite sind insbesondere dann zu beanstanden, wenn sie

versuchen, das – vom Gesetzgeber sowieso eng begrenzte – Kündigungsrecht des Auftragnehmers bzw. die schadensersatzrechtlichen Folgen einer berechtigen Kündigung einzuschränken bzw. auszuschließen.[103])

- Für Haftungsfreistellungsklauseln zugunsten des Auftraggebers, seines Architekten oder Ingenieurs (z. B. die generelle Haftungsbegrenzung auf Vorsatz und grobe Fahrlässigkeit) ist der Gestaltungsspielraum durch »Ergänzende Bestimmungen« eng.

- Für die Gestaltungsspielräume bei der Vereinbarung einer Vertragsstrafe (§ 11 VOB/B) sind im wesentlichen einem Urteil des BGH vom 19. 01. 1989 zu entnehmen.[104])
Sie muß eine
  - angemessene Begrenzung der Höhe nach enthalten,
  - ihre Höhe pro Zeiteinheit muß vertretbar sein, und
  - ihre Verschuldensabhängigkeit muß deutlich sein.
Der Vertragsstrafenvorbehalt kann nicht entfallen, es kann aber formularmäßig vereinbart werden, daß der Besteller sich die Vertragsstrafe nicht schon bei der Abnahme vorbehalten muß und sie noch bis zur Schlußzahlung geltend machen darf.[105]) Darüber hinaus ist für Strafklauseln bei Wettbewerbsverstößen zu beachten, daß sich diese nur an den Auftragnehmer, aber nicht an die Bewerber einer Ausschreibung in ihrer Gesamtheit wenden können.[106])

- Für Regelungen der Dauer der Gewährleistungspflicht kommt es u.a. darauf an, ob sie sachlich gerechtfertigt und nicht unüblich ist.[107])

- Die isolierte formularmäßige Klausel »Gewährleistung nach VOB« ist auch dann unwirksam, wenn beide Vertragspartner Kaufleute sind.[108])

- Regelmäßig unzulässig sind Klauseln, die zu einer Verschiebung des Gewährleistungsbeginns führen.

- Ebenso problematisch sind Klauseln, die zu einer Erweiterung der Gewährleistung etwa im Wege der Beweislastumkehr, oder solche Klauseln, die zu einer verschuldensunabhängigen Haftung führen.

- *Auch für Ersatzvornahmeklauseln besteht über die Grundzüge der gesetzlichen Regelung hinaus kaum Gestaltungsspielraum.*
- *Abrechnungsklauseln, die die Bestimmungen des § 14 VOB/B modifizieren, werden dann bedenklich, wenn sie darauf gerichtet sind, den Vergütungsanspruch des Auftragnehmers etwa durch Verkürzung gesetzlicher Verjährungs- bzw. Verwirkungsregelungen einzuschränken oder Nachforderungen abweichend von den Bedingungen der »Schlußzahlungsfiktion« (§ 16 Nr. 3 VOB/B) auszuschließen.*
- *Aufmaßklauseln, die entgegen dem gesetzlichen Leitbild nicht auf die tatsächliche vergütungspflichtige Leistung des Auftragnehmers abstellen, sondern einen fiktiven Leistungsumfang für die Vergütung aufstellen, sind unwirksam.*
- *Entsprechende Gesichtspunkte gelten auch bei Stundenlohnvereinbarungen. Klauseln, die nicht nur darauf abzielen, die aufgewendeten Stunden transparent zu machen, son-dern den Anspruch auf Vergütung vereinbarter und erbrachter Stundenlohnarbeiten unabhängig von der Beweisbarkeit von der Einhaltung bestimmter Formalien abhängig machen, sind in aller Regel unwirksam.[109])*
- *Unwirksam sind in der Praxis weit verbreitete Zahlungsklauseln, die den Zahlungszeitpunkt ohne gerechtfertigten Grund hinausschieben. So kann etwa bei Mängeln die Bezahlung für diese Leistungen nicht in jedem Fall bis zur Beseitigung verweigert werden.*
- *Bei Skontoklauseln ist zu beachten, daß Skontoabzüge nur bei Zahlung vor Fälligkeit vorgenommen werden können. Skontoabzüge können ebenfalls nicht wirksam vereinbart werden für Zahlungen, die die Zwei-Monats-Frist für Schlußzahlungen (vgl. § 16 Nr. 3 Abs. 1 VOB/B) ausschöpfen.*
- *Wegen der engen Gestaltungsspielräume für Sicherheitsleistungen (§ 17 VOB/B) empfiehlt sich i. d. R. eine strikte Orientierung an den Bestimmungen des § 17 VOB/B und des § 14 VOB/A.*

Es wurde bereits darauf hingewiesen, daß Allgemeine Vertragsbedingungen (VOB/B) grundsätzlich unverändert bleiben und sie nur durch Zusätzliche Vertragsbedingungen ergänzt werden dürfen, die den Allgemeinen Vertragsbedingungen nicht widersprechen.

Für die Erfordernisse des Einzelfalles – § 10 Nr. 4 (1) und (2) VOB/A nennt die Regelbeispiele – sind die Allgemeinen Vertragsbedingungen und etwaige Zusätzliche Vertragsbedingungen durch Besondere Vertragsbedingungen zu ergänzen. Die Abweichungen von den Allgemeinen Vertragsbedingungen sollen sich auf die Fälle beschränken, in denen dort besondere Vereinbarungen ausdrücklich vorgesehen sind und auch nur soweit es die Eigenart der Leistung und ihre Ausführung erfordern (§ 10 Nr. 2 (2) VOB/A). Entsprechendes gilt für die Allgemeinen Technischen Vertragsbedingungen.

## Praxishinweis

### ... für Hilfsmittel

*Eine wesentliche Hilfe für die Vergabe und Gestaltung von öffentlichen Bauaufträgen, ist das vom Bundesminister für Raumordnung, Bauwesen und Städtebau herausgegebene Vergabehandbuch (VHB)[110], das Richtlinien für die Vergabe von Bauaufträgen sowie deren Abwicklung (VOB/A und VOB/B) enthält. Dieses Vergabehandbuch (VHB) ist eine Dienstanweisung, die nach außen die Wirkung Allgemeiner Geschäftsbedingungen hat. Seine Bestimmungen werden weitgehend für die Länder und Gemeinden übernommen oder dort in ähnlicher Weise gestaltet.*

*Der Bundesminister für Verkehr, Abteilung Straßenbau, hat für die Vergabe und Aus-*

*führung von Bauleistungen im Straßen- und Brückenbau ein Handbuch (HVA-StB) herausgegeben.*

*Für den Bereich der Energieversorgungsunternehmen empfiehlt sich das von der Vereinigung Deutscher Elektrizitätswerke (VDEW) und der VGB-Technische Vereinigung der Großkraftwerksbetreiber herausgegebene Handbuch »Auftragsvergabe der EVU – Erläuterungen für die Ausschreibungspraxis im EG-Binnenmarkt«.[111] Das Buch ist u. a. wegen seiner Begriffsdefinitionen und der übersichtlichen Ablaufdiagramme auch über den EVU-Bereich hinaus für EU-weite Ausschreibungen hilfreich.*

Mit dem Problem der »Ergänzenden Bestimmungen« ist zugleich das Problem der **Rechtsberatung durch Ingenieure** überhaupt angesprochen.[112]

[1]) Locher/Koeble/Frik, HOAI, 7. Auflage, § 2 Rdn. 17-18

[2]) § 204 Abs. 2 i. d. F. des Entwurfs der Fachgruppe »Projektsteuerung« des »AHO Ausschuß der Ingenieurverbände und Ingenieurkammern für die Honorarordnung e.V.« und des »DVP Deutscher Verband der Projektsteuerer e.V.« von 1996, siehe Abschnitt 2.3.4, S. 56 ff.

[3]) Korbion/Hochstein, VOB-Vertrag, 6. Auflage, S. 154

[4]) so zum Architekten: BGH, Urt. v. 26. 04. 1979-VII ZR 190/78, BGHZ 74, 235, BauR 1979, 345, NJW 1979, 1499, ZfBR 1979, 154, MDR 1979, 837, BB 1979, 910, DB 1979,1696, JZ 1979, 478, WM 1979, 836

[5]) Vygen, Grundwissen Bauvertragsrecht nach VOB und BGB, Bauverlag, Wiesbaden 1997

[6]) Ingenstau/Korbion, VOB Verdingungsordnung für Bauleistungen Teile A und B DIN 1960/1961 (Fassung Juni 1996) mit EG Sektorenrichtlinie Kommentar, 13. Auflage, Düsseldorf 1996

[7]) Kapellmann, Schiffers, Vergütung, Nachträge und Behinderungsfolgen beim Bauvertrag, Band 1, Einheitspreisvertrag, 3. Auflage, Düsseldorf 1996, Band 2, Pauschalvertrag einschließlich Schlüssel- fertigbau, 2. Auflage, Düsseldorf 1997

[8]) Solche Literaturtips sind weder vollständig noch repräsentativ, sondern geben aus dem vielfältigen Angebot eine persönliche Einschätzung auf der Grundlage unserer praktischen Erfahrungen wieder

[9]) BGH, Urt. v. 12. 10. 1978 VII ZR 288/77, BB 1978, 1692, 1693

[10]) BGH, Urt. v. 12. 10. 1978 VII ZR 288/77, BB 1978, 1692, 1693

[11]) Korbion/Hochstein, VOB-Vertrag, 6. Auflage, S. 159

[12]) Ingenstau/Korbion, 13. Auflage, Einleitung, Rdn. 28 mit weiteren Nachweisen; siehe auch S. 146 ff.

[13]) Ingenstau/Korbion, 13. Auflage, Einleitung, Rdn. 28 mit weiteren Nachweisen

[14]) OLG Nürnberg, Urt. v. 18. 09. 1985 – 4 U 3597/84, NJW 1986, 437

[15]) OLG Nürnberg, Urt. v. 18. 09. 1985 – 4 U 3597/84, NJW 1986, 437 unter Hinweis auf BGH, Schäfer-Finnern, Z 2. 331, Bl. 45, 46; BGH, BauR 1975, 274

[16]) OLG Nürnberg, Urt. v. 18. 09. 1985 – 4 U 3597/84, NJW 1986, 437 unter Hinweis auf Ingenstau/Kor- bion, § 28 VOB/A Rdn. 7

[17]) Brüssel, Baubetrieb von A-Z, 2. Auflage, Stichwort »Ausschreibung«

[18]) Ingenstau/Korbion, 13. Auflage, § 3 VOB/A, Rdn. 2 unter Hinweis auf Wolfensberger BauR 1979, 457

[19]) Richtlinie zur Änderung der EG-Richtlinie über die Koordinierung der Vergabe öffentlicher Bauaufträge Nr. 71/305/EWG vom 18. 07. 1989 (Nr. 89/ 440/EWG), neu gefaßt durch die Richtlinie 93/38/EWG vom 14. 06. 1993 (ABl. EG Nr. L 199 vom 19. 08. 1993)

[20]) Richtlinie der EG vom 17. 09. 1990 betreffend die Auftragsvergabe durch Auftraggeber im Bereich der Wasser-, Energie- und Verkehrsversorgung sowie im Telekommunikationssektor (90/531/EG), neu gefaßt durch die Richtlinie 93/38 EWG vom 14. 06. 1993 (ABl. EG Nr. L 199 vom 19. 08. 1993)

[21]) OLG Köln, Urt. v. 13. 07. 93-22 U 48/93, BauR 1994, 100

[22]) BGH, Urt. v. 23. 01. 1997-VII ZR 65/96

[23]) OLG Düsseldorf, Urt. v. 05. 03. 1993-22 U 220/92, NJW-RR 1993,1046

[24]) OLG Düsseldorf, Urt. v. 05. 03. 1993-22 U 220/92, NJW-RR 1993,1046

[25]) § 55 Bundeshaushaltsordnung

[26]) z. B. jeweils § 55 Landeshaushaltsordnung Bran- denburg, Hessen, Mecklenburg-Vorpommern, Nord- rhein-Westfalen, Sachsen (Vorläufige Sächsische Haushaltsordnung), Sachsen-Anhalt, Thüringen

[27]) z. B. Gemeindehaushaltsverordnungen: § 29 Bran- denburg, § 30 Hessen, § 29 Mecklenburg-Vorpom- mern, § 31 Nordrhein-Westfalen, § 31 Sachsen, § 32 Sachsen-Anhalt, § 31 Thüringen

[28]) LG Aachen, Urt. v. 16. 09. 1987-4 O 269/84, NJW-RR 1988, 1364

[29]) LG Aachen, Urt. v. 16. 09. 1987-4 O 269/84, NJW-RR 1988, 1364 unter Hinweis auf BGH, NJW 1975, 825; NJW 1969, 419; BGHZ 31, 224, NJW 1960, 431

[30]) OVG Koblenz, Urt. v. 01. 12. 1994-12 A 11892/92, DVBl 1995, 1148, NVwZ-RR 1996, 230-232, IBR 1996, 299, KStZ 1996, 218-220, vgl. auch Dausner, IBR 1996, 299

[31]) OVG Münster, Teilurt. v. 15. 12. 1994-9 A 2251/93, (vorgehend VG Gelsenkirchen, Urt. v. 13. 05. 1993-K 3907/92), OVGE MüLü 44, 211-225, NWVBl 1995, 173-177, ZKF 1995, 109-111, DVBl 1995, 1147, NVwZ 1995, 1238-1242, unter Hinweis auf OVG Münster, Beschl. v. 19. 01. 1990-2 A 2171/87- und Urt. v. 30. 01. 1991-9 A 765/88

[32]) für kommunale Eigenbetriebe besteht in Nordrhein- Westfalen eine Ausnahme, obwohl diese keine eigene Rechtspersönlichkeit besitzen. Nach dem Runderlaß des Innenministers vom 08. 04. 1997 (III B 4-5/701/4785/75), der durch ein Schreiben des Innenministeriums vom 16. 05. 1994 (III B 4-5/ 701-6933/94)an die Bezirksregierungen aktualisiert wurde, besteht keine Verpflichtung für Eigen- betriebe zur Anwendung der VOB/VOL. Mit dem Vergaberechtsänderungsgesetz (Stand Entwurf der Bundesregierung vom 05. 09. 1997) wird diese unseres Erachtens bereits heute (EG- und landes-)- rechtswidrige Praxis endgültig nicht mehr haltbar sein, da sie dann auch gegen Bundesrecht verstößt

[33]) die Bindung der Kommunen an die Bestimmungen der VOB/Teile A und B verstößt materiell nicht ge- gen die Selbstverwaltungsgarantie; sie greift weder in den Kernbereich der gemeindlichen Selbst- verwaltung ein, noch ist sie unverhältnismäßig; VGH Mannheim, Urt. v. 14. 03. 1988-1 S 2418/86, DÖV 1988, 649, ESVGH 38, 184, NJW-RR 1988, 1045, ZfBR 1989, 138

[34] Richtlinie 93/37/EWG, AblEG Nr. L 199 v. 09. 08. 1993, S. 54, ber. durch ABlEG Nr. L 111 v. 30. 04. 1994, S. 115

[35] Richtlinie 93/38/EWG, ABlEG Nr. L 199 v. 09. 08. 1993, S. 84

[36] vgl. dazu ausführlich Bornheim/Stockmann, BauR 1994, 677 (682 ff.)

[37] Auf das betreffende Gesetz (GWB) wird auf den folgenden Seiten weiter eingegangen.

[38] Stand 01. 11. 1997

[39] gem. § 57a Abs. 1 HGrG

[40] der Gesetzentwurf der Bundesregierung (Bundesratsdrucksache 646/97 vom 05. 09. 1997) zum Vergaberechtsänderungsgesetz bestimmt die »öffentlichen Auftraggeber« in § 107 GWB-Entwurf inhaltlich nahezu unverändert

[41] Grundlage des geltenden Wasserverbandsrechts bildet jetzt das Gesetz über Wasser- und Bodenverbände vom 12. 02. 1991 – BGBl. I S. 405. Es ist nach § 78 Abs. 1 »Rechtsnachfolger« des bis zu diesem Zeitpunkt in Geltung gebliebenen Reichsgesetzes über Wasser- und Bodenverbände vom 10. 02. 1937; vgl. Rapsch, Wasserverbandsrecht, München 1993

[42] Ingenstau/Korbion, 13. Auflage, Einleitung, Rdn. 102

[43] Ingenstau/Korbion, 13. Auflage, Einleitung, Rdn. 102

[44] Ingenstau/Korbion, 13. Auflage, Einleitung, Rdn. 102. Insoweit ist die Entscheidung des VÜ Bund vom 08. 09. 1994-1 VÜ 6/94, WuW 1995, 870 überholt. Die Telekom unterfiel dabei noch als Sondervermögen des Bundes § 57a Abs. 1 Nr. 1 HGrG

[45] Jasper, Entwicklung des Vergaberechts, DB 1997, 915 ff.

[46] VÜ Bund v. 13. 12. 1995-1 VÜ 6/95, WuW 1996, 344

[47] abgedruckt bei Ingenstau/Korbion, 13. Auflage, Einleitung, Rdn. 102

[48] Jasper, Entwicklung des Vergaberechts, DB 1997, 915 ff. mit weiteren Nachweisen

[49] Jasper, Entwicklung des Vergaberechts, DB 1997, 915 ff.

[50] Runderlaß II Nr. 3/1996 vom 02. 04. 1996

[51] § 4 Abs. 7 und 8, § 6 Vergabeverordnung bzw. § 109 GWB-Entwurf

[52] Ingenstau/Korbion, 13. Auflage, § 3 VOB/A, Rdn. 7

[53] EuGH, EuZW 1996, 441

[54] vgl. Ingenstau/Korbion, 13. Auflage, § 3 VOB/A, Rdn. 32

[55] vgl. Ingenstau/Korbion, 13. Auflage, § 3 VOB/A, Rdn. 44

[56] vgl. Ingenstau/Korbion, 13. Auflage, § 3 VOB/A, Rdn. 42 unter Verweis auf seine Kommentierung zu § 9 Nr. 10 ff. VOB/A

[57] vgl. Ingenstau/Korbion, 13. Auflage, § 3 VOB/A, Rdn. 42 unter Hinweis auf OLG Hamm, Urt. v. 06. 10. 92-26 U 86/91, NJW-RR 1993, 541 für den Bereich der VOL/A

[58] vgl. Ingenstau/Korbion, 13. Auflage, § 3 VOB/A, Rdn. 42

[59] Lampe-Helbig/Wörmann, Handbuch der Bauvergabe, 2. Auflage, Rdn. 161

[60] Ingenstau/Korbion, 13. Auflage, § 3 VOB/A, Rdn. 21

[61] Ingenstau/Korbion, 13. Auflage, § 3 VOB/A, Rdn. 37

[62] vgl. Ingenstau/Korbion, 13. Auflage, § 3 VOB/A, Rdn. 4

[63] Ingenstau/Korbion, 13. Auflage, § 3a VOB/A, Rdn. 8

[64] Ingenstau/Korbion, 13. Auflage, § 3b VOB/A, Rdn. 5

[65] Thiel, Leistungsverzeichnisse und Vertragsbedingungen, Elektrizitätswirtschaft 1997, 138

[66] Thiel, Leistungsverzeichnisse und Vertragsbedingungen, Elektrizitätswirtschaft 1997, 138

[67] Thiel, Leistungsverzeichnisse und Vertragsbedingungen, Elektrizitätswirtschaft 1997, 138

[68] Kapellmann, Schiffers, Vergütung, Nachträge und Behinderungsfolgen beim Bauvertrag, Band 1, Einheitspreisvertrag, 3. Auflage, Düsseldorf 1996, Band 2, Pauschalvertrag einschließlich Schlüsselfertigbau, 2. Auflage, Düsseldorf 1997

[69] Ingenstau/Korbion, 13. Auflage, § 9 VOB/A, Rdn. 129

[70] vgl. Ingenstau/Korbion, 13. Auflage, § 9 VOB/A, Rdn. 128: allgemein nur im Wege Beschränkter Ausschreibung

[71] vgl. Ingenstau/Korbion, 13. Auflage, § 9 VOB/A, Rdn. 130

[72] vgl. Ingenstau/Korbion, 13. Auflage, § 9 VOB/A, Rdn. 128

[73] vgl. VHB Nr. 7.1.3 zu § 9 Nr. 11 VOB/A, Vergabehandbuch für die Durchführung von Bauaufgaben des Bundes im Zuständigkeitsbereich der Finanzbauverwaltungen – VHB Ausgabe 1973 i. d. F. der 9. Austauschlieferung mit Stand August 1996

[74] Ingenstau/Korbion, 13. Auflage, § 9 VOB/A, Rdn. 132

[75] vgl. Ingenstau/Korbion, 13. Auflage, § 9 VOB/A, Rdn. 136

[76] vgl. Ingenstau/Korbion, 13. Auflage, § 9 VOB/A, Rdn. 133

[77] vgl. VHB Nr. 7.1.4 zu § 9 Nr. 11 VOB/A, Vergabehandbuch für die Durchführung von Bauaufgaben des Bundes im Zuständigkeitsbereich der Finanzbauverwaltungen VHB Ausgabe 1973 i. d. F. der 9. Austauschlieferung mit Stand August 1996

[78] Vergabehandbuch für die Durchführung von Bauaufgaben des Bundes im Zuständigkeitsbereich der Finanzbauverwaltungen VHB Ausgabe 1973 i. d. F. der 9. Austauschlieferung mit Stand August 1996

[79] Vergabehandbuch für die Durchführung von Bauaufgaben des Bundes im Zuständigkeitsbereich der Finanzbauverwaltungen – VHB Ausgabe 1973 i. d. F. der 9. Austauschlieferung mit Stand August 1996, Ziffer 7.2.1 zu § 9 Nr. 11

[80] BGH, Urt. v. 27. 06. 1996-VII ZR59/95, BauR 1997, 121, ZfBR 1997, 29, NJW 1997, 91

[81] BGH, Urt. v. 23. 01. 1997-VII ZR 65/96

[82] BGH, Urt. v. 27. 06. 1996-VII ZR59/95, BauR 1997, 121, ZfBR 1997, 29, NJW 1997, 91; BGH, Urt. v. 23. 01. 1997-VII ZR 65/96

[83] BGH, Urt. v. 27. 06. 1996-VII ZR59/95, BauR 1997, 121, ZfBR 1997, 29, NJW 1997, 91

[84] BGH, Urt. v. 23. 01. 1997-VII ZR 65/96

[85] LG Aachen, Urt. v. 16. 09. 1987-4 O 269/84, NJW-RR 1988, 1364

86) LG Aachen, Urt. v. 16. 09. 1987-4 O 269/84, NJW-RR 1988, 1364

87) am Ende des Kapitels folgen hierzu weitere Hinweise, S. 372

88) BGH, Urt. v. 24. 05. 73-VII ZR 92/71, BGHZ 61, 28, NJW 1973, 1457, 1458

89) Glatzel/Hofmann/Frikell, Unwirksame Bauvertragsklauseln nach dem AGB-Gesetz, 7. Auflage, S. 16

90) BGH, Urt. v. 04. 12. 1986-VII ZR 354/85, DB 1987, JZ 1987, 579, MDR 1987, 397, NJW 1987, 837, WM 1987, 214

91) OLG Bamberg, Urt. v. 21. 09. 1994-3 U 258/93, Baurechts-Report 11/94, Korbion/Locher, AGB-Gesetz und Bauerrichtungsverträge, 2. Auflage, Rdn. 120

92) BGH, Urt. v. 17. 09. 1987 155/86, BGHZ 101, 357, BauR 1987, 694, DB 1987, 2631, JZ 1988, 39, MDR 1988, 135, NJW 1988, 55, WM 1987, 1498; BGH, Urt. v. 21. 06. 1990-VII ZR 109/88, BGHZ 111, 394, BauR 1990, 727, DB 1990, 2112, NJW 1990, 2384, WM 1990, 1559, ZfBR 1990, 272; BGH, Urt. v. 14. 02. 1991-VII ZR 291/89, NJW RR 1991, 727

93) BGH, Urt. v. 31. 01. 1991-VII ZR 291/98, BGHZ 113, 315, BauR 1991, 331, NJW 1991, 1812, NJW-RR 1991, 916, WM 1991, 1389, ZfBR 1991, 146

94) BGH, Urt. v. 21. 06. 1990-VII ZR 109/89, BGHZ 111, 394, BauR 1990, 727, DB 1990, 2112, NJW 1990, 2384, WM 1990, 1559, ZfBR 1990, 272

95) OLG München, Urt. v. 26. 07. 1994-13 U 1804/94, Baurechts-Report 10/94

96) BGH, Urt. v. 17. 09. 1987-VII ZR 155/86, BGHZ 101, 357, BauR 1987, 694, DB 1987, 2631, JZ 1988, 39, MDR 1988, 135, NJW 1988, 55, WM 1987, 1498; BGH, Urt. v. 06. 06. 1991-VII ZR 101/90, BauR 1991, 740, NJW-RR 1991, 1238, WM 1991, 1962, ZfBR 1991, 253 zur alten Fassung der VOB/B. Die Entscheidungen sind aber nach wie vor von Bedeutung, da die Unwirksamkeit nach wie vor auf einen Verstoß gegen § 9 AGB aufgrund der unangemessenen Verkürzung der gesetzlichen Verjährungsvorschriften gestützt werden kann

97) BGH, Urt. v. 21. 06. 1990-VII ZR 109/89, BGHZ 111, 394, BauR 1990, 727, DB 1990, 2112, NJW 1990, 2384, WM 1990, 1559, ZfBR 1990, 272

98) beim Pauschalvertrag ist hier zu differenzieren, da bei diesem die Vermutung für die Vollständigkeit der Leistungsbeschreibung besteht

99) BGH, Urt. v. 20. 12. 1990-VII ZR 248/89, DB 1991, 1324, MDR 1991, 598, NJW-RR 1991, 534, WM 1991, 817, ZfBR 1991, 101; OLG München, Urt. v. 16. 11. 1993-9 U 3155/93 i.V.m. BGH, Beschluß v. 18. 05. 1995-VII ZR 31/94, Baurechts-Report 7/95

100) OLG Düsseldorf, Urt. v. 19. 03. 1990-23 U 141/90, BauR 91, 747

101) vgl. OLG Oldenburg, Urt. v. 19. 08. 1992-2 U 229/91, BauR 93, 228

102) vgl. BGH, Urt. v. 04. 10. 1984-VII ZR 65/83, BGHZ 92, 244, BauR 1985, 77, DB 1985, 222, MDR 1985, 222, NJW 1985, 631, ZfBR 1985, 37

103) Glatzel/Hofmann/Frikell, Unwirksame Bauvertragsklauseln nach dem AGB-Gesetz, 7. Auflage, S. 224

104) BGH, Urt. v. 19. 01. 1989-VII ZR 348/87, BauR 1989, 327, DB 1989, 722, MDR 1989, 535, NJW-RR 1989, 527, WM 1989, 449, ZfBR 1989, 102, 209

105) BGH, Urt. v. 12. 10. 1978-VII ZR 139/75, BGHZ 72, 222, BauR 1979, 56, NJW 1979, 212, ZfBR 1979, 15, MDR 1979, 220, BB 1979, 69, DB 1979, 1740, WM 1978, 1407, VersR 1979, 251

106) BGH, Urt. v. 23. 06. 88-VII ZR 117/87, BB 1988, 1916, BGHZ 105, 24, BauR 1988, 588, DB 1988, 2246, NJW 1988, 2536, WM 1988, 1569

107) OLG Köln, Urt. v. 29. 04. 1988-19 U 298/87, BauR 1989, 376

108) OLG Düsseldorf, Urt. v. 29. 07. 1994-21 U 47/94, SFH § 9 AGB-Gesetz Nr. 61

109) vgl. Glatzel/Hofmann/Frikell, Unwirksame Bauvertragsklauseln nach dem AGB-Gesetz, 7. Auflage, S. 301

110) Vergabehandbuch für die Durchführung von Bauaufgaben des Bundes im Zuständigkeitsbereich der Finanzbauverwaltungen – VHB Ausgabe 1973 i.d.F. der 9. Austauschlieferung mit Stand August 1996 –, zu beziehen über Deutscher Bundes-Verlag GmbH, Südstraße 119, 53175 Bonn

111) zu beziehen über die Verlags- und Vertriebsgesellschaft der Elektrizitätswerke mbH VWEW, Rebstöcker Straße 59, 60326 Frankfurt

112) siehe Kapitel 2, das sich mit dieser Problematik ausführlich auseinandersetzt, S. 64 ff.

# Literaturverzeichnis

| | |
|---|---|
| Altenhoff/Busch/Chemnitz | Rechtsberatungsgesetz, 10. Auflage, Münster 1993 |
| Arbeitskreis Vergabewesen der Bundesvereinigung der kommunalen Spitzenverbände (Hrsg.) | Architekten- und Ingenieurverträge für öffentliche Bauvorhaben, München 1995 |
| Battis/Krautzberger/Löhr | BauGB, 5. Auflage, München 1996 |
| Bindhardt/Jagenburg | Die Haftung des Architekten, 9. Auflage, München 1990 |
| Böggering | Rechtsfragen des Baucontrolling, BauR 1983, 402 ff. |
| Bredenbeck/Schmidt | Honorarabrechnung nach HOAI. Insbesondere die Berücksichtigung mitverarbeiteter Bausubstanz nach § 10 Abs. 3 a HOAI, BauR 1994, 67 ff. |
| Brüssel | Baubetrieb von A bis Z, 2. Auflage, Düsseldorf 1995 |
| Bundesministerium für Raumordnung, Bauwesen und Städtebau (Hrsg.) | RBBau-Vertragsmuster, Bonn 1993 |
| Bundesministerium für Raumordnung, Bauwesen und Städtebau (Hrsg.) | Vergabehandbuch für die Durchführung von Bauaufgaben des Bundes im Zuständigkeitsbereich der Finanzbauverwaltungen – VHB, Ausgabe 1973 i.d.F. der 9. Austauschlieferung mit Stand August 1996; Bonn 1997 |
| Dabrinhausen | Zur Direktwirkung der EG-Dienstleistungskoordinierungsrichtlinie, Der Gemeindehaushalt 1994, 25 ff. |
| Diederichs | Qualität, Nutzen und Kosten des Projektmanagements im Bauwesen, in: Seminar Rechtliche Problemstellungen beim Projektmanagement, Wiesbaden 1995, S. 88 ff. |
| Glatzel/Hofmann/Frikell | Unwirksame Bauvertragsklauseln, 7. Auflage, Stamsried 1995 |
| Göhring | Zur Wirksamkeit kommunaler Grundstückskaufverträge. Wie weit darf sich ein Gericht von der gesellschaftlichen Realität lösen?, NJ 1996, 630 ff. |
| Graf Lambsdorff/Skora | Handbuch des Bürgschaftsrechts, München 1994 |

| | |
|---|---|
| Grziwotz | Zur Vertretungsmacht des ersten Bürgermeisters einer Bayerischen Gemeinde, MittBayNot 1997, 123 f. |
| Hartmann u. a. | Die neue Honorarordnung für Architekten und Ingenieure (HOAI), Loseblattsammlung, 3 Bände, Bad Kissingen 1982 |
| Hasselbach | Zur Vertretungsmacht des Bürgermeisters in den neuen Bundesländern, OLG-NL 1997, 6 f. |
| Heiermann | Die Tätigkeit der Projektsteuerer unter dem Blickwinkel des Rechtsberatungsgesetzes, BauR 1996, 58 ff. |
| Heinrich | Baumanagement und die §§ 15, 31 HOAI, BauR 1986, 524 ff. |
| Hesse/Korbion/Mantscheff/ Vygen | HOAI, 5. Auflage, München 1996 |
| Hirte, Hasselbach | Unerwartete Risiken bei Verträgen mit Gemeinden in den neuen Ländern – Zur beschränkten Vertretungsmacht des Bürgermeisters in der neueren Rechtsprechung der Oberlandesgerichte Naumburg, Jena und Rostock, DB 1996, 1611 f. |
| Immenga/Mestmäcker | GWB, 2. Auflage, München 1992 |
| Ingenstau/Korbion | VOB Verdingungsordnung für Bauleistungen Teile A und B DIN 1960/1961 (Fassung Juni 1996) mit EG Sektorenrichtlinie Kommentar, 13. Auflage, Düsseldorf 1996 |
| Jasper | Entwicklung des Vergaberechts, DB 1997, 915 ff. |
| Jochem | HOAI-Gesamtkommentar, 4. Auflage, Wiesbaden 1996 |
| Jörn | Projektsteuerung und Grundgesetz – § 31 HOAI im Lichte des Verfassungsrechts, BauR 1996, 162 ff. |
| Kaiser | Mängelbeseitigungspflichten des Architekten, NJW 1973, 1910 ff. |
| Kapellmann (Hrsg.) | Juristisches Projektmanagement bei Entwicklung und Realisierung von Bauprojekten, Düsseldorf 1997 |
| Kapellmann/Schiffers | Vergütung, Nachträge und Behinderungsfolgen beim Bauvertrag, Band 1, Einheitspreisvertrag, 3. Auflage, Düsseldorf 1996, Band 2, Pauschalvertrag einschließlich Schlüsselfertigbau, 2. Auflage, Düsseldorf 1997 |
| Kleine-Möller/Merl/Oelmaier | Handbuch des privaten Baurechts, 2. Auflage, München 1997 |
| Knemeyer | Freiberufliche und baugewerbliche Betätigung von Architekten. Inhalt und Grenzen des Kollisionsverbots nach den Regelungen der Berufsordnungen, NJW 1983, 249 ff. |

| | |
|---|---|
| Knepper | Schäden aus ungenügender Projektsteuerung öffentlicher Bauinvestitionen – Erfahrungen der WIBERA Wirtschaftsberatung AG, in: DVP (Hrsg.), Nutzen der Projektsteuerung, DVP-Verlag, Wuppertal 1992 |
| Kniffka | Die Zulässigkeit rechtsbesorgender Tätigkeiten durch Architekten, Ingenieure und Projektsteuerer, in: Seminar Rechtliche Problemstellungen beim Projektmanagement, Wiesbaden 1995, S. 125 ff. = Kniffka, Die Zulässigkeit rechtsbesorgender Tätigkeiten durch Architekten, Ingenieure und Projektsteuerer, ZfBR 1994, 253 ff. (Teil 1), ZfBR 1995, 10 ff. (Teil 2) |
| Knipp | Rechtliche Rahmenbedingungen bei der Projektsteuerung, in: Seminar Rechtliche Problemstellungen beim Projektmanagement, Wiesbaden 1995, S. 29 ff. |
| Kohler-Gehrig | Vertretung und Vertretungsmängel der Gemeinde im Privatrechtsverkehr, VBlBW 1996, 441 ff., VBlBW 1997, 12 ff. |
| Korbion/Hochstein | VOB-Vertrag, 6. Auflage, Düsseldorf 1994 |
| Korbion/Locher | AGB-Gesetz und Bauerrichtungsverträge, 3. Auflage, Düsseldorf 1996 |
| Lampe-Helbig/Wörmann | Handbuch der Bauvergabe, 2. Auflage, München 1995 |
| Länderarbeitsgemeinschaft Wasser – LAWA (Hrsg.) | Handbuch für Ingenieurverträge in der Wasserwirtschaft (HIV-Was), Berlin 1996 |
| Locher | Das private Baurecht, 6. Auflage, München 1996 |
| Locher/Koeble/Frik | HOAI, 7. Auflage, Düsseldorf 1996 |
| Löffelmann/Fleischmann | Architektenrecht, 3. Auflage, Düsseldorf 1995 |
| Lötzsch, Bornheim | Zivilrechtliche Rechtsfolgen bei Nichtbeachtung der neuen Vergabevorschriften der VOB/A durch private Auftraggeber, NJW 1995, 2134 ff. |
| Motzke/Wolff | Praxis der HOAI, 2. Auflage, München 1995 |
| Münchener Kommentar zum Bürgerlichen Gesetzbuch | 2. Auflage 1984–1990, 3. Auflage 1992 ff., München |
| Nendza | Die Stellung des alten Gemeindedirektors und des neuen Bürgermeisters als Leiter der Verwaltung nach der alten und der neuen Gemeindeordnung NW – ein Vergleich, VR 1996, 289 f. |

| | |
|---|---|
| Neuenfeld | Einheitsarchitektenvertrag, München 1997 |
| Neuenfeld/Baden/Dohna/ Groscurth/Schmitz | Handbuch des Architektenrechts, HOAI, Loseblattsammlung, Stuttgart |
| Palandt | BGB, 56. Auflage, München 1997 |
| Peglau | Wirkung kirchlicher Genehmigungsvorbehalte im allgemeinen Rechtsverkehr, NVwZ 1996, 767 ff. |
| Pott/Dahlhoff/Kniffka | HOAI, 7. Auflage, Köln 1996 |
| Quack | Verträge über Projektmanagement, Projektentwicklung, Projektsteuerung, Nachtragsmanagement, Vertragsmanagement, Baubegleitende Rechtsberatung – Neue Dienstleistungen am Bau, in: Seminar Rechtliche Problemstellungen beim Projektmanagement, Wiesbaden 1995, S. 13 |
| Rauch | Architektenrecht und privates Baurecht für Architekten, 2. Auflage, Köln 1996 |
| Rennen/Caliebe | RBerG. Rechtsberatungsgesetz mit Ausführungsverordnungen und Erläuterungen, 2. Auflage, München 1992 |
| Reuter | Bürgermeister deutscher Gemeinden ohne Außenvertretungsmacht?, DtZ 1997, 15 ff. |
| Rusam | HOAI, Praxis bei Ingenieurleistungen, 5. Auflage, Düsseldorf 1996 |
| Schamir | Die Versicherung von Projektmanagementleistungen, in: Seminar Rechtliche Problemstellungen beim Projektmanagement, Wiesbaden 1995, S. 116 ff. |
| Schmalzl | Die Haftpflichtversicherung der Baubeteiligten, BauR 1981, 505 ff. |
| Schmalzl | Die Verkehrssicherungspflicht des Architekten, NJW 1977, 2041 ff. |
| Staudinger | Kommentar zum Bürgerlichen Gesetzbuch, 13. Auflage, 1993 ff. |
| Theißen | Das Verbot der Architektenbindung bei Grundstücksgeschäften, DAB 1994, 340 ff. |
| Theißen | Die Bürgschaft im Baurecht, INF 1997, 306 ff. |
| Theißen | Die Haftung des Architekten, Freiburg 1992 |
| Theißen/Stollhoff | EG-Richtlinie über mißbräuchliche Klauseln in Verbraucherverträgen, INF 1995, 623 ff. |

| | |
|---|---|
| Thiel | Leistungsverzeichnisse und Vertragsbedingungen, Elektrizitätswirtschaft 1997, 138 ff. |
| Ulmer/Brandner/Hensen | AGB-Gesetz, 7. Auflage, Köln 1993 |
| VDI (Hrsg.) | Ingenieurbedarf. Eine Studie der Hauptgruppe des VDI Verein Deutscher Ingenieure vom September 1996, http://www.vdi.de |
| Vogel | Formvorschriften oder Einschränkungen der Vertretungsmacht? – BGH, NJW 1994, 1528, JuS 1996, 964 ff. |
| Vygen | Grundwissen Bauvertragsrecht nach VOB und BGB, Bauverlag, Wiesbaden 1997 |
| Wagner | Projektmanagement-Treuhandschaft-Immobiliendevelopment, BauR 1991, 665 ff. |
| Warnecke | in: Ingenieurbedarf. Eine Studie der Hauptgruppe des VDI Verein Deutscher Ingenieure vom September 1996, http://www.vdi.de |
| Weiß | Normgerechtes Bauen. Kosten, Grundflächen und Rauminhalte von Hochbauten, Köln 1995 |
| Werner | Die »stufenweise Beauftragung« des Architekten, BauR 1992, 695 ff. |
| Werner/Pastor | Der Bauprozeß, 8. Auflage, Düsseldorf 1996 |
| Will | Zur Funktion des Bauherrn als oberster Projektmanager, BauR 1987, 370 ff. |
| Winkler | Hochbaukosten, Flächen, Rauminhalte, Kommentar zur DIN 276 und DIN 277, 9. Auflage, Wiesbaden 1996 |
| Wolf/Horn/Lindacher | AGB-Gesetz, 3. Auflage, München 1994 |
| Wolfensberger | Leistungsverzeichnis und Urheberrecht, BauR 1979, 457 ff. |
| Zilles, Kämper | Kirchengemeinden als Körperschaften im Rechtsverkehr. Voraussetzungen und Funktionsstörungen rechtswirksamer Betätigung, NVwZ 1994, 109 ff. |

# Stichwortverzeichnis

**Erfolg braucht …**

# … eine starke Basis!

Liebe Leserin, lieber Leser,

mit diesem Werk haben Sie ein Handbuch erworben, das Ihnen rechtliche Grundlagen für Ihre Praxis vermittelt und Ihnen hilft, Ihre Honorarforderungen durchzusetzen.

**Als Ingenieurin/Ingenieur** haben Sie in der **täglichen Praxis** mit

- **der Ausführungsplanung im Detail**
- **der Kostenplanung**
- **der Vergabe und**
- **der Bauleitung**

zu tun.

Ihre Auftraggeber stellen immer höhere Ansprüche, die Konkurrenz schläft nicht, und der Gesetzgeber läßt sich ständig etwas Neues einfallen. Darum wird es immer wichtiger, alle notwendigen Informationen schnell und praxisnah zu erhalten.

Die folgenden Bände sind Beispiele aus unserem Buchangebot, mit dem wir den Gesetzesdschungel für Sie durchschaubar machen:

*Rainer Eich: HOAI, Textausgabe '96 mit Kurzkommentar und Interpolationstabellen,*
die rechtliche Grundlage für Ihre künftige Honorarermittlung

*Pott/Dahlhoff/Kniffka: HOAI-Kommentar,*
nach der fünften HOAI-Novelle wesentlich erweitert und neu bearbeitet.

Um neuen Herausforderungen an Ihren Berufsstand zu begegnen, empfehlen wir Ihnen das Unternehmerhandbuch:

*Dietmar Goldammer (Hrsg.): Das Ingenieurbüro,*
das die Entwicklung vom technischen Spezialisten zum zukunfts-
orientierten Unternehmer unterstützt.

Wenn Sie das Thema Auftragsbeschaffung vertiefen möchten, hilft Ihnen das Werk:

*Adolf W. Sommer: Auftragsbeschaffung für Architekten und Ingenieure,*
mit neuen Ideen, bewährten Methoden und Konzepten sowie anschau-
lichen Beispielen für das langfristige Sichern einer guten Auftragslage.

# Sichere Planung

# effektive Vergabe

# professionelle Bauleitung

**Sie suchen** für alle Bereiche Ihrer täglichen Praxis solide Informationen und strukturierte Arbeitsmittel, die Ihnen helfen, optimale Arbeitsergebnisse zu erzielen.

**Sie finden** in der Verlagsgesellschaft Rudolf Müller Bau-Fachinformationen GmbH, dem Fachverlag für Architekten und Planer, zu diesen Themen

- **Bücher**
- **Loseblatt-Werke**
- **Formulare und Checklisten**
- **Elektronische Medien**

als wertvolle Unterstützung zum Erreichen Ihrer Ziele.

Bestellen Sie unser ausführliches Verzeichnis für Architekten und Planer. Schreiben Sie uns, oder rufen Sie uns einfach an.

Ihre

Verlagsgesellschaft Rudolf Müller
Bau-Fachinformationen GmbH & Co. KG
Stolberger Str. 76
50933 Köln
Tel.: 02 21 / 54 97 - 127
Fax: 02 21 / 54 97 - 130